그레고리우스력과 부활절

카이사르의 시계를 멈춘 그리스도의 위력

신아 아크로폴리스 총서 • 1

동서양의 달력 上

그레고리우스력과 부활절

카이사르의 시계를 멈춘 그리스도의 위력

김인환 지음

신아출판사

책을 펴내며

달력이라는 바다 속으로!

묵은해가 저물고 새해에 들어선 지 어느덧 2월의 마지막 끝자락 어느 날, 추운 날씨를 견디며 앙상해져 있던 겨울나무들 사이로 희미한 봄의 기운이 스며들고 있는 아파트 공터에서, 동네 개구쟁이들이 옹기종기 모여 신학기를 맞이하는 흥분과 기대로 가득찬 채 대화에 열중하고 있었다. 재잘거리며 깔깔거리는 그들의 웃음소리가 아파트를 가득 메우는 가운데, 갑자기 한 아이가 불만 섞인 목소리로 투덜거리며 말하는 소리가 들려온다.

"쫑순아! 왜 2월은 다른 달들보다 이렇게 짧은 거지?

누가 2월달만 이렇게 짧게 만들어 놓은거야?

2월달도 1월달과 똑같이 31일로 만들었으면, 학교에 가기 전에 3일을 더 놀 수 있는데 말이야!

2월달을 짧게 만든 사람, 참 나쁘다!"

친구에게 그 이유를 꼭 듣겠다는 생각으로 내뱉은 물음이 아니고, 끝나가는 방학이 아쉬워서 내뱉은 하소연이었지만, 지나는 길에 옆에서 듣던 나 역시 그 답을 알지 못해서 항상 궁금해하고 있었던 차였다. 이 아이의 퉁명스러운 푸념은 메아리가 되어 갑자기 나의 마음속 깊은 곳에 자리잡고 있었던 오래된 그 궁금증을 다시 자극했다. 왜 2월은 다른 달들보다 짧은 걸까?

그동안에도 어쩌다 생각이 떠오를 때마다 문득 문득 그 이유가 궁금했지만, 항상 호기심은 그때 뿐이었고 그 순간이 지나면 다시 머리 속에서 사라져 버리곤 하였다. 그런데 이번에는 시간이 한참 흘렀는데도 그 생각이 머리 속에서 떠나지 않았다. 그래서 이번 기회에는 그 이유를 확실하게 파악하여 그 궁금증으로 인한 막연한 압박으로부터 벗어나야겠다는 생각을 하게 되었다. 그리고, 가벼운 마음으로 인터넷에 접속하여 그 내용에 대해 검색해 보았는데, 예상과는 달리 명확하고 간단하게 정리된 답을 찾을 수 없었다.

  이에 마음을 단단히 먹고, 그 관련된 자료들을 가능한 한 모두 수집하여 확실하게 직접 그 내용을 파악하여 정리해 보기로 작정하였다. 그리고 본격적으로 미지의 세계를 개척해 나가는 탐험가의 정신으로 무장하고 달력의 뿌리에 이르기까지 2월과 연관된 자료들을 샅샅이 탐색하기 위한 여정에 돌입하였다. 인터넷을 비롯하여 접할 수 있는 여러 관련 서적들을 확보해 가면서 적극적으로 그 근원을 찾기 위한 탐색을 시간이 날 때마다 틈틈이 진행하였는데, 달력의 비밀은 예상했던 것보다 훨씬 더 복잡했고, 간단한 답으로 정리될 수 없는 끝없는 미로처럼 보였다.

  탐색 과정 중에 예상치 않은 흥미로운 관심사들이 고구마 줄기처럼 계속 이어져 나타났으므로 2월과 관련된 과제만을 해결하고 탐구를 차마 중단할 수 없었다. '왜 1년은 12개월인가', '왜 1주일은 7일인가', '왜 일요일이 한 주의 시작인가' 와 같은 또 다른 궁금증들이 뒤를 이었기 때문이다. 이런 이슈들에 대한 답까지 모두 확인하기 위해서는 계속해서 탐구를 이어갈 수밖에 없었으므로, 자연스레 달력이라는 깊은 바다 속에 한없이 계속 빠져있게 되었다.

  그렇게 달력이라는 큰 그림으로 이루어진 퍼즐 판의 퍼즐 조각을 하나씩 맞추어 가는 과정에서, 비어있는 공간이 나타날 때마다 그 공간을 채울 수 있는 퍼즐 조각을 찾을 때까지 오랫 동안 탐구 과정이 지연되며 방향을 잃고 방황하기도 하였다. 그런 가운데, 마침내 완벽하게 맞아 떨어지는 퍼즐 조각을 발견하게 될 때면, 그동안 정신적 압박감으로 인해 무겁게 짓눌려 복잡했던 머리는 마치 아침 안개가 사라지듯이 마법처럼 맑아졌고, 답답했던 마음은 희열과 함께 흥분으로 가득 채워졌다. 진정으로 세상 깊숙한 곳에 감춰져 있던 귀한 지식의 보물을 발견한 듯한 기쁨으로 그동안의 모든 노력과 인내를 보상받는 느낌이었다. 이 느낌은 이어지는 나의 탐구 여정에서 또 다른 미지의 세계를 탐험할 수 있는 추진력을 제공해 주었다.

  이처럼 끝이 없이 꼬리에 꼬리를 물고 이어지는 궁금증들을 헤쳐 가는 가운데, 달력 전반에 걸친 변천 과정에 대한 탐구로 이어지게 되었고, 어느새 현재 우리가 사용하는 달력인 그레고리우스력에 대한 탐구에까지 이르게 되었다. 이전까지만 해도 나 역시 율리우스력에서 그레고리우스력으로 개력이 이루어지는 근본에는 부활절이 자리잡고 있었다는 역사적 사실에 대해서 대략적으로 알고 있는 정도였지만, 그 정확한 이유까지는 확실하게 알지 못하고 있었다. 그러므로, 이 기회에 개력의 근본 원인과 개력이 이루어지는 과정에 대해서도 더 정확하게 탐색해 보겠다는 생각을 하게 되었다. 이에 따라 부활절과 그레고리우스력에 관련된 자료들에까지 탐색이 확장 되었으므로, 처음 달력 탐구를 시작했을 때의 의도와는 다르게 수집한 자료들이 어느새 부활절과 관련된 내용으로 가득차게 되었다.

실제로 우리가 사용하고 있는 달력의 역사에서 가장 중요한 부분 두 곳을 지목하자면, 율리우스력의 창안과 그레고리우스력의 개정이라 할 수 있다. 그중에서도 현재 우리가 사용하는 달력이 그레고리우스력이라는 점을 감안한다면, 그레고리우스력은 단순한 역사적 사건이 아니라, 우리 삶의 일부로 여겨질 수 있다. 그리고, 율리우스력에서 그레고리우스력으로 바뀌어가는 과정에서 부활절이 깊이 연관되어 있다는 것을 고려하면, 달력의 전반적인 역사를 정리함에 있어서, 이 책 내용의 많은 부분이 부활절과 그레고리우스력에 대한 내용으로 채워지는 것은 자연스럽다고 할 수 있을 것이다.

그런데, 서기력을 추적하는 과정에서 역사적으로 태음태양력과의 연관성을 무시할 수 없다는 것을 알게 되었으며, 자연스럽게 우리 민족의 전통 달력인 음력 달력에도 자꾸 관심이 쏠렸다. 그중에서 가장 관심이 가는 부분은 윤달과 관련된 내용이었다. '음력 달력에 있는 윤달은 왜 생기는 것일까?', '윤달은 몇 해마다 나타나는가?', '윤달이 항상 똑같은 위치에 나타나지 않고, 윤 7월도 있고 윤 3월도 있는데 어떤 규칙이 있는 것일까?' 이와 같은 관심을 바탕으로 음력 달력과 관련된 내용들에 대해서도 탐구가 이루어졌고, 어느 정도 정리할 수 있게 되었다.

이처럼 오랜 시간에 걸친 관심의 범위를 넓혀가면서 탐구를 계속한 결과 달력과 관련된 대부분의 궁금증을 나름대로 해소하게 되었는데, 그동안 찾아 놓은 자료들이 상당하였으므로 그 내용 전체를 일단 체계적으로 정리하여 보았다. 정리를 마치고 나니 그 내용들이 나 혼자 알고 묻어 두기에는 너무 아깝다는 생각이 들었으므로, 남들에게 내놓기에는 부족하고 부끄럽다고 생각이 들었음에도 불구하고, 용기를 내어 정리된 내용을 좀 더 가다듬은 후 출판하기로 마음을 정하였다.

처음에는 서양력과 동양력을 하나의 책으로 출판할 계획이었으나, 정리해 놓은 내용이 생각보다 많아 대충 편집한 결과 900페이지 가까이 되었으므로, 출판사의 권유에 따라 서양력과 동양력 부분을 나누어 두 권으로 출간하기로 하였다.

이 책은 단순한 달력의 역사를 넘어서, 시간과 관련된 인류의 문화와 지혜를 탐구하는 여정이 될 것이다. 달력 속에 담긴 수많은 이야기와 지식들을 많은 사람들과 함께 나누고 싶다. 이 책을 통해 독자 여러분도 시간의 흐름을 특별한 틀 속에서 체계화시킨 달력을 새롭게 이해하는 계기가 되고, 보다 넓은 시야를 바탕으로 과거와 현재, 미래를 통찰할 수 있는 계기가 되기를 희망한다.

이 책이 세상의 빛을 보게 된 것은 사소하다고 생각할 수 있는 단순한 호기심으로부터 막연히 시작되었음에도 불구하고, 수 년에 걸친 오랜 시간 동안 관심을 가지고 끊임없는 탐구를 바탕으로 관련 자료들을 꾸준히 확보해 놓았던 집념 덕분이라고 생각한다. 그럼에도 출간의 길은 미지의 세계였고 막연하게 여겨졌지만, 많은 분들의 따뜻한 도움과 지원 덕분에 용기를 낼 수 있었고 비교적 큰 어려움 없이 이루어낼 수 있게 된 것은 크나큰 행운이라 할 수 있을 것이다.

특히, 멀리서도 곁에 계신 것처럼 항상 관심을 쏟으며 살펴 주시는 박형보 회장님의 성원은 이 책의 출간에 결정적인 역할을 했다. 회장님의 진심어린 격려와 실질적인 도움이 없었다면, 이 책은 지금 이 자리에 있지 못했을 것이다. 박 회장님의 소개로 신아출판사와 인연을 맺게 되었고, 서정환 회장님과 이종호 상무님의 깊은 관심과 배려 덕분에 이 책은 드디어 출간의 꿈을 이룰 수 있게 되었다. 또한, 편집 전 과정에 걸쳐 오랜 시간 동안 헌신해 주신 신용조 씨의 희생 어린 노력이 없었다면 이 책은 현재의 모습을 갖추지 못했을 것이다. 그의 노력은 이 책의 모든 페이지에 하나 하나 섬세하게 녹아들어 있다. 도움을 주신 모든 분들께 고개 숙여 진심으로 감사의 말씀을 드린다.

아울러 이 책을 완성하는 긴 여정 동안 곁을 지켜주며 격려해준 아내와 언제나 나에게 힘이 되어 주며 응원을 아끼지 않은 세 아들에게도 감사하며 사랑하는 마음을 전한다.

차례

책을 펴내며

1편 서기력

1부 시간의 탄생과 정의

01 하루 (날, 일)
하루가 시작되는 시점 · 25
자정과 정오 · 31
0시, 12시, 24시 · 34

02 하루 24시간, 60분, 60초
1. 시간의 탄생과 하루 24시간 · 37
   하루 24시간(Hour) · 38
   데칸 · 38
   해시계 · 40
   시간(Hour) · 41
   12, 24라는 숫자 · 41
   성무일과(聖務日課) · 44
2. 분과 초의 탄생 · 45
   고대 수메르의 60진법 · 45
   고대 메소포타미아의 도량형 · 46
   수메르인들의 화폐 제도 · 48
   수메르인들의 시간 체계 · 48
   60은 많은 약수를 가지고 있는 고복합 숫자이다 · 49
   60은 두 손을 사용하여 셀 수 있는 숫자이다 · 50
   60은 천문과 관련된 숫자이다 · 51
   목성과 토성 주기 · 53

분(minute)과 초(second)라는 명칭의 탄생 · 54
현대의 시간 · 56
원자시계 · 56
세계 표준시 · 58
세계 표준시의 변천 역사 · 59
그리니치 표준시 · 59
    세계시(UT, Universal Time) · 63
    협정 세계시(Coordinated Universal Time; UTC) · 63
    윤초(Leap Second) · 64

03 그리니치 천문대와 그리니치 표준시(GMT)

그리니치 천문대(영국 왕립 천문대) · 70
요하네스 베르너 · 72
경도법 · 73
목성의 엄폐 · 76
천문 관측을 위한 여러 도구들 · 77
월거표 · 78
해양 시계와 경도 측정 방법 · 80
크로노미터(chronometer) · 81
존 해리슨의 크로노미터 · 82
메스켈린(제 5대 왕실 천문학자) · 85
본초 자오선과 메스켈린 · 86
그리니치 표준시 · 89

04 일주일의 유래

달의 위상에 근거한 이론	•92
행성 기원 이론	•94
사로스 주기(Saronic cycle)	•95
칠층신전탑 – 지구라트	•96
일곱 행성	•105
7일 주기의 순서	•106
일주일 7일 각각의 명칭	•109
7일 주기의 전파	•112
7일 주기 첫째 날의 이동	•113
ISO 8601	•114

2부 율리우스력 이전

01 메소포타미아 지역의 달력사

메소포타미아의 달력	•118
물아핀(MUL.APIN)	•125

02 이집트 달력사

이집트 달력	•127

03 그리스 달력사

그리스 달력	•134

04 유대력(히브리력)

유대력(히브리력)의 배경	•140

유대력	• 140
창조 시대	• 141
족장 시대 이후	• 142
힐렐(Hillel) 2세와 유대력	• 146
유예일	• 150
이스라엘 달력(유대력, 히브리력)	• 155
이스라엘의 7절기(구약에 명시된 지켜야 할 절기)	• 157
안식일과 토요일	• 163

05 고대 로마 공화력

로마 공화력 이전의 달력: 아누스(annus)	• 167
로물루스의 로마 공화력	• 170
폰티펙스 막시무스(Pontifex Maximus)	• 173
누마력	• 177
누마 이후의 로마 공화력 개정	• 179
파스티 안티아테스 마이오레스	• 182
새해 1월 1일의 탄생	• 183
연대 표기 방법	• 183
날짜 표기 방법	• 185
눈디나에(Nundinae)	• 187
페브루아리스(2월)의 탄생과 수난의 역사	• 188

3부 율리우스력

율리우스력

율리우스 카이사르	• 194

	율리우스력의 탄생	• 195
	사빈네 칼렌다(Sabine Calendar)	• 199
	로마 황제 티투스의 욕실	• 199
	달(Month)의 명칭	• 201
	bissextus	• 202
4부 부활절	**01 초기 교회의 탄생과 성장**	
	교회의 탄생과 발전	• 207
	교회의 탄생	• 207
	헬라파 그리스도인	• 209
	디아스포라 유대인	• 210
	이방인 그리스도교인	• 213
	그리스도교와 유대교의 결별	• 215
	로마 교회	• 216
	로마의 박해와 그리스도교의 동서 균열	• 218
	네로의 그리스도교 박해	• 218
	트라야누스 황제	• 219
	하드리아누스 황제	• 220
	바르 코크바의 반란	• 221
	유대인 박멸 정책	• 223
	부활절-일요일 축제(Feast of Easter-Sunday)	• 226
	반(反)유대주의	• 228

에세네파의 영향　　　　　　　　　　　• 229
　　마르키온　　　　　　　　　　　　　• 231
　　단식일 논쟁　　　　　　　　　　　　• 233
　　창조 제 1일 신성론　　　　　　　　　• 235
　　'제8일론'(the Theology of the Ogdoad)　• 236
　　요제절(Feast of Firstfruits)　　　　　　• 240
　　폴리카르푸스와 아니케투스의 논쟁　　• 242
　　폴리크라테스와 빅토르의 제 2차 부활절 일요일 논쟁 • 244

02 콘스탄티누스 황제의 일요일 휴업령과 부활절 일요일

　　일요일 휴업령　　　　　　　　　　　• 247
　　니케아 총회 ; 부활절의 확정　　　　　• 250
　　유월절　　　　　　　　　　　　　　• 252
　　페삭(Pesach), 또는 페사흐(pesah)　　　• 252
　　Pascha(파스카): 그리스도 부활절　　　• 255

03 윌리엄 틴데일과 EASTER(부활절)

　　성서 번역과 윌리엄 틴데일　　　　　• 258
　　사도행전　　　　　　　　　　　　　• 262
　　베데와 Eostre　　　　　　　　　　　• 265
　　Easter와 'Ishtar(이슈타르)'　　　　　　• 267
　　부활절(Easter)이라는 명칭의 탄생　　 • 267

5부 컴퓨투스

01 알렉산드리아의 컴퓨투스

컴퓨투스의 출현	•272
알렉산드리아의 컴퓨투스 발전사	•275
30년 주기	•277
8년 주기와 데메트리우스	•281
19년 주기와 아나톨리우스	•288
아나톨리우스	•288
아나톨리우스와 춘분	•289
춘분의 천문학적 의미	•294
세차 현상과 춘분의 선행	•295
아나톨리우스의 19년 주기	•297
살투스	•298
살투스의 위치	•303
아타나시우스 주기	•306
아타나시우스	•306
사르디카 공의회	•307
아타나시우스 주기	•309
디오클레티아누스 연대	•311
테오필루스의 100년 부활절 목록	•314
파노도루스	•316
아니아누스	•317
시릴(Cyril)의 110년 부활절 목록	•321

02 로마의 컴퓨투스

로마의 컴퓨투스 · 324
히폴리투스 · 324
히폴리투스 112년 주기 · 326

03 로마 84년 주기와 빅토리우스 532년 주기

로마 84년 주기 · 332
빅토리우스의 532년 부활절 주기 · 337

04 디오니시우스 엑시구스의 정통 알렉산드리아 컴퓨투스

디오니시우스 엑시구스 · 342
디오니시우스 95년 주기의 의미 · 344
디오니시우스 19년 주기의 구조 · 345
주 탄생 후(AD : ab incarnatione domini) · 363
그리스도 연대의 전파 · 365

6부 그레고리우스력

01 그레고리우스력의 개력 동기

개력의 필요성 · 370
개력을 요구하는 주장들 · 372
카이사르의 시계를 멈춘 그리스도의 위력 · 373
그레고리우스의 개력 · 375
동방교회의 대응 · 377

02 그레고리우스 달력 개혁과 새로운 부활절 테이블

- 황금 숫자(Golden Numbers) · 382
- 그레고리우스 개혁 · 383
- 황금 숫자와 에팩트 · 387
  - 태양 보정 · 388
  - 태음 보정 · 389
- 칼렌다리움(calendarium) 테이블 · 394
- 주일 문자(Dominical Letters, Sunday letters) · 404
- 파스카 만월 날짜를 구하는 공식 · 413

7부 세계력

세계력

- 마르코 마스트로피니 · 424
- 오귀스트 콩트(Auguste Comte)의 실증주의 달력 · 424
- 아르멜린 · 426
- 국제 천문학회와 달력 개정 원칙 · 427
- 엘리자베스 아켈리스의 세계력 · 428
- 행크-헨리 영구 달력(HHPC) · 432

2편 문명과 자연의 시간

1부 메소포타미아 지역의 문명

메소포타미아 지역의 문명

메소포타미아 문명	•438
수메르 문명	•439
우르크아기나(Urukagina) 법전	•441
수메르의 신들의 계보도	•442
수메르의 천문학	•445
수메르족의 멸망	•449
바빌로니아 왕국	•450
구 바빌로니아의 멸망과 그 이후	•453
신바빌로니아 왕국	•455
신바빌로니아 왕국의 멸망	•457
알렉산더 대왕 시대	•458
알렉산드리아	•460
알렉산드리아의 학자들	•461
바빌로니아의 행성신	•464

2부 이스라엘의 역사

이스라엘의 역사

이스라엘의 역사	•469
1. 창조 시대(태초~기원전 2166)	•469
2. 족장 시대(기원전 2166(2091)~1876)	•469

3. 이집트 시대(기원전 1876~1446) • 474

4. 광야 시대(기원전 1446~1406) • 474

5. 가나안 정복 시대(기원전 1406~1367) • 475

6. 사사 시대(기원전 1367~1050) • 475

7. 통일 왕국 시대(기원전 1050~930) • 475

8. 분열왕국 시대(기원전 930~586) • 477

    북부왕국(이스라엘) • 477

    남부왕국(유다) • 477

9. 포로 시대(기원전 586~536) • 478

10. 포로 귀환 시대(기원전 536~400) • 478

11. 중간 시대(기원전 400~4) • 479

12. 예수 시대(기원전 4~서기 30) • 485

    예수의 12사도 • 485

    12사도 이외의 주요 복음자들 • 490

13. 초대 교회 시대(30~100) • 493

1차 유대 전쟁 • 498

2차 유대-로마 전쟁(키토스 전쟁, 115~117) • 500

3차 유대-로마 전쟁(바르코크바의 난, 132~135) • 501

3부
달력과 시간, 그리고 생체 시계

생체 시계

수면과 위험	•507
수면의 규칙성	•508
자연과의 동기화	•509
생명체의 적응	•510
생체 리듬	•511
생체 리듬 연구에 대한 역사	•512
시신경교차 상핵	•519
인간의 생체 리듬 연구	•522
수면과 각성	•525
렘수면(REM sleep) 비렘수면(non-REM sleep)	•526
무수면 실험	•529
이상적인 수면 시간	•530
나이에 따른 수면 양상	•532
수면중 호르몬 변화	•534
잠과 관련된 뇌 부위	•536
수면과 각성의 싸움	•537
생체 리듬의 유전학적인 접근	•538
생체 리듬의 종류	•540
자이트 게버(시간 기여자)	•541
햇빛, 시간 조정자	•541
매미의 일생	•543

1부

시간의 탄생과 정의

01
하루 (날, 일)

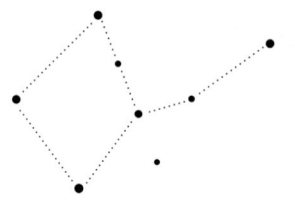

인간을 비롯한 모든 생명체는 자연의 리듬에 맞춰진 생체 리듬을 가지고 있으며, 이를 바탕으로 주변 자연 환경에 안정적으로 적응하며 생활하고 있다. 생명체들에게 영향을 미치는 수많은 자연 환경 리듬 중에서도 가장 일상적이고 지속적으로 반복되는 것은 아침에 밝아지고 저녁에 어두워지는 하루라는 시간의 흐름이다. 이 흐름은 태초 이래로 모든 생물체에게 일관되게 꾸준히 적용된 규칙적인 리듬이다.

이러한 리듬은 수많은 세대 동안 모든 생명체의 생활에 직간접적으로 영향을 주었고, 그로 인한 신체적 영향은 유전자에 각인되어 후손들에게 이어졌으며, 모든 생물들은 자연스럽게 이러한 리듬에 따른 규칙적인 행동 양식을 내재할 수 있게 되었다. 따라서 우리 몸속에 내재되어 있는 이러한 생체 리듬을 바탕으로 우리 인간들 역시 아침에는 자연스럽게 눈을 뜨고, 저녁이 되면 졸음이 찾아와 잠이 드는 일상적인 패턴을 가지게 되었다.

그 결과, 인간들은 낮과 밤을 하나의 기본 생활 시간 단위로 인식하게 되었으므로, 명확하게 시간에 대한 정의가 없었던 원시 시대의 사람들조차도 '하루'(day; 날, 일)라는 개념을 뚜렷하게 인식하고 서로 공유할 수 있었으며, 하루라는 시간의 틀을 기반으로 공동체 생활을 영위해 나갈 수 있었다. 이렇게 인류 역사를 관통하는 '하루'라는 시간이 인류 전 세대에 걸쳐 가장 기본적이고 근원적인 시간 개념으로서 확고하게 자리잡고 있다는 것에 대해 반론의 여지가 없을 것이다. 이제 시간 체계의 근간이라고 할 수 있는 하루라는 개념에 대해 자세히 고찰해 보는 시간을 갖도록 하겠다. 더불어, 이와 같은 시간 개념을 뒷받침해 주는 우리 몸속에 내재되어 있는 생체 리듬에 대해서는 뒷장에서 별도로 자세히 다뤄보기로 할 것이다.

하루가 시작되는 시점

단순하게 한 쌍의 낮과 밤을 합하여 하루라고 하는 개념이 원시 사회 때부터 인식되고 공유되었는데, 인류 사회가 점차 발전해 복잡한 사회로 발전해 가면서, '하루'를 막연하고 단순하게 한 쌍의 낮과 밤이라고 인식하고 있는 것 만으로는 충분치 않게 되었다. 구체적으로 하루란 어떤 시점으로부터 어떤 시점까지인지 명확히 규정해야 될 필요가 생기기 시작한 것이다. 그렇다면, 인류는 수많은 시점 중 어떤 시점을 하루의 시작 시점으로 마땅하다고 생각하였을까? 그리고 그 기준은 무엇이었을까?

하루 중에서 해가 뜨는 순간과 해가 지는 순간은 눈에 보이는 자연 현상 중 가장 명확하게 구분할 수 있는 시점이다. 이 시점들은 빛 뿐만 아니라 온도의 변화까지 동반하기 때문에 생명체들이 활동할 수 있는 시간과 휴식할 시간을 구분하는 척도가 되기도 한다. 이런 이유로 인류는 이러한 시점들을 기준으로 하루의 시작과 끝을 쉽게 정의할 수 있었다. 그렇지만, 인류는 수많은 종족으로 이루어져 있기 때문에 생활하는 공간들이 서로 다른 자연 환경 양상을 보일 수밖에 없으며, 이로 인하여 하루가 시작된다고 여기는 시점은 그중 하나로 통일되지 않고 지역과 민족에 따라 서로 다른 양상을 보이게 되었다.

그렇다면 해가 뜨는 시점과 해가 지는 시점 중 어느 시점이 하루의 시작으로 더 적합하였을까? 아침에 해가 뜨면서 밝아지는 시간대의 변화는 생명체들에게 활동의 시작을 일깨우는 첫 번째 신호로 작용한다. 이 시간대에 나타나는 주위 환경의 온도와 빛의 상승 효과는 대부분의 동식물들의 활동을 자극한다. 따라서 내륙 지역에서 생활하는 대부분의 사람들은 자연스럽게 몸에 내재된 생체 리듬에 따라 아침에 눈을 뜨고 활동을 시작하였으므로, 해가 뜨는 시점을 하루가 시작되는 시점이라고 여겼을 것이다. 그 결과, 해가 뜨는 시점부터 시작되는 '낮'과 그 뒤에 이어지는 해가 지는 시점부터 시작되는 '밤'으로 이루어진, 한 쌍의 '낮과 밤'을 하루라고 인식하게 되었다.

그러나 해안가에 살던 사람들의 경우에는 바다가 그들의 생계와 밀접한 관련이 있었다. 바닷물이 밀려 들어오고 나가는 조수와 관련된 다양한 현상들은 그들의 생활에 있어서 매우 소중한 관심사였다. 그런데 이러한 조수 현상이 달과 밀접하게 관련되어 있다는 것을 그들은 오랜 전통과 경험을 통해 알고 있었으므로, 달을 무엇보다도 가장 소중한 지표로 삼았다. 달은 해가 지고 난 후에 떠오르기 때문에, 그들은 해가 지고 달이 뜨는 시점을 하루가 시작되는 시점으로 인식하였다.

거주 지역 여부와 무관하게, 해가 지면 모든 하루 일과가 끝난다고 생각하는 사람들도 있을 수 있었는데, 그들의 경우에도 해가 지는 시점이 하루의 끝으로 여겨졌다. 해가 완전히 지는 시점이 하루의 끝이라면, 그 직후는 새로운 하루가 다시 시작되는 시점이라 할 수 있을 것이다. 따라서, 그들 역시 해가 지는 시점부터 시작하는 '밤'과 이어서 오는 '낮'으로 이루어진 한 쌍의 '밤과 낮'을 하루라고 인식하게 되었을 것이다. 그 밖에도, 하루의 시작점을 결정하는 데에는 각 민족들의 생활 환경뿐만 아니라 종교와 같은 다양한 요소들이 종합적으로 반영되었다.

고대 바빌로니아인들의 도시는 해안가 중심으로 발전했기 때문에, 달을 중심으로 한 태음력을 사용했으며, 해가 지는 시점을 하루의 시작점으로 삼았다. 그들에게는 해가 지고 달이 뜨는 시점이 새로운 하루의 시작이었고, 달이 초승달이 되는 날은 또한 새로운 달의 첫날이기도 했다. 바빌로니아인들이 사용한 태음력은 그들보다 이전 시대인 메소포타미아 지역의 수메르인들로부터 전수받은 것이었다. 수메르인들은 일찍이 달의 운행을 관찰하고 이를 기반으로 한 태음력을 고안하였다. 그들이 달 기반의 태음력을 사용하게 된 배경과 이유는 바빌로니아인들의 달력 역사에서 더욱 상세히 다룰 것이다.

이 바빌로니아인들의 태음력과 하루에 대한 개념들은 바빌론 포로 시기 동안 유대인들에게 전파되었다. 그 흔적들은 성경 속에서도 나타나는데, 유대인들의 구약 성경 가운데 창세기를 살펴보면 이러한 영향을 쉽게 확인할 수 있다. 창세기 1장 5절에 "저녁이 되며 아침이 되니 이는 첫째 날이니라"라고 기록되어 있다. 이러한 표현은 하루가 저녁으로부터 시작된다는 것을 보여주며, 이는 대부분의 학자들이 주장하는 바와 같이 바빌로니아인들로부터 전수받은 유대인들의 하루 시작점에 대한 그들의 민족적 전통을 드러내고 있다. 유대인들의 저녁으로부터 하루가 시작되는 이런 전통은 오늘날까지도 유대 사회에서 이어지고 있으며, 그들의 전통은 다른 문화권에까지도 큰 영향을 미쳤다.

그 영향 중 하나가 바로 축제일이나 국경일 등의 전야제 행사이다. 서양 사람들은 대체로 원래의 축제일 당일보다 축제일 이전에 열리는 전야제를 더 즐기는 경향을 보인다. 크리스마스 이브(Christmas Eve)와 신년 전날 저녁이 이에 해당한다. 우리는 크리스마스란 예수가 탄생한 12월 25일을 기념하는 날이고, 크리스마스 이브는 예수가 탄생한 12월 25일 전날인 12월 24일의 저녁이라고 알고 있다. 그런데, 크리스마스 이브(Christmas Eve)라는 단어를 글자 그대로 풀이하자면 크리스마스 날 저녁(Christmas Evening), 즉 크리스마스인 12월 25일의 저녁을 의미한다. 실제 기념하는 시간과 언어상의 시간에 차이가 생기는 이런 혼란이 왜 생겼을까? 그 이유는 유대인들의 하루 개념이 '밤과 낮'으로 이루어진 한 쌍으로, '전날 저녁'부터 시작되어 그 다음날 저녁이 되기 전까지 시간을 의미하는 것이기 때문이다.

다시 말해서, 유대력에서는 우리 시간으로 저녁 6시를 그들의 하루 시작점인 0시로 삼았으며, 이로 인해 하루의 시작점이 우리의 시간 개념보다 6시간 정도 빠르다. 따라서 우리가 크리스마스 이브라고 여기는 '12월 24일 밤'이라는 시간은 유대인들의 시간 체계에서는 전날 '12월 24일 저녁'이 아니고 '12월 25일' 하루가 시작되는 저녁에 해당한다. 그 결과 우리 시간 체계에서 '12월 24일 저녁'인 크리스마스 이브로부터 새로운 다음날 '12월 25일 낮'까지는 날수로 총 2일에 걸쳐 있기 때문에 '12월 24일 저녁'이 12월 25일의 전날로 간주되고 전야의 의미로 해석되지만, 유대인 시간 체계 상에서는 '12월 25일 저녁'에 이어 '12월 25일 낮'으로 이어지면서 '밤'과 '낮'의 순서로 완성되는 유대인들의 온전한 '12월 25일' 하루에 해당할 뿐이다. 이처럼 고대 유대인들이나 바빌로니아인들에게 저녁이 새로운 하루가 시작되는 시점을 의미하는 것이었지만, 이러한 그들의 하루에 대한 개념과 그 배경을 알 리가 없었던 대부분의 사람들은 크리스마스 이브나 신정 전날 저녁과 같은 '이브'의 개념을 전야의 의미로 원래의 의미와 다르게 해석해 왔던 것이다.

이 글의 주제와는 관련이 없는 내용이지만, 크리스마스와 관련하여 우리가 흔히 범하는 또 하나의 실수가 있다. 대체로 크리스마스, 즉 'Christmas'를 'Xmas'라고 축약하여 사용하는 경향이 있다. 그리고 많은 사람들이 'Xmas'로 표기된 'X'를 'Christmas'의 'Christ' 부분을 생략하고 대신 영어 알파벳 대문자 'X'로 대체한 것으로 오해하여 영어 알파벳 대문자 'X'로 인식하고 있으며, '엑스마스'라고 부르기도 한다. 그런데, 'Xmas'에서의 'X'는 영어 알파벳 대문자 'X'가 아니고, '그리스도(Christos)'를 뜻하는 그리스 문자 'Χριστός'(Christos)의 첫 글자 'X'에 해당한다. 크리스토스('Χριστός', Christos)란 '구세주'라는 의미로서 예수를 일컫는 칭호로 사용되었는데, 여기에 라틴어에서 유래된 고대 영어 단어로서 미사를 뜻하는 'mas'라는 접미사가 결합하여 '그리스도의 미사', '그리스도의 축제', 또는 '그리스도의 탄생일'을 의미하는 'Christmas'라는 단어가 탄생한 것이다. 그리고 이 'Christmas'라는 단어에서 Christ 대신 그리스 문자 'X'를 사용하여 Xmas라고 축약하여 표기한 것이다. 따라서 'Xmas'를 엑스마스라고 부르는 것은 그리스 문자 'X'가 영어 알파벳 'X'와 비슷하게 보이기 때문에 발생한 혼란이라고 할 수 있다. 원래, 그리스어 'X'는 영어처럼 '엑스'로 발음되지 않고 '카이(kai)' 또는 '키(ki)'로 발음되는 문자에 해당하므로, 'Xmas'는 'Christmas'와 마찬가지로 '크리스마스'로 발음하는 것이 원칙이다.

Xmas라는 용어의 사용은 16세기로 거슬러 올라가는데, 로마 가톨릭교회, 동방 정교회, 잉글랜드 국교회, 그리고 주교 제도 교회(Episcopal Church) 등에서는

각종 형태의 '카이-로' 모노그램을 예배에 사용하였다고 한다.

여기에서 '카이-로' 모노그램의 '카이-로'란 두 개의 그리스 문자인 '카이(X)'와 '로(P)'를 결합한 기독교의 상징을 의미하며, 그리스어로 '그리스도'를 의미하는 'Χριστός(Christos)'의 첫 두 글자에 해당한다. 그리고, 모노그램이란 두 개 이상의 문자나 글자를 결합하여 디자인된 상징 또는 로고를 의미하는 것으로, 종종 개인의 이니셜, 이름, 또는 기업의 로고 등으로 사용된다. 카이-로 모노그램은 초기 기독교에서 널리 사용되었으며, 그 기원은 로마 황제 콘스탄티누스 1세의 시대로 거슬러 올라간다. 콘스탄티누스 1세가 십자가 위에 카이-로 모노그램을 그리며 이를 자신의 군대의 보호의 상징으로 사용하였다고 전해지고 있다. 이러한 카이-로 모노그램은 초기 기독교의 상징적인 요소로, 오늘날에도 많은 기독교 교회와 관련된 물체, 예를 들어, 성당의 스테인드 글라스, 예배당의 벽, 기독교 예술 작품 등에서 볼 수 있다. 카이-로 모노그램은 그리스도인들에게 그리스도의 존재와 그의 메시아로서의 역할에 대한 상징으로 받아들여지고 있다. 영어에서는 "X"가 1100년에 처음으로 "Christ"의 필기 축약어로 사용되었다고 한다.

또 한 가지 덧붙이자면, 이 단어를 사용할 때 'X-mas'가 아닌 'Xmas'로 하이픈(-)이 없이 쓰는 것이 옳은 표현이다. 이는 'X'가 'Christ'를 대신하는 그리스 문자이며, 원어 'Christmas'에 하이픈이 없는 것과 같은 이유이다.

그런데 현대 양식 가이드에서는 "Xmas"라는 용어를 가급적 사용하지 않도록 권장하고 있다. 예외적으로 문자의 수를 줄이려는 경향이 있는 특정 맥락, 예를 들어 헤드라인이나 인사말 카드 등과 같은 경우에만 "Xmas"의 사용에 제한을 두지 않고 허용하고 있다. 이는 공간이 제한적일 때 또는 메시지를 빠르게 전달하려는 경우에는 유용하기 때문이다. 그러나 이러한 맥락에서도, 'Christ'가 없는 'Xmas'보다 'Christ'를 분명히 명시한 'Christmas'를 사용하는 것이 더 원활한 의사소통을 돕고 잠재적인 오해를 방지할 수 있다고 강조한다. 현대에 들어서서 위에서 언급한 'Xmas'와 관련된 역사를 모르는 일부 사람들이 '크리스마스'에서 '크리스트(Christ)' 부분을 생략하려는 시도로 인해 'Xmas'라고 표기되었다고 오해하고 있는 것처럼, 'Xmas'의 보편적인 사용으로 인해 그러한 오해를 확산시킬 가능성을 우려한다는 점도 하나의 이유라고 여겨진다.

이와 관련하여, 크리스천 라이터의 매뉴얼 오브 스타일(Christian Writer's Manual of Style)은 과거에 Xmas가 고대로부터 전통적으로 존중받는 명칭으로 사용되었다는 것을 인정하면서도, 이 단어는 공식적인 글쓰기에서는 결코 사용되어서는 안 된다고 명시하고 있다. 크리스천 라이터의 매뉴얼 오브 스타일이란 기독교 관련 글쓰기에 사용되는 표준 및 가이드라인을 제공하는 참조서를 말한다. 이 가이드는 기독교 출판사, 작가, 편집자, 교정사 등을 대상으로 하며, 특히 기독교 문화와 신학에 관련된 복잡한 주제와 문제를 처리하는 방법에 대한 조언을 제공해 준다.

다시 본론으로 돌아가, 역사적 사실을 더 거슬러 올라가 보면, 바빌론 포로기 이전의 유대인들에게는 24시간이라는 시간 구분 개념조차 존재하지 않았다. 그들은 하루를 단지 저녁, 아침, 정오로만 나누었을 뿐이었다. 바빌론 포로기 이후, 유대인들은 바빌론으로부터 시간 체계를 도입하면서 24시간제를 사용하기 시작하였다. 더불어 유대인들은 바빌로니아인들처럼 저녁 6시를 새로운 하루가 시작되는 0시로 삼은 바빌론의 시간 체계를 수용하였으며, 그 이후 지금까지도 그들 고유의 달력 체계에서 '밤'과 이어서 오는 '낮'을 하루로 삼는 시간 체계를 그대로 유지하며 사용하고 있다.

이러한 유대인들의 시간 개념들을 포함한 유대력에 대해서는 추후 유대력 장에서 상세하게 다룰 것이다.

자정과 정오

문명 초기 단계에서는 하루의 시작을 단순하게 해가 뜨거나 지는 시점으로 설정했고, 이렇게 정해진 하루를 바탕으로 일상 생활을 살아가는 데에는 큰 불편함이 없었다. 그러나 오랜 시간이 흐르며 문명이 점점 발전하게 되면서 예전 시대에는 생각조차 하지 못했던 복잡한 문제점들이 나타나기 시작했다.

그중 하나가 하루의 길이가 일 년 내내 일정하지 않기 때문에 발생하는 문제점들이었다. 밤이 길어지고 낮이 점점 짧아지는 하지에서 동지까지의 반년 동안에는 해가 뜨는 시간이 전날보다 다음날에는 조금씩 늦어진다. 이렇게 늦어지는 시간만큼 하루의 시간이 전날보다 조금씩 길어지게 된다. 반면에, 밤이 짧아지고 낮이 점점 길어지는 동지에서 하지까지의 다음 반년간은 해가 뜨는 시간이 전날보다 다음날에는 조금씩 빨라져서 하루의 시간이 전날보다 조금씩 짧아지게 된다.

구체적인 시간을 바탕으로 생각해보기로 하자. 해가 가장 길게 떠있는 하지와 가장 짧게 떠있는 동지 시점의 해가 뜨는 시간을 비교하여 그 차이를 확인할 수 있다. 하지에 해가 뜨는 시간은 대략 오전 5시 12분이며, 동지에는 오전 7시 43분이다. 따라서 하지와 동지 사이의 해가 뜨는 시간을 비교해 보면 대략 2시간 30분 차이가 난다. 하지와 동지 사이의 간격은 1년(365.2422일)의 절반이므로 약 183일이 된다. 이 183일 동안 해가 뜨는 시간이 2시간 30분, 즉 150분만큼 늦어지는 것이다. 따라서 하지로부터 동지까지 해가 뜨는 시간은 하루에 약 0.82분(150/183)씩 늦어지게 된다. 이는 해가 뜨는 시간이 다음날에는 0.82분(150/183)씩 늦어지는 것이 되므로 하루의 길이가 0.82분(150/183)만큼 길어진다는 것을 의미한다. 즉, 하지에서 동지로 이동하는 동안 하루의 길이가 전날보다 0.82분씩 길어지게 되고, 반대로 동지에서 하지로 이동하는 동안에는 하루의 길이가 0.82분씩 짧아지게 된다는 것이다.

이처럼 하루의 시작 시점을 단순히 해가 뜨거나 지는 시간으로 정하게 되면 일 년 내내 하루의 길이가 일정하지 않게 됨으로서, 이로 인해 여러 문제점들이 발생하게 되었다. 천문학이 발달하지 않은 고대에는 자연의 현상에 대한 지식이 부족했기 때문에, 누구나 직관적으로 느낄 수 있는 해가 뜨거나, 해가 지는 보편적 현상만을 이용해서 하루의 길이와 하루의 시작점을 정할 수밖에 없었으며, 그렇게 하더라도 사회 생활에 특별한 문제점들이 없었으므로 충분하였다. 그러나 문명이 점차 발전하면서 시계의 사용이 보편화되면서 하루를 더 작은 단위인 '시간'과 '분'이라는 더 작은 단위의 시간으로 세분하여 규정하게 되었으므로, 이로 인해 하루의 길이가 차이 나는 문제는 점차 심각하게 인식되기 시작하였다.

그렇다면 하루의 길이가 차이가 나지 않고 항상 똑같은 하루의 시작점은 없는 것일까? 보다 향상된 천문 지식과 더불어 계측 방법들 또한 발달되었기 때문에, 하지나 동지를 포함한 어떤 시기에서도 천문학적인 방법을 통해 과학적이며 오류가 없이 하루의 길이가 항상 똑같은 시점을 찾을 수 있게 되었다. 그렇게 찾아낸 시점이 정오와, 정오의 대척점에 있는 자정이었다. 하루의 시점을 해가 뜨거나 지는 시점으로부터 정오나 자정으로 옮겨가게 하는데 결정적인 역할을 한 사람들은 천문학자들이었다. 정오에서 정오까지의 하루 길이와, 자정에서 자정까지의 하루 길이는 일 년 내내 항상 일정하였다. 물론, 이들 두 시점에 의한 하루의 길이도 엄밀히 이야기하자면 항상 같지는 않다. 왜냐하면, 황도와 적도 사이에 23.5도의 경사가 있고, 지구의 공전 궤도가 원이 아니고 타원이기 때문이다. 그렇지만 이러한 차이는 매우 경미하므로 무시하기로 한다.

그런데 이들 두 시점 중에서 정오를 하루의 시작으로 정하면 사람들이 한창 활동하고 있는 대낮에 날짜가 바뀌게 되기 때문에 불편하게 되지만, 자정을 하루의 시작점으로 정하게 되면 이와 같은 불편이 나타나지 않는다. 결국 하루의 시작점은 자정으로 넘어오게 되었다.

그러나 밤을 작업 시간으로 삼는 특수 직업인들에게는 문제가 되었다. 특히 그 중에서도 천문학자들에게는 더욱 더 심각하게 다가왔다. 그들은 '낮과 밤'이나 '밤과 낮'의 한 쌍을 하루로 하여 해가 뜨는 시각이나 해가 지는 시각을 하루의 시작점으로 정했던 시대에는 그들의 천문 관측을 바탕으로 한 작업에 전혀 문제가 없었다. 그런데 하루의 시점을 자정으로 하게 된다면 그들이 한참 작업하는 도중인 자정에 날짜가 바뀌게 된다. 천문학자들은 태생적으로 별 관측이 가능한 야간에만 작업할 수밖에 없으니까! 예전에는 하루 밤의 계측과 그 결과들이 항상 같은 날 하루에 속하였지만, 자정을 하루의 시작 시점으로 삼게 되면, 밤 동안의 천문 관찰이 반쪽은 전날에, 반쪽은 다음 날에 속하게 될 수밖에 없었다. 일관성 있는 천문학적 기록이 생명이라고 생각했던 천문학자들로서는 대단히 심각한 상황이 아닐 수 없었다.

그렇지만 자정 대신 정오를 하루의 시작점으로 정하게 되면, 밤의 시간이 같은 한 날짜에 속하게 되므로 이런 문제가 생기지 않았다. 결국 천문학자들은 고심끝에 천문학에서는 자정을 하루의 시작 시점으로 받아들이지 않고, 정오를 천문학적인 하루의 시작점으로 정하여 사용하였다. 모든 사람들에게 하루의 시작점을 자정으로 정하도록 결정적으로 기여했던 이들 천문학자들이 놀랍고도 아니러니하게도 그들 스스로 보편성을 무시하고 일반일들과는 다르게 하루의 시작점을 정오로 고집하여 사용하였던 것이다. 집단 이기주의라는 계속된 비난 속에서, 천문학자들이 다른 '보통 사람들'처럼 자정을 하루의 시작 시점으로 천문학에 채택한 시기는 1925년부터라고 한다.

이와 같은 우여곡절 과정을 거쳐 하루의 시작점은 자정으로 확정되었으며, 천문학을 포함해 모든 과학이 괄목한 발전을 이룬 현대에 들어서서도 자정이 하루의 시작 시점이라는데 이견이 없으며, 현재까지 더 이상의 수정을 필요로 하지 않게 되었다. 다시 한번 현재 우리가 '하루"라 부르는 시간을 정의하자면, 하루의 시작점인 자정에서 다음날 자정까지로 정의된다. 더 정확히 말하자면 저녁 12시(0시,자정)부터 저녁 11시 59분 59초까지를 하루라고 한다. 저녁 12시는 새로운 하루가 시작되는 시작점이지, 결코 그 전날의 끝나는 점이 아니다. 마찬가지로 정오 12시는 오후에 속하며, 오전에 속하지 않는다.

0시, 12시, 24시

24시간제 시간은 시:분(예: 01:23) 또는 시:분:초(01:23:45) 형식으로 기록된다. 24시간 표기법에서 하루는 자정 00:00에 시작하고 하루의 마지막 분은 자정 직전의 23:59이다. 따라서 23:59 다음 시간은 자정인 00:00이며, 다음날에 속하게 된다. 원칙적으로 23:59 다음 시간을 자정 24:00 이라고 표기하지 않는다. 간혹 편의상 00:00 대신 24:00 이라는 표기를 사용하기도 하는데, 이는 올바른 표기는 아니다. 또한 00:00 대신 사용되는 24:00 이라는 표기는 대부분 하루의 시작점인 자정 00:00을 의미하기 위해서 사용되지 않고, 편의상 하루의 끝 부분이라는 의미를 강조하기 위해서 관행적으로 사용된다. 일반적으로 당일의 마지막 시간까지 영업하는 경우, 영업 시간이 그 날 끝나는 시간까지라는 것을 정확히 명시하기 위해 사용한다.(예: "00:00 - 24:00", "07:00 - 24:00") 또한, 일부 버스 및 기차 시간표에서도 종종 출발 시간으로 00:00을, 도착 시간으로 24:00이라고 표기하기도 한다. 때로는 법적 계약에서도 '시작 날짜 00:00부터 종료 날짜 24:00까지'라고 작성하기도 한다. 당일의 마지막 시간을 표현할 때, '종료 날짜 23:59까지'라고 표기하는 것이 정확한 표현이지만, '23:59까지'는 표현에 익숙하지 않을 뿐만 아니라, 24:00이라는 표기가 하루의 끝이라는 인식이 강하기 때문에 대부분의 사람들은 '24:00까지'라는 표현을 관습적으로 사용하고 있다.

1978년 우리나라 대법원에서는 예비군의 소집일과 관련된 소송에서 0시를 날이 끝나는 순간(24시)이라고 정의하여 판결을 내린 사례가 있다. 이를 최종적인 법적인 근거로 삼는다고 하면, 0시 즉 00:00, 또는 24시, 즉 24:00는 경우에 따라서 하루가 끝나는 마지막 시점의 의미로도 사용될 수도 있다고 해석할 수 있다. 그렇지만 이와 같은 표현으로 인해서 적지 않은 혼란과 예기치 않은 심각한 문제가 발생할 수도 있으므로 주의를 요한다.

이와 같은 혼란을 방지하기 위해서, 2010년에 제정된 미 해군과 미 해병대의 통신 매뉴얼에서는 하루 시간에 대해 0001에서 2400라고 표기했었지만, 2015년 6월에 매뉴얼을 업데이트하면서 하루 시간을 0000에서 2359라고 사용하도록 변경하여, 국제 표준 시간 표기를 준수하였다.

이처럼 일상적이고 상식적으로 여겨지는 문제들에 대해 대부분의 사람들이 실제와 다르게 인식하면서, 이로 인해 오해의 소지가 종종 발생한다. 0시 문제와 같이, 음력의 날짜 문제에서도 유사한 혼란이 나타난다. 음력 초하루와 관련된 것이다. 대부분의 사람들은 달이 보이지 않는 시점인 삭의 상태에서 벗어나 초승달이 나타나는 때를 초하루라고 잘못 알고 있으며, 삭이란 달이 시작되는 시작점이 아니라 달이 끝나는 시점이라고 알고 있다. 그러나, 실제로는 달이 태양과 지구 사이에 일직선 상에 위치하여 달이 전혀 보이지 않는 위상을 가지는 시점을 삭이라고 정의하면서, 달이 지고 다시 시작되는 변곡점에 해당하는 그 시점, 즉, 삭의 시점을 음력 초하루, 즉, 음력으로 1일이라고 하였다. 00.00(24.00)이 끝이 아니라 시작 시점인 것처럼….

또한 뒤에 다시 설명하게 되겠지만, 윤초의 경우에도 비슷한 상황을 확인할 수 있다. 지구 자전이 늦어짐에 따라 평균태양시와의 차이가 생기면 일정한 시기에 1초의 윤초를 가감하여 그 차이가 ±0.9초를 벗어나지 않도록 국제시보국에서 관리하고 있다. 그러므로 우리가 현재 사용하고 있는 모든 '분'이 똑같이 60초가 아니다. 윤초는 12월 31일이나, 6월 30일에 추가되며, 그 날의 마지막 1분에 추가된다. 이때 윤초가 추가된 시점이 6월 30일 마지막 1분의 끝에 해당하는 23시 59분 59초 다음이었으므로, 추가된 윤초의 시간은 23시 59분 60초가 된다. 이처럼 윤초는 당일의 마지막 시점 이후에 추가되며, 추가되는 윤초는 당일의 마지막 시점으로 규정되고, 윤초는 23시 59분 60초라고 표기된다.

재차 강조하지만 23시 59분 60초의 윤초에 해당하는 시점은 그 날의 마지막 시점이며, 다음날의 시작점이 아니다. 만약 24.00.00을 하루의 마지막 시점이라고 여긴다면, 윤초는 마지막 시점 다음에 추가되는 시간이기 때문에 24.00.01로 표기되어야 할 것이다. 그렇게 되면 24.00.01로 표기되는 윤초의 시간이 전날의 마지막 시간으로 인식될 수 없고, 다음날 첫 시점으로 인식되어지는 혼란이 생기게 될 것이다. 따라서, 하루의 마지막 시점은 23시 59분 59초이고, 이 시점 이후에 윤초 23시 59분 60초가 추가되는 것이 당연할 것이다. 이에 따라, 이 윤초를 포함한 시점까지 당일에 해당하게 되고, 이어지는 00.00.00의 시점부터 새로운 날이 시작된다는 것을 알 수 있다.

이와 같은 상황들을 모두 종합해보면, 0시나 24시가 하루의 마지막 시점에 해당하지 않는다는 사실을 분명히 파악할 수 있을 것이다. 또한, 자정이라는 시점에 대한 정의가 탄생하게 된 역사적인 배경을 떠올리기만 하더라도 0시에 해당하는 자정이 하루의 시작점이라는 사실에 대해서 전혀 이의를 제기할 수 없을 것이다. 다만, 0시의 또 다른 다른 표현 방식으로 사용되는 24시를 전날의 마지막 시간으로 인식하고 사용하는 것은 근본적인 시간 정의에 대한 문제를 떠나 편의적인 관습 정도로 이해하면 될 것이다.

02
하루 24시간, 60분, 60초

1. 시간의 탄생과 하루 24시간

    원시 시대 이래로 문명의 초기 단계에 이르기까지 인간은 시간이라는 개념 자체를 구체화하여 인식하며 생활하지 않았지만, 밤과 낮으로 이루어진 하루를 시간의 기본 단위로 하는 생활 체계를 이루며 살아가고 있었다. 인간의 삶의 근간을 이루고 있었던 밤과 낮이라는 2개의 구간은 매우 뚜렷하고 확실하게 구분되는 기본적인 시간 단위였다. 그러나, 문명의 발전과 함께 사회 복잡성이 증가함에 따라 사람들의 일상 활동이 점차 세분화되고 정밀해졌으므로, 단순히 낮과 밤으로만 하루를 구분하는 방식은 더 이상 충분하지 않게 되었으며 좀 더 세밀한 시간 구분의 필요성이 대두되었다. 결국, 하루는 밤과 낮보다 더 짧은 단위의 시간인 '시간'(Hour)으로 구분되었고, 이어서 '시간'은 '분'으로, '분'은 다시 '초'로 나누어졌다.

    그중 '시간'은 하루를 24부분으로 일정하게 나눈 것이며, '분'은 1시간을 60부분으로, '초'란 1분을 60부분으로 나눈 시간의 단위라는 것을 우리는 알고 있다. 그렇다면 이들 시간과, 분, 초와 같은 시간 단위는 어떤 근거 하에서 이처럼 특별한 숫자에 의해 구분되고 정의되었으며, 이름 지어졌을까?

하루 24시간(Hour)

하루는 언제 어떻게 시간(Hour)이라는 단위로 구분되어졌을까? 그리고 수많은 경우 중에서 왜 하필 24부분으로 나누었으며, 24라는 숫자에는 어떤 의미가 있는 것일까? 그에 대한 해답을 우리는 이집트인들로부터 찾을 수 있다. 오늘날 우리가 현재 사용하는 "시간"이라는 개념과는 약간의 차이는 있지만, 고대 이집트에서는 하루를 해 뜰 때와 해 질 때를 중심으로 크게 낮의 12부분과 밤의 12부분으로 나누고, 이들을 "데칸"(decans)이라고 하였다.

원래 '데칸'이라는 단어는 이집트어에서 "10일"을 나타내는 단어로 사용되었으나, 고대 이집트 천문학에서는 10일마다 하늘을 통과하는 별자리 그룹을 가리키는 데에도 이 데칸이라는 용어를 사용하였다. 이에 따라 이집트인들은 밤하늘의 별들을 관찰하여 총 36개의 별자리 그룹으로 구분하였으며, 10일 간격으로 구분된 그 별자리들을 기준삼아 일 년을 분할하였을 뿐만 아니라 밤의 시간까지도 12부분으로 나누었다. 그리고 별자리에 의해 12부분으로 나누어진 밤의 시간을 각각 데칸이라고 칭한 것이었는데, 이 명칭이 낮의 시간 영역까지 확장 적용되어 하루의 시간이 총 24 데칸이 된 것이다.

데칸

데칸에 대해 좀 더 자세하게 알아보기로 하자. 고대 이집트인들이 36개의 별자리를 바탕으로 수립한 데칸(Decans) 체계는 고대 이집트 천문학에서 중요한 역할을 했던 별자리 관련 체계였다. 이 체계는 약 3,000년 전에 고안되었다고 하는데, 고대 이집트 천문학자들이 밤하늘의 별들을 관측하여 36개의 데칸으로 구분하였으므로, 일 년 동안 이들 36개의 데칸들은 약 10일 간격으로 일출 직전에 동쪽 지평선 위로 떠올랐다가 서쪽 지평선으로 지게 된다. 따라서 약 10일 간격으로 떠오르는 별자리 그룹이라는 의미를 특별히 강조하여 데칸이라는 이름이 붙여지게 된 것으로 여겨진다. 그러므로 각 데칸은 밤하늘의 특정 영역을 대표하는 별들의 집합으로 볼 수 있다. 데칸마다 별들의 숫자는 각각 다르다.

그리고, 이렇게 데칸들이 동쪽 지평선 위로 떠오르는 현상을 '헬리아컬 라이징'(Heliacal rising)이라고 하였다. '헬리아컬 라이징'이란 그리스어 '헬리오스'('해'를 의미)와 '라이징'('뜨다'를 의미)을 결합한 용어로, '해가 뜨는 시점에 해와 함께 별이 뜨는 현상'을 의미한다. 따라서, 별들이 헬리아컬 라이징을 함으로써 태양이 뜨기 직전 동쪽 지평선에서 처음으로 관측된다. 그러나, 태양이 떠오르면서 하늘이 점점 밝아지기 시작하면 별은 더 이상 눈에 보이지 않게 된다. 이후, 저녁 시간이 되면 그 별들은 서쪽 지평선으로 지게 되지만, 이때는 태양이 먼저 지평선 아래로 내려가 있기 때문에 해질 무렵 잠시 동안 별들을 관측할 수 있게 된다.

10일마다 36개의 데칸이 모두 떠오르게 되면 360일 1년이 되었으므로, 데칸들의 헬리아컬 라이징을 관찰하므로서 별들의 연간 운행 주기를 통해 그 시점이 어느 달이고 어느 계절에 해당하는지 쉽게 파악할 수 있었다. 따라서 고대 이집트 천문학자들은 이 현상을 달력에 활용하였다. 특히, 시리우스(Sirius) 별의 헬리아컬 라이징은 매년 나일 강의 범람과 거의 동시에 발생하였기 때문에, 이 현상을 통해 나일 강의 범람 시기를 사전에 예측할 수 있었다.

데칸 별자리는 일 년을 분할하는 기준이 되었을 뿐만 아니라 항성시계로도 사용되어 밤하늘의 시간을 측정하는 데에도 활용되었다. 데칸 별자리는 총 36개이지만, 이 중에서 12개의 데칸 별자리가 하룻밤 시간 동안 동쪽 지평선에서 솟아올랐을 뿐만 아니라, 일정한 시간 간격을 두고 나타났다. 밤이 시작되면서 동쪽 지평선에서 첫 번째 데칸 별자리가 솟아 오르기 시작하면서 총 12개의 데칸 별자리들이 이어서 솟아오르게 되었으므로, 하나의 데칸 별자리가 솟아오를 때마다 1구간이 지났다고 간주할 수 있었다. 따라서, 데칸 별자리의 출현 시간에 맞추어 밤 시간을 12개의 구간, 즉 12시간으로 나눌 수 있었다.

이러한 데칸 체계는 고대 이집트 왕국 시대의 무덤, 사원, 천문학적인 기록들에서 발견되었다. 그 예로는 세테이 1세 왕의 무덤에서 발견된 천장화와 이집트 천문학의 고전 중 하나인 '천문학자의 표' 등이 있다. 이들 자료들은 고대 이집트에서 밤 시간을 12개의 별을 통해 구분했음을 보여주는 역사적 증거로 간주된다.

세테이 1세의 무덤에서 발견된 천장화에는 데칸들이 정확하게 배열되어 있으며, 각각의 데칸은 별자리를 표현하는 상징적인 그림과 함께 그려져 있다. 또한, 그림에는 각 데칸들이 해가 뜨는 시간, 그리고 해가 지는 시간과 함께 표현되어 있으며, 시간의 흐름에 따른 데칸들의 변화까지 상세하게 표현하고 있다.

'천문학자의 표'는 이집트의 천문학에 관한 고대의 표로서, 데칸 체계에 기초하여 별자리의 움직임을 기록하고 설명하고 있다. 표에는 각 데칸이 출현하는 시간과 방향, 그리고 별자리의 움직임 등에 대한 세밀한 정보가 포함되어 있다. 또한, 각 데칸에 대응하는 별자리와 그 별자리의 특성, 그리고 데칸이 등장하는 시기와 그에 따른 사건이나 의미 등을 정리하고 분석하는 등, 이집트 천문학의 중요한 정보를 담고 있다.

해시계

해가 떠 있는 낮 시간에는 이집트인들은 해시계(sundials)를 이용하여 낮의 기간을 구분하였다. 해시계는 땅에 단순히 막대기를 꽂음으로서 만들었고, 막대에 의해 생기는 그림자의 길이와 방향을 참고하여 시간을 구분하였다. 기원전 1500년경에 이르러, 이집트인들은 해시계를 더욱 더 효율적으로 개량하였다. T자 모양의 막대기로 이루어진 이 해시계를 사용하여, 그들은 일출에서 일몰까지의 기간을 12부분으로 구분하였다.

이렇게 해시계로 측정된 낮 시간의 데칸 길이는 매일 매일에는 서로 같은 길이였지만, 일 년 동안의 각 날들의 시간들을 서로 비교해 보면 그 길이가 같지 않았다. 여름의 낮 길이가 겨울보다 길었기 때문에, 여름날의 낮 데칸이 겨울의 낮 데칸보다 당연히 길 수밖에 없었다. 일 년 동안의 각 날들의 시간들의 길이가 서로 같지 않은 점과 관련된 문제들과 그에 대한 해결에 대해서는 앞에서 이미 언급한 바 있다.

시간(Hour)

현재 우리가 사용하고 있는 시간(Hour)이라는 개념은 인류 문명 발전의 초기 단계에서 출현하였으며, 고대 이집트와 수메르 문명에서 각각 독립적으로 확립되었다는 것이 일반적으로 받아들여지는 견해이다. 이러한 두 문명은 천문학적 관찰을 바탕으로 하루를 분할하고, 이를 통해 시간 관리의 체계를 구축하였다. 그러나 '시간'(Hour)이라 부르는 단어의 어원은 고대 그리스어에서 유래되었다고 알려져 있다. 고대 그리스어에서 호라(hora)라고 발음되는 'ὥρα'는 천문학적 측정에 기반한 시간, 기간, 계절 등을 표현하는 단위로 사용되었는데, 특히 낮과 밤의 각 시간 구간을 지칭하는데 쓰였다. 고대 이집트 신화와 관련된 일부 학설에서는 'ὥρα'라는 단어가 이집트 신화의 신, 호루스(Horus)로부터 유래했을 가능성을 제기하기도 한다. 호루스(Horus)가 하루의 시간과 연관이 있으며 특히 해가 떠오르는 시간을 상징했으므로, 이 개념이 그리스어의 'ὥρα'로 연결되었을 가능성이 있다고 추정하는 것이다.

그후 그리스어 'ὥρα'가 라틴어로 전달되면서 라틴어에서는 'hora'라는 단어가 되었고, 이것이 시간을 나타내는 일반적인 의미로 사용되게 되었다. 현재 사용되는 영어 'hour'는 이 라틴어 단어 'hora'에서 직접 빌려온 것으로, 중세 영어에서는 'oure'나 'hour'로 표기되었었다. 오늘날 영어에서 'hour'는 하루의 1/24단위를 의미하며, 고대 그리스어에서 시작된 원래의 의미와는 다소 차이가 있다.

12, 24라는 숫자

고대 이집트인들은 데칸 체계와 해시계를 바탕으로 밤과 낮의 시간을 각각 12시간으로 구분하였는데, 그들이 특별히 12라는 숫자를 선택하게 된 요인으로 두 가지 가능성이 제기되고 있다. 첫째, 이집트인들은 이미 12개의 달로 구성된 태음력 달력을 사용하고 있었다는 점이다. 따라서 그들은 12라는 숫자에 익숙했으므로, 이를 시간에도 적용했을 가능성이 크다는 것이다. 둘째, 12라는 숫자는 손가락을 사용해 간편하게 셀 수 있는 숫자였기 때문에 이집트인들은 손가락을 기반으로 한 12진법 체계를 활용하였었고, 이를 시간을 구분하는 체계에도 적용했다는 것이다. 10진법이 두 손의 10개 손가락을 기반으로 한 것처럼, 12진법 역시 손가락의 마디를 활용한 셈법이다. 한 손에서 엄지 손가락을 제외한 나머지 네 손가락에는 각각 3개의 마디가 있어 총 12개의 마디가 된다. 이 12개 마디를 엄지 손가락으로 세면, 12라는 숫자를 손쉽게 세어낼 수 있다. 이와 같은 내용을 고려하면, 고대 이집트인들이 시간을 12시간 단위로 나눈 것은 1년을 12달로 정한 그들의 문화적 익숙함과 손가락 셈법에 기인한 것으로 볼 수 있다. 이러한 이유로 인해 12시간 체계가 고대 이집트에서 널리 사용되었다고 추정된다.

앞에서 이미 한번 언급하였지만, 이집트인들은 낮 시간뿐만 아니라 밤 시간도 분할하여 측정하였다. 일몰부터 일출까지의 어둠 속에서는 해시계를 사용할 수 없었기 때문에, 낮 시간을 구분하는 것보다는 어려운 과제였다. 그러나 이집트 천문학자들은 해시계가 도입되기 이전에 이미 하늘의 궤도를 균등하게 나눌 수 있는 36개의 별을 발견했다. 이 중 18개의 별은 밤에 등장했으며, 그중 3개는 황혼에, 다른 3개는 여명에 나타나 관측하기 어려웠다. 따라서 남은 12개의 별이 어두운 밤 동안의 시간을 나타내는 지표가 되었고, 이를 기준으로 밤 시간을 12개 부분으로 나눌 수 있었다.

낮 시간을 12개 부분으로 구분한 것의 근거는 앞서 설명한 바와 같이 명확하지 않았지만, 밤 시간의 경우 12개의 별에 의해 구분되었다는 것이 역사적 자료를 통해 충분히 입증되었기 때문에, 밤을 12시간 체계로 구분한 근거는 분명하다고 여겨진다. 따라서 이렇게 확립된 밤 시간의 12시간 개념이 낮 시간까지 확장되어 낮 시간 역시 12개 부분으로 나누어진 것이라는 주장도 제기되었지만, 이에 대한 연관성을 확인할 방법은 없다. 시간이 지나면서 기원전 1550년에서 기원전 1070년 사이의 새로운 왕국 시대에 이르러, 이 36개 별 체계는 24개 별을 사용하는 체계로 간소화되었으며, 그중 12개 별이 밤 시간의 경로를 명확하게 구분해 주었다. 이처럼 고대 이집트인들은 밤과 낮의 시간을 각각 따로 분할하여 구분하였으며, 초기에는 밤의 시간 구분에 별을 이용한 천문학적 방법을 활용하였다.

그러나, 별을 이용한 밤 시간 측정은 날씨에 따라 제한을 받았다. 따라서 흐린 날씨로 인해 별들을 관측할 수 없을 때에는, 다른 시간 측정 방법이 필요했다. 이러한 상황에서 물시계가 고안되었으며, 이는 고대 시간 측정 기기 중 가장 정확한 것으로 여겨졌다. 기원전 1400년경 카르낙(Karnak)의 암몬 사원(Temple of Ammon)에서 발견된 물시계에는 12개의 눈금이 표시되어 있었다.

이와 같은 과정을 거치면서 고대 이집트에서는 낮과 밤이 다른 기준에 의해 각각 12개의 시간대로 따로 따로 구분되기는 하였지만, 결국 하루는 24시간이라는 개념이 만들어지게 되었다. 따라서 하루 중 밤과 낮의 시간 길이는 동일하지 않았으며 계절에 따라 변동하였지만, 하루를 이루는 24시간이라는 개념이 고대 이집트에서 형성되었다.

기원전 147년에서 127년 사이에 활동하였던 그리스 천문학자 히파르쿠스는 모든 시간은 항상 똑같이 일정해야 한다고 주장하였다. 히파르쿠스는 춘분이나 추분에 밤 낮의 길이가 같다는 점에 착안하여, 하루를 동일한 24분점시(equinoctial hour)로 나눌 것을 제안하였다. 춘분이나 추분을 분점이라고 하는데, 이때에는 밤과 낮의 길이가 같아지므로 밤과 낮 기간을 12등분한 시간들은 밤과 낮에 관계없이 똑같게 된다. 그러므로 이때의 시간들은 낮과 밤으로 이루어진 하루 전체의 시간을 24등분한 것과 똑같은 시간이 된다.

그러나 이와 같은 그의 제안에도 불구하고, 사람들은 히파르쿠스 시대 이후에도 오랜 세월 동안 계속해서 계절마다 틀려지고 낮과 밤에도 그 길이가 같지 않았던 기존 시간을 사용하였다. 그 이유는 그 시대에는 춘분과 추분을 제외한 대부분의 날들의 밤과 낮의 시간을 정확하게 똑같이 나눌 수 있는 간편한 방법이 없었을 뿐만 아니라, 밤과 낮의 시간들이 정확하게 같지 않을지라도, 그로 인해 생기는 불편한 문제들도 없었기 때문이었다. 같은 길이의 시간에 대한 개념은 헬레니즘 시대에 이르러 그리스 천문학자들에 의해 다시 부각되었으며, 14세기에 유럽에서 기계식 시계가 발명되고 나서야 비로소 밤과 낮, 그리고 계절에 관계없이 항상 똑같은 길이의 시간 사용이 보편화되었다.

성무일과(聖務日課)

이와 같이 낮과 밤을 기준으로 삼아 시간을 구분한 흔적은 가톨릭 예배 형태인 '성무일과'에 여전히 남아 있다. 성무일과(聖務日課, 라틴어: Officium Divinum, Liturgia Horarum)는 로마 가톨릭, 정교회 및 성공회에서 성직자와 수도자가 매일 일정한 시간에 진행하는 예배로, 성무일도 또는, 시간 전례라고도 불린다. 이는 하루에 8번의 정해진 시간에 예배를 드리는 전통적인 예식으로, 유대교 전통에서 기원하여 초대 교회가 전수 받은 것으로 여겨지고 있으며, 동방 정교회에서는 이를 꾸준히 이어오고 있다. 유대인이 해 질 무렵부터 하루를 시작하는 것처럼, 성무일과도 해가 지는 시간을 시작점으로 하여 다음과 같은 순서로 진행된다.

만과晚課(석상 기도) 베스퍼스(Vespers, 해질 때, 오후 6시 경)
종과終課(침상 기도) 콤프리네(Compline, Complin 잠자기 전, 보통 만과 후 즉시)
조과朝課(야간사경) 마틴스(Matins, 해뜨기 전의 새벽, 또는 자정~새벽 2시),
찬과讚課(새벽 기도) 라우드스(Lauds, 해 뜰 때)
제 1 시과(오전 기도) 프리메(Prime, 오전 6시 경)
제 3 시과(제3시 기도) 떼르체(Terce, Tierce, 오전 9시 경)
제 6 시과(제6시 기도) 섹스트(Sext, 정오)
제 9 시과(제9시 기도) 논네스(Nones, None 오후 3시 경)

성무일과를 수행하기 위해 수도사들은 대체로 새벽 3시경에 일어나고, 콤프리네를 마친 후 오후 7시쯤 잠자리에 들곤 한다. 성무일과는 주로 시편 낭송, 찬미가 노래, 성경 구절 낭송으로 구성되어 있다. 이 과정에서 조과, 찬과, 만과는 음악적으로 중요한 부분이다. 현재 로마 가톨릭 교회에서는 마틴스를 야간사경(Office of Readings)이라 부른다. 동방 정교회에서도 비슷한 기도 시간이 있으며, '야간기도' 또는 '새벽기도'라고 한다.

성무일과는 서기 520년경 최초로 문서화되었고, 수도원과 대성당에서 규칙과 순서에 따라 진행되었다. 모든 성직자들은 성무일과를 수행할 의무가 있으며, 수도자들은 수도회 규정에 따라 이를 수행하였다. 성무일과는 기독교 수도생활의 핵심이라 할 수 있을 정도로 중요하게 여겨진다. 이러한 까닭에 평신도들에게도 성무일과 수행을 권유하기도 한다. 성무일과 중 오후 3시에 해당하는 9시과인 '논네스(Nones)'는 하루 중 가장 더운 시간으로, 낮 중에서도 가장 중심으로 간주되었다. 훗날 이 '논네스(Nones)'로부터 영어로 정오를 의미하는 'noon'이 파생되었다.

2. 분과 초의 탄생

히파르쿠스와 여러 그리스 천문학자들은 메소포타미아 지역에 거주하였던 바빌로니아인들로부터 천문학적 기술들을 계승하고 발전시키는 데 기여했다. 바빌로니아인들은 천문학과 수학에 뛰어난 업적을 남겼으며, 그들의 지식은 그리스 천문학자들에게 큰 영향을 주었다. 바빌로니아인들은 60진법을 천문학 계산에 사용했는데, 이는 기원전 약 3000년경에 메소포타미아 지역에서 살았던 수메리아인들로부터 물려받은 것이었다.

고대 수메르의 60진법

일반적인 계산 체계로 흔치 않은 60이라는 수를 기본 단위로 하는 60진법 체계는 기원전 3000년경의 고대 수메르에서 시작되어 고대 바빌로니아와 다른 국가들을 거쳐 전해져 왔다. 이와 달리 이집트, 그리스 등의 국가들은 10진법 체계를 사용했다. 수메르 역시 기원전 약 3500년까지는 10진법을 사용했지만, 이후 60진법으로 발전하였다.

수메르의 60진법 체계를 살펴보면 하위 체계로 10진법이 사용되고 있다. 다음 그림에 표기된 것처럼 수직 쐐기(V)는 1을 표시하며, 수평 쐐기(◇)는 10을 나타낸다. 이 체계에서 59까지는 10진법을 사용하고 있으며, 60을 다시 수직 쐐기(V)로 표기한다. 그러나 수메르인들에게는 60진법 체계에서는 '0'이라는 숫자가 없었기 때문에 1과 60을 쐐기 모양만으로 구별할 수 없었다. 이 문제는 나중에 빈 공간에 대한 기호를 발명함으로써 해결하였다.

1	11	21	31	41	51
2	12	22	32	42	52
3	13	23	33	43	53
4	14	24	34	44	54
5	15	25	35	45	55
6	16	26	36	46	56
7	17	27	37	47	57
8	18	28	38	48	58
9	19	29	39	49	59
10	20	30	40	50	

수메르 / 바빌로니아의 60진법   출처 : 위키 백과

고대 메소포타미아의 도량형

고대 메소포타미아의 도량형 체계는 60진법과 10진법이 끊임없이 혼용되는 독특한 구조를 보였다. 이들은 길이, 면적, 부피를 측정하기 위한 기본 단위를 설정하고, 그 기본 단위들을 다양한 비율로 확장하여 상위 단위를 형성하였다. 길이를 측정하는데 있어서, '그래인'(grain)이라는 단위가 기본적으로 사용되었다. 이는 일종의 낱알로 이해할 수 있으며, 그래인에서 상위 단위로 나아갈 때마다 정해진 비율에 따라 확장되었다.

단위	비율	표준 값(m)
그래인 grain	1	1/360
손가락 finger	6	1/60
발 foot	2×60	1/3
큐빗 cubit	3×60	1/2
한 걸음 step	6×60	1
리드 reed(갈대)	18×60	3
로드 rod	36×60	6

고대 메소포타미아의 길이 단위

면적의 경우, 기본 단위로 '가든'(garden)이라는 단위가 사용되었다. 이 단위는 일종의 정원 또는 작은 농지의 면적을 나타냈으며, 큰 면적을 측정하기 위해서는 이 가든 단위를 특정한 비율로 늘려 상위 단위를 만들어 사용하였다.

단위	비율		표준 값
가든 garden	1	1nindan×1nindan	36 평방 미터
필드 field	100	10nindan×10nindan	3,600 평방 미터
에스테이트 estate	1,800	30nindan×60nindan	64,800 평방 미터

고대 메소포타미아의 면적 단위

마지막으로 부피의 경우, '쉐켈'(shekel)이라는 단위가 기본적으로 사용되었다. 이 쉐켈 단위 역시 특정한 비율로 확장되어 상위 단위를 형성하였다.

단위	비율	표준 값(L)
쉐켈 shekel	1	1/60L
사발 bowl	60	1L
용기 vessel	10×60	10L
부셸 bushel	60^2	60L
쿰 coomb	$5×60^2$	300L

고대 메소포타미아의 부피 단위

수메르인들의 화폐 제도

수메르인들의 화폐 체계는 60진법을 기반으로 구성되어 있었다. 기본 화폐 단위는 부피 단위와 동일한 '쉐켈'(SHEKEL)이었으며, 60쉐켈이 1'미나'(MINA)가 되고, 60미나가 1'탈렌트'(TALENT)가 되었다. 그리스인들과 로마인들도 수메르인들의 60진법을 자신들의 화폐 체계에 도입하여 사용하였다. 그리스의 기본 화폐 단위는 '오볼'(OBOL)이었고, 10오볼이 1드라크마였으며, 이는 하루 노동의 대가에 상응하는 단위였다. 로마 역시 그리스의 화폐 체계를 받아들여 사용하였는데, 로마의 기본 화폐 단위는 '데나리우스'(Denarius)였고, 100데나리우스가 1미나에 해당하며, 60 미나가 1 탈렌트가 되었다. 1미나는 60드라크마가 되었다.

수메르인들의 시간 체계

아래 표는 고대 수메르의 시간 체계를 보여주는데, 하루를 기준 단위로 사용하였음을 확인할 수 있다. 한 달은 30일이었고 일 년은 12개월로 구성되어 있었으므로 총 날수는 360일이었다. 하루는 12시간(watch)으로 나누었고, 각 시간은 다시 30개의 게쉬(gesh)로 나누어졌다. 따라서 일 년의 1/360에 해당하는 하루는 총 360 게쉬가 되었다. 수메르인들은 처음에는 하루를 12시간으로 구분했지만, 어느 시점부터는 하루를 24시간 체계로 바꾸게 되었다. 이러한 변화에 대한 정확한 이유나 시점에 대해서는 알려진 바 없다.

단위	비율	표준 값
게쉬 gesh	1/360	240초
시간 watch	1/12	7200초
하루	1	86,400초
달	30	25,920,000초
년	360	31,104,000초

고대 메소포타미아의 시간 단위

앞서 언급한 바와 같이 메소포타미아 지역에 거주한 수메르인들은 독특하게 60진법을 사용하였는데, 60진법을 사용하게 된 배경과 관련하여 여러 가지 가설이 제시되고 있다. 이 중 네 가지 대표적인 가설을 조명해 보도록 하자.

60은 많은 약수를 가지고 있는 고복합 숫자이다

60이 가장 많은 약수를 가지고 있기 때문에 수메르인들이 60진법을 사용했다는 것이 이 가설의 핵심이다. 알렉산드리아의 테온(서기 335~405)이 제안한 이 가설은 가장 많은 지지를 받고 있다. 60은 1, 2, 3, 4, 5, 6, 10, 12, 15, 20, 30, 60 등 총 12개의 약수를 가지고 있어, 60진법으로 표현된 숫자들은 약분을 쉽게 하고 분모를 줄일 수 있다. 아래 그림을 참조하면, 120 이내의 숫자 중 60보다 더 많은 약수를 가진 수가 없다는 것을 확인할 수 있다.

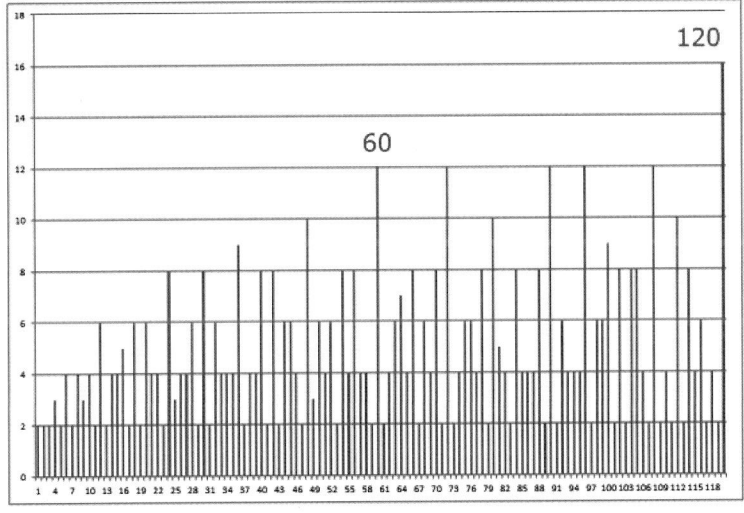

1~120까지의 수들의 약수 개수

60처럼 자신보다 작은 정수들보다 더 많은 약수를 가진 양수를 고복합 숫자(HCN; Highly Composite Numbers)라고 한다. 고복합 숫자에는 1, 2, 4, 6, 12, 24, 36, 48, 60, 120, 180, 240, 360, 720 등이 있으며, 이러한 수는 무한대로

존재한다. 또한, 고복합 숫자 중에서 1, 6, 12, 60, 120, 360 등은 초고복합 숫자(SHCN; Superior Highly Composite Numbers)로 분류된다.

그러나 10은 고복합 숫자가 아님에도 불구하고 가장 널리 사용되는 수 체계의 기본 단위이다. 이는 고복합 숫자만이 수 체계의 기본 단위가 될 수 있는 것이 아니라는 것을 의미한다. 그렇지만 메소포타미아 숫자 체계의 기본 단위로 60이 선택된 이유 중 하나는 60이 바로 고복합 숫자였기 때문이라고 볼 수 있다. 또한, 12 역시 고복합 숫자에 해당하여 기본 체계의 수로 사용되었다. 수메르인들은 7이라는 숫자를 대단히 신성한 수로 여겼지만, 7이 고복합 숫자가 아니었기 때문에 기본 단위로 사용되지 않았다는 사실도 고복합 숫자의 중요성을 강조한다.

60은 두 손을 사용하여 셀 수 있는 숫자이다

사람들은 양손의 손가락을 사용하여 10을 쉽게 셀 수 있었기 때문에, 10진법 체계가 만들어졌고, 가장 널리 사용되었다. 마찬가지로, 60진법도 10진법과 마찬가지로 다음과 같은 방법으로 손가락을 이용해 쉽게 셀 수 있었다고 한다. 다섯 손가락 중 엄지손가락을 제외한 우리 손의 네 손가락은 각각 3개의 마디로 이루어져 있다. 오른쪽 엄지를 사용해 새끼손가락의 마디부터 검지손가락까지 세면 12가 된다. 12진법에서와 마찬가지로 오른손을 사용해 12까지 세고 나면, 왼손의 새끼손가락을 구부려 12를 표시한다. 다시 오른손을 사용해 12까지 센 다음 약지, 중지, 검지, 그리고 엄지손가락까지 순서대로 구부려 12, 24, 36, 48, 그리고 60까지의 수를 나타낸다. 따라서 60진법은 12진법을 기반으로 한 셈법이다.

손가락을 사용하여 12를 쉽게 세는 방법은 인도, 인도-차이나, 파키스탄, 아프가니스탄, 이란, 터키, 이라크, 시리아, 이집트, 그리스, 로마 등 다양한 국가에서 사용되었다. 손가락을 이용한 60진법 셈법 역시 이러한 국가들에서 여전히 활용되고 있으며, 그 기초에는 12진법이 포함되어 있다.

그런데 이처럼 손가락 계산 방법에 의해서 메소포타미아의 60진법이 창안되었다면, 60진법과 함께 사용하였던 하위 진법들 역시 손가락 마디의 갯수에 의한

12진법이 되어야 했을 것이다. 그러나 그들이 사용한 표기 체계는 10×6=60에서 보는 것처럼 하위 진법들에서는 10진법을 사용하였다. 그들은 그들의 모든 진법 체계에서 12진법만을 통일되게 하나로 사용하지 않고, 10진법 체계까지 추가하여 함께 사용하였는데, 그 이유는 알 수 없다.

고대 이집트인들의 경우를 살펴보면, 그들은 10진법 체계를 가지고 있었으며, 60진법 시스템을 사용하지 않았기 때문에 60을 셀 필요는 없었지만, 십이진법 손가락 셈법도 함께 사용하였다. 그들이 낮과 밤을 각각 12시간으로 구분하였으므로 12까지 셀 필요가 있었기 때문이었다.

이를 종합해 보면 수메르인들은 독창적으로 60진법 표기법을 고안하여 사용하였다는 것을 알 수 있다. 손가락 셈법은 원래 12를 세기 위해 고안되었지만, 나중에는 60진법의 셈법에도 활용할 수 있었다. 또한 그들은 60진법만을 사용한 것이 아니고 12진법과 10진법 체계도 함께 사용하고 있었다. 수메르 문화와 인접했던 엘람 문화에서도 기원전 3천년경부터 10진법 체계를 사용하고 있었다.

60은 천문과 관련된 숫자이다

이집트인들이 10진법을 사용하는데 반해 수메르인들이 60진법을 사용한 또 다른 이유는 그들의 달력 체계와 관련이 있다. 이집트인들이 1년을 365일로 하고, 달의 위상 주기를 반영하지 않는 12달로 이루어진 태양력을 사용한 반면, 수메르인들은 달과 태양의 주기를 모두 반영한 태음 태양력을 사용하였다. 달은 약 29.5일마다 위상이 규칙적으로 반복되므로 태음월 1달은 29일이나 30일이 된다. 수메르인들은 29일이나 30일로 이루어진 태음월 12달이 지나면 대략적으로 1년이 된다는 것을 알았으므로 태음월 12달을 1년으로 삼았다. 그런데, 1년을 단순히 12개월로 구성하게 되면 365일의 태양년(회귀년, tropical year)보다 짧게 된다. 따라서, 그들은 그 차이를 조정하기 위해 2, 3년마다 윤달을 한 달 추가하여 1년을 13개월로 만들었다. 이처럼 이집트인들이 태양 주기를 중심으로 달력을 구성한 반면, 수메르인들은 달의 주기를 중심으로 달력을 구성하였다는 것을 알 수 있는데, 이것은 그들이 거주하는 지역들의 환경적 차이로 인한 것이다.

고대 왕국 동안 이집트의 수도는 멤피스였고, 중 왕국과 신 왕국 동안에는 남쪽인 테베로 옮겨졌다.
출처 : 위키 백과

고대 이집트의 수도인 멤피스와 테베는 다음의 지도에서 보는 것처럼 해안선에서 멀리 떨어진 나일강 근처의 내륙 지역에 위치해 있었다.

이집트의 주요 관심사는 해마다 주기적으로 일어나는 나일강의 범람이었다. 이 범람은 '나일의 선물'이라고 표현될 정도로 그들의 생업인 농사에 절대적인 영향을 미치는 대사건이었기 때문이다. 그런데 이 나일강의 범람 현상이 태양의 운행과 연관되어 일어났기 때문에, 이집트는 태양의 주기를 중심으로 한 태양력을 채택하게 된 것이다.

이집트와는 다르게, 우르, 우르크와 라가시와 같은 메소포타미아 문명의 주요 도시 국가들은 아래의 지도에서 보는 것처럼 페르시아 만의 해안선 근처에 위치했다.

해안선 근처에 정착한 수메르인들은 바닷가 생활과 밀접한 관계에 있는 주기적인 조수에 관심을 가질 수밖에 없었다. 조수는 달의 중력에 의해 일어나는 현상이었으므로, 달의 운행은 그들에게 매우 중요하였고, 이로 인해 수메르인들이 태음

태양력을 사용한 것은 자연스러운 것이었다.

이처럼 수메르인들에게 달의 주기는 생활 전반에 걸쳐 대단히 중요한 기준이 되었다. 이러한 이유로 그들에게 한 달은 달이 차고 이지러지는 기간인 삭망월의 30일(또는 29일)이었고, 1년은 삭망월 12달(윤년에는 13달)로 이루어진 기간이었다. 60은 바로 이들 두 숫자, 즉 12와 30의 최소 공배수에 해당하는 숫자였으며, 이것이 수메르인들이 60진법을 창안하여 사용한 이유라고 추정하고 있다.

메소포타미아의 선사 시대의 수메르인들의 정착지 지도
출처 : 위키 백과

목성과 토성 주기

스티븐 켄트 스티븐슨Stephen Kent Stephenson은 목성과 토성의 주기를 근거로 또 다른 가설을 다음과 같이 제안하였다. 수메르인들은 목성과 토성이 황도대를 일주하는데 각각 12 및 30년 걸린다는 것을 알았으며, 목성과 토성이 같은 위치에서 관찰되었다가 다시 같은 위치에서 관찰되기까지 60년이 걸린다고 계산하였다. 즉, 12와 30의 최소 공배수에 해당하는 60년마다 두 별은 다시 똑같은 위치에서 만나게 되는데, 이것을 바탕으로 그들은 60진법을 고안하였다고 주장하였다. 그런데 이 주장에는 문제가 있었다. 바빌로니아의 천문학자들이 체계적으로 목성과 토성의 움직임을 관찰하고 기록한 것은 사실이었지만, 이들 행성 사이클을 발견하기 전부터 이미 60진법 시스템을 사용하고 있었다고 여겨지기 때문이다.

이 모든 이론들을 종합해 보면, 수메르인들은 원래 10진법을 사용하면서 동시에 12를 중요한 숫자로 인식하고 있었다고 결론 내릴 수 있다. 12달로 구성된 1년, 초기 문명에서 12시간으로 정의한 하루, 그리고 12부분으로 나눈 황도대 등에서 이를 확인할 수 있다. 또한, 영어 단어에서 알 수 있듯이 12 까지의 숫자는 각각 고유한 이름을 가지고 있고, 다스(dozen)나 피트(feet)와 같이 12 체계를 가진 단위를 통해 수메리아의 12진법 전통을 확인할 수 있다. 따라서 12는 수메르인들과 그들의 계승자들에게 매우 중요한 숫자였다. 이를 바탕으로 종합하면, 60이라는 숫자는 그들이 중요하게 생각한 10과 12의 최소 공배수였기 때문에 만들어졌다고 볼 수 있다.

다음 벤 다이어그램은 60이 10과 12의 배수가 서로 공통되는 첫 지점임을 보여준다. 이를 통해 60이라는 숫자가 어떻게 선택되었는지 이해할 수 있을 것이다.

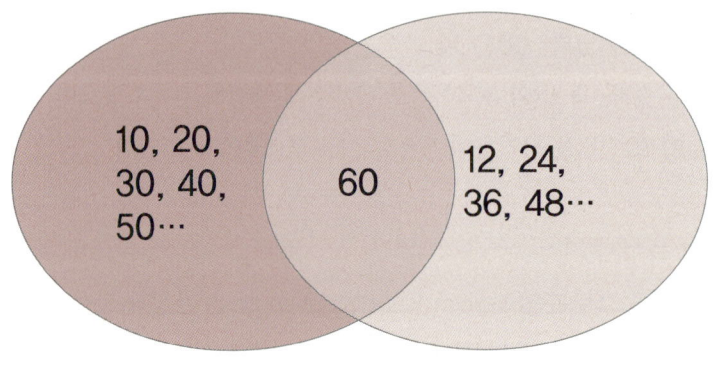

60은 10과 12의 최소 공배수

분(minute)과 초(second)라는 명칭의 탄생

기원전 276년부터 194년 사이에 활약한 그리스의 천문학자 에라토스테네스는 지구의 원 둘레를 수평선을 이용해 60부분으로 나누는 지리적 시스템을 창안했고, 이를 위도라는 개념으로 정립했다. 그리고 그는 그 수평선들이 지나는 곳에 당시 유명한 도시들을 표시했다.

에라토스테네스로부터 1세기 후에, 히파르쿠스는 에라토스테네스의 위도 체계에 북극과 남극을 잇는 수직선으로 이루어진 경도 체계를 추가해 확장된 지리적 시스템을 만들었다. 그가 새롭게 추가한 경도 시스템에서 경도는 지구를 360

도로 구분하였다. 프톨레마이오스(Claudius Ptolemaeus)는 서기 150년경 그의 저서 알마게스트(Almagest)에서 히파르쿠스의 업적에 대해서 설명하였으며, 히파르쿠스의 지리적 시스템을 다시 조정하여 경도와 위도를 모두 360도로 만들었다. 그리고 각각의 도를 다시 60부분으로 나누었으며, 이들을 다시 한번 더 60부분으로 나누었다. 이렇게 해서 만들어진 처음 60으로 나누어진 도의 부분, 즉 1/60도를 '첫 번째 나누어진 작은 부분'(partes minutae primae)이라고 명명하였다. 그리고 이 첫 번째 나누어진 작은 부분(partes minutae primae)을 또 다시 60으로 나눈 부분을 '두 번째 나누어진 작은 부분'(partes minutae secundae)이라고 이름을 붙였다. 그리고 '첫 번째 나누어진 작은 부분'(partes **minutae** primae)은 간단하게 'minute'만을 선택하여 'minute'라고 하였으며, '두 번째 나누어진 작은 부분'(partes minutae secundae)에서는 'minute'와 차별화하기 위해 partes minutae **secundae**에서 'secundae'라는 단어를 선택하여 'second'라고 하였다. 이렇게 해서 'minute'와 'second'라는 개념과 명칭이 프톨레마이오스에 의해 탄생하였으며, 그 체계를 받아들인 우리도 지금 'minute'를 '분'으로, 'second'를 '초'로 번역하여 사용하고 있다.

이와 같은 과정을 통해 지리와 관련하여 분과 초의 개념이 탄생하였으며, 이렇게 만들어진 분과 초의 개념은 알마게스트 이후에 수 세기 동안 지리적 용어로 국한되어 사용되었고, 시간과 관련되어서는 사용되지 않았다. 세월이 흘러 시계가 등장하면서 괘종시계는 시간을 1/2, 1/3, 1/4, 때로는 1/12부분까지 나누기도 하였지만, 1분에 해당하는 1/60부분으로까지는 나누지 않았기 때문이다. 또한 시계가 처음 등장했던 그 시대에는 시간을 1/60로 나눈 '분'이라는 작은 시간이 실생활에서 실제로 인식되지도 않았을 뿐만 아니라, 필요하지도 않았다. 사회 전반에서 '분'이라는 단위가 인식되기 시작한 것은 16세기 말, 분을 표시한 기계식 시계가 널리 보급되기 시작한 다음부터였다. 이때부터 지리적 시스템에서만 사용되던 '분'(minute)의 개념이 시간 체계에 도입되었고, 그 이후에 '초'(second)의 개념까지도 시간 체계에 포함되었다.

현대의 시간

이처럼 고대로부터 시간이 나누어지고 시간에 대한 개념이 정의되었고, 그 개념이 전수되며 계속 이어져 발전한 문명 덕분에, 인류는 24시간의 하루를 기준으로 하여, 60분으로 나눈 시간, 그리고 60초로 나눈 분을 사용하는 문화권에서 살아갈 수 있게 되었다.

그런데, 현대에 들어서면서 시간에 대한 정의와 개념에 변화가 생겼다. 원래 시간은 '하루'가 중심이 되는 기본 단위였고, '하루'라는 기본 시간을 중심으로 그보다 작거나 큰 시간들이 정의되었다. 그러나, 과학과 기술의 빠른 발전은 보다 더 정확할 뿐만 아니라 정밀한 시간을 필요로 하게 되었으며, 이를 위해 '하루'라고 하는 큰 시간보다는 가장 작은 시간의 단위인 '초'를 바탕으로 보다 더 세밀하고 정교하게 시간을 정의하려는 경향이 나타났다.

결국 1960년에 공식적으로 도입된 국제 단위계(International System of Units (SI))에서는 전통적으로 내려오던 '하루' 대신 '초'를 시간에 대한 기본 단위로 확정하였다. 그리고 이 '초'를 기본단위로 삼아 분과 시간, 그리고 하루(일) 등의 시간을 정의하게 되었다. 원래 초는 하루를 24시간으로 나누고, 시간을 60분으로 나누며, 분을 60초로 나눔으로써 생성된 시간 단위다. 즉, 초란 지구 자전이라는 천문 현상을 근거로 하여 하루를 작은 부분으로 분할한 시간 개념이었다. 따라서 국제 단위계(SI)에서는 처음에는 이를 근거로 하여 지구 자전으로 생긴 하루의 길이를 평균한 평균 태양일(mean solar day)의 1/86,400을 1 '초'로 정의하였다. 그리고 '초'를 정확히 측정하기 위해서 진자(pendulum)를 이용한 방법을 사용하였다. 그러나, 지구의 자전이 불규칙하게 점차 느려졌기 때문에, 평균 태양일을 사용한 방법은 시간의 정확도를 보장할 수 없게 되었다.

원자시계

원자시계가 발명되자 시간을 더 정확하게 측정하기 위해 기존의 천문 현상에 의한 전통적인 방법이 아닌 원자시계를 이용한 방법으로 시간이 재 정의되었다. 1955년, 영국의 물리학자 루이 에센에 의해 최초로 발표된 새로운 이론이 발판이 되었다. 1967년, 제13차 국제 도량형 총회(CGPM; 프랑스어 Conférence générale des poids et mesures, 영어 General Conference on Weights and Measures)에서 '초'를 "세슘-133 원자가 그것의 기본 상태(ground state)에 있을 때, 이 원자의 두 초미세 에너지 준위 사이의 전이에 상응하는 9,192,631,770 주기의 지속 시간"으로 정의하였다. 모든 사람들이 쉽게 이해할 수 있었던 예전의 전통적인 천문학적 시간 정의에 비해, 원자 진동에 의한 정의는 난해하고 생소한 전문적인 용어를 기반으로 이루어졌기 때문에 대부분의 일반인들이 대단히 이해하기 힘든 내용이었다.

이를 좀 더 쉽게 풀이하자면, 세슘-133 원자의 초정밀 원자시계를 사용하여 세슘-133 원자가 9,192,631,770번 진동하는 시간을 1초로 정의한다는 내용이다. 원자 진동이란 원자의 전자가 에너지 상태를 변화시키며 일어나는 규칙적인 진동을 말하는데, 이러한 진동은 원자가 특정 에너지 상태(또는 준위)에서 다른 상태로 "전이"하는 과정에서 일어난다. 세슘-133 원자는 두 개의 "초미세 에너지 준위" 사이에서 이러한 전이를 겪는다. 간단히 말해, 전자가 낮은 에너지 상태에서 높은 에너지 상태로 전이하는 데 필요한 에너지가 이 진동을 일으킨다. 세슘-133 원자의 초정밀 원자시계는 이러한 진동을 측정하여, 이러한 진동이 정확히 9,192,631,770번 일어나는 시간을 "1초"로 정의한 것이다. 그러므로 더 간단하게 표현하자면, '세슘-133 원자의 특정 원자가 9,192,631,770번 진동하는 시간을 1초로 정의한다'라고 요약할 수 있다.

이 방식에 의한 시간 측정은 이전의 지구의 자전을 기반으로 한 시간 측정보다 훨씬 정확한 것이다. 이와 같이 세슘 원자의 진동수를 기반으로 '초'를 정의하므로써, 천문 현상에 의해 시간을 정의했던 구시대는 마침내 마감하게 되었다. 원자시계에 의한 재정의를 바탕으로 한 국제 표준시는 1972년 1월 1일부터 기존의 국제 표준시를 대체하여 시행되었는데, 1997년에 절대 영도의 기준이 추가되어 현재에는 다음과 같은 정의로 확정되었다. "1초는 절대온도 영도인 세슘 133 원자의 바닥 상태(ground state)에 있는 두 개의 초 미세 에너지 준위 사이의 전이에 상응하는 복사선의 9,192,631,770주기의 지속 시간으로 한다."

2004년에 열린 제 16차 시간주파수 자문위원회(CCTF; Consultative Committee Time and Frequency)에서는 '초'의 정의를 세슘 원자 외에 루비듐 원자를 사용할 수 있다는 권고안이 채택되었다. 세슘 원자를 레이저를 이용해 냉각하고 포획하여 원자 분수(atomic fountain)를 만들면 원자들 사이의 충돌로 인해 원자의 고유 진동수가 변할 수 있는데, 루비듐 원자는 충돌에 의한 주파수 변화가 세슘보다 적기 때문에 '초'를 정의하기에 더 적합하다는 결론이 내려졌기 때문이다. 세슘 원자와 루비듐 원자에 대해 비교 설명하자면, 세슘 원자를 탁구공으로, 루비듐 원자를 테니스공으로, 레이저를 '공을 튕기는 라켓'으로 각각 비유할 수 있다. 라켓으로 탁구공(세슘 원자)을 튕기게 되면 다른 탁구공과의 충돌에 의해 방향이나 속도가 크게 바뀔 수 있다. 반면 테니스공(루비듐 원자)은 같은 조건에서 탁구공(세슘 원자)보다 더 안정적인 양상을 보일 것이다. 이런 이유로 루비듐 원자가 '초'를 정의하는데 더 적합하다고 볼 수 있다.

이로써 우리는 원자 시간의 시대와 협정 세계시(Coordinated Universal Time ; UTC) 시대에 들어서게 되었다. 협정 세계시란 세슘 원자를 기준으로 하는 원자시계에 따른 국제 표준시로서, 원자 시간과 함께 1972년 1월 1일부터 국제적 표준으로 정해졌다.

세계 표준시

세계 모든 국가에 동일하게 적용되는 세계 표준시가 최초로 정의된 것은 1884년에 미국 워싱턴 D.C에서 개최된 국제 자오선 및 표준시 학회(International Meridian Conference)에서였다. 이 회의에는 국제적으로 통용되는 기준 자오선과 표준시를 결정하기 위해 전 세계 25개국의 대표들이 참석하였다. 참석자들은 이 회의에서 영국 그리니치 천문대를 통과하는 자오선을 국제 기준 자오선으로 정하고, 이를 기준으로 24개의 시간대를 설정하기로 합의하였다. 이러한 합의를 통해 그리니치 천문대를 통과하는 자오선을 경도 0도로 삼아 결정되는 그리니치 평균시(GMT, Greenwich Mean Time)가 세계 표준시로 자리잡아 사용되기 시작했다.

세계 각 지역의 시간대는 그리니치 평균시의 기준점인 그리니치 천문대를 기준으로 동서로 15도 간격으로 시간대가 나뉘어져, 각 시간대는 1시간의 차이를 갖게 되었다. 이러한 결정을 바탕으로 전 세계는 시간의 일관성을 유지하고, 국제적인 교류와 협력을 원활하게 진행할 수 있는 안정되고 합리적인 세계 표준시 체계를 확립할 수 있게 되었다. 수많은 경도선 중에서 그리니치 천문대를 통과하는 경도선을 특정하여 그 경도를 '0'도로 하는 본초 자오선으로 정하고, 그리니치 천문대의 자오선의 평균시인 그리니치 평균시(GMT)를 국제 표준시로 하게 된 배경에 대해서는 다음 장에서 설명하기로 한다.

세계 표준시의 변천 역사

그리니치 표준시(그리니치 평균시 ; GMT;Greenwich Mean Time)

1884년에 미국 워싱턴 D.C에서 개최된 국제 자오선 및 표준시 학회(International Meridian Conference)의 결정에 따라, 그리니치 천문대를 통과하는 자오선이 국제 기준 자오선, 즉 '경도 0도'로 결정되었고, 그리니치 천문대를 통과하는 자오선을 경도 0도로 삼아 결정되는 그리니치 평균시(GMT, Greenwich Mean Time)는 국제 표준시로 확정되어 천문학적인 시간의 기준점이 되었다. 그에 따라 모든 지역의 표준시는 그리니치 표준시를 기준으로 하여 경도에 따라 결정되었다. 경도가 15도 차이가 날 때마다 1시간씩 표준시가 차이가 나게 된다. 따라서 경도가 동쪽으로 15도 차이가 나면 표준시는 1시간 빨라지고, 서쪽으로 15도 차이 나면 1시간 늦어지게 된다. 이런 방법에 의해 만들어진 세계 전체의 시간을 세계 표준 시각대라고 한다.

이처럼 시간은 지구 상의 경도 위치에 따라 달라지게 되는데, 시간과 지역 위치 사이의 관계를 파악하기 위해서는 그리니치 표준시와는 다른 체계인 '태양 표준시'라는 개념에 대해서도 이해할 필요가 있다. '태양 표준시'란 각 지역마다 특정되어 적용되는 시간 체계로, 각 지역의 경도에 따라 태양이 정오에 정확히 남중하는 시각을 기준으로 삼는다. '남중'이란 천체가 하루 중에서 가장 높이 떠오른 시점을 가리키는데, 일반적으로 태양이나 별들이 지평선에서 가장 높은 위치에 이른 때를 의미한다. 즉, 태양 표준시에서는 태양이 해당 지역의 남중 위치에 있을 때를 그 지역의 정오로 정의한다. 따라서 이 방식에 의한 시간은 지구의 자전 현상과 그에 따른 태양의 위치에 의해 결정되어진다. 또한, 해당 지역의 남중 위치에 있을 때를 정오로 정의하기 때문에, 지리적으로 멀지 않은 많은 지역들이 남중하는 시점이 각각 조금이라도 차이가 날 수 있으며 그에 따라 정오의 시간이 서로 다르게 되어 혼란이 발생할 수 있다. 이러한 혼란을 방지하기 위해 그리니치 평균시(GMT)라는 개념이 도입된 것이다.

그리니치 평균시는 그리니치 0도를 기준으로 경도 15도마다 1시간의 시차를 적용한 시간 체계로서, 특정 경도의 태양 표준시로 단일화하여, 지역마다 서로 다르게 나타나던 태양 표준시를 단일화시키는 역할을 한다. 그러므로 태양 표준시와 그리니치 평균시는 근본적으로 다른 체계가 아니다. 엄밀하게 말하자면, 그리니치 평균시란 태양 표준시 상에서 비슷한 시간대를 하나의 시간으로 통일시킨 시간 체계라고 할 수 있을 것이다. 결론적으로 그리니치 평균시는 평균 태양시를 표준 단일화하여 국제적으로 일관된 시간 체계를 제공하는 방식이라고 볼 수 있다. 이렇게 해서 세계 각지의 시간을 통일하여, 일정한 범위내에 있는 지역들 간의 시간 혼란을 방지하고 안정된 국제적인 시간 체계를 확립할 수 있게 되었다.

한반도는 동경 약 124도에서 131도 사이에 위치하고 있으며, 서울의 경도는 동경 127도에 해당한다. 그러므로 이 기준에 따르면 서울은 일본 도쿄의 동경 135도에 비해 경도상에서 8도 정도 차이를 보이고 있으므로 태양 표준시에서 약 30분 정도 시간 차이가 나게 된다. 따라서, 지리적 차이를 정확하게 반영하였다면 한반도의 표준시는 일본보다 30분 빠르게 정해져야 했을 것이다. 그런데 우리 나라의 현재 표준 시간은 서울의 경도인 동경 127도를 기준으로 하지 않고, 일본 도쿄의 경도인 동경 135도를 기준 경도로 똑같이 사용하기 때문에 일본과의 시차가 전혀 없다.

그리니치 표준시(UTC, Coordinated Universal Time)가 세계 표준시로 확정된 것

은 1884년이지만, 대한 제국에서는 1910년 즈음에 그리니치 표준시를 채택하여 사용하기 시작한 것으로 알려져 있는데, 채택 당시의 상세한 내용에 대해서는 잘 알 수 없지만 일본보다 1시간 빠른 시간대를 기준으로 삼아 정해졌었다. 이는 동경 127도에 해당하는 우리나라의 경도가 일본의 경도인 동경 135도보다 앞선다는 사실에 근거하여 일본보다 한 단계(15도) 빠른 시간에 해당하는 경도선을 적용하였기 때문에, 일본보다 1시간 빠른 시간을 표준 시간으로 갖게 되었던 것이다. 그런데, 경술국치 해인 1910년 4월 1일에 이르러 일본 총독부 관측소에서 우리나라의 오전 11시를 12시로 변경하여 일본과의 시차를 없애버렸다. 결과적으로 이때부터 우리나라는 일본과 똑같이 동경 135도를 기점으로 삼은 표준시를 사용하게 되었으며, 현재까지 그 시간 체계는 변함없이 유지되고 있다.

이런 이유로 2008년 7월에는 국권 독립에 이어 시간 독립도 이루자는 의미에서 우리나라 표준시를 앞당기자는 국회 법안 발의가 추진된 적도 있다. 그렇다면 대한민국의 표준시 기준을 동경 127도로 변경하여 30분 앞당긴다면, 어떤 득실이 있을까? 우리의 표준시는 동경 127도의 지리적 위치에 합당한 태양 표준시로 조정되어, 실제 태양의 위치에 더 잘 맞는 태양 표준시로 바르게 조정된다는 장점이 있다. 그렇지만, 정부, 기업, 개인 등이 표준시 변경에 맞추어 시스템을 변경해야 할 뿐만 아니라, 기존 자료들과의 호환을 유지하는데 엄청나게 많은 시간과 비용이 발생할 수 있다. 명분을 얻기 위한 득보다 실이 훨씬 더 클 수 있다는 지적이다. 많은 나라들의 경우에도 정치, 사회적 요인들뿐만 아니라 주위 국가들과의 교류를 고려하여 경도 위치와 정확하게 맞지 않는 표준 시간대를 사용하기도 한다. 중국의 경우를 보면 동서로 약 4시간 정도의 경도 차이가 나지만, 전국적으로 북경을 기준으로 하는 표준 시간대로 통일하여 사용하고 있다.

표준 시간대를 정하게 되므로서 0시가 최초 시작되는 경도가 생기게 되는데, 그 경도선을 날짜 변경선이라고 한다. 대부분의 사람들은 그리니치 자오선이 경도가 0도인 본초 자오선이기 때문에 본초 자오선이 당연히 날짜 변경선일 것이라고 생각하는 경향이 있다. 그러나 경도 0도를 날짜 변경선으로 하였을 경우, 경도가 0도인 런던 그리니치 천문대를 중심으로 영국은 동쪽 지역과 서쪽 지역의 날짜가 달라지는 문제가 생기게 될 것이다. 날짜 변경선을 중심으로 서쪽은 동쪽보다 항상 하루가 빠르게 되기 때문이다. 이처럼 인구가 많은 도시 근처에서 같은 시간에 날짜가 서로 틀리게 되면 매우 혼란스럽게 될 것이다. 그러므로 날짜 변경선은 경도의 기준점과는 전혀 무관하게 사람들의 왕래가 가장 적은 지역, 즉 육지가 없는 경도를 선택해서 지정해야 하는데, 그 위치가 경도 180°에 해당하는 태평양 부근이었다.

이곳은 아시아의 동쪽 끝과 아메리카 대륙의 서쪽 끝에 해당한다. 아시아의 동쪽 끝인 시베리아의 축치 반도와 미국의 알래스카주에 속해 있는 알류산 열도는 이 기준선(경도 180°)의 양쪽에 걸쳐 있기 때문에 축치 반도 쪽의 날짜 변경선은 동쪽으로 경도 10도 이상 꺾여 베링 해협을 지나고, 알류산 열도에서는 서쪽으로 경도 10도 가까이 꺾여 있다. 뉴질랜드령인 채텀 제도(서경 176도) 근처도 같은 이유로 날짜 변경선이 경도 180도를 기준으로 동쪽으로 약간 꺾여 있다.

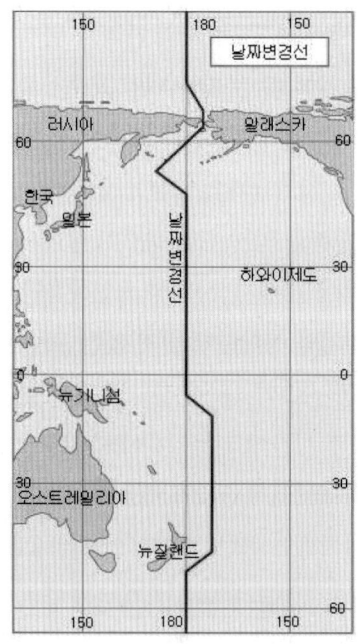

세계시(UT, Universal Time)

1884년에 미국 워싱턴 D.C에서 개최된 국제 자오선 및 표준시 학회(International Meridian Conference)의 결정에 따라 국제 표준시로 결정된 그리니치 표준시(GMT, Greenwich Mean Time)는 자정이 아닌 정오를 0시로 삼아 시간을 계산한 천문학적 평균 태양시의 명칭이었다. 이에 반해 천문학자를 제외한 일반인들은 자정을 0시로 하는 그리니치 상용시(GCT ; Greenwich Civil Time)를 사용하고 있었다. 국제 천문 연합이 일반인들과 다르게 그리니치표준시(GMT)를 사용한 이유에 대해서는 앞 장에서 이미 설명한 바 있다. 국제 천문 연합은 1925년 1월 1일부터 그리니치표준시(GMT)를 12시간 앞당겨 그리니치 상용시와 일치시켜 하루의 시작점을 일반안들의 자정 시간과 똑같이 일치시켰다. 그리고 정오를 기준으로 하였던 이전의 그리니치 표준시(GMT)와 구별하기 위해서 새롭게 세계시(UT)라고 명명하여 세계 공통의 표준시로 사용하였다. 그러므로 세계시(UT)는 그리니치표준시(GMT)와 하루 시작 시점만이 변경된 것 이외에는 모든 것이 같기 때문에 여전히 그리니치표준시(GMT)와 혼용되어 사용되고 있다.

협정 세계시(Coordinated Universal Time; UTC)

그리니치 표준시(GMT), 즉 세계시(UT)는 그리니치 천문대를 지나는 태양을 기준으로 하는 평균 태양시로, 지구의 자전 주기와 밀접한 관련이 있다. 그런데 세월이 흐를수록 지구의 자전 흐름이 늦어지는 현상으로 인해 평균 태양시가 조금씩 길어져서, 1초의 길이도 좀 더 길어지는 방향으로 변하게 되었다. 결국 평균 태양시를 대신할 새로운 표준시 제정에 대한 요구가 나오게 되었다.

앞에서 언급했던 것처럼 1967년 제13차 국제 도량형 총회(CGPM)에서 시간에 대한 정의가 세슘-133 원자의 초정밀 원자시계를 기반으로 변경되었다. 이 정의를 바탕으로 지구의 자전 속도가 늦어지는 현상과 관계없이 매우 정밀한 시간 단위를 제공할 수 있게 되었다. 따라서 1초의 원자 시간이 기준 시간 단위가 되어 60초는 1분이 되고, 3,600초는 1시간, 86,400초는 하루가 되었다. 그리니치 표준시는 원래 평균 태양시를 기준으로 한 것이었다. 따라서 원자시계에 의한 시간을 표준시로 정의하면서 그리니치 평균시라는 천문과 관련된 명칭을 사용한다는 것이 불합리하다고 생각되어, 1978년 국제무선통신자문위원회(CCIS) 총회의 통신 분야에서는 이후부터 그리니치평균시를 협정세계시(UTC)로 바꾸어 쓰자는 권고안을 채택하였다. 엄밀히 비교하였을 때, 그리니치 평균시(GMT)와 협정 세계시(UTC)는 '초'의 소숫점 단위에서 차이를 보인다. 따라서 국제 원자시를 사용하는 협정 세계시(UTC)는 윤초 보정을 조건으로 표준화되었다. 그럼에도 불구하고 그리니치 표준시와 협정 세계시는 근본적으로 서로 큰 차이는 없다. 현재 공식적으로 국제 표준시로 협정 세계시(UTC)를 정하여 사용하고 있지만, 아직도 그리니치 평균시(GMT)는 협정 세계시(UTC)와 더불어 혼용되어 여러 분야에서 널리 사용되고 있다. 어찌 되었든, 현재 우리는 시간의 기준 단위인 '초'의 개념뿐만 아니라, 세계 표준 시간까지도 천문 현상과 전혀 관계없는 원자 시간에 의해 정의되는 시대에 살고 있다.

그런데, 협정 세계시(Coordinated Universal Time ;UTC)라는 명칭에는 강대국들 간의 암투의 흔적이 고스란히 남아 있다. 그리니치 표준시(GMT)를 대체하여 새로운 세계시를 정하기로 하였지만, 그 명칭을 정하는데 있어서는 합의가 쉽지 않았다. 영어권의 사람들은 CUT(Coordinated Universal Time)로, 프랑스어권 사람들은 TUC(Temps Universel Coordonné)로 하기를 원했기 때문이었다. 결국 두 언어 모두 C, T, U로 구성되어 있다는 것에 착안하여 CUT도, TUC도 아닌 UTC라는 약어를 사용하기로 합의하였다.

윤초(Leap Second)

공식적으로 그리니치 표준시(GMT)라는 명칭은 사라졌지만, 아직은 완전히 그 영향력이 사라진 것은 아니다. 협정 세계시(UTC)에 따르면 1일이 24시간, 1시간이 60분, 1분이 60초이므로 하루는 86,400 SI초가 된다. 여기에서 SI란 국제 단위계(프랑스어: Système International d'Unités, 영어 : International System of Units)의 약자이다. 이는 국제적으로 통용되는 물리적 측정 단위의 표준계를 나타내는 용어로서, SI 단위계에는 초(second), 미터(meter), 킬로그램(kilogram) 등이 포함되어 있다. 그러므로 "SI초"는 SI 단위계에 따른 "초"를 의미한다.

그런데 실제 천문상의 태양시, 즉 그리니치 천문시는 86,400 SI초보다 약간 길다. 그 이유는 그리니치 천문시가 지구의 자전 속도와 연관되어 있는데, 자전 속도가 정확하게 일정하지 않고 아주 미세하게 느려지기 때문이다. 지구의 자전 속도에 영향을 주는 주요 요인으로는 태양과 달의 인력이며, 또 다른 요인으로는 지구의 내부 조건(핵 또는 맨틀)과 외부 조건(대기나 바다)이 있다.

따라서, 원자시계인 협정 세계시를 천문 현상을 근거로 한 그리니치 천문시에 일치시키기 위해서는 가끔 윤초(leap seconds)가 협정 세계시(UTC)에 추가되어야 한다. 국제 원자시(TAI)와 협정세계시(UTC)의 유지 관리는 국제천문연맹(International Astronimical Union/IAU)의 산하기구로 1919년에 설립된 프랑스에 본부를 둔 국제 시보국(BHI ; Bureau International de l'heure)에서 이루어진다. 세계 각지의 원자시계의 데이터를 근거로 국제 원자시를 설정하고, 국제도량형국(BIPM)과 국제지구자전연구부(IERS)가 제공하는 데이터에 따라 세계 표준시인 협정 세계시(UTC)를 관리한다. 지구 자전 요소 결정 및 윤초의 결정 통보는 국제지구자전연구부(IERS)에서 담당하고 있다.

지구 자전이 늦어짐에 따라 평균태양시와의 차이가 생기면 일정한 시기에 1초의 윤초를 가감하여 그 차이가 ±0.9초 를 벗어나지 않도록 국제시보국에서 조정한다. 1분에 윤초 1초를 비정기적으로 추가하거나 빼게 되는데, 윤초가 추가되면 그 1분은 61초가 되고, 빼게 되면 59초가 된다. 그러므로 모든 '분'이 똑같이 60초가 아니다. 1972년 이후 26회 적용되었으며, 최근 적용된 윤초는 2015년 6월 30일 23시 59분 59초에서 7월 1일 0시 0분 0초(UTC)로 넘어갈 때 27번째로 적용되었다. 1972년 협정세계시 시행 이후 지금까지 윤초가 27번 추가되었으므로, 평균적으로 약 1.85년마다 윤초가 추가되었다고 할 수 있다. 지금까지 적용된 윤초는 모두 양의 윤초로, 지금까지 음의 윤초가 실시된 적은 단 한 번도 없었다. 윤초는 12월 31일이나, 6월 30일에 추가되며, 그 날의 마지막 1분에 추가한다. 우리나라에서는 본초 자오선보다 9시간 늦은 시간인 7월 1일 오전 8시 59분 59초와 오전 9시 0분 0초 사이에 8시 59분 60초의 형태로 1초의 윤초가 추가되었다.

최근 일부 과학자들은 윤초의 불합리성을 지적하며 그 폐지를 주장해 왔다. 지구 자전 속도의 변화로 인해 윤초를 불규칙적으로 추가해야 하는 상황 때문에 컴퓨터, 위성항법장치(GPS), 송전 및 무선 통신과 같은 초 단위의 정밀성을 요구하는 전자 기기들에 오류가 발생할 가능성이 있기 때문이었다.

윤초는 IT 회사에게 골칫거리였다. 시스템에 윤초를 적용하기 위해 매번 복잡한 과정을 거쳐야 했다. 예를 들어, 2012년 미국 온라인 커뮤니티 레딧은 윤초를 적용하면서 홈페이지가 다운되었고, 2016년 클라우드플레어는 윤초 적용 중 문제가 발생해 심각한 상황에 처하기도 하였다. 이와 같은 이유로 페이스북 및 인스타그램의 운영사인 메타도 윤초 폐지를 지지했다.

구글, 메타와 같은 대형 회사들은 윤초로 인한 시스템 교란이나 정전을 방지하기 위해 '스미어링'(smearing)이라는 기술을 사용하기도 한다. 이 기술은 일정한 시간 동안 서버의 초를 조금씩 느리게 진행시키는 특별한 방법을 적용한다. 즉, 1초에 해당하는 시간을 미세하게 나누어 장시간에 걸쳐 이어지는 다음 초들에 분배함으로써, 그에 해당하는 시간 동안의 각각의 초들을 약간씩 느리게 진행시켜 윤초를 추가하지 않더라도 윤초가 추가된 것과 같은 효과를 얻을 수 있게 된다. 예를 들어, 만약 23:59:60의 윤초가 추가되어야 하는 경우, 스미어링은 이를 처리하기 위해 22:00:00부터 06:00:00까지 8시간 동안 서버의 초를 약간씩 느리게 진행시킨다.

그 결과, 윤초가 추가되어야 하는 순간에 윤초를 추가하지 않더라도 서버 시간은 실제 시간과 거의 일치되도록 유지시킬 수 있다. 스미어링은 동기화 문제를 효과적으로 해결하는 방법이지만, 이 기술을 사용하는 동안에는 서버 시간이 실제 시간보다 약간 느리게 진행되기 때문에, 초 단위의 정밀성을 요구하는 어플리케이션에서는 문제가 될 수 있다. 따라서, 스미어링이 적절한 해결책인지 아닌지는 해당 서버의 용도와 어플리케이션의 특성에 따라 달라질 수 있다.

그럼에도 불구하고 윤초를 적용할 때마다 아주 드물지만 문제가 발생할 가능성이 있었기 때문에, 윤초는 하드웨어 인프라를 관리하는 사람들의 고통의 큰 원인이었으므로 그들은 강력하게 윤초의 폐지를 주장했다.

이에 반해, 표준 태양시를 옹호하는 윤초 옹호자들은 윤초가 폐지될 경우에 우리 세대에는 큰 차이를 느끼지 못하지만, 1천년 이내에 정오가 오후 1시가 되며 수 만년 뒤에는 태양시와 표준시 사이의 괴리가 며칠 이상으로 늘어나게 된다고 주장한다. 이와 같은 차이는 통신 산업 등에서 나타나는 단순한 전자 기계의 오차 정도의 문제를 넘어서, 결국에는 인류의 삶을 완전히 바꿔 놓을 수 있는 큰 문제를 일으킬 수 있다고 경고한다.

미국, 캐나다, 일본, 프랑스, 중국 등이 윤초 폐지를 지지하는 반면, 영국과 독일은 윤초 유지를 옹호하고 있다. 이 싸움에는 일부 국가 간의 정략적인 의미도 포함되어 있다. 윤초의 적용은 1884년 채택된 그리니치 표준시를 기반으로 하는 것이기 때문에 영국이 윤초 실시를 옹호한다는 것이며, 원자시 기준을 내놓은 곳이 프랑스에 위치한 국제도량형국(IBWM)이기 때문에 프랑스가 윤초 폐지를 주장한다는 주위의 시선도 존재한다. 따라서 이 논쟁은 영국과 프랑스 간 자존심 경쟁의 성격도 띠고 있다.

2011년 11월 영국 그리니치 천문대에서 열린 전문가 회의에서 통신 분야 국제 표준을 정하는 국제 전기 통신연합(ITU)에 윤초 폐지 문제를 상정하기로 하였다. UN 산하 전문기구에 속해 있는 국제 통신 연합(ITU)은 2011년 12월 스위스 제네바에서 열린 회의에서 표결을 하였지만, 합의에 이르지 못하고 2015년 세계 전파 통신회의(WRC)로 그 결정을 미루었는데, 2015년 세계 전파 통신회의(WRC) 회의에서도 결국 회원국 사이에 윤초 제도 폐지를 놓고 합의를 이끌어내지 못해 2023년까지 유지하기로 결정되었다. 스위스 제네바에서 열린 세계전파통신회의에 참가한 193개국은 윤초의 폐지나 대안 등에 대해 국제전기통신연합(ITU)을 중심으로 공동 연구를 한 뒤 2023년 WRC에서 다시 폐지 여부를 논의하기로 하였다. 세계 전파 통신회의(WRC)는 세계 193개국 정부의 전문가 수천 명이 참가해 전파통신분야 중요 사항을 결정하는 전파통신 분야 최고 의결회의로, 4년마다 개최하기 때문에 전파 올림픽으로 불린다.

그런데, 국제도량형국(BIPM)이 4년마다 개최하는 2022년 11월 18일 프랑스 파리에서 열린 국제도량형총회(CGPM)에서 각 정부 대표들은 거의 만장일치로

2035년까지 윤초를 폐지하기로 결정했다. 이 총회에서 미국, 캐나다, 프랑스 등 정부 대표들은 2035년 전에 윤초를 끝내야 한다고 주장했으며, 러시아는 이에 반대 의사를 표시했던 것으로 알려졌다. 러시아가 반대했던 이유는 그들이 운용하는 위성 측위 시스템(GLONASS)의 기술적인 문제를 대처하기 위한 시간이 부족하기 때문이라고 한다.

그리고, 마침내 2023년 11월 20일부터 12월 15일까지 아랍에미리트(UAE)의 두바이에서 개최된 세계전파통신회의(WRC-23)에서도 2022년도 프랑스 파리의 국제도량형총회(CGPM)와 세계전파통신회의(WRC-23)에서 결의한 '윤초 폐지'를 수용하여, 2035년까지 '윤초'를 원칙적으로 폐지하는 결의안을 채택하였다.

어쨌든, 국제도량형총회(CGPM)에서 윤초의 폐지가 결정되었지만, 당분간은 지금까지와 같이 윤초의 추가가 필요한 시점에 윤초는 적절히 추가가 이루어지게 된다. 그렇지만, 윤초가 폐지되는 2035년부터는 원자시간과 천문시간의 오차가 1초보다 커지는 경우가 허용된다. CGPM에서는 세계시(UT)와 협정 세계시(UTC)의 동기가 약 1분까지 어긋나더라도 "적어도 1세기 내에는 윤초를 추가하지 않는다"고 제안한 상태인데, 이들 세부 사항은 향후 다른 국제기구와 협의하면서 결정될 예정이다. 다만, 2026년까지 '허용되는 오차의 상한'이 정해지게 된다고 한다.

윤초를 폐지한 다음 후속 조치로 거론되고 있는 방안 중 하나는 원자시간과 천문시간의 오차를 최대 1분까지 허용하고, 윤초 대신 '윤분'을 추가하는 것이다. 윤분의 추가가 어느 정도의 빈도로 필요할지를 정확히 예측하기는 어렵지만, 50년에서 100년 정도의 기간 사이에 필요하게 될 것이라고 추산한다. 그들은 윤초나 윤분과 같은 근소한 시간 차이는 대부분의 사람들의 생활에 영향을 주지 않을 것이라고 강조한다.

협정 세계시(UTC)와 그리니치 표준시(GMT) 외에 또 다른 시간 체계로 GPS 시간 체계가 있는데, 이는 미국 국방성이 관리하는 전 세계 네비게이션 및 위치 정보를 제공하는 GPS(전역 위치 결정 시스템, Global Positioning System)에서 사용된다. GPS 시각은 국제 원자시(TAI)를 기반으로 1980년 1월 6일 0시를 시작점으로 한다. GPS 수신기는 위성으로부터 시간 정보를 받아 사용자에게 정확한 위치와 시간을 제공한다. 이때, GPS 시각은 기본적으로 국제 원자시(TAI)에 기반하며, 협정 세계시(UTC)와 비슷하지만 윤초를 고려하지 않는다는 차이가 있다. 따라서 GPS 시각을 사용할 때는 협정세계시(UTC)와의 차이를 고려하여 보정해야 한다. 실제로, GPS 수신기는 GPS 위성으로부터 받은 시간 정보를 이용해 위치를 계산하고, 사용자에게 제공하기 전에 협정 세계시(UTC)와의 차이를 고려하여 표시한다. 이를 통해 사용자는 일상생활에서 사용하는 현지 시간을 알 수 있다. 이처럼 GPS 시각은 원자시계에 의해 관리되는 협정 세계시(UTC)와 그리니치 표준시(GMT)와는 별개의 중요한 시간 체계로 작동하고 있다.

다음은 GPS 시각과 협정 세계시의 주요 차이점을 요약한 것이다.

1. 기준 시점: GPS 시각은 1980년 1월 6일 0시를 시작점으로 한다. 협정 세계시는 그리니치 평균시(GMT)와 거의 같은 개념으로 사용되며, 그리니치 천문대를 기준으로 한다.

2. 윤초 적용: GPS 시각은 국제 원자시(TAI)를 기반으로 하되 윤초를 적용하지 않는다. 반면 협정 세계시는 지구 자전 속도의 변동을 고려해 윤초를 적용하여 원자시계 시간과 지구 자전을 최대한 일치시키며, 태양시와의 차이를 0.9초 이내로 유지한다.

3. 사용 목적: GPS 시각은 전역 위치 결정 시스템(GPS)에서 사용되는 시간 체계로, GPS 위성들이 전송하는 시간 정보를 활용해 위치 정보를 계산한다. 협정 세계시는 전 세계 시간대 조정의 기준 시간으로 사용되어 국제 교류와 협력에 필요한 표준 시간 체계를 제공한다.

03
그리니치 천문대와
그리니치 표준시(GMT)

그리니치 천문대는 1676년에 준공된 오랜 역사를 가지고 있으며, 두 가지 세계 표준 단위의 기준을 품고 있는 중요한 장소이다. 1844년부터 이 천문대를 지나는 경도가 국제적으로 경도 0도, 즉 본초 자오선으로 공인받고 있다. 더불어, 이 본초 자오선의 시간을 기준으로 설정한 그리니치 표준시(GMT)가 세계 표준시의 기준시로 공인되고 있다. 따라서 그리니치 천문대는 우리가 살고 있는 범지구적인 생활권에서 시간과 공간 모두를 아우르는 표준 지침이 되는 매우 중요한 의미를 가지고 있는 장소가 되었다. 어떤 과정을 통해 그리니치 천문대가 이처럼 중요한 장소로 인정받을 수 있었는지 역사적으로 살펴보기로 하자.

그리니치 천문대(영국 왕립 천문대)

연안 항해 시대에는 큰 문제가 되지 않았지만, 대양 항해 시대에 접어들면서 육지가 없는 망망대해 상에서 항해하는 배의 위치를 정확하게 파악할 수 있는 방법이 전혀 없다는 것은 항해자들에게 중대한 위험 요소 중 하나였다. 배가 지도 상에서 어느 위치에 있는지를 파악하려면 배가 있는 위치에 해당하는 위도와 경도를 측정해야 하는데, 그 시대에는 태양과 별을 이용하여 위도는 측정할 수 있었지만, 아무리 유능한 뱃사람일지라도 아직 경도를 파악할 수 있는 특별한 방법이 없었기 때문이었다. 콜롬버스가 1492년 인도로 가는 새로운 항로를 개척하기 위해서 대서양을 횡단할 때 주로 의존하였던 항해 방법은 '평행 항해'였다. '평행 항해'란 같은 위도를 유지한 채 계속 항해하는 항해술을 말한다. 일단 연안을 따라 항해를 계속하다가 원하는 위도 상에 다다른 후, 그 위도를 그대로 유지한 채 동쪽이나 서쪽 방향으로 육지가 나타날 때까지 계속 추측을 바탕으로 나아가는 항해술이었다. 그러다가 일단 어떤 육지가 보이게 되면, 그 위치를 자신들의 정보와 확인한 뒤 다시 원하는 목표 지점에 도달할 때까지 해변을 따라 계속 항해를 하는 대단히 단순하고 초보적인 방식의 항해였다. 수 세기 동안 이와 같은 항해 패턴은 변함없이 계속되었다.

콜롬버스는 대 항해 전에 리스본에서 그의 동생 바르톨레메오와 함께 지도 제작을 하였는데, 뛰어난 지도 제작자로 명성을 날리고 있었다. 콜롬버스는 에스파냐로부터 인도는 적당한 바람만 있으면 며칠 안에 도착할 수 있는 거리라고 생각하였다. 그런데 실제 거리는 그가 계산한 거리와 4배 정도 차이를 보였다. 만약 대서양과 태평양 사이에 아메리카 대륙이 없었더라면, 콜롬버스는 그가 예상한 것보다 훨씬 긴 망망 대해의 항해를 견뎌내야 했을 것이고, 무사히 아시아 대륙에 도착했을 가능성은 거의 없었을 것이다. 아메리카 대륙은 콜롬버스에게 그의 무모했던 여정을 마무리 지울 수 있는 기회를 주었고, 그의 목숨을 부지시켜 주었을 뿐만 아니라, 명예와 부까지 선물해 준 하늘의 보살핌이었다고 할 수 있다. 이처럼, 콜롬버스가 아메리카 신대륙을 발견하였지만, 당시에는 경도를 바탕으로 위치를 파악할 수 있는 지식이 없었기 때문에 신대륙이 위치 상에서 인도와 매우 큰 차이가 난다는 것 조차도 알 수 있는 길이 없었다. 결국 그는 죽는 날까지 신대륙을 인도와 같은 동양이라고 착각하였다.

콜롬버스 이후에도 경도 문제는 특별한 진전을 이루지 못한 채 평행 항해를 바탕으로 한 대양 항해는 무모하게 계속 이루어졌고, 이로 인해 크고 작은 사고들이 수시로 발생하였다. 세계 최대의 상선을 거느리고 있던 영국의 찰스 2세(Charles

Ⅱ, 재위 1660~1685)의 시대에 이르러서도 여전히 경도 문제가 해결되지 않은 상태였기 때문에 안전한 항해는 기대할 수 없었다. 그런 시점에 어느 프랑스인이 경도 측정법을 발견하였다면서 왕 찰스 2세에게 알현을 청하였다. 생 피에르((St. Pierre)라는 그 프랑스인은 왕에게 요하네스 베르너가 주장했었던 달과 별을 이용한 방법을 언급하였다. 찰스 2세는 이 방법에 관심을 가지게 되었고, 경도 문제를 해결하기 위해 이전부터 구성되어 있던 조사 위원회에 이 새로운 방법에 대한 조사를 지시하였다.

당시 유명한 과학자인 로버트 후크(Robert Hook 1635~1703) 등을 포함하고 있던 조사 위원회는 27세의 젊은 천문학자 존 플램스티드(John Flamsteed 1646~1719)에게 견해를 물었다. 그러자 플램스티드는 그 방법이 이론적으로는 완벽하지만, 현실적으로 아직은 어렵다고 평가하였다. 왜냐하면, 아직은 별들의 정확한 위치를 수록한 쓸만한 천체도가 없었을 뿐만 아니라, 달의 운행 경로 역시 확실하게 파악되지 않았기 때문이었다. 그러면서 그 일을 위해 천문대를 세우고 자신에게 맡겨 달라고 국왕에게 건의하였다. 찰스 2세는 그 제안을 받아들이고 플램스티드를 왕립 천문대의 초대 관측관(astrnomical observator)으로 임명하였다. 그 호칭은 나중에 왕실 천문학자(astrnomer royal)로 바뀌었다.

이렇게 해서 찰스 2세에 의해 그리니치 천문대가 설립되었는데, 천문대를 설립하라는 명령서에는 다음과 같은 내용이 들어 있다. '천체 운행표와 항성들의 위치를 파악하여 만민의 소망인 경도를 찾아 항해술을 보완하라.' 천문대는 1675년 7월에 착공하여 1년 후에 완공되었다. 플래스티드는 그리니치 천문대에서 40년 동안 천체 관측에 매달렸으며, 그가 사망한 후인 1725년에 항성 목록(star catalog)이 출간되었다.

요하네스 베르너

1514년 독일의 천문학자 요하네스 베르너(Johannes Werner, 1468~1522)는 달의 운행을 관찰하여 배의 위치를 알아내는 방법을 생각하였다. 달은 1시간 동안 자신의 지름만큼 이동한다. 베르너는 달의 운행 경로에 있는 항성들을 천체도에 표시하고, 이를 바탕으로 달과 별을 관측하여 정확한 시간을 측정할 수 있다고 주장하였다. 태양이 떠 있으면서 달을 관측할 수 있을 때에는 태양과 달과의 상대적 위치를, 태양이 지고 난 후에는 달과 항성과의 상대적 위치를 통해 시간을 알 수 있다고 하였다. 그러나 이와 같은 월거(月距 ;lunar distance) 측정법에는 문제가 있었다. 첫째, 당시에 달의 이동 과정에 있는 항성들의 위치가 완전히 파악되지 않았다는 것이다. 두 번째로는 달이 어디에 떠 있는지 정확하게 예측할 수 있는 천문학자가 아무도 없다는 것이다. 아직 달의 운행 규칙이 규명되지 않았던 시절이었기 때문이다. 그리고 세 번째로는 흔들리는 배에서 달과 별의 거리를 정확히 측정할 수 있는 마땅한 관측 도구들이 아직 존재하지 않았다.

경도법

1707년 10월 22일 밤, 영국의 클로디슬리 셔블 사령관 휘하의 전함이 프랑스 해군 요충지인 툴롱(Toulon)을 공격한 후 귀국하는 길이었다. 귀국하는 12일 동안 계속 안개가 짙게 끼었기 때문에 시야를 구별하기가 어려웠다. 항해사들의 계산을 바탕으로 사령관은 함대가 브르타뉴 반도 앞 바다의 외딴 섬인 웨상 섬 서쪽의 안전 지대를 통과하고 있다고 생각하였다. 그런데 그들은 실제로 그보다 훨씬 북쪽 지역을 항해하고 있었다. 영국 남서부의 끝자락인 렌즈엔드 곶(Land's End)으로부터 불과 40Km 정도 떨어진 작은 섬들이 여기저기 흩어져 있는 실리(Silly) 제도에 함대는 이미 접어들어 있었으며, 실리 제도의 한 섬인 세인트 아그네스(St. Agnes)의 남서쪽 암초 지대인 웨스턴 록스(Western Rocks) 지역으로 흘러 들어가고 있었다. 결국 기함 어소시에이션(Association) 호를 시작으로 불과 몇 분 사이에 4척의 군함이 암초에 침몰되고 말았다. 이 해상 사고로 말미암아 1,647명이 수장되었고 단지 26명만이 구조되었을 뿐이었다. 이 사건은 '스코일리 재난' 혹은 '1707년 스코일리 침몰 사건'이라고 불린다.

클로디슬리 셔블 사령관은 익사의 고비를 간신히 넘기고 천신만고 끝에 해안가에 도달하였지만, 현지에 거주하던 한 여인이 그가 손가락에 낀 에메랄드 반지를 탐내어 기진한 채 있는 그를 구조하지 않고 살해하였으며, 후에 그 여인이 임종하는 자리에서 성직자에게 자신의 죄를 고백하면서 그 반지를 내놓음으로써 뒤늦게 그 사실이 세상에 알려지게 되었다는 뒷이야기도 전해진다. 그러나 실제로는 셔블 사령관은 프랑스와의 전투 중에 부상을 입어 사망했다고 한다.

이처럼 대 항해 시대가 오래전부터 이루어졌지만, 18세기 초반에 들어서서도 항해술은 크게 발전하지 못한 상태였다. 대양 항해에서도 여전히 평행 항법과 더불어 추측 항법(dead reckoning)을 기반으로 하여 항해하는 수준이었다. 추측 항법이란 선박의 속도, 방향, 경과 시간을 바탕으로 선박의 현재 위치를 추정하는 항법을 말한다. 이로 인해 해양 사고가 빈발하자 1714년 5월 '대영 제국 군함의 함장 및 런던 상인 및 상선 선장'들은 공동 명의로 경도 문제 해결을 위한 탄원서를 제출하였다. 이에 정부는 6월에 경도 문제를 전담할 담당 위원회를 구성하였으며, 위원회는 72세의 아이작 뉴턴과 그의 친구인 에드먼드 헬리에게 조언을 구하였다. 뉴턴은 당시 거론되고 있었던 여러 경도 측정법에 대해 간단히 소개하였다. 한 가지 방법으로 시계를 이용하여 정확한 시간을 측정하고 이를 바탕으로 경도를 계산하는 방법이 있지만, 시계 제작의 기술적인 한계로 인해서 기후와 파도, 극심한 바다의 온도차 그리고 중력의 변화를 견디는 시계를 만든다는 것은 사실상 매우 어렵다고 하였다. 결론적으로 천문 현상의 관측을 통하는 방법이 가장 효과적인 방법이라는 주장을 하면서, 기존 자료들을 참고하여 천문학적 방법으로 목성의 엄폐(Eclips)를 관찰하는 방법과 달을 이용한 '월거' 측정 방법이 있다고 소개하였다.

달의 월거를 이용한 방법이란 달과 다른 별 사이의 각도를 측정하는 방법인데, 그 각도는 시간과 위치에 따라 변한다. 달과 별 사이의 각도를 측정하고 그것을 이미 계산되어 있는 표와 비교함으로써 그 시점의 그리니치 표준시를 알아낼 수 있게 된다. 그리고 그리니치 표준시와 관찰자의 지역 시간을 비교하면 경도를 알아낼 수 있었다. 하지만 이 방법을 이용하여 흔들리는 선박에서 정확히 달과 별 사이의 각도를 측정하는 것이 매우 어려울 뿐만 아니라, 복잡한 계산이 필요하다는 단점이 있었다.

경도 위원회는 뉴턴의 주장을 존중하여 경도 법안을 만들어 의회에 건의하였는데, 경도 측정 방법이라면 어떤 방법이라도 차별을 두지 않기로 하였으며, 개인이든, 단체든, 자국인이든, 타국인이든 모두에게 기회를 주기로 하였다. 마침내 1714년 7월 8일, 앤 여왕(재위 1702~1714) 치하에서 다음과 같은 경도법이 영국 의회를 통과하였다. "대권(great circle ; 지구의 중심 지표면에 그려진 원. 경도선과 같은 의미)을 0.5도 이내의 오차 범위 내로 측정하는 방법에 대해서는 20,000 파운드(현재 화폐 가치로는 수 백만 파운드)를, 2/3도 이내의 방법에는 15,000 파운드, 1도 이내일 경우에는 10,000 파운드의 상금을 수여한다."

경도법에 따라 경도 심사국이 만들어졌으며, 제시된 방법들은 영국 군함 선상에서 시험을 거쳐야 했으며, 심사국 위원들이 선정한 서인도 제도의 어느 항구에 도착할 때까지 정확성을 시험받아야 했다. 지구가 1회전하는 360도는 24시간에 해당하기 때문에, 경도 15도는 1시간에 해당한다는 것을 우리는 알고 있다. 그러므로 경도 0.5도란 2분에 해당한다. 당시에 영국에서 카리브해의 서인도 제도로 가는 항해는 6주 정도가 걸렸다. 심사국의 조건은 시시각각 변화하는 혹독한 바다라는 환경을 이겨내고 6주를 항해한 후에 경도 측정의 정확성이 0.5도 이내로 오차를 유지해야 한다는 것을 의미하는 것이었다. 하루에 3초씩만 오차가 발생하여도 6주(42일)면 126초가 되어, 2분이 넘게 된다. 경도 1도란 경도의 길이가 가장 긴 적도 상에서는 110Km(60마일)에 해당이 된다. 그러므로 경도 1/2도 정도의 오차라 할지라도 그 차이는 거리상으로는 50~60km 정도의 오차에 해당한다. 그럼에도 불구하고 경도 1/2도 이내의 오차를 보이는 경도 측정 방법에 어마어마한 상금을 수여하기로 한 것을 보면, 그 당시에 항해하는 배 위치를 측정하는 방법들이 얼마나 한심하고 부정확하였는지를 반증해 주는 것이다.

경도법이 공표되자 목성의 엄폐(Eclips)를 관찰하는 방법을 포함해서 달을 이용한 '월거' 측정 방법과 같은 천문학적인 현상을 관측하여 경도를 찾으려는 천문학자들과, 바다의 혹독한 환경 변화에 영향을 받지 않는 정확한 시계를 만들어 경도를 찾으려는 시계공들의 도전들이 활발하게 이루어졌다.

목성의 엄폐

 1610년, 갈릴레이 갈릴레오는 하늘의 시계를 발견하였다고 생각하였다. 그는 자신이 만든 망원경을 이용하여 목성 주위를 돌고 있는 4개의 위성, 즉, 이오(Io), 유로파(Europa), 가니메데(Ganymede), 칼리스토(Callisto)를 발견하였는데, 그 당시 그는 피렌체의 코시모 데 메디치(Cosimo de' Medici)의 후원을 받고 있었으므로, 그의 지지를 얻을 목적으로 이 위성들을 '메디치의 별'이라고 불렀다. 목성과 이 위성들을 관측하는 과정에서 이 위성들이 목성 주위를 돌면서, 정확한 시간에 목성 뒤로 지나가거나 그 앞으로 나오게 되면서 목성에 가려지는 현상을 발견한 것이다. 이와 같이 목성에 가려지는 현상, 즉 엄폐(eclipse) 현상이 1년에 1,000번 정도 규칙적으로 발생한다는 관측 결과를 바탕으로, 이 현상을 이용하여 정확한 시간을 알 수 있다고 주장하였다. 이렇게 측정한 시간을 관찰자의 지역 시간과 비교하면 경도를 계산할 수 있다고 하였다.

 그렇지만 흔들리는 배 위에서 항해의 기준으로 삼을 수 있을 만큼 자주, 그리고 쉽게 위성을 관측한다는 것은 대단히 어려운 일이었다. 또한, 낮 동안에는 위성을 관측하는 것이 아예 불가능하였으며, 야간에도 연중 일정 기간에 그나마 하늘이 맑을 때에만 가능하였다. 갈릴레이의 이 방법은 해상에서 활용될 수 없었지만, 그나마 다행이라면 1650년 이후 육지에서 시간을 측정하는 방법으로 일반적으로 인정되어 활용되었다.

 목성을 관찰하는 과정에서, 덴마크의 천문학자 올레 뢰머(Ole Rømer, 1644~1710)는 태양 주위를 도는 지구가 목성에 가까이 접근 했을 때에는 목성의 위성인 '이오'의 엄폐 현상이 예정 시간보다 빠르게 나타나고, 멀어졌을 때에는 예정 시간보다 늦게 나타나는 현상을 발견하였다. 그는 이 현상이 빛의 속도 때문일 것이라고 정확히 결론을 내리고, 빛의 속도를 최초로 측정하였다. 그가 추정한 빛의 속도는 약 214,000Km/sec로 우리가 알고 있는 299,792Km/sec 보다 조금 느렸을 뿐이다.

천문 관측을 위한 여러 도구들

초창기 대항해 시대에는 천체의 고도를 측정하기 위해 사분면(quadrant)이나 별시계(astrolabe) 같은 도구가 널리 사용되었다. 이러한 도구들은 사용자가 천체를 직접 바라보아야 했으므로, 강한 태양 빛이 눈에 직접 들어가 눈에 손상을 입힐 수도 있었다. 실제로, 이런 도구를 주로 해가 지거나 뜨는 시간대에만 잠시 사용하였던 항해사일지라도, 그 기간이 오랜 기간 동안 누적되었을 경우에 한 쪽 눈의 시력이 크게 손상되는 경우가 드물지 않게 발생하였다고 한다.

그후, 제이콥 측고의(Jacob's staff)와 같은 전면 측고의(forestaff)의 등장으로 인해 기존에 사용되던 기구보다 더 정확하게 천체의 고도를 측정할 수 있게 되어 항해에서의 위치 파악과 항로 계획에 도움을 주었다. 또한, 전면 측고의도 반드시 태양을 직접 바라보지 않고 천체의 고도를 측정할 수 있는 방법이 고안되어 항해사들 사이에서 전수되어 사용되었다. 1595년 영국의 항해가인 존 데이비스(John Davis, 1550~1605)는 전면 측고의의 단점을 보완하여 태양을 등지고 고도를 측정할 수 있는 후면 사분의(back-quadrant)를 발명하였다. 후면 사분의가 발명된 후에도 전면 측고위는 저렴하다는 이유로 19세기에 접어들 때까지도 여전히 사용되었다고 한다.

나침판은 12세기에 발명된 이후 모든 배의 기본 장비였다. 나침판을 이용하여 날씨가 흐려 태양이 보이지 않는 낮이나 북극성이 보이지 않는 흐린 밤에도 방향을 찾을 수 있었다. 훌륭한 나침판이 있으면 맑은 밤하늘을 관측하여 배가 위치하고 있는 경도까지도 알아낼 수 있다고 하였다. 나침판을 이용하여 알아낸 자북극과 별을 관측하여 알아낸 진북극 사이의 편각을 이용하여 경도를 계산해 내는 방법이었다. 같은 위도 상에서 배가 동쪽이나 서쪽 방향으로 계속 나아가게 되면, 진북극과 자북극의 편각이 달라진다는 것을 뱃사람들은 알고 있었다. 이와 같은 편각 변화에 따른 경도를 대응시킨 도표를 이용하여 경도를 찾을 수 있었다. 그런데 이 방법에도 문제가 있었다. 북쪽을 항상 정확하게 가리키는 나침판이 드물어 나침판마다 편차를 보일 뿐만 아니라, 이 편차 자체도 일정하지 않기 때문에 자북극에 대한 정확한 값을 구하기 어려웠다. 더군다나 지자기(terestrial magnetism)가 시기와 장소에 따라 변동이 심하게 나타나는 것도 문제였다.

경도법 이후에 월거 이용법에 이용할 수 있는 훌륭한 측정 기구가 개발되었다. 1731년 거의 같은 시기에, 거의 똑같은 기계를 서로 멀리 떨어져 있던 두 사람이 각기 독자적으로 고안하였는데, 한 사람은 영국의 수학자인 존 해들리(John Hadley, 1682~1744)였고, 한 사람은 미국 필라델피아의 수학자 토머스 고드프리(Thomas Godfrey)였다. 영국 뱃사람들은 이 기구를 해들리 사분의(Hadley's Quadrant)라고 불렀으며 위도와 경도를 알아내기 위해 기존의 기구들 대신 한 쌍의 거울을 이용한 반사식 사분의인 이 기구를 사용하기 시작하였다. 이 기구는 배가 심하게 흔들리더라도 관측자의 시야에 들어온 두 천체의 상대적 위치에 영향을 주지 않았다. 또한 어둠이나 안개로 인해 수평선이 보이지 않을 경우를 대비하여 인위적인 수평선 기능도 가지고 있었다. 이 사분의는 후에 망원경을 부착하여 더 정확한 육분의(sextant)로 발전되었다. 이와 같은 관측 도구의 발전으로 인해서 낮에는 달과 태양 사이의 거리를, 밤에는 달과 별 사이의 거리를 정확하게 측정할 수 있게 되었다. 그럼으로써 유능한 항해가라면 이 관측 기구를 이용하여 상세한 성도만 있다면 얼마든지 월거를 측정할 수 있게 되었다.

월거표

해들리 사분의가 널리 사용된 것은 일찍이 하늘의 항성들의 위치를 자세히 기록하였던 천문가들 덕분이었다. 장장 40년이라는 오랜 기간을 천체도를 작성하는데 바쳤던 플램스티드는 무려 30,000회에 걸쳐 달을 관측하였을 정도였다. 그렇게 완성된 항성 목록에는 덴마크의 튀코 브라헤가 편찬하였던 천체도감보다 세 배나 많은 별들이 수록되어 있었다. 이처럼 섬세하게 천체도를 작성한 것은 무엇보다도 달의 정확한 운행 경로를 파악하기 위해서 꼭 필요했던 기초 자료를 얻기 위한 집념이었을 뿐이다. 달의 운행 경로와 관련된 별들의 천체도를 작성하는 것이 그리니치 천문대의 설립 목적이었고, 플램스티드의 사명이었기 때문이다.

플램스티드에 이어 2대 왕실 천문학자였던 핼리도 달의 운행을 세밀히 관측 하였다. 달은 불규칙적인 타원 궤도로 1삭망월, 즉 29.5일에 걸쳐 지구를 한 바퀴 돌고 있다. 그러므로 지구와 달과의 거리는 1년 동안 계속해서 달라지며, 달과 별들의 상대적 위치도 1년 동안 하루도 같은 날이 없다. 더군다나 달이 지구를 도는 궤도 축이 미세하게 기울어져 있고 18년을 주기로 원래의 궤도로 돌아오기 때문에, 18년에 걸친 달의 관측 자료를 확보해야지만 천체 상에서의 달의 정확한 위치를 파악할 수 있게 된다. 오랜 관측 과정을 통해 핼리는 지구 주위를 도는 달의 공전 속도가 시간이 흐름에 따라 빨라진다는 것을 알아냈다. 그러나 실제로는 지구가 조석 마찰(tidal friction, 조류와 해저의 마찰 현상)로 인해서 지구의 자전 속도가 느려지기 때문에 상대적으로 달의 공전 속도가 빠른 것처럼 느껴졌을 뿐이다. 이처럼 수 많은 천문학자들이 달의 운행과 별들의 위치를 상세히 관측함으로서 월거 이용법의 실용화에 크게 기여하였다.

이제 천체도와 관측 기구를 바탕으로 측정한 값을 경도 위치로 환산할 수 있는 상세한 월거표(Lunar Table)만 작성하면 월거 이용법을 완성시킬 수 있게 되었다. 그렇지만 달의 천체력인 월거표를 만든다는 것은 달의 궤도가 너무 복잡하였기 때문에 대단히 어려운 일이었다.

그런데 독일의 지도 제작자인 토비아스 마이어(Tobias Mayer, 1723~1762)가 월거표를 작성하였다고 주장하였다. 그리고 영국의 경도상을 요구할 자격이 있다고 생각하고 경도 위원 중의 한 사람인 영국 해군의 앤슨 장관에게 관측 기구와 함께 월거표를 보냈다. 3대 왕실 천문학자였던 브래들리는 자신이 그리니치에서 관측했던 자료와 마이어의 자료를 비교해 보았다. 두 자료가 일치하였으므로 브래들리는 마이어의 주장을 신뢰하게 되었으며, 마이어의 오차가 각 거리 1.5분 이하였기 때문에 경도 0.5도 이내라는 조건을 충족한다고 생각하였다. 7년 전쟁(1756~1763) 중임에도 불구하고, 브르타뉴 앞바다에서 시험이 이루어졌으며, 월거 이용법은 새로운 희망으로 부각되었다. 마침내 월거 이용법은 1750년대 말엽에 실용화 단계에 접어드는 것처럼 보였다. 그런데 하늘의 시계인 별과 달을 관측한 후 월거표를 이용하여 그 시점의 시간을 계산하는 데에는 자그마치 4시간 정도가 소요되었다.

해양 시계와 경도 측정 방법

1530년 플랑드르의 천문학자 젬마 프리시우스(Gemma Frisius, 1508~1555)는 시계를 이용하여 바다에서 경도를 찾을 수 있다고 주장하였다. 지구가 24시간 동안 한번의 자전을 하기 때문에 경도 15도마다 한 시간 차이가 난다는 데서 착안한 것이다. 영국의 천문학자 겸 건축가 크리스토퍼 렌(1632~1723)도 정확한 시계를 통해 영국 그리니치 천문대의 시간과 배가 위치하고 있는 해상의 시간을 정확히 동시에 알 수 있다면, 그 경도를 계산해 낼 수 있다고 생각하였다.

그렇다면 시계를 사용하여 항해하는 배가 위치하는 경도를 어떻게 찾을 수 있다는 것인지, 그 원리에 대해서 먼저 알아보기로 하자. 먼저 그 원리에 대한 배경 지식을 이해해야 할 것이다. 첫째, 지구는 일정한 속도로 하루 24시간 동안 한 바퀴 자전한다. 그러므로 24시간에 걸쳐서 경도를 따라 360도 회전이 이루어지므로, 똑같은 시점에 어느 두 곳의 시간이 1시간 차이가 난다면, 경도상에서 15도 차이가 난다고 해석할 수 있다. 둘째, 남중이 이루어지는 시각을 낮 12시, 즉 정오로 규정하였으므로, 태양이 남중한 상태에 있다면 지구 어디에서나 그 위치에서 그 시점의 시각은 낮 12시에 해당한다는 것이다 . 셋째, 그리니치 천문대의 경도가 0도라는 사실이다.

이와 같은 배경 지식을 바탕으로 경도를 모르는 어떤 위치에서, 정확한 시계를 사용하여 그 경도를 구해 보기로 하자. 경도를 구하기 위해서 우리는 먼저 그리니치 천문대의 표준 시각에 맞추어진 상태로 정확하게 작동하는 시계를 확보하고 있어야 한다. 그리고 그 시계를 소지한 채로 경도를 구하고 싶은 위치에 가서 태양이 남중할 때까지 기다린다. 그리고 그 위치에서 태양이 남중한 상태에 이르게 된다면, 그 시점에 그 위치의 시각은 정확히 낮 12시에 해당할 것이다. 이때 가지고 있는 시계를 통해 그리니치 천문대의 현재 시각을 확인한다. 그 시점에서 그리니치 천문대의 현재 시각이 오전 3시라면, 그 위치는 그리니치 천문대로부터 9시간 차이가 나는 거리에 있다는 것이 된다. 9시간 차이가 나는 거리는 9×15도 =135도에 해당하므로, 그 위치는 그리니치 천문대로부터 정확히 135도 떨어진 위치라고 계산할 수 있다. 또한 그리니치 시간보다 9시간이 더 경과한 시간이기 때문에 동경에 해당하게 되어, 최종적으로 그 위치는 동경 135도라고 단정할 수 있다. 그러므로, 항해하는 배에서 남중시간을 정확히 측정할 수 있고, 정확한 해상 시계를 통해 그 시점의 그리니치 천문대의 현재 시각을 정확히 알 수 있다면, 우리는 현재 배가 위치하는 지점의 경도를 매우 쉽게 찾을 수 있는 것이다.

이처럼 배가 위치하는 곳의 경도를 구하기 위해서는 그리니치 천문대의 현재 시각을 반드시 정확하게 알아야 하기 때문에, 해양 시계는 그리니치 천문대의 시간에 정확히 맞추어져 있어야 하며, 항해하는 동안 오차가 거의 없이 작동해야 한다. 만약 시계의 오작동으로 인해 오차가 발생하게 되면 그리니치 천문대의 현재 시각을 정확하게 알 수가 없기 때문에, 정확한 경도를 구할 수 없게 된다.

이와 같이 시계를 이용한 경도 계산법에서 매우 중요한 두 가지는 변화무쌍한 바다에서 해상 시계가 항상 정확하게 작동해야 한다는 것과, 태양을 관측하여 정오의 시점을 정확하게 찾을 수 있는 능력이 있어야 한다는 것이다. 이 두 가지가 완벽히 이루어졌을 경우, 항해하는 배의 경도를 정확하게 구할 수 있게 된다. 대부분의 항해사들은 태양을 관측하여 정확하게 정오의 시점을 찾을 수 있는 능력이 있으므로, 정확하게 작동하는 시계만 있다면 경도를 찾는 것은 너무도 쉬운 일이었다.

크로노미터(chronometer)

그렇지만 변화무쌍한 바다에서 항상 정확하게 작동할 수 있는 시계를 만든다는 것은 당시로서는 불가능한 일이었다. 정확성도 문제였지만, 그 당시의 시계는 온도와 습도 같은 혹심한 바다의 환경을 이겨낼 수 없었기 때문이었다. 1637년에 갈릴레이는 항해자들의 경도 측정을 돕기 위해 톱니바퀴를 이용한 시계에 진자를 달겠다는 착상을 하였다. 그러나 그는 실천에 옮기지는 못하였다. 실제로 작동하는 최초의 진자시계는 1656년에 크리스티안 하위헌스(Christiaan Huygens)가 만들었다. 그리고 1660년까지 2개의 해상 시계를 완성하였다. 아프리카 서해안 부근 북대서양의 케이프 베르데 제도를 다녀오는 배에서 시험을 하였는데, 이 시계를 이용하여 그 배는 경도를 제대로 찾을 수 있었다. 그후 몇 차례 실험을 더 진행하였는데, 날씨가 좋은 경우에만 정상적으로 작동하였고, 파도로 인해서 배가 흔들리면 진자가 제대로 작동하지 않았다. 이 문제를 해결하기 위해 하위헌스는 진자를 대신할 나선형의 평형 스프링(balance spring)을 발명하였다. 그러나 해상에서 사용할 수 있을 정도로 완전한 시계는 만들지 못하였다.

해상 시계를 뜻하는 의미로 사용된 크로노미터(Chronometer)라는 명칭은 1714년 해상 시계 개발을 시도한 영국의 제레미 새커(Jeremy Thacker)에 의해서 처음 사용되었지만, 1779년 동인도 회사의 수로 측량가인 알렉산더 댈림폴(Alexander Dalrymple)이 『해상에서 크로노미터를 이용하는 사람들을 위한 몇 가지 도움말』이라는 소 책자에서 "바다에서 시간을 재는 기계를 이 책에서는 '크로노미터'라고 한다. 이렇게 귀중한 기계는 평범하게 시계라고 부르는 대신 고유한 이름으로 불러주는 것이 마땅하기 때문이다."라고 썼고, 이후부터 해상 시계를 크로노미터라고 부르는 것이 일반화되었다.

제레미 새커도 해양 시계 개발에 참여하였지만, 경도법의 조건을 만족시키지 못하였다. 그러나 그는 시계에 관한 두 가지 의미 있는 발전을 이루었는데, 유리 덮개를 사용하여 진공을 만듦으로써 기압과 습도 변화에 따른 문제점을 해결하였으며, 동력 유지기(maintaining power)라는 장치를 만들어 그 당시까지 사용되고 있던 태엽식 시계에서 태엽을 감을 때마다 시계의 작동이 중단되는 현상을 해소시켰다.

존 해리슨의 크로노미터

목수였던 존 해리슨은 독학으로 시계에 대해 공부하였지만 주위로부터 인정받는 시계공이었다. 1722년 브로클스비 공원(Brocklesby Park)의 탑시계를 제작하였고, 1727년까지 두 개의 괘종시계를 더 만들었다. 그 당시 시계에 사용되던 진자는 온도에 따라 길이가 변하였다. 더운 여름날에는 대부분 열기에 의해 그 길이가 늘어나 시간이 느려지고, 날씨가 추워지면 수축하여 시간이 빨라졌다. 존 해리슨은 황동과 강철 두 가지 금속으로 만든 막대를 조합하여 만든 진자를 사용하여 온도 변화에 따라 진자의 길이가 변하는 문제를 완벽하게 해결하였다. 그리고 그가 발명한 석쇠(gridrion)와 메뚜기(grasshopper)라는 별명을 가진 탈진기(escapement)를 장착하였다. 이렇게 만들어진 해리슨의 괘종시계는 1개월에 1초 이상 틀리지 않을 정도로 완벽하였다. 당시에 대단히 정확하다고 인정받았던 시계들의 경우 하루에 1분 이상의 오차를 보인 것에 비한다면 대단히 획기적인 기술력이라고 할 수 있는 것이었다.

1727년 해리슨도 경도상에 도전하기로 마음을 정하였다. 해상 시계에서는 진자 대신 바다의 파도에 영향을 받지 않는 스프링식 시소 장치를 구상하였다. 4년 만에 그에 대한 설계를 마치고 1730년 경도 심사국을 방문하기 위해 그리니치 왕립 천문대를 찾아갔다. 그 당시 플램스티드가 죽고 2대 왕실 천문학자는 에드먼드 핼리 박사였다. 핼리는 해리슨을 유명한 시계 제작자이며 왕립 학술원 회원이었던 조지 그레이엄에게 보냈다. 그레이엄이 해상 시계를 심사하기에 적합하다고 생각했기 때문이었다. 해리슨과 오랫 동안 대화를 나눈 후 그레이엄은 무명의 시골 시계공인 해리슨의 구상에 감동하였으며, 해리슨을 격려하고 많은 돈까지 무이자로 빌려 주었다. 그후 존 해리슨은 5년 동안 해상 시계를 제작하여 첫 작품인 해리슨 1호(Harrison's No.1, 약칭 H –1)를 만들어, 조지 그레이엄에게 인도하였다.

1736년 5월 H –1에 대한 시험은 경도법에 정해진 서인도 제도가 아닌 스피트헤드(Spithead 영국 남해안 포츠머스 항 앞바다의 해상 정박지)에서 리스본으로 가는 영국 군함 센트리얼 호에서 이루어졌다. 그 배의 지휘관은 프록터 선장이었다. 그런데 프록터 선장이 리스본에 도착하자마자 항해 일지도 쓰지 못한 채 갑자기 죽고 말았기 때문에 해리슨 일행은 로저 윌스(Roger Wills)가 선장으로 있는 다른 군함 옥스퍼드 호를 타고 귀국하게 되었다. 귀국하는 도중 육지가 가까워 오자 월스 선장은 그곳이 남해안의 다트머스(Dartmouth) 부근의 스타트 곶(Start Point)일 것이라고 판단하였다. 그러나, 해리슨은 해상 시계를 근거로 하여 그곳이 스타트 곶에서 서쪽으로 110Km 이상 떨어진 팬잰스(Penzance Point) 반도의 리저드 곶(Lizard Point)이라고 주장하였는데, 해리슨의 주장이 정확하게 맞았다.

1737년 6월 30일 심사국 창립 23년 만에 사상 처음으로 해리슨의 해상 시계를 심사하기 위해서 회의가 소집되었다. 이 회의에서 해리슨은 서인도 제도로 가는 정식 시험을 요구할 권리를 주장할 수 있었음에도 불구하고, 해리슨 스스로 몇 가지 결함을 수정하여 더 완벽한 시계를 만들어 다시 시험에 임하겠다고 하였다. 1741년 두 번째 시계 H-2를 만들어 경도 심사국에 넘겨 주었지만, 해리슨 스스로 이 시계에도 만족하지 못했기 때문에 바다에서의 시험조차 이루어지지 않았다. 그리고 당시 48세였던 해리슨은 세 번째 시계 작업에 19년 동안 다시 몰두하여 1759년에 H-3를 만들었다. 그러나 이 시계는 그 당시 벌어진 7년 전쟁(1756~1763)으로 인해서 해상 시험을 받지 못하고 말았다.

1760년 여름에 해리슨은 자신의 최고 걸작인 H-4를 완성시켰다. 1761년 11월, 마침내 영국 군함 뎁트퍼드(Deptford)호를 타고 시험에 들어갔다. 대서양을 횡단하는데 거의 3개월이 걸렸다. 1762년 1월 19일 뎁트퍼드호는 자메이카의 포트 로열(Port Royal)에 도착하였다. H-4는 바다에서 81일을 보냈지만 단지 5초가 늦어졌을 뿐이었다. 자메이카에서 일주일 정도 지낸 후, 멀린(Merlin)호를 타고 3월 26일 영국으로 돌아왔다. 영국에서 대서양을 횡단하여 자메이카를 왕복하는 기간 동안 오차는 2분도 되지 않았다. 그러나 경도 심사국은 기록 내용이 불충분하다며 더 엄격한 시험을 요구하였다. 결국 1764년 3월 해리슨의 아들 윌리엄은 H-4와 함께 영국 군함 타타르(Tartar)호를 타고 서인도 제도의 작은 섬나라 바베이도스(Barbados)로 시험 항해를 떠났다. H-4는 이 항해에서 10마일(18.5Km) 이내로 정확하게 경도를 찾아내었는데, 경도법이 요구한 것보다 무려 3배나 정확한 수준이었다. 그러나 천문학자로서 월거 이용법의 열렬한 지지자였던 제 5대 왕실 천문학자 메스켈린의 편견과 방해로 인해 해리슨은 심사국으로부터 성과를 인정

받지 못하여 상금을 수령하지 못하였다.

1772년 유명한 선장, 제임스 쿡이 두 번째 그의 항해를 하면서 월거 이용법과 해리슨의 설계도에 따라 만들어진 모조 해상 시계를 비교하는 임무도 수행하였다. 레절루션(Resolution)호의 항해 일지에 쿡은 다음과 같이 썼다. "이 시계처럼 훌륭한 길잡이가 있는 한, 경도 측정에서 큰 오차가 발생하는 일은 없을 것이다." 해리슨은 심사국의 요구에 의해 1770년에 다섯 번째 해상 시계 H-5를 완성하였다. 그렇지만 심사국은 여러 핑계와 조건을 요구하며 상금 수여를 하지 않은 채 해리슨을 애태웠다.

존 해리슨의 H4 크로노미터
출처 : 위키미디아

조지 3세가 해리슨의 그 동안의 고초를 알게 되었고, 1772년 5월부터 7월까지 10주에 걸쳐 천문대에서 최종 시험을 받을 것을 지시하였다. 이 시험에서 H-5는 하루에 1/3초 내의 오차를 보이는 정확성을 유지하였다. 국왕은 완고한 경도 심사국을 따돌리고 수상 프레더릭 노스 경(Frederick North)과 의회에 직접 호소하여 해리슨을 옹호해 주었다. 정부가 직접 나서서 심사국을 질책하였으며, 1773년 해리슨은 마침내 상금을 받게 되었다. 그러나 이 상은 해리슨이 그토록 바라던 경도상이 아니었다. 그 상금은 경도 심사국에서 경도법 규정에 따라 수여하는 상금이 아니었고, 심사국과는 별도로 의회에서 배려한 장려금이었기 때문이다.

메스켈린(제 5대 왕실 천문학자)

1765년에 제 5대 왕실 천문학자로 임명된 네빌 메스켈린은 천문학자로서 월거 이용법의 열렬한 지지자였으므로 경도상은 당연히 천문학적인 방법인 월거 이용법에 수여되어야 한다고 생각하는 사람이었다. 천문학자가 아닌 단순 기술자인 시계공에게 경도상을 빼앗긴다는 것은 그로서는 상상도 할 수 없는 일이었다. 그는 해리슨의 경도상 수상을 방해하면서 월거 이용법에 대해 혼신의 노력을 다하였다.

그의 천문학자로서의 자존심은 해리슨과의 악연을 만들기도 하였지만, 천문학자로서의 자존심을 바탕으로 이룩한 그의 업적은 오랫동안 항해술에 대단한 영향을 끼쳤다. 메스켈린은 월거 이용법에서 사용하던 기존 산술적 과정을 단순화시켜 기존에 4시간 걸리던 계산 시간을 획기적으로 30분으로 줄일 수 있다고 하였다. 1766년 메스켈린은 〈항해력 및 천체력〉을 편찬하였고, 1811년 그가 죽을 때까지 계속 이 책을 출판하였다.

그 이후에도 계승자들을 통해 월거표의 출판은 1907년까지 지속되었으며, 1907년 이후 오늘날에 이르기까지도 해양 네비게이션을 위한 핵심 자료로서 계속 필요한 정보를 제공하기 위해서 영국 해양청(Hydrographic Office)에서 매년 계속 출판되고 있다. 현재 그의 〈항해력〉은 기술의 발전과 더불어 내용이 확장되고 계산과 출판 방법이 현대화되었으며, 디지털 버전으로도 제공되고 있다.

이처럼 메스켈린은 〈항해력〉을 통해 방대한 양의 정보를 통합하여 항해술 발전에 대단히 큰 기여를 하였다. 태양과 10개의 길잡이 별들을 기준으로 하여 달의 상대적 위치를 3시간 간격으로 계산해 놓았다. 지금도 해상에서 천문학적인 관찰을 통해 항해하는 배의 위치를 파악하려고 할 때, 〈항해력〉과 그 보조표인 〈필수 조견표〉가 가장 확실한 방법이라는 데에 이의를 제기하는 사람은 아무도 없다.

본초 자오선과 메스켈린

고대로부터 하늘을 관측하던 천문학자들은 지구의 남북과 동서를 가상의 선으로 구분하였다. 적도는 태양과 달과 모든 행성들이 수직으로 떠오르는 현상을 보이는 곳이다. 그러므로 이 적도를 남과 북의 방향을 나누는 위도의 기준으로 삼아 위도 0도라 하였고, 이 적도면과 평행을 그리는 가상의 선들을 그려 위도를 표시하였다. 그러나 동서 방향의 경도에 있어서는 위도에서의 적도처럼 천문학적으로 그 기준이 될 수 있는 특별한 지점을 찾을 수 없었다.

고대 그리스의 유명한 천문학자이며 수학자인 프톨레마이오스(85~165)는 150년경, 8권의 『지리학 (Geographike Hiphegesis)』을 저술하여 세계 지리 정보를 최초로 집대성하였다.

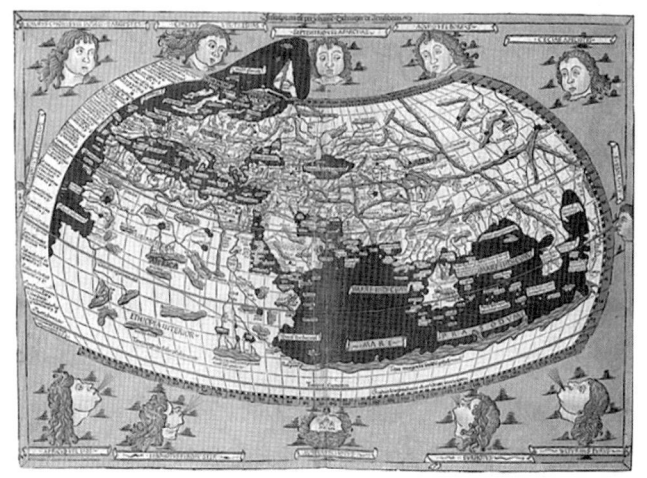

기원후 150년경에 제작된 프톨레마이오스 세계지도   출처 : 위키 백과

이때 함께 수록된 세계지도(아래 그림)를 보면 위도와 경도선을 원호(arc) 형태로 하여 지구가 구형임을 나타내었는데, 원추 투영법을 사용하여 경선과 위선을 평면에 투영하였다.

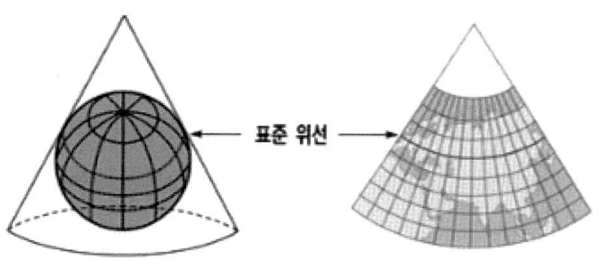

원추투영법

기원전 6세기에 지구 구형설을 주장한 피타고라스와, 그 200년 후인 기원전 4세기에 월식 때 달에 생기는 지구의 그림자를 근거로 지구가 구형의 천체라고 주

장한 아리스토텔레스의 과학적인 지식들을 접했던 프톨레마이오스 시대의 지식인들에게 지구가 둥글다는 사실은 당대에 상식으로 자리잡고 있었다.

프톨레마이오스의 세계 지도에는 당시 사람들의 인식 범위 밖에 있던 아메리카 대륙 등은 누락되어 있지만, 그 시대의 유럽인들이 인식하고 있던 유럽과 아프리카 일부 지역은 거의 정확하게 묘사되어 있었을 뿐만 아니라, 여러 면에서 획기적이었다. 과거 지구의 둘레를 처음으로 쟀던 에라토스테네스가 지도에서 사용하였던 경선과 위선을 과학적으로 체계화하였고, 원추 투영법을 적용하고, 방위를 정하는 등 현대 지도에서 사용되는 여러 요소들이 반영되었다. 이런 이유로 프톨레마이오스의 세계지도는 근대 지도의 효시로 평가받고 있다. 지도 제작자였던 콜롬버스조차도 이 지도를 참조하여 인도 항로를 찾아 나섰다고 한다.

프톨레마이오스는 고대로부터 전통적으로 전해 내려오던 개념을 수용하여 적도를 0도의 위도로 정하였다. 그리고 위도와 더불어 남극과 북극을 중심으로 인위적인 가상의 선을 그어 경도도 설정하였는데, 그 기준이 되는 경도 0도의 본초 자오선은 프톨레마이오스 마음대로 정하였다. 그는 아프리카 서북쪽의 포추니트(Fortunate) 제도, 지금의 카나리아 제도와 마데이라 제도를 지나는 경도선을 본초 자오선으로 정하였다고 전해지지만, 그 근거가 확실하지는 않다. 세월이 흐르면서 본초 자오선은 원래의 프톨레마이오스 본초 자오선으로 통일되지 않고 각 나라마다 제각기 자국을 중심으로 하여 정해 버렸다.

네빌 메스켈린은 런던 중심부에서 10여 Km 떨어진 그리니치 천문대를 경도의 기준점인 본초 자오선으로 설정하였다. 그는 1765년부터 1811년 사망할 때까지 이 그리니치 천문대에 거주하면서 방대한 양의 〈항해력〉을 49권이나 발행하였다. 이 책에 수록된 달과 태양, 그리고 달과 별 사이의 거리는 모두 그리니치 천문대를 기준으로 하여 측정하고 기록하였다. 그러므로 첫 권이 출간된 1767년부터 메스켈린의 월거표를 이용하던 전 세계의 뱃사람들은 그리니치를 기준으로 하여 경도를 계산하게 되었다.

메스켈린 이전에는 뱃사람들은 저마다 편리에 따라 적당한 자오선을 선택하고 자신의 위치가 그곳을 기준으로 동쪽, 또는 서쪽으로 몇 도 떨어져 있다고 표시하였다. 대부분 출발 지점이나 목표 지점을 기준점으로 삼았으므로, 포츠머스를 근거로 하는 뱃사람들의 경우에는 '포츠머스로부터 서경 10도 27분'과 같이 표시하였다. 그러나 메스켈린의 월거표로 인해서 그에 따른 월거 이용법이 대부분의 뱃사람들에 의해 사용되었기 때문에, 자연스럽게 그리니치 자오선은 세계 공통의 기준 자오선으로 자리잡게 되었다. 심지어 프랑스어 번역판 〈항해력〉조차도 파리 자오선을 본초 자오선으로 설정하기는 했지만, 메스켈린이 그리니치를 기준으로 계산한 값은 그대로 사용하였을 정도였다.

한편, 시간이 흐르면서 크로노미터의 신뢰성은 점점 높아져 갔다. 선장들 중에는 날씨가 좋을 때에는 월거 이용법을 사용하는 사람도 많았지만, 대부분의 사람들이 크로노미터를 더 선호하였다. 비교 조사에서 크로노미터가 월거 이용법보다 훨씬 정확하였을 뿐만 아니라, 무엇보다도 사용 방법이 너무 간단하였기 때문이었다. 마침내 크로노미터를 사용하는 방법은 월거 이용법을 누르고 경도법에서 승리를 거두었다. 그렇지만 뱃사람들이 크로노미터의 정확성을 확인하기 위해서 가끔씩 월거 측정을 하였기 때문에, 그리니치의 본초 자오선은 여전히 확고한 위치를 계속 유지하였다.

그리니치 표준시(그리니치 평균시; GMT; Greenwich Mean Time)

그리니치 천문대는 경도의 기준점인 본초 자오선으로서의 위치를 확고히 하여 지리적 위치에 대한 질서를 완전히 확립하였다. 그러나 1800년대에 영국의 시간 체계는 여전히 같은 국가 내에서도 통일된 원칙이 없이 지역별로 모든 도시들이 자신들 지역의 태양 표준시를 기준으로 하는 시간 체계를 사용하였다. '태양 표준시'에 대해 다시 한번 더 설명하자면, 각 지역마다 독자적으로 그 지역의 경도를 기준으로 태양이 정확히 남중하는 시각을 정오로 정하는 시간 체계를 말한다. '남중'이란 천체가 하루 중에서 가장 높이 떠오른 시점을 가리키는데, 태양 표준시에서는 태양을 그 기준으로 삼는다. 이로 인해 몇 Km정도 차이가 나지 않는 지역간에도 태양이 남중하는 시점이 서로 다르기 때문에 정오의 시간이 같지 않게 되었다. 이처럼 지역마다 시간이 통일되지 않았으므로, 여러 도시들을 여행할 경우 항상 현지 시간에 따른 시차를 보정해 주어야 했다. 특히 기차 여행을 할 경우에는 시차로 인한 불편이 매우 심각하였다. 전국적으로 통일된 시간 체계가 확립되지 않아 각 역마다 자체적인 태양 표준시를 사용했으므로, 각 역에 도착할 때마다 각 역에 해당하는 태양 표준시를 적용한 시간으로 시계를 다시 맞추어야 했기 때문이다. 1850년경, 7번째 그리니치 천문대장이었던 조지 비델(Goerge Biddell Airy)은 그리니치 표준시를 영국의 표준시로 삼아 전국의 시간 체계를 통일시켜야 한다고 주장하고, 이를 관철시켰다.

1850년대와 1860년대에 이르러 세계 각국은 철도와 통신 네트워크의 광대한 확장으로 인해 국제적인 표준 시간에 대한 필요성이 크게 요구되는 상황이었다. 그 당시에는 그리니치 천문대를 중심으로 하는 본초 자오선 외에도 각 나라마다 자국을 중심으로 하는 서로 다른 여러 개의 본초 자오선들이 사용되고 있었다. 1860년대에 들어서, 미국과 캐나다는 철도망이 확대되어 동서 횡단 철도가 운용되면서 통일되지 않은 시간 체계로 인해서 애를 먹고 있었다. 1883년 미국 의회는 영국의 그리니치 본초 자오선을 수용하여 그리니치 본초 자오선을 기반으로 한 그리니치 평균시를 받아들이고, 그 체계에 의해 북 아메리카를 5개의 시간대로 구분하였다.

그리고 1884년 워싱턴 D.C.에서 국제 자오선 회의가 열렸을 때, 26개국 대표들이 투표를 통해 일반적으로 통용되던 이 관행을 존중하여 그리니치 자오선을 세계의 본초 자오선으로 확정하였다. 이 회의에서 그리니치 천문대를 본초 자오선으로 하는 표준시를 국제 표준시로 받아들인 배경에는 당시에 미국이 이미 그리니치 표준시를 수용하고 있었다는 점과, 19세기 후반에 세계 상거래의 72%가 그리니치를 본초 자오선으로 하는 해도를 기반으로 이루어지고 있었다는 점들이 작용하였다. 그러나 프랑스에서는 이 결정을 받아들이지 않았으며, 그 뒤에도 1911년까지 27년 동안 그리니치로부터 2도 떨어진 파리 천문대의 자오선을 독자적으로 계속 고집하여 사용하였다.

04
일주일의 유래

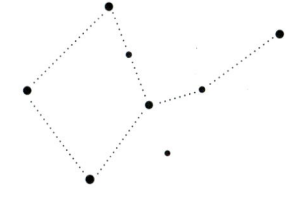

 일주일, 주(週)라는 개념은 어떻게 만들어졌을까? 시간 단위 중에서 일주일이라는 단위는 다른 일반적인 시간 단위와는 달리 그 개념의 근거를 직관적으로 떠올리기가 쉽지 않다. 이로 인해 많은 학자들이 일주일의 유래에 대해서 많은 관심을 가지고 다양한 학설들을 발표하였다. 시간 주기 중 일주일을 제외한 일, 월, 년과 같은 시간 단위들은 반복적인 자연 현상을 바탕으로 하여 만들어졌기 때문에, 자연적 주기와 뚜렷한 상관 관계를 맺고 있다. 따라서 이들 시간 단위들은 표현에 차이가 있더라도 어느 문화권에서나 쉽게 그 개념들을 공감할 수 있다. 그러나 이번에 탐구하려고 하는 7일로 이루어진 시간 단위인 일주일 체계는 연관된 자연 주기를 직관적으로 곧바로 연상하기가 어렵다. 그런 이유로 이 주기는 대부분의 다른 문화권에서는 쉽게 수용할 수 없는 매우 생소한 시간 단위였다.
 이처럼 평범하지 않은 7일 주기의 기원과 관련되어 지금까지 알려진 이론에는 대표적으로 두 가지가 있다. 두 이론에서 주장하는 7일 주기의 형성 원리와 배경, 그리고 형성 과정은 각기 전혀 다르지만 공통점이 하나 있다. 두 이론 모두 7일 주기의 기원을 바빌로니아에 두고 있다는 점이다.

달의 위상에 근거한 이론

첫 번째 이론으로 7일 주기 역시 자연 현상을 근거로 만들어졌다는 주장으로, 달의 위상 변화를 근거로 7일 주기가 형성되었다는 것이다. 달은 매일같이 그 모양과 뜨는 시각, 위치들이 조금씩 달라진다. 바빌로니아에서는 바닷가를 중심으로 도시가 발달하였기 때문에 조수와 관련된 달을 중시하였으며, 달과 관련된 태음력을 그들의 달력으로 사용하였다.

태음력 상에서는 달이 뜨고 지는 한 주기인 삭망월이 한 달에 해당한다. 삭망월 한 달의 위상을 살펴보면, 특징적인 위상 변화의 시기를 확인할 수 있다. 삭(朔, 달이 보이지 않는 날), 상현(반달), 보름달, 그리고 하현(반달)의 위상을 보이는 4 시기를 말한다. 그런데 이러한 위상 변화들의 날짜 간격을 살펴보면 대체로 7일 간격이라는 것을 알 수 있었으므로, 이와 같은 특징적인 위상을 이용하여 그들은 삭망월 한 달을 더 작은 단위로 나눌 수 있었다. 달이 전혀 보이지 않는 삭을 기준으로 삼아, 삭으로부터 7일이 지나면 상현달, 상현달로부터 7일이 지나면 보름달, 보름달로부터 7일이 지나면 하현달이 되었으므로, 그들은 삭으로부터 시작하여 7일 단위로 나타나는 특징적인 위상의 날들, 즉 삭과, 상현달, 보름달, 그리고 하현달의 위상을 보이는 날들을 절대 휴식일(絕對休息日) 또는 장이 서는 날(장날)로 삼았다.

그중에서 하현달(21일)로부터 다음 달이 시작되는 삭까지는 7일 간격이 아니고 1일 또는 2일이 더 지나야 하기 때문에 8일 또는 9일의 간격이 되었다. 그럼에도 불구하고 그들은 삭망월 한 달을 삭을 중심으로 상현달, 보름달, 하현달의 7일 간격의 4구간으로 나누었다. 따라서 각 구간의 간격은 하현달로부터 다음 달 삭까지의 구간을 제외하고는 7일이 되었다. 그들은 밤하늘에 떠 있는 달의 위상을 관측한 다음 7일 단위로 구분한 이 방법을 적용함으로써 쉽게 그 날의 삭망월 날짜와 장날을 알아낼 수 있었다. 이렇게 그들은 밤하늘의 달을 달력으로 활용하였다.

마지막 구간인 하현달로부터 다음달 삭까지, 즉 월말부터 월초 사이의 장날 간격이 다른 때보다 1~2일 더 길어 8일 또는 9일 간격이라는 점이 처음에는 문제가 되지 않았지만, 유목 사회에서 정주 사회로 생활 환경이 점차 변해 가면서 장날 간격이 항상 7일 간격으로 일정하지 않다는 점이 혼란스러웠고 예전에는 경험하지 못했던 많은 불편들이 나타나기 시작하였다. 결국, 어느 시기 이후부터는 이 불편을 해소하기 위해서 하현달의 장날로부터 다음 달까지의 장날도 7일 간격으로 정하기로 하였다. 이렇게 모든 장날의 간격을 7일 간격으로 통일하게 되자 장날 간격이 달라서 오던 불편과 혼란은 해소되었다.

그러나, 이러한 변화로 인해서 하현달로부터 7일째에 해당하는 다음 장날의 달은 삭의 위상을 보이지 않게 되었다. 또한, 다음 삭망월의 모든 장날들도 달의 위상과 전혀 무관한 날이 되었으며, 이어지는 모든 삭망월에서도 마찬가지였다. 장날이 항상 7일 간격으로 오지 않아서 생겼던 불편과 혼란은 해소된 반면, 달의 위상과 장날의 연관성은 완전히 사라졌다. 이처럼 장날, 또는 절대 휴식일 개념의 7일 주기가 처음에는 달의 위상을 기반으로 시작되었지만, 시대가 흐르면서 이 체계가 변화되어 달의 위상과 관련성이 없어진 완전한 7일 주기 개념이 형성되었다는 것이 첫 번째 이론이다.

그리고, 달의 위상을 바탕으로 한 기존 관행을 포기하고, 항상 7일을 주기로 반복되도록 장날의 체계를 바꾼 배경에 대해서는 다음과 같이 추론하였다. 유목 생활을 주로 하고 공동 생활이 드물었던 유목민 시절에는 달이 바뀔 때마다 한 달에 한 번씩 불규칙적으로 1일 또는 2일씩 장날이 늦어지는 단점은 있었지만, 달의 위상을 통해서 장날을 찾을 수 있는 원래의 체계는 매우 소중했다. 유목 생활을 하다 보면 장날을 잊어버리는 경우가 자주 발생하였고, 또 그때마다 물어볼 수 있는 주위에 있는 사람들도 많지 않았기 때문이다. 그렇지만 그들은 언제라도 달의 위상을 통해서 장날을 쉽게 찾을 수가 있었던 것이다.

그러나, 세월이 흘러 점차 유목 생활에서 정주 생활을 기반으로 하는 공동체 사회가 체계를 갖추어 감에 따라, 예전에는 큰 문제로 여겨지지 않았던 한 달에 한 번씩 불규칙적으로 1일 또는 2일씩 늦어지는 장날이 이제는 그들에게 매우 불편한 문제로 여겨졌다. 다시 말해서 장날이 공동체 사회에서 매우 중요한 날로 자리 잡았음에도 불구하고, 일관성이 없다는 것이 문제였다.

그들은 장날의 체계를 다시 생각해야 했다. 달의 위상 주기와의 연관성은 꼭 필요한 것인가? 불규칙인 장날의 주기로 인해서 오는 불편한 점을 감수할만큼 큰 가치가 있는가? 결론은 분명했다. 이제는 시대가 변하였고, 또한 주거 환경이 변한 것이다. 유목 시대로부터 정주를 기반으로 하는 공동체 사회 체계에서는 달의 위상에 관계없이 장날이 일관되게 7일마다 돌아오도록 조정하는 것이 더 편리한 가치를 지닌 생활 체제를 제공할 것이라는 인식이 점차 자리잡게 된 것이다. 따라서 달의 위상을 이용해서 항상 쉽게 장날을 알아낼 수 있는 전통을 과감히 포기하고, 항상 7일을 주기로 반복되는 새로운 장날 체계를 도입하게 되었다.

더군다나 달의 위상을 통해서만이 장날을 알 수밖에 없었던 유목 시절에 비해, 정주 시대에 들어서서는 장날을 알 수 없기 때문에 걱정할 필요조차 없었다. 왜냐하면 모든 사람들이 7일을 기본 단위로 한 사회 구조 속에서 장날을 항상 인식하고 생활하였을 뿐만 아니라, 설령 어떤 이유로 인해 장날을 잊어 버렸다 할지라도 주위에 있는 많은 사람들을 통해 매우 쉽게 장날에 대한 정보를 얻을 수 있었기 때문이었다. 다시 말해서 달의 위상을 통한 방법 외에도 장날을 쉽게 알아낼 수 있는 방법들이 많았다는 것이다. 따라서 달과 장날의 연관을 유지하기 위해 불규칙적이고 일관성이 없는 불편한 장날 체계를 고집할 이유가 사라진 것이다.

이와 더불어, 대체로 이 시기에 이르러서는 천체 관측을 통해 행성에 대한 숭배 사상이 확립되었다고 여겨지고 있는데, 다음에 언급되는 2번째 이론인 행성기원론까지 복합적으로 전통적인 7일 체계에 영향을 미치게 됨으로써, 규칙적인 7일 주기 체계가 완성된 것으로 추정된다. 이제 2번째 이론인 행성기원론에 대해 알아보기로 하겠다.

행성 기원 이론

두 번째 이론인 고대 바빌로니아의 행성 기원설은 고대 바빌로니아 인들의 점성술과 연관이 있으며, 밤하늘의 행성을 바탕으로 7일 주기가 발생되었다는 이론이다. 이 주장은 역사적 배경과 학문적 고증을 통해 많은 부분들이 검증되어 정설에 가장 근접한 이론이다. 이제 고대 바빌로니아의 행성 기원설을 통해 일주일이라는 개념이 왜, 어떻게 생겨났는지 확실하게 파악할 수 있게 될 것이다. 또한, 일주일 각 날의 이름이 '일, 월, 화, 수, 목, 금, 토'로 붙여진 근거 뿐만 아니라, '일, 월, 화, 수, 목, 금, 토'의 순서가 어떤 기준에 의해서 결정되었는지 확인할 수 있을 것이다.

사로스 주기(Saronic cycle)

기원전 1000년 무렵의 기록을 살펴보면, 메소포타미아 지방에서는 이미 천체의 관측이 비교적 정밀하게 이루어지고 있었으며, 기원전 700년경부터는 그러한 관측이 조직적으로 기록되었다는 것을 알 수 있다. 그들의 천문학 수준은 상상을 초월할 정도로 우수하였는데, 행성의 회전 주기와 같은 하늘의 주요한 주기적 현상을 정확하게 계산하였을 뿐만 아니라, 미래에 일어날 천문 현상에 있어서도 실로 놀라운 예언을 하기도 하였다. 그중 하나가 사로스 주기(Saronic cycle)라는 현상이다. 달이 지구를 공전하는 과정에서, 달이 지구와 태양의 한 중앙에 겹치게 되는 일식 현상이 일어나는데, 그 현상이 223삭망월, 6,585.3211일, 즉 약 18년 11일 8시간을 주기로 반복된다는 이론이다. 이 주기는 바빌로니아 태음 주기(Babylonian Lunar cycle)라고도 알려져 있다.

이처럼 바빌로니아인들은 일찍이 하늘의 세계에는 천문적 규칙이 있다는 것을 알고 있었다. 그리고 이러한 천문 현상은 초자연적인 강한 힘을 가지고 있는 신에 의해 일어난다고 생각하였으며, 하늘의 신들이 사람의 생명과 삶, 그리고 지상의 자연 현상에 지대한 영향을 끼친다고 생각하였기 때문에 경외심을 가지고 하늘의 신들을 숭배하려는 사상이 나타나게 되었다.

따라서 바빌로니아에서는 천체가 바로 신 자체였다. 그 천체의 운행과 관련하여 나타나는 여러 가지 현상들은 신의 의지를 표현한 것으로서 지상의 현상에 투영되며, 인간의 운명에도 영향을 준다고 생각하였다. 그래서 그들은 별들의 위치와, 색도, 시각 등을 자세하고 끊임없이 탐색하고 기록하였다. 이와 같은 탐구를 통해 그들은 신의 의지를 해석하여 지도자와 국가의 장래를 미리 예견하여, 그에 따른 대책을 세우려 하였다.

그런데 메소포타미아 지역을 탐사 발굴한 고고학자들은 이와 같은 행성 숭배 사상이 고대 바빌로니아의 시대보다도 역사적으로 훨씬 앞선 수메르 시대로부터 그 자취를 확인할 수 있다고 하였다. 바로 고대 메소포타미아 지역에 거주하던 수메르인들이 천체 현상을 연구하여 기록으로 남긴 가장 최초의 사람들이라고 하였다.

그리스 사람이나 로마 사람들이 그들이 쓴 책 속에 바빌로니아의 천문학에 관한 정보를 기록해 놓았지만, 바빌로니아인들이 남긴 점토판 기록들을 살펴보면 그리스 사람이나 로마 사람들이 기록해 놓았던 것보다 훨씬 더 천문학이 발달했었다는 사실을 알 수 있다. 그리고 이 기록 또한 바빌로니아인들보다 훨씬 더 오래전 시대의 수메르인들이 이룩한 천문학의 한 단편이었을 뿐이다.

수메르인들은 이 세상은 하늘과 땅으로 이루어졌다고 생각하였고, 하늘은 '앙'(An), 땅을 '기'(Ki)라고 불렀다. 이와 같은 우주관 속에서 그들은 하늘에 떠있는 해와 달 그리고 별들을 관찰하였고, 천체 현상을 연구하여 기록으로 남겼던 것이다.

칠층신전탑-지구라트

다음 내용은 윤대화의 『일요일 준수의 기원과 역사』에서 많은 부분 인용 참조하여 작성하였다. 지구라트(ziggurats-zigguratus)는 바빌로니아의 주요 유산 중 하나로서, 이집트를 상징하는 피라미드를 연상시키는 건축물이다. 피라미드가 이집트의 종교적 신념과, 풍부한 문화, 세련된 예술, 그리고 뛰어난 건축 기술을 망라하는 독특한 상징이자 영혼 불멸의 신앙을 아우르는 종교적 의미를 내포한다면, 지구라트는 우리에게 다른 차원의 신앙을 엿보게 해주는 구조물이다. 그 건축물은 별자리에 뿌리를 둔 점성술적 신앙에 근거하여 건축된 구조물로서, 그 신앙이 바빌로니아인들에게 얼마나 중요했는지를 가늠하게 해준다.

그중에서도 에지다(Ezida) 신전탑은 특히 주목받는 지구라트로, 보르시파(Borsippa)의 옛 성터에 위치해 있다. 이 성터를 탐사하던 고고학자들은 수많은 점토판을 발굴하게 되었는데, 그 점토판들의 내용이 로울린슨 경과 그의 제자들의 판독을 통해 밝혀졌다. 그중에는 구약 성경에도 언급된 바 있는 네부카드네자르(느부갓네살, Nebuchadnezzar, 재위 기원전 605~562) 왕의 원기둥 비문이 포함되어 있는데, 그 비문에 적혀 있는 내용 중 일부는 다음과 같다.

"나는 선왕의 아들이며, 바빌로니아의 큰 왕이다. 나는 마르두크 신의 위대한 은총을 받았다. 보르시파 탑은 예전에 선왕이 세우고, 그 꼭대기 부분은 미완성 상태로 남아 있었다. 그 높이는 42큐빗(약 19m)이었고, 오랫동안 폐허가 되어 있었다. 이는 배수 시설이 되어 있지 않아 빗물이 벽돌을 침식시켰기 때문이다. 마르두크 신이 나에게 재건을 명령하였다. 그래서 나는 보르시파 탑의 위치나 기초를 변경하지 않고, 벽돌과 지붕만 보수하여 그 처마 아래에 내 이름을 새겨 넣었다. 그리고 이를 당시 모습 그대로 다시 세웠다. 이제 보르시파 탑은 나의 위대한 지도력 아래 완성되었고, 이웃 국가들이 나의 위대한 업적을 찬양하고, 그 높이와 아름다움을 인정하며 내게 경의를 표한다. 나의 위대한 업적들은 마르두크 신의 축복과 나의 통치 덕분이며, 인간들은 항상 나의 통치와 지혜를 기리고 나의 업적들을 찬양할 것이다."

네부카드네자르 왕은 바빌로니아 제국을 지배한 칼데아인 중 가장 유명한 왕 중 한 사람이다. 칼데아인은 메소포타미아 지역을 중심으로 활동한 주요 문명 중 하나로 기원전 약 800년에서 기원전 539년까지 메소포타미아의 남부 지역에 거주하였으며, 종종 바빌로니아인으로도 불린다. 기원전 약 4500년부터 기원전 1900년 사이에 고대 메소포타미아 지역에 거주하였던 초기 주민들로 알려졌던 수메르인들의 문명이 사라진지 수천 년 후에 이들 칼데아인들이 등장하였지만, 수메르 문명의 많은 측면을 계승한 문명이다.

오돔 교수는 보르시파 탑의 외형을 다음과 같이 묘사하였다. 이 지구라트는 기초 위에 벽돌로 3피트 높이의 대를 쌓고 그 위에 층계식으로 세워져 있다. 이 건축물은 대로부터 총 7개의 층으로 구성되어 있으며, 그 모습은 각 층이 아래 층보다 약간 줄어드는 피라미드 형태를 연상시킨다. 전체 높이는 약 156피트(약 48미터)에 달하고, 건축에 사용된 벽돌 색상은 붉은 갈색이며, 벽돌의 크기는 다양하다. 첫 번째 층은 크기가 큰 벽돌로 만들어져 있으며, 위 층으로 올라갈수록 벽돌의 크기는 점차 작아진다. 이러한 구조로 인해 외관에서 보았을 때 피라미드와 흡사한 층계식 건축물 모습을 보인다.

1. 대 위에 세워진 건축물의 첫 번째 층대는 높이 26피트, 각 변이 정확히 272피트의 웅장한 정방형이다.
2. 두 번째 층대는 똑같이 26피트의 높이를 유지하면서 변의 길이가 230피트로 좁아지는 정방형이다.
3. 세 번째 층대는 여전히 26피트의 높이를 유지하나 변의 길이는 188피트로 더욱 줄어든 정방형이다.
4. 네 번째 층대에서는 높이가 15피트로 감소하고, 변의 길이는 146피트로 더 줄어든 정방형이다.
5. 다섯 번째 층대는 높이가 15피트를 유지하지만, 변의 길이는 105피트로 더욱 좁아진 정방형이다.
6. 여섯 번째 층대는 높이 15피트, 변의 길이는 62피트로 더욱 축소된다.
7. 일곱 번째 마지막 층대는 높이가 15피트, 변의 길이는 20피트로 가장 좁다. 일곱 번째 층대 위에는 사당이 조성되어 있다.

이 지구라트는 이후에도 많은 고고학자들에 의해 탐사되고 연구되었는데, 그중 대표적인 학자로 프랑스의 아시리아학 학자인 오뻬르(Jules Oppert, 1825~1905)와 독일 베를린 대학의 슈라이더(Eberhard Schrader, 1836~1908) 교수가 있다. 에지다(Ezida) 신전탑을 탐사하고 발굴 작업에 참여하였던 프랑스의 오뻬르는 고대 메소포타미아의 사회와 정치, 문자와 언어 뿐만 아니라, 천문학과 점성술에 관한 분야에 이르기까지 깊은 관심을 가지고 연구에 몰두했던 고고학자였다. 그는 1852년에 작성해 발표한 보고서를 통해, 보르시파(Borsippa)의 에지다(Ezida)칠층 신전탑은 일곱 개의 층대로 구성되어 있으며 해와 달 그리고 다섯 행성 신들에게 경배드리기 위해 축조되었다고 주장하였다. 또한 쐐기 문자로 기록된 한 점토판 조각을 직접 판독하였는데, 놀랍게도 그 점토판에 오늘날 우리가 사용하고 있는 일주일 명칭과 똑같은 이름으로 태양과 달 그리고 다섯 행성 신들의 이름이 수록되어 있음을 발견하였다. 뜻밖에도 일주일의 유래에 대한 오랫동안의 궁금증이 역사적인 이 유물들을 통해서 풀리기 시작한 것이다.

오뻬르를 포함한 여러 지구라트 연구 학자들이 밝혀낸 결과에 따르면, 이 신전탑의 구조와 특징은 천상의 태양계를 암시한 모형으로 간주된다. 일곱 층대들은 일곱 행성들을 상징하는 것으로, 각각의 행성들은 그들의 성격과 속성에 맞게 독특한 색상으로 표현되었다. 행성들의 성격과 속성은 고대 메소포타미아 문명, 특히 그중에서도 바빌론과 칼데아 사람들에 의해 형성된 세계관에 기반을 두고 있다. 이들 문명은 천문학과 점성술의 연구를 통해, 행성들과 천체들이 인간의 운명뿐만 아니라 인간 세상 전반에 지대한 영향을 미친다고 믿었다. 이런 신념은 그들의 종교와 전통 속에 깊게 뿌리내리고 있었다. 예를 들자면, 화성은 그 붉은 색상으로 인해 전쟁과 용기의 신과 연관지어졌고, 금성은 그 섬세하고 아름다운 빛 때문에 사랑과 아름다움의 여신과 연결되었다.

각 행성들의 성격과 속성에 따라 지정된 고유 색상들과 그에 따른 의미는 다음과 같다:

1. 태양은 황금색으로 표현되었는데, 이는 밝고 빛나는 에너지를 상징한다.
2. 달은 은색으로 그려졌으며, 이는 신비로운 힘과 여성성을 상징한다.
3. 화성은 전쟁과 용기의 신으로서 격렬함을 상징하여 그에 적절한 적색으로 표현되었다.
4. 수성은 빠르게 움직이는 행성으로, 그의 지혜와 지식을 상징하는 짙은 하늘색으로 표현되었다.
5. 목성은 오렌지색으로 그려졌는데, 이 색상은 번영과 풍요를 상징한다.
6. 금성은 사랑과 아름다움의 여신이 거주하는 아름다운 행성을 나타내는 황색

으로 그려졌다.

7. 토성은 거리가 먼 행성으로, 수수께끼 같은 성질과 엄격함을 나타내는 흑색으로 표현되었다.

칠층 신전탑의 각 층대들은 이처럼 행성들의 고유 색상으로 장식되어, 각각의 행성신들의 제단들이 분명하게 구별되었다. 이렇게 독특하게 칠해진 색상을 통해 신성하고 장엄한 건축물이 하늘의 일곱 행성신들을 나타냈으므로, 칼데아 사람들은 이 신들을 쉽게 구별하여 경배할 수 있었다.

칼데아 사람들에게 7이라는 숫자는 대단히 성스러운 숫자였다. 이 숫자는 완벽과 조화를 상징하며, 그들의 종교와 천문학에서 핵심적인 역할을 담당하였다. 이러한 이유로 일곱 층대의 신전탑은 그들의 천문학적 지식을 대변하는 독특한 구조물로서 단순히 건축물 그 이상의 의미를 내포하고 있으며, 칼데아 사람들의 종교적, 문화적 중심지로서 중요한 역할을 수행하였다.

독일 베를린 대학의 슈라이더 교수의 1873년 논문 "일주일의 바빌론 기원"(the Babylonian Origin of the Week of Seven Days)에서 그는 오뻬르의 주장을 지지하며, 일주일의 명칭이 바빌론의 행성신들로부터 유래되었다고 재차 강조하였다. 이 논문에서 슈라이더 교수는 오뻬르가 발굴하고 판독한 셈어로 된 쐐기문자의 행성신들의 이름은 바로 오늘날 우리가 현재 사용하고 있는 일주일 명칭과 똑같다고 하면서, "샤마쉬(Shamash)는 태양신이고, 신(Sin)은 월신이며, 네르갈(Nergal)은 화성 신이고, 네보(Nebo)는 수성신이며, 마르두크(Marduk) 신은 목성 신이고, 이쉬타르(Ishtar)는 금성 신이고, 아다르(Adar) 또는 닌-이브(Nin-Ib)는 토성신"이라고 주장하였다.

그의 주장을 간단하게 요약하면 다음과 같다.

첫째, 바빌론의 행성신들의 이름이 오늘날 사용되는 일주일의 명칭의 근원이다. 오뻬르가 발굴하고 판독한 셈어로 된 쐐기문자에 기록된 행성신들의 이름이 현재 사용되는 일주일 명칭과 일치한다.

둘째, 일주일의 개념이 각 행성신들의 숭배와 깊이 연관되어 있다. 바빌론의 사제들은 일곱 행성신들에게 경배하는 날을 각각 정하여 일주일을 구성하였고,

이것이 오늘날의 일주일 개념의 기초가 되었다.

셋째, 일주일 명칭의 전파 과정에 대한 것으로, 슈라이더 교수는 일주일 명칭이 바빌론에서 시작되어 메소포타미아, 그리스, 로마 그리고 기독교 문화로 전파되면서 현대까지 이어졌다고 주장하였다.

대부분의 학자들 역시 오뻬르와 슈라이더의 주장에 동조하였는데, 그중에는 저명한 영국의 동방학자 세이스(Archbald H. Sayce, 1845~1933) 교수도 있었다. 세이스는 오뻬르와 슈라이더 교수가 일주일이 바빌론 기원임을 명확하게 밝혀냈다고 지지하였다. 이 칠층 신전탑에서 일곱 행성신들의 숭배일을 각각 제정하여 제사를 드린 이들 사제들이 바로 유명한 칼데아의 점성학자들로서 동시에 천문학자들로 알려져 있는데, 이들이 제정한 일곱 혹성들의 제사일들이 오늘날 우리가 사용하고 있는 일주일의 유래인 것이다. 즉 일요일은 태양 샤마쉬 신에게 그의 제단에서 제사한 태양신 숭배일이었으며, 월요일은 달신에게 그의 제단에서 제사한 달신 숭배일이었다. 마침내 학계에서는 일주일이라는 주기가 만들어진 배경과, 그 일주일이 7일로 이루어진 이유, 그리고 이 일주일 각 날의 명칭이 바빌로니아에서 유래되었다는 주장이 널리 인정되었다.

달(신) : 은색(SILVER)
수성(네보) : 하늘색(BLUE)
금성(이쉬타르) : 황색(YELLOW)
태양(샤마쉬) : 황금색(GOLD)
화성(네르갈) : 적색(RED)
목성(마르두크) : 오렌지색(ORANGE)
토성(닌-이브) : 흑색(BLACK)

위에서 표기한 것처럼 바빌로니아인들은 신전탑의 층을 아래부터 토성, 목성, 화성, 태양, 금성, 수성, 그리고 마지막으로 달의 순서로 배열했는데, 칠층 신전탑에서 나타나는 일곱 행성신들의 배열 순서는 매우 주목할 만한 가치가 있다. 이 순서는 그리스의 알렉산드리아의 대천문학자 프톨레마이오스(120~150?)가 그의 명저인 천문학 대전 '알마게스트'(Almagest)에서 천동설을 기반으로 하여 태양계를 나타낸 천체도의 내용과 일치한다.

프톨레마이오스의 13권으로 구성된 명저 '알마게스트'는 천체를 관측하고 기록한 작품으로, 갈릴레오(Galileo Galilei, 1564~1642)와 코페르니쿠스(Copernicus, 1473~1543)의 지동설이 1530년에 발표되어 증명되기 전까지 약 1,500년 동안 천문학의 성서로 여겨져 왔다. 그러므로, 이와 같은 고고학적 자료를 바탕으로 미루어 볼 때, 그리스인들이 칼데아인들의 점성술로부터 큰 영향을 받았음을 알 수 있다. 그리스인들은 칼데아인들의 점성학을 계승하고 발전시켜 천문학으로 발전시켰으며, 이 과정을 통해 프톨레마이오스와 같은 대 천문학자의 명저를 오늘날 우리가 접할 수 있게 되었던 것이다.

오돔(Robert Leo Odom)은 그의 논문에서 칼데아인들이 지구라트 건축물의 모양, 색상, 그리고 행성들의 순차적 배열 구조를 통해 천동설에 기반한 체계적인 우주관을 구축했다고 주장하였다. 그의 주장에 따르면, 지구라트 건축물에서 일곱 행성들의 배열, 즉 토성, 목성, 화성, 태양, 금성, 수성, 그리고 달이 순서대로 층을 이루고 있으며, 다음과 같은 두드러진 특징을 보이고 있다고 하였다.

첫째, 가장 궤도가 긴 토성이 가장 큰 바닥 면적을 차지하는 제일 아래층에 위치해 있다. 이는 토성이 가장 먼 행성이라는 사실을 반영한 것으로 보인다. 둘째, 궤도가 가장 짧은 달은 가장 작은 바닥 면적을 가진 일곱 번째 층에 배치되어 있다. 이는 달이 가장 가까운 천체임을 나타내는 것이다. 그리고 마지막으로, 태양은 일곱 행성 중 중앙인 네 번째 층에 위치해 있다. 이 위치는 현재 우리가 알고 있는 태양계에서 지구가 차지하는 위치와 일치한다. 그런데 이 위치는 일곱 행성들의 중앙에 해당하므로, 태양이 천동설에서 가장 중심적인 역할을 하는 천체라는 것을 상징하는 것처럼 보이기도 한다. 따라서, 이와 같은 순차적 배열은 지구라트의 구조와 행성들의 배치가 칼데아 사람들이 가지고 있는 천동설에 입각한 체계적인 우주관을 반영하고 있다는 것을 보여주는 것이다.

이를 현재 우리가 가지고 있는 천문학적 관찰 내용을 바탕으로 확인해 보자.

1. 토성
- 태양과의 평균 거리 : 14억 킬로미터
- 공전 주기: 10,759일 (약 29.5년)
- 특징: 태양계에서 가장 멀리 있는 거대 가스 행성

2. 목성
- 태양과의 평균 거리: 약 7억 7,833만km
- 공전 주기 : 4,333일 (약 11.862년)
- 특징 : 태양계의 다섯 번째 행성이자 가장 큰 행성으로, 밤하늘에서 금성 다음으로 밝은 행성

3. 화성
- 태양과의 평균 거리 : 약 2억 2천만 km
- 공전 주기 : 686.98일 (약 1.88년)
- 특징 : 태양계의 네 번째 행성으로 붉은 색을 띄며 붉게 타는 듯한 외형

4. 금성
- 태양과의 평균 거리 : 약 1억 600만 km
- 공전 주기 : 224.7일
- 특징 : 밤하늘에서 달 다음으로 밝은 천체

5. 수성
- 태양과의 평균 거리 : 5,800만 km
- 공전 주기 : 88일
- 특징 : 태양계의 행성 중 태양에서 가장 가까운 행성

6. 달
- 지구 중심과의 평균 거리 : 38만 4,400킬로미터 (지구에서 태양까지 거리의 400분의 1)
- 공전 주기 : 27.3일
- 특징 : 지구의 위성으로, 밤하늘에서 가장 밝은 천체

칼데아인들의 천문학적 지식은 현대의 천문학적 자료를 바탕으로 비교해 보았을 때에도 놀라울 정도로 정확하다는 것을 확인할 수 있다. 토성, 목성, 화성, 금성, 수성, 달의 공전 주기를 비교한 결과, 10,759일(29.5년) 〉 4,333일(11.862년) 〉 686.98일(1.88년) 〉 224.7일 〉 88일 〉 27.3일 순으로, 토성 〉 목성 〉 화성 〉 금성 〉 수성 〉 달의 순서로 나타난다.

그런데 위의 내용을 자세히 보면 태양과 관련된 부분이 빠져 있다는 것을 알 수 있을 것이다. 우리는 고대 칼데아인들이 정한 순서 상에서 태양이 화성과 금성 사이에 위치한다는 사실에 주목해야 한다. 이 위치는 현재 우리가 알고 있는 태양계에서 지구가 차지하는 위치와 일치한다. 현재 우리는 지동설을 받아들이고 있어 지구가 태양 주위를 돈다고 생각하지만, 당시 고대 바빌로니아인들은 천동설을 믿어 태양이 지구 주위를 돈다고 생각하였다.

지구와 태양의 관계를 살펴보면, 지구는 태양으로부터 약 1억 5,000만 km 떨어져 있고, 공전 주기는 365.25일이다.

지구
- 태양과의 평균 거리: 약 1억 5천만 km
- 공전 주기: 약 365.25일 (1년)
- 특징: 태양계의 세 번째 행성

이는 지구가 현재 금성과 화성 사이의 궤도를 운행하고 있음을 나타낸다. 지동설 하에서 지구가 태양 주위를 돌고 있지만, 천동설 하에서 태양이 지구 주위를 돈다고 생각했다는 것을 감안하면, 태양에 대한 지구의 공전 궤도를 지구에 대한 태양의 공전 궤도로 간단히 대체할 수 있을 것이다. 이때 태양의 공전 주기의 값은 당연히 지구의 공전 주기 값이 될 것이다. 다시 말해서 태양과 지구 사이는 천동설과 지동설에 따른 상대적 개념이기 때문에, 천동설 사상 하에서는 태양이 지구의 위치에 자리잡고, 지구가 실제로 가지고 있는 궤도가 태양의 궤도로 간주되어 화성과 금성 사이의 궤도에 태양이 위치한다고 생각할 수 있다.

따라서 이와 같은 모든 내용들을 종합해 보았을 때, 칼데아인들이 행성들의 궤도의 크기를 기준 삼아 궤도가 큰 순서에 따라 행성들을 아래 층에서부터 윗층으로 배열하여 칠층 신전탑을 건축하였다는 것이 명백하게 입증되었다. 칼데아인들은 이처럼 정확한 천문학적 관찰과 지식을 바탕으로 점성술을 발전시켰으며, 그들의 뛰어난 천문학적 능력을 칠층 신전탑을 통해 우리에게 분명하게 보여 주고 있다.

그들의 천문학적 지식들은 후대에 이르러 다른 지역들의 천문학 연구와 발전에 매우 큰 영향을 끼쳤을 것으로 추정된다. 고대 그리스 문명과 같은 다른 문명들 역시 칼데아인들의 점성술로부터 영향을 받아 천문학을 발전시켰으며, 그 결과, 이러한 천문학적 지식은 우리 현대에 이르기까지 전해지게 되었으며, 오늘날의 천문학 연구에서도 그 기초가 되고 있다.

일곱 행성

그렇다면 바빌로니아 사람들은 그 많은 별들 중에서 왜 토성, 목성, 화성, 태양, 금성, 수성 그리고 달의 7 행성만을 신성시하였을까? 앞에서도 언급했던 바와 같이 바빌로니아 사람들은 천체의 관측에 많은 관심을 기울였다. 하늘에는 수많은 별들이 빛나고 있는데, 모든 별들이 모두 한자리에 머물지 않고 계속 이동하였다. 마치 모든 별들이 하늘에 있는 커다란 천구에 고정되어 있는 것처럼 똑같은 간격을 유지하고 똑같은 방향으로 움직인다는 것을 알았다.

그런데 대부분의 별들과는 달리 천구에 고정되어 있지 않고 방향과 움직이는 속도도 다르게 이동하는 별들이 있다는 것을 그들은 발견할 수 있었다. 그 별이란 바로 누구나 쉽게 인지할 수 있는 태양과 달이었다. 이들 두 행성의 움직임은 천구의 이동 방향과 다를 뿐만 아니라, 두 행성 간에도 움직임이 서로 달랐다.

그리고, 오랜 세월에 걸쳐 하늘을 더 자세히 관찰한 결과 크기와 밝기는 태양과 달보다 작지만 천구의 움직임과 다르게 운행하는 또 다른 별들이 있다는 것을 그들은 추가로 발견할 수 있었다. 그것도 무려 5개나 되는 별들이었다. 그들은 태양과 달과 더불어 이 다섯 개의 별들이 천구의 움직임을 따르지 않고, 그 별들 스스로 자유로이 자신만의 고유한 움직임을 가지고 운행한다는 사실에서 그 별들에 대해 경외심을 느끼게 되었다. 그리하여 그 별들 즉, 태양과 달, 그리고 토성, 목성, 화성, 금성, 수성, 7개의 별에는 신성이 깃들어 있다고 생각하게 되었다. 오랫동안 그 별들의 운행을 세밀히 관찰한 결과 토성이 그 궤도가 가장 길었으며, 목성, 화성, 태양, 금성, 수성, 달 순으로 길다는 것을 알았다. 그런 연유로 그들은 그 순서를 기반으로 칠층 신전탑에서의 층대의 위치를 결정했던 것이다.

7일 주기의 순서

이와 같은 사실을 바탕으로 태양과 달, 그리고 토성, 목성, 화성, 금성, 수성, 7개의 별에 의해 7일 주기가 만들어졌다는 사실을 우리는 확실히 알게 되었다. 이제 남아 있는 의문은 일주일의 순서가 어떻게 결정되었는가 하는 것이다. 공전 궤도와 탑의 순서에 따르자면 일주일의 순서는 토, 목, 화, 일, 금, 수, 월의 순서가 되어야 했을 것이다. 그런데 오늘날 우리는 일주일을 일요일, 월요일, 화요일, 수요일, 목요일, 금요일 그리고 토요일의 순서로 정하여 사용하고 있다. 그렇다면 현재 우리가 사용하고 있는 일, 월, 화, 수, 목, 금, 토로 이루어진 일주일의 순서는 어떤 원칙이나 배경을 근거로 하여 결정되어졌을까?

그 해답 또한 바로 칠층 신전탑에 배열된 일곱 행성신들의 제단 배열 순서로부터 유래한 것이라는 것을 학자들이 찾아낼 수 있었다. 칠층탑은 제일 밑층에 토성 닌-이브, 그리고, 목성 마르두크, 화성 네르갈, 태양 샤마쉬, 금성 이쉬타르, 수성 네보, 마지막으로 칠 층에 달 신의 순서로 배치되었는데, 이 제단의 배열 그 자체가 그 근거를 설명하고 있었던 것이다.

칼데아 점성학자인 제사장들은 하루를 24시간으로 나누고, 제1시부터 매 한시간씩 이 일곱 혹성신들이 그 순서(토성, 목성, 화성, 태양, 금성, 수성, 달)에 따라 차례로 우주와 지상 만물을 지배한다고 생각하였다. 그리고 그날의 제 1시를 지배하는 혹성신이 당일의 주인이 되는 신이라고 하여 그 혹성신의 이름을 따라 그 날에 그 혹성신의 이름을 붙이고 그 혹성신의 날로 삼았으며, 사제들은 매일 그날의 주인이 되는 혹성신에게 그 칠층 신전탑에 안치된 그 신의 제단에서 제사를 드렸다.

그러므로, 이에 따르면,

제1시에는 토성 닌-이브 신이 우주와 세상을 지배하고,
제2시에는 목성 마르투크 신이,
제3시에는 화성 네르갈 신이,
제4시에는 태양 샤마쉬 신이,
제5시에는 금성 이쉬타르 신이,
제6시에는 수성 네보 신이,
제7시에는 달의 신인 신이 온 세계를 지배하는 것이 된다.

그리고 다음 제8시에는 다시 처음으로 돌아와 토성 닌-이브 신이 제국을 보호해주는 차례가 되었다. 이런 규칙에 의해 하루 24시간을 차례대로 혹성신들의 순서에 따라 배열하여 제 24시에 이르게 되면 화성 네르갈 신의 순서가 되고, 그 다음 2일째 되는 날의 제 1시는 태양 샤마쉬 신이 주관하는 시간이 된다. 그리고 다음 이어지는 날들에서 제 1시를 주관하는 혹성신이 이런 식으로 계속 바뀌게 되어, 3일째 되는 날의 제 1시는 달신인 신이, 4일째 되는 날의 제 1시는 화성신인 네르갈 신이, 5일째 되는 날의 제 1시는 수성신인 네보 신이, 6일째 되는 날의 제 1시는 목성신인 마르투크 신이, 7일째 되는 날의 제 1시는 금성신인 이쉬타르 신이 주관하게 되었다. 8일째 되는 날의 제 1시는 다시 토성 닌-이브 신이 주관하게 되었고, 9, 10, 11, 12일째에도 2, 3, 4, 5일째와 같은 신의 날이 똑같이 반복되었다.

이렇게 그 날의 첫 시간을 주관하고 지배하는 주 신의 이름을 따라 그날의 명칭을 명명하고 그 신을 그날의 주인 신으로 모시기로 한 규칙을 바탕으로, 토요일로부터 시작하여, 일요일, 월요일, 화요일, 수요일, 목요일, 그리고 금요일의 순

1	토	1	일	1	월	1	화	1	수	1	목	1	금	1	토	1	일
2	목	2	금	2	토	2	일	2	월	2	화	2	수	2	목	2	금
3	화	3	수	3	목	3	금	3	토	3	일	3	월	3	화	3	수
4	일	4	월	4	화	4	수	4	목	4	금	4	토	4	일	4	월
5	금	5	토	5	일	5	월	5	화	5	수	5	목	5	금	5	토
6	수	6	목	6	금	6	토	6	일	6	월	6	화	6	수	6	목
7	월	7	화	7	수	7	목	7	금	7	토	7	일	7	월	7	화
8	토	8	일	8	월	8	화	8	수	8	목	8	금	8	토	8	일
9	목	9	금	9	토	9	일	9	월	9	화	9	수	9	목	9	금
10	화	10	수	10	목	10	금	10	토	10	일	10	월	10	화	10	수
11	일	11	월	11	화	11	수	11	목	11	금	11	토	11	일	11	월
12	금	12	토	12	일	12	월	12	화	12	수	12	목	12	금	12	토
13	수	13	목	13	금	13	토	13	일	13	월	13	화	13	수	13	목
14	월	14	화	14	수	14	목	14	금	14	토	14	일	14	월	14	화
15	토	15	일	15	월	15	화	15	수	15	목	15	금	15	토	15	일
16	목	16	금	16	토	16	일	16	월	16	화	16	수	16	목	16	금
17	화	17	수	17	목	17	금	17	토	17	일	17	월	17	화	17	수
18	일	18	월	18	화	18	수	18	목	18	금	18	토	18	일	18	월
19	금	19	토	19	일	19	월	19	화	19	수	19	목	19	금	19	토
20	수	20	목	20	금	20	토	20	일	20	월	20	화	20	수	20	목
21	월	21	화	21	수	21	목	21	금	21	토	21	일	21	월	21	화
22	토	22	일	22	월	22	화	22	수	22	목	22	금	22	토	22	일
23	목	23	금	23	토	23	일	23	월	23	화	23	수	23	목	23	금
24	화	24	수	24	목	24	금	24	토	24	일	24	월	24	화	24	수

서로 이어지는 7일 주기가 완성되었다. 그중에서도 샤마쉬 신의 날인 "일요일"은 곧 "태양신의 날"이라 하여 특별히 성대하게 제사를 드렸을 뿐만 아니라 이날은 길일로 생각하였던 반면에, 토요일인 토성 닌-이브 신의 날은 불길한 날로 생각하였다.

하루 24시를 주관하는 신을 토, 목, 화, 일, 금, 수, 월의 순서대로 계속 나열해 보면 p.108 도표 내용과 같다.

이 순서는 현재 우리가 사용하는 일주일의 순서가 일요일로부터 시작되는 점을 제외한다면, 토성, 태양, 달, 화성, 수성, 목성, 금성의 순서대로 토, 일, 월, 화, 수, 목, 금의 요일 순서가 완전히 일치한다는 것을 알 수 있다. 이와 같은 고고학적 유물을 통해서 이제 우리는 마침내 일주일의 순서와 만들어진 그 배경까지도 알 수 있게 되었다. 이처럼 많은 유물과 탄탄한 고증을 통해 일주일의 탄생이 고대 바빌로니아의 칼데아인들로부터 유래하였다는 주장은 이제 논란의 여지조차 없어 보인다.

일주일 7일 각각의 명칭

바빌로니아에서는 7일 주기를 바탕으로 위에서 언급한 것처럼 7일 각각의 날마다 그 날을 지배하는 신에게 제사를 드리고, 그 신의 날로 삼았다.

일요일은 샤마쉬의 날,
월요일은 신의 날,
화요일은 네르갈의 날,
수요일은 네보의 날,
목요일은 마르두크의 날,
금요일은 이쉬타르의 날,
토요일은 닌-이브의 날이 되었다.

헬레니즘 시대에 이르러 바빌로니아의 행성 신들의 명칭은 그리스에서 점차 사라져 갔으며, 대신 그 신들의 자리는 유사한 성격의 그리스 신들의 이름으로 대체되었다.

바빌로니아의 태양 샤마쉬(Shamash)는 그리스인들의 헬리오스(Helios)로,

달 신(Sin)은 아르테미스(Artemis)로,

수성 네보(Nebo)는 헤르메스(Hermes)로,

금성 이쉬타르(Ishtar)는 아프로디테(Aphrodite)로,

화성 네르갈(Nergal)은 아레스(Ares)로,

목성 마르두크(Marduk)는 제우스(Zeus)로,

토성 닌-이브(Nin-ib, Adar)는 크로누스(Kronos)로 바뀌었다.

로마 시대에 이르러서는 7일 주기에 사용되던 그리스 신들의 이름을 다음과 같이 자신들의 신들의 이름으로 대체하였다.

일: Solis dies 태양 신 솔(Sol)의 날

월: Lunae dies 달의 여신 루나(Luna)의 날

화: Martis dies 전쟁의 신 마르스(Mars)의 날

수: Mercurii dies 상업의 신 메르쿠리우스(Mercurius)의 날

목: Iovis dies 하늘과 천둥의 신 유피테르(Jupiter)의 날

금: Veneris dies 사랑의 여신 베누스(Venus)의 날

토: Saturni dies 농업의 신 사투르누스(Saturnus)의 날

∗Iovis는 Latin에서 Jupiter의 소유격 형태로, "Jupiter의"라는 의미

뒤를 이어 고대 로마를 멸망시킨 게르만 민족들도 기존 로마 시대에 사용했던 요일 이름을 일요일과 월요일만을 제외하고 자신들의 민족 신화에 등장하는 신들의 이름으로 대체하였다. 일요일과 월요일의 명칭은 라틴어 Solis dies과 Lunae dies를 단순히 앵글로 색슨족의 단어로 대체하여 사용하였다. 메르쿠리우스 신(Mercurius)의 날인 수요일은 게르만 민족 신화에서 최고의 신은 폭풍

의 신, Woden(Odin이라고도 함)의 날로 바꾸어 Woden's day라고 하였는데, 이것이 Wednes-day로 변화되었다. 마르스 Mars의 날인 화요일은 Woden의 아들이며 군신인 Tiw(또는 Tiu)의 날로 바꾸어 Tiw's day라 하였고, Tues-day로 변화되었다. 유피테르(Jupiter)의 날인 목요일은 번개와 천둥의 신인 Thor로 대체하여 Thor's day라 하였고, Thurs-day로 변화되었다. 베누스(venus)의 날인 금요일은 사랑의 여신 프리그(Frigg)의 날로 대체하여 Frigedæg라고 하였는데, Fri-day로 변화되었다. 여신 프리그(Frigg)는 종종 프레이야(Freyja)와 서로 다른 여신으로 알려지기도 하지만 동일한 여신으로 취급되고 있으므로, Fri-day는 이 두 신의 이름인 프리그(Frigg) 또는 프레이야(Freyja)에 근원을 두고 있다고 알려져 있다. 이렇게 게르만족에 의해 최종적으로 변경된 이름들이 지금까지 각 요일의 명칭으로 유지되어 계속 사용되고 있다.

- 일: Sun-day 고대 영어로는 Sunnan-dæg이며, 라틴어 Solis dies를 단순 번역한 단어
- 월: Mon-day 고대 영어로는 Monan-dæg이며, 라틴어 Lunae dies를 단순 번역한 단어
- 화: Tues-day 고대 영어로는 Tiwes-dæg이고, Tiw는 북구 신화에서 나오는 전쟁의 신으로 로마 신화의 Mars에 해당
- 수: Wednes-day 고대 영어로 Wodnes-dæg이고, Odin은 북구 신화에 나오는 신의 이름
- 목: Thurs-day 고대 영어로 þunres-dæg (þ는 현대 영어의 th에 해당)이고, 천둥, 혹은 번개를 뜻하는 Thunder는 게르만 신화의 번개의 신 Thor에서 온 것
- 금: Fri-day 고대 영어로 Frigedæg이고, Frigg는 로마 신화에서 Venus에 해당하는 여신
- 토: Satur-day 고대 영어로 Sæterndæg이고, Saturn은 로마 신화에서 대지의 신

요일명	천체명	그리스	바빌로니아 명칭	로마 명칭	게르만 명칭	현재 명칭
일	태양	헬리오스	샤마쉬	솔	Sun-day	Sun-day
월	달	아르테미스	신	루나	Mon-day	Mon-day
화	화성	아레스	네르갈	마르스	Tues-day	Tues-day
수	수성	헤르메스	네보	메르쿠리우스	Wednes-day	Wednes-day
목	목성	제우스	마르두크	유피테르	Thurs-day	Thurs-day
금	금성	아프로디테	이쉬타르	베누스	Fri-day	Fri-day
토	토성	크로누스	닌-이브	사투르누스	Satur-day	Satur-day

그렇다면, 현재 우리나라에서 7일 주기의 각 날을 일요일, 월요일, 화요일, 수요일, 목요일, 금요일, 토요일로 부르고 있는데, 그 명칭은 어떻게 유래된 것일까? 예로부터 중국에서는 금(金), 목(木), 수(水), 화(火), 토(土)의 5행성을 5위(緯)라고 하였고, 여기에 해(日)와 달(月)을 추가하여 7요(曜), 또는 7정(政)이라고 하였다. 요(曜)는 '빛난다'라는 뜻이므로, 7요(曜)란 '7개의 빛나는 별'을 의미한다. 그런데, 서양에서 유래된 7일 주기를 구성하는 별들의 구성이 중국에서 사용되던 7요(曜)와 완전히 부합되었기 때문에, 이들 별 명칭에 따라 부여되었던 요일에 대해 7요(曜)를 대응시켜 일(日), 월(月), 화(火), 수(水), 목(木), 금(金), 토(土)의 명칭을 자연스럽게 적용할 수 있었다. 따라서, 우리나라를 비롯한 한자 문화권에서는 Sunday, Monday, Tuesday, Wednesday, Thursday, Friday, Saturday를 일요일, 월요일, 화요일, 수요일, 목요일, 금요일, 토요일이라고 부르게 된 것이다.

7일 주기의 전파

이 7일 주기는 모든 문화권에서 공통적으로 그 개념을 인식하였던 시간 주기가 아니었으므로, 그 개념을 공유하지 않은 문화권에서는 전혀 사용되지 않았으며, 생소한 시간 단위였다. 그런데 이 일주일 개념이 알렉산더 대왕의 헬레니즘 문화를 타고 그리스 사회에 점성학을 포함한 천문학적인 지식과 더불어 급속히 유입되었고, 후에 그리스 문화를 흡수한 로마에 의해서 계승되어 로마 문화권 전체에 전파되었다.

로마에서는 율리우스 카이사르에 의해 율리우스력이 제정될 당시, 헬레니즘 문화권에서 일상적으로 사용되고 있던 바빌로니아 인들의 일곱 행성신 명칭에 따른 7일 주기 제도가 당시 로마에 유입되어 사용되고 있었다. 이를 근거로 삼아, 율리우스력이 제정 공표될 당시에 일주일 개념이 포함되어 있었다는 주장도 있지만, 고대 로마로부터 전래되어 내려온 그들의 고유 주기인 8일 주기인 눈나디에와 함께 7일 주기가 혼용되어 사용된 시기는 아우구스투스 황제 이후라는 주장이 더 설득력을 얻고 있다. 물론 7일 주기를 도입할 당시, 로마에서도 바빌로니아와 마찬가지로 7일 주기의 첫날은 토요일이었다. 로마 제국에서 7일 주기를 공식적으로 사용하기 시작하자, 토요일부터 시작되는 7일 주기는 율리우스력과 더불어 로마 제국의 영향권 내에 있는 주위 모든 국가들에 확산되어, 보편적인 시간 체계로 자리잡게 되었다.

7일 주기 첫째 날의 이동

칼데아인들은 토성 닌-이브 신의 날을 기준 틀로 삼아 7일 주기의 순서를 결정하였기 때문에 주기의 첫날을 토요일로 하였고, 토요일부터 시작되어, 일, 월, 화, 수, 목, 금의 순서를 보이는 7일 주기를 사용하였다. 그런데, 현재 우리는 일요일을 7일 주기의 첫째 날로 지정하여, 일, 월, 화, 수, 목, 금, 토의 순서를 사용하고 있다.

토요일로부터 시작되는 바빌로니아의 7일주기의 첫째 날이 언제부터, 어떤 이유로 일요일로 옮겨갔는지 확실하게 파악하기는 어렵다. 그렇지만, 시기적으로 로마 시대에 이르러 변경이 이루어졌다는 점은 거의 분명하다. 또한, 일요일로 변경한 이유를 추정하자면, 태양신의 날인 일요일을 특별히 더 숭배하였던 고대 바빌로니아의 전통과, 이 전통을 이어받은 로마의 태양신교, 그리고 일요일을 주의 날로 정한 로마 교회의 영향력 등이 복합적으로 작용하였다고 여겨진다. 뒷장에서 설명될 컴퓨투스의 자료들을 자세히 비교 분석해 보면, 토요일에서 일요일로 교체된 시기는 대략적으로 아우구스투스(기원전 63년 9월 23일~서기 14년 8월 19

일) 이후 디오니시우스 엑시구스(470~544) 시대 사이로 한정할 수 있을 것이다.

예수가 사망하고 난 다음 첫 1세기 동안 로마 교회에서는 유대인의 파스카 대신 부활절로의 전환이 이루어졌다. 이 시기에 부활절로의 전환이 시도되었다는 것은 이때부터 이미 일요일을 첫 번째 날로 하는 7일 주기가 로마에서 자리잡고 있었다는 것을 의미하는 것이다. 또한, 2세기 중엽에 일어났던 부활절 논쟁 과정을 살펴보면, 당시 토요일을 안식일로 고수하던 동방 교회와의 주도권 다툼을 벌이던 로마 교회가 창조 제 1일론 등을 일요일 준수의 논리적 근거로 삼아 7일 주기의 첫 번째 날인 일요일을 주의 날로 삼아야 한다는 주장을 내세웠다는 역사적 사실도 확인할 수 있다.

로마의 히폴리투스는 서기 222년 그의 112년 주기 테이블에서 파스카 보름달이 오는 요일을 그리스 문자 알파(1)에서 제타(7)까지로 표시하였는데, 일요일을 1로 표기하여 주의 첫날로 기록하였다. 그렇지만, 354년에 부유한 기독교인에 의해 제작된 'Chronograph of 354'라는 달력 문서에서는, 7일 주기가 토요일로부터 시작되고 있다는 점에서 볼 때, 오랜 기간 동안 7일 주기의 첫째 날이 토요일에서 일요일로 옮겨 가는 과정에 있었으며, 혼재되어 사용되고 있었다는 것을 짐작할 수 있다 . 디오니시우스가 525년에 작성한 '디오니시우스 테이블'에서는, 일요일이 주일의 첫째 날의 의미인 1 로 표기되어 있다. 이 시점 이후부터는 일요일을 첫 번째 날로 하는 7일 주기가 변함없이 현재까지 이어지고 있다.

ISO 8601

그런데, 전통적인 7일 주기 표기법과는 별도로 국제 표준화 기구(ISO)에서 공포한 ISO 8601 표기법이 있는데, 이 ISO 8601에서는 날짜를 주의 형식으로 표현할 때, "YYYY-Www-D"와 같은 표기 방식을 취한다. 여기서 YYYY는 4자리 연도, W는 주를 나타내는 접두사, ww는 일 년 중 몇 번째 주에 해당하는지를 나타내는 주 번호(01-53), 그리고 D는 해당 날짜가 주 내의 어느 요일인지를 보여주는 주일 번호(1-7)를 나타내므로, 이 표기법은 날짜를 연도, 주 번호, 그리고 주

내의 요일 번호의 형식으로 명시하고 있다는 것을 알 수 있다.

여기에서 D 값은 월요일부터 일요일까지를 각각 1에서 7로 표현하는데, 월요일이 주의 첫 번째 요일로 간주된다. 다시 말해서 우리가 달력 상에서 관행적으로 사용하고 있는 일주일의 첫 번째 날은 일요일이지만, ISO 8601 국제 표준에서는 월요일이 일주일의 첫 번째 날이 되고, 일요일은 7번째 마지막 날에 해당하게 된다.

예를 들어, 2023년 4월 10일을 ISO 8601에서 주 날짜 표기로 표현하면 다음과 같다.

$$2023-W15-1$$

여기에서 2023은 년도,
W15는 15번째 주(주 단위는 'W'로 시작)를 나타내며,
마지막에 있는 숫자 1은 월요일을 의미한다.

그러므로, ISO 8601의 규정에 의해 표기된 "2023-W15-1"를 풀이하면 2023년, 15주차, 월요일을 의미하므로, 2023년 4월 10일은 '2023년도 15번째 주의 월요일'에 해당하는 날짜라는 것을 나타낸다.

ISO 8601에서는 날짜와 시간을 함께 표기하는 형식도 제공하는데, 날짜와 시간 사이에 대문자 "Time"을 나타내는 약자 'T'를 넣어 "YYYY-MM-DDTHH:mm:ss"와 같은 형식으로도 표현된다. 이 형식은 국제 표준으로 사용되며, 다양한 분야에서 시간을 정확하게 표시하기 위해 사용된다.

예를 들어, 2023년 4월 5일 오후 2시 30분은 "2023-04-05T14:30"이라고 표기된다. 또 다른 예로, 2024년 3월 25일 오후 3시 30분 33초는 ISO 8601 형식으로 "2024-03-25T15:30:33"으로 표기된다.

ISO 8601은 날짜와 시간 표기에 초점을 맞추고 있으며, 주 날짜와 날짜 및 시간을 함께 표시하는 특별한 형식을 정의하지는 않고 있다. 이 표준은 주 날짜를

따로 표기하고, 날짜와 시간을 따로 표기하는 방법을 제공한다.

현재 ISO 8601 표준에는 날짜와 시간, 그리고 주 날짜를 한 번에 표시하는 공식적인 방법은 없지만, 필요에 따라 커스텀 형식(=사용자가 직접 정의한 형식)을 사용하여 이들을 함께 표기할 수는 있다. 그러나 이러한 방법을 사용하게 되면 국제 표준에 정확하게 부합하지 않기 때문에, 전 세계적으로 통일된 방식으로 해석되지 않을 가능성이 있다.

커스텀 형식을 사용하여 날짜와 시간, 그리고 주 날짜를 한 번에 표시하려면, 각 요소를 구분하는 구분자를 사용하여 표시할 수 있다. 예를 들어, 다음과 같이 표기할 수 있다.

"2023-04-05T14:30 (2023-W14-3)"

이 예시에서 날짜와 시간은 "2023-04-05T14:30"로 표시되었고, 주 날짜는 "2023-W14-3"로 표시되었다. 이 두 요소를 괄호와 함께 공백으로 구분하여 나타냈다. 이 방식은 국제 표준 ISO 8601에 정의된 형식과 완전히 일치하지는 않지만, 필요한 정보를 모두 제공하고 있다. 그러나 이러한 사용자 정의 형식인 커스텀 형식은 공식적인 표준으로 인정되지 않으므로, 호환성이 중요한 경우에는 반드시 국제 표준에 따르는 것이 좋다.

2부

율리우스력 이전

# 01

메소포타미아 지역의 달력사

메소포타미아의 달력

 메소포타미아의 역사에 대해서는 수메르 문명에서 시작하여 알렉산더 대왕 이후의 헬레니즘 시대에 이르기까지 간단히 뒷장에서 살펴볼 것이므로 참조하길 바란다. 메소포타미아 지방은 개방된 지형으로 인해서, 외부인의 침략이 빈번하였고, 그로 인해 다른 지역에 비해 복잡하고 다양한 역사와 문화, 종교를 가지게 되었다. 그 속에서 그들은 행성신을 받드는 종교를 발전시켰다. 종교의 발달과 더불어 이들 메소포타미아 지방의 수메르인들과 그들을 계승한 바빌로니아인들은 수학과 과학에서 놀랄 만한 지식을 보유하게 되었는데, 그들은 곱셈과 나눗셈을 알고 있었고 60진법과 12진법을 사용했으며, 물시계를 고안하였다. 이밖에도 그들이 고안한 황도 12궁과 여러 별자리가 오늘날의 천문학에 그대로 계승되고 있으며, 일월행성(日月行星) 숭배에서 유래된 7일을 단위로 한 주(七日週)의 개념 역시 바빌로니아인들로부터 유래된 것이었다.

 이제 메소포타미아 지방의 문명을 바탕으로 그들의 독자적인 달력이 만들어지는 과정을 살펴보고, 이 달력이 어떤 단계를 거쳐 변화 발전해 갔는지 알아보도록 하겠다.

  수메르, 아시리아로부터 시작하여 바빌로니아에 계승되어 내려온 전통 중에는 많은 종교적 관습들이 있었다. 사제들은 하늘에 있는 신들의 뜻을 알기 위해 두 가지 주요 수단을 활용하였는데, 그 하나가 점성술이었으며, 또 하나는 제물로 바친 동물의 간을 관찰하여 그 징조를 해석하는 것이었다. 따라서 바빌로니아 지역에서는 일찍부터 천체의 관찰이 이루어졌다. 왕은 하늘에 있는 신들의 뜻을 정확히 파악하고 그 뜻에 어긋나지 않게 신들을 섬겨야 했으므로, 천체들에 관해 체계적으로 매우 자세하게 관찰하고 기록하였다. 그 결과, 천문학과 점성술에서 놀라울 만한 성취가 이루어지게 되었으며 이러한 관측 자료들은 달력 체계를 수립하는 훌륭한 밑바탕이 되었다.

  바빌로니아 지역에서 달력이 최초로 만들어졌다는 기록은 수메르 왕국의 우르 제3왕조 시절로 거슬러 올라간다. 기원전 21세기 경, 우르의 슐기왕이 움마 달력을 만들어 사용했다고 전해지는데, 이 달력이 수메르 달력의 기원이다.

  우르, 우르크, 라가시와 같은 수메르의 주요 도시 국가들이 자리잡은 곳은 페르시아 만의 해안선 근처였다. 해안선 근처에 정착한 수메르인들의 생활은 바다의 자연 현상과 밀접한 관계를 가질 수밖에 없었으며, 특히 주기적으로 변화하는 바닷물의 조수 흐름은 그들이 생활해 가는데 특히 중요한 일상적 현상이었다. 그들은 조수가 달의 운행과 관련되어 일어난다는 것을 알고 있었기 때문에 정확한 달의 운행을 파악하는 것이 바다를 삶의 터전으로 삼는 그들에게 필수적이었다. 그러므로 자연스럽게 달의 운행을 바탕으로 한 달력인 태음력을 고안하여 실생활에 활용하였다.

  그들이 달의 위상 변화를 토대로 하여 만든 태음력은 다음과 같은 구조를 보였다.

  1년은 12태음월로 구성되었으며,
  춘분 시점의 달을 한 해가 시작되는 첫 달로 삼았고,
  달의 첫날은 초승달이 최초로 보이는 날로 정했으며,
  삭망월 한 달은 29일 또는 30일이었다.

그리고 한 달은 10일 단위로 시작과 중간 그리고 마지막 세 부분으로 나누었다.

이와 같은 구조로 바빌로니아에서는 달력의 근간을 이루는 일 년의 개념과 정의, 한 달의 개념과 정의, 그리고 하루의 시작점이 결정되었다. 초승달이 보이는 시점을 한 달의 시작으로 삼았기 때문에 그들은 하루가 시작되는 시작 시점도 저녁의 해 질 녘, 즉 달이 뜨는 시점으로 삼았다. 이처럼 하루의 시작 시점을 해 질 녘으로 하는 시간 개념은 바빌로니아의 달력 체계를 물려받은 유대교와 이슬람교에서도 아직까지 여전히 유지되고 있다.

그리고 달을 10일 단위로 나눈 것과 별도로, 각각의 달을 또 다른 기준에 따라 세분하여 작은 단위로 나누었다. 즉, 이전에 언급했던 것처럼, 삭(朔 ; 그믐)으로부터 시작하여 7일 단위로 달을 나누었는데, 7일 단위에서 마지막 날을 장이 서는 날, 또는 절대 휴식일이라 정하였다.

						장날
1	2	3	4	5	6	7(상현달)
8	9	10	11	12	13	14(보름달)
15	16	17	18	19	20	21(하현달)
22	23	24	25	26	27	28
29	30					

1	2	3	4	5	6	7(상현달)
8	9	10	11	12	13	14(보름달)
15	16	17	18	19	20	21(하현달)
22	23	24	25	26	27	28
29						

1	2	3	4	5	6	7(상현달)
8	9	10	11	12	13	14(보름달)
15	16	17	18	19	20	21(하현달)
22	23	24	25	26	27	28
29	30					

1	2	3	4	5	6	7(상현달)
8	9	10	11	12	13	14(보름달)
15	16	17	18	19	20	21(하현달)
22	23	24	25	26	27	28
29						

그렇게 되면 한 달에 4번의 장날이 오게 되고, 삭망월 한 달은 29일 또는 30일이기 때문에, 마지막 4번째 장날인 28일로부터 다음달 1일까지는 하루나 이틀이 남게 되었다. 매달 항상 삭으로부터 시작하여 7일 단위로 나누는 원칙을 적용하였기 때문에, 4번째 장날인 28일 이후부터 다음달 삭이 올 때까지 남는 나머지 1일 또는 2일은 장날의 계산에서는 무시되었다. 그렇게 해서 새로운 삭이 오고 다음달이 시작되면, 다시 7일마다 매달 똑같은 날이 장날이 되었다.

따라서 한 달이 29일이나 30일이었으므로 달의 마지막 장날(28일)과 그다음 달의 첫 장날(7일) 사이의 간격은 7일이 아니고 다른 장날의 간격보다 1일 또는 2일이 길어지게 되었지만, 장날은 항상 달의 초하루를 기준으로 7일째마다 오게 되어 달의 위상과 밀접한 연관성을 유지하게 되었다. 행여 장날을 잊어버렸다 해도 새로운 삭이 나타나면 달의 초하루라는 것을 알 수 있었기 때문에 하늘에 있는 달의 위상만을 가지고 장이 서는 날을 어렵지 않게 찾을 수가 있었다.

그러다가 기원전 18세기쯤부터는 4번째 장날로부터 새로운 삭이 나타날 때까지의 1일 또는 2일을 무시하지 않고 장날의 계산에 포함시켰다. 이렇게 변경하게 된 이유에 대해서는 앞에서 설명한 바 있다. 유목민 시절에는 달의 위상을 통해 장날을 쉽게 찾을 수 있는 체계가 소중했지만, 정주 사회로 정착되면서 규칙적인 장날이 필요하였기 때문에 7일 주기의 규칙적인 새로운 장날 체계를 도입하기로 한 것이다. 이 시대에서는 주위에 항상 많은 사람이 있어서 달의 위상을 통한 방법 외에도 다양한 방법으로 장날을 알아낼 수 있었기 때문이다. 또한 이 시기에 들어서서 신성한 일곱 행성을 경배하기 위해서 고안된 7일 주기 체계가 추가로 확립되었으므로, 자연스럽게 두 체계가 통합되었다고 생각할 수 있다.

이에 따라 다른 장날들과 마찬가지로 전 달의 마지막 장날로부터 다음 달 첫 번째 장날이 7일 만에 오게 되었으므로, 새로 시작되는 달의 첫 번째 장날이 다른 장날보다 1일 또는 2일 늦게 오던 현상이 사라졌다. 예전 방식에 비해서 다음 달의 장날은 1일 또는 2일 더 빨리 오게 되었으므로, 그달의 나머지 2, 3, 4번째 장날의 날짜도 모두 1일 또는 2일씩 더 빨리 오게 되었다.

또한 이어지는 3번째 달에서는 2번째 달보다 또다시 1일 또는 2일이 더 빨라지게 되었다. 이로 인해서 새로 개정된 체계에서 장날은 삭이나 보름달, 상현달, 하현달과 같은 달의 위상과 전혀 연관성을 찾을 수 없게 되었을 뿐만 아니라, 장날과 달의 위상이 서로 무관하게 되었다.

그래서 아래 표에서처럼 이 체계에서는 이전 체계와는 달리 한 달 중에 장날이 항상 4번씩만 오지 않고, 5번 오는 경우도 나타나게 되었다.

						장날
1	2	3	4	5	6	7(상현달)
8	9	10	11	12	13	14(보름달)
15	16	17	18	19	20	21(하현달)
22	23	24	25	26	27	28
29	30					
		1	2	3	4	5
6	7(상현달)	8	9	10	11	12
13	14(보름달)	15	16	17	18	19
20	21(하현달)	22	23	24	25	26
27	28					
			1	2	3	4
5	6	7(상현달)	8	9	10	11
12	13	14(보름달)	15	16	17	18
19	20	21(하현달)	22	23	24	25
26	27	28	29	30		
					1	2
3	4	5	6	7(상현달)	8	9
10	11	12	13	14(보름달)	15	16
17	18	19	20	21(하현달)	22	23
24	25	26	27	28	29	
						1
2	3	4	5	6	7(상현달)	8
9	10	11	12	13	14(보름달)	15
16	17	18	19	20	21(하현달)	22
23	24	25	26	27	28	29
30						

태음월 12달에는 지역에 따라 다르게 각각의 달에 고유의 이름이 붙여지기도 했지만, 니푸르에서 사용되던 12태음월의 이름들이 차차 바빌로니아 전 지역으로 퍼져 나갔고, 나중에는 아시리아에서도 사용되었다. 기원전 586년에 바빌론 유수를 통해 달 이름들은 유대인들에게도 전파되어 오늘날까지 유대 달력에 사용

월	날수	월명	현재 월명
1	30	니사누(Nisanu)	3월
2	29	아야루(Ayaru)	4월
3	30	시마누(Simanu)	5월
4	29	두우주(Du'uzu)	6월
5	30	아부(Abu)	7월
6	29	울룰루(Ululu)	8월

월	날수	월명	현재 월명
7	30	타슈리투(Tashritu)	9월
8	29	아락삼나(Arakhsamna)	10월
9	30	키슬리무(Kislimu)	11월
10	29	테부투(Tebetu)	12월
11	30	사바투(Shabatu)	1월
12	29	아다루(Adaru)	2월
총	354일		

되고 있다.

바빌로니아에서 사용했던 달의 이름을 살펴보자.

바빌로니아인들은 1삭망월의 날수, 즉 달이 초승달로부터 다음 초승달이 될 때까지의 날수를 29.5일로 산정하였다. 따라서 그들은 29일이 지나고 이어지는 하루를 0.5일씩 나누어 전반부 0.5일까지를 한 달로 하고, 나머지 0.5일부터 다음 달을 시작해야 했다. 그러나 하루를 반으로 나누어 전반부 0.5일은 전 달에 속하게 하고 나머지 0.5일은 다음 달에 속하게 하는 방법으로 달을 구분할 수는 없는 노릇이었다. 그들은 앞 달의 끝에 속하는 0.5일과 이어지는 나머지 0.5일까지를 포함한 전체 하루를 앞 달에 포함시켰다. 따라서 첫 달은 30일이 되었고, 그다음 한 달은 0.5일을 앞 달에 넘기고 그다음 날부터 시작되었으므로 29일이 되었다. 그리고 이 과정을 계속 반복하였으며, 이렇게 구성된 12달을 1년으로 정했다. 이로써 29.5×12=354, 즉 354일로 되어 있는 달력이 만들어지게 되었다.

그런데 이 태음력 상에서 일 년의 날수는 354일이기 때문에 여러 해가 지나면 달과 계절이 일치하지 않고 점차 차이가 나게 되었다. 다시 말해서 태양은 365.25일 만에 한 주기를 끝내고 원래의 처음 위치로 돌아오게 되므로 계절은 정확히 365.25일을 주기로 반복되는데, 태음력의 1년이 이 계절력보다 11일 정도 빨리 오게 되었으므로 3년이 지나면 33일 정도 계절보다 빨라지는 차이가 나게 되는 것이다. 이와 같은 차이를 보완하여 계절과 달을 맞추기 위해서 가끔 윤달을 추가하였다. 기원전 2,000년경부터는 여섯 번째 달(울룰루)과 열두 번째 달(아다루)을 한번 더 반복하는 방법으로 윤달 1달을 추가하였다. 그리고, 이렇게 윤달을 추가시키는 명령은 왕이 직접 내렸다. 바빌로니아 왕 함무라비(기원전 1848~1806)의 기록 중에는 다음과 같이 윤달을 추가하라는 내용이 있다. "올해는 달을 추가한다. 달은 울룰루 달(6월) 다음에 추가할 것이며, 추가되는 달은 두 번째 울룰루 달이라고 한다. 타슈리투 달(7월)의 24일에 바빌론으로 조세를 납부하도록 되어있는 사람들은 두 번째 울룰루 달의 24일에 납부하도록 하라."

이처럼 윤달을 필요할 때마다 가끔 추가시키는 방법을 통해서 계절과 달력을 적절하게 맞출 수 있었지만, 규칙성이 없었기 때문에 혼란스러웠다. 그래서 기원전 529년부터는 8년 동안에 윤달을 3번 추가 삽입하는 8년 3윤법이 채택되었다. 그러다가 기원전 504년 이후에는 27년 10윤법으로 바꾸었고, 그후에 다시 19년 7윤법으로 수정하여 사용하였다고 한다.

당시 점성술사들은 그 동안 쌓아온 천문학적인 지식을 기반으로 오랫동안 해와 달의 주기를 관찰하고 기록하였다. 따라서 태양이 춘분점에서 시작하여 다음해 춘분점으로 돌아오는 1태양년이 365.25일이며, 달이 차고 지는 삭망월의 주기는 29.5일이라고 파악하고 있었으므로, 이를 바탕으로 태양력과 삭망월과의 관계를 정리하였다. 계산을 통해 그들은 19태양년의 전체 날수와 19태음년에 7태음월을 더한 235개월(19×12+7=235개월)의 전체 날수가 똑같이 약 6,940일이 된다는 것을 알게 되었다. 19년이 경과하면 해와 달이 원래의 처음 자리로 거의 정확하게 돌아온다는 사실을 발견한 것이다. 이 19년 7윤법은 유대력에 전승되었고, 유대력의 형태로 바빌로니아력은 현재까지 그 형태가 그대로 남아 있다.

그런데, 이 19년 7윤법이 기원전 432년에 그리스 천문학자 메톤과 에우크테몬에 의해 고안되었다고 지금까지 알려져 있으며, 메톤의 이름을 따서 이 19년 주기를 '메톤 주기'라고 부르고 있다. 메톤은 19태양년(tropical years)이 달의 235 회합월(synodic lunar months)과 2시간의 차이가 있을 뿐 거의 완전히 일치한다고 주장하였다.

19태양년을 일수로 계산하면 19태양년×365.24219일=6939.60161일이다.

19(년)×12(개월) + 7(개월)=235삭망월

235삭망월을 일수로 계산하면 235삭망월×29.530588일=6939.68818일이다.

이 둘 사이의 시간 차이는 6939.68818일-6939.60161일=0.08657일이다. 1일은 24시간이므로 0.08657일은 0.08657×24시간=2.07768시간이다.

계산에서 알 수 있듯이, 19년의 태양년과 235태음월 간에는 약 2시간 정도의 차이가 날 뿐이다. 다시 말하자면, 19년마다 태양년이 태음년보다 2시간 빨리 온다는 것이다.

그런데, 앞에서 언급했던 것처럼 19년 주기가 메톤보다 이른 시기인 기원전 5세기 초반에 이미 바빌로니아에서 사용되었던 것으로 파악되고 있다는 역사적 사실을 감안한다면, 메톤과 에우크테몬이 바빌로니아의 고대 지식을 참고하여 19년 7윤법을 언급하였다고 볼 수도 있을 것이다.

물아핀(MUL.APIN)

물아핀(MUL.APIN, 쟁기)은 고대 메소포타미아의 아마르시나마(Amar-sin) 왕조 시대에 작성된 천문학 텍스트이다. 이 문서는 별과 별자리에 대한 상세한 정보를 담고 있는데, 'MUL'은 별이나 별자리를 나타내는 것으로 간주되며, 'APIN'은 '쟁기'를 의미하므로, 'MUL.APIN'은 '쟁기 별' 또는 '쟁기 별자리'로 해석될 수 있다. 약 기원전 1370년경에 작성된 이 텍스트는 바빌로니아 천문학의 기초를 구성하는 가장 중요한 문헌 중 하나로 평가되는데, 아카드어로 쓰여진 두 개의 점토판으로 구성되어 있다.

연구 결과에 따르면, 물아핀은 고대 천문학자들이 하늘의 별들, 별자리, 행성들의 움직임을 관찰하고 기록하기 위한 도구로 사용되었다. 이 텍스트에는 별들의 뜨고 지는 시간, 별자리와 행성들의 움직임, 그리고 일출과 일몰 시간 등에 대한 상세한 정보들이 포함되어 있다. 또한, 이 텍스트 내용을 분석해 보면 물아핀은 1년이 12개월 360일로 구성되어 있는 별 기반의 달력에 해당한다는 사실을 알 수 있다.

물아핀에 따르면, 고대 바빌로니아 천문학자들은 별자리들의 뜨는 시기를 서로 연관시켜 측정하였다. 예를 들어, 물고기가 뜰 때부터 갈고리가 뜰 때까지는 35일이 걸리며, 갈고리가 뜰 때부터 별무리가 뜰 때까지는 10일이 걸리고, 별무리가 뜰 때부터 황소가 뜰 때까지는 20일이 걸린다고 기록되어 있다. 이렇게 서로 연관된 별들의 뜨는 시기를 모두 더하면 360일이 되는데, 이 내용이 바로 물아핀에서 제공하는 별 기반 달력의 기초를 형성하고 있다. 물아핀은 365일 또는 366일의 계절력과 5~6일 오차를 보이고 있는데, 이 오차를 조정한 방법에 대해서는 알려져 있지 않고 있다.

이와는 별도로, 물아핀에 기록된 천문학적 내용을 자세히 살펴보면, 이 자료가 단순한 달력의 기능을 넘어서 종교적이고 신화적인 요소와 깊이 연결되어 있음을 알 수 있다. 특히, 별자리와 천체 현상들이 신들과 연관되어 해석된 여러 사례들은, 당시 바빌로니아인들이 관측과 현상 파악이라는 천문학적 지식의 기본적인 범위를 뛰어 넘어 그들의 문화, 종교적 신념과 어떻게 밀접하게 연결시켜 이해하고 있었는지를 분명하게 보여준다. 이러한 점들은 단순히 시간을 측정하고 기록하는 것을 넘어서, 천문학적 사건들이 그들의 일상생활, 종교 의식, 신화들과 어떻게 상호작용하며 의미를 갖게 되었는지에 대한 깊은 통찰을 제공한다. 또한, 이 텍스트는 일식과 월식과 같은 천문학적 사건들에 대한 기록도 포함하고 있어, 당시 사람들의 천문학적 관찰과 기록 능력을 평가할 수 있는 중요한 근거로 활용된다.

02
이집트 달력사

이집트 달력

고대 이집트인들 역시 처음 그들이 사용했던 달력은 달의 주기와 위상 변화를 이용해서 만든 태음력이었다. 그들은 새로운 달이 떠오른 후 그 달이 기울어 그믐이 되었다가 다시 새로운 달이 나타날 때까지의 시간이 약 29일 13시간 정도이고, 이러한 삭망월((Lunar Month)이 12번 지나게 되면 대체로 1년이 된다는 것을 알고 있었다. 그래서 그들도 이미 오래 전부터 수메르와 마찬가지로 달의 한 주기에 해당하는 삭망월을 한 달 단위로 삼는 태음력을 사용하였다. 평년은 12삭망월로 하였는데, 때때로 한 달이 추가되었으므로 일 년이 13달로 된 해도 있었다. 한 해의 마지막 달인 웨프-레네트 달 (Wep-renet, 한 해를 여는 달이라는 뜻)의 마지막 11일 기간 동안에 '시리우스 별 현상'이 나타나면 13번째 달을 추가하였는데, 달의 신 이름을 따서 추가된 그 달을 '토트(Thoth)'달이라고 불렀다.

그렇다면, 위에서 언급한 '시리우스 별 현상'이란 무엇인가? 시리우스별은 평소에는 하루에 한 번씩 동쪽 지평선에 떠올랐다가 서쪽으로 지는데, 일정한 시간 동안 모습을 감추고 사라졌다가 어느 날 문득, 동쪽 하늘에서 다시 떠오른다. 즉,

70여일 동안 보이지 않고 모습을 감추고 사라졌던 시리우스가 갑자기 태양이 떠오르기 직전에 동쪽 지평선에 다시 나타나는데, 이를 시리우스 별 현상이라고 한다.

기원전 3000년경에 이집트는 처음으로 단일 왕국이 되었다. 그런데 관료제와 조세 제도가 전국적으로 시행되면서 그 당시 사용하던 태음력이 여러 부분에서 행정을 위한 달력으로서 적절치 않았기 때문에 위정자들은 많은 불편을 느꼈다. 정치적 통일을 이룩한 이들 이집트의 위정자 및 종교 지도자들은 불규칙적인 태음력 대신 정확한 행정 달력으로서 기능을 할 수 있는 달력이 필요했다. 이집트에서 주요 관심사는 메소포타미아 지역처럼 달의 영향을 받는 썰물과 밀물이 아니었고, 해마다 주기적으로 일어나는 나일강의 범람이었다. 그들이 한 해를 세 계절로 나누고, 그 계절의 이름을 침수기(akhet), 파종기(peret), 그리고, 수확기(shemu)라고 한 사실을 보더라도, 나일 강의 범람이 그들에게 얼마나 중요하였는가를 알 수 있다.

이집트인들은 일찍이 나일 강의 범람이 매년 주기적으로 일정한 시기에 일어난다는 사실을 알고 있었다. 뿐만 아니라 그들은 나일 강이 범람하는 시기가 행성을 제외한 별들 중에서 가장 밝은 별인 '시리우스'별과 매우 밀접하게 관련돼 있다는 사실도 알고 있었다. 이집트인들은 시리우스 별을 '소티스'라 불렀다. 하루에 한 번씩 동쪽 지평선에 떠올랐다가 서쪽으로 지던 시리우스* 별이 일정한 계절 동

---

*시리우스(Sirius)는 밤하늘에서 가장 밝은 별로 알려져 있으며, 천랑성(天狼星)이나 큰개자리 알파라고 불리기도 한다. '시리우스'라는 이름은 고대 그리스어 Σείριος(세이리오스)에서 유래한 것으로, 불탐이나 빛남이라는 뜻을 가지고 있다. 시리우스의 실시등급은 −1.47로, 두 번째로 밝은 카노푸스보다 두 배 정도 밝다. 태양을 제외하면 가장 밝은 별이다. 카노푸스(Canopus)란 별은 고대 그리스 신화의 인물, 카노푸스의 이름을 따서 지어졌다. 시리우스는 지구에서 맨눈으로 볼 때 단독의 별처럼 보이지만, 실제로는 백색 왜성을 반성으로 거느리고 있는 쌍성계다. 우리 눈에 보이는 밝은 별은 시리우스 A라고 하는 주계열성이고, 맨눈으로 보이지 않는 짝별은 시리우스 B라고 하는 백색 왜성이다. 시리우스 A와 B는 서로의 질량 중심을 구심점으로 공전하고 있다. 시리우스는 자체로도 매우 밝은 A형 주계열성이며, 지구와 가까운 거리에 위치해 있기 때문에 우리 눈에 매우 밝게 보인다. 시리우스 A의 질량은 대략 태양의 두 배 정도이며, 광도는 태양의 25배에 달한다. 시리우스 항성계의 나이는 대략 2억년에서 3억년 정도로 추정된다.

안 보이지 않고 모습을 감추었다가 어느 날 태양이 떠오르기 직전에 다시 동쪽 지평선에 나타나는 시리우스 별 현상이 나타나면, 이집트인들은 나일 강의 범람이 곧 시작된다는 것을 알았다.

그런데, 시리우스 별의 이런 특별한 현상은 정확히 1년, 365일마다 똑같이 반복되었다. 이집트인들은 이와 같은 독특한 현상을 바탕으로, 태음력을 대체할 수 있는 절대적인 1년의 기준을 발견하였던 것이다. 시리우스 별의 출현은 너무도 정확하고 확실하게 1년을 알려주는 천문학적 시계 바로 그 자체였기 때문이다. 시리우스 별의 주기는 정확히 365.25일이 걸리므로, 이 기간을 '시리우스년'이라고 부르게 되었다. 흥미롭게도, 약 2,000개의 육안으로 관측할 수 있는 별 중에서, 정확히 365.25일마다 태양과 함께 떠오르는 별은 오직 시리우스뿐이었다. 전 인류 과학사를 조명해 보았을 때 이 발견으로 인해 이집트인들은 정확한 1년의 주기를 가장 일찍 알아낸 민족이 될 수 있었다고 하였다.

이집트 기자에 위치한 피라미드 중 가장 큰 것은 쿠프(Khufu) 왕의 피라미드로, 대 피라미드라고 불린다. 이 피라미드는 기원전 2560년경 건축되었으며, 완공까지 약 20년이 소요되었다. 대 피라미드에서 남쪽으로 약 16킬로미터 떨어진 곳에는 조세르(Joser) 왕의 6단 높이의 계단식 피라미드가 사막의 끝에 위치해 있다. 고고학자들은 이 인상적인 피라미드를 거대한 석조 건물 중 가장 오래된 것으로 간주한다. 그 근처에 우나스(Unas) 왕의 피라미드(기원전 200년경)가 있다. 이 피라미드 내부의 회색 벽에는 바닥에서 천장까지 이어지는 고대 문자들이 새겨져 있는데, 이를 피라미드 텍스트라고 부른다.

피라미드 텍스트에 따르면 시리우스를 독특하게 '새해의 이름'이라고 기록하였다. 이는 고대 이집트인들이 이미 365.25일 주기로 시리우스가 지평선에서 사라졌다가 태양이 뜨기 전에 다시 떠오른다는 현상을 관찰하여, 기록으로 남겼다는 것을 의미한다. 이는 당시 이집트인들의 뛰어난 천문학적 지식과 관찰 능력을 증명하는 놀라운 사실이다.

이와 같은 발견을 계기로 고대 이집트인들은 시리우스의 출현 시점을 기준으로 한 달력을 고안하였다. 시리우스 별이 처음으로 나타나는 날을 이집트 신년의 첫날로 정하고, 헬리오폴리스에서 이 날짜를 미리 계산하여 나일 강 유역의 주요 신전에서 선포하였다. 이렇게 만들어진 달력이 이집트력(Egyptian calendar)인데, 상용력, 시민력, 변화년("wandering year", 라틴어로 annus vagus)이라고도 불렀다.

비록 시리우스 별의 주기가 365.25일임을 알고 있었지만, 고대 이집트 시민력에서는 일 년을 365일로 고정하였다. 이 달력은 30일짜리 12개월로 구성되어 있고, 그해의 끝에 5일의 추가일인 '에파고메네'(epagomenal day, extra days) 즉, 윤일(intercalary)을 추가하여 365일을 완성하였다. 그러나 이렇게 설계된 이집트 시민력에 따른 일 년은 실제보다 1/4일 정도 짧았기 때문에, 천문 관측상에서 별의 관측 현상은 매해마다 정확히 일치하지 않고 조금씩 차이가 나게 되었다. 이집트인들은 이처럼 1년을 365 1/4일이 아닌 365일로 정함으로써 별의 관측 현상이 해마다 같지 않고 조금씩 차이가 나는 현상을 별이 변화(wander: 방황하다, 변하다)한다고 표현하였다. 그래서 고대 이집트 시민력을 변화년(annus vagus, or "wandering year")이라고도 부르게 되었다.

이집트 시민력은 주로 행정의 용도로 사용되었으며, 달의 위상 변화를 전혀 고려하지 않은 달력이었다. 시민력의 첫 달은 기존 태음력 상에서 추가된 윤달의 이름인 '토트'로 정하였고, 시리우스가 동쪽 하늘에서 다시 떠오르는 그날을 토트의 첫날, 즉 새해 첫날로 정했다.

한 달의 길이는 30일로 정하였고, 30일로 이루어진 1달을 4개씩 모아서 1계절을 만들었다. 다시 3계절, 즉 12달을 모아서 1년을 만들었으며, 이에 따라 1년의 길이는 360일로 하는 달력이 완성되었다. 이집트인들은 1년 3계절 중 나일 강이 범람하는 계절을 '아케트(Akhet)'라고 하였으며, 물이 빠져서 파종하는 계절을 '페레트(Peret)', 곡식이 자라고 추수하는 계절을 '쉐무(Shemu)'라고 명명하였다. 그리고, 한 달은 10일씩을 1주로 하여 3주로 구성하였다. 현재 우리가 사용하고 있는 달력상에서 범람 기간에 해당하는 아케트는 대략 8월 말경부터 시작하였으며, 농사가 이루어지는 계절인 페레트는 대략 12월 말경부터, 그리고 수확 기간인 쉐무(Shemu)는 대략 4월 말경부터 시작된다.

시리우스년은 365.25일이었지만, 실제 사용한 달력의 1년 날수는 360일이

⟨이집트 달력⟩

각 계절은 30일 4개월로 360일이다.

아케트
(Akhet : 침수기)
8월 29일~12월 26일

8월 29일 ~ 9월 27일 : THOTH 달
9월 28일 ~ 10월 27일 : PAOPHI 달
10월 28일 ~ 11월 26일 : ATHYR 달
11월 27일 ~ 12월 26일 : CHOIAK 달

페레트(PERET : 파종기)
12월 27일~4월 25일

12월 27일 ~ 1월 25일 : TYBI 달
1월 26일 ~ 2월 24일 : MECHIR 달
2월 25일 ~ 3월 26일 : PAMENOTH 달
3월 27일 ~ 4월 25일 : PHARMOUTI 달

쉐무(CHEMOU : 수확기)
4월 26일~8월 23일

4월 26일 ~ 5월 25일 : PAKHONS 달
5월 26일 ~ 6월 24일 : PAYNI 달
6월 25일 ~ 7월 24일 : EPIPHI 달
7월 25일 ~ 8월 23일 : MESORE 달

1년은 365일이므로 나머지 5일이 추가되는데,
쉐무와 아케트 사이에 들어간다.

8월 24일은 오시리스 탄생의 날
8월 25일은 호루스 탄생의 날
8월 26일은 세스 탄생의 날
8월 27일은 이시스 탄생의 날
8월 28일은 네프티스 탄생의 날

되었다. 따라서 360일과는 별도로 '에파고메날(epagomenal)'이라고 불리는 5일을 한 해의 끝에 추가하였는데, 이 5일을 불길한 날로 여겼다. 이 불길함을 이겨낼 수 있도록 이 추가일 5일은 당시 종교적 숭배 대상인 '오시리스'(Osiris), '이시스'(Isis), '호루스'(Horus), '네프티스'(Nephthys), '세트'(Seth)라는 신들의 생일을 경하하는 축제일로 정했다. 그리고 각각의 달의 명칭은 기원전 6세기에 여러 축제의 이름을 따서 붙이기 전까지는 숫자를 붙여 사용하였다. 이렇게 THOT(토트)달 1일(로마력 8월 29일)로부터 한 해가 시작하여, MESORE달 30일(로마력 8월 23일)

을 지나 5일의 추가일을 끝으로 한 해가 마무리되는 이집트 시민력이 완성되었다.

그런데, 예를 들어 살펴보면, 로마력으로 기원전 5년(1월 1일~12월 31일)은 이집트력으로 기원전 6년의 TYBI달 6일부터 기원전 5년의 TYBI달 5일에 걸쳐있게 된다. 그런 이유로 로마력에 이집트력을 병기하여 표기하는 경우에는 '기원전 5년(기원전 6/5년)'과 같은 형식으로 표기한다. 먼저 로마력 상의 햇수를 표시하고, 다음에 괄호 안에 두 해에 걸친 이집트력의 햇수를 표시한다.

또한, 이집트에서 날짜를 표기할 때에는 아케트(Akhet) 계절 3번째 달 15일, 또는 아케트(Akhet) 계절 ATHYR달 15일과 같은 형식으로 표현하였다. 하루는 밤과 낮으로 나누어, 밤은 gereh(어둠), 낮은 heriou(광명)이라고 하였다. 파라오의 대관식은 새해에 이루어졌다.

당시 이집트인들은 1년이 실제로 평균 365.25일이라는 것을 정확히 알고 있었지만, 360일에 5일만을 추가하여 1년의 길이를 총 365일로 정해 사용했다. 또한, 이 달력을 그대로 사용할 경우에 4년마다 하루를 더해야 한다는 것을 알았음에도 불구하고, 오늘날과 같이 4년마다 추가로 윤일을 끼워 넣는 윤년이나 윤달을 두지 않았다.

달력을 담당하던 고대 이집트의 사제들은 매우 보수적이었으며, 달력에 대한 모든 결정권을 철저하게 소유했다. 이집트의 모든 왕은 왕이 되면 왕궁에 들어가기 전에 달력을 개혁하지 않겠다고 사제들 앞에서 맹세해야 했다. 아마 태음력을 사용하면서 불규칙적으로 윤달을 삽입해서 나타났던 예전의 여러 불편함과 인위적인 조작으로 인해 생기는 부작용을 근본적으로 차단할 목적이었을 것이라고 여겨진다. 그들은 철저하게 1년을 365일로 고정하였다.

이와 같은 결정으로 인해 오랜 세월이 흐르자 시리우스별의 출현으로 결정되는 계절력의 실제 새해 첫날은 365일로 고정해 만든 태양력인 이집트력의 새해 첫날과 맞지 않게 되었고, 세월이 갈수록 그 차이는 점점 더 벌어지게 되었다. 고왕국 말기쯤(기원전 2081년경)에는 무려 5개월이나 차이 나게 되었다.

이집트인들은 4년마다 하루를 추가하는 윤년의 방법으로 이러한 오차를 보정하지 않는 대신, 1,460년마다 시민년(civil year)을 추가하는 방식을 취했다. 365.25일과 365일은 1년에 0.25일 차이가 난다. 그리고 0.25일 차이가 1,460년이 되면, 0.25일×1,460년=365일이 되기 때문에 1,460년마다 1년을 추가하면 윤달을 만들지 않고서도 그 오차를 해결할 수 있다고 생각한 것이다. 이 1,460년의 주기는 소틱(sothic) 주기라고 알려졌다. 이러한 시민년은 기원전 1317년 람세스 시대 초기에 최초로 적용되었다고 한다.

한참 훗날인, 기원전 238년에 이르러, 그리스 출신의 이집트 왕인 프톨레마이오스 3세(기원전 246~221)가 그 오차를 바로잡기 위해 4년에 하루씩을 추가하는 윤년 제도를 만들어 사용하도록 명령하였지만(카노푸스 칙령), 그 당시 달력을 관장하고 있던 사제들이 왕의 명령을 무시하는 바람에 결국 시행되지 못하였다. 카노푸스 칙령(Decree of Canopus)의 내용을 살펴보면, "소티스가 뜨는 것은 4년마다 있는 또 하루 덕분이다."라고 하면서, 기존의 에파고메네 5일에 4년마다 하루를 더 추가하여 여섯 번째 날을 포함시키겠다고 하였다. 즉, 4년마다 하루를 더 추가하여 1년을 365 1/4일로 만들어 한 해의 시작 시점을 소티스의 첫 출현과 일치시켜서, 이집트력을 계절력과 맞추려 하였던 것이었다.

이 카노푸스 칙령(Decree of Canopus)은 이집트 알렉산드리아 근처에 있는 항구 도시인 카노푸스에서 열린 대규모 제사장 집회에서 이집트 프톨레마이오스 3세의 명령에 따라 제사장에 의해 공표되었는데, 그 내용은 석조 기념 비석인 '카노푸스의 돌'에 기록되어 있다. 그 시기는 프톨레마이오스 3세의 9년째인 기원전 238년 3월 7일 목요일로 알려져 있다. 석조 기념비를 스틸라(stela)라고 하는데, '카노푸스의 돌'이라는 이 스틸라에는 그리스어, 데모틱 문자, 그리고 이집트 상형문자 등 고대 이중 언어, 삼중 문자가 기록되어 있어 이집트 상형문자와 데모틱 문자 해독을 위한 열쇠를 제공하고 있으므로, 로제타 스톤 다음으로 중요하게 여겨지는 기념비로 인정되고 있다.

03
그리스 달력사

그리스 달력

서양의 역사는 그리스에서 이룩한 문명을 근간으로 하여 이루어졌다고 주장하여도 지나치지 않을 것이다. 서양사의 많은 부분들이 그리스에서 시작하여 로마를 거쳐 계승되어 발전되어 나갔기 때문이다. 그러나 현재 우리가 사용하고 있는 달력 체계에서는 그다지 영향을 끼치지 못했던 것 같다.

고대 그리스는 도시 국가 체제로 운영되었고, 각 도시 국가마다 그들이 사용하는 달력 시스템이 서로 달랐기 때문에 모든 고대 그리스 달력 체계를 추적하기는 어렵다. 그러나 그리스인들 역시 바빌로니아인들의 달력 영향을 받아 태양 태음력을 사용하였으며, 한 해의 시작점 역시 그들과 같이 춘분으로 삼았다.

일반적으로 사용했던 태음력과 별도로 그리스에서는 관청에서만 사용되었던 달력이 있었는데, 그 달력도 태음력을 변용해서 만든 것이었다. 기원전 약 500년 경, 그리스의 중부 지역은 아테네를 중심으로 10개의 지방으로 구성되어 있었는데, 이 10개의 지방에서 500명의 장로가 모였고, 이들 500명을 50명씩 10개의 그룹으로 나누었다. 그리고 1년을 10달로 나누어 이 10개의 그룹이 각각 1달씩 행정, 법률 등을 주관하였다. 그들은 태음력 상 1년에 해당하는 354일(29.5×12)을 달의 위상과 관계없이 단순히 10달로 나누었다. 그리고, 1월에서 4월까지 4개월은 한 달의 날 수를 각각 36일로, 5월에서 10월까지 6개월은 각각 35일로 구분하였으므로, 1년은 총 354일이 되었다. 36×4+35×6=144+210=354. 이렇게 만들어진 달력 상의 날짜를 각종 증명서와 법령 등에 적용하였다. 일종의 행정용 달력이었던 것이다.

그리스 후기의 천문학자들은 바빌로니아인들의 점성술을 접하게 되었고 그것을 기반으로 하여 독자적인 천문학을 발달시켰으며, 순수하게 산술에 기초한 치윤법(윤달을 삽입하는 법칙)을 만들었다. 달의 주기를 기반으로 만든 태음력에는 순 태음력과 태양태음력이 있다. 1태양년은 365.242196일이고 1삭망월은 29.530588일이므로 1태양년은 12.368267 삭망월(365.242196/29.530588=12.368267)이 된다. 이는 정확한 계절력인 태양력 상에서 1태양년이 되려면 태음력 상에서는 12삭망월의 1년이 지나고 0.368267삭망월이 더 지나야 한다는 뜻이다. 즉 1년이 될 때마다 태음력에 의한 1년이 태양력에 의한 1년보다 0.368267삭망월씩 빨리 오게 되어, 이 차이가 계속 쌓이게 되면 32년 또는 33년이 지날 때마다 약 1년의 차이가 생기게 된다. 순 태음력이란 이러한 차이가 나더라도 12삭망월 = 1년이라는 원칙을 고수하는 태음력을 말한다. 이같은 방식이 적용되면 태음력에 의한 달력은 계절과 맞지 않게 되어서 6월에 겨울이 오기도 하고, 12월에 여름이 오기도 한다. 이슬람이 유일하게 이 순 태음력에 속한다.

이같은 상황을 고려하여 계절력인 태양력에 비해 빨리 오는 태음력의 오차를 보정해 주기 위해서는 몇 년에 한 번씩 윤달을 넣어 주어야 한다. 이렇게 윤달을 추가함으로써 달의 위상 변화에 의해 만들어진 태음력의 근본 형태를 그대로 유지하여 태음력 체계 자체에 손상을 주지 않을 뿐만 아니라 계절의 변화와 조화를 이루는 발전된 형태의 태음력이 고안되었는데, 이것이 바로 태음태양력이다.

기원전 638년에서 기원전 558년경 사이에 그리스에서는 29.530588일인 1삭망월을 대략 29.5일로 규정하여 1달이 30일과 29일이 교대로 6달씩 나타나도록 정하였다. 그 결과 1년 12태음월의 전체 날 수는 354일이 되었다. 여기에 2년마다 30일짜리 달을 추가하여 태양년, 즉 계절력과 차이가 나는 1년의 길이를 조정하였다. 이렇게 만든 달력은 약 8년에 1일 정도의 오차가 생겼다.

기원전 520년경에 클레오스트라토스는 2년마다 1번씩 오는 윤달 중에서, 8년 중에 윤달을 한 번씩 생략하여 총 99달로 이루어진 8년 주기를 주장하여 8년에 3차례만 윤달을 추가하기로 하였다. 8년이면 12달×8=96달이다. 여기에 2년마다 윤달이 추가된다면, 4달이 추가되어 100달이 되는데, 이 100달에서 윤달 1달을 없앰으로써 99달을 만들자는 방안이었다. 따라서 8년 주기 중 3번째 해와 6번째 해, 그리고 8번째 해에 윤달을 추가하여 윤달이 들어가는 해는 1년이 총 13개월이 되도록 하였고, 나머지 다섯 해는 평년을 유지하였다.

이렇게 되면 8년의 총 날 수로는 총 2,922일이 되며, 한 달의 평균 길이가 29.51515일이 되어 실제 천문력의 29.53059일과 비교하면 0.01544일의 차이가 생기게 되었다. 그럴 경우 8년의 주기마다 1.53일의 차이가 생기게 되므로, 8년 주기가 10번 지나면 다시 말해서 80년이 경과하면 15일의 차이가 생기게 되었다. 그러므로 이 8년 주기의 치윤법 역시 완전한 방법이 되지 못하였다.

이 때문에 기원전 432년에 메톤과 에우크테몬에 의해 새로운 방안의 메톤 주기가 제시되었다. 메톤 주기란 19년을 하나의 주기로 계산하는 치윤법이다. 이 치윤법에 의하면 19년 주기에서 모든 해는 항상 12달로 정하였지만, 주기 내의 3, 5, 8, 11, 13, 16, 19번째 해에는 추가로 한 달씩 7달의 윤달을 삽입하여, 19년이 총 235달(12달×19=228달, 228달+7달=235달)이 되도록 하였다. 이 235달 중에서 125달은 30일의 큰 달이고, 110달은 29일의 작은달로 정해서 총 6,940일이 되었다.

큰 달과 작은 달은 다음과 같은 방법으로 결정하였다. 윤달을 포함한 전체 235달을 모두 큰 달로 정한 다음에, 64일째마다 하루를 삭제하는 방법이다. 235달을 모두 큰 달로 하면 235×30=7,050일이 된다. 7,050일을 64로 나누면 110 나머지 10이 나온다. 235달이 30일 큰 달이면 7,050일인데, 7,050일로부터 110일이 제거되므로 총 날 수는 6940일이 되고, 삭제일이 발생한 달은 자동으로 작은 달이 된다. 64일째마다 하루를 삭제하기 때문에, 30일 큰 달이 2달 연속 나오기도 하지만, 대체로 30일 큰 달과 29일 작은 달이 교대로 나타나게 된다.

이와 같은 조정을 통해 1년의 평균 길이는 365.2632일이 되고, 한 달의 평균 길이는 29.5319일이 되어, 천문력의 평균 한 달 길이 29.53059를 기준으로 한 1년에 비해 약 24분 정도의 오차가 생길 뿐이었다. 다시 말해서 실제 1년 길이보다 1년에 약 30분 정도 길어진다. 메톤 주기에 의한 달력 체계는 그 정확성 때문에 천문학자들이 주로 사용하였지만, 그 당시 그리스는 여러 도시 국가로 분리되어 있었기 때문에 그리스 전반에 걸쳐 널리 사용되지는 않았다.

기원전 330년경에 칼리포스(Kallipos)는 19년 주기가 4번째 돌아오는 76년마다 하루를 더 삭제하는 방법을 제시하였고, 이 방법을 추가하면 메톤의 오차는 1달에 22초로 줄어들게 되었다. 메톤 주기에서 1주기, 19년은 6,940일로, 4번의 메톤 주기는 76년, 76(19×4=76)년은 27,760일이 된다. 칼리포스는 여기에서 하루를 삭제함으로써 76년간의 날 수를 27,759일로 만든 것이다. 메톤 1주기는 235달이므로 4주기인 76년은 235×4=940달, 940달이 된다. 따라서 이 27,759일을 76년의 940개월로 나누면 한 달의 길이가 평균 29.53085일이 되어 천문력과 비교하여 한 달에 0.0002563일 정도, 즉 22초 차이가 발생하고, 1년 평균으로는 365.2500일에 해당하므로, 천문력의 1년 길이인 365.242196일에 비해 0.0078일, 약 11분 정도의 오차를 보인다.

이후 기원전 143년 니케아의 히파르코스는 76년 주기가 4번째 돌아오는 304년(76년×4=304년)마다 하루씩 더 삭제할 것을 주장하였다. 이에 따라 76년 주기가 4번 돌아올 때마다 하루를 추가로 삭제하면, 304년의 총일수는 111,036일에서 하루가 추가로 삭제되어 111,035일이 된다. 따라서 1년의 길이는 365.2467일이 되어 천문력의 1년 길이인 365.242196일에 비해 0.0045일, 약 6.48분, 대략 6분 정도의 오차가 생길 뿐이고, 평균 삭망월은 천문력의 평균 한 달에 비해 단 0.5초 정도만 차이 나게 되었다. 이렇게 메톤 주기와 칼리포스, 그리고 히파르코스의 개선된 치윤법들은 당시 천문학과 달력 체계의 발전에 크게 기여했다. 이러한 메톤의 주기는 알렉산더대왕의 동방 원정(기원전 300년경)과 헬레니즘 문명을 통해 멀리 인도와 중국에까지 전해졌다고 한다.

04
유대력(히브리력)

현재 우리나라에서는 전 세계적인 표준력이라 할 수 있는 서기력, 즉 그레고리우스력을 사용하고 있는데, 서기력 외에 별도로 음력이라고 부르는 태음태양력도 추가적으로 사용하고 있을 뿐만 아니라 특별한 경우에는 단기력도 사용하고 있다. 음력 달력은 오랜 세월에 걸쳐 우리 조상들이 전통적으로 사용해 오던 태음태양력으로써, 현시대에 들어서서도 추석이나 구정과 같은 전통 명절과 관련해서 사용되고 있다. 그리고, 단기력이란 우리 한민족의 시조 단군이 고조선을 건국한 연대를 추정하여 만든 달력으로, 단군이 기원전 2333년에 고조선을 건국하였다는 사료를 근거로 하여 서기력에 단순히 2,333년을 추가하여 만든 것이다. 따라서 서기 2024년을 단기로 표현하면 4357년 (2,024+2,333=4,357)이 된다. 이처럼 단기력은 그 기준년을 서기력의 기준년을 단지 2,333년 앞으로 이동시켜 놓은 달력으로, 햇수 이외의 나머지 달력 구성은 서기력과 똑같다. 서기력의 형식을 그대로 빌려 와서 달력의 기준점만을 단군 탄생 시점으로 바꿔 놓은 것이기 때문이다.

유대인들도 세계 표준력인 서기력을 사용하지만, 우리가 음력 달력이나 단기력을 아직도 사용하는 것처럼 그들도 그들 고유의 유대력을 사용하고 있다. 현재 사용되고 있는 유대력은 기원후 4세기 산헤드린의 마지막 의장인 랍비 힐렐 2세가 그들의 조상들이 오랜 옛날부터 태음 태양력인 바빌로니아력을 근간으로 삼아 사용해 왔던 그들 고유의 전통 역법을 체계적으로 종합 정리하여 확정한 역법이다. 유대인들 역시 우리의 단기력과 마찬가지로 그들이 생각하는 천지 창조의 날을 유대력의 기준년으로 삼는다. 그들은 천지 창조일을 율리우스력 기준으로 계산하였을 때 기원전 3761년 10월 6일로 간주하였다. 이를 근거로 서기력 상에서 유대력이 시작되는 시점을 3761년 앞으로 소급 적용하여 유대력으로 사용하고 있기 때문에, 2024년은 유대력으로는 5785년이 된다.

그런데 유대력은 태양력인 서기력, 즉 율리우스력과는 근본적으로 다른 태음태양력 체계로 구성되어 있으므로 두 달력은 많은 점에서 차이를 보이고 있다. 이 차이로 인해서 태음력인 유대력상의 파스카 절기 날짜를 참조하여 구해야 했던 그리스도 부활의 날을 후에 카톨릭 교회에서 유대력을 배제한 채 태양력인 율리우스력 상에서 찾으려는 과정에서 오랫동안 혼란스러운 상황이 발생하기도 하였다. 그 이야기는 나중에 부활절 장에서 자세히 다루기로 하겠다.

어떤 사람들은 성경의 창세기편에 쓰인 천지창조에 대한 내용을 근거로 삼아, 일주일의 개념이 성경에 기록되어 있으므로 달력의 일주일 체계가 유대인들에 의해 만들어졌다고 생각할 뿐만 아니라, 우리가 현재 사용하고 있는 달력 체계의 형성에도 유대인들의 역할이 매우 클 것이라고 막연히 생각하는 경향이 있다. 그러나 현재 우리가 사용하는 그레고리우스 달력이나 또 그 전의 율리우스력이 제정되는 데 있어서, 그리고 달력에 있는 일주일 개념이 형성되고 달력 체계에 도입되는 과정에 있어서 유대인들의 역할이나 기여는 사실상 전혀 없었다. 유대력 그리고 그들의 히브리 경전과 전혀 관계없이 현재의 달력의 원형이 만들어졌던 것이다.

그렇지만, 유대교, 엄밀히 특정하자면, 그들의 절기인 유월절이 간접적으로나마 달력에 큰 영향을 끼쳤다고는 할 수 있다. 부활절은 그리스도교 최고의 성일로서, 율리우스력이 그레고리우스력으로 개정 보완되는 그 중심에 부활절 문제가 있었으며, 이 부활절이 유월절과 매우 밀접한 관계를 가지고 있었기 때문이다. 따라서 현재 우리가 사용하고 있는 그레고리우스력으로 개력이 이루어지게 되는 동기와 그 과정까지의 역사를 제대로 이해하기 위해서는 유대교와, 유대력, 그리고 유월절에 대한 대략적인 기본 지식이 필요하다고 생각된다. 또한 유대교나 유대력 자체가 현재 우리가 사용하고 있는 달력에 간접적인 기여 이상의 큰 영향을 미쳤을 것이라고 막연히 생각하는 사람들도 적지 않기 때문에, 그러한 가능성 유무까지 확인하는 의미에서 유대력이 형성되는 과정과 유대력에 대한 내용을 그들이 기념하는 절기 등을 포함하여 그들의 역사와 더불어 자세히 살펴보려 한다.

유대력(히브리력)의 배경

유대력

월	유대 이름	성서상 표기	언급된 성서	날짜	바빌론 이름	참고
1	니산(Nisan)	아빕(Abib)	출애굽기	30	Nisanu	
2	이야르(Iyar)	지브(Ziv)	열왕기 상	29	Ayaru	
3	시반(Sivan)	시반(Sivan)	에스더	30	Simanu	
4	탐무즈(Tammuz)	탐무즈(Tammuz)	에스겔	29	Du'uzu	
5	아브(Av)	아브(Av)	열왕기 하	30	Abu	
6	엘룰(Elul)	엘룰(Elul)	느헤미야	29	Ululu	
7	티슈레이(Tishrei)	에타님(Ethanim)	열왕기 상	30	Tashritu	
8	체슈반(Cheshvan) 또는 마르체슈반(MarCheshvan)	불(Bull)	열왕기 상	29 또는 30	Arakhsamna	
9	키슬레브(Kislev)	키슬레브(Kislev)	느헤미야	29 또는 30	Kislimu	
10	테베트(Tevet)	테베트(Tevet)	에스더	29	Tebetu	
11	슈바트(Shevat)	슈바트(Shevat)	열왕기 하	30	Shabatu	
12	아다르 I (Adar I)	아다르 I (Adar)	에스더	30	Adaru	이달은 윤년에만 있다.
13	아다르 / 아다르 II (Adar/Adar II)	아다르(Adar)	에스더	29	Adaru	해마다 있으며, 윤년에만 Adar II 로 표기됨

창조 시대

성경에서 아브라함 이전의 창조 시대를 살펴보게 되면 고대 유대인들이 가지고 있던 시간 단위와 시간에 대한 개념을 어느 정도 파악할 수 있다. 창세기 편을 보면 사람을 창조하기 전에, 하나님은 이미 하루를 밤과 낮의 큰 시간으로 나누었고, 그 근본으로 태양과 달을 마련하였다고 하였다. "하나님이 이르시되 하늘의 궁창에 광명체들이 있어 낮과 밤을 나뉘게 하고 그것들로 징조와 계절과 날과 해를 이루게 하라. 또 광명체들이 하늘의 궁창에 있어 땅을 비추라 하시니 그대로 되니라. 하나님이 두 큰 광명체를 만드사 큰 광명체로 낮을 주관하게 하시고 작은 광명체로 밤을 주관하게 하시며 또 별들을 만드시고 낮과 밤을 주관하게 하시고 빛과 어둠을 나뉘게 하시니 하나님이 보시기에 좋았더라." (창세기 1:14, 15, 16, 17, 18)

여기서 '하늘의 공간에 있는 광명체들'의 존재 이유가 '계절과 날과 해를 위하여'라고 하였다. 계절은 광명체의 하나인 태양을 통해서 이루어진다. 즉, 태양이 떠있는 높이와 지속 시간에 따라 봄, 여름, 가을, 겨울이라는 계절이 결정된다. 태양이 가장 높이 떠 있고 낮이 가장 긴 하지로부터 다음 하지가 오게 되었을 때, 혹은 또 다른 광명체인 달이 12번 정도 차고 기울어짐을 마쳤을 때, 한 해가 지난다는 의미가 포함되어 있다. 또한, 날은 태양이 뜨고 지는 현상, 그리고 또 다른 광명체인 달이 지고 뜨는 현상을 통해서 이루어진다고 언급하고 있다. 이와 같은 표현 속에서 계절과 날과 해라는 시간들이 태양과 달 그리고 천체와 밀접하게 연관되어 있다는 것을 인식하고 있는 유대인들의 시간 개념을 알 수 있으며, 이를 통해서 당시의 바빌로니아인들의 천문 지식들이 유대인들에게도 공유되고 있었음을 짐작하게 한다.

성경에는 시간 단위들에 대해서 다음과 같은 기록들이 있다. '아담은 백삼십 년을 살았을 때 셋의 아버지가 되었다.'라고 하였는데, '년'이라는 시간 단위가 나온다. '년, 해'를 의미하는 주요 히브리어 단어인 '샤나'는 "반복하다, 다시 하다"를 의미하는 어근에서 나온 것으로, 시간의 주기 개념을 나타낸다.

그리고, 이어서 달(Month)에 대한 표현이 나타난다. '달' 혹은 '신월'로 번역되는 히브리어 '호데시'는 '새로운'을 의미하는 '하다시'와 관계가 있다. 달이라는 시간 개념은 년을 보다 작게 나눈 시간의 단위로서, 달(moon)이 차고 기우는 규칙적인 위상 변화를 통해서 만들어졌다. 성경에서 대 홍수와 관련하여 다섯 달이 150일과 같다고 하였으므로 30일을 한 달로 구분하였다는 것을 알 수 있다. 이 기록에는 대 홍수가 일어난 해의 둘째 달, 일곱째 달, 열째 달이 직접 언급되어 있으며, 노아가 1년을 열두 달로 구분하였다는 것도 알 수 있다. 이 시기에 성서상에서는 각각의 달이 첫째 달부터 열두째 달까지 단순히 순서대로 숫자로만 언급되어 있다.

족장 시대 이후

이스라엘 민족의 조상인 셈족은 시리아의 초원을 유랑하던 유목민이었으며, 이때에는 유대인이라는 민족 개념이 만들어지기 전이었다. 아브라함은 유프라테스강 하류에 있는 우르에서 살고 있었으며, 그 당시 바빌로니아 지방에서는 태음력을 사용하고 있었다.

바빌로니아 지역에서 사용하던 달력은 기원전 21세기 경, 수메르 왕국 슐기왕이 만든 것으로 전해지는 움마 달력이 그 기원이다. 이 바빌로니아의 달력 체계는 당시 셈족을 포함하여 바빌로니아 지방의 대부분의 유목민들이 사용하였다. 이 달력은 1년이 12달로 구성된 태음력이었는데, 한 해의 시작은 춘분 시점에 나타나는 달로부터 출발했다. 그리고 삭에서 시작하여 다음 삭까지 달의 한 주기를 한 달로 삼았다. 각 달의 첫날은 초승달이 최초로 보이는 날로 시작하였고, 한 달은 29일 또는 30일이었다. 초승달이 보이는 시점이 저녁이었으므로, 하루의 시작점도 저녁의 해 질 녘이었다.

기원전 2000년경부터 바빌로니아에서는 윤달을 넣어서 태음력을 계절력인 태양력에 맞추려는 변형된 형태의 태음력인 태음태양력 체계를 고안하였는데, 기원전 529년부터는 8년 3윤법이 채택되었다가, 기원전 504년 이후에는 27년 10

윤법으로 바꾸었고, 다시 기원전 5세기 초반에는 19년 7윤법으로 수정하여 사용하였다. 따라서 이스라엘의 족장시대 초기에는 순 태음력을 사용하다가, 어느 시기 이후부터는 변화하는 바빌로니아 지역의 달력 체계에 맞추어 유대인들도 태음태양력으로 바꾸어 사용했을 것으로 추정된다.

이스라엘인의 조상인 아브라함의 자손들은 야곱 대에 이르러 가나안 지방에서 이집트로 이주하였다. 이집트에 거주하는 동안 거의 500년간 그들은 이집트의 문화에 융화되었으므로, 이집트의 태양력을 사용하였다. 기원전 1446년, 모세가 이스라엘 민족을 이끌고 이집트를 탈출하였다. 출애굽 사건을 통해 이스라엘이라는 민족이 정식으로 탄생하게 된 시점이다. 그들은 모세 이후에 이르러 자신들의 역사를 성경을 통해서 기록으로 남겼다.

따라서 모세가 기록한 성경의 내용 속에 나타나는 달력과 시간에 대한 표현은 모세가 활동할 당시의 이스라엘 사람들의 시간 개념을 보여주는 것이므로, 성경 내용 중에서 달력에 관한 기록들을 자세히 살펴 봄으로써 모세가 활동할 당시의 유대인들의 달력 체계를 개략적으로 짐작할 수 있다. 성서에는 모세의 시대로부터 바빌론 유수 이전 시기에 걸쳐 네 개의 달 이름이 언급되어 있다. '아빕'(Abib), '지브'(Ziv), '에타님'(Ethanim), 그리고 '불'(Bul)이다.

그런데 그달의 명칭들이 모두 계절과 연관되어 있다. 예를 들어 첫 번째 달인 아빕 월을 살펴보자. 이 아빕이라는 명칭은 "푸른 이삭", 즉 익어 가지만 아직은 여물지 않은 이삭을 의미한다. 이스라엘 사람들은 아빕 월 16일에 수확의 첫 열매인 곡식 단을 하나님께 바쳤다. 이 달의 이름은 나중에 '니산'(Nisan)으로 변경되었으며, 유대 종교력에서는 첫 번째 달에 해당한다. 또 '지브'는 두 번째 달 이름인데, '꽃의 달'이라는 뜻이다. 이 달은 나중에 '이야르'(Iyar)로 변경되었다. '에타님'은 일곱 번째 달로서 '열매의 달'이며, 이 달은 나중에 '티슈리'(Tishrei)로 변경되었다. '불'은 여덟 번째 달로서 '비의 달'이다. 이 달은 나중에 '체시반'(Cheshvan) 또는 '마르체시반'(MarCheshvan)으로 변경되었다. 이와 같은 달의 명칭들을 자세히 분석해 보면 그 명칭이 계절적 상황과 매우 밀접하게 연관되어 있다는 것을 알 수 있다. 다시 말해서 달력의 달 이름을 통해 나타나는 그들의 절기상의 날짜가 계절과 정확하게 딱 들어맞는다는 것이다.

이처럼 유대인들의 음력 달의 명칭에 계절과 관련된 명칭을 사용했다는 사실은, 모세가 활동할 당시 그들이 분명히 30일로 이루어진 태음력을 계절력과 맞추기 위해서 매우 섬세한 조정을 하였음을 말해준다. 다시 말해서 달의 주기만을 사용해서 만든 순 태음력은 계절 주기가 딱 맞아떨어지는 계절력인 태양력에 비해 매년 11일씩 모자라게 되고, 해가 갈수록 자연히 계절과 점점 멀어져서, 3년이 지나면 계절력과 33일 정도 차이가 나게 된다. 그렇게 되면 유대인들의 음력 달의 명칭이 계절과 맞지 않게 되기 때문에, 계절과 관련되어 있는 명칭을 사용할 수 없었을 것이다. 그런데 계절과 관련이 있는 명칭을 계속해서 사용하였다는 것은 계절과 달들의 명칭 사이에 전혀 문제가 없었다는 것을 의미하기 때문에, 어떤 방법으로든지 태음력을 계절력과 맞추는 과정이 있었음을 시사하고 있다고 해석되는 것이다.

유대인들은 계절과 연관이 있는 제물과 함께 격식에 맞추어 절기에 제사를 드리는 것을 매우 중시하였다. 하나의 예를 들자면, 보리는 아빕 월 16일이 지나야 익기 때문에, 아빕 월이 평소에 오는 계절보다 빨리 오게 될 경우에는 보리가 익지 않아서 보리를 제단에 바칠 수가 없다. 그러므로 이와 같은 상황이 발생할 때에는 윤달을 추가함으로써 아빕 월이 실제의 계절보다 빨리 오지 않도록 미리 조정하여, 보릿단을 유월절이 지난 아빕 월 16일에 확실하게 바칠 수 있었던 것이다.

여기서 잠깐 유대인들의 제사 방법을 살펴보자면, 유대인들은 요제(搖祭), 번제, 소제(素祭)라는 다양한 방법으로 하나님께 제사를 드렸다. 그중 요제는 하나님 앞에서 제물을 흔들어 바치는 제사 방법이었다. 요제에는 특히 곡물, 과일, 나무 가지 등의 제물을 사용하였으며, 이를 통해 하나님께 감사와 경배를 표현하였다. 번제는 가장 일반적인 제사 방식 중 하나로, 가축(예: 소, 양, 염소 등)이나 새와 같은 제물을 가죽만 빼고 전부 불살라 하나님께 바치는 방법이다. 번제는 주로 죄를 사하여 하나님과 화목하려는 목적으로 드렸으며, 제물은 무결한 동물로 선택되었다. 소제는 선물이나 헌물로, 경배자가 스스로 자원해서 드리는 제사의 일종이다. 소제는 곡물, 기름, 유향, 소금 등을 사용하여 진행되었으며, 번제와 함께 불살라 바쳤다. 소제는 하나님께 감사와 충성을 드리는 의미로 진행되었다.

태음력을 계절력에 맞게 조정하는 방법에는 여러 가지가 있을 수 있는데, 그중 쉽게 할 수 있는 방법 중 하나가 춘분이나 추분과 같은 천문학적인 특징을 활용하는 방법이다. 즉 태양의 중심은 해마다 두 번씩 적도를 지나는데, 이 시점에서는 위치에 관계없이 어디에서나 낮과 밤의 길이가 같아진다. 즉, 이 시기에는 낮과 밤이 정확히 12시간씩으로 똑같게 된다. 이 두 시점을 춘분과 추분이라고 하며, 현재의 달력으로는 각각 3월 21일경과 9월 23일경에 돌아온다.

이처럼 춘분과 추분은 일 년 중 항상 같은 계절의 일정한 시점에 오게 되므로, 달력 조정의 기준점이 될 수 있다. 음력 달이 이들 춘분과 추분과 관련된 계절에 비해 너무 앞서가고 있을 때에는 그 현상을 알아낼 수 있는 지침 역할을 하였으므로, 그때마다 윤달을 추가시킴으로써 필요한 조정을 할 수 있었다. 이 외에도 여러 다른 방법들을 동원하여 적절하게 조정하였으므로, 계절과 관련이 있는 명칭들을 유대인들은 어려움 없이 지속적으로 사용할 수 있었던 것으로 생각된다.

이집트 체류 시대에 유대인들은 이집트 문명에 동화되었고, 그들의 이집트 체류 기간 430여년 동안 이집트의 태양력을 사용하였다. 그러나, 출애굽 이후에 가나안 정복 시대(기원전 1406~1367)에 이르러 바빌로니아 지방의 태음 태양력을 다시 수용하여 사용했다. 기원전 10세기의 솔로몬 시대에도 태음력을 사용했다는 증거가 남아 있다.

바빌론 유수 시기와 그후에 그들이 사용하던 태음태양력은 족장 시대의 태음태양력과는 큰 틀에서 차이가 없었으며, 세부적인 규칙에 있어서 약간의 차이가 있었을 뿐이다. 어쨌든 유대인들은 그 당시 바빌로니아 지방에서 사용되던 달력 체계를 그대로 받아들여 사용하였지만, 그 달력을 계절력에 맞추고 그들의 기념일이나 축제일에 맞도록 조정하는 다양한 방법들을 고안하고 적용시켜 점점 더 발전되고 체계적인 그들 고유의 독자적인 달력 체계를 완성해 나감으로써 대략적인 조정이 아닌 세밀한 조정까지 이루게 될 수 있었다고 여겨진다.

한 달이 시작될 것으로 예상이 되는 초승달이 뜰 무렵, 산헤드린에서는 예루살렘 근처의 산 정상에 관측자를 보냈다. 관측자는 초승달을 본 시점을 산헤드린에 보고하였는데, 이때 초승달의 모습을 그림으로 그려 보이도록 하였다. 산헤드린의 감독자는 그 보고가 확실하다고 인정되면 한 달의 시작을 공표하였는데, 나팔을 불고 불을 피워 도시의 모든 사람들이 알 수 있게 하였다. 그런데 만약 초승달을 보지 못했을 경우에는 한 달의 시작은 다음 날까지 연기되었다.

유대인들은 달과 더불어 바빌로니아에서 유래한 7일 단위의 주기도 수용하여 그대로 사용하였다. 일곱 번째 날인 샤바트를 제외하고는 나머지 날들은 이름이 없이 숫자로 표시하였다. 처음에는 12달 역시 숫자로만 표시했는데, 시간이 지나면서 달마다 이름을 붙였다.

그런데, 이 부분에서 명확하게 알아두어야 할 것이 있다. 바빌로니아 주간 체계에서 토요일이 주기의 첫째 날이고, 유대인들이 이 체계를 받아들였다면, 유대인들의 안식일 샤바트는 일주일 중 일곱 번째 날에 해당하는 금요일이 되었어야 했을 것이다. 이러한 역사적 자료들을 근거로 종합적으로 판단해 볼 때, 유대인들이 토요일이 주기의 첫째 날인 바빌로니아 주간 체계를 받아들여 사용했지만, 어느 시점부터인가 일요일을 주기의 첫째 날로 변경하고 그로부터 7번째 날에 해당하는 토요일을 샤바트로 준수하였다는 것을 알 수 있다. 그 시기가 정확히 언제이고, 어떤 이유로 변경하였는지는 정확하게 파악하기는 어렵다. 그리고, 그 시기부터 그들의 일주일 주기 상에서 일곱 번째 날인 토요일에 지켜지던 샤바트는 그 후의 역법 개정에도 영향을 받지 않고 계속 변함없이 이어져 현재의 유대력에까지 반영되어 지켜지고 있다.

힐렐(Hillel) 2세와 유대력

서기 359년, 산헤드린의 랍비 힐렐(Hillel) 2세는 전임 의장 가말리엘로부터 의장직을 물려받았는데, 그는 산헤드린의 마지막 의장으로 기록된 사람이다. 당시 산헤드린의 막강한 특권 중의 하나는 역법 지식의 독점이었다. 힐렐은 역법의 독점으로 인한 백성들의 어려움을 방관할 수 없었기 때문에 역법에 대한 지식을 공개하기로 결정하였다. 산헤드린의 다른 구성원들도 흔쾌히 그의 결정에 동의하였다. 힐렐의 이 조치로 인해서 이스라엘 밖에 거주하는 유대인들도 올바른 날짜에 그들의 축제일을 기념할 수 있게 되었다.

힐렐은 태음 태양력인 바빌로니아력을 토대로 하여 최종적인 유대력을 확정하였으며, 이때의 유대력이 현재까지 큰 변경없이 사용되고 있다. 유대법에 따르면 달력을 개정하는 작업은 산헤드린 구성원들이 예루살렘에서 전체 회의를 열었을 때에만 가능했다. 이 때문에 유대력의 개정은 현대 이스라엘 국가가 수립된 후 비로소 가능해졌으며, 약간의 수정이 이루어졌다고 한다.

힐렐 달력은 19년 기간 동안에 7달의 윤달을 두는 19년 7윤법의 메톤 주기를 사용한 태음 태양력이었다. 한 해의 시작 달, 즉 정월 달은 춘분 후에 오는 달로 정했다. 힐렐의 달력에 따르면 하루는 전통적인 24시간으로 구성되었으며, 1시간을 1,080 '할라크'로 나누었다. 따라서 10할라크는 우리가 사용하는 3초에 해당된다. 그리고 하루의 시작은 해가 지는 오후 6시에 시작되었다.

1, 3, 5, 7, 9, 11월은 30일의 큰 달이고, 2, 4, 6, 8, 10, 12월은 29일의 작은 달이며, 1년은 353일, 354일, 355일의 3종류가 되고, 윤년에는 여기에 30일짜리 한 달이 더해진다. 3종류 중 어느 것이 되느냐 하는 것은 유대인의 새해 로쉬 하샤나가 일·수·금요일이 되는 것을 피하기 위한 복잡한 법칙에 의해 정해진다. 이 규칙의 이름은 "로 아드"(אד״ו)라고 하는데, 영어로 "Lo ADU" 또는 "Lo Ad"로 표기된다. 이 규칙은 히브리어로 "안 함" 또는 "하지 않음"을 나타내며, 일요일(Yom Rishon, ראשון – 'Alef'로 시작), 수요일(Yom Revi'i, רביעי – 'Daleth'로 시작), 그리고 금요일(Yom Shishi, ששי – 'Vav'로 시작)을 피한다는 의미를 담고 있다. 이들 단어 중 첫 글자인 א(Alef), ד(Daleth), ו(Vav)만을 선택하여 그 규칙을 표현하고 있다.

이 규칙의 목적은 유대력이 태양년과 조화를 이루도록 하는 것으로, 이 규칙을 통해 유대 달력에서 특정 명절들이 항상 적절한 시기에 오게 된다. 이 규칙은 또한 안식일과의 충돌을 방지하고, 특정 종교적 의식이 행해지는데 필요한 준비 시간을 보장한다. 예를 들어, 로쉬 하샤나가 일요일에 시작되지 않도록 하는 것은 유대인들이 안식일이 끝난 직후에 필요한 의식 준비를 할 수 있게 하기 위한 것이다. 따라서 로 아드 규칙은 유대력에서 한 해의 길이를 결정하는데 중요한 역할을 한다. 이 규칙에 따라, 유대력의 연도는 353일, 354일, 355일 또는 윤년에는 383일, 384일, 385일 중 하나가 될 수 있는 것이다. 이 규칙은 유대력에서 중요한 명절들의 날짜를 결정하는 데에도 적용된다. 특히 로쉬 하샤나와 유월절, 그리고 다른 중요한 명절들을 적절한 시간에 기념할 수 있도록 조정하는 중요한 역할을 하는 규칙이다.

유대력에서 특정 요일을 피하기 위한 조정은 로쉬 하샤나뿐만 아니라 유월절과도 관련되어 있다. 유월절은 유대력 니산 월 15일부터 21일까지 7일간 지키는 명절로서, 유월절 첫날과 마지막 날은 특별한 안식일로 취급되며, 이날들은 일반적인 토요일의 안식일과는 틀리게 다른 요일에 올 수 있다. 그렇지만 유월절이 월·수·금요일에 오는 것을 허용하지 않는데, 유월절이 월·수·금요일에 오게 될 경우에는 추가적인 조정을 통해 이를 방지한다.

유대력에서는 가상 삭망월(synodic month)이라는 개념을 사용하였다. 가상 삭망월은 실제로 관찰할 수 있는 삭망월이 아닌 가상적으로 계산해낸 이론상의 삭망월이므로 실제 삭망월과 혼동하지 말아야 한다. 가상 삭망월은 '몰라드'로부터 시작하는데, 몰라드란 가상 삭망월에서 가상의 삭이 시작되는 순간을 말한다. 한 몰라드에서 다음 몰라드까지의 기간은 모든 경우에 똑같으며, 29일 793 할라크의 시간이 소요된다. 이 시간은 29.530594일에 해당된다.

그런데 실제 삭망월에서 삭으로부터 다음 삭까지의 시간은 항상 정확하게 똑같지 않으며, 이 수치보다 클 때도 있고 작을 때도 있다. 이들 가상 삭망월의 몰라드 간의 시간을 평균 합삭 주기인 29.530589일과 비교해 보면, 한 달에 0.5초 이내의 오차를 보인다. 따라서 16,000년에 1일 이내의 오차가 나타날 뿐이다.

1년은 평년의 경우 12달로 이루어져 있고 윤년인 경우에는 윤달을 추가한다. 윤년은 19년을 한 주기로 하여, 매 19년마다 7번에 걸쳐 윤달을 추가하게 되는데, 19년 중에서 3, 6, 8, 11, 14, 17, 19번째에 해당하는 해에 윤달을 추가한다. 따라서 윤달이 추가되는 해가 윤년이 되고, 19년은 12달로 구성된 19년과 윤달 7

달을 합하여 235달로 이루어진다.

　19년 한 주기에서 첫 몰라드와 다음 19년 주기의 첫 몰라드의 간격은 6,939일 16시간 595할라크가 된다. 따라서 1년의 평균 날 수를 구해보면 이 값의 1/19에 해당되므로 365.24682일이 된다. 이 값은 평균 회귀년 365.24219일과 비교할 때, 1년에 약 6분 정도의 오차를 보이는 것이다. 이 오차로 인해 유대력에 의하면 216년이 지나면 하루씩 빨라지게 된다.

　몰라드가 되는 시점을 정확한 시점으로 확정하기 위해서 그들은 첫 출발점, 다시 말해서 천지 창조의 시점을 정해야 했다. 그들은 천지 창조의 출발점을 '몰라드 토후'라고 하였다. '몰라드 토후'란 '무'(無)라는 뜻으로 그 이전에 아무것도 없었기 때문이다.

　그리고 2세기의 랍비 요세 벤 할라프타는 천지 창조의 시점이 율리우스력으로 기원전 3761년 10월 7일 월요일 4시 204할라크라고 주장하였다. 그는 창세기의 천지 창조와 아담으로부터 시작하는 성서 상의 기간과 역사에 기록된 역사 시대의 족장들과 왕들의 나이를 모두 더하여 햇수를 계산하였다고 한다.

　그러나 그 날짜가 왜 10월 7일인지 그 근거는 분명치 않았다. 랍비 요세 벤 할라프타의 천지 창조일 계산은 그 시대의 이해와 지식에 기반한 것이었으므로, 그가 사용한 기준과 방법은 그 당시의 유대학자들과 유대인 사회로부터 대체로 받아들여졌다. 그러나 그의 주장이 완전하게 모든 사람들에게 받아들여진 것은 아니었으며, 여러 학자들이 그의 계산에 의문을 제기하였다. 이로 말미암아 많은 학자들이 천지 창조의 시점에 대한 계산을 시도하였으며, 기원전 3483년부터 기원전 6984년까지 다양한 주장이 나왔지만 모두 확실한 논리적 뒷받침이 부족했다.

　천지 창조의 시점이 월요일이라는 랍비 요세 벤 할라프타의 주장에는 하나의 큰 문제점이 있었다. 그의 주장대로 월요일인 그날이 천지 창조일이라면 토요일은 창조일로부터 7번째 날이 아니고 6번째 날이 되고, 일요일이 7번째 날이 된다. 그러면, 그들의 안식일 예배일이 일요일이 되어야 하고, 당시 토요일 안식일 대신 일요일을 주일로 삼아 예배하였던 로마 교회와 예배일이 같아지게 되는 문제가 생긴다. 그의 시대에도 유대인들은 여전히 안식일을 토요일로 지키고 있었다. 그가 어떠한 근거를 바탕으로 천지 창조일을 월요일에 해당하는 기원전 3761년 10월 7일이라고 하였는지 의문이다.

서기 359년 산해드린 회장 힐렐(Hillel) 2세는 태음태양력을 기반으로 한 새로운 역법을 제정하면서, 천지 창조년이 기원전 3761년이라는 요세 벤 할라프타이의 주장을 수용하였지만, 창조 날짜만을 하루 앞당겨 일요일인 10월 6일이라고 주장함으로서 창조의 첫날이 일요일이 되도록 하였다. 그리고, 날의 시작은 저녁에 3개의 별이 보이기 시작하는 시점으로 하였고, 해의 시작은 춘분 후에 오는 삭망월의 첫날로 하였다.

이에 따라, 힐렐 2세가 완성한 유대력에 의하면 창세기와 10계명에서 규정한 7일째는 토요일에 해당하였으므로, 전통적으로 매주 토요일에 준수하였던 그들의 안식일과 일치하였다. 이로써 7일째 토요일에 준수하는 안식일의 전통은 변함없이 그대로 유지될 수 있는 근거가 확립되었다. 바빌로니아 지방 사람들과 마찬가지로 유대인들의 전통적인 하루는 일몰로부터 시작되므로, 금요일 해 질 때부터 토요일 해 질 때까지를 안식일로 지킨다.

유대인들의 천지 창조의 해는 이처럼 정해졌으며, 유대의 랍비 모세 벤 마이몬(1105~1204)은 이 창세 연대를 기준으로 하여 해를 세는 방법을 처음으로 제시하였다. 이 방법은 14세기 말부터 유대 사회에서 일반적으로 Anno Mundi(A M :the year of the world), 즉 '세상의 해'라고 하여 사용되었다. 율리우스력 기준으로 기원전 3761년 10월 6일 일요일부터 시작되는 태음 태양력인 이 유대력을 이스라엘인들은 현재까지 그 달력 체계를 크게 바꾸지 않고 거의 그대로 사용하고 있다.

유예일

유대인들은 그들의 축제일인 로시 하샤나, 즉 티슈리 달 1일을 결정할 때, 네 가지 규칙에 의해서 그날을 하루 연기, 즉 유예시키거나, 때로는 이틀까지도 유예시킨다. 그 과정을 살펴보면, 먼저 그해의 티슈리 달의 몰라드 시간과 날짜, 그리고 그 다음 해의 티슈리 달의 몰라드 시간과 날짜를 계산한다. 이 계산을 통해서 그 두 해의 티슈리 달 1일이 천문력 상으로 몇 월 며칠인지 파악한다. 그런 다음 각 날짜가 무슨 요일에 해당하는지를 확인한다. 그런데 날짜와 요일과의 관계에는 반드시 지켜야 할 규칙이 존재한다.

규칙이 필요한 데에는 두 가지 중요한 이유가 있다. 첫 번째는 안식일과 절기들이 이틀 연속 겹쳐져 오는 것을 방지하기 위함이다. 이는 유대인들의 종교 생활에 큰 영향을 주기 때문에 매우 중요하다. 두 번째 이유는 모든 해가 일정한 길이의 날 수를 유지하도록 하여, 달력 체계가 안정적으로 유지되도록 하는 것이다.

따라서 다음과 같은 네 가지 원칙이 만들어졌다.

첫 번째 원칙

티슈리 달 10일에 오는 속죄일(Yom Kippur)이 금요일이나 일요일이 되어서는 안 되고, 티슈리 달 21일에 오는 초막절(Hoshanah Rabba) 역시 일요일이 되지 않아야 된다. 그러므로 티슈리 달 1일, 로시 하샤나가 수요일이나, 금요일, 일요일이 될 경우, 속죄일과 초막절에 문제가 생긴다. 따라서 천문 계산을 통해 이러한 상황이 예상되면 로시 하샤나를 하루 연기함으로써 로쉬 하사나가 목요일이나, 토요일, 월요일이 되게 한다.

두 번째 원칙

새로운 초승달이 일몰 때까지 관측되지 않을 수 있는 경우를 고려한 것이다. 몰라드와 실제 새로운 초승달이 처음 떠오르는 순간의 시간 차이는 관측자의 경도와 위도에 따라 다르다. 몰라드가 오후 6시 이후에 발생하면, 로시 하샤나를 하루 연기한다. 따라서 첫 번째 원칙과 두 번째 원칙이 모두 해당될 경우에는 이틀을 유예시킨다.

세 번째 원칙

원칙 1과 원칙 2를 적용했을 때, 그 다음 해에 일어나는 상황에 따라 정해진다. 현재의 티슈리 몰라드가 화요일 오전 3시 204할라크 이후일 경우, 다음 해의 티슈리 몰라드는 토요일 일몰 이후가 된다. 토요일 일몰 이후이기 때문에 그 시점은 일요일이 되어서 원칙 1에 의해서 하루 유예가 되며, 일몰 이후이기 때문에 원칙

2에 의해서 또 하루가 더 유예되므로 총 이틀 유예가 된다. 그렇게 되면 다음 해의 시작이 이틀 후로 연기되는 만큼 당해년의 날 수가 이틀이 늘어나게 되어 당해년의 1년 날 수가 356일이 되는 상황이 발생한다. 평년의 날 수가 356일이 될 수 없기 때문에, 이럴 경우에 원칙 3이 적용이 된다. 따라서 그 다음해 이틀을 유예하는 대신 그중 하루를 당해년에 유예시키는 규칙을 적용하여, 당해년의 로시 하샤나는 화요일에서 하루 유예되어 수요일이 된다.

네 번째 원칙

당해 년도에 원칙 1과 원칙 2를 적용한 상황을 기준으로 결정된다. 앞의 해가 윤년으로 13달일 경우, 현재 해의 몰라드가 월요일 9시 589 할라크(9시 32분 43 ⅓초)에 오게 될 경우를 계산해 보면, 앞 해의 몰라드가 화요일 일몰 후가 되어 수요일에 해당된다.

따라서 앞 해 역시 수요일이기 때문에 원칙 1에 의해서 하루 유예가 되어야 하며, 일몰 이후이기 때문에 원칙 2에 의해서 또 하루가 더 유예되어 총 이틀 유예되어야 한다. 이러한 경우에는, 원칙 4를 적용하여, 앞 해를 이틀 연기하는 대신 그중 하루를 현재 해에서 연기한다. 그 결과, 현재 해의 티슈리 달 1일이 화요일에서 월요일로 바뀌게 되며, 앞 해의 총 일 수는 384일이 되고 현재 해는 평년에 맞춰진 일 수를 유지할 수 있다.

원칙 4는 현재 해의 로시 하샤나를 조정하여 앞 해와 현재 해 모두에서 일 수를 적절하게 유지할 수 있도록 하는 것이 목표이다. 이 원칙은 앞 해가 윤년인 경우에만 적용되며, 원칙 2와 원칙 3이 적용되지 않는 상황에서 적용된다.

원칙 2, 3, 4는 그중 한 규칙만이 적용되며, 중복될 수 없다. 따라서 맨 처음 원칙 2가 적용되는지 확인한다. 만약 원칙 2가 적용되지 않을 경우, 원칙 3이 적용되는지 확인한다. 마찬가지로 만약 원칙 3이 적용되지 않을 경우, 원칙 4를 적용한다.

이런 규칙과 절차에 따라 1년의 날 수가 결정되어지는데, 평년은 353일, 354일, 355일 중 하나가 되며, 윤년은 383일, 384일, 385일 중 하나가 된다. 따라서 일 년의 날 수는 6가지 유형을 갖게 된다.

이 중 353일과 383일의 해는 '모자라는 해'라고 하고, 354일과 384일의 해는 '정상 해', 그리고 355일과 385일의 해는 '넘치는 해'라고 한다. 정상 해의 평년은 30일과 29일이 번갈아 들어 있는 열두 달로 이루어진다. 윤년에는 셰베트 달과 아다르 달 사이에 30일짜리 윤달을 추가한다.

따라서 유대인의 민간력에서 원래 여섯 번째 달에 속하는 아다르 달이 일곱 번째 달로 밀려나게 되면서, 아다르 II라고 달 이름도 바꿔 부른다. 그리고 추가되는 윤달이 원래 있던 아다르 달 자리에 들어가고 아다르라는 이름을 대신 차지한다. 모자라는 해는 세 번째 달인 키슬레브 달의 날 수가 30일에서 29일로 줄어든다. 넘치는 해의 경우에는 두 번째 달인 헤슈반의 날 수가 30일로 늘어난다.

달	평년			윤년		
	d	r	a	D	R	A
티슈레이 월(Tishrei)	30	30	30	30	30	30
체슈반 월(Cheshvan)	29	29	30	29	29	30
키슬레브 월(Kislev)	29	30	30	29	30	30
테베트 월(Tevet)	29	29	29	29	29	29
슈바트 월(Shevat)	30	30	30	30	30	30
아다르쉐니 월(Adar I, Adar Sheni)	29	29	30	30	30	30
아다르월(Adar II)	–	–	–	29	29	29
니산 월(Nisan/Nissan)	30	30	30	30	30	30
이야르 월(Iyar)	29	29	29	29	29	29
시반 월(Sivan)	30	30	30	30	30	30
탐무즈 월(Tammuz)	29	29	29	29	29	29
아브 월(Av)	30	30	30	30	30	30
엘룰 월(Elul)	29	29	29	29	29	29
	353일	354일	355일	383일	384일	385일

〈표〉 유대력에서의 달의 날수

유대력은 모든 해를 '케비아'(Keviah)라고 하는 히브리어 문자 세 개로 이루어진 기호를 사용하여 표기한다. 첫 번째 문자는 숫자로, 로시 하샤나(유대인의 새해)의 요일을 나타낸다. 이 문자에 따라 요일이 결정되며, 일요일부터 토요일까지의 숫자로 표현된다. 두 번째 문자는 해당 해의 길이를 표시한다. 모자란 해의 경우, 평년은 'd'로 표시되고 윤년은 'D'로 표시된다. 정상 해의 경우, 평년은 'r'로 표시되고 윤년은 'R'로 표시된다. 그리고 넘치는 해의 경우, 평년은 'a'로 표시되고 윤년은 'A'로 표시된다. 세 번째 문자는 숫자를 사용하여 유월절(Pesach)의 요일을 표시한다. 이것은 유월절이 시작하는 날짜가 어떤 요일인지를 나타낸다. 일요일부터 토요일까지는 숫자로 표현되며, 이를 통해 유월절의 시작 요일이 명확히 정해진다.

이처럼 대단히 복잡한 규칙을 가지고 있는 유대력에 대해서 간략하게 나마 살펴보았다. 이 글을 읽는 독자들이 이 내용을 쉽게 이해할 수 있다고 여겨지지는 않는다. 그럼에도 불구하고 그 내용을 설명한 이유는 이처럼 복잡한 유대력이 부활절 날짜 계산과 관련이 되어 있기 때문이다. 유대력 자체가 메톤 주기를 이용한 태음 태양력이지만, 유대인들의 절기와 풍속 등이 달력에 영향을 미쳐 다른 민족의 태음 태양력과 비교하여 매우 복잡한 형태의 달력의 형태를 이루게 된 것이다. 이로 인해 유대인들조차도 그들의 절기를 간단히 계산해서 찾아내기는 대단히 어려운 일이 되었다.

매년 돌아오는 그들 민족 최대의 절기인 유월절을 알기 위해서는 거의 해마다 날짜 수가 바뀌어 버리는 유대력을 완벽하게 이해할 수 있어야 했으며, 또한 정확하게 달력을 구성할 수 있는 능력이 있어야 했다. 일반 국민으로서는 거의 불가능한 일이다. 따라서 산헤드린에서는 매해 달력을 작성하여 국민들에게 공표하였고, 모든 국민들은 그들 달력 체계에 대한 정확한 이해 없이 단순히 그 달력을 사용하였을 뿐이다.

이런 이유로 초기 그리스도교에서 유대력의 도움 없이 부활절 날짜를 결정한다는 것은 상상조차 할 수도 없는 일이었다. 따라서 유대교와 모든 면에서 관계를 청산했음에도 불구하고, 초기 그리스도교는 부활절 날짜를 알기 위해서 유대력에 대한 의존성으로부터 벗어날 수 없었다. 그럼에도 불구하고 마침내 콘스탄티누스 대제에 의한 니케아 종교 회의에서 유대력에 대한 의존성을 완전히 떨쳐버린 상태에서 부활절 날짜를 결정하기 위한 논의가 이루어졌고, 유대력을 전혀 반여하지 않고 새로운 부활절 날짜를 정하기로 한다는 원칙이 수립되면서 오랜 시기에 걸쳐 부활절을 구하는 방법을 고안하기 위한 노력들이 지속적으로 진행되기에 이르렀다.

이스라엘 달력(유대력, 히브리력)

이스라엘의 달력에는 종교력과 민간력 두 종류가 있다. 두 달력은 모두 태음태양력을 기반으로 하며, 달의 이름과 형식, 구조가 동일하다. 종교력과 민간력은 그 구성에서 전혀 차이가 없으며, 두 달력은 새해가 언제 시작되는지에 따라 구분될 뿐이다.

유대인의 구 율법인 미쉬나의 로쉬 하샤나에서는 "니산 월 1일은 왕들과 절기를 위한 신년이며, 티슈레이 1일은 안식년, 희년, 나무심기, 야채를 위한 신년이다."라고 규정하고 있다. 이 말은, 니산 월 1일이 종교적 신년이라면, 티슈레이 1일은 비 종교적인 일반 주민들의 세상과 관계된 신년이라는 것을 의미한다. 기원후 1세기 역사가 요세푸스는 니산 월을 예배의 첫 달, 티슈레이 월을 물건을 사고 팔 때의 첫 달로 삼는다고 기록하고 있다.

유대교는 기원후 70년 예루살렘 성전 파괴로 인해 큰 변화를 겪었다. 성전 파괴 이후, 티슈레이 월이 니산 월을 대신하여 유대력에서 신년으로 자리잡게 되었다. 성전 파괴로 인해 유대교의 종교적 영향과 종교 지도자들의 지위 및 영향력이 사라졌고, 그 결과 종교력은 그 지위를 잃게 되었기 때문이다. 이로 인해, 일상적인 민간력만이 유대인 사회에서 보편적으로 통용되었으며, 자연스럽게 민간력이 중심이 된 유대력만이 사용되어 내려오면서 현재까지 그 전통이 유지되고 있다. 이스라엘 정부는 공공기관의 모든 행사에서 공식적으로 민간력을 사용하도록 법제화하였다. 그 결과 모든 국경일, 공휴일, 유대 명절들도 민간력에 의해 정해져 있다.

먼저 종교력을 중심으로 달력의 구성을 살펴보자. 유대인들은 종교력에서 한 해의 시작을 어떤 시점으로 정했을까? 전통적으로 그들은 밤과 낮이 같아지는 춘분을 기준으로, 춘분이 지난 후에 오는 첫 번째 합삭(월삭)일을 종교력의 정월 초하루로 정했다. 토라의 출애굽기에서 여호와는 유월절이 있는 니산 월을 한 해의 첫 달로 삼도록 다음과 같이 명령했다.

"지금부터 너희는 이 달(즉, 아빕 월)을 한 해의 첫 달로 삼고"(출애굽 12장 2절).

'아빕 월 이날에 너희가 나왔으니'(출애굽 13:4)

'아빕 월을 지켜 네 엘로힘 야훼의 유월절 예식을 행하라 이는 아빕 월에 네 엘로힘 야훼께서 밤에 너를 애굽에서 인도하여 내셨음이라'(신명기 16:1)

이런 이유로 유대인들은 그들의 종교력에서 아빕 월을 한 해가 시작되는 1월로 정했다. 유대인들은 바벨론 포로기 이후에 아빕 월을 "니산 월"이라고 바꿔 부르기 시작했다. 그들의 달력에서 일 년은 12삭망월(Lunar month)로 구성되어 있으며, 규칙에 따라 윤달이 추가되었다.

달의 명칭과 구성을 살펴보자.

1월부터 12월까지의 순서 및 명칭은 원래 바빌로니아의 역법을 그대로 받아들인 것이다. 달력의 순서와 명칭과 같은 형식은 그대로 받아들였지만, 그들의 정

종교력		민간력	날수
1월	니산 월(Nisan/Nissan)	7월	30일
2월	이아르 월(Iyar)	8월	29일
3월	시반 월(Sivan), 9월	9월	30일
4월	탐무즈 월(Tammuz)	10월	29일
5월	아브 월(Av)	11월	30일
6월	엘룰 월(Elul)	12월	29일
7월	티슈레이 월(Tishrei)	1월	30일
8월	체슈반 월(Cheshvan)	2월	29일 또는 30일
9월	키슬레브 월(Kislev)	3월	29일 또는 30일
10월	테베트 월(Tevet)	4월	29일
11월	슈바트 월(Shevat)	5월	30일
12월	아다르쉐니 월 (Adar I, Adar Sheni)	6월	29일
12월	아다르 월(Adar II)	6월	29일

월 초하루나 절기 등은 전술한 바와 같이 자신들 고유의 달력을 구상하여 그들의 전통에 합당한 날짜에 배치하였다. 윤달이 추가되는 위치는 마지막 달인 12월, 즉 아다르 월의 뒤가 아니고, 아다르 월(Adar II) 바로 앞, 즉 11월인 슈바트 월(Shevat) 뒤 위치였다. 그리고 추가되는 윤달을 아다르 쉐니(Adar Sheni)라고 부르고, Adar I로 표기했다. "쉐니"란 히브리어에서 "두 번째"라는 뜻을 가지고 있는 단어로서, 두 번째 아다르 달이라는 의미로 붙여진 이름이다. 그리고 윤달이 들어가는 해에 들어 있는 원래의 12월 아다르 월은 Adar II로 표기하였다.

윤달을 슈바트 월과 아다르 월 사이에 놓는 이유는 한 해의 12월이 항상 정상적인 아다르 월로 끝내야 된다는 그들의 달력 원칙 때문이었다. 그리고 본래의 12월이 순서상으로 윤달보다 뒤에 오므로 Adar II로 표기하였고, 윤달인 아다르 쉐니는 먼저 들어가기 때문에 Adar 또는 Adar I로 표기하게 된 것이다. 이와 같은 세세한 형식을 바탕으로 유대인들은 그들의 종교력에 있어서 달의 명칭과 순서를 결정하였다.

유대력의 니산 월부터 티슈레이 월까지 전체 날 수는 윤달 유무와 관계없이 항상 똑같다. 그러므로 첫 번째 절기인 유월절(페삭)부터 마지막 절기인 초막절(수코트)까지 날짜는 항상 고정되어 있어 날 수에 변동이 전혀 없다. 따라서, 유대인의 달력 구성을 살펴보면, 율법 상의 절기와 계절 사이의 연관뿐만 아니라, 절기들 사이의 관계도 정확하게 고려되어 있는 것을 알 수 있다. 이처럼 태음 태음력의 체계 속에서 절기 상의 일관성을 유지시키기 위해 유대인들이 달력에 쏟은 노력이란 정말로 이루 말할 수 없이 대단한 것이라 할 수 있다.

이스라엘의 7절기 (구약에 명시된 지켜야 할 절기)

유대인의 절기에 대해서도 살펴보기로 하는데, 그 이유는 앞서 언급한 것처럼 그들의 절기가 달력과 깊은 연관이 있기 때문이다. 이스라엘에는 기념해야 될 절기들이 많이 있다. 그중에서도 반드시 지켜야 할 가장 중요한 3대 절기가 있는데, 유월절과, 오순절, 그리고 초막절이다. 유대인들은 이 절기가 되면 어디에 있든지 예루살렘으로 돌아와서 하나님의 성전에서 제사를 드려야 했다.

이들 절기들 중에서도 특히 유월절은 유대인들에게 있어서 모든 절기 중에서도 가장 중요한 절기였다. 유월절은 후에 부활절과의 연관으로 인해서 그리스도교에 있어서도 대단히 의미있는 날이기도 하다. 교회에서 부활절을 기념하기 시작하던 초기에는 유대력의 유월절 날에 근거하여 부활절의 날짜가 정해졌기 때문에 유월절은 부활절과 뗄 수 없는 관계를 맺고 있었으며, 그로 인해서 달력의 개정 과정에서 적지 않은 영향을 끼쳤으므로 달력의 역사에 있어서도 대단히 중요한 의미를 가지고 있는 유대인들의 절기라고 할 수 있다.

이제 유대인들의 절기들에 대해 그 기원을 포함해서 절기의 시기, 배경 등을 살펴보고, 그 절기들이 어떤 의미를 가지고 있는가 알아보기로 하자.

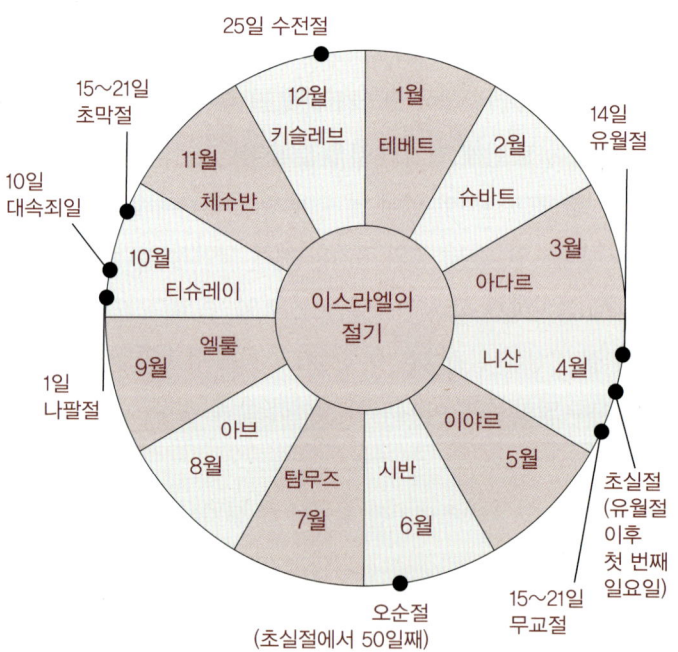

이스라엘의 7 절기(구약에 명시된 지켜야 할 절기) 출처 : 국민일보

1. 유월절(과월절, Passover, Pesach, pesah, Pascha)

유대인의 유월절은 유대인의 3대 절기 중에서도 가장 중요한 절기로 간주된다. 유월절을 의미하는 히브리어 페삭(Pesach)은 '통과하다'(보고도 그냥 지나치다)라는 동사에서 유래된 말이다. 원래 유월절은 가축의 첫 번째 새끼를 잡아서 바치던 유목 민족들의 축제로, 근동의 유목민들은 봄에 어린 짐승을 잡아 제사를 지내며 가축 번성을 기원하였다. 따라서 이스라엘 민족도 이집트 탈출 전부터 이들과 똑같이 유목 민족의 축제를 지내고 있었다. 여기에 가나안 농경 민족의 축제 풍습인 누룩을 넣지 않은 빵을 먹는 관습이 결합되었다는 것이 출애굽 이전의 유월절 절기에 대한 일반적인 견해이다.

그런데 이스라엘 민족이 출애굽의 과정을 거치면서 축제의 의미가 바뀌게 된다. 즉 죽음의 천사가 이집트 민족의 모든 장자들을 멸할 때, 이스라엘 민족의 집 문설주에 칠해져 있던 양의 피를 보고 그 집에 있는 이스라엘 민족들을 해치지 않고 지나쳤다고 전해졌다. 이렇게 이스라엘 민족들이 이 재앙으로부터 무사한 채로 통과했다는 역사적 의미가 더해지면서 이집트로부터 해방된 출애굽을 기념하는 중요한 축제로 의미가 변경되었다.

유대인들의 유월절 의식을 살펴보자. 그들은 니산(nisan, 정월)달 10일에 그해 태어난 흠 없는 양을 고르고 14일 유월절 저녁에 그 양을 잡아 양의 피를 문설주에 바른다. 고기는 다리를 포함해서 내장까지 모두 구워서 누룩없는 빵, 쓴 나물과 함께 먹는다. 그리고 식탁에 앉은 사람들은 모두 허리띠를 두르고, 신발을 신은 채, 지팡이를 잡고 급히 음식을 먹어야 한다. 오늘날의 유대인들은 양을 잡는 대신 고난의 떡이라 불리는 무교병(누룩이 없는 빵, 마짜; Matzah)과 쓴 나물을 먹는 방법으로 유월절을 지키고 있다. 그리고 아침이 될 때까지 집안에서 한 발짝도 나가지 않는다.

유월절 행사는 니산 달 14일 저녁부터 시작되며, 다음 날 즉 15일 날 저녁까지 이루어지며, 이어서 니산 달 15일 저녁부터 일주일간 무교절 절기 행사를 치른다.

2. 무교절(無酵節)

유월절이 지난 다음 날, 즉 유대력 정월인 니산 달 15일 저녁부터 7일간 지켜지는 절기로, 레위기 23장 6절에서 언급되어 있다. 이때문에 이 무교절은 유월절의 계속이라고 할 수 있으며, 성경에서는 유월절과 무교절을 합하여 한 이름인 무교절로 호칭하기도 한다(출 23:12-1934:18).

이스라엘 백성들이 이집트를 탈출한 출애굽 당시, 유월절을 지키고 다음 날 이집트를 떠났다. 이후 홍해 바다를 건널 때까지 겪었던 고난의 역사가 무교절의 기원이 되었다. 당시 이집트의 바로 왕은 이스라엘 백성들을 해방시켰으나, 곧 마음이 변해 이집트 병사들을 급파하여 이스라엘 백성들을 다시 붙잡으려고 추격하게 했다. 그러나 이스라엘 백성들은 모세의 인도 하에 홍해 바다를 무사히 건널 수 있었다. 이런 어려운 상황에서 겪은 고난과 괴로움의 날들이 무교절 절기의 기원이 되었다.

구약 시대에는 출애굽 당시 유월절 다음 날부터 겪었던 고난의 날들을 잊지 않고 기억하기 위해 매년 무교병(누룩 넣지 않은 떡)과 쓴 나물을 먹었다고 하며, 무교병을 고난의 떡이라고 불렀다. 이러한 전통은 현재까지 이어져, 유대인들은 무교절 기간 동안 무교병과 쓴 나물을 먹으며 과거의 고난을 기리고 기억한다.

3. 요제절(초실절)

유월절은 니산 달 14일이며, 무교절은 니산 달 15일부터 칠 일간 지켜야 하며, 무교절의 첫날과 마지막 날은 안식일로 지킨다. 그리고 요제절은 무교절 기간에 들어 있는 안식일 이튿날에 지키는 절기이다. 이날 이스라엘의 농부들은 수확한 봄 보리의 첫 이삭 한 단을 예루살렘으로 가지고 오고, 제사장은 그 단을 여호와 앞에서 흔들었다. 요제절 제물을 바치기 전까지는 햇곡식을 먹지 못했으며, 제물을 바친 후에야 먹을 수 있었다. 이 절기는 이스라엘 사람들이 가나안 땅에 정착한 다음부터 지켜질 수 있었는데, 가나안 땅에 정착하기 전까지의 광야 생활에서는 농사를 지을 수 없어서 수확을 하지 못했기 때문이다.

4. 칠칠절(맥추절, 오순절)

니산 달 14일에 유월절 양을 잡은 후 이틀 후인 16일에는 보리의 첫 수확을 드렸으며, 이때로부터 50일 후가 칠칠절이다. 즉, 7일이 7번 지난 다음 날로서 우리의 달력으로는 5월 하순이나 6월 초순에 해당한다. 이집트를 탈출한 뒤 모세가 이스라엘 민족을 거느리고 시내산에서 율법을 받은 날을 기념하는 날이다. 이스라엘 땅에서의 곡식 추수는 칠 주간 계속된다. 즉 유월절 동안의 보리 추수로 시작해서 칠칠절의 밀 추수로 끝나는데, 보리 추수의 첫 수확을 하나님에게 드리는 것이 안식일 다음 날에 해당하여 이날을 첫날로 계산하여 밀 추수의 첫 수확을 드리는 절기가 유월절 후 제 50일이 되는 날이다. 이 절기는 '처음 익은 열매를 드리는 날'로 묘사되었다(민수기 28:26).

이 절기에는 안식일처럼 아무 노동도 하지 않고 쉬었으며 성회로 선포되었다. 신명기 16장 9-11절에 "7주를 계수할지니, 곡식에 낫을 대는 첫날부터 7주를 계수하여 네 하나님 여호와 앞에 7.7절을 지키되 네 하나님 여호와께서 네게 복을 주신대로 네 힘을 헤아려 자원하는 예물을 드리고…". "안식일 이튿날 곧 너희가 요제로 단을 가져온 날부터 세어서 칠 안식일의 수효를 채우고 제 칠 안식일 이튿날까지 합 오십 일을 계수하여 새 소제를 여호와께 드리되… 이날에 너희는 너희 중에 성회를 공포하고 아무 노동도 하지 말지니 이는 너희가 그 거하는 각처에서 대대로 지킬 영원한 규례니라"(레위기23 : 15, 16, 21).

오순절(Pentecost)은 칠칠절 즉 맥추절의 신약적인 명칭으로서, '오십 번째 날'의 뜻을 가진 그리스어에서 파생된 말이다. 순(旬)이란 10을 뜻하는 말로서 오순(5旬)은 50이라는 의미로 50일 후에 오는 기념일이라는 뜻이다.

이 오순절은 기독교의 역사와도 중요한 관련이 있다. 신약 성경의 사도행전에 따르면, 사도들 즉 예수의 제자들이 유대교의 오순절에 모두 모였는데, 이날 성령이 이들에게 임하였다고 한다. 기독교 전통에 따르면, 이로써 기독교 교회가 비로소 성립된 것으로 여겨지고 있다. 기독교의 역사에서 교회의 성립은 대단히 중요한 사건 중 하나이다.

5. 나팔절 (로쉬 하샤나 : Rosh Hashana)

로슈 하샤나는 유대력으로 티슈리달(Tishrei)의 첫날에 해당하며, 히브리어로 '해의 시작'이라는 뜻이다. 이날은 유대인의 설날이며, 유대교의 4대 절기 중 하나로 취급된다. 미슈나라고 불리는 구전 토라의 기록에 따르면, 이날은 역법의 첫날로 정해졌다. 또한 구약 성경에는 이날을 기념하고, 안식일을 지키며 성회를 가져야 한다고 명시되어 있다.

"7월 1일은 너희에게 안식일이 될지니 이는 나팔을 불어 기념할 날이요 성회라. 어떤 노동도 하지 말고 여호와께 화제를 드릴지니라."(레위기 23: 23~25).

"일곱째 달에 이르러는 그달 초하루에 성회로 모이고 아무 노동도 하지 말라. 이는 너희가 나팔을 불 날이니라."(민수기 29장 1절).

이날은 가을 농작물을 거두게 되는 추수절의 첫날로 간주되며, 나팔을 불어 속죄일 준비를 시작하고 성회를 거룩하게 지키는 절기이다(레23:24).

6. 속죄일(贖罪日) (욤 키푸르 : Yom Kippur)

'욤 키푸르'는 히브리어로 '속죄일'이란 뜻이며, 유대력 티쉬리달(양력 9~10월) 10일에 해당한다. 유대인들에게 이날은 가장 경건하며 거룩한 날이자 안식일 중의 안식일로 취급된다. 예배는 전날 해 질 무렵부터 시작되어 다음 날 저녁까지 지속된다. 이 기간 동안 음식을 먹지 않고 음료를 마시지 않으며, 금식을 통해 기도와 자기 성찰에 집중하게 된다.

이날은 속죄제가 날마다, 주마다, 달마다 베풀어졌음에도 불구하고 부족하다는 것을 깨닫도록 하기 위하여 만들어진 절기이다. 즉 일 년 동안에 여러 차례에 걸쳐 드려지는 속죄제로는 모든 죄가 사해질 수 없기 때문에 일 년에 한 날(속죄일)을 정해서 모든 죄에 대한 속죄를 완수하는 것이다. 이는 또한 '큰 안식일'로 표현되었는데(레 16 :23, 31, 32), '안식일 중의 안식일' 또는 어떠한 노동도 허용되지 않는 철저히 지켜져야 할 안식일을 의미한다.

7. 초막절(장막절, 수장절, 수코트 :Sukkot,추수감사절)

'수코트'란 히브리어로 '초막절'이라는 뜻이다. 이 절기는 속죄일 후 5일째 시작이 되며 7일간 계속된다(티쉬리월 15-21일). 속죄일은 경외일로 그 분위기가 엄숙한 반면에, 축제일인 초막절은 분위기가 즐겁다. 이날은 이스라엘 백성들이 출애굽한 후 40년간 광야에서 생활한 것을 기념하는 날이기도 하다. 그래서 그들은 이 기간 동안에 7일간 집을 떠나 나뭇가지 등으로 만든 '수카'라 불리는 초막 또는 천막에 지내면서 그들 조상들의 광야 생활을 기념한다.

또한 이때는 가을 추수를 모두 마치고 감사 제사를 드리는 날로서, 우리나라의 추석과 비슷하다. 땅에 열매를 맺게 해 주고 그 땅을 있게 한 하나님에 대한 감사뿐만 아니라, 조상들로 하여금 역사의 시련 가운데서도 살아남게 해주신 하나님에 대해 진정한 기쁨의 감사와 찬양을 드리는 것이다.

초막절의 마지막 날을 히브리어로 '심하트 토라'라 부르는데 '토라의 기쁨'이라는 뜻이다. 이날은 1년 중 가장 엄숙한 예식이 회당에서 거행되는데, 토라의 모든 두루마리를 궤에서 꺼내어 회당 주변을 7번 이상 행진한다. 당일 예배자들은 신명기의 마지막 장을 읽은 다음 창세기 첫 장을 읽는데 이것은 토라의 연속성을 상징한다. 그들은 '토라는 영원하며, 그러므로 참된 시작과 끝이 없음'을 강조한다.

안식일과 토요일

유대인들에게 있어서 모든 절기와 더불어 특히 더 소중하게 여기고 있는 기념일이 있는데, 바로 안식일이다. 모든 유대 민족들의 의식 속에 가장 소중하고 깊숙하게 자리잡고 있는 안식일의 개념과 의미가 그들의 역사 속에서 어떻게 형성되었는지 성경을 통해서 살펴보기로 하자.

"하나님이 그가 하시던 일을 일곱째 날에 마치시니 그가 하시던 모든 일을 그치고 일곱째 날에 안식하시니라(창 2:2).

하나님이 그 일곱째 날을 복되게 하사 거룩하게 하셨으니 이는 하나님이 그 창조하시며 만드시던 모든 일을 마치시고 그날에 안식하셨음이니라(창 2:3)"

성경의 창세기 2장에는 천지 창조 첫날로부터 7번째 되는 날에 하나님이 안식하였다는 내용이 처음 나오는데, 안식일의 성격과 의미에 관한 내용이다. 그 이후 안식일과 관련된 내용들이 전혀 나타나지 않았지만, 출애굽기(20 : 8~11) 십계명편에 이르러 안식일과 관련하여 다음과 같이 다시 언급되었다.

"안식일을 기억하여 거룩하게 지키라

엿새 동안은 힘써 네 모든 일을 행할 것이나

일곱째 날은 네 하나님 여호와의 안식일인즉 너나 네 아들이나 네 딸이나 네 남종이나 네 여종이나 네 가축이나 네 문안에 머무는 객이라도 아무 일도 하지 말라

이는 엿새 동안에 나 여호와가 하늘과 땅과 바다와 그 가운데 모든 것을 만들고 일곱째 날에 쉬었음이라 그러므로 나 여호와가 안식일을 복되게 하여 그날을 거룩하게 하였느니라"

이처럼 천지 창조 후 하나님이 7일째에 안식하였다는 창세기 내용을 바탕으로, 7일째마다 안식일을 지키라는 내용이 유대인들이 이집트 땅에서 벗어난 후에 모세의 10계명에서 처음으로 명확하게 규정되어 나타난다.

그렇다면 이 시기 이전부터 사용했던 달력부터 이 시기에 이르기까지 유대인들이 사용했던 달력에 대해 살펴 볼 필요가 있을 것이다. 이스라엘 민족 개념이 정식으로 시작된다고 여겨지는 아브라함으로부터 이삭, 야곱, 야곱의 열두 아들까지의 시대인 족장 시대까지는 고대 바빌로니아인들과 마찬가지로 바빌로니아에서 유래한 태음 태양력을 그들의 달력으로 사용하였다. 그렇지만, 이후 이스라엘 백성들이 이집트에 머무르게 되었던 430년 동안의 이집트 시대에는 그들에 동화되어 이집트의 태양력을 사용하였다. 그리고 출애굽 사건 이후의 기록에서 유대인들이 사용했던 달력 체계가 처음으로 등장하게 되는데, 그 달력은 당시 바

빌로니아에서 전통적으로 사용하던 태음력 체계를 다시 차용한 것이었다. 원래 바빌로니아의 달력 체계에는 특별한 7일 주기 체계가 포함되어 있었는데, 그 주기는 천문 점성학적 전통에 근거하여 바빌로니아인들이 토성, 태양, 달, 화성, 수성, 목성, 금성을 숭배하는데 사용하던 주기였다. 따라서 유대인들이 차용하여 사용한 7일 주기는 천지 창조와는 전혀 무관한 주기 체계였다는 것을 알 수 있다.

바빌로니아의 달력에서 7일 주기의 첫날은 토요일로부터 시작된다. 따라서 유대인들이 바빌로니아의 역법 체계를 그대로 받아들였다면 유대인들의 달력 역시 7일 주기의 첫날은 토요일이고, 안식일은 7번째 날인 금요일에 해당하였을 것이다. 그런데, 이 시대 이후 계속되는 유대인들의 안식일 준수 상황을 살펴보면, 바빌로니아 체계와 달리 7일 주기의 첫날을 일요일로 삼고, 그로부터 7번째 날인 토요일을 안식일로 준수하였다는 것을 알 수 있다.

이 부분에서 간과해서는 안 될 중요한 문제가 하나 있다. 유대인들이 출애굽 이후에 이집트 정착 시절 사용하던 이집트의 태양력을 버리고 바빌로니아의 태음력 체계를 다시 받아들이면서 바빌로니아인들이 행성신들을 숭배하기 위해 고안하였던 7일 주기 체계까지도 수용한 것으로 여겨진다. 그런데, 바빌로니아 7일 주기 상에서 첫 번째 날에 해당하는 토요일을 천지 창조 후 7번째 날로 삼고, 안식일로 준수한 근거나 연관성에 대해서는 그 관련된 자료를 찾을 수 없다.

유대인들이 토요일 대신 일요일을 7일 주기의 첫날로 정한 근거를 추론해 보자면 세상 창조의 첫날에 하나님이 빛을 창조했다는 창세기 1장의 성경 내용으로부터 찾을 수 있을 것이다. 바빌로니아 달력의 7일 주기 체계에서 일요일은 주기의 2번째 날에 해당하였지만 태양에 경배드리는 날로서, 세상 창조의 첫날에 신이 빛을 창조했다는 성경 내용을 적용시키기에 합당한 날로 여길 수 있기 때문이다. 그렇지만 정확하게 어떤 근거를 바탕으로 언제부터 일요일을 주기의 첫째 날로 삼았는지 확인할 길은 없다.

아무튼, 최소한 이 시기 이후의 기록을 보면 유대인들이 일요일을 7일 주기의 첫째 날로 삼고, 일요일로부터 일곱 번째 날에 해당하는 토요일에만 이름을 샤바트라고 명명하여 안식일로 준수하였으며, 나머지 날들은 이름이 없이 숫자로만 표 시하였다는 것을 알 수 있다.

예수 시대에 이르러서도 유대인들의 달력 체계는 그대로 유지되었고, 안식일 전날만을 유일하게 "준비일"로 불렀다. 12달 역시 노아 시대처럼 숫자로만 표시했는데, 어느 시기 이후 달에 이름이 붙여졌다. 당시 아우구스투스 통치 시절이었던 로마에서는 율리우스력 상에서 7일 주기의 첫날은 토요일이었다.

사도 시대 이후에는 로마 교회를 중심으로 토요일 안식일 대신 일요일을 주일로 삼아 예배하는 경향이 나타났고, 마침내 321년 콘스탄티누스 황제의 일요일 휴업령을 통해 일요일을 주일로 삼아 예배하는 규칙이 정착되었다. 이로써, 이 시기의 로마 제국에서는 토요일로부터 7일 주기가 시작되는 바빌로니아의 전통은 사라지고, 일요일이 7일 주기 의 첫날로 자리잡게 되었다.

한편, 2세기 경 랍비 요세 벤 할라프타는 천지 창조의 시점을 기원전 3761년 10월 7일 월요일로 계산하였는데, 날짜가 10월 7일 월요일이라는 근거는 알려지지 않았다. 그런데 그의 주장대로 월요일이 천지 창조일이라면 토요일이 6번째 날이 되고, 일요일이 7번째 날이 되어, 그들의 안식일이 로마 교회의 예배일인 일요일과 같아지는 문제가 생기게 된다.

이에 서기 359년, 힐렐은 기원전 3761년이라는 요세 벤 할라프타의 창조년은 그대로 수용하였지만, 그 날짜만은 하루 앞당겨 일요일인 10월 6일로 변경함으로서, 창조의 첫날이 일요일이 되도록 하였다. 이에 따라, 힐렐 2세가 완성한 유대력 상에서 7번째 날인 샤바트는 토요일에 해당하였으므로, 당시 매주 7번째 날을 토요일로 삼아 준수하고 있던 전통적인 그들의 안식일과 정확히 일치하게 되었다.

그 결과, 유대인들은 현재까지 변함없이 그 전통을 유지하여 토요일 안식일을 철저히 준수하고 있다. 유대인들의 전통적인 하루는 일몰로부터 시작되므로, 금요일 해질 때부터 토요일 해 질 때까지를 안식일로 지킨다.

05
고대 로마 공화력

드디어 우리는 현재 전세계적으로 사용되고 있는 서기력 체계의 모체인 율리우스력의 뿌리에 해당하는 고대 로마의 달력 체계에 대한 탐색을 앞두게 되었다. 이제부터 우리는 계속 이어지는 탐색 과정을 통해서 달력 속에 감춰져 있었던 수많은 궁금증들이 하나씩 풀리는 시원함을 느낄 수 있을 것이다. 전혀 예상치 못했던 수많은 내용들이 달력에 반영되면서 우리가 현재 사용하고 있는 달력의 형태로 점차 자리잡아 왔다는 사실이 뜻밖으로 느껴질 것이다. 이제 고대 로마의 공화력으로부터 처음 시작되는 로마의 달력 체계를 추적해 보기로 하겠다.

로마 공화력 이전의 달력: 아누스(annus)

고대 로마에 관한 역사를 다룬 많은 저술들이 있다. 그러한 저술들 중에서 고대의 로마력에 대해서 언급된 책은 그리 많지 않지만, 플르타르코스(46~120)가 그리스어로 쓴 작품 '모랄리아(Moralia)'를 포함하여, 238년에 켄소리누스가 저술한 시간의 분할에 관한 내용을 담고 있는 '그리스도의 탄생일에 관하여(De die natali)', 그리고 4세기에 문법학자 마크로비우스가 쓴 '축제와 연회(Saturnalia convivia)'는 고대 로마력의 발자취를 더듬는데 있어서 많은 도움이 된다.

고대 로마가 형성되기 전, 로마 지역에 살고 있던 사람들도 달이 뜨고 지는 삭망월을 기본 단위로 하는 달력 체계를 가지고 있었다. 1년이 10달로 구성되어 있는 이 달력을 아누스 (annus)라고 불렀는데, 한 달은 삭망월 주기와 같은 30일로 구성되어 있었다. 이와 같은 고대 로마의 달력은 바빌로니아의 날짜 체계로부터 영향을 받은 고대 그리스 태음력으로부터 유래된 것으로 추정되는데, 새해의 시작점 역시 그들처럼 춘분을 기준으로 하여, 춘분이 들어 있는 삭망월 첫날을 달력의 시작일로 삼았다.

10달 중 처음 4개의 달은 신들의 이름이 붙여졌다. 첫째 달은 군신 마르스의 달, 마르티우스(Martius), 둘째 달은 미의 여신 비너스의 달, 아프릴리스(Aprilis), 셋째 달은 성장의 여신 마이아의 달, 마이우스(Maius), 그리고 네째 달은 빛과 혼인의 여신인 주노를 기념하는 젊은이들의 달, 유니우스(Junius)라 하였다. 다섯 번째 달부터는 신들의 이름이 붙여지지 않고, 단순히 5부터 10까지의 숫자를 의미하는 퀸틸리스((Quintilis, 5), 섹스틸리스(Sextilis, 6), 셉템베르(September, 7), 옥토베르(October, 8), 노벰베르(November, 9), 그리고 데켐베르(December, 10)라는 이름을 붙였다.

다섯 번째 달부터 숫자로 달 이름들이 붙여진 것은 숫자에 대한 관념이 대개 네 번째에서 끝나던 고대의 로마 전통에서 유래된 것으로 보인다. 실제 로마에서는 아이를 낳으면 네 번째 아이까지는 이름을 지어주었지만 다섯 번째부터는 그냥 숫자를 사용해서 불렀다고 하는데, 이런 관습이 달력의 이름을 붙이는 데에도 반영이 되었던 것 같다.

300일로 이루어진 이 '아누스'는 10달의 삭망월로 이루어져 있기 때문에 현재의

1월	마르티우스(Martius)
2월	아프릴리스(Aprilis)
3월	마이우스(Maius)
4월	유니우스(Junius)
5월	퀸틸리스((Quintilis,5)
6월	섹스틸리스(Sextilis,6)
7월	셉템베르(September,7)
8월	옥토베르(October,8)
9월	노벰베르(November,9)
10월	데켐베르(December,10)

1월; 마르티우스(Martius)

						장날
1	2	3	4	5	6	7	8
9	10	11	12	13	14	15	16
17	18	19	20	21	22	23	24
25	26	27	28	29	30		

7월; 셉템베르(September)

						장날
			1	2	3	4
5	6	7	8	9	10	11	12
13	14	15	16	17	18	19	20
21	22	23	24	25	26	27	28
29	30					

2월; 아프릴리스(Aprilis)

						장날
					1	2
3	4	5	6	7	8	9	10
11	12	13	14	15	16	17	18
19	20	21	22	23	24	25	26
27	28	29	30			

8월; 옥토베르(October)

						장날
	1	2	3	4	5	6
7	8	9	10	11	12	13	14
15	16	17	18	19	20	21	22
23	24	25	26	27	28	29	30

3월; 마이우스(Maius)

						장날
			1	2	3	4
5	6	7	8	9	10	11	12
13	14	15	16	17	18	19	20
21	22	23	24	25	26	27	28
29	30					

9월; 노벰베르(November)

						장날
1	2	3	4	5	6	7	8
9	10	11	12	13	14	15	16
17	18	19	20	21	22	23	24
25	26	27	28	29	30		

4월; 유니우스(Junius)

						장날
	1	2	3	4	5	6
7	8	9	10	11	12	13	14
15	16	17	18	19	20	21	22
23	24	25	26	27	28	29	30

10월; 데켐베르(December)

						장날
					1	2
3	4	5	6	7	8	9	10
11	12	13	14	15	16	17	18
19	20	21	22	23	24	25	26
27	28	29	30			

5월; 퀸틸리스(Quintilis)

						장날
1	2	3	4	5	6	7	8
9	10	11	12	13	14	15	16
17	18	19	20	21	22	23	24
25	26	27	28	29	30		

달력에서 제외되는 날들

1	2	3	4	5	6	7	8
9	10	11	12	13	14	15	16
17	18	19	20	21	22	23	24
25	26	27	28	29	30	31	32
33	34	35	36	37	38	39	40
41	42	43	44	45	46	47	48
49	50	51	52	53	54	55	56
57	58	59	60	61	62	63	64
65							

6월; 섹스틸리스(Sextilis)

						장날
					1	2
3	4	5	6	7	8	9	10
11	12	13	14	15	16	17	18
19	20	21	22	23	24	25	26
27	28	29	30			

⟨다음해⟩ 1월; 마르티우스(Martius)

						장날
			1	2	3	4
5	6	7	8	9	10	11	12
13	14	15	16	17	18	19	20
21	22	23	24	25	26	27	28
29	30					

달력에 비해서 65일 정도, 약 2달이 적었다. 이 때문에 데켐베르(10월)가 지나면 다음 새해가 시작되는 춘분이 올 때까지 두 달에 해당되는 기간은 달력에서 제외된 채로 날들을 보냈으며, 춘분이 되어 새해가 시작되면 다시 마르티우스(1월)부터 10달로 이루어진 1년을 시작하였다. 다시 말해서 춘분으로부터 시작된 10달의 기간만이 아누스의 달력 체계에서 인정되어 1년 속에 포함되었고, 10월의 데켐베르가 지나면 다음 춘분이 올 때까지 두 달에 해당되는 나머지 기간은 공식적인 기록에서 무시되었던 것이다.

그들은 시간을 주요 생산적인 활동인 농사일과 밀접하게 연관지어 생각했는데, 이 기간은 농사를 짓지 못하는 추운 겨울이었기 때문에 중요하지 않게 여겨서 버려진 시간, 또는 휴식하는 시간으로 생각하였던 것 같다. 그래서 이 기간들이 달력에서 제외되어 있더라도 그 당시에는 특별한 문제로 여겨지지도 않았다.

로물루스의 로마 공화력

마침내 기원전 753년에 로물루스가 바티칸 언덕에 새 도시를 건설하면서 자신의 이름을 따 로마라 칭하며 로마를 건국하였다. 그후 기원전 738년경, 로물루스는 로마의 달력, 로마 공화력(Roman republican calendar)을 제정하게 되었다. 그는 그 당시 로마 지역에서 사용되고 있던 달력 체계를 받아들여 똑같이 10달로 이루어진 달력을 만들었다.

그런데 당시 로마 지역에서는 '눈디나에'(Nundinae)라고 하는 장날이 8일 주기로 열렸다. 이로 인해서 300일로 이루어진 달력에서는 해가 바뀌면 장날이 돌아오는 날짜가 바뀌게 되었다. 예를 들어 설명하자면, 어느 해의 첫 장날이 새해 첫 달의 8일째에 시작되었다고 가정하자. 8일마다 장날이 열리게 되어 있기 때문에, 300일 1년을 8로 나누면 37과 나머지 4가 되므로, 그해의 마지막 장날인 37번째의 장날은 그해의 296일째에 오게 된다. 그렇게 되면 다음 장날은 그 296일로부터 8일째에 해당하는 다음 해 첫 달 4일째에 열리게 되어, 다음 해의 첫 장날은 전년도와 똑같이 8일째에 해당하지 않게 된다. 결국 해마다 처음 시작되는 장날의 날짜가 계속 바뀌게 되므로, 이어지는 그해의 나머지 장날의 날짜들도 전해의 날짜와 같지 않고 계속 틀려지게 되었다.

이와같이 해마다 장날이 오는 날짜가 틀려지는 불편을 없애기 위해서, 로물루스는 30일로 이루어진 모든 달 중에서 1월(마르티우스), 3월(마이우스), 5월(퀸틸리스), 8월(옥토베르)의 4달에 각각 하루씩을 추가하여 31일의 큰 달로 만들었다. 이에 따라 기존 1년 300일에서 4일이 추가되어 1년의 날짜 수가 8로 딱 떨어지는 총 304일이 되었으므로, 매년 같은 날짜에 장날이 올 수 있게 되었다. 어차피 1년 속에 포함되지 않고 버려진 날 수가 65일이었고, 버려진 날 수가 4일 줄어 들어 61일로 되었다 해서 별다른 문제가 생기는 것도 아니었기 때문이다.

그들은 한 달의 기간을 특별한 세 부분으로 나누어 각각 칼렌다이(Kalendae, 또는 calendae), 노나이(Nonae), 이두스(Idus)라고 불렀다. 초승달이 나타나는 초 하루를 칼렌다이(단수형 표현: 칼렌드스 Kalends)라고 하였으며, 달의 운행주기의 1/4에 해당하는 날은 노나이(단수형은 노네스 Nones)라 하였는데, 노나이라는 말은 원래 '8일'을 뜻하는 말이다. 노나이에 해당하는 날은 상현달(반달)이 뜨는 시기와 대체로 일치한다. 그리고 보름달이 나타나는 날을 이두스라고 하였다. 이두스는 보름달을 뜻하는 에트루리아어로부터 유래한 단어로서 단수형이고, 복수형은 "Iduum"이다. 복수형을 사용하는 칼렌다이(Kalendae), 노나이(Nonae) 와는 달리 월마다 한 번만 발생하기 때문에 대부분의 문맥에서 단수형인 이두스(idus)가 사용된다. 로마인들은 이 세 개의 날을 기준일로 삼아 나머지 날들을 표현하였다.

그런데 로물루스가 1월(마르티우스), 3월(마이우스), 5월(퀸틸리스), 8월(옥토베르)에 각각 하루씩을 추가하면서 그들 달의 날 수가 하루씩 늘어나게 되었으므로, 모든 달이 똑같이 30일의 날 수를 갖지 않게 되었다. 따라서 하루가 추가되어 31일로 이루어진 달들과 30일로 이루어진 달들의 노나이와 이두스에 해당하는 날짜가 달라지게 되었다. 31일로 큰 달인 1월, 3월, 5월, 8월은 노나이가 7일, 이두스는 15일이 되었고, 나머지 달들은 노나이가 5일, 이두스가 13일이 되었다. 이렇게 초승달에서 시작하여, 첫 1/4달을 거쳐, 보름달이 될 때까지의 세 부분을 구별하여 이름 붙인 것은 달의 위상과 연관시켜서 쉽게 날짜를 파악할 수 있도록 하기 위한 것이었다.

초승달이 뜨게 되면 신관들은 각적(角笛, 뿔나팔)을 불어 월초(月初)임을 선포하여 새로운 달이 시작되었음을 공포하였다고 한다. 이날은 빚을 진 사람들이 이자를 갚아 회계를 정산해야 하는 날이기도 했다. '칼라레(calare)'란 '신성하게 발표하다, 외치다'라는 뜻으로, 제사장들이 새로운 달을 발표하는 것을 말한다. 이 칼라레로부터 초승달의 월초를 의미하는 칼렌다이(Kalendae, 또는 calendae)가 유래하였다. 이런 연유로, 이 칼렌다이라는 단어는 '공포하다, 선포하다'라는 의미를 내포하고 있을 뿐만 아니라, '달력 (calendar)'이라는 단어의 어원에도 해당한다. 그리고 이 칼렌다이로부터 '회계 장부'라는 뜻을 가지고 있는 '칼렌다리움(calendarium)'이라는 단어가 유래되었는데, 칼렌다리움이라는 이 라틴어 단어는 로마 달력의 첫째 날로, 빚이 만기가 되어 회계를 정산해야 하는 날을 의미하기도 한다.

'회계 장부'라는 뜻을 가진 칼렌다이(calendae)와는 별도로, 로마 달력 체계에서는 로마 국가가 기록을 보존하는 공식 목록이나 등록부를 "파스티"(fasti)라고 분류하였는데, 파스티 또한 달력이라는 의미도 포함하고 있다. 따라서 파스티는 중요한 날짜, 휴일, 축제, 그리고 기타 중요한 사건을 기록하는 공공 기록물로서, 다음과 같이 여러 유형으로 구분되었다.

Fasti Capitolini
관료와 중요한 사건의 목록으로, 대개 돌에 새겨져 공공의 장소에 전시되었다. 이것은 로마의 역사에 대한 연대기적 구조를 제공했다.

Fasti Triumphales
로마 장군들이 경축한 승리를 기록한 것이다.

Fasti Consulares
로마 총독과 기타 관료들의 이름이 연간으로 나열된 목록이다.

Fasti Praenestini

축제와 각 날에 관련된 신들을 나열한 종교 달력이다.

Fasti Antiates Maiores

종교 달력 중 하나로서, 발견되었던 마을의 이름인 안티움(Antium)을 문서의 명칭으로 사용하였다.

"이시도르스 히스팔렌시스"(Isidorus Hispalensis)라는 라틴어 이름을 가진 세비야의 이시도르(Isidore of Seville, 약 560년~636년 4월 4일)는 7세기의 주교이자 학자였는데, 그의 가장 주목할 만한 작품은 'Etymologiae'(또는 'Origines')로, 20권의 백과사전 형태의 책이다. 이 책은 중세 시대에 가장 널리 사용된 교육 자료 중 하나였으며, 모든 고전적 지식이 요약되어 있었다. 'Etymologiae'에서 이시도르는 달력을 포함한 수많은 내용에 대한 라틴어 명칭과 해석을 제공하고 있다. 중세 시대에 이시도르의 글은 매우 영향력이 있었고, 라틴어의 이해와 사용 방식을 형성하는 데 크게 기여했는데, 그의 작품에서 'calendariu'를 '달력'이라는 의미로 기술하였다. 따라서 그가 '달력'이라는 의미로 'calendariu'를 사용함으로써 이 단어가 달력이라는 명칭으로 받아들여지고 사용되는 계기가 되었다고 한다.

폰티펙스 막시무스(Pontifex Maximus)

로마의 두 번째 왕 누마 폼필리우스(Numa Pompilius, 기원전 753~673, 재위 717~673)가 로물루스를 계승하였다. 누마는 로마에서 가장 오래되고 중요한 관리 조직 중 하나인 국가 사제단(Collegium Pontificum)이라는 종교 기관을 설립하였다고 전해진다. 로마에는 4개의 주요 사제 집단이 있었지만, 그중에서 가장 명망이 높았던 것은 이 폰티펙스 사제단(pontifices)이었다.

폰티펙스 사제단은 폰티프스(pontiffs)라고 불리는 고위 사제들로 구성되었으며, 로마 사회에서 종교적이고 법적인 문제에서 중요한 역할을 수행하였다. '폰티펙스'(pontifex)는 교량을 의미하는 '폰스'(pons), 또는 '폰트'(pont-)라는 단어와 '무언가를 만들다', 또는 '이루다'를 뜻하는 '파케레'(facere)라는 라틴어 두 단어로 구성되어 '다리 건설자'라는 뜻을 가지고 있다.

고대 로마에서 다리가 종교적이고 상징적인 중요성을 가지고 있었다는 것이 일반적으로 받아들여지고 있지만, 대신관이 다리를 감독하거나 건설하는 역할에 직접적으로 관여하였는지 그 구체적인 연관성에 대해서는 역사적 논란의 대상이다. 따라서 '폰티펙스'는 인간과 신적 존재 사이의 '교량 건설자'를 뜻하는 것으로 해석되기도 한다. 또한 부활, 심판의 날 등과 관련되어 고대 로마 종교들에서 교량의 역할이 잘 알려져 있으므로, 폰티펙스는 테베레 강과 관련된 신들 및 정령들을 달래는 고대 로마 종교 의식과 관련되어 있다고 여겨지기도 한다.

사제단은 원래 폰티펙스 3명 또는 5명으로 구성되었으나, 그 수가 수 세기에 걸쳐 점차 늘어나, 율리우스 카이사르 시대에 들어서는 무려 16명에 이르게 되었다. 기원전 3세기쯤에 이르러서는 이들 폰티펙스들이 국가 종교 체제의 전권을 장악하기에 이르렀다.

사제단(Collegium Pontificum)에 속한 폰티푸스 중에서도 폰티펙스 막시무스(Pontifex Maximus)는 최고직의 사제를 가리키는 라틴어 명칭이었다. 고대 로마의 종교에서 가장 중요한 자리였으며, 기원전 254년 평민 계급인 플레브스(라틴어 : plebs)가 처음으로 이 자리에 오르기 전까지는 오로지 귀족 계급인 파트리키(라틴어 : patricii)만이 차지하였다. 그들은 달력을 감독하고, 달력을 태양년에 맞추기 위해 언제 윤달이 필요한지 결정하였다. 또한 그들은 적절한 의식과 희생을 통해 신들과의 평화, 즉 "pax deorum"을 유지하는 책임이 있었다.

율리우스 카이사르가 폰티펙스 막시무스에 취임하였다는 사실은 잘 알려져 있다. 취임한 정확한 날짜는 알려져 있지 않지만, 약 기원전 63년부터 이 지위에 오른 것으로 추정된다. 이 자리는 그가 로마의 정치적인 권력을 획득하고 유지하는 데 매우 큰 도움을 주었다. 율리우스 카이사르는 로마의 내전(기원전 49~45) 상황에서 결정적인 전투로 알려진 그리스 중부의 파르살루스(The Battle of Pharsalus) 근처에서 치뤄진 폼페이우스(Pompeius)와의 전쟁에서 승리하면서, 최종적으로 로마의 권력을 차지하게 되었다. 전쟁에서 승리한 후, 카이사르는 달력을 관장하는 최고의 실권자인 폰티펙스 막시무스로서의 자신의 지위를 활용하여 기원전 46년에 문제 투성이였던 달력의 개혁을 실시하였다.

카이사르 이후 그의 후계자인 아우구스투스 황제에 이어 모든 역대 로마 황제들이 이 지위를 계승하여 폰티펙스 막시무스라는 칭호를 사용하였으며, 폰티펙스 막시무스라는 직위는 실질적인 로마 황제의 공식 칭호로 자리매김하였다. 그리스도교를 승인하였던 유스티니아누스 황제 역시 이 칭호를 유지하였다.

폰티펙스 막시무스라는 칭호를 마지막으로 사용한 로마 황제는 그라티아누스 황제(재위 375~383)로 알려져 있다. 그는 밀라노 주교 암브로시우스의 영향을 받아 로마의 다신교 숭배를 억제하기 위해 적극적인 조치를 취했으며, 379년에는 오랜 세월 동안 로마의 신들을 모시던 최고 신관의 자리인 폰티펙스 막시무스의 직책에서도 물러났다. 그가 폰티펙스 막시무스라는 직위를 포기한 이유는 그의 강한 기독교 신앙 때문이었다. 이 직위는 전통적인 로마 종교 체계의 주요한 부분으로, 의식의 적절한 준수를 감독하고, 달력을 유지하고, 간헐적으로 달을 조정하는 등 로마 종교와 연결된 책임과 기능들을 포함하고 있었기 때문이다.

독실한 기독교인인 그라티아누스의 입장에서 이러한 이단의 의무들이 그의 신앙과 부합되지 않는다고 생각하였고, 그 이단의 직책을 수행하는 사제단의 수장으로서의 폰티펙스 막시무스라는 명칭과 직위를 단연코 배척하게 된 것이다. 4세기 후반에 이르러 기독교는 로마 제국 내에서 점차 주류가 되고 있었다. 그가 이 직위를 포기한 결정은 로마 제국이 완전한 기독교화를 향해 발전하는 중요한 단계라고 볼 수 있다.

나중에 '폰티펙스(pontifex)'라는 명칭은 기독교의 주교들을 가리키는 명칭으로 사용되었으며, 특별히 교황의 경우에는 가장 높은 주교라는 의미에서 폰티펙스 막시무스라는 칭호가 적용되었다. 비록 폰티펙스 막시무스가 교황이 보유한 공식적인 칭호에 포함되어 있지는 않지만, 건물이나 문서, 동전 같은 경우에는 교황의 이름과 함께 새겨지는 것이 관례처럼 여겨지고 있다. 2012년 12월 3일 교황 베네딕토 16세는 폰티펙스(@pontifex)라는 계정의 트위터를 개설하였으며, 이는 교황의 공식 트위터 계정으로 교황의 메시지와 소식을 전달하는 역할을 하고 있다. 2013년 3월 13일에 교황으로 선출된 교황 프란치스코도 해당 트위터 계정을 계속해서 사용하고 있다.

주교에 대하여 폰티펙스라는 명칭을 로마 가톨릭에서 사용하게 된 유래를 추정해 보면 그리스 원문 성경을 최초로 라틴어로 번역한 불가타(Vulgata : 새 라틴어 성경)에서 유대교 고위 사제에 대해 '폰티펙스'라고 번역한 것에서 기인한 것으로 여겨지는데, 불가타에서 폰티펙스라는 명칭이 모두 59차례 등장한다고 한다. 불가타의 마가 복음(Mark 15:11)에는 다음과 같이 고위 사제단들에 대해 라틴어로 '폰티피케스'(pontifices, 폰티펙스의 복수형)라고 번역하였다.

"**Pontifices** autem concitaverunt turbam, ut magis Barabbam dimitteret eis"
이 문장의 영어 번역본 내용과, 우리말 번역 내용은 다음과 같다.

"But the **chief priests** stirred up the crowd to have him release Barabbas to them."

"그러나 **대제사장들은** 무리를 선동하여 그들에게 바라바를 석방하도록 하려고 했습니다."

그리고, 불가타 그리스 성경 '히브리인들에게 보낸 편지'에서도, 폰티펙스는 당시에 여전히 현존하던 유대교 최고 사제직을 가리키면서 반복적으로 사용되었는데, 예수를 최고 고위 사제라고 칭하는 과정에서도 폰티펙스라는 표현을 사용하였다.

이와같은 상황들을 종합하여 판단해 보면, 불가타판 히브리서에서 '폰티펙스'라는 용어가 사용된 것은 로마에서 통용되던 폰티펙스 막시무스와 같은 의미가 아니고, 이미 존재하던 폰티펙스라는 로마인들에게 익숙한 특별한 명칭을 통해 유대교의 최고 사제직 개념과 예수를 극치의 대제사장으로 표현하기 위해 사용된 것으로 해석한다. 따라서 '폰티펙스'라는 용어가 로마에서 기원하고 로마 종교 체제 내에서 특정한 의미를 갖는 반면, 불가타판 히브리서에서의 사용은 신학적 개념을 강조하고 유대교의 최고 사제직과 예수의 역할 사이의 유사점을 강조하기 위한 방편으로 사용되었던 것이라고 할 수 있다.

누마력

로물루스에 이어 로마의 두 번째 왕이 된 누마는 로물루스의 달력에서 원래의 10개월을 그대로 유지한 채, 마지막 달인 10월의 데켐베르와 첫 달인 마르티우스 사이에 두 달을 추가하는 달력 개정을 하였다. 즉, 기존 달의 맨 앞에 새로운 1월에 해당하는 야누아리우스를 추가하고, 맨 뒤에 12월 페브루아리스를 추가한 것이다. 이렇게 새롭게 두 달이 추가되면서 그 동안에는 달력 체계에서 제외되어 있던 날들이 정식으로 달력 체계 속에 포함되었다.

그중 야누아리우스는 태양의 움직임을 주관했던 두 얼굴을 가진 시작의 신 야누스에게 바쳐진 달이다. 야누스(Janus)는 시간과 영원에 관한 로마의 신으로 영원의 신(deus aevi)이며, 문(Janua)을 지키는 문지기 신이다. 페브루아리스는 '정화한다'는 의미의 'februare'에서 유래된 것으로 여겨진다. 누마는 2 달을 달력에 새롭게 포함시키면서, 추가한 1월 야누아리우스는 28일짜리 달로 정하였고, 12월 페브루아리스는 23일짜리 달로 정하였다. 한 해의 마지막 달의 마지막 날인 페브루아리스 23일, 즉 12월 23일은 고대 로마력에서 경계의 신 테르미누스(Terminus)에게 제물을 바치는 매우 중요한 테르미날리아 축일에 해당하는 날이었다. 또한 누마는 원래부터 30일로 이루어졌던 여섯 달(2, 4, 6, 7, 9, 10월)을 29일로 하루씩 총 6일을 삭감하였다. 결과적으로, 야누아리우스와 페브루아리스 두 달 28일과 23일이 추가된 반면 6일이 감소되었으므로, 달력의 1년 총 날수가 크게 바뀌게 되어 총 349일이 되었다.

$$304 + 28 + 23 - 6 = 349일$$

순 태음력 상에서 12삭망월은 $29.53 \times 12 = 354.4$이므로, 순 태음력의 1년과 비교해서 그래도 5~6일이 부족하였다. 누마는 부족한 5일을 테르미날리아 축일인 페브루아리스 23일 이후에 추가하였다. 그렇지만, 추가된 5일 여부와 관계없이 로마인들은 한 해는 페브루아리스 23일에 끝난다고 생각하였기 때문에, 추가된 이 5일을 정상적인 한 해의 일부분으로 생각하지 않았으며, 불길한 날로 여겼다. 이로서 1년을 12개월로 하고 1년이 총 354일이 되는 '누마 달력'이 완성되었는데, 날 수가 짝수면 불길하다고 여겼기 때문에 1월 야누아리우스에 하루를 더 추가하였으므로 총 355일이 되었다.

이와같은 복잡한 개정을 바탕으로 다음과 같은 총 355일의 누마력이 완성되었다.

누마력

1월	야누아리우스(Januarius)	29일
2월	마르티우스(Martius)	31일
3월	아프릴리스(Aprilis)	29일
4월	마이우스(Maius)	31일
5월	유니우스(Junius)	29일
6월	퀸틸리스(Quintilis, 5)	31일
7월	섹스틸리스(Sextilis, 6)	29일
8월	셉템베르(September, 7)	29일
9월	옥토베르(October, 8)	31일
10월	노벰베르(November, 9)	29일
11월	데켐베르(December, 10)	29일
12월	페브루아리스(Februaris)	23일+5일
	총날수	355일

이렇게 누마에 의해 개정된 달력은 한 달의 길이가 통일된 원칙이 없이 28일, 29일, 31일의 달들이 불규칙적으로 배열된 어수선한 달력이었지만, 그래도 기본적으로 12개월 전체를 보면 달의 운행 주기의 일수와 일치하는 태음력(29.53 ×12=354.4 ⇒ 355)의 모습을 갖추고 있었다. 그런데, 이 달력은 해가 갈수록 계절력과 차이가 벌어져 계절과 전혀 맞지 않게 되었다. 그래서 누마는 다시 치윤 (intercalation) 주기를 고안했다고 한다. 치윤이란 년도와 월을 정확히 맞추기 위해 추가로 윤일 또는 윤달을 추가하는 과정을 말한다.

윤달은 대신관의 감독하에 계절의 변화에 맞추어 추가되었다. 윤달은 '멘시스 인테르칼라리스(mensis intercalaris)'라고 하였는데, 오늘날처럼 독립된 한 달로 추가되지 않고 페브루아리스 달의 날들 중간에 삽입되었다. 즉 페브루아리스 23일 다음날에 22일 또는 23일간의 윤달이 삽입되었으며, 추가되었던 윤달의 마지막 날인 22일 또는 23일 다음날은 다시 원래의 12월 24일로 돌아가서 28일까지의 나머지 불길한 5일이 계속되었다.

윤달 명칭으로 사용되었던 멘시스 인테르칼라리스(mensis intercalaris) 명칭은 이후 어느 시기 이후부터 '청산한다'는 의미의 '메르케도니우스'(mercedonius)라는 용어로 대체되어 사용되었다. 플르타르코스(46~120)도 그의 저서 플루타르코스 영웅전에서 윤달을 '메르케도니우스'라는 용어로 사용하여 기술하였다. 페브루아리스 23일 이후에 추가되는 5일의 추가일이나, 페브루아리스 23일 이후에 윤달로 추가되는 22일 또는 23일의 유무에 관계없이, 페브루아리스 23일 즉, 12월 23일은 전통에 따라 공식적으로 그해의 마지막 날로 여겨졌다.

누마 이후의 로마 공화력 개정

누마 왕 이후 6세기 동안 로마의 역관들은 태음 주기와 태양 주기가 모두 조화를 이루는 달력을 고안하기 위해서 많은 노력을 하였고 몇 차례에 걸쳐서 달력 개정을 하였다. 기원전 6세기 말 공화정 시기에 달력 개혁이 추진되면서 태양의 움직임을 달력에 반영하는 태음 태양력의 모습을 갖추어 가기 시작했다. 5대 왕 타르퀴니우스 프리스쿠스(기원전 616~579)의 개정과 기원전 450년경의 데켐비리(Decemviri : 10인 위원회) 개정이 바로 그것이다.

브리태니커 백과사전(Britannica Encyclopedia)의 로마 공화정 달력(Roman republican calendar) 문서에 따르면 기원전 452년에 10인 행정관으로 이루어진 데켐비리에서는 페브루아리스를 야누아리우스 다음으로 그 위치를 바꾸어 페브루아리스를 1년의 두 번째 달로 삼는 달력의 개정을 단행하였다. 또한 10인 행정관은 2년마다 22일의 메르케도니우스와 23일의 메르케도니우스를 번갈아 추

달력(기원전)

월	월명	로물루스 기원전 753년경	누마 기원전 7세기	카이사르 기원전 45년	아우구스 투스 기원전 8년
1월	야누아리우스	–	29	31	31
2월	페브루아리스	–	28	29/30	28/29
윤달	메르케도니우스	–	22/23	–	–
3월	마르티우스	31	31	31	31
4월	아프릴리우스	30	29	30	30
5월	마이우스	31	31	31	31
6월	유니우스	30	29	30	30
7월	퀸틸리스(율리우스)	31	31	31	31
8월	섹스틸리스(아우구스투스)	30	29	30	31
9월	셉템베르	30	29	31	30
10월	옥토베르	31	31	30	31
11월	노벰베르	30	29	31	30
12월	데켐베르	30	29	30	31
총날수		304일	355/377/378	365/366	365/366

가하는 4년 주기의 규칙도 제정하였다. 이 윤달 역시 페브루아리스 달 중간에 삽입되었다. 그러므로 삽입된 윤달 기간이 지나면 다시 원래의 2월 24일로 돌아가 28일까지 나머지 불길한 5일이 계속되었다. 이렇게 개정된 12달의 명칭과 날 수는 위 도표에 있다. 이 달력은 공화정 동안 변경되지 않고 카이사르 시대까지 유지되었다.

누마력에서 1년은 355일이었다. 그런데 데켐베리 개정을 통해서 2년마다 22일의 메르케도니우스와 23일의 메르케도니우스를 번갈아 추가하는 4년 주기의 규칙이 만들어지면서 4년마다 22+23= 45, 즉 45일이 추가되었다. 4년에 45일 추가되었으므로 1년에 45/4=11 1/4, 즉 11 1/4일이 추가되는 셈이었다. 데켐베리 개정 이후 달력의 1년이 평균 366 1/4일이 된 것이다. 그래서 1년에 계절력인 태양력에 비해 하루 정도 차이가 나게 되었기 때문에, 이 달력도 가끔 조정이 필요하였다.

따라서 데켐베리 개정 이후에도 윤달을 통한 연도 조정 체계 역시 두 번에 걸친 혼란기를 겪게 되었다. 첫 번째 혼란은 제2차 포에니 전쟁 당시에 일어났다. 이 혼란으로 인해 기원전 191년 아칠리우스 글라브리오(M Acilius Glabrio)가 제안한 '윤달에 관한 아칠리우스 법률'(Lex Acilia)에 의한 개혁이 이루어졌다. 이 개혁의 세부 사항은 명확하지 않지만, 로마 달력에서 윤달을 추가하는 권한을 대제사장들의 관할권으로 넘기는 것이 포함되어 있었다. 그 개혁을 통해 1세기 이상 성공적으로 윤달이 조정된 것으로 보인다. 제2차 포에니 전쟁은 기원전 218년부터 기원전 201년까지 로마와 카르타고 사이에서 발생한 대규모 전쟁이다. 이 전쟁은 로마와 카르타고 사이에 발생한 세 차례의 포에니 전쟁 중에서 가장 잘 알려져 있으며, 제2차 포에니 전쟁은 특히 한니발의 알프스 산맥 횡단과 이후의 칸나이 전투에 대한 그의 승리로 유명하다.

두 번째 혼란은 기원전 1세기 중반에 있었다. 이 혼란은 당시 점차 로마 정치가 혼란스러워지면서 위정자들이 서로 적대적으로 분열되었던 상황과 관련되어 있다. 원래 폰티펙스 막시무스라는 직위는 전임직이 아니었으며, 로마 엘리트 중 한 명이 그 직위를 맡았었는데, 그들은 거의 예외 없이 그 직위를 정치적인 영향력 행사에 활용하였다. 당시에 선출직 로마 공직자들의 임기는 로마 달력 연도에 의해 결정되기 때문에, 폰티펙스 막시무스는 달력을 임의로 조작하여 자신이나 자신이 추종하는 동료들이 권력을 행사하는 해에는 원칙을 무시하고 그 해의 날 수를 연장시켰으며, 정치적 적대 관계에 있는 반대편 세력들이 집권할 때에는 그들이 직무를 수행하는 해의 날짜를 원칙보다 단축시켰던 것이다.

이러한 무질서 속에서 기원전 190년에는 계절과의 오차가 117일까지 벌어졌고, 기원전 140년에서 70년 사이에는 다시 오차가 없이 거의 일치했다가, 율리우스 카이사르의 시대에 이르러서는 그 오차가 다시 90일로 벌어졌다. 이처럼 공화국 말기인 기원전 46년의 로마 공화정 달력은 엉망인 채로 방치되어 있었다. 기원전 46년 당시의 집정관이며 대신관으로서 정치와 종교 모두에서 권력을 장악하고 있었던 율리우스 카이사르는 달력에 대한 총체적인 개혁을 단행하지 않을 수 없게 된 것이다.

파스티 안티아테스 마이오레스(Fasti Antiates Maiores)

파스티 안티아테스 마이오레스(Fasti Antiates Maiores)라는 달력이 발견되었는데, 이 달력은 로마의 율리우스 달력 개혁 이전, 대략 기원전 60년경에 작성된 달력으로 알려져 있다. 이 달력에는 Quintilis와 Sextilis라는 월이 포함되어 있고, 가장 오른쪽 열에는 13번째 달로 윤달이 표시되어 있다. 그리고, 2월에 들어가는 윤달을 13월의 형태로 대신 표시하고 있다.

파스티 안티아테스 마이오레스에서 "Fasti"라는 단어는 로마의 공식적인 달력을 가리키며, 이 달력에는 중요한 사건과 축제, 휴일 등이 기록되어 있었다. "Fasti"는 또한 "급행하는", "빠른"이라는 뜻도 가지고 있으나, 이 문맥에서는 로마의 공식적인 달력을 의미한다. "Antiates"는 안티움(Antium)이라는 고대 로마의 도시를 나타내는 형용사형으로 생각된다. "안티움"은 현대의 안치오(Anzio)에 해당하며, 이 도시는 로마 고대 귀족들이 자주 찾는 해변 휴양지로 알려져 있었다. 그리고, "Maiores" 이 단어는 "큰", "더 큰", 또는 "더 중요한"을 의미하는 라틴어 단어이다.

따라서, "Fasti Antiates Maiores"는 "안티움의 중요한 로마 달력" 또는 "안티움의 공식적인 로마 달력" 등의 의미로 받아들일 수 있다. 이 달력은 아마도 그 지역의 주요 사건과 축제를 기록한 것으로 생각된다.

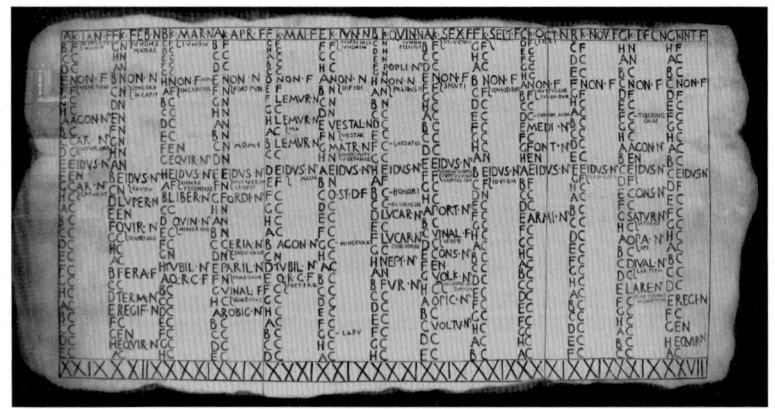

Fasti Antiates Maiores 　　　　　　出처: 위키 백과

새해 1월 1일의 탄생

최초의 로마력에서 한해의 시작점으로 삼았던 날은 천문학적인 의미를 가지는 춘분 날이었으며, 첫해의 시작 달 역시 춘분으로부터 시작되는 마르티우스 달이었다. 그런데 누마 개정과 디켐베리 개정을 거치면서 마르티우스 달 앞에 야누아리우스 달과 페브루아리스 달 두 달이 추가되었다. 따라서, 원래 로마의 새해 첫날은 춘분이었지만, 야누아리우스달이 마르티우스 달 앞에 추가되면서 로마력상에서 새해 첫날은 춘분의 날짜로부터 마르티우스 달의 날 수만큼 더 빠른 날짜가 되었으며, 또다시 페브루아리우스가 야누아리우스와 마르티우스 사이로 이동하여 끼어들면서 다시 그 날 수만큼 추가적으로 더 앞당겨지게 되었다.

기원전 509년 로마 군주제가 몰락하면서 로마인들은 모든 연대 표시를 그 당시 집정관의 취임 연대를 기준으로 기록하였다. 그리고 기원전 158년에 이르러서는 집정관 취임일을 1월 1일로 고정하였다. 이를 근거로 하여 로마에서는 이때부터 한 해의 시작점을 1월 1일로 삼게 되었다. 따라서 이와 같이 아무런 원칙없이 새해 첫날로 자리잡게 된 로마의 1월 1일은 천문학적으로 의미가 있는 날짜가 전혀 아니다.

연대 표기 방법

'바로'(기원전 116~27)시대에 이르러 그는 로마 창건을 기원전 753년으로 추정하였는데, 이후 연대의 계산을 로마 창건 이후, 즉 'AUC'(ab urbe condita, 도시 건설 이래)를 기준으로 기록하기로 결정하였다. 그런데, 기원후 284년에 즉위한 디오클레티아누스 황제는 연대 계산 기준점을 AUC로 삼아 왕의 통치 기간으로 햇수를 표기하는 과거의 전통을 금지시키고, 로마의 집정관 해를 공식적으로 사용하도록 하였다. 따라서 로마 집정관 해는 서기 293년에 시작되는 문서에서 표준이 되었으며, 디오클레티아누스는 전통적인 황제 통치 햇수로 표기되었던 마지막 황제가 되었다. 디오클레티아누스의 통치가 끝나고 후임 황제의 시대에 들어서서도, 속주를 포함한 모든 로마 제국 내에서는 오로지 공식적인 로마의 집정관 해를 사용하여 연대를 기록해야만 했다.

이와 관련된 내용에 대해서는 다음에 나오는 '컴퓨투스' 장에서 더 자세히 설명하겠지만, 오랫동안 전통적으로 왕의 통치 기간으로 연대기를 표기하였던 이집트인들로서는 이 제도가 너무 불편하였기 때문에 적응하기 어려웠다. 특히 디오클레티아누스 이전에 이집트에서는 모든 천문학적인 관찰을 그들의 시민력을 사용하여 그 시기의 왕의 재위 연도로 기록하였기 때문에, 로마의 집정관 해를 사용하여 천문학적인 관찰을 기록하는 표기법은 너무 혼란스러웠기 때문에 받아들이기 어려웠다.

따라서 천문학자들은 집정관 해를 받아들이지 않고, 디오클레티아누스 퇴위 후에도 그의 즉위 연도로부터 시작되었던 디오클레티아누스 연대를 계속 이어서 사용하였다. 그러므로 305년에 그의 통치 기간이 끝났음에도 불구하고 이집트의 연대기 텍스트에서는 그의 통치 시작 시점으로부터 이어지는 연대를 계속 연장하여 사용하였다. 자연스럽게 이러한 관행이 부활절 날짜를 찾는 파스카 테이블의 편집에도 영향을 미치게 되었으며, 이집트의 아타나시우스는 그의 19년 주기 테이블에서 디오클레티아누스 1년으로부터 햇수를 세는 디오클레티아누스 연대를 부활절 테이블에 최초로 도입한 사람이 되었다. 파스카 테이블이란 다가오는 해의 부활절 날짜들을 계산해 놓아 쉽게 부활절 날짜를 찾을 수 있게 만든 주기표를 말한다.

그런데 디오클레티아누스는 초기 기독교의 박해자로서 기독교를 탄압하고 로마의 옛 종교를 부활시킴으로서 로마의 위세를 강화시키려 시도했던 악명높은 황제였다. 수도사였던 디오니시우스 엑시구스는 부활절 날짜와 관련된 아타나시우스의 19년 주기 테이블을 연장한 테이블을 작성중이었는데 성스러운 부활절 테이블에서 악명높은 디오클레티아누스라는 이름을 떠올릴 수 없다고 작심하고, 디오클레티아누스를 기준으로 한 연대 표기법 대신 예수 탄생 시점을 연대 표기의 기준점으로 변경하여 자신의 새로운 테이블을 작성하였다.

이처럼 디오클레티아누스의 즉위 연도를 기준으로 하는 연대 표기 방식이 계속 사용되어 내려옴으로 인해서 오히려 후에 예수 탄생 시점을 연대 표기의 기준점으로 바꾸게 하는 결과를 초래하게 된 것이다. 그 내용에 대해서는 다음 '컴퓨투스' 장에서 자세히 설명하기로 할 것이다. 이렇게 도입된 예수 탄생 시점을 기준으로 한 연대 표기법은 그후 서력 연대법의 표준으로 정착되어 현재 전세계가 공통으로 사용하고 있다.

날짜 표기 방법

로마인들의 날짜 표기법에 대해서 알아보자. 로마인들은 현재 우리처럼 날짜를 1일, 2일, 3일, 4일, 5일과 같은 방법으로 날짜를 표기하지 않고, 세 개의 기준일을 중심으로 나머지 날들을 표현하였다. 또한 그들은 기준날을 기점으로 해서 몇 일 후라는 표현을 사용하지 않았으며, 반드시 기준일로부터 몇 일 전이라고 표현했다.

그렇다면 로마인들이 안테 디엠 IV 노나이 야누아리우스 (ante diem IV non. Jan)라고 하는 날은 어느 날에 해당할까?

여기서 ante diem IV는 4일 전을 뜻하고, non.은 '노나이', Jan은 1월 '야누아리우스'를 의미한다. 그래서 '1월의 노나이가 되기 4일 전'을 뜻한다. 카이사르 시대 이전에 1월은 작은 달이었으므로, 1월의 '노나이'는 5일 날이다.

4일 전   5일   1월

ante diem IV   non.   Jan

그런데, 1월의 '노나이'의 4일 전이라고 하였으므로, 1월 5일의 4일 전인 1월 1일에 해당한다고 생각할 수 있다. 여기서 우리는 로마식 날짜 계산법을 이해 해야 할 필요가 있다.

로마인은 날을 셀 때, 시작하는 당일을 포함해서 세었다.

그래서 예를 들어 5일 날로부터 4일 전날이라 하면,

4   3   2   1

1, 2, 3, 4, 5

  5일 당일을 포함하여 세어나가기 때문에 2일이 4일 전날에 해당된다.

  다시 말해서 고대 로마식 날짜 계산 방법은 우리들의 일반적인 계산법에 비해서는 하루가 차이가 난다. 즉 고대 로마식으로 6일 전이라고 하면 우리 방식으로는 5일 전을 의미하는 것이 되고, 5일 전이라면 4일 전, 그리고 4일 전이라면 3일 전을 의미하는 것이다. 결국 ante diem IV non. Jan이란 1월의 노나이인 1월 5일로부터 4일 전이 아닌 3일 전이기 때문에 1월 1일이 아니고 1월 2일이 된다.

  또 하나의 예를 더 들어 보자. 3월의 마지막 날(3월 31일)을 어떻게 표기할까? 31일에 해당되는 단어가 없기 때문에, 이후에 오는 세 가지 기준일 중에서 3월 31일에 가장 가까운 기준일을 3월 31일 이후에서 찾아야 한다. 그 날은 바로 4월의 칼렌드스이다. 즉 4월 1일로부터 앞으로 세어나가야 될 것이다. 바로 전날을 표현할 때는 'ante diem'을 사용하지 않고 프리드(pridie)라는 단어를 사용한다.

  따라서,

전날   1일   4월

'프리드 칼렌드스 아프릴리우스'

라고 표현하면 된다.

  그렇다면 3월 30일은 어떻게 표현할까? 4월 1일로부터 2일 전에 해당된다. 즉 우리 날짜 계산법으로는 4월 1일로부터 2일 전에 해당되므로 '안테 디엠 II 칼렌드스 아프릴리우스'라고 하면 맞는 것 같지만, 정확히 고대 로마식으로 표기하면 3일 전에 해당하므로 '안테 디엠 III 칼렌드스 아프릴리우스'가 된다.

  이런 식으로 3월의 이두스 바로 다음날까지 '안테 디엠 XVII 칼렌드스 아프릴리우스'로 표기할 수밖에 없었기 때문에 3월의 날들을 지칭함에도 불구하고 3월이라는 표현을 찾아볼 수 없다. 이렇게 고대 로마에서는 3월의 어떤 날들을 표기할 때 3월이라는 표기는 전혀 나타나지 않고 4월이라는 달을 통해서 표기할 수밖에 없는 혼란스러운 표기법을 사용하였다. 3월의 이두스가 되었을 때에 이르러서야 비로소 '이두스 마르티우스'라고 하여 마르티우스(3월)라는 달이 사용된 표기가 이루어지게 된다. 근본적인 그들의 셈법 때문에 3월뿐만 아니라 모든 달에서 이와 같은 혼란스러움이 나타났다.

눈디나에(Nundinae)

고대 로마에서는 전통적으로 8일마다 장이 열렸으며, 장이 열리는 날을 눈디나에(nundinae, 장날)라고 하였다. 그러므로, 눈디나에란 실제 생활 속에서 적용되고 있었던 로마식 주일(Roman 'week')을 지칭하는 용어에 해당한다. 그리고, 장날과 장날 사이를 인테르눈디움이라고 하였다. 원래 눈디나에(nundinae)는 ninth – day cycle, 즉 '9일 주기'라는 의미를 가지고 있는 명칭이다. 그런데 로마에서는 날짜와 같은 숫자를 셀 때 당일을 포함하여 세었기 때문에, 그들이 9일 주기라고 표현하는 주기는 우리가 실제 사용하는 계산법에 의하면 8일 간격의 주기와 같게 된다. 따라서 눈디나에는 9일 주기라는 의미를 가지고 있는 명칭임에도 불구하고, 실제로는 A, B, C, D, E, F, G, H까지의 8문자만을 사용하여 모두 표기할 수 있었다. 처음에는 눈디나에가 달력에 표시되지 않았지만, 어느 시점 이후부터는 A~H까지의 8문자를 통해 눈디나에 주기 8일을 달력에 표시하였다.

로마 달력의 각 날짜에는 장날 이외에도 사회 및 종교적 생활과 관련된 내용들을 여러 문자를 사용하여 추가로 규정하고 있다. F(die fas : 파스티, 정당한 날)가 표기된 날에는 법정에서 소송을 진행할 수 있는 날로, 공적인 활동과 행사를 합법적으로 처리할 수 있는 날이다. 그렇지만 NF(die nefas : 네파스티, 불경한 날)는 법적 또는 공적인 활동이 금지된 날로, 주로 종교적 행사나 의식에 중점을 두었다.

또한 모든 날을 '축제일'(신들에게 바쳐진 날), '일하는 날'(공공사업과 개인 사업에 할당된 날), '반 축제일'(신성한 일과 세속의 일을 함께하는 날)로 크게 나누었다. 이날들을 더 세분화시켜 '일 하는 날'의 경우를 보면 '법정의 날(파스티: Fasti)', 공공 집회나 투표가 가능한 '의회 소집일(코미티알레스: Comitialis)', 일부 시간 동안만 법정 활동이 가능한 엔도터키수스(Endotercisus), '의회 산회일', '약속의 날', '전투를 하는 날' 등으로 구분하였다.

특히 엔도터키수스의 날들은 일부 시간 동안만 법적 활동을 수행할 수 있는 날로서, 일부 시간은 '네파스티'(법적 활동이 금지된 날)로 지정되고, 다른 시간은 '파스티'(법적 활동이 허용된 날)로 지정되는 특별한 날의 유형으로, 로마 법 체계의 유연성과 일상 생활 및 종교적 의무 사이의 균형을 보여주고 있다. 이러한 세분화는 로마의 정치적, 사회적, 종교적 활동을 조율하는 데 중요한 역할을 하였다.

또한, 이러한 체계는 로마의 종교적 신념과 국가의 법적 체계가 어떻게 서로 얽혀 있었는지를 보여 주고 있다. 예를 들어, 'NF(die nefas)'날의 경우에는 종교적 측면에서 불경스러운 일로 간주되었던 법적 활동을 금지함으로써, 신과 국가의 법칙 사이의 조화를 유지하려는 노력이 드러나고 있다. 이처럼 당시의 로마 달력은 단순한 날짜 표기를 넘어서 로마 문화와 사회의 복잡한 짜임새를 보여주는 한 단면을 보여 주고 있다.

페브루아리스(2월)의 탄생과 수난의 역사

로마 달력의 구성이 바뀌어 가면서 각각의 달들도 크고 작은 변화를 겪게 되었지만, 특히 2월 페브루아리스는 '혼란의 달'이라고 표현해야 할 만큼 수많은 변화를 겪는다. 본 저자가 달력에 대한 탐구를 시작하게 된 동기 역시 바로 2월의 특별함 때문이었다.

이제 2월 페브루아리스가 어떤 우여곡절을 겪었는지 그 과정에 대해서 이 기회를 통해 좀 더 자세하게 정리해 보기로 하자.

현재 우리의 달력에서도 알 수 있듯이 2월은 다른 달과 다른 특별한 점이 있다. 다른 달은 30일과 31일로 이루어져 있지만 2월만 예외적으로 날 수가 기형적으로 작은 것이다. 또한, 다른 모든 달의 경우, 세월이 아무리 많이 흐르더라도 그 달의 날 수가 전혀 변하지 않는데 반하여, 2월의 경우에는 윤년이 되면 하루가 추가되어, 날 수조차도 매년 똑같지 않고 변하게 되는 유일한 달이 되었다. 즉 날 수가 평년에는 28일이고, 윤년에는 29일이 된다. 단순한 생각이지만 31일짜리 큰 달 2달에서 하루씩 줄이고 그 이틀을 2월에 추가하였다면 2월도 다른 달과 마찬가지로 평범하게 30일로 구성된 균형 있는 달이 되었을 텐데 말이다. 왜 이와같이 기묘한 형태의 달이 만들어졌을까?

앞에서 기술한 바와 같이 로물루스가 로마를 창건한 후 처음 달력 체계를 만들었을 때, 페브루아리스라는 달은 달력에 존재조차 하지 않았다. 이 당시 달력은 야누아리우스와 페브루아리스라는 두 달이 없는 10달, 304일로 이루어져 있었다. 로마의 두 번째 왕 누마 폼필리우스가 기존 달의 맨 앞에 1월 야누아리우스를 추가하고 맨 뒤에 12월 페브루아리스를 추가하면서 페브루아리스라는 달이 비로소 달력에 등장하게 되었다. 그렇지만, 원래 페브루아리스가 추가될 때 2번째 달의 위치가 아닌 12번째 마지막 위치에 추가되었다. 페브루아리스는 '정화한다'는 의미의 'februare'에서 유래된 것으로 한 해를 마치면서 그해의 모든 것을 말끔히 정화하고 흠 없는 새로운 해를 맞이한다는 의미였으므로, 한 해가 끝나는 달의 이름으로 매우 적절한 명칭이었다.

또한, 누마가 페브루아리스와 함께 추가했던 1월 야누아리우스의 날 수는 28일로 정하였지만, 12월 페브루아리스는 처음 추가할 때부터 다른 달에 비해 아주 적은 날 수인 23일로 정하였다. 왜 페브루아리스의 날 수를 23일로 정하였으며, 23일이라는 숫자에는 특별한 무슨 의미가 있는 것일까? 누마가 처음 페브루아리스를 달력에 추가하였을 때에는 페브루아리스를 일 년 중 마지막 달인 12월로 하고 페브루아리스 달의 날 수를 23일로 정하였기 때문에, 페브루아리스 23일, 즉 12월 23일은 한 해의 끝 날에 해당하는 날이었다.

이 12월 23일은 해가 가장 짧고 밤이 가장 긴 동지날(12월 22일, 또는 23일)이다. 이 시점에 이르러 점차 힘을 잃어 가던 묵은 태양은 소멸하고, 새롭고 힘찬 태양이 솟아올라 차차 낮이 길어지기 때문에, 이날은 또다시 새로운 한 해를 희망할 수 있는 경사스러운 날이었다. 그런 이유로 페브루아리스 달의 날 수를 동지의 날짜에 맞추어 23일로 정하였으며, 그날을 한 해의 마지막 날로 삼은 것이다. 또한 이런 연유로 고대 로마인들은 로마력에서 페브루아리스 달 23일을 경계의 신 테르미누스(Terminus)에게 제물을 바치는 테르미날리아 축일로 정하고 제물을 바쳤다. 어원상으로도 테르미누스는 경계석이라는 의미를 가지고 있기 때문에 한 해의 마지막 날의 경계석으로 여겨졌고, 페브루아리스 달 23일은 한 해와 한 해를 구분 짓는 상징적인 중요한 날로 인식되었다.

누마는 야누아리우스와 페브루아리스 두 달을 추가하였을 뿐만 아니라 원래 30일이었던 여섯 달을 29일로 조정하였다. 이로 인해 원래 304일이었던 1년의 날 수가 바뀌었다. 304+28+23-6=349일이 된 것이다. 따라서 태음력으로 12삭망월과 비교해서 5~6일이 부족하였다. 누마는 부족한 5일을 테르미날리아 축일인 페브루아리스 23일 이후에 추가하여 페브루아리스의 날 수는 23일에서 28일이 되었다. 그 결과 1년을 12개월, 총 354일로 하여 태음력 1년과 똑같은 날 수의 1년 달력을 완성하였지만, 짝수인 날 수를 불길하다고 여겨 1월에 하루를 더 추가하였으므로 총 355일의 '누마 달력'이 만들어지게 되었다.

기원전 450년경 데켐베리는 10인 행정관의 감독하에 페브루아리스를 야누아리우스 다음으로 순서를 바꾸어 버렸기 때문에, 페브루아리스가 졸지에 한 해의 두 번째 달이 되었다. 2년마다 22일의 메르케도니우스와 23일의 메르케도니우스를 번갈아 추가하는 규칙도 제정하였는데, 이 윤달은 오늘날 우리가 사용하는 음력의 윤달처럼 독립된 한 달로 추가되지 않았을 뿐만 아니라, 페브루아리스 달의 중간에 삽입되었다. 즉 페브루아리스 23일 다음날에 22일 또는 23일의 윤달이 삽입되었으며, 이 윤달 기간이 지나고 나면 다시 원래의 12월 24일로 돌아가서 28일까지 나머지 불길한 5일의 날이 계속되었다.

페브루아리스라는 달은 이처럼 로마 공화력 시절에 도중에 불쑥 만들어져서 달력의 마지막 12번째에 추가된 달이다. 이후 페브루아리스는 로마 공화력 속에서 유일하게 원래의 자기 자리조차 지키지 못하고 다른 자리로 밀려난 유일한 달이 되었을 뿐만 아니라, 일 년의 날짜 수를 맞추기 위해서 불길한 날짜 5일을 추가할 때도 그날들을 받아들이는 달이 되었고, 윤년이 되어 메르케도니우스라는 윤달이 추가될 때조차 그 윤달이 삽입되어지는 달이 되었다.

마침내 율리우스력으로 개정되어 로마력 자체는 대체로 안정된 달력으로서의 모습을 보이게 되었지만, 페브루아리스는 12달 중 여전히 가장 적은 29일의 날 수를 가진 달이 되었으며, 4년마다 돌아오는 윤년에 하루가 추가될 때마다 그 하루가 추가되는 달이 되어 다른 달들처럼 항상 같은 날 수를 갖지 못하는 유일한 달이 되었다. 또한 페브루아리스의 수난은 이후에도 계속되어 황제 아우구스투스는 트라키아, 악티움의 싸움에서 승리한 달이 8월이라는 전승 기념의 대의 명분을 내세워 그 8월을 기념하여 "섹스틸리스"라는 달의 이름 대신 자신의 이름인 "아우구스투스"(Augustus)로 변경시키는 과정에서, 황제인 자신의 달이 다른 달보다 날짜 수가 적은 것은 자신의 위신에 관한 것이라고 생각하여 8월을 30일에서 31일로 늘리는 대신 2월에서 하루를 줄임으로써 또다시 2월은 29일에서 28일로 줄어들어 버렸다.

이처럼 페브루아리스라는 달은 달력이 개정되거나 보정이 필요할 때마다 조정에 따른 변화들을 도맡아 감당하고 그에 따라 변화되면서 잡탕밥같은 달이 되고 말았다.

3부

율리우스력

율리우스력

율리우스 카이사르

율리우스 카이사르(Gaius Julius Caesar, 기원전 100~44)는 고대 로마의 군인, 정치가, 그리고 저술가로 활동하면서, 로마 공화정 말기에 로마 제국의 초석을 다진 인물로 알려져 있다. 그는 기원전 100년 7월 12일에 태어나 기원전 44년 3월 15일에 암살되었다. 기원전 46년에 그는 대신관으로서 달력을 정비하여 율리우스력을 도입하였다. 이 달력은 1년을 365일로 정하고 4년마다 윤년을 둔 태양력이었다. 고대 로마 시대로부터 문제투성이였던 로마 공화력을 폐기하고 혁신적인 달력을 도입함으로써 로마 달력사에 있어서 일대 전환점을 이루는 위대한 업적을 성취하였다. 당시 로마사를 돌이켜 보면 그의 정치적 업적도 대단했지만, 달력에 대한 그의 공헌은 세계사적으로도 더욱 지대하며 현 인류 역시 그가 이룩한 달력 체계 속에서 살고 있다고 해도 과언이 아닐 것이다.

그런데 카이사르에 대해 탐구하기 전에 먼저 확실히 해야 할 것이 있다. 바로 그의 이름에 대한 정리가 필요하다. 율리우스 카이사르인가, 줄리어스 시저인가? 그는 로마에서 태어나 군인이자 정치가로서 활동하였으며, 그가 사용한 언어 역시 당연히 로마에서 사용하던 라틴어였으므로 그의 이름은 라틴어로 가이우스 율리우스 카이사르(Gaius Iulius Caesar)로 불리웠다. 후에 영어권에서 그의 이름을 영어로 Gaius Julius Caesar, 즉, 가이어스 줄리어스 시저라고 표기하였다. 즉, '줄리어스 시저'는 '율리우스 카이사르'의 영어식 발음이다. 따라서 가이우스 율리우스 카이사르가 정확한 그의 본래 이름이다. 이 글에서는 그의 로마 고유 이름인 '율리우스 카이사르'로 통일하여 사용할 것이지만, 독자들께서는 편한 대로 그의 이름을 선택하여도 상관이 없을 것이다.

율리우스력의 탄생

로마의 내전을 끝내고 나서, 율리우스 카이사르는 기원전 46년, 이집트의 천문학자인 소시기네스와 자신의 비서관인 마르크스 플라비우스의 도움을 받아 불완전한 로마력을 바로잡으려는 작업에 착수하였고, 마침내 율리우스력을 개정 공포하였다. 소시게네스는 카이사르가 이집트 정복 후 로마 본국으로 귀국하면서 동반한 당대 알렉산드리아 최고의 천문학자였다. 연인이었던 이집트의 클레오파트라가 소시게네스를 로마 달력 문제를 해결하려 했던 카이사르에게 보내어 그를 돕도록 하였다고 한다.

당시 이집트에서는 1년 12개월 365일 주기의 태양력을 사용하고 있었는데, 태양력 달력이 처음 제정된 이후 달력을 관장하고 있던 사제들의 반대로 오차를 조정하지 않았기 때문에 해가 갈수록 달력과 계절의 차이가 심해져 갔다. 기원전 238년에 이르러, 그리스 출신의 이집트 왕인 프톨레마이오스 3세(기원전 246~221)는 1년을 365일에서 365.25일로 정하고, 그 오차를 바로잡기 위해 4년에 하루씩 추가하는 윤년 제도를 만들어 사용하도록 하는 '카노푸스 칙령(Decree of Canopus)'을 공포하였지만, 그 당시 달력을 관장하고 있던 신관들이 왕의 명령을 무시하는 바람에 결국 시행되지 못함으로서 프톨레마이오스 3세의 달력 개혁은 실패하고 말았다.

로마에 온 소시게네스는 달의 운행을 근본으로 하여 만들어진 태음력 체계의 기존 로마 공화력을 폐기하고, 태양의 회귀년에 근거하여 1년을 12개월 365 1/4일로 구성한 태양력의 사용을 카이사르에게 건의하였으며, 율리우스는 전격적으로 이 제안을 받아들였다. 이 달력 체계는 다름 아닌 이집트에서 시도하려 하였지만 신관들의 방해로 시행되지 못했던 이집트 왕 프톨레마이오스 3세의 개혁안이었다. 율리우스는 기원전 46년 칙령을 발표하여 당시 사용하던 달력을 폐지시키고 새롭게 개정한 달력을 공식화하였으며, 기원전 45년 1월 1일을 율리우스 달력의 기원으로 삼았다.

당시 사용하고 있던 구 로마 공화력에서 새로운 율리우스 달력으로 전환하기 위해서는 매우 큰 조정이 필요했다. 이 조정으로 인해서 기원전 46년은 로마 역사에서 '혼란의 해'로 알려지게 되었다. 구 로마 공화력에서 기원전 46년은 원래 23일의 윤달이 추가되는 해였다. 그런데 계절과 정확히 일치하는 새로운 달력을 기원전 45년부터 도입하기 위해서는, 기원전 46년까지 누적되어 있었던 수 많은 문제점들을 모두 해소시켜야 했다. 그래서 선행 작업으로 계절과 달력의 날짜를 먼저 일치시켜야 했다. 그 계절을 맞추기 위해 기준점으로 삼은 날은 로마의 제 2대 왕 누마 시대의 달력에서 낮과 밤이 같아지는 시점인 춘분일이었다.

누마력에서 춘분의 날짜는 춘분이 들어 있는 삭망월인 마르티우스 달(당시 3월)의 23일이었다. 기원전 45년부터 시행하려 하는 새로운 율리우스력 달력 상에서의 춘분점의 날을 누마 달력의 춘분 날짜와 똑같이 3월 23일의 날짜가 되도록 맞추기 위해서는, 기원전 46년 그 해에는 정상적으로 추가하기로 되어 있던 23 일짜리 윤달 뿐만 아니라 추가로 67일이 더 필요한 상태였다.

이에 따라 추가해야 할 67일을 윤달 2개로 나누어 추가하기로 하였다. 전통적으로 전해 내려오는 규칙을 적용하여 페브루아리스에 정상적으로 추가되어야 하는 23일짜리 윤달을 먼저 추가하였고, 노벰베르와 데켐베르 사이에 67일을 두 번의 윤달로 나누어 삽입하였다. 당연히 특별히 추가된 2번의 윤달은 일반적으로 추가되었던 윤달보다 훨씬 긴 윤달이 되었다. 이로 인해 67일을 포함해 그 해에만 총 90일의 날짜가 추가되는 역사상 유례가 없는 초유의 사태가 일어나게 되었다. 결국 기원전 46년 한 해는 1년이 평년보다 거의 3개월이나 길어져서, 총 날 수가

445일이나 되는 로마 역사상 최장의 해가 되었다. 그러나 이 혼란의 해 이후부터는 역법의 많은 문제점들이 대부분 해소되었다.

독일 베를린 대학교 역사학 교수 몸젠(Theodor Mommosen, 1817~1903)은 로마의 고대 관습과 풍속에 관한 그의 저술에서 율리우스력에 대해서 언급하였는데, 개정된 달력은 전격적으로 종교와 행정용 달력으로 채택되어 사용되었다고 하였다. 그리고 개정된 달력에서 새로운 해의 시작일은 1월 1일이 되었으므로, 이에 따라 그동안 시행되어 정착되었던 최고 행정관 임기 교체 시기를 1월 1일로 확정하였다고 기술하였다. 이와 같은 행정 명령은 A.U.C. (Ab Urbe Condita-로마 도성 건설의 해) 709년 1월 1일부터 실시하기로 하였다. A.U.C. 709년은 기원전 45년에 해당한다.

실제로 로마에서는 기원전 158년부터 이미 1월 1일을 집정관 취임일로 고정하여 실시하였으며, 이를 근거로 로마에서는 이때부터 한 해의 시작점을 1월 1일로 삼았다고 알려져 있다. 그러므로 카이사르는 달력의 개정 명령과 더불어 포고령을 통해 이러한 전통적인 원칙들을 확실하게 명문화하였다고 볼 수 있다. 또한 행성으로부터 유래된 바빌로니아 인들의 일곱 행성신 명칭에 따른 일주일(week) 제도

월	월명		로물루스	누마	카이사르	아우구스투스
1	야누아리우스	Ianuarius(January)	–	29	31	31
2	페브루아리우스	Februarius(February)	–	28	29/30	28/29
윤달	메르케도니우스	Mercedonius	–	22/23	–	–
3	마르티우스	Martius(March)	31	31	31	31
4	아프릴리스	Aprilis(april)	30	29	30	30
5	마이우스	Maius(May)	31	31	31	31
6	유니우스	Iunius(June)	30	29	30	30
7	퀸틸리스(율리우스)	Quintilis(July)	31	31	31	31
8	섹스틸리스(아우구스투스)	Sextilis(Augustus)	30	29	30	31
9	셉템베르	September	30	29	31	30
10	옥토베르	October	31	31	30	31
11	노벰베르	November	30	29	31	30
12	데켐베르	December	30	29	30	31
1년 날수			304	355/377/378	365/366	365/366

가 당시 로마에 유입되어 사용되고 있었으므로, 공포된 율리우스력의 포고령에도 일주일 개념이 포함되어 있었다는 주장도 있지만, 확실하게 7일 주기가 사용되었다고 밝혀진 시기는 아우구스투스 황제 이후로 알려져 있다.

소시게네스는 1년의 길이가 365 1/4일보다 11분 정도 짧은 것을 분명히 알고 있었지만, 좀 더 단순한 달력을 만들기 위해 근사값을 채택한 것으로 여겨진다. 새롭게 만들어진 달력의 경우에도 1년에 11분 정도의 오차가 있었지만, 그때까지 존재했던 어떤 달력보다도 완벽한 달력이었기 때문이다. 종전에 2년마다 22일이나 23일을 추가하던 윤년 규칙은 폐지되었고, 대신 평년 3년은 365일, 그리고 네 번째 해는 윤년 366일로 하는 새로운 4년 주기의 윤년 제도가 도입되었다. 짝수 날을 싫어하는 로마인의 풍습에 따라 홀수 달 1, 3, 5, 7, 9, 11월은 31일로 하고, 나머지 짝수달은 30일로 하되 2월은 평년 29일, 윤년 30일로 하였다. 이처럼 카이사르가 처음 율리우스력을 제정 반포할 당시 2월의 날 수는 평년의 경우 28일이 아닌 29일이었고, 윤년일 때에는 29일이 아니고 30일이었다.

그런데, 새 달력을 관장하던 대신관들이 소시게네스의 달력 시행 규칙을 잘못 적용하여 3년에 한 번씩 윤년을 추가하였던 결과로 인해 달력의 정확성이 또 떨어지게 되었고, 30년 후에는 3일 차이가 나는 오차가 발생하였다. 로마 사람들은 날수를 계산할 때 항상 당일을 포함해서 세었기 때문에, 로마인들의 4일 전은 우리의 날 수 계산법으로는 3일 전을 의미하는 것이라고 설명한 바가 있다. 이와 같은 그들의 독특한 관습은 날 수 뿐만 아니라 달이나 햇수 계산에서도 똑같이 적용되었다. 그 결과 대신관들이 소시게네스의 "4년마다"라는 의미를 로마 방식으로 해석하여 그 해를 포함하여 적용하였기 때문에, 실질적으로는 "3년마다" 윤달이 추가되었던 것이다.

기원전 8년 카이사르의 후계자 아우구스투스 황제 시기에 들어서서 이런 오류를 발견하였고, 즉시 교정을 명하여 기원후 8년부터 규정대로 "4년마다" 윤년을 적용하기로 함과 동시에, 기원전 8년 이후부터 3회 연속 윤년을 생략함으로써 시행한 이후 발생한 오차 3일을 상쇄시킴으로써 마침내 율리우스력은 자리를 잡게 되었다.

사빈네 칼렌다(Sabine Calendar)

우리는 새로 개정한 율리우스력의 원형에 대해서 정확하게 알 수는 없지만, 그 당시에 사용했던 것으로 생각되는 돌로 만든 한 칼렌다 단편을 통해서 어느 정도 짐작할 수 있는데, 사람들은 그 칼렌다를 "사빈네 칼렌다"라고 부른다. 1795년에 중부 이탈리의 한 지역에서, 사빈네 칼렌다"로 알려진 놀라운 유물이 발견되었다. 이 조각들에는 율리우스 달력의 9월과 10월이 새겨져 있었다. 고고학 전문가들은 이 조각이 아우구스투스 황제 치세 기간에 속하는 유물일 것이라고 추정하였는데, 정확히 기원전 19년~서기 14년 사이에 사용된 유물로 밝혀졌다.

그런데 이 조각에 새겨져 기록된 첫 번째 문자 열을 보면, 그 달의 날짜가 숫자로 순서대로 표시되어 있었으며, 두 번째 열에는 A, B, C, D, E, F, G와 같이 대문자로 일주일이 표시되어 있었다. 그리고 셋째 열은 A, B, C, D, E, F, G,H의 8문자가 '눈디나에'(Nundinae)라 불리우는 반복되는 장날로 표시되었다. 로마 카톨릭 저술의 권위자 허버트 터스턴(Herbert Thurston)은 이 사빈네 칼렌다에 대해서 아래와 같이 해석하였다. "일주일(week)은 눈디나에를 표기한 것과 같은 방법으로 처음에는 알파벳의 일곱 글자를 사용하여 표기하였다. 1월 1일부터 12월 31일까지 일 년의 모든 날짜에 A, B, C, D, E, F, G 의 일곱 글자들을 반복적으로 되풀이하여 표기하였다."

354년 부유한 기독교인에 의해 작성된 'Chronograph of 354'라는 문서에서도 주일 문자가 기록되어 있는데, 주의 시작은 토요일부터 시작되었다. 주일과 별도로 이 달력에서도 날짜들을 1월 1일부터 A~H 까지의 8문자를 사용하여 로마식 주일(Roman 'week')로서 눈디나에(nundinae)를 표시하였다.

로마 황제 티투스의 욕실

로마 황제 티투스(Titus Flavius, 39~81) 시대에 만들어졌던 화려한 욕실(Titus' Baths)이 있었다. 이 욕조는 선황이 건축을 시작하고 티투스가 완공한 "콜로세움"(Colosseum) 근처에 있었는데, 현재는 파괴되어 로마에 존재하지 않는다. 그런데 매우 다행스럽게도, 독일의 19세기 최대의 고전 사학자인 테오도르 몸젠(Theodor Mommsen, 1817~1903) 덕분에 문서로나마 오늘날까지 그 내용이 자세하게 전해오고 있다. 몸젠은 이탈리아에서 유학했던 시절(1844-1847)에 이탈리아 전역에 남아있는 비명들을 탐구하였고, 고대사적 유물들을 수집 연구하였다. 그리고 1852년에 "네아폴리의 라틴어 비명들"을 포함하여 많은 저술들을 출판했다.

몸젠이 기록한 티투스 황제의 욕실 벽면에 있는 천문 공공 달력은 고대 로마인들의 천문학 지식과 그들의 일상생활에서 달력이 어떻게 사용되었는지에 대한 흥미로운 정보를 제공한다. 이 달력은 정사각형 구조로 되어 있으며, 여러 요소들이 포함되어 있다.

첫째, 벽면의 윗 줄에는 일곱 행성들이 차례로 표시되어 있다. 이들은 토성, 태양, 달, 화성, 수성, 목성, 금성이다. 이 행성들은 바빌로니아 전통에서 가져온 일주일의 기원이며, 로마에서도 사용되었다.

둘째, 행성들 아래에는 백양궁(양자리)부터 시작해 쌍어궁(물고기자리)까지 원형을 이룬 황도 십이궁이 나타난다. 이는 로마인들이 천문학적 지식을 기반으로 별자리를 이해하고, 계절과 시간의 변화를 파악하는 데 사용했다는 것을 보여준다.

셋째, 벽면의 오른쪽에는 1일부터 15일까지, 왼쪽에는 16일부터 30일까지의 날들이 표시되어 있다. 이는 로마 달력의 한 달이 보통 30일로 구성되었음을 나타낸다.

마지막으로, 요일과 열두 별자리, 그리고 30일의 날들에는 각각 구멍이 있었는데, 이 구멍 속에서 작은 손잡이가 발견되었다. 이 손잡이를 사용하여 위치를 이동시키면, 해당하는 날짜, 달, 요일이 표시되었다. 이것은 로마인들이 달력을 일상적으로 쉽게 사용할 수 있도록 편리한 장치까지 고안하였음을 보여주는 것이다.

달(Month)의 명칭

카이사르는 기원전 44년 암살로 인해 사망하였는데, 그가 죽기 직전의 그 해에 카이사르의 측근이었던 마르쿠스 안토니우스가 카이사르의 생일이 7월 13일이라는 이유로 7월인 퀸틸리스를 율리우스(Julius) 달로 새롭게 변경하는 안건을 원로원에서 통과시켰다. 이것이 현재 영어 7월(July)의 어원이다.

그 뒤를 이은 아우구스투스 황제도 기원전 27년 초에 호민관 섹스투스 파쿠비우스(Sextus Pacuvius)의 발의로 원로원 결의를 받아 8월 섹스틸리스 달에 자신의 이름을 하사받아 'August'라고 달의 이름을 붙이게 되었다. 트라키아, 악티움의 싸움에서 승리하여 이집트를 정복하고 내전을 종식시킨 달이 8월이었다는 전승 기념의 대의 명분을 내세운 것이다.

또한 그는 자신의 달이 다른 달보다 날짜 수가 적은 것은 자신의 위신에 관한 것이라고 생각하여, 30일이었던 8월을 31일로 늘렸으며 그 대신에 2월을 29일에서 28일로 줄였다. 그 결과 7월, 8월, 9월 3개월이 연속해서 31일의 큰 달로 이어지자, 큰 달과 작은 달이 교대로 배열되게 하기 위해서 9월을 30일로 줄이고, 이어지는 10월을 31일, 11월을 30일, 12월을 31일로 바꾸어 버렸다. 이로 인해 짝수를 불길하게 여겨 홀수 달을 큰 달로 하고 짝수 달을 작은 달로 하여 알기 쉽게 정돈되었던 달력이 아우구스투스에 의해서 원칙 없이 흐트러져 버렸다.

이후 황제의 이름을 달의 이름으로 삼는 것을 하나의 명예처럼 생각하게 되었다. 아우구스투스의 뒤를 이어 로마 황제가 된 티베리우스(Tiberius)도 원로원에서 11월을 "티베리우스"로 고쳐 달력에 이름을 남기라고 제안하였으나 그는 '앞으로 달력에 자신의 이름을 넣으려는 황제가 13명이 되면 어찌할 것인가?' 라고 하면서 그 제안을 거절하였다고 한다. 악명 높은 네로(Nero) 황제(54~68)도 4월을 "네로네우스"(Neroneus)라고 고쳤지만 네로의 사후에 바로 원래의 4월 April로 환원되었다. 9대 황제 도미티아누스(Domitianus, 81~96)는 자신을 신격화하여 로마 백성들에게 자신을 "우리의 주(主)이시며 하나님"(Dominus et Deus noster)이라고 부르게 한 황제였는데, 요한계시록에서도 「짐승」(beast)으로 언급된 폭군(계 13:1)이었다. 이 도미티아누스도 9월을 자신의 별칭인 '게르마니쿠스 (Germanicus)'로, 10월을 도미티아누스(Domitianus)로 개명했지만 9월, 10월의 이름이 변한 것은 도미티아누스가 생존하였을 때 뿐이었고, 그가 죽은 후에는 원래 달력 이름으로 다시 환원되었다.

bissextus

윤일을 영어로는 bissextus(bis-sextus, second sixth)라고 한다. bissextus는 '두 번째 6'이라는 뜻인데, 왜 로마인들은 윤일을 이렇게 표현했을까? 그것은 로마인들의 날짜 셈법 습관과 관련이 있다. 율리우스력 이전의 로마 공화력에서는 윤년에 해당할 경우에 2월의 마지막 날인 29일 뒤에 30일의 윤일을 추가하지 않고, 24일 날짜 뒤에 또 하나의 24일을 추가하여 24일의 날짜가 연속해서 두 번 들어있게 하였다. 그리고 계속해서 25, 26, 27, 28, 29일의 날짜가 이어지게 하였다. 다시 말해서, 윤년에는 2월의 날짜가 1, 2, 3, − − − − − − 22, 23, **24, 24**, 25, 26, 27, 28, 29일로 이루어지게 된 것이다.

원래 로마력 표기법에서 2월 24일의 날짜를 표현하려면 3월 1일, 즉 칼렌드스 마르티우스를 기준으로 해서 표현해야 된다. 다시 언급하게 되는 것이지만, 고대 로마에서는 날짜를 표시할 때 현재 우리처럼 1, 2, 3, 4, 5…일과 같이 일련의 숫자로 날짜를 표기하지 않았으며, 대신 그 기준점이 되는 세 개의 기준일을 중심으로 나머지 날들을 표현한다고 하였다. 즉 어떤 날에 대해 그 날짜를 숫자로 표현하려고 할 때에는, 그 날짜 이후에 처음으로 오는 칼렌드스, K(1일)'나 '노나이, NON(5일 또는 7일)', 또는 '이두스, IDUS(13일 또는 15일)'를 기준으로 삼아 날짜를 세었다. 그러므로 그들은 기준일을 기점으로 해서 몇 일 후라는 표현을 사용하지 않았으며, 반드시 기준일로부터 몇 일 전이라고 표현하였다.

윤달이 아닌 평달의 경우, 2월 24일은 기준일인 3월 1일, 즉 칼렌드스 마르티우스로부터 6일 전에 해당한다. 그런데, 윤달의 경우, 기존의 2월 24일 다음날에 bissextus라는 명칭으로 윤일을 추가하였다. 그러한 명칭을 사용하지 않고 단순하게 그 위치에 윤일 하루를 추가하게 되면, 추가된 윤일은 계산상으로 칼렌드스 마르티우스로부터 6일 전에 해당하게 되지만, 기존의 2월 24일의 경우에는 윤일이 추가됨으로써 윤일 전날에 해당하여 윤일보다 하루 앞선 마르티우스로부터 7일 전의 날이 될 수밖에 없을 것이다. 그런데 윤일을 추가하면서 그 날 역시 똑같은 2월 24일이라는 날짜를 부여하고 두 번째 24일인 bissextus라고 하였으므로, 윤일과 함께 기존의 2월 24일이 똑같은 하나의 24일로 취급되어, 기준일인 3월 1일, 즉 칼렌드스 마르티우스로부터 똑같이 6일 전에 해당하게 되었다. 이처럼 윤달에서 추가되는 윤일을 기존의 2월 24일과 똑같은 24일로 취급하기 위해서 bissextus('두 번째 6')라고 한 것이다.

그렇다면 왜 2월의 마지막 날인 29일 다음날인 30일의 위치에 윤일을 단순하게 추가하지 않고, 24일을 두 번 만들어서 혼란스럽게 하였을까? 그 이유는 정화의 축제날인 2월 23일에 대한 로마 표기법과 관련되어 있다. 윤일이 들어가지 않는 해에서 정화의 축제날인 2월 23일은 칼렌드스 마르티우스로부터 7일 전으로 표기된다. 그런데, 윤일이 들어가는 해에서 윤일을 2월의 마지막 날인 29일 다음에 추가하고 30일이라 하게 되면, 윤일의 경우에는 평년과 달리 정화의 축제날인 2월 23일이 '칼렌드스 마르티우스로부터 8일 전'이 된다.

로마인들은 윤년 여부와 관계없이 2월 23일은 항상 '칼렌드스 마르티우스로부터 7일 전'이라는 표기가 항상 유지되어야 한다고 생각하였다. 이를 위해서 윤달에 윤일을 2월 24일 다음날 위치에 추가하면서 두 번째 2월 24일이라고 한 것이다. 그리고 칼렌드스 마르티우스로부터 날짜를 세어 나갈 때, 두 날이 똑같은 24일이므로 두 날 모두 '칼렌드스 마르티우스로부터 6일 전'에 해당하는 날로 간주하였다. 그리고 윤일의 경우에는 첫 번째 2월 24일과 구별하기 위해서 bissextus('두 번째 6')라고 칭한 것이다. 따라서, 정화의 축제날인 2월 23일은 윤년에서도 평년과 똑같이 '칼렌드스 마르티우스로부터 7일 전'이라는 날짜로 표기될 수 있게 되었다.

『로마법 대전』을 보면, 윤년의 해 2월 24일에 태어난 자는 그 날이 첫 번째 24일인지, 두 번째 24일인지 굳이 구별할 필요가 없다고 로마의 법관들이 판결하였다는 기록이 나와 있다고 한다. 이와 같은 이유로 윤일 뿐만 아니라 윤년 (leap year)도 bissextile이라고도 한다. 그렇지만 더 정확하게 구분하자면 윤일은 'bissextus dies'라고 하고, 윤년은 'bissextile year'라고 한다.

4부

부활절

01

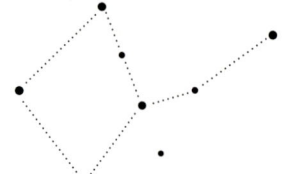

초기 교회의 탄생과 성장

부활절이 예수 그리스도의 십자가 처형 이후 부활한 사건을 기념하는 중요한 종교적 행사라는 것을 모르는 사람은 없을 것이다. 이 부활절이 지금은 전 세계적으로 카톨릭 교회와 개신교에서 매우 성대하게 기념되고 있지만, 부활절이 공식적으로 인정되고 기념되어지게 되는 역사는 그리 단순하지 않다. 왜냐하면 부활절에는 종교적으로, 역사적으로 우리가 단편적으로 알고 있는 것 이상의 매우 중요한 많은 사건들이 연관되어 있기 때문이다. 이 부활절과 연관하여 가장 특기할 만한 점은 기독교가 부활절 확정을 계기로 유대교와의 연결 관계를 단절하고 독자적인 종교로서 새로운 출발을 하게 되었다는 것이다. 특히 달력과 관련하여 율리우스력으로부터 그레고리우스력으로 개정되는 데 있어서 부활절이 근본적이고 결정적인 계기로 작용하였다는 사실은 우리 모두 알고 있는 사실이다. 따라서 지금 기독교에서 기념하고 있는 부활절에 대해서 좀 더 깊이 있는 지식을 얻기 위해서는 교회의 탄생 시점까지 거슬러 올라가, 어떻게 교회가 시작되었고 어떤 변화 과정을 겪으며 성장해 왔는지 그 역사를 확실하게 파악할 필요가 있다.

교회의 탄생과 발전

교회의 탄생

성경에 의하면 예수의 십자가 처형에 대한 충격으로 인해 뿔뿔이 흩어졌던 제자들은 갈릴리에서 부활한 예수를 만나고, 부활의 흥분과 감동 속에서 예루살렘에서 다시 모이게 되었다. 그러던 중 오순절이 다가왔고, 그들은 오순절을 기념하기 위해 마가의 다락방에 모였다. 그리스도가 '내가 아버지께 구하겠고, 그 분은 너희와 영원히 함께 있을 보혜사를 보내주실 것이다.'(요 14:16)라고 약속했던 것처럼, 그곳에서 성령이 그들에게 임하였고, 그들은 성령으로부터 세례를 받았다고 하였다.

오순절은 모세가 시내산에서 율법을 받은 날을 기념하는 축제인데, 유월절 다음날로부터 50일째 되는 날로서, 유월절로부터 일곱 번의 7일이 지난 다음날이기 때문에 칠칠절이라고도 한다. 오순절은 유월절, 초막절과 더불어 유대인들의 3대 명절 중의 하나로서, 이 3대 명절에는 유대에 사는 유대인들은 물론이고 유대 밖에 사는 해외 유대인들도 의무적으로 예루살렘 성전을 방문하여 예배 의식에 참석해야 했다. 그러므로 유월절 명절에 해외에서 방문한 많은 유대인들이 그대로 예루살렘에 머물다가 오순절까지 기념하고 돌아가곤 하였다.

오순절이 되자 수제자 베드로는 모여 있던 수많은 유대인들에게 구약 성경을 인용하며 예수를 '주'(Kyrios, Lord)라고 부르며, 예수 그리스도를 믿고 회개하여 악한 세대로부터 구원을 받으라고 설교하였다. 주, 큐리오스(Kyrios)는 로마 황제를 가장 높여 부르던 호칭으로서 황제의 정치적이고 법적인 우위성을 나타내는 칭호였지만, 일부 지역에서는 신성까지 포함된 의미로 사용되던 명칭이었다. 그러자 놀랍게도 3,000명이나 되는 유대인들이 그의 말을 받아들여 회개하고, 세례를 받았다고 한다. 이렇게 하여 최초의 그리스도 공동체, 즉 교회가 탄생되었다.

그렇다고 그리스도 교회가 새로운 종교의 형태로 나타난 것은 아니었다. 단지 유대교라는 부모로부터 유래하여, 유대교의 한 분파로서의 모습을 보였을 뿐이다. 예수의 부활 사건을 계기로 모여든 이 공동체 모임의 구성원들은 예수가 하나님 나라의 완성자로 다시 곧 돌아올 것이라고 굳게 믿었다. 따라서 그들은 예수의 재림을 기다리며 생활하는 팔레스타인 유대인들로서, '종말의 공동체' 모습으로 시작하였다. 구성원들은 이 공동체가 예수에 진정한 헌신을 보이는 이스라엘의 참된 모임이므로 '주께서 영광 중에 오실 때' 그 사실을 인정받아 구원받을 수 있다고 믿었다. 그들 스스로 유대인이며 새롭게 된 이스라엘 인으로 여겼으므로, 유대교의 성전에 참석하고 유대 율법에 충실하였다는 사실은 언급할 필요조차 없다.

그들은 스스로를 '가난한 자', 또는 성도라고 불렀다. '가난한 자'와 '성도'는 다른 의미를 가지고 있다. '가난한 자'는 보통 물질적으로 가난한 사람을 의미하는 말이지만, 종교적 맥락에서는 영적으로 겸손하고 하나님에 의존하는 사람을 가리키기도 한다. 예수 그리스도의 가르침 중에도 '심령이 가난한 자는 복이 있나니 천국이 그들의 것임이요'라는 구절이 있다(마태복음 5:3). 더불어 '성도'란 신앙적으로 거룩한 사람, 즉 하나님 앞에서 의롭게 여겨지는 사람을 의미한다. 성도는 그리스도인 공동체의 일원으로서, 예수 그리스도를 믿고 그의 가르침을 따르는 사람들을 가리킨다.

그들의 모임을 그리스어로 '하나님의 교회'라고 하였는데, 간단히 '에클레시아'(ecclesia), 즉 교회라고 불렀다. 그리스어로 같은 뜻인 '에클레시아(ἐκκλησία)'로부터 유래하였으며, "불러 모으다"라는 뜻의 '에칼레오(ἐκκαλήω)'에서 기원한 명칭이다. 이 공동체는 유대교의 율법을 지키면서, 세례를 베풀었으며, 기도하고 '떡을 떼기' 위하여 정기적으로 모임을 가졌다. '떡을 떼기'는 아람어로 '베어 먹는 것'이라는 뜻의 '브레이킹 브레드(Breaking Bread)'라는 표현에서 비롯되었으며, 이는 예수 그리스도의 마지막 만찬에서 떡을 떼어 제자들과 함께 나눈 것을 기리기 위한 행사였다. '떡을 떼기'는 그리스도인들이 예수의 희생을 기억하고 그의 부활과 재림을 기원하는 의미를 가지고 있었다. 이 행사에서 나눠 먹은 떡과 포도주는 예수의 몸과 피를 상징하였으므로, 떡을 떼기를 통해 그들은 예수의 희생을 기억하고 그의 사랑과 구원의 메시지를 되새기며, 그들 간의 연합과 정신적 공동체를 강화하였다. 이 행사는 그리스도인들이 예수의 가르침을 따르고 서로 사랑과 응원을 나누는 데 중요한 역할을 하였다. '떡을 떼기'는 초기 그리스도인 공동체의 삶과 예배의 중심이었으며, 그들의 정체성과 신앙을 나타내는 상징이었다.

시간이 흐르면서 '떡을 떼기'는 그 기능과 의미가 조금씩 발전하면서 성찬식이라고 불리게 되었고, 오늘날 기독교 세계에서도 여전히 중요한 의미를 지닌 예식으로 기독교 예배와 성례의 핵심으로 자리잡고 있다.

이처럼 당시 공동체에는 '예수는 메시아다.', '하나님께서 죽은 자 가운데서 살리셨다.'와 같은 믿음이 그들 신앙의 중심에 있었으므로 그들의 정체성을 정의하는 특별함이 보이기는 하였지만, 그들 스스로 유대교인으로 생각하였기 때문에 다른 유대교 집단으로부터 이단으로 몰리거나 핍박을 당하지 않았다.

헬라파 그리스도인

한편, 예루살렘에 있는 이들 믿는 자들의 공동체에 예루살렘에 살지만 그리스어를 사용하는 디아스포라 유대인, 즉 헬라파 유대인(=그리스 출신 유대인)들이 합류하면서 크고 작은 문제들이 발생하기 시작하였다. "디아스포라 diaspora"는 고향이나 조국을 떠나서 그들의 문화, 언어, 종교 및 전통을 유지하며 다른 지역이나 국가에 거주하는 이민자들을 가리킨다. 이들 그리스어를 사용하는 디아스포라 유대인 그리스도 신자들이 그 지방 아람어를 사용하는 예루살렘 그리스도인들에게 '자기의 과부들이 매일의 구제에 빠진다'고 불평을 하였다. 다시 말해서 구호 음식 분배에서 소홀한 대우를 받는다는 것이었다. 그러자, 사도들은 그리스 유대인 신자 7 명에게 공동체의 재산을 관리하도록 임명하여 그 문제를 해결하였다. 이들 7 명이 교회 최초의 집사로 알려져 있다.

그런데 이처럼 가벼운 내부적 사건이 아닌 심각한 외부적인 사건이 마침내 발생하고 말았다. 그리스도 공동체의 헬라파의 지도자이며 7집사의 대표자였던 스데반이 다른 유대 회당의 구성원들과 격렬한 논쟁을 벌이는 사건이 발생하였다. 논쟁을 벌였던 다른 유대 회당 사람들은 스데반을 '모세와 하나님을 모독하는 말'

을 하는 사람이라고 고소하였고, 결국 스데반은 산헤드린에 끌려가 재판을 받은 후 판결에 따라 돌에 맞아 죽고 말았다. 산헤드린은 유대인들의 최고 회의 기관으로서 종교적 재판을 담당하는 기관이었다.

팔레스타인 유대인들이 보기에 스데반과 그의 동료들이 성전과 율법에 대한 존경심이 없다고 판단했기 때문이었다. 스데반이 비난받은 것은 예수를 메시야로 믿는다고 주장하였기 때문이 아니었다. 예수를 메시야로 믿는 신앙 속에서 그들은 유대 율법조차도 기꺼이 버릴 것처럼 말했기 때문이었다. 이와 같은 언급은 율법에 대한 불경으로 유대교에서 감히 용납될 수 없었다.

스데반의 죽음은 '예루살렘에 있는 그리스도 교회'에 대한 최초의 핍박이었다. 그러나 사도들은 이 핍박으로부터 영향을 받지 않았다. 이 핍박은 성전과 율법에 대해 불경한 말을 했던 헬라파 그리스도인들에 대해 선택적으로 가해졌던 것이었기 때문이다. 따라서 팔레스타인 지방의 언어인 아람어를 쓰는 그리스도 공동체는 이 사태에 대해 크게 염려하지 않았다. 그러나 이 사건으로 인해 헬라파 지도자들은 유대교의 탄압을 피해 예루살렘으로부터 사마리아와 베니게, 구브로와 안디옥 등으로 흩어지게 되었고, 그곳에서 복음을 전하는 새로운 국면의 선교가 일어나게 되었다.

디아스포라 유대인

시대를 과거로 거슬러 올라가서, 그리스도 탄생 이전의 유대인들의 상황을 살펴보자. 유대인들은 느브갓네살의 바빌론 유수 이후, 페르시아의 아케메네스 왕국에 의해 유대로 돌아올 수 있었다. 이 후 그들은 헬레니즘 통치자, 즉 이집트의 프톨레마이오스, 셀류쿠스 왕조 시대에 이르기까지 자신들의 종교적 관습과 율법을 지키며, 민족 통치의 정치적 위상을 유지한 채 세습 대제사장에 의해 다스려졌다. 그렇지만 그 동안의 오랜 혼란 과정을 겪는 과정에서 적지 않은 유대인들이 그들의 고향을 등지고 떠나 있었으므로, 유대 지역 바깥에 거주하고 있는 디아스포라 유대인들도 주목할 만큼 많이 늘어나 있었다. 그들은 이집트, 소아시아, 시리아와 같은 지역에 밀집되어 살았으며, 팔레스타인 바깥에 사는 유대인 수는 전체적으로 대략 500만에 이르러 팔레스타인 땅에 사는 유대인보다 많았다. 특히 1세기 알렉산드리아에서는 전체 인구 2백만 명 중 40%를 차지할 정도로 많은 집단을 형성했다. 따라서 비슷한 수의 그리스 이주민들과 자주 분쟁을 일으켜 로마 군대가 진압하고는 했다. 그런데 이들 유대인들은 정작 그들이 정착한 도시에서 시민권을 얻지 못했는데, 그 이유는 도시의 시민이 되려면 해당 도시의 신들을 섬기는 의식에 참여해야 했기 때문이었다.

조국을 떠나 있었지만 이들 유대인들은 자신들의 독특한 민족적이고 종교적 정체성을 여전히 유지할 수 있었다. 그들은 특별한 허가를 받아 '거주 이방인'(메토이코이, metoicoi)이라는 작은 공동체를 구성하거나, 알렉산드리아와 같은 도시에서는 폴리튜마(politeuma)라고 불리는 더 큰 공동체를 조직할 수 있었다. 이렇게 그들은 그들만의 공간에서 그들 고유의 생활을 이어가면서, 원주민들과의 교류를 최소화하면서 생활하였다.

독특한 문화와 종교를 유지하며 독자적으로 살아가는 그들의 생활 방식은 주변 주민들에게 특별하게 다가왔으며, 그로 인해 간혹 부러움과 동시에 혐오의 대상이 되기도 했다. 따라서 이들 유대인 공동체는 종종 도시의 다른 주민들과 긴장 관계를 만들기도 하였지만, 그들만의 독특한 정체성을 유지할 수 있었다.

이방인이었던 유대인들이 그들의 독특한 정체성을 유지하며 살아갈 수 있었던 것은 예루살렘 성전과 율법의 역할 덕분이었다. 율법은 단순한 종교적 법전 이상의 의미를 지니고 있었으며, 이들의 일상생활에 관한 지침을 제공하는 생활 법전이기도 했다. 디아스포라의 유대인들은 서기 70년 예루살렘 성전이 파괴되기 전까지 매년 성전에 세금을 바치는 의무를 묵묵히 이행하였다. 그들은 율법을 깊이 연구하고 이해하기 위해 노력했으며, 그들의 삶에서 율법을 준수하는 것을 소명과 기쁨으로 여겼다. 이렇게 함으로써 그들은 유대인으로서의 정체성을 유지하며, 그들만의 독특한 문화와 종교를 성실하게 이어 나갔다.

유대인들의 높은 율법 준수 의지는 회당이라는 제도를 낳게 되었고, 바빌론 유수 시대부터 이어진 '장로'라는 전통적인 모임이 이를 주도하였다. 이 장로 집단은

'치리자'(아르콘)라는 지도자를 중심으로 구성되어, 회당의 각종 업무를 책임지게 되었다. 그리고 회당은 유대인들이 율법을 가르치고, 기도하고, 예배하는 장소로 기능하였다. 회당은 율법의 집행과 범죄자들의 처벌, 그리고 출교와 관련된 업무를 수행하였으며, 공동체 내에서 율법의 해석과 적용을 담당하기 위해 '서기관'이라는 관리 계층이 탄생하였다.

이와 같이 유대인들은 팔레스타인 외에도 그리스와 로마 도시에서 디아스포라 유대인으로서 합법적으로 그들의 삶을 이어갔다. 더불어 그들이 신봉하는 유대교는 로마 제국으로부터 '렐리기오 리키타'라는 공인 종교로 인정되어, 다른 종교들과 함께 종교 활동에 크게 제약을 받지 않았다. '렐리기오 리키타'란 공인된 종교라는 뜻으로, 로마 제국에서 인정받은 몇몇 종교들에 부여되었다. 이를 통해 로마인들은 다른 문화와 종교를 용인하고 허용하는 태도를 보여주었다. '렐리기오 리키타'로 인정받은 종교들은 로마의 법률과 통치에 복종하고, 로마의 신들과 황제에게 존중을 표하는 한, 자신들의 종교적 신념과 관습을 유지할 수 있었다. '렐리기오 리키타'로 인정받은 종교들 중 가장 오래되고 대표적인 것은 유대교였다. 이에 따라 유대교는 로마의 신들을 섬기는 의무를 면제받았으며, 자신들의 성전과 율법을 따를 수 있었다. 그렇지만 유대인들은 로마에 세금을 내거나, 로마의 신들을 존중하거나, 로마의 통치에 복종하는 등의 조건을 지켜야 했다. 또한 유대인들은 로마의 법률이나 행정이나 군사 문제에 관여할 수 없었다.

디아스포라 유대인들은 언어적 측면에서도 헬레니즘 문화에 성공적으로 적응하여, 그들의 회당에서는 그리스어를 일반적으로 사용하였다. 이는 당시 그리스어가 동방 그리스 문화권의 주요 언어로서 중요한 역할을 하고, 로마를 포함한 서방 세계에서도 라틴어에 이어 두 번째로 중요한 언어였기 때문이다.

이들 디아스포라 유대인 공동체는 다른 종교와의 교류를 통해 유대인이 아닌 이방인들을 회심자(개종자)로 변화시켰으며, 이방인들 중 일부는 부분적으로 유대교화된 구도자, 즉 '하나님을 경외하는 자'라는 지위를 얻게 되었다. 이러한 이방인들은 유대인 공동체와 가까운 관계를 맺으며 그들 주변에 모여 살아가게 되었다.

이방인 그리스도교인

그 시절 헬라파 그리스도교인들이 예루살렘 유대교의 탄압을 벗어나 선교 활동을 전개할 때, 안디옥은 시리아 속주의 수도이자 셀류쿠스 왕조의 왕도로서 상업과 문화적으로 번성하였던 국제적인 도시였다. 이곳은 유대인 공동체를 비롯한 여러 나라의 사람들이 모여 살았던 곳으로, 헬라파 그리스도 유대인들의 노력에 의해 그리스도인들의 제 2 생활권으로 거듭나게 되었다.

헬라파 그리스도 유대인들은 부활한 그리스도에 대한 메시지를 그 지역의 디아스포라 유대인들에게 전하였다. 사도 행전 11장 20절에 따르면, '구브로와 구레네 출신의 몇몇 사람들이 안디옥에 도착하여 헬라인들에게도 말하여 주 예수를 전파하였다.'고 나와 있다. 헬라파 그리스도 공동체는 유대교 정통 신앙의 관행에서 벗어난 새로운 길을 제시하였는데, 이방인들로 구성된 '하나님을 경외하는 자'들이 그들의 교제에 참여할 수 있게 한 것이다. 이것은 다른 유대교 공동체와는 큰 차이점을 보여주었는데, 이방인들이 유대교 개종자가 되지 않아도 그리스도 공동체의 모임에 자유롭게 참석할 수 있게 된 것이었다.

이러한 변화의 영향으로 안디옥의 사람들은 예수를 따르는 그리스도 공동체를 일반 유대교와 명확하게 구별하게 되었으며, 그리스도 공동체의 구성원들을 '그리스도인'이라고 부르기 시작했다. 이러한 상황 속에서 이방인과 유대인들이 함께 모인 최초의 그리스도 에클레시아가 탄생하였다.

이제 회당의 구성원이 될 수 없는 이방인들이 에클레시아, 즉 하나님의 종말론적 백성이 될 수 있는지에 대한 문제가 제기되었는데, 바울이 그 해결의 중심에 있었다. 바울은 서기 5년경에 길리기아(키리키아;지금의 터키) 지역의 다소(타르수스)에서 베냐민 지파의 유대인으로 태어났으며, 예루살렘의 유명한 율법 선생인 가말리엘 문하에서 성장하였다. 바리새파 일원으로서 엄격한 율법 준수자였기에, 스데반과 같은 헬라파 유대인들을 가혹하게 탄압하는데 주도적인 역할을 했다.

바울은 서기 35년경 스데반의 순교 이후 그리스도 종파를 본격적으로 박해하기 위해 대제사장의 권한을 부여받아 다마섹(다마스쿠스)으로 가던 중, 부활한 예수와의 만남을 통해 회심을 결심하였다. 이후 예수의 제자 '아나니아'로부터 세례를 받았다. 바울이 회심을 통해 그리스도교인이 되자, 다마섹에 사는 유대인들로부터 배신자로 간주되어 살해 위협을 받게 되었으므로, 위기에서 벗어나기 위해 다마섹에서 탈출하여 아라비아로 갔다가 다시 다마섹으로 돌아와 3년 동안 머물렀고, 그후에 예루살렘을 방문하였으나 또 다시 살해 위협을 받았으므로 고향인 다소로 돌아가 약 10년 동안 머물렀다. 그 기간 동안 바울은 스데반 순교 사건 이후 예루살렘에서 흩어져 나온 헬라파 그리스도인인 바나바를 만나게 되었다. 안디옥 교회가 점차 성장함에 따라 바나바는 바울을 찾아와 도움을 청했고, 두 사람은 함께 안디옥으로 돌아가 1년 동안 선교 활동에 몰두하였다.

안디옥에서 바울이 선교 활동에 전념하는 동안, 예루살렘에서 온 몇몇 유대인들이 방문하였다. 그들은 대화 중에 "너희가 모세의 법에 따른 할례를 받지 않으면, 구원의 길은 열리지 않을 것이다"라는 예루살렘 교회의 전승을 언급하였다.

이에 바울과 바나바 그리고 할례를 받지 않은 이방인 회심자인 디도는 이 문제에 대한 답을 구하기 위해 예루살렘의 그리스도 공동체를 방문하였다. 바울이 예루살렘을 방문했을 때, 예루살렘 지도권은 베드로, 요한, 그리고 예수의 형제였던 야고보에게 있었다. 예루살렘의 교회 지도자들과 새로운 이방인 선교의 지도자들은 진지한 논의 끝에 놀라운 합의를 이루어 냈다. 이 합의를 통해 바울과 바나바의 선교 활동이 정당한 것으로 인정되었으며, 그리스도의 복음은 유대인 뿐만 아니라 할례를 받지 않은 이방인들에게도 속한다고 인정된 것이다. 이 결정은 그리스도 공동체가 이스라엘 내에서 한정된 집단으로 남아 있지 않고, 율법의 구속에서 벗어나 보편적인 사명을 따르는 이방인들까지도 폭넓게 아우르는 교회로 발전할 수 있는 결정적인 계기를 제공하였다.

서기 47년경부터 바울은 첫 선교 활동을 시작하였는데, 이때부터 그는 유대인 이름 사울에서 그리스 이름 바울로 바꾸어 사용했다. 바울은 공식적인 12사도 중 한 명은 아니었지만, 자신을 사도라고 주장하였다. 사도라는 지위는 그리스도의 교리를 전파하고 그리스도 공동체 발전을 위해 지도자 역할을 맡은 사람에게 부여되는데, 예수의 생애와 행적을 직접 목격한 사람이어야 했다. 그러므로 예수의 12제자만이 사도로 인식되었다. 그럼에도 불구하고, 바울은 다마섹에서 부활한 예수를 직접 만났다고 주장하며, 이를 근거로 사도로서의 자격을 주장하였다. 그러나 다른 사람들은 이를 쉽게 받아들이지 않았고, 사도행전에 따르면 바나바의 중재를 통해 바울의 진실성이 교회에서 인정되었다고 하였다.

그리스도교와 유대교의 결별

예루살렘 그리스도 공동체는 성전과 율법에 대한 충실함을 계속 유지하며, 새로운 선교 활동에는 직접 참여하지 않았다. 그들은 안디옥과 다메섹과 같은 새로운 그리스도 중심지와의 직접적인 연계를 피해 유대교와 충돌하지 않는 범위 내에서 그들과 협력하고 교제하면서 비교적 평화롭게 활동했다. 그러나 이 평화는 헤롯 아그립바 1세의 통치 시기(41~44)에 무너졌다. 아그립바 1세는 정통 유대 신앙의 영향력을 강화하기 위해 야고보(요한의 형제)를 처형하고 베드로를 감옥에 가두었다.

이러한 핍박의 결과로 베드로는 예루살렘을 떠나 사도로서의 선교 활동을 시작했다. 예루살렘 그리스도 공동체의 지도권은 이제 홀로 남은 야고보(예수의 형제)에게 맡겨지게 되었으므로, 장로단과 함께 지도권을 행사했다. 서기 62년, 야고보(예수의 형제)마저 유대 사제들에게 고소를 당한 후 사형 선고를 받았으며, 돌에 맞아 순교하고 말았다.

유대인들이 로마 제국에 대항해 일으킨 유대 전쟁(66~73)으로 인해 유대와 갈릴리 지역은 대부분 황폐화되었다. 이 과정에서 유대 성전은 불길에 휩싸여 소멸되었고, 예루살렘이 크게 파괴되었다. 그런데 유대 전쟁 동안 팔레스타인의 그리스도인들은 유대인들과 동조하지 않고 중립을 지키는 입장을 취했으므로, 이로 인해 유대 회당과 그리스도인 교회 간의 갈등은 더욱 가중되었다. 유대 전쟁 이전부터 이미 유대 회당과 그리스도인 교회 간의 갈등의 골이 쌓여가고 있던 상태였는데, 유대 전쟁으로 인해 더욱 더 심화되기에 이른 것이다. 전쟁이 끝난 후 유대교 랍비들은 '나사렛 사람들(그리스도인들)'의 예배 참석을 금지하기 위해 회당 기도에 저주를 추가했다. 마침내 유대교는 유대인 혈통을 지키고 율법을 준수하던 그리스도인 교회까지 타 종교와 마찬가지로 배척하였다.

이처럼 1세기의 후반 30년 기간은 유대교 뿐만 아니라 그리스도 공동체에도 위기의 시기였다. 그리스도교의 위대한 지도자들인 바울과 베드로와 야고보가 이 시기에 사망하였다. 교회는 유대교 사상과 전승에 계속해서 의존하기는 하였지만, 유대 회당과는 분명하게 거리를 두었다.

로마 교회

대략 서기 57년에 바울은 고린도에서 사도들로부터 직접 가르침을 받지 못했던 로마 교회 신자들을 위해 그리스어로 편지를 썼는데, 이것이 로마서로 알려져 있다. 이를 통해 당시 로마에 이미 그리스도 교회가 존재했음을 확인할 수 있다. 로마에 그리스도 공동체가 어떻게 형성되었는지는 명확하지 않다. 바울이 로마서를 작성했을 때, 로마 교회는 아직 완전한 형태를 갖추지 못한 상태로, 가정 교회의 형식일 것으로 생각된다. 본도 출신의 브리스가와 아굴라는 로마에 있다가 고린도로 간 후, 에베소를 거쳐 다시 로마로 돌아왔으며, 예루살렘, 갈릴리, 소아시아로부터 많은 사람들이 로마로 모여들었다고 전해진다.

이처럼 로마 제국의 수도이자 세계적인 도시로 성장한 로마에는 다양한 사람들이 유입되었는데, 그중에는 그리스도 교인들도 많이 포함되어 있었다. 이렇게 유입된 그리스도 교인들의 선교를 통해 로마에 거주하던 헬라화된 유대인들이 그리스도교로 회심하게 되면서 교회가 자생적으로 형성되었던 것이다. 이렇게 탄생한 로마 교회는 제국의 중심지로서의 그 배경을 바탕으로 양적, 질적 발전을 이루게 되었다. 그러나 대부분의 동방 교회와 차별화된 점은 로마의 그리스도인들은 대부분 이방인들로 구성되어 있었으며, 유대인 기독교인들은 상대적으로 소수였다는 것이다. 바울은 로마서에서 그 특이한 상황을 지적하며 "내가 이방인인 너희에게 말하노라."(11장 13절)라고 언급하였다.

유대교 폭동 이후 135년경에 예루살렘은 로마 제국의 속주로 재건되었으나, 예루살렘 교회는 사도적 교회로서의 영향력을 대부분 상실한 상태였다. 이에 반해 로마 교회는 점차 세력을 확장하며, 사도 베드로를 로마 교회의 창립자로 내세우면서 사도적 교회로서의 권위까지 주장했다. 이로 인해, 로마 교회는 위축되어 명목뿐인 예루살렘 교회를 대신하여 점차 모든 교회들을 이끌어 가는 주도 세력으로 성장해 나갔다.

지금까지 교회의 탄생부터 로마 교회의 성립과 성장에 이르는 과정을 성경을 중심으로 자세히 살펴보았다. 그 과정의 첫 번째 단계에서 예루살렘에서 사도들의 주도 하에 '종말의 공동체'로 시작된 초기 교회가 형성되었는데, 이 공동체는 예수의 재림을 간절히 기다리며 살아가는 팔레스타인 유대인들로 구성되었다. 이들 구성원들은 '주께서 영광 가운데 오실 때' 그 사실을 인정받아 구원받을 수 있다는 믿음을 바탕으로 공동체에 참여하였다.

다음 단계로서, 이스라엘의 그리스도 교회에 소속되어 있던 디아스포라 헬라파 유대인들이 유대교 당직자들의 탄압을 피해 시리아의 안디옥을 비롯한 소아시아 등의 동방 지역으로 이주하면서 이스라엘 밖에서 그리스도교의 선교가 이루어졌다. 이들은 헬라파 유대인들이 이주한 지역에 살고 있던 디아스포라 유대인들에게 그리스도교를 선교하였을 뿐만 아니라, 관심을 보이는 이방인, 즉 '하나님을 경외하는 자'들까지도 집회에 받아들임으로서 예루살렘 교회와 달리 이방인들까지도 포용하는 새로운 형태의 교회가 탄생하게 되었다.

그 가운데, 바울과 바나바의 건의에 기반하여 그리스도의 복음은 유대인뿐만 아니라 할례를 받지 않은 이방인들에게도 속한다고 예루살렘 교회의 지도자들로부터 인정을 받게 되었다. 이 새로운 교회들은 바울과 같은 사도들의 선교 활동을 통해 동방 지역에 더욱 광범위하게 전파되었다. 서기 100년경에는 그리스도교가 소아시아, 마케도니아, 그리스, 이집트를 넘어 로마에까지 확산되어 있었다. 이러한 지역들 중에서도, 제국 내에서 그리스도교가 가장 넓게 확산된 지역은 소아시아였다.

로마의 박해와 그리스도교의 동서 균열

로마의 황제들은 아우구스투스(Augustus Octavius Caesar Imperator) 이래로 자신들을 살아 있는 지상의 태양신의 화신으로 신격화하여 숭배하도록 하였다. 그들은 신의 아들(divi filius)이라는 칭호를 사용하였을 뿐만 아니라, 지방 장관들에게 보내는 회장에 "우리들의 주이시며 신이 명한다."와 같은 문구를 항상 사용하도록 하였다. 또한 로마 제국 내에서 황제의 신격화는 모든 민족에게 강요되었다. 그러나 대제국 로마로부터 유일하게 이 제도를 거부하는 민족이 있었는데, 바로 유대교를 신봉하던 유대인들이었다.

로마의 역대 황제들은 유대 민족의 독특한 일신교 신봉의 종교적, 역사적 당위성을 배려하여, 관용을 베풀어 용납하기도 하였지만, 한편으로는 괘씸히 여겨 탄압했던 황제도 있었다. 황제 가이우스(Caligula Caius Julius Caesar, 재위 37~41)와 네로(Nero, 재위 54~68), 그리고 하드리아누스(Hadrianus Publius Aelius, 재위 117~138) 통치 시절에는 매우 심한 탄압이 있었다. 그중에서도 하드리아누스 황제 통치기에 발생한 유대교에 대한 탄압은 무자비하였고, 그 여파로 인해서 신생 기독교 역시 많은 변화를 겪게 된다.

네로의 그리스도교 박해

서기 64년, 로마 시내에 원인 모를 대 화재가 일어났다. 화재는 키르쿠스 막시무스(대전차 경기장) 근처에서 일어났는데, 불이 급속히 번져 로마 시가지를 휩쓸었으며, 거의 일주일 동안 로마의 대부분을 불태웠다. 14구역으로 나뉘어진 로마 시가지 중 온전한 모습으로 남아 있는 구역이 4개밖에 되지 않을 정도였다. 불이 났을 당시 로마는 네로가 54년부터 황제로 취임하여 다스리고 있던 시기였다. 그는 선황인 클라우디우스가 죽자 자신의 의붓 동생이자 클라우디우스의 친아들인 어린 브리타니쿠스를 제치고 황제가 되었던 인물이다. 네로는 화재 후 복구 작업을 위해 기금을 빌려주고 보조금도 지급하는 등 이재민들에게 적극적인 지원과 많은 혜택을 제공하였다.

그러나 네로가 자신의 새 궁전인 황금 궁전을 지을 대지를 마련하려고 직접 불을 질렀다는 소문이 돌기 시작하였다. 네로는 이 소문으로 인해 위기감을 느끼고, 어려운 상황에서 벗어나기 위해 희생양을 찾았다. 당시 초기 단계에 있었던 그리스도교는 로마 제국에서 공식적으로 인정되지 않은 상태였으며, 로마 신들을 숭배하지 않고 자신들만의 유일신을 믿는다는 이유로 인해 일부 로마 시민들로부터 많은 비난과 질시를 받고 있던 터였다. 이에 네로는 그리스도교인들을 방화범으로 몰아 잔인하게 고문한 후 처형하였다. 기독교 사가들은 네로에 의한 첫 번째 대 박해 때에 사도 바울과 사도 베드로가 처형되었다고 기록하고 있다.

그러나 네로에 의한 그리스도교 박해는 유대 민족에 대한 종교적인 핍박이 아니었으며, 단지 자신이 처한 위기를 모면하기 위해 임시방편으로 그리스도인들을 희생양으로 삼은 것이었다. 4년 후인 68년, 네로와 원로원과의 관계가 악화되었고, 국가 재정의 고갈로 인한 과도한 세금 징수 등으로 속주들의 지지가 약해지면서 수많은 반란이 일어났다. 또한, 권력을 더욱 중앙 집중화하는 과정에서 많은 귀족들과 정치인들이 억압을 받거나 살해당하였다. 결국 속주들의 반란과 시민 전쟁으로 네로는 퇴위하였고, 권력은 스페인 총독이었던 갈바에게 넘어갔다. 네로는 오스티아에서 배를 타고 동부 속주로 탈출하려 했으나 실패하였고, 서른의 젊은 나이에 결국 자살로 생을 마쳤다.

트라야누스 황제

하드리아누스 황제의 선황 트라야누스 (Trajanus, Marcus Ulpius 재위 98~117)는 제위에 오르자 정복 전쟁을 통하여 국토 확장에 전력을 기울였다. 먼저 도나우 강 (Donau, 일명 Danube) 건너편 다키아(Dacia)를 정복하고 시리아 주민들을 이주시켜 천연 자원을 개발하는 인력으로 삼았고, 이들을 라틴족이 다스리게 함으로써 이 지역을 로마화하였다. 그런 까닭에 이 지역이 지금은 루마니아 (Rumania ; Romania에서 유래함)라고 불린다. 또한 그는 더 나아가 아프리카 일부와 시리아까지 정복하였다.

그리고 네로 황제 때부터 국경분쟁 지역이었던 파르티아(Parthia) 왕국 세력권 내에 있던 아르메니아를 차지하려 하였다. 그러던 차에, 파르티아 왕국에 반란이 일어난 것을 계기로, 트라야누스 황제는 이 기회를 이용하여 서기 114년에 아르메니아와 메소포타미아에서 파르티아 세력을 몰아내었다. 더 나아가 티그리스 강을 넘어 아시리아(Assyria)까지 점령해 로마의 속주로 삼았다. 그리고 그 다음 해인 115년에는 파르티아의 수도 크테시폰(Ctesiphon)마저 함락시키고 페르시아만까지 진출하여 로마 제국 역사상 최대의 영토 확장을 이루었다.

그러나 파르티아 군대가 전열을 가다듬어 반격을 가해 오자 승승장구하던 로마 군대가 밀리기 시작했다. 로마가 고전한다는 전황이 로마의 여러 속주들에게 알려지자 이집트와 유대에서 반란이 일어났다. 유대인들은 이집트 전역, 안디옥(Antioch)을 중심으로 한 시리아 키레네(Kyrene), 그리고 키프러스(Cyprus)에서 연쇄적으로 반란을 일으켰다. 트라야누스 황제는 사태의 심각성을 인식하고 도처에서 일어나고 있는 유대 반란을 진압하기 위해서 아시리아와 메소포타미아를 포기하고 파르티아 원정을 중단할 수밖에 없었다. 이후 유대 반란 진압 전쟁은 3년 동안 지속되었고, 이로 인해 로마의 군사력은 쇠진하였다. 트라야누스는 원정에서 귀환하는 중 병에 걸려 117년 8월 길리기아(Cilicia)의 셀리누스(Selinus)에서 급사하고 말았다.

하드리아누스 황제

트라야누스를 계승한 그의 양자 하드리아누스(76~138, 재위 117~138. 제 14대 황제)는 선황 트라야누스와 달리 내치에 충실하였다. 22년 간의 재위 기간 중 거의 절반을 로마 제국의 속주를 시찰하는 여행으로 보냈다. 그는 파르티아 왕위를 인정하여 파르티아 왕국과 화약을 맺고 아르메니아를 다시 파르티아 왕국의 보호령으로 되돌려 주었으며, 그 밖의 다른 트라야누스 정복지도 대부분 포기하였다. 황제는 로마의 통치를 강화하기 위해서 역사적인 예루살렘 방문 길에도 올랐다.

하드리아누스는 선황 트라야누스와는 전혀 달랐기 때문에, 평화를 애호하는 황제로 칭송받았다. 그는 전쟁을 통한 정복 대신 그리스-로마 문화를 제국의 속주 내에 전파함으로서 황권을 강화하고 속주들의 반역을 사전에 차단하려 했다. 그 일환으로 예루살렘에 서기 132년 새로운 로마식 도성의 재건과 태양신 유피테르 신전의 건축을 명하였다. 황제의 이와 같은 형식의 예루살렘 성 재건령으로 인해 유대인들은 크게 실망하고 분노하였다. 유대인들의 반발이 날이 갈수록 거세지자 황제는 황제의 권위에 도전한 벌로 유대인들에게 할례 금지령을 내리며 탄압하기 시작했다.

바르 코크바의 반란

바야흐로 예루살렘에서는 독립 운동 모금 운동이 전개되었다. 당시 유대인들로부터 존경받던 고명한 학자이자 랍비인 아키바(Aqiba)는 해외 동포의 후원을 얻기 위해 노령에도 불구하고 메소포타미아에서 이집트까지 먼 여행을 감행하였다. 그는 다윗의 후손 중 '별의 아들'이란 별명을 가진 시몬 바르 코크바(Simeon Bar-Cocheba)를 독립군 최고 사령관에 임명하고 그를 유대인들이 학수고대하던 메시아라고 선전하였다. 마침내 바르 코크바의 반란(132~135)이 일어났다. 바르 코크바는 반란군에게 예루살렘을 향해 진군하라는 명령을 내렸다. 이때 예루살렘에 주둔하고 있던 로마 총독 티니우스 루푸스(Tinius Rufus)는 반란군의 공격을 받고 예루살렘에 주둔하고 있던 로마 제 10군단을 철수시킬 수밖에 없었다. 예루살렘은 다시 유대인의 품으로 돌아왔으며, 유대 반란군은 서기 135년 그 해를 이스라엘 구원 제 1년이라고 선포하였다.

황제는 이 반란이 미칠 파장을 우려하여 즉각적으로 대응하였다. 당시 가장 우수한 장군으로 알려진 쥴리우스 세베루스(Julius Severus)를 브리타니아 전선에서 소환하였고, 황제 자신도 친히 팔레스타인에 출정하여 그와 합류하였다. 이전부터 유대에 주둔하고 있던 두 군단(제 6군단과 제 10군단)을 포함하여 주위의 파노니아(Panonia), 레티나(Rhetina), 수리아, 아라비아, 그리고 이집트 등에서 이동해 온 수많은 군대를 팔레스타인에 집결시켰다. 세베루스는 3만 5천의 정예 부대를 이끌고 수적으로 훨씬 부족한 바르 코크바의 군대와 전투를 벌였다. 그런데 예상과 달리 그 결과는 비참했다. 서기 9년경 토니토부르그의 밀림에서 게르마니아의 족장 아르미니우스에게 유인되어 아우구스투스 황제의 3개의 정예 군단(제17, 18, 19군단)이 전멸당해 패한 이후, 가장 비참한 패배를 당한 것이다. 이 전투로 인해서 로마 군단에서 제 22군단이라는 이름은 영원히 사라지고 말았다.

충격을 받은 세베루스는 분노하였으며, 단순한 전투로는 반란군을 이길 수 없다고 생각하고 유래를 찾을 수 없는 잔인한 초토화 작전으로 전쟁 방법을 바꾸었다. 세베루스의 '불타버린 땅(scorched earth)' 전략에서는 아군의 군대가 사용할 수 없는 것이라면 모조리 파괴하거나 태워 버렸다. 뿐만 아니라 병사가 아닌 민간인들까지 남녀노소를 불문하고 보이는 대로 살육하였으며, 심지어 살아 있는 생명체라면 가축까지도 몰살시켰다. 결국 로마군은 무려 3년간에 걸쳐 가장 잔인한 방법으로 예루살렘의 폭동을 진압했다. 이 진압 전쟁에서 반란군의 요새 50개를 점령하였고, 985개의 마을을 파괴하였으며, 100만 명 이상의 인명 피해를 입혔다. 로마군 역시 막대한 피해를 입었지만, 예루살렘은 서기 70년 티투스 장군에 의해 파괴된 이래 또 다시 철저하게 파괴된 것이다.

하드리아누스는 완전히 폐허가 되어 버린 예루살렘에 '아엘리아 카피톨리나'라고 불리는 도시를 새롭게 창건하였다. 그리고 유대인의 하나님이 있었던 자리에는 유피테르에 봉헌하는 새 신전을 세웠다. 전에는 예루살렘 성이었지만, 이제는 새로운 로마 식민지로 탈바꿈한 '아엘리아 카피톨리나'에는 유대인들의 출입이 철저하게 제한되었다. 유대인들은 단지 1년에 단 한 차례, 1차 유대 전쟁 당시 예루살렘이 함락된 날을 기념하여 정한 '예루살렘 함락 기념일'에만 예루살렘 방문이 허락되었으며, 이때에만 유피테르 신전 건축으로 인해 그 자리에 일부 남아 있는 유대인의 구 신전 벽에 대고 기도를 올릴 수 있을 뿐이었다. 그 벽이 바로 지금까지 남아 있는 '통곡의 벽'이다.

전쟁이 끝나고 반란은 진압되었지만 하드리아누스의 유대인에 대한 분노는 사그라지지 않았다. 이 반란으로 인해 황제가 그 동안 쌓아온 치적에 커다란 오점이 남겨졌으며, 황제 자신의 자존심과 명예까지도 심각하게 훼손되었다고 느꼈기 때문이었다. 또한 유대 반란 진압 전쟁 당시 로마의 정예 군단이 궤멸당하여 역사 속에서 영원히 사라지는 치욕적인 수모를 당하였을 뿐만 아니라 로마군 전체의 손실 또한 막대하였다. 마침내 유대인들에 대한 대대적인 탄압이 이어졌으며, 그 여파로 인해 예루살렘뿐만 아니라 로마 제국 내에서 유대교는 불법시되어 대대적인 박해가 가해졌고, 그리스도교 역시 유대교의 한 분파로 간주되어 같은 운명에 처하게 되었다.

유대인 박멸 정책

하드리아누스는 유대인들을 군사적, 정치적, 경제적, 종교적으로 대대적으로 탄압했다. 경제적으로는 하드리아누스 이전부터 유대인들에게는 차별적인 세금이 부과되었었다. 유대인 세금(Fiscus judaicus)은 서기 70년 예루살렘과 그 성전 파괴 후에 유대인들에게 부여된 세금으로, 베스파시아누스 황제에 의해 시작되어, 도미티아누스(81~96)에 의해 강화되었으며, 하드리아누스 황제 때 더욱 강화되었다.

하드리아누스는 종교적으로는 다음과 같이 세 가지 금지령을 내려 유대인들을 탄압하였으며, 이 금지령을 위반하면 사형으로 다스렸다.

1. 토라(Torha : 율법서)의 사용을 금지한다.
2. 할례를 금지한다.
3. 안식일을 금지한다.

그런데 유대교를 대상으로 하였던 이들 금지령들은 그리스도교에게도 해당되었다. 그리스도교는 유대교와 거리를 두었지만, 유대교와 마찬가지로 여전히 유대교의 율법을 준수하고 있었기 때문이었다. 따라서 이 금지령으로 인해 유대인들은 물론이고 그리스도교인들 역시 크나큰 위기를 맞이하게 되었다. 그 당시 대부분의 로마 관료들 역시 그리스도교를 유대교의 한 분파로 인식하고 있었다. 그리스도교는 유대인들이 섬기는 신을 똑같이 섬기고 있었으며, 그 당시 그리스도교에서 사용했던 경전 역시 구약 성경뿐이었기 때문이다. 구약 성경이란 당시 유대교의 경전인 토라였다. 또한 초대 교회 때부터 그때까지 지켜온 예배일 역시 유대교와 같은 안식일 토요일이었다. 이 세 가지 공통점만으로도 그리스도교가 유대교의 한 분파라고 간주되는 것은 당연한 일이었다.

이교 사상에 물들어 있던 로마인들은 유대인과 마찬가지로 그리스도교인들을 제국에 대한 반역적 집단으로 규정하고, 그리스도교의 도덕과 신앙을 공격하였다. 특히 로마 제국의 심장부에 위치한 로마 교회로서는 그와 같은 탄압을 가장 먼저, 그리고 가장 강도 높게 받을 수밖에 없었다. 로마 교회는 그들의 생존을 위해서 필사적으로 최선의 해결책을 모색해야만 했다.

이 위기 상황에서 그리스도교는 두 가지 유형의 대응을 보였다. 첫 번째는 변증학자들(Apologists)로, 그들은 그리스도교가 유대교와 근본적으로 다르다는 것을 논증을 통해 관료들에게 설명하고, 그리스도교에 대한 박해를 중지할 것을 호소했다. 두 번째는 영지주의 신학자들(Gnostics)로, 그들은 구약의 하나님은 잔인한 유대인의 하나님이고, 그리스도교인이 믿는 하나님은 예수 그리스도의 아버지인 인자하고 선한 하나님으로 전혀 다르다고 주장했다. 그리고 구약 성경에 기록된 모든 종교적 언약, 즉 유월절을 포함한 모든 절기와 율법은 예수 그리스도를 통해 성취되었으므로 폐기되었다고 주장했다.

이처럼 변증학자들은 대외적인 설득을 통해 기독교를 보호하려 했고, 영지주의 신학자들은 대내적인 혁신을 통한 기독교의 내적 변화를 바탕으로 생존을 도모하였다. 대표적인 변증학자로는 순교자 유스티누스가 있고, 영지주의 신학자 중 대표적 인물로는 이단자 마르키온(Marcion)이 있었다. 이들은 동시대 사람으로서 로마에서 활약하였는데, 특히 마르키온은 추종자들과 함께 많은 교회를 세워 자신의 독자적인 세력을 확장했다.

초기 로마 교회는 이처럼 대외적으로 정치 종교적 탄압에 시달리는 한편, 그리스도교 내부에서는 새로운 강력한 도전자들의 도전에 직면해 매우 심각한 어려움에 처해 있었다. 특히 유대인의 모든 관습을 말살하기 위해 안식일 제도를 준수하는 사람에게 사형을 선고하는 황제 앞에서, 대부분 비유대인이며 같은 라틴 민족으로 구성된 로마 교회는 자신들의 국가와 민족을 배신하고 안식일 준수를 고집할 수 없었다. 그들은 '그리스도교는 결코 유대교가 아니며, 그들과 다르다'는 것을 입증하는 것이 로마 제국에서 생존할 수 있는 유일한 방법이자, 당시의 절체절명의 위기 상황에서 벗어날 수 있는 비상구라고 생각했다. 결국 로마 교회는 유대교 신앙의 근본이라 할 수 있는 안식일인 토요일 대신 일요일을 예배일로 변경하기로 결정했다.

당시 일요일은 로마 미트라교(태양신교)가 신성시한 태양 숭배일이었다. 미트라교는 페르시아의 조로아스터교에서 파생된 종교로서 기원전 1세기경에 로마에 들어왔다. 태양신 미트라는 '정복 불가능한 신' 또는 '불멸의 젊은 신'으로 묘사되었으며, 주로 군인 층에서 열렬히 신봉되었는데 이후 귀족과 황실에서 받아들여 제국과 황제의 수호신으로 격상되었다. 기독교가 로마에 전파되었을 무렵에는 이 미트라교가 로마 제국에서 가장 영향력 있는 종교가 되어 있었다.

로마 교회는 그리스도교는 태양신교와 마찬가지로 일요일에 예배를 드리는 종교로서 토요일에 안식일을 준수하는 유대교와는 전혀 다르다는 점을 부각시키며, 그들의 종교는 유대교의 일파가 아니라는 것을 로마 당국과 이교도들을 향해 강력하게 호소하였다. 이같은 획기적이고 파격적인 예배일 변경은 유대교인들로서는 상상도 못할 절대 불가능한 결정이었다. 당시 로마 교회는 어떤 희생을 감수하더라도 로마 제국의 가혹한 탄압에서 필사적으로 벗어나 생존해야 하는 기로에 서 있었던 것이다.

게다가, 그리스도가 일요일에 부활하였으므로 로마 교회는 예배일을 안식일에서 일요일로 변경하는데 필요한 충분한 논리적 근거가 마련되어 있었다. 2세기 중반에 순교자 저스틴 (100-165 AD)은 안식일을 비난하며, 기독교인들이 일요일을 준수해야 한다고 주장하였다. 그는 안식일의 의미를 모세로부터 일시적으로 기원한 규정으로 격하시켰으며, 안식일의 모든 이론적인 중요성을 무력화시켰다. 그는 일요일은 그리스도인들의 공동체를 유지해 주는 날이라고 하였다. 왜냐하면, '일요일은 하나님이 이 세상을 만들 때 어둠과 빛을 만든 첫날이며, 우리 구세주 예수가 죽음에서 부활한 그날이기 때문'이라고 하였다. 그리고 안식일인 토요일은 즐거운 날이 아니라 단식하는 날로 삼아야 할 것이라고 교회의 지도자들에게 호소하였다.

이와 같은 안식일에 대한 부정적인 시각과 일요일 중시 사상은 동방의 교회와 일부 서방 교회의 반발에도 불구하고, 로마 교회에서 안식일 금식이 조기 도입될 수밖에 없었던 배경을 명확하게 설명하여 주고 있다. 로마 교회는 이처럼 안식일 금식의 근원지였으며, 그 제도를 다른 지역의 기독교 공동체에서 적용하기를 갈망하였는데, 대표적인 인물로는 감독 칼리스투스(217~222), 히폴리투스(170~236), 감독 실베스터(312~335), 감독 이노센트 1세(401~417), 어거스틴(354~430) 등이 있다. 실베스터는 토요일 안식일 금식은 예수의 사망을 슬퍼하기 때문일 뿐만 아니라, 유대인들과 그들이 준수하는 안식일을 경멸하기 때문이라고 언급하였다.

부활절-일요일 축제(Feast of Easter-Sunday)

속 사도 시대(Sub-Apostolic Age) 초기에는 기독교인들은 그들에게 가해지는 박해에 순교로서 감수하였고, 그 순교를 그리스도의 고난에 동참한다고 생각하여 오히려 영광으로 받아들였다. 그러나, 속 사도 시대 후기부터는 이 박해에 대한 교회의 반응이 지역에 따라 변하기 시작했다. 이 시기에는 당대의 유명한 학자들이나 법률가와 같은 높은 신분의 사람들이 그리스도교로 개종하면서 교회 구성원의 질적인 변화가 일어났다. 이들은 교회에서도 지도적인 위치에 있었기 때문에, 그리스-로마의 철학적 지식을 바탕으로 그리스도교에 가해지는 정치 종교적인 탄압에 대해 한편으로는 체계적이고 논리적인 변증을 통해 교회를 보호하였으며, 한편으로는 내부적인 교리의 재정립을 바탕으로 로마 당국의 정책에 절충하고 타협을 시도하였다.

이 절충의 산물 중 하나가 '부활절-일요일 축제(Feast of Easter-Sunday)'였다.

즉, 유대교 뿐만 아니라 예루살렘을 포함한 동방의 초대 교회들에서 일 년 중에서 가장 큰 명절로 경축하는 니산 월 14일의 유월절(Pascha)을 대신하여, 니산 월 14일 후에 오는 첫 번째 일요일을 그리스도가 부활한 '그리스도의 부활일'로 삼아 기념하기 시작한 것이다. 그리고 그리스도의 부활이 일요일에 일어났다는 역사적 사실에 근거하여 이교도인 미트라교가 제일(祭日)로 삼는 '태양의 날(dies solis)' 일요일을 '주의 날(the Lord's day)'이라는 이름으로 명명하여 전통적으로 지켜오던 안식일인 토요일을 대신하여 예배하도록 하였는데, 이것이 로마 교회에서 도입한 '부활절-일요일 축제'이다.

이 '부활절-일요일 축제'를 통해 당시 태양신을 숭상하는 이교도인 미트라교와 마찬가지로 그리스도교도 토요일이 아닌 일요일을 주일로 섬겨 그 날을 예배일로 삼고 있다고 주장함으로서, 로마 교회는 로마 당국과 이교도들로 하여금 그리스도교가 유대교의 한 종파가 아니라는 것을 강력하게 호소하였다. 이 때문에 이 축제는 '로만 이스터 썬데이(Roman Easter-Sunday)' 또는 로만 심볼스(Roman Symbols)라고도 불린다.

그러나 일요일을 예배일로 삼는 과정이 어느 한 순간에 이루어진 것이 아니었다. 이미 1세기 중반 경부터 대부분의 로마 교회내에서 이방인 신도들, 주로 로마인 신도들이 늘어나 그들의 숫자가 점차 우세해지면서 유대교의 안식일을 배척하고 일요일에 예배하는 기운이 서서히 나타나기 시작했으므로 이들 이방인 신도들과 유대인들과의 갈등이 심해져 갔을 뿐만 아니라, 교회와 유대교 회당(시나고그, synagoue) 사이에 균열도 점차 커져 나갔다. 이때부터 많은 로마 교회에서 유대교의 안식일을 배척하고 일요일에 예배하는 경향이 두드러지기 시작하였다. 바울(5~67)은 로마서에 이에 대해 우려를 표현하였다. 그렇지만 로마 당국의 탄압이 갈수록 심해졌기 때문에 당시 로마 제국의 한 중심부에 자리잡은 로마 교회로서는 그 위기를 헤쳐 나가기 위해서 어쩔 수 없이 그 길을 선택할 수밖에 없었다고 이해할 수도 있다. 결국 유대교로부터 기원한 그리스도교였지만 일요일 예배를 근거로 삼아 그리스도교는 유대교의 일파가 아니라는 것을 강력하게 주장하였으며, 실제로 유대교와 완전히 결별하는 계기로 삼았다.

이러한 그리스도교 내에서 발생한 반 유대주의는 로마와 알렉산드리아를 중심으로 시작되어 로마를 넘어 다른 지역으로 확산되었다. 결국 로마 교회의 변신은 그리스도교 신앙의 초기 교회의 정통을 이어 가려는 동방 교회(the Eastern)와 심각한 논쟁을 야기시켰다. 이로 인해 서기 154년경, 당시 85세인 소 아시아의 유명한 폴리카르푸스가 이 문제를 해결하기 위해 로마 교회를 방문하게 되었고, 그 유명한 부활절-일요일 논쟁(Easter-Sunday Controversy)이 벌어지게 되었다.

반(反)유대주의

그리스도교에서 나타나는 부활절과 일요일 논란의 바탕에는 반 유대주의(Anti-Judaism) 사상이 깔려 있었다. 유대주의란 유대인의 종교인 유대교를 중심으로 이루어진 유대 민족의 모든 관습과 사상이라 할 수 있는데, 그 중심에는 유대교의 율법이 있다. 반 유대주의라 함은 이 유대교의 교의와 사상의 근원이 되는 율법을 부정한다는 것이다. 특히 이방인 숫자가 우세한 로마 교회에서 유대인들과의 갈등으로 인해 반 유대주의 사상이 싹트기 시작했고, 후에 네로의 예로서 알 수 있듯이 로마의 그리스도인들은 유대인들과 일찍부터 구별되어 취급되었다. 네로(제위 54~68)가 유대인이나 유대교가 아닌 그리스도 교인들을 특정하여 희생양으로 삼았다는 사실이 그 증거라고 할 수 있다. 이처럼 그리스도교가 팔레스타인이나 다른 지역에 비해 더 일찍 로마에서 유대교와 차별화되었다는 사실은 안식일을 버리고 일요일을 새로운 예배일로 채택한 것이 로마에서 처음으로 나타났으며, 유대교와의 차별화 과정에서 일어났다는 것을 반증하는 것이기도 하다.

문자 그대로, 반 유대주의의 새로운 물결이 그 시대에 밀려 들었는데, 이것은 의심할 것도 없이 유대인들에 대해 적대감을 갖는 로마의 정서를 반영하는 것일 뿐만 아니라, 유대교의 율법을 따르는 것이 로마인들에게 어려웠기 때문이기도 하였다. 반 유대주의에는 비 그리스도교의 반 유대주의와 그리스도교의 반 유대주의가 있는데, 여기에서는 그리스도교의 반 유대주의에 대해서 살펴보기로 하겠다.

그리스도교의 반 유대주의도 두 부류로 구분할 수 있다. 그리스도의 순수한 복음 사상을 유대교의 율법, 특히 탈무드와 같은 비 성서적인 요소로부터 분리시키려 했던 사도 바울과 요한의 반 유대주의가 한 부류인데, 신구약 성서의 통일성을 옹호하고 그리스도교의 정통 사도 전승을 수호해 나가려는 폴리카르푸스, 이그나티우스, 이레나에우스 등에 의해서 계승되었다. 또 한 부류로서 히드리아누스 치세 당시 로마 제국의 박해로부터 벗어나고 로마 당국과 이교도들의 호의를 얻기 위해 그리스도교에서 유대교적인 요소를 완전히 배제할 뿐만 아니라 이교도적인 요소까지 추가로 접목시킴으로서 그리스도교가 유대교의 일파가 아님을 주장한 반 유대주의가 있다. 세네카(65년 사망), 페르시우스(34~62), 페트로니우스(66년 사망), 퀸틸리안(35~100), 마르티알(40~104), 플루타크(46~119), 쥬베날(125년 사망), 타키투스 (55~120)와 같은 그리스도 작가들은 유대인들을 민족적으로, 문화적으로 비난하였다. 특히 안식일을 지키는 유대인의 관습과 할례는 타락한 미신의 본보기라고 경멸적으로 조롱하기도 하였다.

유대인들에 대한 탄압 정책과 그들에 대한 적개심은 로마의 수도에서 특히 두드러졌으며, 특히 하드리아누스 때 유대인들을 억압하는 정책은 더욱 더 심각해졌다. 이와 같은 상황들은 기독교인들을 각성시켜 이 시점부터 시작된 것으로 여겨지는 전반적인 반 유대 문학을 일으켰다. 그리고 유대인들로부터 종교적으로 독립하려는 의도의 기독교 신학(Christian theology)이 발생하였다.

에세네파의 영향

사도 바울이 유대교에서 그리스도교로 개종했던 시기에 상당수의 유대교를 믿던 유대인들도 그리스도교로 개종했는데, 그중에는 사두개파(the Sadducees)와 바리새파(the Pharisees), 그리고 에세네파(the Essenes) 사람들도 있었다. 에세네파는 원래 하시딤(Hasidim; 경건한 자, 율법에 충실한 자라는 뜻)이라는 극단적인 종파의 후예들이다. 시리아의 안티오쿠스(Antiochus IV, 기원전 176~164) 왕이 유대인들을 종교적으로 탄압하자 맛다디아(Mattathias)를 중심으로 독립 투쟁을 하는 도

중에, 이들이 또 하나의 투쟁 무리와 협력하여 공동으로 독립 운동을 벌이게 되었는데, 이때 만난 무리들이 하시딤이었다. 그런데 안티오쿠스 군대와 전투를 하는 과정에서 이들은 의견의 일치를 보지 못하는 상황이 벌어졌다. 후에 사두개파가 된 맛다디아의 무리는 적이 공격해 오면 비록 안식일일지라도 방어를 위해서 싸워야 한다고 주장한 반면, 하시딤 일파는 비록 죽임을 당할지라도 안식일에는 싸울 수 없다고 주장하였다.

세월이 흘러, 하시딤 무리들도 다시 온건파와 강경파로 갈라졌는데, 온건파가 바리새파이고, 강경파로 알려진 무리들이 에세네파이다. 이 에세네파의 신앙에는 유대교의 율법에 여러 이교 신앙의 요소가 가미되어 있었으며, 엄격한 수도적 고행과 은둔 생활을 고집했다. 그들은 하나님을 예배하면서도 태양을 숭배했으며, 영혼 불멸설을 믿었고, 죽은 자를 위해 제사를 지냈으며, 천사를 숭배하였다. 또한 행성신을 숭배하여 각각의 행성신의 날을 지켰고, 각종 절기를 지켰으며, 금식과 금욕, 독신 생활을 선호하고 결혼을 반대하였다.

그런데 이들 에세네파를 믿던 유대인들이 그리스도교로 개종해 들어오면서 교회 내부에 혼란이 시작되었다. 회심한 그리스도교인들은 순수한 복음을 받아들이기 전에 이미 그리스 철학, 페르시아의 신비로운 동방 종교, 그리고 밀교의 의식과 교의에 익숙해져 있었기 때문에, 이러한 이교적 사상과 비복음적 의식들이 그리스도교 내부에 빠르게 퍼져나갔다. 이런 사태를 예견했던 사도 바울은 그리스도교를 이교도적인 사상을 바탕으로 해석하거나 율법주의자들의 관점에서 접근하는 것을 경계할 것을 모든 교회에 경고한 바 있다. 아무튼, 이들 회심한 그리스도교인들은 로마로부터 심각한 박해를 받던 그리스도교가 돌파구를 찾던 시기에 큰 영향을 미치게 되었다.

반 유대주의 정신을 강조하며 로마 교회가 유대교의 니산 월 14일 유월절을 부활절로 대체하고 안식일 대신 이교도 태양신 숭배의 날인 일요일로 변경하는 과정에서, 모순적이지만 유대교의 한 분파인 에세네파에서 비롯된 이교적 관습과 교리의 대부분을 함께 받아들였다. 에세네파로부터 그리스도교가 받아들인 관습들을 살펴보자. 태양을 향해 기도하고 예배드리는 에세네파의 관습을 따라 그리스도를 태양신과 동일시하며 예루살렘 방향이 아닌 태양이 떠오르는 동방을 향해 기도하였으며, 부활절 행사 때에도 떠오르는 태양을 바라보면서 예배드렸다. 죽은 자들을 위한 미사 의식, 죽은 자를 위한 세례 의식, 성자 숭배, 영혼 불멸설과 같은 개념을 받아들였다. 천사를 찬미하고 숭배하는 관습으로부터 각종 우상 숭배와 마리아 숭배 사상이 만들어졌다. 결혼을 반대하여 신부들의 독신 제도가 만들어졌으며, 고행과 은둔 생활을 고집하여 수도원 제도가 만들어졌다. 이외에도 수 많은 그들의 관습들이 교회 내에 받아들여졌다.

마르키온

마르키온(Marcion, ?~170/175)은 격렬한 율법 폐지론자로서 로마 그리스도교의 영지주의적 이단자였다. 그는 또한 최초의 신약 성서를 편집한 신학자였으며, 교회 개혁 운동가였다. 마르키온은 소아시아 북단에 있는 폰투스의 시노페 교회 감독의 아들로 태어났다. 고향에서 미모의 젊은 유부녀와 부도덕한 사건을 일으켜 교회 감독이던 아버지로부터 출교를 당하였다. 서기 130년경 고향을 떠나 로마에 오게 되었고, 여기에서 스승 케르돈(Cerdon, ?~140)을 만나게 되었다. 당시는 유대인 바르 코크바 반란으로 인한 제 2차 유대전쟁이 끝나고 로마 시민과 위정자들의 유대인 탄압이 최고조에 이르던 시기로서, 하드리아누스 황제의 유대인 박멸 정책을 그의 후계자 안토니우스 피우스(Antonius Pius, 재위 138~161) 황제가 뒤를 이어 계승하고 있던 때였다.

그리스도교 역시 유대의 한 분파로 인식되어 위험에 처해있던 이 험난한 시대에 많은 영지주의적 이단자들이 나타났는데, 그중의 한 사람이 시리아 출신의 케르돈이었다. 케르돈은 최초에 두 신이 있었다고 주장했다. 그중 한 분의 하나님은 선했지만, 다른 하나님은 잔인한 신이었다. 잔인한 신이 이 세상을 만든 창조자였지만, 선한 하나님이 그중에서 최고의 신이라고 하였다. 그래서 케르돈은 선지자들과 율법을 부정하였으며, 또한 창조주 하나님 역시 거부하였고, 오직 최고의 선한 신의 아들로서 오신 그리스도를 지지한다고 설교하였다.

마르키온은 스승 케르돈으로부터 깊은 감명을 받았으며, 스승의 영향으로 유대인들의 잔혹한 구약의 하나님과 은혜롭고 인자한 신약의 하나님이 따로 존재한다고 믿게 되었다. 구약의 하나님은 그의 율법에서 네 이웃을 사랑하고 네 원수를 미워하라, 눈에는 눈으로, 이에는 이로 갚으라고 명한 것처럼 사납고 잔인하였다. 그러나 신약의 하나님은 네 원수를 사랑하라고 한 것처럼 선하였다. 마르키온은 두 하나님 사이에 너무나도 큰 차이가 있다고 생각하였다. 그는 아버지가 자신을 파문했던 것도 구약의 잔인한 하나님의 명령을 따른 것이지, 신약의 인자하고 자비하신 하나님을 알지 못했기 때문이라고 생각했다. 그래서 그는 교회의 개혁을 부르짖고 나섰다.

그는 그 당시 그리스도교가 당국의 박해로부터 살아남을 수 있는 유일한 길은 유대교적인 요소 즉 율법에서 벗어나는 길밖에 없다고 주장했다. 그렇지만 서기 144년, 마르키온의 이단적인 주장은 그 당시의 정통파 교회에서는 거부되었으며, 마르키온파는 결국 로마의 감독 피우스 1세로부터 파문을 당하여 배척되고 말았다. 그러자 마르키온은 자신의 추종자들을 규합하여 교회를 율법으로부터 해방시켜 오로지 복음 위에서만 세워지도록 하겠다는 목표를 세우고 교회 개혁 사업을 선포하였다. 마르키온은 모든 형식의 율법주의와 유대주의를 공격하였다. 당시 마르키온의 개혁 운동은 로마의 그리스도교 집단에 상당한 영향력을 끼쳤으며, 그들을 '마르키온파'라고 불렀다. 이 마르키온파는 세력이 급진적으로 확장되었으며 정통파 교회에 일대 위협이 되었다.

마르키온은 교회 개혁 사업을 통해 두 가지 성과를 이루었다. 하나는 유대교와 초대 교회의 성경인 구약 성경을 저급의 창조주 하나님의 것이라 하여 모두 버리고, 그보다 우수한 누가 복음과 바울의 서신들로 이루어진 신약 성경을 최초로 편찬해서 대체했다는 것이고, 또 하나는 안식일을 부정하여 이날을 단식일로 삼고, 일요일을 공식 예배일로 대체하였다는 것이다. 마르키온이 편찬한 정경은 일명 마르키온 복음서(A Gospel of Marcion)라고 하는데, 갈라디아서를 서두로 한 사도 바울의 10 서신(목회 서신 제외)과 제 1, 2장이 삭제된 누가 복음, 그리고 자신이 저술한 대조론(Antitheses)으로 구성되어 있다.

마르키온은 율법과 복음을 대조시켰다. 마르키온은 그리스도교 복음은 사랑의 복음으로서, 구약의 창조 신의 율법과는 다르다고 하였다. 또한 이 율법과 복음의 차이를 깨달은 사도는 바울 뿐이며, 다른 사도들은 유대교 사상에서 벗어나지 못했다고 하였다. 그러므로 그리스도교의 정경은 바울의 10 서간과 누가복음 뿐이라고 주장했다. 그가 마태복음을 정경으로 택하지 않은 이유가 저자가 유대인이었다는 사실 뿐만은 아니었다. 마태의 복음 중 "내가 율법이나 선지자를 폐하러 온 줄로 생각하지 말라. 폐하러 온 것이 아니라 완전케 하려 함이로다."라는 마태복음(5:17) 내용 때문이었다.

이처럼 마르키온은 복음과 율법, 그리스도 신앙과 유대교 사상, 선하신 하나님과 공의의 하나님으로 분리 대조시킴으로서 이원론적인 신학을 전개시킨 이단자로서, 대표적인 격렬한 율법 폐지론자였다. 그는 그리스도가 율법과 선지지를 폐하기 위해서 왔다고 격렬하게 주장하였다. 따라서 예수 그리스도가 유대인의 창조주 하나님이 제정했던 모든 의식, 제도, 율법, 구약 등을 폐하였으니 안식일 역시 폐지되어야 마땅하다고 강조하였다.

마르키온파는 정통 그리스도교에서 벗어나고, 그리스도교의 중요한 교리인 구약과 신약의 연속성과 일관성을 부인하며 율법 폐지론을 주장하는 등 신앙의 근본적인 부분에서 다른 견해를 제시했기 때문에 교회는 마르키온의 복음을 이단으로 규정하고 타파하였다. 마르키온의 이단은 그후에도 여러 차례 일어났지만, 교회는 그때마다 그들을 비난하고 거부하였다.

단식일 논쟁

또 하나의 논쟁이 벌어졌다. 안식일(토요일)에 단식하는 것이 옳은지 여부이다. 서기 2세기 중반에 접어들면서 그리스도교에 반 유대주의 사상이 일어나기 시작하더니 영지주의자들의 주장이 점차 스며들어 '안식일 경시론'과 '일요일 신성론'이 대두되었고, 동서 양쪽 교회들은 예배일 문제로 서서히 균열이 가기 시작하였다. 당시의 정치 종교적 상황으로 인해서 로마 교회에서는 안식일을 버리고 일요일을 선택해야 할 필요가 있었다. 그리하여 그리스도가 일요일에 부활하였다는 사실을 근거로 삼아 매주 일요일 날마다 그리스도의 부활 기념일이라 하여 부활절-일요일(Easter-Sunday)을 존중하며 환희의 날로 지정하여 축제일로 삼았다.

반면에 안식일은 '유대인의 제도'라 하여 '단식일'로 격하시켜 괴롭고도 우울한 날로 천대하였다. 이를 근거로 사람들로 하여금 안식일은 굶주리고 고통스러운 비애의 날로 느끼게 하였다. 이와 같이 로마 교회는 안식일의 부정적 시각을 부각시킴과 동시에 안식일 대신 일요일을 신성시하였으며, 일요일은 환희의 날로서 예배일이라는 논리를 전개하였다. 일요일을 '주의 날'로 공식적으로 호칭할 것을 그리스도교에서 최초로 명령했던 로마 교회 감독 실베스터(Sylvester, 즉위 314~335)는 교회가 안식일에 금식해야 될 이유를 다음과 같이 역설했다.

"매주 일요일을 그리스도교인들이 그리스도의 부활을 기념하여 환희의 날로 하듯이, 매주 안식일은 그리스도께서 장사되었던 날이라는 의미를 중시하면서 유대인들을 저주하는 날로서 기억해야 할 것이다. 그 안식일 날에 주님이 무덤에 묻히자 승리감에 도취되어 기뻐 날뛰며 즐거워하는 유대인들 속에서 주님의 모든 제자들은 비탄 속에서 슬픔에 잠겼다. 이처럼 안식일 이날에 슬퍼하고 단식하는 것은 사도들에 의해 전래되었다. 그러므로 우리의 주가 부활하던 날을 기뻐하며 경축하듯이, 주님의 장사됨으로 인한 비통함을 우리 역시 겪어야 함이 마땅하다." 실베스터의 이러한 논리는 로마 교회의 안식일 단식론의 근간이 되었다. 그 후 로마 교황 이노켄티우스(Innocentius I, 즉위 401~417) 역시 실베스터와 마찬가지로 안식일에 단식할 것을 강력히 주장하였다.

이같은 로마 교회의 주장에 대해 동방 교회는 강력하게 비난하였다. 팔레스타인의 니사 교회 감독 그레고리우스(Gregorius, 즉위 331~396)는 "주의 날과 안식일이 자매가 된 이상 왜 주의 날은 존경하고 안식일은 멸시하는가?"라며 분개하였다. 북 아프리카의 히포 교회 감독 아우구스티누스(Augustinus, 즉위 354~430)는 일요일을 안식일보다 더 우월하다고 주장하는 일요일 신성론자였지만 안식일 역시 존중하였다. 그는 안식일에 단식하는 것이 옳다고 주장하지 않았으며, 한 서한에서 많은 교회들이 안식일 역시 존중한다고 기록하였다.

서기 305년에 스페인의 그라나다 근교의 엘비라에서 열린 종교 회의에서는 "우리는 매 안식일마다 중첩된 단식일이 잘못된 것이므로 이를 시정할 것을 의결한다."고 하였다. 원래 금요일에 그리스도가 십자가에 못 박혀 사망한 것을 추모하여 금요일에 단식 의식을 지내는데, 이 금식을 다음날인 토요일 안식일까지 연장하여 지키는 행위를 '중첩된 단식일(the superposition of fast)'이라고 말한다. 당시 로마 교회에서는 금요일 단식을 토요일까지 연장하여 지키도록 하는 중첩된 단식일을 주장하였는데, 그 목적은 안식일을 단식일로 정함으로서 안식일의 의미를 격하시키고 궁극적으로 유대인의 안식일 제도를 그리스도 교회에서 폐지하고 일요일을 유일한 예배일로 공고히 하는데 있었다.

창조 제 1일 신성론

그리스도교는 로마 당국의 박해로부터 살아남기 위해 안식일 대신 태양의 날 일요일을 '주의 날'로 변경하여 예배일로 삼았지만, 교회 감독들은 교회 안팎에 일요일이 교의적으로 명확히 신성한 예배일임을 증명해야 했다. 그들이 선택한 가장 적절한 논리는 '일요일에 그리스도가 부활했다'는 사건이었다. 그렇지만 일요일에 부활한 사건만으로 매주 일요일을 신성한 축일로 여기고 예배하는 것은 논리적으로 너무 빈약하였다. 어떤 사람이 일요일에 태어났기 때문에 매주 일요일마다 생일 축하를 하는 것과 무엇이 다르단 말인가?

그래서 영지주의 신학자들은 논리적으로 부족한 부분을 메우고 일주일 단위의 주기성을 지원하기 위해서 고안한 이론이 '창조 제 1일 신성론'이었다. 일요일은 성서적으로 첫째 날로서, 하나님께서 "빛이 있으라"하며 이 세상을 창조한 첫날이었다. 이 첫째 날에 '참된 빛(the True Light)', 그리스도가 죽음의 흑암에서 생명의 광명으로 부활하여 영적 참 빛을 비춘 날이라는 논리를 전개하였다. 이것이 곧 '창조 제1일 신성론'이다.

'제8일론'(the Theology of the Ogdoad)

교부들은 또 다른 보강 논리를 찾았는데, 바로 '제 8일론(the Theology of the Ogdoad)'이었다. 제 8일론에서 일요일을 예수 그리스도의 부활 이후 여덟 번째 날로 간주한다. 제 8일론에 따르면, 일주일은 일곱 날로 이루어져 있으며, 그 다음 날인 여덟 번째 날인 일요일은 새로운 창조의 시작을 상징한다. 즉, 여덟 번째 날인 일요일은 세상과 인류에 대한 또 다른 시작과 기회를 상징하는 날로서, 예수 그리스도의 부활로 인해 죽음으로부터 새로운 삶으로 이끌어진 날과 연결되어 있다고 하였다. 이것이 일요일을 신성한 날로 간주하는 또 다른 근거로 작용하였다.

그렇다면 '제 8일론'이란 과연 어떤 이론인가? '제 8일론'은 영지주의 이단자 발렌티누스(Valentinus, 100~160/180)의 소위 '오그도아드(the Ogdoad)론'에서 비롯된 이론이다. 오그도아드는 8을 의미하는 그리스어 "옥토"(Octo)와 성서를 의미하는 그리스어 "도아드"(Teuchoi)의 결합어로, 제 8일의 상징적 의미를 강조하기 위해 사용되었다. 발렌티누스는 이 여덟째 날(the Eighth Day)의 신성론을 뒷받침하기 위해서 성서뿐만 아니라 플라톤이나 피타고라스와 같은 철학자들의 사상들까지도 인용하였으므로, 결과적으로 그의 교리에는 성경의 내용과 그리스 철학이 혼합되어 있었다.

발렌티누스는 종교적, 신비주의적 철학적 이론을 바탕으로 우주가 일곱 행성구와 그 위의 여덟 번째 고정 별인 '오그도아드', 그리고 플레로마(Pleroma)로 구성되어 있다고 주장하였다. 발렌티누스의 교리에서 플레로마, 오그도아드, 그리고 일곱 행성구는 우주의 계층 구조를 이루고 있다. 그중 플레로마는 최상위 영역으로 신들의 완전함과 영적인 존재들이 존재하는 곳이고, 오그도아드는 중간 영역으로 초천국의 영역이며, 일곱 행성구는 우주의 가장 낮은 영역으로 물질적인 세계와 연결되어 있다고 하였다.

좀 더 자세하게 설명하자면, 플레로마(Pleroma)는 발렌티누스 교리에서 최고의 신성한 영역으로, 이곳에 하나님이 존재하며 영적인 존재들인 에온들이 살고 있다고 하였는데, 에온들은 완전한 신성함을 가진 신의 존재와 사고의 표현을 나타내는 존재들로 간주된다. 따라서, 플레로마(Pleroma)는 신과의 완전한 단합을 이루는 영역이자, 신의 완전한 빛과 지식이 존재하는 공간이다.

오그도아드(Ogdoad)는 플레로마 아래에 위치한 영역으로, 여덟 번째에 해당하는 고정된 별로, 그 아래에는 일곱 행성 구조가 존재한다고 설명하였다. 이 오그도아드 영역은 천국조차도 초월한 세계 영혼들의 영원한 휴식의 상징으로 초천국이라고도 불리며, 영적 세계와 물질 세계 사이의 경계에 해당하는 영역이다. 여기에는 소피아 또는 프루니코스라고 불리는 일곱 아르콘(천사)의 어머니가 살고 있다고 하였다. 에피파니우스에 의하면 소피아는 바벨로(Barbelo)라고 지칭되기도 하는데, 바벨로는 신성한 영역인 플레로마(Pleroma)의 일부로서 일곱 아르콘을 창조했고, 세계와 오그도아드 사이에서 길을 잃은 영혼들을 인도하여 돕는 역할을 한다고 간주되었다.

마지막으로, 일곱 행성구는 발렌티누스의 교리에서 물질적 세계를 구성하는 주요 부분에 해당하며 각각 일곱 아르콘(Archon;천사)에 의해 만들어졌으며, 그렇게 만들어진 일곱 행성구의 별들을 성스러운 헤브도마스Hebdomas라고 하였다. 그 일곱 별이 바로 토성, 목성, 화성, 태양, 금성, 수성과 달로서, 지구와 여덟 번째의 고정된 별인 '오그도아드' 사이에 존재한다고 생각하였다. 그리고, 이들 행성들은 물질 세계의 창조자로 간주되는 일곱 아르콘(Archon)에 의해 지배된다고 하였다.

발렌티누스는 인간 세계와 신비로운 영역 사이에 구원의 과정이 존재한다고 주장하였다. 인간은 물질 세계에 갇혀있는 영혼을 가지고 있는데, 이 영혼을 오그도아드와 플레로마로 되돌려 보내기 위해서는 구원을 받아야 한다고 믿었다. 구원을 얻기 위해선, 인간이 지식(Gnosis)을 통해 영혼의 신성한 기원을 깨닫고 그것을 회복해야 한다고 강조하였다. 이 지식을 통해 인간은 물질 세계의 속박에서 벗어나 신성한 영역으로 되돌아갈 수 있다고 믿었다.

이러한 교리는 발렌티누스의 영지주의에 따른 믿음의 핵심이자, 인간의 영혼을 구원하는 방법으로 간주되었다. 오그도아드의 개념은 발렌티누스의 세계관에서 인간의 영혼이 결국 도달해야 할 곳으로 간주되었다. 다시 말해서 인간은 현재 살고 있는 이 세상과 오그도아드 사이에서 길을 잃어버린 영혼들이라고 여겨졌으며, 그리스도의 가르침을 따르고 영적 성장을 거치면 결국 오그도아드로 돌아갈 수 있다고 믿었다. 따라서, 발렌티누스는 8번째 영역인 오그도아드는 일곱 행성 위에 자리하는 초-천국의 영역이기 때문에, 8이라는 숫자는 천상의 숫자이며 모든 숫자보다 위에 있다고 하였다. 그러므로 '제 8일'에 해당하는 일요일은 안식일보다 신성하며 우월하다고 주장하였다.

이 오그도아드 이론을 순교자 저스틴(Justinus, 100~165)이 일요일 신성론에 적용하였다. 저스틴 순교자는 일요일을 제 8일로 취급하였으며, 그의 이론에서 오그도아드(Octoateuch) 개념이 나타난다. 저스틴은 그의 명저 '유대인 트리포(Trypho)와의 대화' 138장에서 "노아 자신과 아내, 그의 세 아들, 그리고 세 자부의 총 합은 숫자 상으로 8이라고 하였다. 따라서 노아 식구들의 총 합인 8이라는 숫자는 제 8일(eighth day)의 상징이었으며, 바로 그 날에 그리스도께서 죽음에서 부활하여 나타나셨다."라고 주장하였다.

제 8일론자들은 '8'이라는 숫자와 관련되어 있는 구약의 내용들을 모두 찾아내어 제 8일에 대한 예언적 증거들로 삼았다. 이 '오그도아드 론'에서 비롯된 '제 8일론'은 그후 알렉산드리아의 교부 클레멘스와 그의 제자 오리게네스 등을 포함한 많은 신학자들 및 영지주의자들이 즐겨 인용하였다. 이처럼 영지주의 자들에 의해 도입된 오그도아드 논리는 성경적인 자료들을 통해 보강되었으며, 이를 바탕으로 일요일 준수가 논란의 여지가 없는 사도적인 제도라는 것을 확실하게 강조하였다. 이들이 주장한 제 8일론의 또 다른 성서적 근거들은 다음과 같다.

1. 다윗 왕은 8번째 아이다.
2. 할례가 8일 째에 행해졌다.
3. 예수가 부활한 후 제자들에게 나타나고, 8일 지나서 다시 나타났다.(요 20 : 26)

이처럼 성경에서 8이라는 숫자와 관련된 것은 무엇이든지 '오그드아드의 신비(the mystery of the Ogdoad)'를 성취한 것이라고 주장하였다.

제 8일론은 오랫동안 그리스도교 교회 내에서 큰 영향력을 발휘하였지만, 이를 반박하는 세력들도 나타났다. 당연히 유대교의 반발이 가장 컸었고, 내부적으로는 아리우스파가 반대하면서, 이에 대한 반론이 니케아 공의회에서 거론되었다. 또한 프로테스탄트 개혁 운동에서는 성경은 직접적이고 명료한 방식으로 일관성 있게 해석해야 한다는 원칙을 지향하면서, 제 8일론의 계층적 해석 방식을 비판하였다.

세월이 흘러 실제로 일요일 준수가 기정 사실화되어 정착되면서 안식일-일요일 논쟁이 종식되었을 때, 교회는 '제 8일론'과 그 내재된 의미가 일요일 준수에 대한 동기이며 논리적 배경이라고 주장하였던 점에 대해 공식적으로 솔직하게 취소하였다. 콘스탄티노플의 한 주교는 다음과 같이 언급하였다. "이런 이유로 누구도 주일을 '제 8일'이라고 부르지 않고, 단지 첫째 날이라고 부른다." 결국, 발렌티누스의 교리는 기독교의 주요 교리와는 다르기 때문에 후대의 기독교에서 이단으로 간주되어 교회로부터 배척되었고, 제 8일론도 함께 기각되었다. 현재까지 기독교 교파에서는 대부분 제 8일론을 기각하고 있다. 따라서 그의 개념들은 오늘날 기독교 교리에서는 결코 찾아볼 수 없다.

이처럼 일요일 신성론자들은 부활절-일요일론을 중심 축으로 하여 논리적으로 부족한 부분을 '창조 제1일론'과 '제 8일(the Ogdoad)론'을 바탕으로 보강하여 일요일 신성론을 완성시켰다. 일요일을 '그리스도의 부활일'이라 하여 예배일로 주장한 대표적인 교부들로는 카르타고 교회의 감독이었던 테르툴리아누스(Tertullianus, 재위 160~240)와 키프리아누스(Cyprianus, 재위 200~258), 그리고 알렉산드리아의 감독 클레멘스 (Clemens, 재위 153~216)와 오리게네스(Origenes, 재위 182~230)가 있다. 아프리카의 석학 아우구스티누스 역시 "주의 날은 주의 부활을 통해서 그리스도인들에게 선포된 것이다. 그러므로 우리는 주의 부활의 이날을 축일로 경축하는 것이며, 이 사건이 일요일 경축의 기원이다."라고 하였다. 그는 또한 "주의 날은 그리스도의 부활을 통해서 안식일보다 더 좋은 날이 되었다."고 하였다. 동시대의 석학인 히에로니무스(Hieronymus, 340~420) 역시 "세상의 빛이 나타나신 날이 바로 이날이고, 의의 태양(Sun of

Justice)이 떠오른 날도 바로 이날이다."라고 하였다. 오리게네스는 "주의 부활은 매년 성축해야 할 뿐만 아니라, 매 7일 째마다 항상 성축되어야 한다."라고 하였다. 그는 연례적 축제 행사였던 부활절을 성서적 용어를 인용하여 주일적인 행사로서 그리스도인이 성축해야 할 것임을 선언한 최초의 교부였다. 로마의 감독 인 노켄티우스 1세(Innocentius I, 재위 401~417)는 "우리는 주 예수 그리스도의 부활을 존경하기 때문에 일요일을 성축한다. 부활절 일요일뿐만 아니라 매주 일요일마다 성축한다."라고 하였다.

요제절(Feast of Firstfruits)

유월절, 무교절, 그리고 요제절은 유대인의 전통적인 절기로, 구약성경의 레위기(23장 4~12절)에 그 내용이 기록되어 있다. 초기 그리스도교가 유대교를 기반으로 발전해 왔기 때문에 그들이 사용했던 경전이 구약 성경이었던 것처럼, 그리스도 초대 교회의 절기도 유대교의 절기인 '유월절', '무교절', '요제절', '오순절' 등과 같았다.

유월절은 유대인에게 가장 중요한 명절이자 절기로, 니산 월 14일 저녁 해질 무렵에 흠 없는 일 년 된 수컷 어린 양을 잡아 기념하는 행사이다. 무교절은 유월절 다음날인 니산 월 15일부터 일주일간 지켜야 하는 절기로서, 이 기간 동안 이전에 저장해 놓은 누룩 없는 가루를 사용하여 만든 무교병을 먹으며, 쓴 나물과 함께 유즙제를 마시기도 한다. 유즙제란 무교절 기간에 유대인들이 마시는 포도주를 말한다. 요제절은 무교절 기간 중 안식일 다음날로서, 곡물의 첫 이삭 한 단을 제사장이 여호와 앞에 들어 올려 바치는 전통적인 절기였다. 요제절 제물을 바치기 전까지는 유대인들은 햇곡식을 먹지 못했으며, 제물을 바친 후에야 먹을 수 있었다. 즉, 유월절은 니산 월 14일이며, 무교절은 니산 월 15일부터 칠 일간 지켜야 하며, 무교절의 첫날과 마지막 날을 안식일로 삼아 지킨다. 그리고 요제절은 안식일 이튿날에 지킨다.

하지만 '안식일 이튿날'이라는 표현 때문에, 요제절 날짜를 정하는데 있어서 해석 방법에 따라 두 가지 경우가 발생하였다. 하나는 바리세인들의 주장으로, 무교절이 시작되는 첫날을 안식일로 지키라고 하였으므로, 니산 월 15일이 안식일이고 다음날인 니산 월 16일이 요제절에 해당한다는 해석이다. 그 결과, 니산 월 16일이 항상 요제절이 되면 매해마다 요제절이 오는 요일이 달라지게 된다. 따라서 일요일에 요제절이 오게 되는 경우는 7년에 한 번 뿐이다. 다른 하나는 사두개인들의 주장으로, 무교절 7일 기간 내에는 달력 상에서 실제 안식일인 토요일이 있는데, 이 토요일 날 다음에 오는 일요일이 요제절이라는 해석이다. 사두개인들의 주장대로 요제절을 지키게 되면 요제절은 매해마다 항상 일요일에 오게 되지만, 그 날짜는 매해 달라지게 된다. 대부분의 사람들이 바리세인들의 주장이 더 합당하다고 생각하였다.

그런데 그리스도가 사망했던 날은 유월절 저녁으로 니산 월 14일, 금요일이었다. 따라서 무교절이 시작되는 15일은 토요일이었고 그리스도가 부활했던 날은 일요일이었다. 놀랍게도 그리스도가 부활하였던 그날은 유대력의 날짜로 니산 월 16일이었고, 요일로도 일요일이었기 때문에, 바리세인들이 주장하는 요제절의 조건 뿐만 아니라 사두개인들이 주장하는 조건 역시 확실히 충족시키는 완벽한 요제절이었던 것이다.

신약 성경에서 유월절과 무교절이 다음과 같이 여러 차례 언급되어 있다:

1. 누가복음 22:1 – "유월절이라 하는 무교절"
2. 누가복음 22:7 – "유월절 양 잡는 무교절"
3. 마가복음 14:1 – "유월절과 무교절"
4. 마가복음 14:12 – "무교절의 첫날 곧 유월절 양 잡는 날"

신약 성경에 기록된 이러한 내용들을 통해 유월절과 무교절이 대부분 함께 언급되는 것을 확인할 수 있으므로, 신약 성경에서도 유월절과 무교절이 밀접한 관련이 있다고 여겼다는 것을 알 수 있다. 그러나 '요제절'이라는 용어는 신약 성경에서 전혀 찾아볼 수 없다. 이로 인해 요제절은 신약 성경이 집필될 당시까지만 해도 그리스도교에서는 잘 알려지지도 않았고, 어떤 의미도 부여되지 않은 채 유대인들만의 절기로 남아 있었다고 할 수 있다.

그런데, 신약 성경에서조차도 그리스도교와 연관짓지 않고 유대인들만의 절기라고 하여 무시하였던 요제절이었지만, 후에 그리스도교에서 특별한 의미를 부여하기 시작하였다. 유월절은 '세상 죄를 지고 가는 하나님의 어린 양'인 그리스도를 상징하는 절기라면, 요제절은 '죽은 자 가운데서 다시 살아나 잠자는 자들의 첫 열매가 될 그리스도를 상징하는 절기였다'고 해석하였고, 이 요제절 날에 그리스도가 부활하였다고 하였다.

신약 성경에서는 '요제절'이라는 용어는 직접적으로 언급되지는 않았지만, '첫매'라는 용어가 사용되었으며, 이는 요제절에서 바치는 곡식의 첫 이삭을 의미한다고 하였다. '첫매'라는 용어가 고린도전서 15장 20절에 다음과 같이 나온다. "그리스도께서 죽은 자 가운데서 다시 살아나셨으니, 그가 자기 앞에서 잠자는 자들의 첫매가 되시려고!"

폴리카르푸스와 아니케투스의 논쟁

속 사도 시대부터 부활절 날짜와 관련해 주일(일요일) 예배의 중요성이 강조되기 시작했으며, 이러한 변화는 점차 로마 교회를 중심으로 주위 지역으로 확산되어 가면서 니산 월 14일에 유월절을 기념하는 관례는 점차 뒤로 밀려났다. 이로 인해 그리스도교 내부에서는 논쟁이 벌어지기 시작하였고, 마침내 서머나 교회의 감독 폴리카르푸스(69~155)와 로마 교회 감독 아니케투스(즉위 154~165) 사이에 부활절 준수 날짜에 대한 논쟁이 발생했다. 이레나에우스(132~202)는 폴리카르푸스에 대해 이렇게 서술하였다. "폴리카르푸스는 그리스도의 사도들로부터 직접 교육을 받았으며, 그리스도를 직접 목격했던 여러 사람들과도 친밀하였다. 그 분은 사도들로부터 교육 받은 것들을 항상 가르쳤으며, 그 교훈을 교회가 넘겨받았다. 그러므로 그 분의 가르침만이 오직 진리인 것이다."

에페소의 교회를 대표하는 폴리카르푸스는 서기 154년경에 약 85세인 노령의 나이에도 불구하고, 서머나로부터 로마까지 길고 위험한 여행을 하지 않을 수 없었다. 로마 교회에서 경축하는 '유월절' 경축일이 초기 교회 때부터 지켜져 왔고 동방의 교회에서 그때까지도 변함없이 계속 유지하고 있던 날짜와 틀렸기 때문이다.

두 감독들은 부활절(Pascha)-일요일 준수 문제에 대해서 의견을 나누었으나 결국 합의를 하지 못한 채 헤어질 수밖에 없었으며, 폴리카르푸스의 로마 방문은 결국 실패로 끝나고 말았다 . 당시의 상황은 두 교회들의 입장에 너무 큰 차이가 있었던 것이다. 그렇지만 이 만남에서 그들은 서로의 입장을 비난하지 않고 존중하였으며, 헤어질 때까지 시종 우호적인 관계를 유지하였다. 그러나 폴리카르푸스의 로마 방문을 통해서 사도 전승의 정통성을 훼손시키지 않고 계승하려고 하는 동방 교회들의 노력이 역사적으로 인정 받게 되었으며, 일요일 준수가 로마 교회에서 기원하였다는 사실 역시 확실하게 후세에 남게 되었다. 이후에도 두 교회 간의 부활절 날짜 논쟁은 계속되었다.

동방 교회 역시 그리스도의 부활을 존중하였지만, 그 부활의 날을 특정지어 경축하라는 성서나 사도들의 명이 없었기 때문에 그 날을 경축일로 삼지 않았으며, 유대교와 초대 교회에서 계속 기념해오던 대로 매년 그리스도의 사망과 장사 지냄을 부활과 관련이 깊은 니산 월 14일 유월절을 통하여 그리스도 최후의 성 만찬으로 준수하였다. 또 사도 바울의 명에 따라 그리스도의 사망과 장사 지냄, 그리고 부활을 기념하는 침례 의식을 안식일에 거행함으로서 그리스도의 부활을 기념하였다.

사도 바울은 "우리의 유월절 양 곧 그리스도께서 희생이 되셨느니라. 그러므로 우리가 명절을 지키되…"(고전 5 : 7~8)라고 하였다. 당시 바울은 그리스도의 죽음을 부활보다 값지게 여겼기 때문에 많은 점에서 그리스도의 죽음과 밀접한 관계에 있는 유월절을 소중히 생각하였고, 유월절의 전통 속에 소중한 그리스도의 죽음을 포함하여, 장사 지냄과 부활 등 모든 의미를 담아 유월절을 경축하였다. 폴리카르푸스는 바울과 요한을 통해서 몸에 베이도록 이 사도 전승을 익혀 왔던 감독이었다. 이처럼 동방 교회는 사도 전승을 존중하여 전통을 고수하여 연례적 행사로서 유월절을 지켰고, 주일적 행사로서는 안식일을 엄수하였다.

그러나 로마에서는 상황이 달랐다. 로마에서는 처음에는 유월절과 부활 기념일에 대해 그리스도교의 절기로서 차별을 두지 않았으며(롬 14 : 4~14), 교회 역시 이들을 평등하게 다루었다. 그러나 세월이 흘러가면서 상황이 달라졌다. 로마에서는 하드리아누스 황제가 선포한 '유대인 박멸 정책'을 그 후계자인 안토니누스 피우스 황제(Antininus Pius, 재위 138~161)가 강력하게 집행하고 있었기 때문이다. 당시 로마 제국은 태양신 유피테르를 숭배하여 태양신 숭배일인 일요일을 로마 제국의 모든 국민이 신성한 날로 숭배하고 있었으며, 해마다 돌아오는 봄에는 만물에 새로운 생명력을 불어 넣어주는 것을 기념하여 '태양신 부활 경축 행사'가 전국에서 거행되고 있었다.

이레나에우스에 따르면 로마 교회 감독 식스투스(재위 132~142)가 처음으로 니산 월 14일의 유월절보다 유월절 다음의 일요일을 그리스도의 부활을 기념하는 '부활절 일요일'로, 즉 교회의 공식 기념일로 준수할 것을 지시하였다. 이와 같은 변화를 통하여 그리스도교는 유대교와 확실하게 차별화하려고 하였으며, 로마의 이교도들과 위정자들로부터 그리스도교가 유대교의 한 분파가 아니며, 로마 시민들과 마찬가지로 태양의 날을 숭배하는 종교라는 것을 확실히 인식시킴으로써 로마 당국의 박해를 피하려 하였던 것이다. 식스투스 감독 이후 아니케투스 감독까지 역대 로마 감독들은 계속 이 부활절(Pascha) 일요일을 유지 계승하여 성대하게 기념했다.

폴리크라테스와 빅토르의 제 2차 부활절 일요일 논쟁

로마의 감독 빅토르 1세(Victor I, 재위 189~199)는 반 유대주의 신봉자로서, 니산 월 14일의 유월절(Pascha)을 반대하고, 일요일 부활절(Pascha)을 강력히 지지하였다. 그는 로마의 감독이 되자 '14일 준수 교도들'(Roman Quartodecimans)을 척결하고 일요일 부활절 준수를 확고히 함과 동시에 로마 교회의 주도적 지위를 확보하려고 작정하고 감독 회의를 소집하였다. '14일 준수 교도들'이란 로마 교회에서 제정한 일요일에 부활절을 기념하지 않고, 유대인과 같은 방식으로 유대력의 니산 달 14일에 유월절을 준수하는 초기 기독교인들을 말한다. 로마와 달리 그 당시 동방의 교회에서는 유대인들의 유월절과 같은 날인 니산 달 14일을 '파스카'라는 이름으로 계속 준수하고 있었다.

빅토르 1세가 감독이 되어 로마의 바리새파 성도들을 추방했다는 소식을 들은 동방 교회의 감독들은 전원이 감독 회의에 불참하였다. 그후 다시 빅토르 1세의 요청에 의해 열린 지역별 감독 회의에서 이들 소아시아 교회 감독들은 빅토르 1세의 주장과 호소에 대해 냉담한 반응을 보였다. 이에 그는 동방 교회들을 그리스도교 체제에서 완전히 추방해 버리겠다고 통보하였다.

사도 요한이 활동하였던 소아시아 교구에는 유명한 노 감독 폴리크라테스 (Polycrates, 직위 130~196)가 있었다. 이에 동방 교회 감독들은 빅토르 1세의 태도에 분개하며 에베소 교회 감독 폴리크라테스를 중심으로 일치 단결하여 그의 주장에 불복할 것을 결의하였다. 폴리크라테스는 단호하게 빅토르 1세에게 니산 월 14일을 준수한다는 회신을 보냈다. 이에 빅토르 1세는 서한을 통해 전 아시아 교구들을 모두 파문한다고 선언해 버렸다. 로마 교회의 역대 감독들 중에서 식스투스가 처음으로 니산 월 14일을 버리고 부활절-일요일을 지키기 시작하였었지만, 이 문제로 유월절을 지키는 교회들과 반목하지는 않았다.

실제로 유월절 준수와 부활절(Pascha) 준수에 대한 논란은 시기적으로 훨씬 전부터 나타났던 현상이었다. 서기 58년경 사도 바울이 로마 교회에 보낸 서한을 보면 "혹은 이날을 저 날보다 낫다고 여기고 혹은 모든 날을 같게 여기나니 각각 마음에 정할지니라."라고 하였다. 이 당시부터 벌써 기념일 준수 문제가 있었음을 알 수 있다. 아레나에우스는 "식스투스 이래 텔레스포루스, 히기누스, 피우스, 아니케투스 감독들도 니산 월 14일을 지키지 않았을 뿐만 아니라 다른 사람들도 지키는 것을 금지시켰다. 그러나 그 니산 월 14일을 지키는 전통을 지키는 그리스도인들과 이 문제로 다투지 않았다. 오히려 유월절을 지키지 않았던 빅토르 이전의 감독들은 그 날을 지키는 교회와 성도들에게 성찬 예물을 보내주었다."고 하면서 빅토르 1세를 비난하였다.

그러나 빅토르 1세의 이와 같은 논쟁을 통해 로마 교회의 감독은 드디어 그리스도교 전체의 주도권을 장악할 수 있게 되었다. 일요일 예배는 로마 교회가 유대교 박멸 정책이 진행되고 있는 로마 제국에서 살아남기 위한 어쩔 수 없는 유일한 선택이었다. 그리고 이 일요일 예배 자체의 근거가 바로 부활절 일요일(Easter-Sunday)이었다. 다시 말해서 부활절 일요일 준수가 흔들리면 로마 교회의 주도적 위치뿐만 아니라 존립 자체까지 위협받을 수 있던 상황이었다. 그러므로 당시 로마 교회는 부활절 일요일 준수를 강력하게 추진하였고, 따라서 부활절 일요일을 부정하고 유월절 준수를 고집하는 행위는 로마 교회를 존중하지 않고 적대하는 행위라고 규정하였다. 그런 의미에서 일요일 예배론자들은 빅토르 1세를 높이 평가하였으며, 그의 업적을 찬양하였다.

사실 예루살렘의 멸망(서기 70년) 이후, 교회의 통솔권은 한 때 예루살렘에서 안디옥으로 옮겨졌지만, 사도 바울의 순교와 더불어 안디옥 역시 쇠퇴하였고, 자연스럽게 사도 요한의 활동 중심지인 에베소로 넘어갔다. 그러나 트라야누스 황제 치세 때 사도 요한이 서거하고, 그의 수제자 폴리카르푸스마저 서기 155년에 순교하자, 동방 교회 역시 서서히 쇠퇴해 갔다. 이 시기 이후로 사도들과 그 후계자들에 의해 그 권위를 함께하였던 예루살렘을 포함한 소 아시아의 동방 교회는 힘과 권위를 상실해 갔다. 반면에, 동방 교회의 권위와 정통성의 그늘 아래에서 그리스도교의 변방에 머물렀던 로마 교회가 제국의 수도라는 후광과 더불어 사도 바울과 베드로의 권위를 내세우며 경쟁 상대였던 알렉산드리아 교구를 누르고, 그리스도교계의 지도권을 확실하게 확보해 나갔다. 로마 제국의 수도가 로마인 것처럼, 로마 교회 역시 전 그리스도교의 본부가 되기를 원했는데, 마침내 그 목적을 달성하게 된 것이다.

서기 197년에 있었던 빅토르 1세의 동방 교회에 내린 파문으로 제 2차 부활절-일요일 논쟁은 그 막을 내렸다. 이 사건은 그리스도교 역사에서 중요한 이정표 중 하나로서, 이후에도 다양한 요인들이 덧붙여지면서 동서 교회는 점점 더 분열되어 갔다. 그렇지만 이 사건은 로마 교회가 그리스도교 세계에서 주도적 지위를 확보하는 데 매우 큰 역할을 하였다.

02
콘스탄티누스 황제의 일요일 휴업령과 부활절 일요일

일요일 휴업령

서기 313년 2월, 콘스탄티누스 황제와 리키니우스 황제가 발표한 '밀라노 칙령'은 그리스도교에 대한 박해를 중단시키는 내용을 담고 있었다. 이를 통해 그리스도교는 이전까지 받아왔던 박해로부터 자유롭게 되었으며, 이후 그리스도교의 성장과 발전에 큰 계기가 되었다. 314년 갈리아(Galia)에서 열린 아를레스 회의(Council at Arles)에서 부활절-일요일(Easter-Sunday) 문제가 논의되었는데, 그 회의에서 토요일에 유월절을 기념하지 않고 부활절을 일요일에 기념하는 로마 교회의 관행을 따르는 것으로 결정되었다. 이로써 교회에서 부활절을 일요일에 맞추어 기념하는 것을 교회 전체의 통일된 관행으로 확정하였다.

마침내 서기 321년 3월 7일에 콘스탄티누스는 역사적인 '일요일 휴업령(Sunday Rest Law)'을 다음과 같이 반포하였다. "이 태양을 존경하는 날에 모든 관공서와 각 도시의 주민, 그리고 제조 공장의 종업원들은 휴업한다. 그러나 농촌에서 경작에 종사하는 농민은 자유롭게 일할 수 있다. 씨를 뿌리고 포도를 심는데 지장을 줄 수 있기 때문이다." 이 법령의 선포는 그리스도교 역사상 새로운 이정표가 되는 사건이었다.

콘스탄티누스는 로마의 번영과 안정을 위해서 종교적 안정이 필요하다고 생각하였다. 그는 제국 내의 태양신 아폴로(Apollo)를 숭배하는 태양신교 신도들과 그리스도를 태양의 상징으로 여기며 섬기는 그리스도교인들을 이 일요일 휴업령을 통해서 서로 융합시킴으로서 종교적 통일을 성취하려 하였다. 이 법령은 그리스도교의 부활절 일요일 논쟁에서 일요일 예배론자에게 승리를 안겨주었고, 자연스럽게 그리스도교계 내에서 예배일을 일요일로 단일화시키는 계기를 만들었다.

또한 콘스탄티누스는 효과를 극대화하기 위해서 황제 자신이 그리스도교로 개종한다고 선포하였다. 그러나 그것은 세상을 속이는 기만이었다. 일요일 휴업령을 반포한 다음날인 321년 3월 8일에 황제는 다음과 같은 법령을 내렸다. "어느 때든지 궁궐이나 청사가 벼락에 맞으면, 태고의 풍습대로 희생의 제물을 검사해 보고, 신의에 통달한 승려들에게 문의하여 그 뜻을 알아본 후, 황제가 제사 드릴 수 있도록 자세히 보고하도록 할 것이다." 사실 그는 정책상 그리스도교로 개종했을 뿐이었으며, 죽는 날까지 이교의 대 제사장직인 폰티펙스 막시무스(Pontifex Maximus)라는 칭호를 유지했다.

이처럼 정치, 종교적 야심을 가진 황제의 비상한 노력과 정치적 타협을 이루려는 그리스도교 감독들의 헌신적인 노력을 바탕으로, 그리스도교는 태양의 날을 중심으로 이교와 점차 융합되어 가는데 성공하게 되었다. 교회사가인 유세비우스는 콘스탄티누스 황제가 그리스도교를 이방인들에게 보급시키기 위해서 이방인들에게 친숙한 그들의 문화와 예배 방식, 그리고 예배용 장식들을 교회 내에 도입하였다고 기술하고 있다. 그리스도교와 태양신 이교와의 융합으로 그 두 종교 간의 경계가 무너지자, 이교의 각종 교리 및 제도들이 교회 속으로 들어와 그리스도교화 되어 버렸다. 특정한 성자에게 바친 신전들, 때로는 나뭇가지 장식, 향, 등잔, 촛대, 병 치료를 위해 봉헌하는 예물, 거룩한 물, 보호소, 성일들과 절기들, 역세의 사용, 행렬 기도, 동방 경배, 우상 숭배, 송가와 같이 이교도적 기원을 가지는 요소들이 교회에 도입되었다. 그리고 태양 신의 옛 사당들이 교회로 전환되었으며, 예배를 주관하는 몇몇 교회 지도자들은 태양 신 승려복을 착용하였고, 이

교도식으로 예배를 주관했다. 우리는 오늘날 로마 카톨릭 교회에서 이러한 흔적들을 여전히 볼 수 있다. 이때부터 로마 교회는 그리스도교를 표방했지만, 외견적으로 보이는 형식뿐만 아니라 본질적인 교리들까지도 점차 이교도의 것들이 스며들었다.

이처럼 이교적인 기원을 가진 몇 가지 전통과 관습들이 그리스도교에 스며들긴 하였지만, 이러한 변화들이 모든 교회와 지역에 동일하게 나타난 것은 아니었다. 일부 교회와 지도자들은 이런 침투에 대해 저항했으며, 그리스도교의 본질을 지키려고 노력했다. 따라서 이러한 융합은 시대와 지역에 따라 그 정도와 형태가 상이했다. 또한 이교와 그리스도교 사이의 몇 가지 전통과 관습이 섞이는 혼란 속에서도, 그리스도교의 핵심 가치와 교리는 여전히 유지되었다.

그런 가운데 마침내 콘스탄티누스의 일요일 휴업령으로 인해 로마 제국의 모든 시민들에게 일요일이 휴일로 지정되었다. 이 휴업령은 주로 관공서와 상점, 그리고 제조 공장의 종업원들에게 적용되었다. 그렇지만 농촌 지역에서 일하는 농민들에게는 제한이 없어, 그들은 자유롭게 일요일에도 일을 계속할 수 있었다. 로마에 일요일 휴업령 이전에 주간 휴일이 있었는지에 대한 역사적 기록은 명확하지 않다. 비록 당시 로마인들이 종교적인 의미를 지니거나 정치적인 목적에 따라 지정된 특정한 공휴일과 축제를 통해 일시적으로 휴일을 즐기기도 하였지만, 이러한 공휴일들은 일주일 주기나 일정한 주기로 규정되지는 않았다. 콘스탄티누스의 일요일 휴업령은 로마 제국의 모든 시민들에게 일주일 중 일요일에 정기적으로 주간 휴일을 제공함으로써, 휴일을 일상생활의 일부로 만들었다.

이를 바탕으로 일요일 휴업령은 기독교와 사회 간의 연결을 강화하는 역할을 하였으므로, 그리스도교를 적극적으로 받아들이는 환경을 조성하게 되었다. 점차 국가와 종교 사이의 관계는 더욱더 밀접해지게 되었고, 이로 인해 교회와 국가가 서로 영향을 주고받으며 발전하게 되었다. 그러한 관점에서 로마 제국의 역사를 전반적으로 통찰해 보면, 콘스탄티누스의 일요일 휴업령은 그 시대의 사회, 문화, 종교적 변화에 대단히 큰 영향을 미친 것으로 여겨진다.

로마 제국이 몰락한 후에도 일요일 휴업령의 영향은 계속 이어졌다. 기독교와 로마 제국의 유산은 유럽과 세계 각지로 퍼져나갔으며, 일요일 휴일 개념은 서구 국가들에서 자연스럽게 표준화되었다. 이로 인해 일요일은 현재에 이르기까지 지구상의 대부분의 나라에서 주간 휴일로 자리잡고 있으며, 종교적 의미 외에도 사회적, 문화적 기능까지 수행하게 되었다. 이에 따라 일요일은 가정과 가족, 그리고 커뮤니티 활동을 위한 주요한 휴식 시간으로 인식되고 자리잡았다.

니케아 총회 ; 부활절의 확정

서기 325년에 개최된 니케아 총회는 그동안 아타나시우스와 아리우스파 간에 일어난 삼위일체설에 대한 논쟁을 해결하기 위한 종교 회의로 잘 알려져 있다. 콘스탄티누스 황제는 이 논쟁으로 인해서 그리스도 교단이 분열되고, 그 분열로 인해 제국의 혼란이 발생할 것을 우려하여 국비를 들여 니케아 총회를 소집하기로 하였던 것이다. 이 종교 회의에서 결국 아타나시우스파의 삼위일체설이 채택되었는데, 그 외에도 또 하나의 중요한 합의가 이루어졌다. 그것은 바로 부활절과 관련된 내용이다.

총회가 끝난 후, 콘스탄티누스는 동서 로마 제국의 황제 명의로 각 교회에 보낸 칙서에서 다음과 같이 역설하였다. "금번 소집된 총회에서 성스러운 부활절 일자에 대한 문제가 토의되었고, 이 문제는 참석자 전원의 일치된 결정으로 잘 해결되었다. 부활절은 모든 그리스도인들이 같은 날 준수하여야 한다. 성스러운 부활절을 준수함에 있어서 유대인의 관습을 따른다는 것은 대단히 어리석은 일이다. 유대인들은 크나큰 죄를 저질렀다."

이처럼 유대인과 그들의 제도, 그리고 니산 월 14일의 유월절과 같은 의식들을 신랄하게 비판하고 저주하였으며, 이제 교회들은 유대인의 절기를 파기하고 로마 교회처럼 부활절을 반드시 일요일에 경축할 것을 명령하였다. 또한 부활절 일요일이 유대인의 유월절인 니산 월 14일에 오게 되는 경우일지라도 유대인과 같은 날 부활절을 경축하는 것조차 용납할 수 없었기 때문에, 그 날을 피하고 다음에 오는 일요일에 부활절을 지키도록 규정하였다.

일요일 신성론 교부로 유명한 유세비우스는 자신의 저서에서 다음과 같이 주장하였다. "우리는 안식일에 행했던 모든 의무들을 모두 주의 날로 옮겼는데, 이렇게 하는 것이 타당하며, 또한 이날은 유대인의 안식일보다 뛰어나고, 높은 지위의 날이며 더욱 영예로운 날이기 때문이다." 이렇게 로마 교회는 그리스도의 부활의 날이 일요일이라는 근거를 내세워 일요일 신성론을 강력히 주장하여 '태양의 날'인 일요일을 '주의 날'(Lord's Day)이라고 공식적으로 명문화하였다. 서기 343년 사르디카 회의(the Council of Sardica)에서는 교역자가 여행으로 '주의 날'을 3번 이상 지키지 않으면 제명시킬 것을 종규 제 11조에 명시하였다.

이에 대해 일부 교회 사가들은 로마 교회가 니산 월 유월절을 대체하여 일요일을 그리스도의 부활을 기리는 날로 삼았으며, 주일 예배를 원래의 토요일(안식일)에서 일요일(태양의 날)로 옮겼다고 주장한다. 이러한 이유로 그들은 부활절을 '로마의 부활절' 혹은 '부활절 일요일(Easter Sunday)'이라고 부르기도 한다.

그후 라오디케아 총회(the Council of Laodicaea)에서는 다음과 같이 의결하였다. "그리스도인들은 유대인화하거나, 토요일(안식일)에 게을러서는 안 되고 이날에 일을 해야 하지만, 주의 날은 특별히 존중하여 일하지 말 것이다. 만일 그들이 유대인화한 사실이 밝혀지면 그리스도로부터 끊어질 것이다."라고 하면서 토요일 안식일 대신 일요일에 예배드리도록 의결하였다.

그렇지만, 그리스도 역시 파스카 절기를 지켰으며, 사도들 또한 그리스도와 함께 했을 때나 그리스도 부활 후에도 그들의 생애 내내 유대교와 똑같은 날에 파스카를 기념하였고, 파스카(유월절)가 아닌 부활절을 준수하였다는 기록은 없다. 사도들 역시 그리스도의 부활을 중요시하였지만, 그리스도의 죽음과 뗄 수 없는 관계에 있던 파스카를 더욱 더 소중히 여겼으므로, 그리스도의 부활의 의미를 파스카에 용해시켜 기념하였던 것이다. 따라서 현재 교회에서 경축하는 부활절은 그리스도를 비롯하여 12사도, 그리고 초대 교회(원시 교회)에서 준수되었던 파스카가 아니고, 로마 교회에 의해 수정되어 새롭게 만들어진 날이라는 것은 분명하다.

결국, 부활절 일요일의 탄생은 로마 교회가 모든 그리스도 교권을 장악했으며, 원시 교회와는 본질적으로 크게 달라진 새로운 개념의 교회가 탄생하였음을 의미하는 것이었다. 즉, 그리스도와 12사도들을 계승하여 출발하였던 니산 월 14일과 토요일 안식일을 준수하였던 원시 동방 교회는 권위를 상실하여 교회의 주도권을 잃어버리고 변방으로 밀려나게 되었고, 니산 월 14일의 파스카 대신 부활절과 일요일의 주일을 섬기는 새로운 로마 교회가 탄생하게 된 것이다.

유월절

유월절은 유대인들에게 민족 최대의 명절로서, 민족과 종교적 측면에서 대단히 중요한 의미를 가지는 날이다. 앞서 여러 차례 언급한 것처럼 부활절은 유월절과 대단히 밀접한 연관이 있으며, 서로 뗄 수 없는 관계에 있다. 그러므로 유월절 성립 과정의 역사를 온전히 알지 않고는 부활절과 관련된 진정한 의미를 깨닫지 못할 것이다. 과연 유월절이란 어떤 날인지 다시 한번 간단히 정리해 보도록 하겠다.

페삭(Pesach), 또는 페사흐(pesah)

아주 먼 고대 근동 지역으로부터 우리의 이야기는 시작된다. 이 지역 사람들은 봄에 어린 짐승을 잡아 하늘에 제사를 지내는 풍습이 있었다. 그들은 가축의 첫 번째 새끼를 잡아 제사를 통해 하늘에 바쳤는데, 가축이 번성하기를 기원하는 의미였다고 한다. 이 지역에 자리잡았던 이스라엘 민족들 역시 이집트 탈출 시기 이전부터 주위의 다른 유목 민족들처럼 이 축제를 지키고 있었다. 그런데 이들 이스라엘 민족이 출애굽의 과정을 겪으면서 이 축제의 본래 의미가 크게 바뀌어 버렸다. 이때부터 이 축제는 이스라엘 민족에게는 가축 번성을 기원하는 축제로서의 의미는 사라지고, 이스라엘 민족이 이집트를 탈출하게 된 민족 해방 기념일로서의 대단히 중요한 의미를 갖게 된 것이다.

구약 성경에서는 이 축제를 히브리어로 Pesach(페삭), 또는 pesah(페사흐)라고 불렀는데, 이 단어는 '통과하다'라는 뜻을 가지고 있다. 즉, '페삭'이란 재앙이 이스라엘 사람들을 건너뛰고 통과해 넘어갔다(pass over)는 의미의 낱말로서, 출애굽 당시 이집트에 내린 재앙으로부터 이스라엘 사람들을 구원해 준 역사적인 사건을 의미하게 된 것이다. 이스라엘 민족이 이날을 그들의 최대 명절로 감사하고 경축하게 된 이유인 것이다. 따라서 페삭은 영어에서는 "Passover"로 번역되며, 우리말 성경에서도 그 뜻에 맞게 유월절(逾越節) 또는 과월절(過越節)이라 번역하였다. 신약 성경에서는 구약 성경의 Pesach(페삭)이라는 히브리어 명칭을 그리스어로 번역하면서 파스카(pascha)라는 그리스어를 사용하였다.

여기서 이스라엘 민족의 명절인 유월절, '페삭'이라는 명절이 생기게 된 유래에 대해서 좀 더 자세하게 알아보기로 하자.

하나님의 소명을 받은 모세가 이집트의 바로 왕의 속박과 고난 가운데 있던 이스라엘 민족을 400년간의 포로 생활로부터 벗어나게 하기 위하여 그들을 이집트로부터 탈출시키는 사명을 받는다. 모세의 인도하에 유대인들은 이집트를 탈출하게 되는데, 유월절, 즉 '페삭'은 그들이 이집트를 탈출하기 전날 밤부터 발생했던 일련의 사건들로부터 유래된 것이다.

출애굽기 12장 6절에 따르면, 유월절에 쓸 어린 양으로 흠없고, 일 년된 수컷 중 한 마리를 미리 취하여 히브리력으로 1월(니산 달) 14일이 될 때까지 잘 간직하였다가, 그 날 해가 질 무렵, 즉 1월 14일이 시작되는 시점에 그 양을 잡게 하였다. 다시 언급하지만 이스라엘 사람들에게 하루의 시작 시점은 해질 무렵이었으며, 그 다음날 해가 질 무렵까지를 하루라고 하였다. 그러므로 이스라엘 사람들의 유월절은 1월 14일 해질 무렵부터 시작된다는 것을 알 수 있다. 이때부터 그들은 양을 잡아 그 피를 문설주에 바르며, 양의 고기를 구어 먹고 이집트에서 탈출 준비를 시작하였다.

드디어 하나님께서 이집트 백성에게 재앙을 내리는 시간이 되었다. 양의 피를 자신들 집의 문설주에 바름으로서 이 피는 이스라엘 민족이라는 표식이 되었고, 그 표식으로 인해 하나님의 사자가 내리는 재앙과 형벌이 그들의 집을 건너 뛰어 통과(Pesach : pass over)하였다. 이집트인들은 하나님의 말씀에 순종하지 않고 하나님을 대적하고 우상을 숭배하는 죄를 범했기 때문에 그 형벌을 피할 수 없었다. 그 재앙으로 말미암아 이집트인들의 장자들뿐만 아니라 그들의 가축들 중에서도 처음 나온 생명들이 죽음에 이르게 되었다. 바로와 이집트인들은 하나님을 두려워하여 어쩔 수 없이 이스라엘 민족의 속박을 풀어 주고 그들이 자유롭게 이집트에서 떠날 수 있도록 허락하였다. 마침내 이스라엘 민족은 이집트를 탈출하여 자유를 얻게 되었던 것이다. 이와 같이 양을 준비하는 것을 시작으로, 이집트의 탈출을 성공적으로 이루는 과정을 통하여 '페삭'(유월절)은 완성되었다.

이 역사적인 사건을 통해서 이스라엘 민족이 이집트를 탈출하게 된 민족 해방 기념일 의미의 유월절이 탄생하게 된 것이다. 구약 성경의 출애굽기 12장 1-57절을 살펴보면 유월절의 기원에 대해서 자세히 알 수 있으며, 유월절 지키는 방법에 대해서도 규칙까지 구체적으로 잘 설명되어 있다. 또한 레위기 23장 4-5에서는 유월절 절기를 성실하게 지킬 것을 명하고 있다. 출애굽기 12장 1절에서 "여호와께서 애굽 땅에서 모세와 아론에게 일러 말씀하시되 이 달로 너희에게 달의 시작, 곧 해의 첫 달이 되게 하라"고 하였다. 이처럼 유월절이 들어 있는 그 달을 유대인들에게 새해의 첫 달로 삼으라고 하였을 정도로 유월절을 매우 소중하게 여겼던 것이다. 이에 따라 이스라엘 민족은 이집트에서 나온 그 달을 유대력의 정월로 삼았으며, 이후로 이 유월절은 이스라엘 민족들에게 가장 중요한 명절로서 받들어졌다.

해마다 유월절이 되면 유대인들은 그날의 의미를 되새기며 전통적인 격식을 갖춰 성스럽게 경축하였다. 고대의 유대인들은 니산 달 10일이 되면 그 해 태어난 흠 없는 양을 고르고, 14일 유월절 저녁에 그 양을 잡아 양의 피를 문설주에 발랐다. 고기는 다리를 포함해서 내장까지 모두 구운 다음 누룩없는 빵과 쓴 나물과 함께 먹었는데, 식탁에 앉은 사람들은 모두 허리띠를 두르고, 신발을 신은 채, 지팡이를 잡고 급히 음식을 먹어야 했다. 오늘날에는 전통적 의식이 간소화되어 유대인들이 양을 잡는 대신 고난의 떡이라 불리는 마짜(Matzah)라고 하는 무교병(누룩이 없는 빵)과 쓴 나물을 먹는 방법으로 유월절을 지키고 있다. 그리고 그들은 아침이 될 때까지 집안에서 한 발짝도 나가지 않는다.

유월절 행사는 니산 월 14일 저녁부터 시작되어 다음날 저녁이 될 때까지 이루어지며, 이어서 니산 월 15일 저녁부터는 일 주일간 무교절 절기 행사가 이어진다. 유월절과 무교절은 확실하게 날짜가 구분되어 있는 별개의 절기이지만, 시간적으로 연속적으로 이어지기 때문에 하나의 명절처럼 취급되기도 하였다. 또한 요제절이라는 절기도 무교절 기간 내에 들어 있기 때문에, 유월절로부터 시작되어 무교절로 이어지는 기간에 유대인들에게 중요하게 여겨지는 세 개의 절기가 포함되어 있다. 유월절 다음에 오는 무교절은 그 기간 7일 중에서 첫날과 마지막 날은 안식일로 삼았으며, 무교절 첫날의 안식일 다음날인 16일을 요제절이라 하여 기념하였다. 요제절이 되면 이스라엘의 농부들은 수확한 봄 보리의 첫 이삭 한 단을 예루살렘으로 가지고 왔고, 제사장은 그 단을 여호와 앞에서 흔들어 하나님께 바쳤다. 다시 말해서 요제절이란 한 해의 첫 수확을 하나님께 바치는 날이었다. 그리스도 역시 십자가 처형 전날의 유월절 축제를 제자들과 함께 하며 지켰을 뿐만 아니라, 그리스도 부활 후에도 이 절기는 계속해서 사도들과 초대 교회들을 통해서 기념되고 유지되었다.

Pascha(파스카): 그리스도 부활절

이렇게 이스라엘 민족의 출애굽으로부터 시작하여 초대 교회에 이르기까지 유월절은 변함없이 꾸준히 유지되어 기념되었다. 예수 역시 이 유월절을 소중히 기념하였으며, 그리스도 사후에도 소아시아 초대 교회들은 유대인의 유월절, 즉 페삭의 절기일, 니산 월 14일 날을 파스카(pascha)라고 하여 유대인과 마찬가지로 유월절을 지키고 있었다. 신약 성경을 보면 그리스도교인들은 유대인의 유월절, 즉 히브리어로 '페삭' 또는 '페사흐'를 그리스어로 단순히 번역하여 옮기면서 '파스카'(pascha)라고 하였다. 즉 유대인들의 '페삭'이나 초대 그리스도교인들의 '파스카'는 모든 면에서 근본적으로 전혀 차이가 없는 똑같은 유월절을 의미하는 날로서, 유대인의 출애굽에서 기원한 그 날을 기념하는 날이었다.

그런데, 앞에서 설명하였듯이 어느 시점부터 소아시아의 초대 교회들과 다르게 로마 교회와 알렉산드리아 교회를 중심으로 한 라틴계 교회들이 파스카를 니산 월 14일 날에 기념하지 않고, 대신 니산 월 14일이 지나고 처음 돌아오는 일요일을 '파스카'라고 하여 기념하기 시작했다. 그리고 그 날의 의미도 유대인의 파스카 절기가 아닌 그리스도의 부활을 기념하는 날로 바꾸어 버렸다. 이는 당시 로마 당국으로부터 그리스도교가 유대교의 일파로 인식되어 심각한 박해를 받던 시대적 상황을 볼 때, 로마 제국 중심부에 있던 로마 교회가 유대교와의 차별화를 보이기 위해 어쩔 수 없이 취할 수밖에 없었던 선택이었다.

마침내 325년 니케야 종교회의에서는 삼위일체 교리를 성립시킴과 동시에 소아시아의 14일 교도를 정죄하였다. 이에 따라 파스카를 원래의 니산 월 14일에 기념하지 않고 그리스도가 부활한 날에 기념하도록 결정하였으며, 파스카 날짜에 대한 새로운 규칙을 제정하였다. 그렇지만 그 기념일의 명칭은 여전히 파스카였다. 따라서, 니케야 종교회의에서 확정한 파스카는 유대인들과 소아시아의 초대 교회에서 전통적으로 지켜왔던 파스카와는 기념하는 의미뿐만 아니라 기념 날짜 역시 다르게 정의되었으므로, 본래의 파스카와는 전혀 연관성이 없는 날이 되고 말았다. 같은 것은 오직 파스카라는 이름 뿐이었다. 이때부터 모든 교회들은 전통적으로 내려오던 파스카 절기일이 아닌 그리스도의 부활을 기념하는 부활절 개념의 '파스카'를 기념하게 되었다.

니케아 종교 회의에서 파스카 절기는 유대교의 페삭(유월절)과는 같은 날이 될 수 없다는 대원칙을 세우고, 다음과 같은 규칙을 만들어 공표하였다.

1. 파스카 절기는 일요일로 지켜져야 한다.
2. 파스카는 춘분 후 새 달이 뜨는 날로부터 만월(파스카 만월 : Paschal full moon) 이후의 일요일이어야 한다.
3. 그 만월이 일요일일 경우 파스카 절기는 그 다음 일요일로 한다.
4. 파스카 만월(Paschal full moon)이라 함은 춘분이나 춘분 이후에 처음 오는 만월을 말한다.
5. 3월 21일은 고정된 춘분일로 한다.

따라서, 매년 정확한 부활절 날짜를 미리 계산하여 부활절이 되기 전에 모든 그리스도 세계에 미리 알리도록 결정하였으며, 그 임무는 이집트의 알렉산드리아 교회에 맡겨졌다. 그 결과, 알렉산드리아 감독은 매해마다 부활절 날짜를 동료 감독들에게 회람 형식으로 통지하는 '부활절 공람'(Festal Letter)을 발행하게 되었다. 328년 아타나시우스는 감독직을 이어받아 알렉산드리아 감독으로 재직하는 동안, 중간의 일부 공백기와 유배 기간을 제외한 42년 동안 이 업무를 주관하였다.

03
윌리엄 틴데일과 EASTER(부활절)

성서 번역과 윌리엄 틴데일

마침내 니케아 종교회의에서 결정된 파스카를 모든 교회들이 받아들임에 따라, 파스카는 유대인들의 민족 해방 기념일의 의미에서 '그리스도의 부활일'의 개념으로 완전히 바뀌었고, 날짜 또한 니산 월 14일이 아닌 새롭게 정한 일요일로 변경되었다. 그렇지만 '그리스도의 부활일'에 해당하는 특별한 용어를 새롭게 만들지 않고, 유대인의 전통적 절기 이름을 그리스어로 단순 번역한 파스카(pascha)라는 명칭을 계속해서 그대로 사용하였다. 따라서 이때부터 그리스도교에서 파스카(pascha)라는 명칭은 유대인 절기인 페삭(Pesach)으로서의 의미는 사라지고, '그리스도의 부활일'의 개념으로 완전히 정착하여 성서의 영어 번역이 이루어지는 1500년경까지 변함없이 사용되었다.

그런데 웨일스 슬림브리지 출신의 윌리엄 틴데일(William Tyndale, 1492~1536)이라는 사제가 성경을 영어로 번역하는 과정에서 예기치 않은 뜻밖의 변화를 만들어 냈다. 윌리엄 틴데일 이전에도 성서의 번역이 이루어진 적이 있었다. 14세기 종교 개혁가 존 위클리프(John Wycliffe)가 그의 동료인 니콜라스(Nicolas of

Hereford)와 존 퍼비(John Purvey) 등과 함께 최초로 성서를 영어로 번역한 것이다. 그들은 1380년에 신약성서 완역본을, 1384년에는 신구약 전서 완역본을 필사본으로 발간했다. 이때의 번역은 라틴어 성경을 대본으로 삼아 직역한 것이었는데, 라틴어 원문의 단어를 영어 단어로 바꾸어 놓은 것에 지나지 않았다고 한다. 교회가 금지한 이 번역 작업으로 인해서 결국 위클리프는 이단으로 몰렸고, 옥스퍼드 대학 강단에서 쫓겨났다. 위클리프는 1384년에 죽었는데, 44년 후인 1428년에 그가 성서를 번역했다는 이유로 교회는 그의 묘를 파헤치고 그의 시신을 꺼내어 화형에 처하였다고 한다.

루터의 종교개혁 이후 영국의 가톨릭 사제였던 윌리엄 틴데일도 성경을 영어로 번역하기로 결심하였다. 위클리프가 살았던 시대와 마찬가지로, 당시에도 여전히 교황청이 신성시하는 라틴어 성서를 영어나 다른 언어로 번역하는 것이 금지되어 이를 어길 경우 국외 추방이나 화형으로 다스려졌다. 또한 일반 신도들이 성서를 읽는 것조차 허용되지 않았던 시절이었다. 이에 틴데일은 독일로 건너가 비밀리에 영어 번역 작업을 진행하였다.

마침내 1526년 신약성서 영어 번역판을 완성하였고, 영어로 된 성경을 독일에서 인쇄하여 영국으로 수출되는 술통이나 밀가루 포대, 또는 짐짝 등에 숨겨서 비밀리에 영국으로 보냈다. 영어로 번역된 성경은 기다리던 많은 사람의 손에 전해졌으며 크나큰 찬사를 받았다. 수 많은 사람들이 이 성경을 비밀리에 돌려 보았다. 교회 당국에서는 다른 사람들이 영역 성경을 보지 못하도록 하기 위해서 많은 돈을 들여서 성경이 나오는대로 구입하여 불태워버렸다고 한다. 그러나 틴데일은 교회가 구입하며 지불한 자금을 이용하여 더 많은 책을 인쇄할 수 있었다.

틴데일은 그후에도 구약성서 번역 작업을 계속 진행하여 마무리 지었지만, 결국 1535년 네덜란드에서 체포되었다. 그는 1536년에 성경을 영어로 번역했다는 죄목으로 로마 교황청에 의해 이단으로 몰려 목이 잘리는 사형을 당하였고, 그 시신은 다시 불태워졌다. 윌리엄 틴데일이 번역한 틴데일역(Tyndale's Version, 1524~34)은 원어 성경을 대본으로 사용한 최초의 번역 성경이었으며, 인쇄되어 출판된 최초의 영어 성경이라는 점에서 영어 성경 역사에서 그 의미가 크다.

이 번역본에서 틴데일은 딱딱한 문어체 형식의 표현을 피하고 소박하고 단순하고 구어적인 표현을 다수 도입하여 문장을 가능한 한 아름답게 가꾸었다. 그는 수많은 우아한 어구들을 사용하여 훌륭한 영어 성경을 후대에 남겼는데, 영어에 없거나 원래의 뜻을 충분하게 전달하지 못할 경우에는 성경 원래의 개념을 바르게 전달하고, 또 성경을 아름답게 표현하기 위해 새로운 영어 단어를 만들어 사용하기도 했다. 이런 전례는 이미 위클리프(John Wycliffe)의 번역에서도 찾을 수 있었다. 틴데일에 앞서 처음으로 영어로 성경을 번역했던 위클리프 역시 성경의 개념을 표현할 영어 단어가 없을 때에는 그 의미에 맞는 단어들을 고심 끝에 만들어 번역에 사용하기도 하였다.

윌리엄 틴데일이 새롭게 만든 신조어 중 대표적인 하나가 파스카(pascha ; 유월절)를 Passover라고 번역한 영어 단어이다. 문설주에 피를 바른 곳은 재앙이 지나갔다는 점에 착안하여 '건너 갔다'는 의미의 'Pass over'를 조합하여 'Passover'라는 단어를 만들었다. 이 'Passover'라는 단어는 그 단어 자체로서 '건너 갔다'는 의미를 내포할 뿐만 아니라, 발음에 있어서도 파스카(pascha)를 연상시키는 대단히 재치있고 창의적인 신조어였다. 또 하나의 예로서 우리 말로 '구속'이라는 뜻으로 해석되는 아톤먼트(Atonement)라는 신조어였다. 로마서 5:11의 그리스어 원문에 'καταλλαγή'(katallagē)라는 단어가 들어 있는 구절이 나온다. 이 단어는 신약 성서에서 중요한 개념 중의 하나인 '화해'나 '회복'이라는 의미를 가지고 있다. 그는 로마서에 나오는 이 단어에 적합하다고 생각되는 영어 단어를 찾을 수 없었으므로 아톤먼트(Atonement)라는 신조어를 만들어 번역하였다. 그는 예수 그리스도가 십자가에 매달려 사망하는 그 '한 순간' 인류를 구속했다는 점에 착안하여 '한 순간'이라는 의미의 'At one movement'를 합성하여 Atonement라는 신조어를 만들어 '구속'이라는 의미로 사용하여 다음과 같이 번역하였다.

"But not only so, but also we also joy in God by the means of our Lord Jesus Christ, by whom we have received this **atonement**."

이를 우리말로 다시 번역하면 다음과 같다:

"그러나 오직 그런 것뿐만 아니라, 우리는 우리 주 예수 그리스도를 통해 우리가 이 **구속**을 받은 것에 대해 하나님 안에서 기뻐하게 됩니다."

이 구절은 현재 개역 영어 성경에서는

"Not only is this so, but we also boast in God through our Lord Jesus Christ, through whom we have now received **reconciliation**."으로 되어 있으며,

우리말 번역 성경 로마서 5:11에는 "그 뿐 아니라 이제 우리로 **화목하게 하신** 우리 주 예수 그리스도로 말미암아 하나님 안에서 또한 즐거워하느니라"로 되어 있다.

우리 말 '구속(救贖)'이라는 각 글자는 다음과 같은 의미를 가지고 있다:

'救': 구하다, 구조하다.
'贖': 대신하다, 대가를 치르다.

따라서 '구속'이라는 단어는 '구하다'와 '대가를 치르다'라는 두 가지 의미를 결합하여, '사람이나 물건을 어떤 위험, 위협, 손실, 부정한 상태에서 벗어나게 하기 위해 대가를 지불하는 행위'를 의미하며, 기독교에서 '구속'이라는 개념은 예수 그리스도가 자신의 생명을 바치는 희생을 통해 인류의 죄를 대신 갚아주어, 죄의 벌에서 벗어나 영원한 생명을 얻을 수 있게 한 것을 의미한다.

그 외에도 '화평케 하는 자'를 Peacemaker로, '오래 참음'을 long-suffering 이라는 신조어를 만들어 번역하였고, 창세기에서 하나님이 창조한 모든 것에 대한 아름다움을 표현하기 위해 'beautiful'(아름다운)이란 단어를 만들었다. 특히 틴데일은 하나님을 칭하는 단어로 Jehovah(여호와)를 영어 성경에서 처음으로 사용하

였는데, 하나님을 칭하는 히브리어 야훼를 영어식으로 음역한 것이었다.

그의 사형 이후, 엘리자베스 1세에 의해 성경을 영어로 번역하는 방안이 논의되었고, 제임스 1세에 이르러 윌리엄 틴데일의 번역을 기초로 하여 흠정역 성경(欽定譯聖經, 권위있는 킹 제임스 성경: Authorized King James Version, 줄여서 KJV 또는 AV)을 발행하게 되었다. 이 "권위 있는 킹 제임스 성경"은 제임스 1세가 영국 성공회의 예배에 사용할 수 있는 표준 성경을 번역하라는 명령에 따라 영국 성공회가 1604년에 시작하여 1611년에 완성한 기독교 성경의 영어 번역본이다. 여기서 흠정(欽定)이란 "임금이 몸소 제정함"이란 뜻이다.

흠정역 성경은 19세기 말까지 영국 성공회에서 사용된 유일한 공식 영어 성경이었다. 1611년 출간 이후로 단 한 번의 개정 없이 영어 성경의 표준이 되어 영미권에서 현재까지 계속 사용되고 있으며, 전 세계에서 가장 많이 팔린 베스트셀러 성경으로 영문학 최고의 금자탑으로도 알려져 있다. 현재까지도 전 세계 대부분의 지역에서 이 흠정역 성경은 저작권이 없이 자유롭게 번역 및 재생산되고 있다. 1998년 『킹 제임스 성경』을 전체적으로 분석하는 작업이 이루어졌는데, 그 결과 신약성서의 84%, 구약성서의 75.8%가 틴데일이 번역한 단어를 그대로 사용했음을 알게 되었다.

사도행전

윌리엄 틴데일이 성경을 영어로 번역할 때, 구약 성경은 히브리어 성경을 사용하여 번역한 반면, 신약은 그리스어 성경을 사용하여 번역하였다. 그는 구약 성경에 있는 히브리어 페삭이라는 단어를 'Passover'라는 신조어를 만들어 내어 번역하였다. 그런데, 이에 앞서 신약 성경 번역 과정에서 'Pascha'라는 단어가 나오자 이 Pascha(라틴어 :Pascha ; 그리스어 :Πάσχα, Paskha)라는 단어가 구약 성경의 히브리어 페삭 'Pesach'을 번역한 단어로서, 같은 의미의 단어라는 것을 알았다.

신약 성경 전체를 분석해 보면 Pascha라는 단어가 총 29번 나온다. 마태 복음 4번, 마가 복음 5번, 누가 복음 7번, 요한 복음 10번, 고린도 전서, 사도행전, 히브리서 각각 1번, 그래서 총 29번이다. 그런데 신약 성서 상에 기술된 Pascha 기록 29번 중 27번이 그리스도 생존 당시, 즉, 그리스도가 활동하는 시기 중의 내용에 관한 것이다. 따라서 이때 기술된 Pascha는 모두 유대인의 절기인 유월절을 언급한 것이다. 나머지 2번의 Pascha가 그리스도가 사망한 후에 언급되었다. 한 번은 고린도 전서 5:7에서 그리스도의 희생을 유월절 양으로 표현한 것이었으므로, 이때의 표현 역시 유대인의 유월절을 의미하였다.

마지막으로 사도 행전 12:4에서 그리스도 사망 시점으로부터 수십 년이 경과한 시점에 Pascha라는 표현이 등장하였다.

사도행전 12장

1. 이 무렵에 헤롯왕이 손을 뻗쳐서, 교회에 속한 몇몇 사람을 해하였다.
2. 그는 먼저 요한과 형제간인 야고보를 칼로 죽였다.
3. 헤롯은 유대 사람들이 이 일을 기뻐하는 것을 보고, 이제는 베드로까지 잡으려고 하였다. 때는 무교절 기간이었다.
4. 그는 베드로도 잡아서 감옥에 가두고, 네 명으로 짠 경비병 네 패에게 맡겨서 지키게 하였다. **파스카**(Pascha)가 지나면, 백성들 앞에 그를 끌어낼 속셈이었다.

요한의 형제인 야고보의 죽음과 베드로의 투옥 사건이다. 헤롯이 무교절 기간을 피하고 파스카(Pascha)가 지나가고 나서 백성들 앞에 그를 끌어낼 속셈이었다고 적었다. 이 부분의 그리스어 신약을 영어로 번역하는 과정에서 틴데일은 이 파스카는 이전에 기술되었던 다른 경우의 파스카와 의미가 다르다고 생각하였다. 따라서, 윌리엄 틴데일은 신약 성경에 기술된 29번의 Pascha 중 28번의 경우에는 모두 Passover(유월절)라는 신조어를 만들어 번역하였지만, 사도행전 12:4에 있는 Pascha에 대해서는 똑같이 Passover(유월절)라고 번역하지 않고, 유독 Easter(부활절)라는 또 다른 신조어를 만들어 번역하였다.

윌리엄 틴데일의 성경에 표현된 사도행전 12:4의 영어 텍스트는 다음과 같다.

"And when he had apprehended him, he put him in prison, and delivered him to four quaternions of soldiers to be kept, intending after **Easter** to bring him forth to the people."

왜 그랬을까?

틴데일이 번역을 시작한 시점은 서기 1500년경으로, 그리스도교에서 Pascha 라는 단어는 유대인과 그리스도교 초대 교회 시절의 유월절(Passover) 개념의 단어로 사용되었을 뿐만 아니라, '그리스도의 부활일' 개념의 단어로도 혼용되어 사용되었던 시기였다. 틴데일은 사도행전 12:4에 있는 Pascha를 번역하면서 고민에 빠지게 되었다.

왜냐하면 베드로를 무교절 기간에 잡았다고 하였는데, 파스카가 지난 다음에 백성들 앞에 끌어내려 하였다고 되어 있기 때문이다. 유대인들의 절기에서는 유월절(파스카)이 먼저 오고 그 다음날부터 7일간을 무교절로 기념한다. 그런데 무교절에 잡은 베드로를 무교절보다 먼저 오는 파스카가 지난 후에 끌어내려 하였다는 내용이 그를 혼란스럽게 만든 것이다. 유대인들의 파스카는 이미 지나버렸고, 그 시점부터 다시 1년이 지난 후에야 올 수 있는 날이기 때문이다. 그러므로 그는 여기서 언급된 파스카가 유대인들의 절기인 파스카를 의미하는 것이 아니라고 생각하게 된 것이다.

그렇다면, 이 파스카는 어떤 의미의 파스카라고 해석해야 할까?

여기에서 언급된 파스카는 두 가지 경우로 해석이 가능하다. 한 가지는 파스카와 무교절이 연속으로 이어지는 명절이었기 때문에 파스카와 무교절의 두 명절을 하나의 명절로 간주하는 경우가 많았기 때문에, 파스카와 무교절을 분명하게 구분하지 않고 하나의 명절로 취급하여 단순하게 파스카로 언급하였다고 생각하는 경우이다. 그리고 또 다른 한 가지 경우로는 그리스도교 예수의 부활일 개념으로 파스카 명칭이 사용되었다고 생각할 수도 있다. 유월절과 무교절을 엄밀하게 적용하였을 경우에 유대인들의 유월절은 무교절 동안에 올 수 없지만, 그리스도교의 부활일은 유대인들의 유월절인 니산 월 14일이 지나고 난 후에 오는 일요일에 해당하므로, 유대인들의 파스카보다 최소한 하루 이상 늦은 날이 되어 무교절 중에 올 수 있기 때문이다.

사도행전 저자가 어떤 생각 속에서 이처럼 기술하였는지 확실히 파악할 수 없지만, 사도행전 저자의 의도와 관계없이 틴데일은 모든 상황들을 나름대로 종합하여 판단한 후 사도행전에 기술되어 있는 이 파스카를 예수 부활일의 의미를 가진 파스카로 해석하기로 작정하였다고 결론지을 수 있을 것이다. 따라서 이 파스카를 유대인들의 유월절 개념으로 기술된 파스카를 Passover라고 번역한 다른 경우들과 차별하여, 그에 적합한 다른 명칭을 사용하여 번역하기로 작정한 것이라고 생각할 수 있다. 틴데일은 그리스도 부활일의 의미에 걸맞는 명칭을 탐색하기 위해 기존의 여러 문헌들을 참조하는 가운데 마침내 베데의 저서를 접하게 되었을 것이다.

베데와 Ēostre

서기 725년, 베데는 라틴어로 『시간의 응보』(The Reckoning of Time, 라틴어: De temporum ratione)라는 책을 저술하였는데, 이 책의 15장 영국의 달(The English Months)편에서 고대 영국인들인 게르만 족의 일족인 튜튼족이 사용하던 달 이름들을 언급하였다. 튜튼족(Teutonic peoples), 또는 테오토니족은 고대 게르만 족의 일파로, 유틀란트 반도에 자리잡았던 민족이다. 그런데 이 종족들이 사멸한 뒤에도 라틴 작가들은 게르만족을 가르켜 튜튼족이라고 불렀으며, 현재까지도 이 습관이 고착되어 게르만족과 같은 의미로 사용되고 있다.

베데는 그들의 선조들이 4월에 해당하는 달의 이름을 Eosturmonath 라고 하였고, 그 달은 Ēostre 여신의 달이라고 하였다고 다음과 같이 기술하였다. "Eosturmonath는 파스카 달(Paschal month)로 번역되는 달 이름이다. 그 달의 이름은 봄의 여신인 Ēostre 여신의 이름을 따서 지어졌으며, 그들은 그 달에 이 여신을 경축하였다. 이제 그들은 오랫동안 전통적으로 경축하였던 그 여신의 이름 Ēostre를 파스카 절기를 부를 때 사용한다." 이와 같이 영국에 정착하였던 게르만족의 일족인 엥글로 섹손족은 이교도로서 4월에 해당하는 Eosturmonath 달에 Ēostre 여신을 숭배하였지만, 세월이 흐르면서 그 전통은 사라졌고, 여신의 이름 Ēostre는 예수의 부활을 경축하는 파스카의 의미로 남아 계속 사용되었다고 베데가 기술한 것이다.

이와 같은 베데의 주장은 베데가 작위적으로 만들어 낸 것이라는 주장이 제기되어 논란의 대상이 되었지만, 그로부터 1세기 후인 9세기에 또 다른 수도사인 아인하르드(Einhard)가 저술한 '샤를 마뉴의 생애'라는 저서에서 섹손족이 4월을 Oster-monath(Ôstarmânot)라고 불렀다고 하는 추가적인 자료가 발견됨으로써, 4월을 Ēastermōnath(Easter month)라고 한 베데의 주장을 뒷받침해 주었다. 영국의 앵글로 – 색슨 족과 유럽 대륙의 색슨 족은 같은 게르만족으로서 사촌지간이었으며, Eostre와 Ostara도 어원 상으로 사촌간으로 같은 의미를 가지고 있는 단어였기 때문이다.

그렇다면 영국의 엥글로 섹손족과 유럽 대륙의 색슨 족이 Ēostre와 Ostern을 파스카를 대신하는 의미로 사용하였다는 것을 어떻게 단정할 수 있을까? 단순히 이교도 여신을 계속 숭배하였기 때문에 Ēostre/Ostara라는 여신의 이름을 그 시기에도 지속적으로 사용하고 4월을 Ēostre 여신의 달이라고 한 것이 아니었을까?

이를 확인하기 위해서는, 그 시기에 당시 주위에 있는 유럽의 다른 국가들에서 부활절이 준수되고 있었는지 살펴볼 필요가 있다. 그들이 부활절을 준수하고 있었다면 같은 게르만족의 일파로서 영국에서만 부활절 준수를 하지 않을 이유가 없기 때문이다. 자료들을 살펴본 결과, 당시 독일에서는 부활절을 준수하였으며 Ostern이라고 불렀다. 그러면 스칸디나비아에서는 어떠하였을까? 덴마크와 노르웨이에서도 부활절을 준수하였으며, 사용한 명칭은 파스카의 변형인 Påske이었다.

이와 같은 정황들을 종합해 보면, 영국의 엥글로 섹손족과 유럽 대륙의 색슨 족도 그 당시 다른 게르만족들처럼 부활절을 기념하였다고 결론내릴 수 있다. 그리고 여신과 연관된 오래된 영어인 Ēostre/ Ostern을 부활절 이름으로 사용하였다고 추정할 수 있다. Ēostre 축제가 봄의 새로운 탄생을 축하하는 새로운 시작의 의미가 있듯이, 그들도 아마 '그리스도의 부활일'인 Pascha 축제 역시 기독교 신앙에 있어서 새로운 시작을 의미하는 축제라고 여겼었던 것 같다. 고대 영어인 Eostre는 원래 dawn(새벽)을 뜻하는 원시 게르만어 austrōn에서 유래한 단어라고 한다.

Easter와 'Ishtar'(이슈타르)

틴데일은 베데의 Eostre와 더불어, Pascha와 비슷한 시기에 시작되었던 고대 바빌로니아의 다산과 풍요의 여신인 'Ishtar'(이슈타르)의 이교도 축제까지도 참조하였을 가능성도 있다. 이슈타르와 비슷한 발음의 Easter는 부활 신화의 이슈타르를 떠올리게 하였을 뿐만 아니라, 이교도들의 이슈타르 신화에 담겨 있는 부활 이야기를 통해서 그리스도의 부활 개념이 쉽게 연상될 수 있었기 때문이다. 또한, Easter는 태양이 다시 떠 오르는, 즉 날마다 태양이 부활하는 East(동쪽)가 연상되는 단어이기도 하였다.

부활절(Easter)이라는 명칭의 탄생

이와 같은 내용들을 종합해 볼 때, 윌리엄 틴데일은 신약 성경속의 모든 파스카를 유대인들의 유월절로 판단하여 Passover라고 영역하였지만, 유일하게 사도행전의 파스카만은 Passover라고 영역하지 않고 베데에 의해 언급되었던 Eostre를 차용하여 그리스도 부활의 의미를 가진 Easter라는 신조어를 고안하여 영역하기로 하였다고 추론할 수 있다.

물론 틴데일이 위와 같은 해석을 바탕으로 사도행전의 파스카(Pascha)를 그리스도 부활의 의미를 가진 신조어 Easter를 사용하여 번역하기로 하였다는 추론에 대해서 전혀 반론이 없는 것은 아니다. 사도 행전 12장 4절의 배경 시대는 헤롯 아그리파스 1세(재위 41~44)가 지배하던 시기였다. 사도 행전은 이방인 그리스도인인 누가(Lucas)에 의해서 서기 70년 누가 복음이 집필된 이후, 서기 80년~100년 사이에 쓰여진 것으로 학계에서는 추정하고 있으며, 늦어도 서기 125년 이내에 집필된 것으로 보인다. 그런데, 그리스도인도 아닌 헤롯왕(41~45)이 예수 부활과 관련된 그리스도인들만의 부활절이라는 날을 특별하게 의식하여, 그 날이 지난 다음 베드로를 끌어내려 하였다는 것은 있을 수 없는 일이라는 것이다. 더군다나 베드로를 체포한 것도 유대인들의 환심을 사기 위한 것이었는데, 그리스도인들이 경배하는 부활절이라는 이유로 처형을 미루었다는 것 역시 이치에 맞지 않다고 하였다.

또한, 베드로 생존 당시인 헤롯왕(41~45)의 시대에, 유대인들의 파스카 대신 예수 부활일을 파스카로 기념하였던 것은 로마와 로마권 내에 있는 교회에 아주 국한되어 일어났던 상황이었으며, 예루살렘을 포함한 동방의 교회에서는 유대인들의 파스카를 똑같이 기념하였기 때문에, 예수 부활 의미의 파스카로 해석할 수 없다는 것이다. 이 부분에 쓰여진 파스카는 사도행전의 집필자가 어떤 성격의 파스카를 염두에 두고 언급하였는지 분명하게 결론 내릴 수는 없지만, 모든 상황을 고려해 보았을 때 그리스도의 부활일과는 다소 거리가 있다는 점을 알 수 있을 것이다.

그렇지만, 사도행전에 쓰여진 파스카의 성격이 그리스도의 부활일에 완전하게 부합되는지의 여부와 관계없이, 틴데일이 이 파스카에 대해서 특별한 의미를 부여하며 최초로 Easter(부활절)라는 명칭을 도입하여 번역함으로서, 이후부터는 그리스도 부활의 의미로 사용되는 파스카에 대해서는 예전처럼 파스카라 칭하지 않고 Easter(부활절)라고 부르게 되는 전통을 만들었다는 사실은 분명하다. 이로써 그리스도 부활일은 마침내 1500년경 틴데일에 의하여 유대인의 파스카라는 이름으로부터도 완전히 독립하여 Easter(부활절)라는 고유의 이름을 가지게 된 것이다.

정리하자면, 유목 민족의 가축 번성을 기원하는 의식으로부터 기원하여, 페샤

(Pesach)이라는 이름으로 유대인의 '민족 해방 기념일' 절기가 성립되었고, 이 구약 성경의 페삭(Pesach)이 신약 성경에서 그리스어 파스카 (Pascha)라고 번역되어 사용되었다. 신약 성경에서 사용된 대부분의 파스카는 구약 성경의 페삭과 같은 의미였기 때문에 'Passover'(유월절)로 번역하였지만, 그중 사도행전 12장 4절의 파스카는 그리스도 사후의 사건이었기 때문에 틴데일은 여기에 쓰인 파스카를 유월절의 의미가 아닌 '그리스도 부활 기념일' 의미를 부여하여, Easter라는 새로운 명칭을 찾아내어 영역하기에 이른 것이다.

그 결과 그리스도 부활절 의미로 사용된 파스카는 현재에 이르기까지 Easter(부활절)라는 고유의 이름으로 사용되고 있다. 따라서 우리말로 성경을 번역할 때에도 페삭(Pesach)은 유월절로, 파스카(Pascha)는 경우에 따라 유월절, 또는 부활절로 번역하지만, Easter는 파스카(Pascha)를 영역한 단어임에도 불구하고 유월절이라 하지 않고, 항상 '부활절'이라고 번역한다.

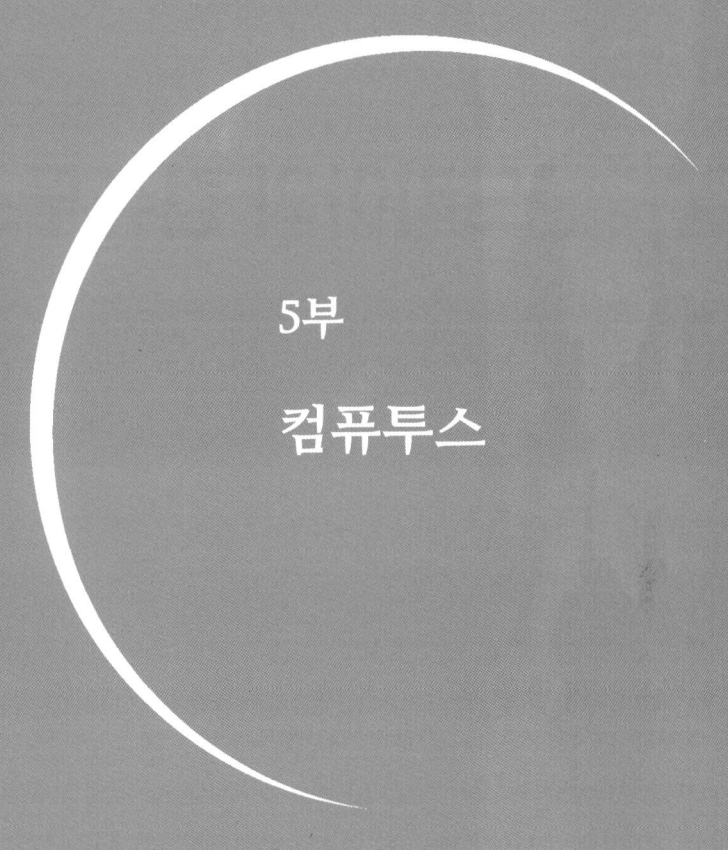

5부

컴퓨투스

*지금 다루고 있는 컴퓨투스의 내용은 알든 A.모해머(Alden A. Mosshammer)가 쓴 『THE EASTER COMPUTUS AND THE ORIGIN OF THE CHRISTIAN ERA』에서 많은 부분을 참조 인용하였음을 밝힌다.

01
알렉산드리아의 컴퓨투스

컴퓨투스의 출현

유대인들은 이집트로부터 탈출한 이후, 태음태양력인 그들 고유의 전통적인 유대력상에서 매년 니산 달 14일을 그들의 민족 해방일로 삼고 파스카(유월절)라고 하여 기념하였다. 유대교의 한 분파로서 출발하였던 초대 교회에서도 유대교와 마찬가지로 구약 성경을 그들의 경전으로 사용하였기 때문에, 경전에 따라 유대력 상에서 새해 첫 달에 해당하는 니산 달의 14일에 그들과 똑같이 파스카를 준수하였다. 그런데 어느 시기부터 로마를 비롯한 서방의 교회에서는 니산 달 14일이 아닌 니산 달 14일 다음에 오는 일요일을 파스카로 삼았을 뿐만 아니라, 그리스도 부활일의 의미로 기념하기 시작하였다.

3, 4세기 경에 쓰여진 부활절과 관련된 여러 기록들을 살펴보면, 부활절을 기념하기 시작한 초기에는 그리스도 교인들이 주변에 사는 유대인들로부터 무교절 주간에 대한 정보를 얻었으며, 그 주간에 들어 있는 일요일을 부활절로 정하여 기념하는 것이 관행이었다고 한다. 이런 방법을 사용하였을 때만 해도 유대교의 유월절에 의존하기는 하였지만, 부활절 날짜를 찾아 기념하는 과정이 특별히 복잡

하거나 어렵지 않았다.

그리스도가 부활하였다고 알려진 날짜는 유대인들의 유월절인 니산 달 14일로부터 3일이 지난 니산 달 17일이었으며, 일요일이었다. 그런데, 로마 교회에서는 17일이라는 날짜보다 그 날이 일요일이었다는 점을 더 중시하여, 파스카 달의 17일이 아닌 파스카 달 14일이 지나고 처음 오는 일요일을 부활절의 날로 정하여 기념하기로 결정하였다. 로마 교회가 유대인들의 민족 해방일인 파스카 대신 그리스도가 부활한 날을 부활절로 기념하기로 하였다면, 태음 태양력인 유대력상에서 그리스도 부활의 날인 니산 달 17일에 해당하는 날을 태양력인 로마의 공식 달력 율리우스력 상에서 찾아, 매년 그 날에 그리스도 부활의 날을 기념하는 것이 상식적으로 마땅하였을 것이다. 이처럼 어느 특별한 날을 매해마다 기념해야 하는 경우에, 날짜를 무시하고 그 날의 요일 자체를 중시하여 그 요일에 일주일마다 기념하는 경우는 동서고금을 막론하고 그 예를 찾아볼 수 없을 것이며, 대단히 이례적인 것이었다. 그럴 수밖에 없는 이유는 이미 설명한 바 있으므로 여기에서는 생략하기로 하겠다.

앞에서 언급한 것처럼 처음에는 이 조건에 맞는 부활절 날짜를 매년 태음태양력인 유대력을 참조하여 비교적 수월하게 찾을 수 있었다. 그런 가운데 콘스탄티누스 황제 시기에 이르러 니케아 공의회(325년)가 개최되었는데, 이 모임에서는 유대인의 파스카(유월절)를 폐하고, 대신 그리스도 부활일을 파스카(부활절) 날로 확정하면서 다음과 같은 내용으로 파스카(부활절) 날을 정의하였다.

1. 파스카 절기는 일요일에 지켜져야 한다.
2. 파스카 만월(Paschal full moon) 이후에 처음 오는 일요일을 파스카 날이라고 한다.
3. 파스카 만월(Paschal full moon)이라 함은 춘분이나 춘분 이후에 처음 오는 만월을 말한다.
4. 3월 21일을 고정된 춘분일로 한다.
5. 파스카 만월이 일요일인 경우에는 파스카 날은 그 다음 일요일로 한다.

이에 따라, 로마 교회는 그리스도교가 유대교와의 모든 연관성으로부터 단절되기를 원했기 때문에, 유대력마저도 완전히 배제한 채로 당시 로마의 달력인 율리우스력만을 사용하여 독자적으로 부활절 날짜를 확정하여 기념하기로 하였다. 그렇지만, 체계가 전혀 다른 태음력인 유대력에 연계되어 있을 뿐만 아니라 복잡한 여러 조건까지 충족시켜야 하는 부활절의 날짜를 태양력인 율리우스력 상에서 찾는 것은 결코 쉬운 일이 아니었다. 따라서 교회에서는 파스카 달 14일이 지나고 처음 오는 일요일이라는 조건을 충족시키는 부활절 날짜를 찾기 위해서 해마다 매우 복잡한 계산 과정을 반복해야만 했다.

이로 인해 로마 율리우스력만을 사용하여 부활절 날짜를 쉽게 구할 수 있는 방법을 찾으려는 많은 시도들이 나타나게 되었으며, 시간이 갈수록 많은 학자들에 의해 부활절 날짜를 계산해 낼 수 있는 다양한 계산법들이 고안되기 시작하였다. 그런데, 힘들게 만들어진 계산법들을 통해 구해진 부활절 날짜들은 대부분 어느 정도 기간 내에서는 문제가 없었지만, 세월이 흐르면서 그 계산법들에 의한 부활절 날짜들이 실제 날짜에 비해 점점 오차가 커졌기 때문에 계속해서 사용할 수가 없었다. 따라서 그 계산법들을 개선 발전시키려는 많은 시도들이 계속 이루어지면서 여러 새로운 계산법들이 만들어지게 되었는데, 후에 이런 계산법들을 통칭하여 '컴퓨투스'(Computus)*라고 불렀다. 그런데 이 컴퓨투스라는 용어 자체가 등장하고 사용된 것은 그로부터 훨씬 후인 중세기 초반으로, 부활절 계산법들에 대한 관심이 매우 고조되었던 때라고 한다.

이에 따라 유대력에 의존하지 않고 태양력을 기반으로 하여 부활절 날짜를 찾기 위한 컴퓨투스의 발전은 두 도시를 중심으로 이루어졌다. 그중의 한 도시인 이

---

* 현재 우리에게 친근한 단어인 컴퓨터computer라는 단어는 중세기 초반에 등장한 컴퓨투스(Computus)라는 용어로부터 유래한 것이다. 라틴어 computus와 computare로부터 직접 유래된 영어 동사 compute는 '수학적 방법을 통해 계산한다'는 뜻을 가지고 있다. 그리고 computer라는 단어는 최소한 1646년까지는 '수학적 계산을 하는 사람'이라는 의미로 사용되었다고 한다. '옥스포드 영어 사전 두 번째 판(Oxford English Dictionary, Second Edition (OED2)을 보면, computer라는 단어는 1897년 1월 22일의 Engineering 저널에서 기계적 계산기(mechanical calculating device)라는 의미로 사용되었다고 되어 있다. 1946년도의 OED2에서 electronic computer가 최초로 언급되었으므로, 이미 1946년 이전부터 이 용어가 사용되었던 것으로 생각되며, digital computer라는 용어는 1946 이후에 사용되었다.

집트의 알렉산드리아에서는 현재 사용되고 있는 부활절 테이블의 원형이 고안되어 만들어졌으며, 시간이 흐르면서 계절과 불일치를 보이는 초기의 부정확성에서 벗어나 점차 천문적 관찰 결과 뿐만 아니라 계절과도 어우러지는 더 정교하고 발전된 컴퓨투스로 개선되어 갔다. 또 하나의 중요한 도시는 로마였다. 로마에서는 초기에 로마 고유의 부활절 테이블을 사용하고 있었지만, 로마의 한 수도사가 알렉산드리아에서 기원한 부활절 테이블을 참조하여 그 테이블을 연장한 새로운 부활절 테이블을 만들어 로마에 도입하였다. 그 테이블이 바로 디오니시우스의 19년 주기 테이블이었는데, 정확성에서 이전까지 사용되고 있던 로마의 모든 부활절 테이블들을 압도함으로서 로마 제국 내의 모든 지역에서 유일한 정통 부활절 테이블로 자리잡게 되었다.

이제 우리는 이 장에서 알렉산드리아에서 유대력의 도움없이 부활절 날짜를 독자적으로 찾으려는 시도가 이루어지기 시작한 시점 이후부터 로마의 디오니시우스의 19년 주기 테이블이 성립되어 자리잡게 될 때까지 어떤 과정을 거쳤는가를 추적할 것이다. 서기 300년에 발행되었된 교회 사가인 카에사리아(Caesarea)의 유세비우스(Eusebius)의 '교회사'와 더불어 많은 근대의 학자들의 연구 자료들, 특히 알든 모해머(ALDEN A. MOSSHAMMER)의 저서『부활절 컴퓨투스와 그리스도 연대의 기원』(The Easter Computus and the Origins of the Christian Era)은 컴퓨투스의 전체적인 발자취를 탐구하는데 대단히 큰 도움이 되었다. 이제 흥미로운 알렉산드리아와 로마의 컴퓨투스 발전사에 대한 탐색을 시작해 보기로 하겠다.

알렉산드리아의 컴퓨투스 발전사

기원전 1세기 후반, 이집트는 로마에 복속된 속국이었으며 로마 제도권에 속해 있었다. 알렉산드리아는 로마와 더불어 유대력에 의존하지 않고 태양력인 그들의 달력만을 이용하여 부활절을 구하는 방법을 매우 적극적으로 추구했던 도시로 알려져 있다. 당시 로마에서는 카이사르에 의해서 율리우스력이 만들어져서 로마의 공식 달력으로 사용되기 시작하였지만, 이집트의 알렉산드리아에서는 그들

고유의 상용력이 사용되고 있었다. 알렉산드리아의 달력은 근본적으로 태양의 운행을 바탕으로 만들어진 태양력이었으며, 30일로 이루어진 12달과 5일의 추가일(extra days : epagomenal day)로 구성되었기 때문에 1년의 총 날 수는 365일이었다. 그리고 4년마다 윤년을 두어 하루를 더 추가하였으므로, 윤년에는 추가일이 총 6일이 되어 윤년 해의 총 날수는 366일이 되었다.

그들이 사용하였던 알렉산드리아 달력은 실제로 로마 율리우스력의 모체였기 때문에 달력의 구성에서 약간의 차이는 있었지만 1년의 총 날 수와 4년마다 윤년으로 하루가 늘어나는 전체적인 틀은 율리우스력과 거의 같았다. 따라서 알렉산드리아의 달력에서의 어느 한 날의 날짜와 로마의 율리우스력에서의 그 날에 해당하는 날짜는 매년 큰 차이가 없었다. 원래 알렉산드라에서 사용하던 달력에서는 4년마다 하루가 추가되는 윤년이 없었다. 그렇지만 로마의 카이사르가 후에 알렉산드리아 자신들의 달력 체계를 로마에 도입하면서 윤년 제도를 추가한 율리우스력을 만들어 로마 제국 전 권역에서 사용할 것을 공표하자, 로마의 속국이었던 이집트의 알렉산드리아인들도 자신들의 달력에 율리우스력과 마찬가지로 윤년을 추가하여 사용하게 된 것이다.

그런데, 태생적으로 그리스도교의 부활절 날짜는 유대인의 절기인 파스카(유월절)에 연계되어 있으며, 이 파스카(유월절) 날짜는 태양력이 아닌, 유대인의 태음력 달력 상의 날짜인 니산 월 14일이었다. 따라서 당시에는 유대력의 도움을 받지 않고 태양력 체계인 율리우스력이나 이집트력만을 사용하여 파스카 날에 연계되어 결정되는 부활절 날짜를 알 수 있는 길이 전혀 없었다. 그러므로 교회에서는 태음력 달력 상의 니산 월 14일에 해당하는 날이 그들이 사용하고 있는 태양력 달력상에서 어느 날에 해당하는지 찾을 수 있는 방법을 고안해야만 했다. 그러기 위해서는 유대력의 근본 체계인 태음력의 날짜 체계 뿐만 아니라 태양력의 날짜 체계에 대해서도 세심하게 분석 파악한 다음, 그들 두 체계 사이의 복잡한 상관관계에 대한 이해를 바탕으로 두 체계를 정확하게 동기화 시킬 수 있어야 했다.

30년 주기

 태양력인 알렉산드리아 달력에서 1년은 총 365 1/4일이며, 새해가 시작되는 날은 토트(Thoth)달 1일로, 로마력 상에서 8월 29일에 해당한다. 태음력인 유대력에서 1년은 평년의 경우 총 354일이며, 새해가 시작되는 날은 그 해의 첫 태음월에 해당하는 니산 달의 1일이다. 따라서 부활절 날짜를 찾기 위해서 가장 먼저 해야되는 과정은 유대력 상의 첫 태음월인 니산 달 1일이 알렉산드리아 태양력 달력상에서 어느 날에 해당하는지를 찾는 일이다. 알렉산드리아 달력 상에서 니산 달 1일에 해당하는 날짜를 알게 된다면 니산 달 만월인 니산 달 14일이 어느 날에 오는지 알 수 있게 되며, 다시 이를 바탕으로 직후에 오는 일요일을 찾음으로써 그 해의 부활절 날짜를 구할 수 있기 때문이다.

 그렇다면 첫 태음월이 시작되는 유대력 상의 새해 첫날 니산 달 1일에 해당하는 날을 유대력에 의존하지 않고 어떻게 찾을 수 있을까? 첫 태음월인 니산 달 뿐만 아니라 태음년 상의 모든 태음월에 있어서 그 달의 첫날은 신월(new moon)이 시작되는 날이다. 이 신월이 시작되는 날짜를 구하는 데에는 두 가지 방법이 있다. 한 가지는 직접 천문 관측을 기반으로 찾는 방법이며, 다른 한 가지는 천문 관측에 의존하지 않고 천문학적인 계산을 통해서 그 날을 예측하는 방법이다.

 두 가지 방법 중에서 천문 관측에 의한 방법이 더 간단하고 정확하며 원칙적이라고 생각할 수 있겠지만, 그 방법을 사용하였을 경우에 여러 복잡한 문제들이 발생하였다. 따라서 부활절 날짜를 찾기 위해서는 직접 관측하는 방법 대신 천문학적 계산을 통해서 간접적으로 초승달의 날짜를 결정하는 방법을 사용하는 것을 원칙으로 삼았다. 천문학적 계산을 바탕으로 신월의 날짜를 찾아내기 위해서는 365 1/4일인 태양력과 354일인 태음력 사이의 11 1/4일의 날짜 차이로 인해 생기는 태양력과 태음태양력과의 복잡한 관계에 대해서 매우 정확한 이해를 필요로 하였지만, 이 문제들은 당대의 천문학자들의 도움을 바탕으로 어렵지 않게 해결할 수 있었다.

 한 해의 태음월들 중에서 부활절이 들어 있는 태음월을 교회에서는 특별히 의미를 부여하여 파스카 달이라고 명명하였다. 따라서 파스카 달은 곧 유대력에서 니산 달과 같은 의미의 태음월이다. 초창기에 교회에서 사용했던 것으로 보이는 파스카 날짜에 대한 기록이 발견되었는데, 파스카 달의 14일 날짜에 대한 목록이었다. 이 기록을 살펴보면 유대력의 도움을 전혀 받지 않고 태양력만으로 파스카 만월을 구했다는 것을 알 수 있는데, 그것은 이미 알고 있는 그 전해의 파스카 만월 날짜로부터 단순히 11일을 뺌으로서 다음 해의 파스카 만월 날짜를 구하는 방법이었다. 계속 이어지는 다음 해에도 연속으로 해마다 이전 해의 날짜에서 11일씩 뺌으로서 매해마다 파스카 만월 날을 구하였다.

그런데, 이렇게 계속해서 단순히 11일씩 빼는 방법으로 파스카 만월을 구하였더니, 점차 태양력 상에서 그 날짜가 매년 11일씩 빨라졌기 때문에 계절적으로 너무 이른 시기에 파스카 만월이 오는 경우가 생겼다. 그래서 파스카 만월의 날짜가 보리가 익는 춘분 달(vernal moon)의 시기보다 너무 빠른 시기에 온다고 생각되는 경우에는, 그 해의 파스카 만월이 들어 있게 되는 태음월 앞에 30일의 태음월 한 달을 임의로 추가하여 파스카 만월의 날짜를 30일 늦추었다. 그렇게 되면 그 해의 파스카 달 14일이 전년보다 19일 늦어지게 되었으므로, 다시 계절과 적절하게 조화를 이룰 수 있게 되었다. 이 방법은 논리적 근거에 기반을 둔 계산 방법에 의한 것은 아니었지만, 결과적으로 태음 태양력에서 윤달이 추가되는 원리와 유사한 방법으로 계절과 조화를 이루는 조정을 이룰 수 있었다.

이처럼 매해마다 11일씩 빼는 방법을 이용하여 파스카 달의 14일의 날짜를 구한 것은 태양과 달의 일 년, 즉 태양년과 태음년의 1년이 11 1/4일 차이가 난다는 것을 바탕으로 한 것이었다. 태음력 상에서 첫 태음월인 니산 월의 14일이 다음 태음년에서 다시 돌아오는 시기는 354일 후이므로, 365일의 태양력 상에서 그 날은 단순히 11일이 빠른 날이 되었기 때문이다. 부활절 날짜를 구하기 위해서 초기에 사용하였던 이 방법은 단순히 태양력 상에서 그 날 수 11일을 앞 당기는 조정이었으며, 나중에 고안된 에팩트(epact)라는 개념을 적용한 것이 아니었다. 그렇지만, 이 방법은 매우 단순하고 초보적이었음에도 불구하고, 태양년과 태음년의 동기화를 이루기 위한 최초의 시도였으며, 파스카 날짜를 찾기 위한 틀에 대한 기본적 모델이 고안된 첫 걸음으로서, 후에 고안된 에팩트 체계로 발전하는 계기를 마련한 근본적인 이론적 바탕이 되었다.

이렇게 고안된 방법을 사용하면 태양년과 태음년이 30년을 주기로 동기화를 이루어, 이 방법에 의해 구해진 파스카 만월이 30년을 단위로 똑같이 반복되는 주기성을 보일 것으로 생각되었다. 파스카 만월이 주기성을 보인다는 것은 매우 중요한 의미가 있다. 왜냐하면 계속해서 해마다 11일을 빼고 상황에 따라 30일 한 달을 추가하는 방식으로 매해마다 파스카 만월을 구한다는 것은 너무 번거로운 일이었기 때문이다. 만약 주기성이 존재하고 그 주기상의 날짜들이 반복적으로 정확하게 들어맞는다고 가정해 보자. 그러면 그 한 주기인 30년 동안 각각의 해에 해당하는 파스카 만월 날짜들을 구하여 30년간의 테이블을 만들 수 있게 되고, 이후 계속되는 모든 해의 파스카 만월 날짜를 새롭게 계산할 필요 없이 이 30년 단위의 주기 테이블 상에서 간단히 찾을 수 있게 될 것이기 때문이다. 이처럼 주기성을 보이는 파스카 테이블을 만들어 파스카 만월을 찾는 방법을 '컴퓨투스(Computus)'라고 한다. 그리고 실제로 컴퓨투스 발전의 역사란 부활절 규정에 보다 더 정확하게 부합되는 파스카 만월 날짜를 구할 수 있는 주기 테이블을 고안하려 하였던 역사였다고 할 수 있다.

그렇다면 해마다 11일씩 빼는 이 방법을 사용하여 구해진 파스카 보름달 날짜가 실제로 태양력 상에서 30년마다 오차 없이 정확히 반복되는 주기성을 보이는지 계산을 통해 확인해 보도록 해보자.

태양력에서 새해 첫날인 1월 1일과 태음력 상의 새해 첫날인 첫 번째 태음월 첫날이 동시에 시작되었다고 가정해 보자. 태양력과 태음력은 매해마다 11일씩 차이가 나게 되므로 30년의 기간 동안에는 그 차이가 총 330일이 될 것이다. 이 330일 차이는 정확히 30일짜리 태음력 11달에 해당이 된다. 즉, 30년의 태양년 한 주기가 끝나고 다시 새로운 30년의 태양년 주기의 첫날이 시작될 때, 태음력 상에서는 12번의 삭망월이 30번 지날 뿐만 아니라 추가적으로 11번의 태음월이 지나고 새로운 태음월의 첫날이 시작된다는 것을 의미한다. 따라서 태양년 30년은 태음년상에서 371태음월과 같게 되고(30×12+11=371태음월), 30년을 주기로 새로운 태양년이 시작될 때 정확하게 새로운 삭망월의 첫날이 같이 시작된다는 뜻이므로, 태양력과 태음력이 30년이라는 기간을 단위로 동기화된다는 것이 증명되었다.

이렇게 30년마다 주기성을 보인다는 것은 새로운 태양년의 첫날과 새로운 태음월의 첫날이 동시에 다시 시작되는 경우가 30년 내에는 없다는 것을 의미한다. 다시 말해서 계산을 통해 태양력의 새해 첫날과 태음년의 태음월 첫날이 동시에 시작되는 가장 짧은 기간이 30년 후라는 것이다. 이 계산을 근거로 하여 30년을 주기로 태양년과 태음년이 동기화를 이룰 것이므로, 30년의 태양년이 지나고 새로운 30년의 첫 태양년의 첫날에는 정확하게 새로운 태음월의 첫날이 다시 시작될 것으로 예측하였다.

그런데 그 예측은 빗나가고 말았다. 새로운 30년의 첫 태양년의 첫날에 태음월의 첫날이 시작되지 않은 것이다. 그 오류의 원인을 분석한 결과, 태음월이라는 너무 큰 시간 단위를 기준으로 주기 계산을 하였기 때문이라는 결론을 얻게 되었다. 태음월보다 더 작고 기본적인 시간 단위인 날 수를 바탕으로 더 세밀하게 그 동기화 여부를 비교해 보았더니, 30년의 태양년과 태음년의 날 수가 같지 않다는 것이 밝혀졌다.

그렇다면, 30년 주기를 실제 날 수를 중심으로 정확하게 계산해 보기로 하자. 율리우스력 상에서 30년간의 태양년의 날 수는 평년 365일과 윤년 366일로 이루어진 30년간의 날 수이므로, 30년간의 365일 날수에 30년 기간에 들어 있는 윤년의 추가일을 합한 날짜가 된다. 30년 기간 동안에 윤년은 7번, 또는 8번 들어 있다. 따라서 태양년 30년은 총 날 수가 10,957일($30 \times 365 + 7 = 10,957$일) 또는 10,958일이 된다. 371태음월로 이루어진 태음년의 총 날 수를 계산해 보자. 371태음월은 평균 날 수 29.5일로 이루어진 360태음월과 추가되는 30일로 이루어진 11태음월로 되어 있다. $360 \times 29.5 + 11 \times 30 = 10,950$. 따라서 371태음월의 총 날 수는 10,950일이 된다. 30년의 태양년 총 날 수는 10,957일 또는 10,958일이고, 371태음월의 총 날 수는 10,950일로서, 날 수 기준으로 비교해 본 결과 서로 같지 않고, 7~8일의 차이를 보인 것이다.

30년 동안의 달 수 기준으로는 태음월이 정확히 371태음월에 해당한다고 생각하였지만, 날 수를 단위로 계산하였을 때에는 30년의 태양년 총 날 수와 그 기간에 해당한다고 생각하였던 371태음월의 총 날 수가 같지 않았던 것이다. 태양년 30년이 태음년으로 정확히 371태음월에 해당한다고 생각한 가정에 오류가 있었던 것이다. 따라서 태양년의 새해 첫날과 태음력의 어느 태음월 첫날이 동시에 시작되었다면, 30년이 지나고 오는 31번째 오는 태양년 새해의 첫날이 태음력의 태음월 첫날과 같은 날 다시 시작하지 않고, 7일, 또는 8일 정도 차이가 나게 된다. 더 정확히 표현하자면, 31번째 오는 태양년 새해의 첫날이 되었을 때, 태음력의 태음월은 이미 첫날을 지나서 7일, 또는 8일째에 접어든 날이 된다는 것이다.

　결론적으로 파스카 만월이 태양년 상에서 30년 간격으로 정확하게 주기성을 보인다는 주장은 성립되지 않는다는 것이 확인되었다. 그렇지만 이런 방법으로 파스카의 주기성을 찾으려 했던 노력은 계산상의 오류로 인해 주기성이 성립되지 않는다는 것이 밝혀졌음에도 불구하고, 유대력의 의존성으로부터 벗어나 태양력 상에서 파스카 만월의 규칙적인 주기를 찾으려 하였던 최초의 시도라는 점에서 컴퓨투스의 발전 과정의 출발점으로서 매우 큰 의미가 있는 것이었다.

8년 주기와 데메트리우스

　계속해서 더 정확한 방법을 고안하여 오류 없는 규칙적인 주기를 만들어 파스카 날짜를 찾으려는 시도들이 이어졌다. 유세비우스는 그의 저서에서 알렉산드리아의 부활절 계산법에 관해 언급하면서 디오니시우스라는 이름을 거론하였다. 디오니시우스라는 이름은 역사적으로 볼 때 부활절과 관련하여 두 사람이 등장한다. 249년부터 265년까지 갈리에누스Gallienus(253~268) 황제 통치 하에서 감독으로 활동하였던 디오니시우스와 서기 500년경 19년 주기를 로마에 도입한 수도사인 디오니시우스가 바로 그들로서, 두 사람을 구별하기 위해서 전자를 대 디오니시우스, 후자를 소 디오니시우스라고 부르기도 한다.

유세비우스(260-340)가 전하는 바에 따르면, 당시 아시아 지역에서는 요일에 관계없이 유월절 달의 14일에 파스카를 준수하는 것을 원칙으로 삼고, 유대인들과 같은 날 파스카를 기념하였다고 하였다. 이 관행으로 인해서 로마와 알렉산드리아를 중심으로 하는 서방 교회와 아시아의 교회 사이에 부활절을 기념하는 날짜에 대해서 논쟁이 일어났기 때문에, 이미 2세기 말 경부터 여러 지역의 감독들 간에 파스카 날짜를 어느 날에 지켜야 하는지에 관한 편지들이 교환되었다. 이처럼 파스카를 어느 날 준수해야 하는지에 대한 소식을 전한 편지들을 통칭하여 '파스키 편지'라고 부른다. 대 디오니시우스는 파스카 편지를 통해서 부활절 날짜와 관련된 8년 주기에 근거한 규칙을 제안하였으며, 춘분 이후의 날만이 적법한 부활절 기념일이라고 주장하였다고 유세비우스는 기록하였다.

그런데, 이 8년 주기를 이용하여 부활절 날짜를 정하는 방법은 대 디오니시우스 훨씬 이전 시기인 데메트리우스 (Demetrius)에 의해서 고안된 것이었다. 데메트리우스는 코모두스(Commodus) 황제 즉위 10년, 서기 189/90년에 알렉산드리아의 감독이 되어 231/232년까지 43년 동안 감독으로 활동하였는데, 그가 활동하였던 시대는 부활절 날짜로 인해서 수많은 논쟁 속에 있었다. 그는 이러한 논란을 종식시키고 모든 교회들이 부활절 날짜에 대해서 합의를 이룰 수 있도록 하기 위해 많은 노력을 하였다.

데메트리우스는 파로스(Pharos)의 프톨레미(Ptolemy)를 포함한 천문학자들의 모임을 요청하였고, 그들의 도움을 받아 에팩트(epact)에 의해 부활절 날짜를 계산하는 방법을 고안하였다. 이때부터 에팩트는 파스카 테이블 작성을 위한 필수적인 첫 단계로 자리잡았으며, 데메트리우스 이후 3세기 초기에 부활절 일요일 계산법을 고안하려는 많은 사람들도 이 방법을 적용하여 파스카 만월 날짜를 구하였다.

마침내 에팩트를 이용하여 데메트리우스는 유대인들의 니산 달 14일, 즉 파스카 만월에 해당하는 날짜를 유대력에 의존하지 않고 알렉산드리아력만을 사용하여 구할 수 있게 되었으며, 그 날 이후에 오는 일요일을 부활의 날(Feast of the resurrection)로 정하였다. 또한 데메트리우스는 에팩트를 적용하여 구한 부활절 날짜들을 자세하게 비교 분석하는 과정에서, 니산 달 14일이 8년마다 주기성을 가진다는 규칙을 발견하였다.

에팩트(epact)에 대해서 다음에 자세히 설명하겠지만, 여기에서는 우선 간단히 설명하기로 하겠다. 에팩트라는 단어적인 의미는 '무엇을 추가한다'는 뜻이다. 달의 위상은 날이 흐르면서 태음월 한 달에 걸쳐 점진적으로 변화하는데, 변화하는 달의 하루 하루의 위상을 각각 월령이라는 단위로 구분하였다. 이 월령이 하루마다 한 단위씩 추가된다는 점에 착안하여, 데메트리우스는 월령에 해당하는 새로운 고유 용어로 "에팩트"(epact)라는 신조어를 만들어 사용하였다.

우리는 태양력과 태음력이 각각 365일, 354일이기 때문에 날수가 11일 차이가 난다는 것을 알고 있다. 따라서, 태양력 상에서 새로운 1년이 되는 첫날 1일은 태음력에서는 1년이 지나고 12일째가 되는 날에 해당한다. 이와 같은 상황은 매년 계속해서 똑같이 되풀이되기 때문에, 어느 해인지 관계없이 그 해 첫날의 월령은 전해 첫날의 월령에 비해 항상 11일씩 더 많게 된다. 또한 새해 첫날의 월령뿐만 아니라 태양력 달력 상에서 모든 날들의 월령은 그 전해 같은 날의 월령보다 항상 11일이 큰 값이 된다.

이런 근거에 기반하여 데메트리우스는 달의 위상을 기준으로 삼아 달의 일주기를 1에서 30까지의 날 수로 월령을 매기고, 에팩트, 즉 월령을 기준으로 삼는 고유의 체계를 만들었다. 그리고 어느 특정한 날의 에팩트를 해당 에팩트 체계의 기준점으로 지정하였다. 보통 그 날짜는 새해의 첫날로 하거나, 계산을 편리하게 하기 위해 그 전날인 전년의 마지막 날로 정하기도 하였다. 우리는 그가 어떤 날짜를 선택했는지 정확하게 알지 못하지만, 그가 알렉산드리아 달력의 마지막 에파고메날 일의 월령을 기준점으로 삼아 에팩트를 채택한 것으로 추정하고 있다.

이 기준에 따르면, 전해의 마지막 날의 월령이 1이었다면, 다음 새해 첫날의 에팩트는 2가 되지만 그와 관계없이 다음 해 연도 자체에 적용되는 에팩트는 1이 된다. 이는 하루 하루의 월령에 해당하는 에팩트와 관계없이 파스카 만월 계산을 편리하게 하기 위한 목적으로 사용된다. 이에 따라 어떤 해의 에팩트가 정해져서 알 수 있게 되었을 경우, 에팩트를 기준 삼아 그 해의 모든 날의 월령을 계산해 낼 수 있을 뿐만 아니라, 다음 해의 에팩트도 단순히 11만을 더하여 쉽게 구할 수 있게 되었다. 이처럼 에팩트는 모든 날짜에 대한 월령(달의 나이)을 결정하는 기준점이 될 뿐만 아니라, 이어지는 모든 해의 에팩트를 구할 수 있는 기준으로도 활용하였다.

이전까지만 해도 태양력 상에서는 어느 날의 월령을 알 수 있는 방법이 전혀 없었지만, 데메트리우스에 의해서 에팩트 체계가 고안됨으로서 그 해의 에팩트를 알게 되면 태양력인 알렉산드리아력 상에서도 모든 날들의 월령을 알 수 있는 길이 열린 것이다. 이렇게 에팩트 체계에 근거하여 태양력 날짜들 각각에 해당하는 월령을 알 수 있게 됨으로서, 이제는 유대력을 참조하지 않더라도 태양력 상에서도 독자적으로 파스카 달 14일에 해당하는 날짜를 찾을 수 있는 길이 열렸으며, 파스카 달 14일의 날짜를 기준으로 다음에 오는 일요일, 부활절 날짜를 찾을 수 있게 되었다.

그러면, 데메트리우스가 파스카 달 14일이 8년 주기로 반복된다고 하였으므로, 그 주기가 논리적으로 정확한지 구체적으로 확인하여 보기로 하자. 태양력으로 1년은 365.25일이다. 태음력 상에서 12달은 354일이므로, 1년의 태양력이 지날 때에 데메트리우스가 기준으로 정한 태양년 한 해의 마지막 날의 달의 위상은 12번 바뀌고 새로운 달의 위상이 11일 더 진행된 상태에 있게 된다. 이처럼 매 해마다 에팩트가 11일씩 증가하기 때문에, 8년 동안에 에팩트는 총 88일이 누적된다. 모든 해가 365일로 똑같다면 그 에팩트의 총 합은 88일이 될 것이다. 그러나 4년마다 윤년이 들어 있기 때문에, 알렉산드리아 시민력 상에서 윤년의 해에는 윤일이 하루씩 추가되어야 한다. 따라서 윤년의 해에는 하루 추가되는 윤일로 인해서 에팩트가 11이 아니고 12가 증가하게 된다. 그런데 8년 간에는 윤년이 2번 들어있기 때문에 에팩트 수가 2일이 더 추가되므로, 에팩트의 총 합은 90일이 된다. 데메트리우스는 월령을 1에서 30까지로 정하였다고 하였다. 그러면 90일의 에팩트는 30일의 달 3달에 해당하므로, 30일의 달 3달이 8년 동안에 윤달로 추가됨으로서 데메트리우스의 8년 주기에 들어있는 태음월은 12×8+3=99, 즉, 정확히 총 99달이 된다. 이렇게 월령이 해마다 11일씩 빨라짐으로서 매해마다 같지 않았던 달의 위상이 8년이 지난 후에는 8년 전의 주기 시작 시점과 똑같은 위상을 보이게 된다는 것이 데메트리우스의 주장이었다.

데메트리우스의 주장이 실제 상황과 부합하는지 태양력과 태음력의 8년간의 총 날 수를 계산하여 8년 주기를 증명해 보도록 하자. 365 1/4일로 구성된 태양년 8년의 총 날 수를 계산을 해 보면 365 1/4일×8=2,922일이다. 태음년 8년은 29일과 30일이 반복되는 96 평달 (8×12=96)과 30일로 이루어진 3달의 윤달로 총 99 달로 되어 있으므로, 태음년 8년의 총 날 수를 계산을 해 보면 96×29.5+90=354×8+90=2,832+90=2,922일이 된다. 태양년 8년과 태음년 8년의 날 수가 똑같이 2,922일이 되었기 때문에 8년을 주기로 하여 달의 위상은 똑같이 반복된다는 데메트리우스의 8년 주기설이 완벽히 성립된다는 것이 증명되었다. 따라서 데메트리우스의 주장처럼 태양력 상에서 새해 첫날에 신월(new moon)이 시작되었다면, 8년이 지나 태양력 상에서 다시 시작되는 새해에 나타나는 달 역시 8년 전의 달 위상과 똑같은 신월이 될 것이라는 주장이 입증되었다.

예를 들어 생각해 보자.

어떤 해의 율리우스력 1월 1일에 달의 에팩트가 '1'인 신월로부터 시작되었다면, 2년째에는 에팩트가 12, 3년째에는 에팩트가 23이 되고, 4년째에는 에팩트가 34가 되는데 그 해는 윤년에 해당하므로 에팩트 하루가 더 추가되어 에팩트는 35가 된다. 따라서 30을 삭제하면 그해의 에팩트는 5가 된다. 5년째에는 에팩트가 16일, 6년째에는 에팩트가 27일, 7년째에는 에팩트가 38이 되므로 30을 삭제하면 그 해의 에팩트는 8이 된다. 8년째에는 에팩트가 19가 되는데, 그 해도 윤년이므로 에팩트가 하루가 더 추가되어 에팩트는 20이 된다. 9년째에는 11이 추가되어 에팩트가 31이 되므로 30을 삭제하게 되면 그 해의 에팩트는 1이 된다. 이 9년째 해는 8년 주기가 끝나고 새로운 8년 주기가 다시 시작되는 해에 해당한다. 이 해의 1월 1일에 달의 에팩트가 '1'에 해당하는 신월이 다시 시작됨으로써 에팩트를 근간으로 삼은 데메트리우스의 8년 주기는 완벽하게 성립된다는 것이 증명되었다.

이처럼 데메트리우스는 에팩트를 기반으로 하여 부활절 날짜를 구하는데 사용되는 최초의 주기이며, 매우 짧은 부활절 8년(octaëteris) 주기를 발견하게 되었다. 8년 주기를 완성한 데메트리우스는 다음 단계로 파스카 만월의 날을 어느 특정한 날과 연관시키는 규칙도 정하였다. 특정한 날이란 바로 춘분이었다. 전통적인 알렉산드리아 달력 체계에서 춘분 날짜는 항상 3월 21일이었다. 데메트리우스는 파스카 만월은 춘분이 들어 있는 삭망월의 만월이라고 규정하였다. 따라서 춘분과 파스카 만월은 같은 태음월에 들어 있어야 한다. 데메트리우스가 이러한 규칙을 정하고 파스카 달의 만월, 즉 파스카 달 14일을 춘분 시점과 연계시키기는 하였지만, 파스카 달의 14일이 춘분 이전에 오는 것을 금지시키는 제약은 명시하지 않았다. 그렇기 때문에 파스카 달의 14일이 춘분 이전에 오는 경우들이 있었고, 이로 인해 춘분 이전에 부활절 일요일이 오기도 하였다.

데메트리우스가 규정한 규칙에 더해서 춘분 이후에 부활절을 지켜야 한다는 조건까지 추가된 법은 대 디오니시우스에 의해서 확립되었다고 유세비우스는 기록하고 있다. 따라서 대 디오니시우스의 시기에 춘분이 3월 21일(파메노트 달 Phamenoth 25일)로 규정되어 있었고, 파스카 절기는 춘분 후에 준수해야 한다고 하였으므로 가장 빠른 부활절 날짜는 파메노트 달 26일(3월 22일)이 된다. 유세비우스도 처음에는 알렉산드리아의 대 디오니시우스와 함께 8년 주기(octaëteris)를 사용하였다. 니케아 공의회에서 알렉산드리아의 데메트리우스에 의한 파스카 8년 주기를 승인하였다는 주장도 있지만, 그에 대한 구체적인 기록은 없다고 한다.

파스카 절기가 춘분 후에 준수해야 한다는 규칙이 적용되었을 때, 3월 22일은 가장 빠른 부활절이 된다. 그렇다면 왜 3월 22일이 가장 빠른 부활절 날짜가 되는지 알아보기로 하겠다.

니케아 종교회의에서 춘분일은 3월 21일이라고 날짜를 고정하였으며, 파스카 만월(Paschal full moon)이라 함은 춘분이나 춘분 이후에 처음 오는 만월이라고 규정하였다. 따라서, 춘분일 전에 오는 만월은 파스카 만월이 될 수 없다. 그러므로 가장 빠른 파스카 만월은 3월 21일 춘분에 올 수 있다. 그런데, 만약 춘분일인 3월 21일이 만월이고 일요일에 오게 될 경우, 니케아 종교 회의에서 규정한 "파스카 만월이 일요일인 경우에는 파스카 날은 그 다음 일요일로 한다"는 조항의 적용을 받아 일주일 뒤인 3월 28일이 부활절이 된다. 이에 반해 파스카 만월의 날이 토요일일 경우에는 다음날인 3월 22일이 부활절이 될 수 있어서, 가장 빠른 부활절 날이 될 수 있는 것이다.

춘분이나 춘분 이후에 처음 오는 만월을 파스카 만월이라고 규정하였는데, 그렇다면 이제 파스카 14일, 즉 파스카 만월이 될 수 있는 가장 빠른 날은 어느 날인지 알아보기로 하자!

3월 22일에 부활절이 올 수 있게 하는 파스카 만월 중 가장 날짜가 빠른 경우를 찾으면 될 것이다. 먼저 파스카 만월이 3월 21일이고 토요일인 경우를 생각해 보자. 바로 다음에 오는 일요일이 3월 22일이므로 그 해의 부활절은 3월 22일이 될 수 있으며, 가장 빠른 부활절 날짜가 된다. 파스카 만월이 3월 20일이고 금요일일 경우에도, 다음에 오는 일요일이 3월 22일이므로 가장 빠른 부활절 날짜인 3월 22일이 될 수 있다. 마찬가지로, 파스카 만월이 3월 19일이고 목요일일 경우와, 파스카 만월이 3월 18일이고 수요일일 경우, 파스카 만월이 3월 17일이고 화요일일 경우, 파스카 만월이 3월 16일이고 월요일일 경우에도, 다음에 오는 일요일이 3월 22일이므로 가장 빠른 부활절 날짜인 3월 22일이 된다.

이제 파스카 만월이 3월 15일이고 일요일인 경우를 생각해 보자. 이 경우에 부활절 날짜는 언제가 될까? 교회에서는 부활절 기념일이 유대인의 파스카 기념일과 절대로 같은 날이 되어서는 안 된다고 하였다. 만약 파스카 만월에 해당하는 날짜가 일요일이면 부활절이 유대인의 파스카 기념일과 같은 날이 되어서는 안 되기 때문에, 부활절 날짜를 일주일 연기해야 한다. 그뿐만이 아니라 3월 15일은 춘분 전에 해당하기 때문에 부활절 날이 될 수 없다. 따라서 파스카 만월이 3월 15일이고 일요일일 경우에는 부활절 날짜는 일 주일 연기된 날인 3월 22일이 된다.

그렇다면 파스카 만월의 날이 3월 14일이고, 토요일인 경우에는 어떻게 되는가? 이 경우에 부활절은 다음에 오는 일요일인 3월 15일이 되어야 하는데, 이날은 3월 21일인 춘분 날짜보다 빠르기 때문에 부활절 날짜가 될 수 없다. 이처럼 3월 14일 이전에 오는 만월은 어떤 경우에도 파스카 만월이 될 수 없다.

그러므로 부활절 날짜로서 가장 빠른 파스카 만월은 3월 15일(파메노트 달 19

일)이 일요일일 경우가 해당된다. 따라서, 가장 빠른 부활절은 3월 22일이고, 가장 빠른 파스카 만월은 3월 15일이라 할 수 있다.

그런데, 어떤 해의 파스카 만월의 날짜를 구했을 때 그 날짜가 다른 해의 파스카 만월 날짜와 똑같았다면, 그 두 해의 부활절 날짜는 같은 날이 될 수 있을까? 그렇지 않다. 왜냐하면, 이들 두 파스카 만월이 요일까지 같을 가능성이 많지 않기 때문이다. 물론 두 파스카 달 보름달의 날짜 뿐만 아니라 요일까지 같게 된다면 부활절 날짜는 서로 같게 된다. 데메트리우스의 8년 주기에 근거하면 파스카 만월이 오는 날짜는 8년마다 주기성을 보이지만, 부활절 날짜까지도 8년마다 주기성을 보이는 것은 아니었다.

8년 주기는 단지 파스카 만월 날짜를 구하기 위한 주기일 뿐이다. 그러므로 8년 주기를 이용하여 파스카달 14일 날짜를 구하는 과정은 준비 단계이며, 이어서 파스카달 14일의 요일을 파악하는 과정을 거쳐, 부활절 일요일 날짜를 구하는 추가적인 과정이 필요한 것이다. 우리가 부활절 날짜를 구하기 위해서 항상 파스카 14일, 즉 파스카 만월의 날짜를 먼저 구해야 하는 이유에 대해서 다시 한번 확인해 보았다.

19년 주기와 아나톨리우스

아나톨리우스*

8년 주기가 부활절을 위한 완전한 주기라고 생각하였지만, 많은 시간이 흐르자 8년 주기 상에서도 파스카 만월에 해당하는 날의 달의 위상이 세월이 흐를수록 실제 천문 관측을 통해 관찰된 위상과 점차 차이가 나고 커진다는 것을 알게 되었

* 아나톨리우스는 알렉산드리아 출신으로 수학과, 천문학, 물리학, 철학을 비롯하여 수사학에 이르기까지 모든 방면에 출중하였다. 그는 라오디케아(Laodicea)를 통과하여 여행하는 중에 그곳의 감독이며 친구가 사망하자, 주민들의 청에 의해 그 뒤를 이어 감독이 된 인물이다. 아나톨리우스는 감독으로 활동한 뒤 후임으로 스테펜(Stephen)에게 그 자리를 물려주고 290년경 사망하였다고 한다.

다. 데메트리우스의 8년 주기 역시 완벽한 주기가 아니었다. 8년 주기는 태음력 날 수와 태양력 날 수가 정확히 같기 때문에 동기화를 이루었다고 생각되었는데, 어떠한 부분에 오류가 있어서 8년 주기 상에서 파스카 만월에 해당하는 날짜가 실제 위상과 차이를 보이게 되었을까?

데메트리우스는 태음월의 평균 시간을 정확히 29.5일로 계산하여 8년 주기를 고안하였다. 그런데 실제로 정확한 태음월의 평균 시간은 29.53059일이었다. 따라서 데메트리우스의 8년 주기는 실제 달의 위상보다 매달 0.03일씩 빨라지게 된다. 이로 인해 1년이 지나면 0.36일(0.03×12=0.36), 8년이 지나면 2.88일(0.36×8=2.88)이 빨라지게 되었고, 50년이 경과한 후에는 실제보다 약 15일 정도가 빨라지게 되어, 8년 주기 달력 체계 상에서는 만월에 해당하지만 실제 관측 상에서는 만월이 아닌 그믐 달의 위상을 보이게 되는 것이다.

이런 문제 때문에 알렉산드리아의 감독들은 태음력 상의 날짜와 달의 위상이 일치할 수 있도록 8년 주기를 개선하려는 노력을 하게 되었는데, 그중의 한 사람이 아나톨리우스였다. 아나톨리우스는 지금까지 사용하던 8년 주기에 11년을 추가하여 19년으로 이루어진 새로운 주기를 고안함으로써 데메트리우스의 8년 주기를 대체하였다. 아나톨리우스는 277년경에 그의 19년 주기를 작성하였는데, 258년에 시작되고 352년에 끝나는 95년간의 주기였다.

아나톨리우스와 춘분

유세비우스는 아나톨리우스가 쓴 파스카 절기에 대한 책을 언급하였다. 아나톨리우스는 그 책을 통해 파스카 계산을 위해 자신이 작성한 19년 주기에 대해 설명하였는데, 춘분과 파스카와의 관계에 대해 언급하였으며, 부활절 날짜 결정에 있어서 춘분을 중요한 기준으로 삼았다. 아나톨리우스에 앞서 데메트리우스 역시 춘분과 파스카를 연계시켰지만, 파스카 달의 14일이 춘분 이전에 오는 것을 금지시키지는 않았다. 그렇기 때문에 파스카 달의 14일이 춘분 전에 오는 경우들이 있었고, 이로 인해 춘분 전에 부활절 일요일이 오기도 하였다. 그런데 이후에 알렉산드리아의 대 디오니시우스가 " 파스카 절기는 춘분 후에 준수되어야 한다"고 주장하였고, 춘분 후에 부활절을 지키는 법이 대 디오니시우스에 의해 확립되었다고 유세비우스는 기록하고 있다.

이처럼 춘분은 데메트리우스가 독자적으로 파스카 계산법을 고안하였을 시기에는 춘분 후에 부활절을 지키는 법을 적용하지는 않았지만, 대 디오니시우스에 의해 부활절 날짜를 결정하는 중요한 기준점으로 인식되었으며, 전통을 이어받은 아나톨리우스 역시 부활절 테이블에서 춘분을 절대 기준으로 삼았다. 아나톨리우스가 유대 전통을 근거로 하여 적용한 원칙은 부활절이 춘분 전에 준수되어서는 안 된다는 것이 아니었고, 다만 파스카 제물이 춘분 후에만 바쳐져야 한다는 것이었다.

레위기를 보면, 파스카를 춘분 달의 14일로 정하였고, 무교절은 15일에 시작한다고 하였다. 따라서 아나톨리우스의 주장에 따르면 그 춘분달의 14일은 파메노트 달 25일(3월 21일)로 춘분날이었다. 그리고 춘분이 지나고 하루 뒤인 파메노트 달 26일은 유대 관습에 따라 유월절 제물을 바치는 날로 가장 빠른 날에 해당하는 날이 되었다. 이와 같은 전통들을 종합하여, 아나톨리우스는 파스카 계산의 기준이 되는 춘분일을 3월 21일이라고 규정한 선조들의 규칙을 계승하면서, 춘분 다음날인 파메노트 달 26일(3월 22일)의 태음월의 15일을 부활절의 가장 빠른 날로 규정한 알렉산드리아 파스카 규칙을 만들었던 창시자가 되었다.

유대인들이 태음력인 그들의 종교력에서 한 해가 시작되는 정월 초하루로 삼은 날은 춘분이 들어있는 태음월에서 첫날에 해당하는 삭(합삭, 또는 월삭)일이었다. 그리고 그들은 그 새해 첫 달을 니산 달이라 칭하였다. 그러므로, 그들의 오랜 전통이었던 파스카, 즉 유월절을 그들의 새해 첫 달인 니산 달 14일의 만월에 기념하였으며, 파스카 절기 다음날부터는 무교절 절기를 지켰다. 유대인들이 기념한 파스카는 이처럼 춘분과 뗄 수 없는 관계에 있었으며, 파스카 만월이 지나 처음 오는 일요일에 부활절을 기념하는 그리스도교 역시 마찬가지였다.

이와 같은 춘분과 연관지어진 전통은 그리스도 이전 시대부터 아리스토불루스 Aristobulus, 필로Philo(기원전 20~서기 50), 그리고 요세푸스(Josephus)와 같은 유대인들을 통해 보전 계승되었다. 필로는 『모세의 생애(Life of Moses)』라는 저서에서 모세가 춘분이 들어 있는 태음월을 한 해의 첫 달로 만들었고, 그 달의 14일에 파스카 기념일을 지켰다고 하였다. 필로의 기술 내용만을 살펴보면 춘분은 니산 달에 들어 있어야 하지만, 그 달의 14일이 반드시 춘분 후가 되어야 한다고 했던 것은 아니었다.

그런데, 기원전 2세기의 유대인 철학자인 아리스토불루스는 자신의 저서에서 태양이 춘분궁인 백양궁(양자리)에 접어든 이후에 유월절을 기념해야 한다고 하였다. 요세푸스도 유대 고대사에서 파스카를 니산 달 14일에 지켜야 하며, 그때 태양은 양자리(Aries)에 있다고 하였다. 아나톨리우스가 아리스토불루스 등으로부터 받은 영향은 요세푸스가 언급한 '태양은 양자리에 있어야 한다'는 것이었다.

'태양은 양자리에 있어야 한다'는 것은 어떠한 상황을 의미하는가?

이 상황을 이해하기 위해서는 황도대(황도 12궁, Zodiac, animal cycle)에 대한 지식이 필요하므로, 간단하게 그에 대해 설명하기로 하겠다. 지구는 1년에 걸쳐 태양 주위를 회전한다. 이를 공전이라 하며, 공전 현상으로 인해서 지구는 점차 계절이 바뀔 뿐만 아니라, 매일 태양이 떠오르는 지점에서 태양과 함께 볼 수 있는 주위의 별 배경 역시 조금씩 이동하게 된다. 이와 같은 별 배경의 이동 현상은 지구가 태양을 정확히 한 바퀴 도는 1년 365일 동안 계속해서 지속적으로 일정하게 이루어지며, 1년이 지나게 되면 다시 처음 배경이 되었던 별자리 위치로 태양의 떠오르는 지점이 되돌아오게 된다.

바빌로니아인들은 이처럼 1년 365일 동안 바뀌는 별자리 배경인 밤 하늘의 궤도, 즉 황도대 360도를 똑같이 12부분으로 나누어 구분하여 각각을 궁(sign)이라고 부르고, 그 궁에 있는 별들의 집합(별자리, 성좌'constellation')에 여러 동물들의 이름을 붙였다. 따라서 이렇게 만들어진 12궁은 각각 360도의 1/12인 30도 범위를 차지한다. 365일 동안 360도를 돌기 때문에 태양이 떠오르는 위치는 대략 하루에 1도 정도 이동한다고 생각할 수 있다. 한 달이 지나게 되면 30도 정도 이동하기 때문에 태양이 떠오르는 궁의 위치는 다음 궁으로 바뀌게 된다. 한 해가 황도대의 첫 번째 궁인 양자리(Aries), 즉 백양궁에서 시작하면, 12번째 궁인 물고

궁 이름	라틴어 이름	별자리 이름
백양궁(白羊宮)	Aries	양자리
금우궁(金牛宮)	Taurus	황소자리
쌍자궁(雙子宮)	Gemini	쌍둥이자리
거해궁(巨蟹宮)	Cancer	게자리
사자궁(獅子宮)	Leo	사자자리
처녀궁(處女宮)	Virgo	처녀자리
천칭궁(天秤宮)	Libra	천칭자리
천갈궁(天蝎宮)	Scorpio	전갈자리
인마궁(人馬宮)	Sagittarius	사수자리
마갈궁(磨羯宮)	Capricornus	염소자리
보병궁(寶瓶宮)	Aquarius	물병자리
쌍어궁(雙魚宮)	Pisces	물고기자리

기 자리(Pisces), 쌍어궁에서 한 해가 저문다.

요세푸스(기원후 37년경~100년경) 시대의 춘분에는 태양이 항상 백양궁(양자리)에서 떠올랐다. 유대인들의 태음력에서 춘분 시점이나 또는 춘분이 지난 시점에 오는 달을 그들의 새해 첫 달, 니산 달로 정했다고 하였다. 그러므로, 요세푸스가 파스카를 그들의 새해 첫 달인 니산 달 14일에 지켜야 하고, 그때 태양은 양자리 Aries 에 있다고 한 것은 춘분 시점이나 또는 춘분이 지난 후에 오는 니산 달 14일에 파스카를 지켜야 한다는 것을 의미하는 것이었다. 아나톨리우스도 백양궁이 황도대의 첫 번째 궁이라는 것은 물론, 태양이 백양궁에 접어든 상태에서 떠오르는 시점이 춘분 시점이기 때문에 백양궁이 춘분의 궁에 해당한다는 천문적 지식을 가지고 있었다.

춘분은 지구가 태양 주위를 1년 365 1/4일 동안 공전하는 현상으로 인해서 발생되는 현상이다. 따라서 지구가 태양 주위를 한 바퀴 공전하는 현상을 바탕으로 만들어진 태양력에서 그 날짜는 변함없이 동일하지만, 태음력 상에서는 그 날짜가 항상 같지 않다. 태양력인 이집트력에서 춘분은 전통적으로 파메노트 달 25일(율리우스력으로는 3월 21일)로 알려져 계승되었다. 오토 노이게바우어(Otto Neugebauer)가 발표한 「에티오피아 컴퓨투스에 대한 연구」(1979)를 통해 전통적인 알렉산드리아 달력의 구조에 대해 알 수 있는데, 4절기가 다음과 같이 해당 월의 25일로 고정되어 있었다.

 춘분은 25 Phamenoth = 3월 21일,

 하지는 25 Payni = 6월 19일,

 추분은 25 Thoth = 9월 22일,

 동지는 25 Choiak = 12월 21일이었다

그리고 각 계절은 그 다음날부터 시작된다고 하였으므로, 봄은 3월 22일부터, 가을은 9월 23일부터 시작되었다.

이와는 달리 로마력에서는 절기에 대한 전통적인 일반적인 정의와는 완전히 다른 개념으로 4절기를 규정하였다. 4절기의 날을 4, 7, 10, 1월의 칼렌드스 8일 전으로 고정하였다. 이와 같은 형태로 절기의 날들을 정하게 된 구체적인 설명이나 기원에 대해서는 알려진 바가 없다.

 즉, 춘분은 VIII Kal. Apr., 4월의 칼렌드스 8일 전인 3월 25일이고,

 하지는 VIII Kal. Jul., 7월의 칼렌드스 8일 전인 6월 24일,

 추분은 VIII Kal. Oct., 10월의 칼렌드스 8일 전인 9월 24일,

 동지는 VIII Kal. Jan., 1월의 칼렌드스 8일 전인 12월 25일이었다.

아나톨리우스는 태양력인 알렉산드리아 달력에서 전통적인 이집트 춘분일인 파메노트 달 25일(로마력 상의 3월 21일)을 기준으로 삼아 그의 19년 주기를 고안하였다. 최근의 천문 계산에 의하면 아나톨리우스 시대에는 춘분의 날이 평년의 경우 3월 21일, 윤년에는 3월 20일이었다는 것이 밝혀졌다. 서기 340년의 아타나시우스 시대에는 춘분이 좀 더 빨라져서 율리우스력으로 평균 3월 20일에 해당하였지만, 338년의 아타나시우스의 파스카 편지에서는 춘분 날짜를 3월 21일로 삼고 있다. 이처럼 4세기 중반에 들어선 시기에도, 파스카 계산을 위해 사용되었던 춘분의 날짜는 실제 천문학적인 날짜와 다르게 여전히 3월 21일로 하였는데, 그런 사실은 여러 파스카 편지나 자료를 통해 확인할 수 있었다.

실제 천문학적인 춘분의 날짜는 소 디오니시우스 엑시구스 시대인 서기 525년에는 3월 18일이었고, 베데 활동 시기인 725년에는 3월 17일까지 앞당겨졌지만, 실제 천문 현상과 상관없이 파스카 계산을 위한 춘분의 날은 여전히 3월 21일 그대로 고정되어 있었다. 16세기에 실제 천문 현상과 큰 차이를 보이는 춘분 문제에 대해 달력 체계를 조정하여 해결하기 전까지 로마의 감독들은 실제 춘분의 날짜가 조금씩 더 빨라지는 현상을 무시하고 변함없이 춘분의 날을 3월 21일로 계속해서 고집하여, 이를 근거로 삼은 부활절을 기념하였다.

이처럼 알렉산드리아 계산법에서 3월 21일의 춘분의 날짜가 16세기에 이르기까지 계속 수정되지 않고 지속될 수 있었던 이유 중 하나가 19년 주기를 창안하였던 아나톨리우스의 시대에 실제 춘분 날짜가 3월 21일이었으며, 아나톨리우스가 이를 기준으로 삼아 그의 19년 주기를 작성한 것이 하나의 원인을 제공하였다고 볼 수도 있지만, 가장 결정적 요인은 교회가 325년 개최된 니케아 공의회에서 부활절 계산에 가장 중요한 기준점인 춘분의 날짜를 율리우스력 상에서 3월 21일로 한다고 아예 고정시켜버렸기 때문이었다.

춘분의 천문학적 의미

춘분이라는 절기가 천문학적으로 어떤 의미를 가지는 날인지 현대의 일반 상식적인 개념에서 간단히 살펴보기로 하자.

춘분이란 천문학적으로 태양이 지구의 적도 면을 통과하는 시점으로, 낮과 밤의 길이가 정확히 같아지는 시기를 말한다. 이 시점부터 낮의 길이가 점점 더 길어져서 하지 점에서 낮의 길이가 가장 길게 된다. 하지를 지나면 다시 낮과 밤의 길이가 같아지는 추분이 되고, 이 시기를 지나면 밤의 길이가 점차 더 길어져 밤의 길이가 가장 길고 낮의 길이가 가장 짧은 동지 점에 이르게 된다. 다시 동지에서부터 낮의 길이는 점차 길어지기 시작하여 춘분이 된다. 이처럼 춘분이란 태양과 지구와의 위상에 의해서 결정되는 날이기 때문에 태양력과 연관되어 있는 날이다. 그러므로 달과 지구와의 위상에 의해 만들어진 태음력 상에서는 특정할 수 없는 날이다.

그렇다면 춘분이 돌아오는 시간은 매해마다 항상 똑같을까? 이를 정확히 파악하기 위해서는 우선 우리는 평균 회귀년'mean tropical year'의 개념과 그 시간을 알아야 할 필요가 있다. 평균 회귀년이란 어떤 해에서 춘분 하지 추분 동지의 어느 한 지점에서 다음 해에 그 지점에 올 때까지 소요되는 시간을 말하는데, 일반적으로 받아들여지고 있는 시간은 365.24219일로 1895년 시몬(Simon)에 의해 측정된 값으로 항상 똑같다. 따라서, 춘분은 실제 천문 관측 상에서 365.24219일 간격으로 항상 똑같이 반복된다는 것을 알 수 있다. 그런데 율리우스력에서는 1년을 365.25일로 규정하였으므로, 율리우스력 상에서 실제 천문상의 춘분이 다시 돌아오는 시간은 매해마다 0.00781일(11분 14초) 빨라지게 된다. 1년에 11분 14초의 작은 차이가 날 뿐이지만 128년의 시간이 지나 누적되면 그 차이는 하루가 된다.

세차 현상과 춘분의 선행

기원전 5세기 경에 춘분 날에 태양이 떠오르는 지점이 백양궁 8번째 위치였지만, 기원전 150년의 히파르쿠스(Hipparchus 기원전 190~120)의 시대에는 그 지점이 4번째 부분으로 이동하였다고 한다. 기원전 5세기로부터 기원전 150년에 이르러 춘분의 위치, 즉 춘분이 오는 시기가 4일 정도 빨라진 것이다. 춘분은 지구의 공전 현상으로 생기며, 천문 관측 상에서 태양이 떠오르는 지점이 항상 똑같은 별자리 위치에 온다고 설명한 바 있다. 그런데 이렇게 세월이 흐르며 춘분의 위치가 4일 정도 빨라지는 현상을 어떻게 설명할 수 있을까?

이 현상을 이해하기 위해서는 우리는 세차 현상이라는 다소 생소한 천문학적인 현상에 대한 지식이 필요하다. 지구의 자전 축이 완전한 중심축으로 작용하지 않음으로서, 자전을 하는 동안에 자전 축의 끝이 회전 중심축에서 약간 벗어나 회전하면서 아주 느린 속도로 작은 원 운동을 하게 된다. 이와 같이 지구가 오랜 시간에 걸쳐 자전하는 과정에서 자전 축이 약간 틀어져 작은 원을 그리며 조금씩 위치가 변하는 현상을 '세차 현상'이라고 한다. 세차 현상은 태양과 달, 그리고 행성들의 중력의 영향으로 인해 발생한다고 한다. 그리고 세차 현상으로 인해 춘분 시점에 태양이 떠오르는 궁의 위치도 조금씩 변하여 빨라지게 된다.

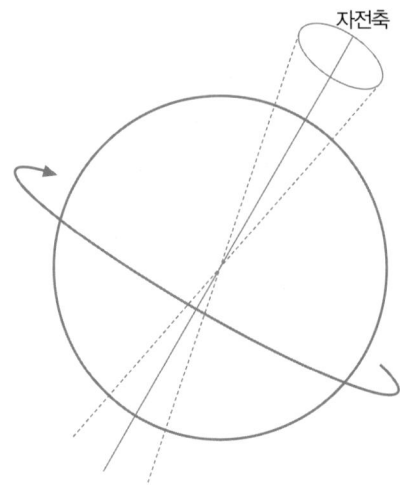

이런 현상을 '춘분의 선행' 현상이라고 한다. 기원전 150년경에 로도스의 히파르쿠스가 처음 기술한 현상으로, 최근에 그 값이 일 년에 0.0139697도 이동하는 것으로 측정되었으며, 한 바퀴를 돌아 원 위치로 돌아오는 데에는 대략 25,770년의 기간이 걸린다.

이 선행 현상으로 춘분 점이 25,770년 동안 황도대의 12부분을 한 바퀴 이동하게 되므로, 약 71.58년에 1도 정도 이동하는 것이 된다. 메톤(Meton, 기원전 5세기)과 유독수스(Eudoxus, 기원전 4~5세기)는 춘분에 태양이 백양궁의 8번째 부분에 있다고 하였지만, 히파르쿠스의 시대에는 그 지점이 4번째 부분으로 이동하였다고 하였다. 약 71.58년에 1도 정도 이동하는 춘분의 선행 현상으로 인해 2~300년이 경과하면서 춘분점이 4도 정도 앞으로 이동한 것이다. 현 시점의 춘분 점은 쌍어궁(물고기자리)과 백양궁(양자리) 사이에 있다. 이와 같은 춘분의 선행과 같은 천문 지식은 메톤과 유독수스 그리고 히파르쿠스 시기에 확립된 것이 아니었고, 그 시대보다 앞선 고대 바빌로니아의 천문지식과 수학으로부터 유래된 것이었다.

그런데, 이와 같이 세차 현상으로 인해서 춘분이 점차 앞당겨지는 춘분 선행 현상은 율리우스력에서 1년을 365.25일로 규정함으로써 실제 천문 현상에 비해 춘분이 다시 돌아오는 시간이 매해마다 0.00781일(11분 14초) 빨라지게 되는 현상과는 전혀 다른 것이므로, 그 개념을 확실하게 구분해야 한다는 것을 명심해야 할 것이다.

아나톨리우스의 19년 주기

아나톨리우스는 데메트리우스의 8년 주기에 11년을 추가함으로써 8년 주기의 문제점을 극복한 새로운 19년 주기를 고안하였다. 그런데 19년 주기가 시작되는 시점을 그들이 사용하고 있는 알렉산드리아 달력 상에서의 새해 첫날인 토트 달 1일을 기준으로 정하지 않고, 유대력의 니산 달 1일의 신월을 기준으로 삼았다. 아나톨리우스는 자신이 만든 주기의 첫해에 대해서 다음과 같이 설명하였다. "태양력인 이집트 시민력 상에서 파메노트 달 26일(3월 22일)이면서 태음력인 유대력 상에서 새해 첫날인 니산 달 1일이 되는 해를 주기의 첫해로 삼았으며, 그 날에 태양은 황도대의 첫 번째 궁인 백양궁의 4번째 날을 지나거나, 지나고 있다"고 하였다. 그러므로 이 내용에 따르면, 그 날은 춘분 다음날에 해당하는 날이었다.

아나톨리우스는 파메노트 달 25일(3월 21일)이 춘분 날이라는 것을 알고 있었음에도 불구하고, 파메노트 달 25일 대신 유대력 새해의 첫날인 니산 달 1일에 해당하는 파메노트 달 26일을 선택하여, 주기의 첫날로 삼은 것이다. 아나톨리우스가 그와 같은 선택을 하였던 중요한 근거는 다음과 같다.

첫째, 이집트 달력인 알렉산드리아력 상에서 파메노트 달 26일(3월 22일)은 전해의 마지막 날로부터 206일이 되는 날로서, 29 1/2일인 평균 태음월로 계산하면 정확하게 7달이 되는 날이다. 그러므로 전해의 마지막 날 월령은 다음 해 파메노트 달 26일(3월 22일)의 월령과 같게 된다. 따라서 3월 22일은 그 월령을 계산 없이 즉시 알 수 있는 날로서, 알렉산드리아 시민력 상에서 파스카 만월 날짜를 계산하기에 매우 편리한 날이다.

둘째, 파메노트 달 26일(3월 22일)은 알렉산드리아 달력에서 봄의 첫날이다. 유대력 상의 새해 첫 달 첫날이 알렉산드리아 달력에서 봄의 첫날인 파메노트 달 26일과 같은 날이라는 것은 상징적인 의미가 있다.

셋째, 19년 주기가 시작되는 해의 파메노트 달 26일은 에팩트가 1이기 때문에, 이론적으로 초승달을 실제로 볼 수 있는 첫날이다. 이에 반해 춘분날인 파메노트 달 25일(3월 21일)의 월령은 에팩트 0인 상태이므로, 실제로 신월이 시작되는 날이지만 달의 모습을 실제로 볼 수 없는 날이다. 그러므로 춘분 다음 날인 파메노트 달 26일에 첫 번째 신월을 직접 볼 수 있는 해는 어느 해보다 파스카를 찾는 기준이 될 수 있는 해라고 생각하였다.

이런 배경속에서 아나톨리우스는 당시에 전통적으로 3월 21일이 춘분으로 인식되고 있었음에도 불구하고, 첫 번째 신월이 3월 22일에 나타나는 해를 19년 주기의 첫해로 선택하였다.

그러므로, 데메트리우스가 알렉산드리아 시민력 전년의 마지막 날 월령을 기준점으로 삼아 전년의 월령을 다음해의 에팩트로 정하였지만, 아나톨리우스는 유대력 상의 새해 첫날의 월령을 기준으로 삼아 유대력 새해 첫날에 해당하는 파메노트 달 26일의 월령을 알렉산드리아 시민력 새해의 에팩트로 변경하였다.

살투스*

아나톨리우스의 19년 주기에서 에팩트는 원칙적으로 매해마다 11씩 증가하기 때문에 19년 주기의 총 에팩트는 $19 \times 11 = 209$가 된다. 에팩트가 누적되어 30이 넘을 때마다 삭망월 큰 달에 해당하는 30을 삭감하기 때문에, 209는 30배수에 해당하는 210에서 1일이 부족하게 된다. 따라서 19년 주기의 첫해에 에팩트가 1에서 시작되었다면 마지막 19년째 해의 경우 에팩트는 19가 된다. 다른 해와 마찬가지로 19년째 해에도 에팩트가 11 증가하게 되면 그 다음 해의 에팩트는 0(30)이 된다. 그런데 그 다음 해는 19년 주기가 다시 시작되는 첫해에 해당하기 때문에 주기성이 성립되려면 에팩트가 이전 주기의 첫해와 똑같이 1이 되어야 한다.

아나톨리우스는 19년을 주기로 하여 주기 첫해의 3월 22일에 항상 에팩트 1의

---

*'살투스'라는 용어 자체는 서기 449년 이후에 쓰여진 시릴의 부활절 테이블의 라틴 번역본 서문에서 처음 나타나는데, 베데는 이와 같은 내용을 그의 저서에서 'de saltu lunae'('concerning the Leap of the Moon' : 달의 건너뜀에 관하여)라는 항목에서 다루었다. 이를 계기로 현대 학자들도 파스카 테이블 상에서 나타나는 이와 같은 양상을 살투스(saltus)라고 표현하였다.

신월이 시작된다고 하였다. 따라서 19년 주기 체계 상에서 첫해의 에팩트는 그 전 19년 주기 첫해의 에팩트와 당연히 같아져야 한다. 그러기 위해서는 20년째의, 즉 새로운 19년 주기 첫해의 에팩트가 다시 1로부터 시작되어야 하므로, 19년 주기 체계가 성립되려면 주기상의 어느 곳에서든지 에팩트가 하루 더 추가되어야 한다. 다시 말해서 19년 주기의 어느 한 해는 에팩트가 11 증가하는 대신 12 증가되어야 했다. 이처럼 에팩트가 11일 증가하는 대신 12일로 하루 더 증가되는 현상을 '살투스(saltus)가 추가되었다'고 표현하였다.

살투스란 달의 '건너 뜀'(leap of the moon)이라는 의미로, 즉 월령이 하루를 건너 뛰어 원래보다 하루 더 증가되는 현상을 말한다. 아나톨리우스는 이와 같은 살투스라는 개념을 그의 19년 주기에 적용하였다고 하였다. 따라서, 주기의 마지막 해의 에팩트는 19였지만, 이 살투스의 추가로 인해서 다음 주기의 첫해는 다시 1의 에팩트로부터 시작하게 되었다.

아나톨리우스의 19년 주기 체계에서 파스카 만월의 날을 정확히 구하기 위해서는 춘분의 날짜와 주기 첫해의 에팩트를 알아야 할 뿐만 아니라, 그가 살투스를 어느 해에 추가했는가를 알아야 한다. 실제 수학적으로는 19년 주기에서 살투스를 어디에 넣더라도 큰 차이는 없다. 단지 구조상에서, 그리고 기억하기 쉬운 점에서 차이가 있을 뿐이다. 기억하기에 가장 좋은 위치는 바로 주기의 끝 부분일 것이다. 어느 해의 어느 달에 살투스를 추가하였다면, 그에 대한 효과로서 그 다음날부터 에팩트는 원래보다 1씩 추가적으로 증가하게 되며, 다음 해 첫날의 에팩트도 1이 더 추가되어 11 대신 12 증가하게 된다. 그러므로 살투스 추가의 효과를 얻기 위해서는 효과가 나타나기를 원하는 위치의 직전에 살투스를 추가해야 한다.

아나톨리우스의 19년 주기는 데메트리우스의 8년 주기 앞에 11년 주기를 추가함으로서 완성되었다고 했다. 따라서 아나톨리우스의 19년 주기를 태생적으로 분석해 보면 11년 주기와 이어지는 8년 주기로 구성되어 있다. 그중 데메트리우스의 8년 주기를 그대로 적용한 8년 주기 부분을 분석해 보면 에팩트가 88일 누적되어, 30일인 태음월 달을 기준으로 할 때 2일이 부족하게 된다. 이에 반해 아나톨리우스가 추가한 11년 주기 부분에서는 121일이 누적되므로 하루가 남게 된다. 그러므로 이 두 주기가 하나의 주기로 통합되었을 때, 총 에팩트는 완전한 균형을 이루는 0이 되지 못하고 하루가 모자라게 된다. 이렇게 차이나는 하루의 에팩트를 조정하기 위해서 하루의 추가일, 즉 살투스가 필요하게 된 것이다.

19년 주기는 앞에서 언급한 것처럼 구조적으로 앞부분의 11년 주기(hendecad)*와 뒷 부분의 8년 주기(ogdoad)**로 구성되어 있으므로, 살투스를 추가시키기에 논리적으로 적절한 위치 중 한 곳이 19년 주기 내에 있는 11년 주기와 8년 주기의 사이라고 할 수 있다. 11년 주기의 끝 부분에 살투스를 추가하게 되면, 다음 8년 주기가 시작될 때, 에팩트가 1일 더 증가하는 효과가 발생한다. 앞의 11년 주기 부분에서 121일이 누적되어 하루가 남았으므로, 살투스의 추가로 인해 다음 8년 주기가 시작될 때에는 에팩트가 2일 더 증가한 상태로 출발하기 때문에 8년 주기가 끝나는 시점에서 에팩트는 증감이 없는 0이 된다. 이와 같은 조정을 바탕으로 11년 주기와 이어지는 8년 주기가 하나의 주기로 통합되었을 때 총 에팩트가 완전한 균형을 이루는 0이 되므로, 아나톨리우스의 19년 주기 체계는 완벽하게 성립되는 것이다.

아나톨리우스의 19년 주기에서 살투스를 추가하는 것이 근본적으로 타당한 것인지 다른 관점에서 생각해 보기로 하자. 에팩트가 매년 11씩 증가하게 되면 새로운 19년 주기에서의 첫해의 에팩트가 0이 되어 1이 모자란다. 그런데 아나톨리우스의 19년 주기가 정확하게 성립한다고 가정한다면, 19년 태양년에 해당하는 총 날 수와 19년의 태음년의 총 날 수는 정확히 같아야 할 것이고, 당연히 새로운 19년 주기에서의 첫해의 에팩트도 1이 되어야 한다. 그러므로 다음 19년 주기에

---

* 'Hendecad'는 숫자 11과 관련된 것을 나타내는 단어이다. Hendecad는 그리스어에서 유래한 단어로, "ἑνδεκάς"라는 그리스어 단어에서 비롯되었다. 이 단어는 숫자 11을 의미하는 "ἕνδεκα"와 "-άς" 접미사가 결합된 것이다. Hendecad는 11개의 요소, 아이템, 객체 또는 개념으로 구성된 집합을 설명하는 데 사용된다. 이 단어는 주로 수학, 철학, 신화학, 종교 등의 다양한 학문에서 찾을 수 있다. 예를 들어, 플라톤의 이상주의 철학에서는 11개의 기본 원리가 존재한다고 주장하며, 이를 "hendecad"라고 표현한다. 또한, 신화학이나 종교적 전통에서도 종종 11개의 신이나 영웅 등으로 구성된 집단을 "hendecad"로 설명하기도 한다. 그러나 이 단어는 상대적으로 드물게 사용되며, 특정한 문맥에서만 발견되기 때문에 일상적인 대화에서는 잘 사용되지 않는다.

서의 첫해의 에팩트가 0이 되어 1이 모자라는 현상은 19년의 태양년에 해당하는 총 날 수에 비해 19년의 태음년 총 날 수가 하루 더 반영되었기 때문에 나타난 결과라고 할 수 있을 것이다. 그리고, 그와 같은 현상은 19년간의 태양년 총 날 수가 실제 날 수보다 하루 적거나, 19년간의 태음년 총 날 수가 실제 날 수보다 하루 더 많이 계산되었을 경우에 발생할 수 있는 것이다. 그런데, 19년 주기의 태양년 총 날 수의 경우에는 천문 관측을 통한 결과와 비교해 보았을 때 관측 결과와 차이가 없다는 것으로 확인되었다. 따라서 아나톨리우스의 19년 주기 체계상에서 적용된 19년간의 태음년 총 날 수가 실제보다 하루 더 많게 계산되었기 때문에 생긴 현상이라고 해석할 수 있다.

그렇다면, 실제로 우리가 현재 가지고 있는 천문학적 지식을 동원하여 19년 태양년의 총 시간과 19년 태음년의 총 시간을 정확히 구하여 비교 검증해 보기로 하자. 태양년 1년은 365일 5시간 48분 46초로 365.2422일이다. 그러므로 태양년 19년의 날 수는 365.2422일×19=6,939.6018일이 된다. 태음년 19년은 19년 7윤법에 따르면, 태음월 235달이 된다(19년×12달+7달=228달+7달=235달). 태음월 1달은 29.53059일이므로, 태음월 235달에 해당하는 태음년 19년의 날 수는 235달×29.53059일=6,939.6887일이 된다. 19년 태양년의 실제 총 시간이 6,939.6018일, 19년 태음년의 실제 총 시간이 6,939.6887일이므로, 19년 태양년의 실제 총 시간과 19년 태음년의 실제 총 시간의 차이는 날 수로는 0.0869일, 시간으로 변환하면 약 2.09시간 차이가 날 뿐이어서, 날짜 단위로 비교했을 경우에는 차이가 없이 거의 같다. 이와 같이, 실제 정밀한 천문적인 계산을 바탕으로 19년 태양년의 총 시간과 19년 태음년의 총 시간이 거의 같다는 사

**"Ogdoad"는 고대 이집트 신화에 나오는 8명의 헤르모폴리스(Hermopolis)의 신들로 알려져 있다. 이 신들은 네 쌍의 남녀 쌍으로 이루어져 있으며, 창조, 혼돈, 무한함과 관련된 속성을 지니고 있으며, 원시적인 물질과 혼돈의 상태인 물로부터 세상이 형성되는 과정을 상징한다. 누(Nu)와 누넷(Nunet)의 한 쌍은 원시적인 깊은 물을 상징하는 남성과 여성 신을 뜻하고, 헤후(Heh)와 헤헤트(Hehet) 한 쌍은 무한함을 상징하는 남성과 여성 신을 뜻하며, 케크(Kek)와 케켓(Keket)은 어둠을 상징하는 남성과 여성 신을 뜻하고, 아무(Amun)와 아무네트(Amunet)의 한 쌍은 보이지 않는 것과 숨결을 상징하는 여성과 남성 신을 뜻한다. 일반적으로 '8'이라는 숫자와 관련된 무엇인가를 설명할 때 "ogdoad"라는 용어를 사용할 수 있다. 예를 들어, 8개의 원소 또는 아이템으로 구성된 집합을 "ogdoad"로 설명할 수 있다.

실이 증명되었으므로, 아나톨리우스의 19년 주기 체계상에서 적용된 19년간의 태음년 총 날 수가 실제보다 하루 더 많게 계산되어 적용되었기 때문에 발생한 현상으로 해석한 것은 올바른 판단이었다고 할 수 있다.

이를 근거로 하여 19년간의 태음년 총 날 수 중에서 하루를 삭감하게 되는데, 그렇게 되면 결과적으로 태양년과 태음년의 총 날 수가 똑같아지게 되어 천문 관측 결과와 정확히 일치하게 되며, 이때 에팩트는 하루 증가되는 현상으로 나타나게 된다. 다시 말해서 태음년 중에서 어느 태음일 하루를 생략하면, 생략된 태음일과 짝을 이루었던 태양일의 월령은 삭제된 태음일 다음 태음일과 짝을 이루게 되어 다음 태음일의 월령을 가지게 되므로, 에팩트가 하루 증가하는 효과를 보이게 된다는 것이다.

예를 들어 설명해 보자. 태양력인 율리우스력 상에서 어느 해 12월 31일의 월령, 즉 에팩트가 29였다고 가정해 보자. 그러면 다음 해 첫날의 월령은 0이 될 것이다. 12월 31일의 월령이 29라는 것은 태양력으로 12월 31일이 태음력 달력상의 월령 29와 짝을 이루고 있다는 것을 의미한다. 그런데 만약 태음력 달력에서 월령 29를 생략하게 된다면, 태양력인 율리우스력 상에서 12월 31일과 짝을 이루는 태음일 월령은 29 다음의 월령인 0(30)이 되고, 다음 해 첫날의 월령은 1이 될 것이므로, 에팩트가 하루 증가된 효과로 나타나게 되는 것이다.

이처럼 "살투스를 추가하였다"는 것은 에팩트를 하루 증가시키기 위해 태음년 중 하루를 삭제하는 것을 의미한다. 그 결과 살투스의 추가를 통해 19년 주기상의 태양년 첫해의 에팩트가 항상 다시 1의 에팩트에서 시작하게 된다. 이러한 살투스의 추가, 즉 태음일 하루 삭제는 태음년에서 30일의 큰 달을 29일의 작은 달로 단순히 대체함으로서 큰 틀에서 주기의 전체 구도를 전혀 손상시키지 않는 상태에서 이루어진다.

살투스의 위치

그렇다면, 이제 살투스를 추가하기에 가장 적절한 위치가 어느 곳인지 알아보기로 하자. 아나톨리우스는 8년 주기를 보완하는 방법으로 8년 주기의 앞에 11년 주기를 추가한 19년 주기를 고안하였다. 원래의 8년 주기에서는 에팩트의 합이 88이 되어 2일이 부족한 반면, 추가된 11년 주기에서는 121일이 되어 하루가 초과되었다. 결과적으로 이 두 주기가 합해진 19년 주기에서는 하루가 부족하였다. 생각해 보면, 11년 주기는 8년 주기의 모자란 에팩트 2일을 해소시키기 위해서 추가된 주기라고 할 수 있으므로, 8년 주기가 시작되기 전에 11년 주기의 끝에 살투스를 추가하면 8년 주기가 시작되는 시점에 에팩트가 원래보다 1이 더 늘어나 2가 증가된 상태로 출발하게 된다. 따라서 8년 주기의 부족분 2일을 완전히 상쇄시킬 수 있게 된다. 그러므로, 이런 근거를 바탕으로 살투스를 추가하는 위치로 11년 주기와 8년 주기의 사이가 가장 논리적으로 합당하다고 여겨진다.

아나톨리우스는 19년 주기 상에서 살투스를 추가하는 원칙을 정할 때, 6개월의 큰 달과 6개월의 작은 달 12달로 이루어진 평년의 태음년들은 그 대상에서 제외시키고, 반드시 윤달이 들어있는 윤년을 선택하였다. 따라서, 다른 윤년들에 들어있는 윤달이 30일의 큰 달로 이루어진 것과는 달리, 살투스가 추가되는 윤년의 경우에는 윤달의 날 수가 하루 적어지게 되므로 29일의 작은 달이 된다.

에팩트가 1로부터 시작하는 19년 주기 상에서 윤년은 3, 6, 8, 11, 14, 16, 19년째에 7번 들어있는데, 이들 7번의 윤년들 중에서 11년째 해와 19년째 해가 11년 주기와 8년 주기 사이에 해당하므로 위의 조건을 충족시키는 해가 된다. 그런데, 19년째의 경우에는 살투스 추가 효과가 20년째에 나타나게 되므로, 해당 19년 주기를 벗어나게 된다. 따라서, 11년 주기의 끝만이 살투스를 추가할 유일한 위치에 해당한다고 할 수 있다.

이와 별개로 다른 관점에서 생각하자면, 19년 주기의 첫해의 에팩트인 1과 가장 가까운 에팩트를 가지는 해를 찾아보는 방법도 고려될 수 있을 것이다. 19년 주기의 첫해의 에팩트인 1에 근접한 에팩트를 가지는 해에 에팩트를 추가하는 것이 더 합리적일 것이라고 생각할 수 있기 때문이다. 30의 배수에 근접한 에팩트를 가지는 해가 그러한 해에 해당되는데, 이런 경우에 해당하는 해는 에팩트 11이 8번(8×11=88) 추가되는 9번째 해와 11번(11×11=121) 추가되는 12번째 해, 그리고 19번(19×11=209) 추가되는 20번째 해로 좁혀진다. 이 중에서 가장 적절한 햇수는 1의 차이를 보이는 12년째와 20년째가 유력하다고 할 수 있는데, 20년째의 경우에는 19년 주기를 벗어나기 때문에 제외해야 한다. 결과적으로, 12년째 해만이 유일하게 가능한 위치가 된다. 이에 따라, 12년째 해의 에팩트를 증가시키기 위해서는 살투스는 11년째에 추가되어야 한다. 즉, 11년째 끝과 12년째 시작 사이에 살투스를 추가하게 되면 8년 주기의 첫해에 해당하는 12년째의 에팩트가 11대신 12로 늘어나게 됨으로써, 8년 주기의 부족 일수를 2에서 1로 감소시키게 된다. 이렇게 2일에서 1일로 감소된 8년 주기의 부족분은 11년 주기의 초과 일수 하루로써 상쇄시킬 수 있게 된다. 이때 11년 주기의 초과 일수 하루는 살투스와 전혀 무관하게, 원래 11년 주기상에서 121 증가되는 에팩트로 인해서 자연스럽게 남게 되었던 하루라는 것을 기억해야 할 것이다. 그러므로 이러한 모든 상황을 고려해 보았을 때, 11년 주기의 끝이 살투스를 추가하기에 가장 적절한 위치에 해당한다는 것을 알 수 있다.

이와 같은 다양한 상황들을 종합적으로 고려하여, 아나톨리우스는 주기의 11년째에서 태음일 하루를 삭제함으로써 주기의 12년째에 살투스가 추가되는 결과를 얻을 수 있게 되었다. 그에 대한 증거는 아나톨리우스가 작성한 그의 19년 테이블의 달의 주기(circle of the moon)라는 특별한 칼럼에서 찾아볼 수 있다. 이 칼럼에서 그는 12년째의 일련 번호를 1로 표기하였다. 그 이유는 12년째 해가 살투스 추가로 인해서 19년 주기 상에서 에팩트가 11에서 12로 증가된 유일한 해로써, 새로운 분기가 되는 해였기 때문이다. 그래서 달 주기(Lunar Circle)라는 특별한 칼럼까지 만들면서 그 주기의 일련 번호를 1로 부여한 것이다.

이런 결정에 대한 또 다른 증거로서 7세기의 콘스탄티노플의 성 막시무스(St Maximus the Confessor, 580~662)가 기술한 월령을 계산하는 방법을 들 수 있는데, 어떤 논리를 근거로 살투스를 추가하였는지 구체적으로 설명해 주고 있다.

19년 주기 순서	에팩트	달주기(Lunar Circle)
1	1	9
2	12	10
3	23	11
4	4	12
5	15	13
6	26	14
7	7	15
8	18	16
9	29	17
10	10	18
11	21	19
12	3	1
13	14	2
14	25	3
15	6	4
16	17	5
17	28	6
18	9	7
19	20	8

그 내용을 보면 살투스 하루를 60부분으로 나누고 해마다 하루의 5/60씩 더하는 방법을 통하여 살투스를 12년에 걸쳐 균일하게 나누었다. 그러면 주기의 12년째에 이르면 살투스는 완전한 하루가 된다. 좀 더 자세하게 설명하자면, 주기 첫해의 에팩트가 1이라면, 주기 첫해의 실제 월령은 첫해이므로 5/60이 추가되어 1 + 5/60이 되고, 두 번째 해에는 12+10/60, 세 번째 해에는 23+15/60…, 그리고 12번째 해에는 월령이 2+60/60이 되어서, 테이블 상에서 그 해의 에팩트 숫자는 2가 아니고 3이 된다. 주기의 마지막 해인 19년째 해에는 실제 월령이 20 + 35/60이 되지만, 주기의 마지막 지점이기 때문에 나머지 35/60는 무시하여 버리고 20으로 처리하였다. 그렇게 되면 다음 주기 첫해의 에팩트는 11과 5/60을 추가하게 되므로, 다시 1로부터, 정확하게 말하자면 1+5/60로부터 시작하게 된다. 이 공식이 아나톨리우스 주기에서 기원했을 것으로 추정되기 때문에, 아나

톨리우스가 자신의 주기에서 살투스를 추가하는 해로 12번째 해를 채택하게 된 논리적 근거를 쉽게 이해할 수 있을 것이다.

결론적으로, 아나톨리우스는 자신의 19년 주기에서 주기의 11번째 해인 윤년 해에 들어있는 윤달 30일 중 태음일 하루를 생략하는 방법을 사용하여, 11년 주기 부분이 끝나고 8년 주기가 시작되는 12번째 해에 살투스가 추가되는 효과를 구현하였다.

아타나시우스 주기

아타나시우스

아타나시우스는 알렉산드리아의 감독이었다. 328년에 감독이 되었는데, 한 때 아리우스 주의와 싸우다 알렉산드리아에서 추방되어 유배 생활을 한 기간을 제외하고는 373년 사망하기 전까지 감독직을 유지하였다. 그는 피터나 디오니시우스와 같은 다른 선임자들처럼 알렉산드리아에서 이집트에 있는 그의 동료 감독들에게 부활절 시기를 전하는 편지를 보냈다. 이들 편지들은 아타나시우스가 사망한 후 오래지 않아 그의 측근들에 의해 수집되어 부가적인 설명과 함께 하나의 기록물로 만들어졌다. 이 기록물의 한 버전으로서 '목록(Index)'이라는 제목이 붙은 시리아의 텍스트가 발견되었는데, 이 아타나시우스 목록('Athanasian Index')을 통해 우리는 아타나시우스가 감독이 되던 해인 328년부터 사르디카에서 공의회가 열렸던 343년을 포함하여 그가 사망하였던 373년까지 이어지는 부활절 날짜와 관련된 정보를 얻을 수 있다.

목록 내용을 살펴보면 아타나시우스가 아나톨리우스의 19년 주기를 근본으로 하여 부활절 시기를 정하였다는 것을 알 수 있다. 그런데 이 아타나시우스 목록을 로마에서 준수된 부활절 날짜 리스트를 보여 주는 354 연대기(Chronograph of 354)와 비교해 보면, 아타나시우스가 때때로 알렉산드리아 규칙을 버리고 로마의 규칙에 따랐다는 것을 알 수 있다. 또한, 두 지역의 교회가 다른 날에 부활절을 기념하는 경우도 나타났다. 그것은 아마 아타나시우스가 추방 중이어서 두 도시 간의 차이를 조정하지 못했기 때문이라고 생각된다. 이처럼 아타나시우스 목록에서의 부활절 날짜는 아나톨리우스의 19년 주기와 완전히 같지 않았을 뿐만 아니라, 아나톨리우스 주기와는 일부분 다른 특징을 가지고 있었기 때문에, 아타나시우스 목록에 기록되어 있는 주기를 아나톨리우스 주기와 구별하여 아타나시우스 주기라고 부른다.

사르디카 공의회

니케아에서 작성된 신경에 관한 논쟁으로부터 발생한 동방과 서방의 문제들을 해결하기 위해 아타나시우스의 요청으로 사르디카 공의회가 소집되었는데, 공의회의 모임이 이루어진 시기는 343년의 부활절 이후 시점으로 여겨진다. 그 공의회에서는 알렉산드리아에서 추방되어 이탈리아에 머물고 있던 아타나시우스 자신의 지위에 대해서도 논의되었다. 공의회가 소집되자 동방의 감독들은 아타나시우스의 참석을 거부하였다. 그들은 사르디카 대신 필립폴리스(Philippopolis ; 현재는 불가리아의 플로브디프 Plovdiv)에서 따로 모임을 가졌고 아타나시우스의 유죄를 선고하였다. 서방의 감독들도 동방의 감독들이 불참한 가운데 사르디카에서 모임을 진행하여 아타나시우스의 복권을 결정하였으며, 니케아 신경을 확정하였다.

이 공의회에서는 부활절 기념 날짜를 통일하기 위한 논의도 예정되어 있었다. 왜냐하면 당시 로마와 알렉산드리아를 비롯한 모든 지역의 교회에서 사용하는 부활절 계산법이 서로 달라서 부활절을 같은 날이 아닌 다른 날짜에 기념하고 있었기 때문이다. 당시 추방 상태에 있었던 아타나시우스는 알렉산드리아를 대표하여 아나톨리우스가 고안한 알렉산드리아 부활절 계산법을 사르디카에 가져 왔다. 이 아나톨리우스의 계산법은 니케아 공의회에서 확정 공표하였던 파스카 규칙을 철저히 엄수하여 작성하였던 19년 주기였다.

원래 아나톨리우스의 주기는 서기 257/8년부터 시작되는 95년 주기였기 때문에 351/2년에 끝나게 되어 있었다. 사르디카 공의회가 열린 시기는 343년이었으므로, 이 아나톨리우스 주기를 계속 적용할 수 있는 기간이 8년 정도밖에 남아있지 않았다. 따라서 아타나시우스는 새로운 리스트를 만들어야 했으므로, 공의회가 열리는 시기인 343년을 비롯하여 340년대를 모두 포함하는 새로운 95년간의 리스트를 만들었다. 정확하게 말하자면, 디오클레티아누스 50년(334년)으로부터 시작되는 아나톨리우스 주기의 마지막 19년에 새로운 76년을 추가시켜 디오클레티아누스 144년(428년)까지 이어지는 95년 주기였다. 사르디카 공의회에서는 아타나시우스가 제안한 주기를 받아들임으로서 부활절 기념 날짜에 대한 합의를 이루었으며, 디오클레티아누스 50년(서기 334년)부터 시작되는 50년간의 부활절 날짜를 확정하여 로마와 알렉산드리아를 포함한 제국 내의 모든 곳에 공표하였다.

당시 사르디카 공의회에 참석하기로 하였던 동방 감독들도 30년 파스카 규정을 준비하고 있었다. 파스카 계산법이 공의회 의제 중 하나의 주제였기 때문에 서방의 로마와 알렉산드리아에서 사용하는 계산법에 대응하기 위해서 공의회에 가져온 것으로 생각된다. 그들의 30년 주기 역시 에팩트는 1에서 30까지였지만, 30년 주기 상에서 30년간의 에팩트 합은 330으로 30의 배수에 해당하여 살투스를 필요로 하지 않았으므로, 살투스가 아예 없었다.

그들은 30년 주기에 대해서 "우리의 주가 세상에서 육신으로 30년을 보냈으며, 그의 파스카가 30년째의 3월의 25일에 일어났다. 30년 주기에서 첫해는 콘스탄티누스 황제의 첫 번째 인딕션으로부터 시작한다. 콘스탄티누스 황제 시기에 니케아 공의회가 열렸으며, 그곳에서 감독들이 파스카 계산법에 대한 논의를 하였다."라는 설명을 추가하였다. 이와 같이 그들은 역사적인 근거를 바탕으로 19년 주기보다 더 상징적인 의미를 가진 30년이라는 기간을 주기로 삼은 테이블을 고안하였다고 주장하였다. 동방 감독들이 필립폴리스 모임에서 제안한 30년 주기는 어떤 원리를 근거로 하여 만들어졌는지는 알 수 없다. 다만 리스트의 첫 19년간의 내용이 아나톨리우스 데이터와 완전히 일치한다는 것을 감안해 볼 때, 그들이 고안한 새로운 30년 주기 역시 아나톨리우스 주기의 변형으로 여겨진다.

아타나시우스 주기

서기	디오클레티아누스 연대	아타나시우스 에팩트	아나톨리우스 에팩트	디오니시우스 에팩트	아타나시우스 부활절	디오니시우스 부활절	아타나시우스 월령	아나톨리우스 월령	디오니시우스 월령
328	44	25	25	25	19 Pharm	19 Pharm	18	18	18
329	45	6	6	6	11 Pharm	11 Pharm	21	21	21
330	46	17	17	17	24 Pharm	24 Pharm	15	15	15
331	47	28	28	28	16 Pharm	16 Pharm	18	18	18
332	48	9	9	9	7 Pharm	7 Pharm	20	20	20
333	49	20	20	20	20 Pharm	27 Pharm	15	21	21
334	50	1	1	1	12 Pharm	12 Pharm	17	17	17
335	51	12	12	12	4 Pharm	4 Pharm	20	20	20
336	52	23	23	23	23 Pharm	23 Pharm	20	20	20
337	53	4	4	4	8 Pharm	8 Pharm	16	16	16
338	54	15	15	15	30 Pharm	30 Pharm	19	19	19
339	55	26	26	26	20 Pharm	20 Pharm	20	20	20
340	56	7	7	7	4 Pharm	4 Pharm	15	15	15
341	57	18	18	18	24 Pharm	24 Pharm	16	16	16
342	58	29	29	30	16 Pharm	16 Pharm	16	19	20
343	59	11	10	11	1 Pharm	1 Pharm	15	15	16
344	60	21	21	22	20 Pharm	20 Pharm	19	15	16
345	61	2	3	3	12 Pharm	12 Pharm	18	18	19
346	62	14	14	14	4 Pharm	27 Pharm	24	15	15
347	63	25	25	25	17 Pharm	17 Pharm	15	16	16
348	64	6	6	6	8 Pharm	8 Pharm	18	18	18
349	65	17	17	17	30 Pharm	28 Pharm	19	19	19
350	66	28	28	28	13 Pharm	13 Pharm	19	15	15
351	67	9	9	9	5 Pharm	5 Pharm	18	18	18
352	68	20	20	20	24 Pharm	24 Pharm	18	18	18
353	69	1	1	1	16 Pharm	16 Pharm	21	21	21
354	70	12	12	12	1 Pharm	1 Pharm	17	17	17
355	71	23	23	23	21 Pharm	21 Pharm	18	18	18
356	72	4	4	4	12 Pharm	12 Pharm	17	20	20
357	73	15	15	15	27 Pharm	27 Pharm	17	16	16
358	74	26	26	26	17 Pharm	17 Pharm	17	17	17
359	75	7	7	7	9 Pharm	9 Pharm	20	20	20
360	76	18	18	18	28 Pharm	28 Pharm	21	20	20
361	77	29	29	30	13 Pharm	13 Pharm	17	16	17
362	78	10	10	11	5 Pharm	5 Pharm	25	19	20
363	79	21	21	22	25 Pharm	25 Pharm	20	20	21

아타나시우스가 작성하여 사르디카 공의회에 가져간 95년 주기의 첫 번째 19년 주기는 334년부터 352년에 해당하며, 아나톨리우스 주기의 마지막 19년 기간과 중복된다. 아타나시우스가 감독이 되던 해인 328년부터 부활절 편지를 그의 동료 감독들에게 보냈으며, 아타나시우스 목록에 아타나시우스가 328년부터 보낸 부활절 편지들까지도 수집하여 기록하고 있기 때문에, 328년부터 시작되는 아타나시우스 주기를 아나톨리우스 주기의 내용과 비교할 수 있다.

아타나시우스는 19년 주기의 첫해에 에팩트 1로 하는 아나톨리우스 주기를 그대로 유지하였으며, 전체적인 틀에서는 큰 차이가 없었다. 그렇지만, 이 기간의 내용들을 자세하게 비교해서 살펴보면 아타나시우스가 그가 참조하였던 아나톨리우스 주기와 완전히 똑같이 주기를 작성하지 않았다는 사실을 알 수 있다. 그 이유는 아나톨리우스 주기에 의한 부활절 날짜가 당시 로마에서 사용하고 있던 84년 주기 상의 규칙에 벗어나거나 날짜가 다를 경우, 아타나시우스가 아나톨리우스 주기를 변형시켜 로마의 규칙에 따르도록 하였기 때문이다. 이를 위해 아타나시우스는 아나톨리우스 주기 상에서 단순히 월령 만을 변경하여 파스카 보름달의 날짜를 바꾸거나, 아예 그 해의 에팩트를 바꿈으로써 월령을 조정하는 방법을 사용하였다.

단순히 월령을 임의로 변경하여 파스카 보름달의 날짜를 바꾸었을 경우에는 아나톨리우스 주기와 자세히 비교하지 않고서는 쉽게 차이점을 알아낼 수 없지만, 규칙에 벗어나게 에팩트를 변경하였을 경우에는 아나톨리우스 주기와 비교하지 않더라도 쉽게 그 변경 상태를 발견할 수 있었다. 왜냐하면 에팩트는 살투스가 추가되는 경우를 제외하고는 규정에 따라 해마다 11씩 증가하는 규칙이 유지되어야 하기 때문이다. 만약 에팩트가 의도적으로 원칙에서 벗어나게 수정이 된 경우에는 에팩트의 규칙적인 질서에 구조적인 결함을 보일 수밖에 없으므로, 그 주기 자체에 대한 간단한 검토만으로도 그 결함을 쉽게 발견할 수 있게 된다.

실제로, 아타나시우스 주기를 분석해 보면 원래 아나톨리우스 주기가 가지고 있던 구조가 훼손됨에도 불구하고, 로마 규칙에 부합하도록 아타나시우스가 단순히 날짜를 바꾸거나, 에팩트를 바꾸었다는 것을 확인할 수 있다. 그로서는 그러한 구조적 결함 여부에도 불구하고 로마 규칙에 위배되지 않도록 하는 것이 더욱 더 중요하였다고 생각했던 것이다.

디오클레티아누스 연대

아타나시우스 주기가 아나톨리우스 주기의 조잡한 모조품에 불과하다고 치부할 수 있지만, 아타나시우스 목록에는 의미 있는 특징 하나가 있다. 그것은 아타나시우스가 연대를 표기할 때 디오클레티아누스로부터의 햇수를 사용했다는 점이다. 아타나시우스 목록의 편집자는 아타나시우스의 취임이 디오클레티아누스 44년(서기 327/8년)이라고 하였는데, 당시 작성되었던 다른 역사적 문헌들 역시 디오클레티아누스 연대를 사용하여 기록하고 있었다. 서방 교회의 4대 교부 중 한 사람으로서 법률가이자 의사였던 암브로지우스(Ambrosius)는 아타나시우스 시대 이후에 활동하였던 밀라노의 주교였는데, 그의 편지에서도 387년의 부활절 날짜에 대한 그의 주장을 디오클레티아누스 연대를 사용하여 언급하였다.

이 시기를 전후해서 살펴보면 부활절 테이블뿐만 아니라 그 이외의 다른 분야에서도 디오클레티아누스 연대 표기가 보편적으로 사용되고 있었다. 서기 304/5년에 해당하는 생일을 풀이한 어느 호로스코프(horoscopes)에서도 햇수를 디오클레티아누스를 기준으로 하여 기록하였다. 디오클레티아누스가 20년의 통치를 마치고 305년에 퇴임하였으므로, 305년은 황제의 마지막 해가 되는 해였다. 천문학자 테온(Theon)이 디오클레티아누스 39년(서기 322/3)에 기록한 천문 기록도 존재한다. 또한 디오클레티아누스 57년(서기 341년)에 쓰여진 비문을 통해 알 수 있듯이, 디오클레티아누스 연대는 부활절 테이블 이외의 분야에서도 사르디카 공의회 시기에 이미 이집트에서 널리 사용되고 있었다.

이처럼 이른 시기의 알렉산드리아 파스카 문서에서 디오클레티아누스 연대가 사용되었다는 것은 디오클레티아누스 연대가 이미 디오클레티아누스 통치 시기나 그 직후에 공식적인 연대 표준 방법으로 정착되어 사용되었다는 것을 시사한다. 왜냐하면 디오클레티아누스 연대가 그 시기에 확실하게 정착되어 사용되고 있지 않았던 상황이라면, 그를 증오하던 기독교인들이 결코 부활절 테이블의 햇수를 디오클레티아누스 연대 기준으로 표기하지 않았을 것이기 때문이다.

그렇다면 어떠한 배경 속에서 디오클레티아누스 연대가 그의 통치 시기뿐만 아니라 그의 통치 이후까지 계속 유지되어 사용되었는지 그 배경을 살펴볼 필요가 있을 것이다. 디오클레티아누스는 290년경에 이집트를 다시 정복한 후에 대 학살을 자행하였을 뿐만 아니라 혹독한 법률을 만들어 모든 이집트인들을 탄압하였으며 그리스도인들 역시 무자비하게 억압하였기 때문에, 이집트인들 특히 그리스도인들에게는 공포와 비난의 대상이었던 황제였다.

그는 재위 기간 중 많은 개혁을 단행하였는데, 행정 구조에 대한 재조정도 이루어졌다. 행정 편의상 로마를 4개의 총독관구(프레토리아 성, Praetorian Prefecture)로 나누고, 각각을 한 명의 '아우구스트(Augustus, 고위 황제)'와 한 명의 '시저'(Caesar, 하위 황제)가 관리하도록 하였다. 4개의 총독관구도 다시 12개의 교구(diocese)로 세분하였다. 그 결과 이집트는 동방 총독관구(Praetorian Prefecture of the East)의 이집트 교구(Diocese of Egypt)에 속하게 되었는데, 이집트는 다시 여러 개의 성(Province)으로 나뉘어졌다. 이집트는 디오클레티아누스 이전까지는 로마의 독립적인 성(provincia) 중 하나로 간주되며 파라오의 계승자라 칭한 황제에 의해 직접 다스려지던 황제 직속령(royal province)으로서의 특별한 지위를 누렸으나, 이렇게 행정 구역 재조정이 이루어진 새로운 체계 하에서는 그 지위를 상실하게 되었다.

또 하나의 개혁은 이집트인들이 과거의 전통에 따라 왕의 통치 기간으로 햇수를 표기하는 것을 금지시키고, 로마의 집정관 해를 공식적으로 사용하도록 한 것이었다. 따라서 로마 집정관 해는 서기 293년에 시작되는 문서에서 표준이 되었으며, 디오클레티아누스는 전통적인 황제 통치 햇수로 표기되었던 마지막 황제가 되었다. 디오클레티아누스의 통치가 끝나고 후임 황제의 시대에 들어서서도, 이집트인들은 오로지 공식적인 로마의 집정관 해를 사용하여 연대를 기록해야만 했다.

집정관 임기는 1년이었으며, 매해 두 명의 집정관이 선출되었다. 왕의 재임 기간을 바탕으로 연대를 표기하는 전통적인 방법을 사용했던 시기에는 재임 연도에 따라 모든 해를 숫자로 표기하였으므로 연대 파악에 어려움이 없었다. 그런데 매해마다 두 명의 집정관 이름으로 해당 연도를 표기하는 방법에서는 모든 연대가 숫자가 아닌 두 명의 집정관 이름으로 기록되기 때문에, 세월이 흘러갈수록 집정관들의 이름만으로 연대를 파악하는 것 자체가 쉽지 않았다. 특히 연속적인 연대를 사용해야 하는 분야에서는 매우 비효율적이었다.

오랫동안 전통적으로 왕의 통치 기간으로 연대기를 표기하였던 이집트인들로서는 이 제도가 너무 불편하였기 때문에 적응하기 어려웠다. 특히 디오클레티아누스 이전에 이집트에서는 모든 천문학적인 관찰을 그들의 시민력을 사용하여 그 시기의 왕의 재위 연도를 기준으로 기록하였기 때문에, 로마의 집정관 해를 사용하여 천문학적인 관찰을 기록하는 표기법은 너무 혼란스러웠기 때문에 받아들이기 어려웠다.

따라서 천문학자들은 집정관 해를 받아들이지 않고, 디오클레티아누스 퇴위 후에도 그의 즉위 연도로부터 시작되었던 디오클레티아누스 연대를 계속 이어서 사용하였다. 그러므로 305년에 그의 통치 기간이 끝났음에도 불구하고 이집트의 연대기 텍스트에서 그의 통치 시작 시점으로부터 이어지는 연대를 계속 연장하여 사용하였던 것은 자연스러운 것이었다. 세월이 흘러 로마의 공식적인 연대 표준 표기 방법으로 사용하였던 집정관 제도 역시 541년 바실(Basil) 집정관을 마지막으로 끝났기 때문에, 이때부터는 공식적인 로마의 연대기 텍스트에서도 햇수를 기록할 때에는 단순히 '바실 집정관 이후 몇 년'이라고 표기하였다.

자연스럽게 이러한 관행이 파스카 테이블의 편집에도 영향을 미치게 되었으며, 아타나시우스는 그의 19년 주기 테이블에서 디오클레티아누스 1년으로부터 햇수를 세는 디오클레티아누스 연대를 부활절 테이블에 최초로 도입한 사람이 되었다. 그렇지만 그는 단지 당시의 관행에 따라 부활절 테이블에 디오클레티아누스 연대를 도입하였을 뿐이었기 때문에, 디오클레티아누스 1년을 그의 19년 주기의 첫해로 변경하지 않고 아나톨리우스 주기와 같은 순서를 그대로 유지하였다. 참고로 아나톨리우스가 19년 주기를 창안한 해는 277년경이었으므로, 디오클레티아누스 즉위(285년) 이전이었다.

이처럼 파스카 계산법의 역사에 있어서 아타나시우스 주기는 아나톨리우스 주기의 한 변형에 불과하였지만, 그럼에도 불구하고 처음으로 부활절 테이블에 디오클레티아누스 연대를 도입했다는 점은 특기할만한 것이었다. 왜냐하면 아타나시우스에 의해 파스카 테이블 상에 처음으로 도입된 디오클레티아누스 연대로 인해 장차 디오니시우스 엑시구스에 의한 그리스도 연대가 도입되는 계기로 작용하였기 때문이다. 그와 관련된 내용에 대해서는 뒤에 이어지는 디오니시우스 엑시구스의 정통 알렉산드리아 컴퓨투스 편에서 자세히 설명하기로 하겠다.

아타나시우스 주기와 디오니시우스 엑시구스의 알렉산드리아 주기를 비교해 보면 부활절 일요일 날짜가 큰 차이가 없이 거의 같은 날짜에 온다. 단지 328년부터 373년 사이에서 333, 346, 349년 3년에서 차이를 보일 뿐이다. 그리고 이 예외적인 상황은 알렉산드리아와 로마의 전통 중 로마의 규칙에 따른 결과였다.

테오필루스의 100년 부활절 목록

테오필루스가 알렉산드리아의 감독으로 활동할 당시, 로마 제국의 황제였던 테오도시우스 1세는 380년에 테오도시우스 법령을 통해 기독교를 제국의 공식 종교로 선포하였다. 이에 따라 기독교는 그의 통치 시기에 이르러 로마 제국의 공식 종교로 승인되었다.

이에 테오필루스(Theophilus)는 100년 동안의 부활절 날짜 목록을 작성하여 황제 테오도시우스(Theodosius) I세에게 헌정하였다고 한다. 테오필루스가 이 작업을 끝낸 시기는 그가 알렉산드리아의 감독이 된 해인 385년과 테오도시우스 황제가 사망한 395년 1월 사이로 짐작되며, 그 목록은 테오도시우스 황제의 즉위 첫해인 380년부터 시작하였다고 기록되어 있다.

이 100년 목록에 대한 자료는 현재 남아있지 않지만, 그 목록의 헌정사와 서문에 대한 라틴 번역본은 남아 있다. 그는 테오도시우스에게 보낸 편지에서 테오도시우스 즉위 후부터 시작되는 100년 간의 파스카 기념일에 대한 목록을 작성하였다고 언급하면서, "파스카 기념일에 대한 이 목록은 당신의 시대로부터 완벽하게 시작되기 때문에, 알렉산드리아 교회의 어떤 사람들도 부활절 날짜를 찾을 때에는 항상 당신의 이름을 떠올리게 될 것이다. 따라서 당신의 이름은 모든 인류에게 영원할 것이다."라고 하였다.

테오도시우스 1세 출처: 위키 백과

그리고 테오필루스는 파스카 기념일을 정하는 법칙에 대해 설명하였다. 모세가 '유월절은 새 싹이 움트는 첫 달의 보름달인 14일에 준수해야 한다'고 하였다면서 14일을 특정지으며, 보름달 빛에서 사람들은 죄악의 어둠을 물리치고 만개한 선으로 밝게 빛난다고 하였다. 그는 봄이 시작되기 전에 오는 보름달은 파스카 만월이 아니라고 하였다. 즉 춘분이 지난 다음에 오는 만월이 파스카 만월이라는 것이다. 그리고 그 14일이 일요일에 올 경우에는 기념일을 일주일 연기해야 한다고 하였다. 테오필루스는 '예수는 월령 14일이며 요일로는 5번째인 목요일, 유월절 만찬 후에 배반을 당하였으며, 십자가 처형의 날은 15일째 날이고, 부활이 일어난 '주의 날'은 월령 17일째 날'이라고 설명하였다.

테오필루스는 그 시대에 84년 주기를 포함하여 많은 주기들이 사용되었지만, 모두 다 완벽하지 않고 오류가 있었으므로 혼란스러웠다고 생각하였다. 그런 까닭에 그는 418년 동안의 파스카 주기를 수집하여 418년간의 목록을 축약시킨 95년 주기를 만들기로 작정하였고, 테오도시우스 황제의 첫해로부터 시작하는 100년 동안의 부활절 날짜를 완성하였다. 418과 95는 19의 배수이다.

테오필루스는 살투스를 19년 주기의 끝에 더하였다. 그는 월령 30(0)일이란 달이 차고 기우는 시점 사이의 날로서, 달이 보이지 않는 날이라고 정의하였다. 그리고, 이 30번째 날을 자신의 테이블 계산의 첫 시점으로 삼았다. 에팩트가 30(=0)에서 시작하고 19년째의 끝에 살투스가 오는 테이블은 정통 알렉산드리아 주기(디오니시우스 엑시구스 주기)의 형태와도 같은 것이다.

테오도시우스 황제의 첫해는 380년이라고 하였다. 그 해는 디오클레티아누스 첫해로부터 정확하게 19년의 5주기인 95년 후에 시작되므로, 테오필루스 리스트의 첫해는 19년 주기의 첫해가 된다. 그러나 테오도시우스 즉위 첫해가 디오클레티아누스 첫해로부터 정확히 95년이라는 것은 단순히 우연한 결과였을 뿐이므로, 테오필루스가 100년 테이블을 만들 때 주기의 첫해를 디오클레티아누스 첫해와 연관지어 작성했다고 생각할 이유는 전혀 없다. 그는 단지 테오도시우스 즉위 첫해로부터 시작하는 부활절 테이블을 만들어, 황제의 즉위 시점을 기준으로 부활절의 햇수가 표기되어 나타나도록 하는 영광을 테오도시우스 황제에게 바치고 싶었을 뿐이었다.

테오필루스의 목록이 존재하지 않기 때문에 테오필루스의 목록에서 에팩트의 순서가 아나톨리우스의 원 주기와, 아타나시우스 주기, 그리고 우리가 디오니시우스 엑시구스를 통해서 알고 있는 정통 주기 중 어느 주기와 유사한지 알 길이 없다.

파노도루스

파노도루스는 5세기 초기의 수도사로, 테오필루스와 아니아누스와 함께 동시대 알렉산드리아에서 활동하였다. 그는 알렉산드리아 창조 연대기 체계의 창시자로 알려져 있다. 그의 연대기는 디오클레티아누스 연대를 기반으로 계산되었으며, 알렉산드리아 새해의 첫날인 토트 달 첫날로부터 시작된다. 로마력 상에서 이 연대기는 기원전 5493년 8월 29일에 해당한다.

일찍이 율리우스 아프리카누스(Julius Africanus, 180~250)는 그리스도가 대략적으로 천지 창조 후 5531년이 되는 해 일요일에 태어났다고 주장하였다. 그리고 유세비우스는 '교회사'에서 그리스도 탄생으로부터 디오클레티아누스 19년의 '대 박해'까지 305년이 경과하였다고 하였다. 파노도루스는 이를 근거로 삼아 디오클레티아누스 19년이 대략적으로 천지 창조 후 5806년이 될 것이므로, 디오클레티아누스 첫해(284)는 창조 후 5788년이 될 것이라고 추산하였다. 그러면, 디오클레티아누스 첫해로부터 테오도시우스 첫해까지는 95년 차이가 있으므로 테오도시우스 첫해는 창조 후 5883년이 된다.

알렉산드리아 파스카 주기가 디오클레티아누스 첫해로부터 시작되는 것처럼, 파노도루스는 세상의 첫 1년도 주기상에서 디오클레티아누스 1년과 부합되는 시점이 되어야 한다고 생각하였다. 그런데 테오도시우스 첫해가 주기의 첫해가 되려면 19 배수보다 1이 큰 해가 되어야 하는데, 5883년은 그 조건에 부합되지 않았다. 그렇지만 5883년에 가까우면서 19 배수보다 1이 큰 해라는 조건을 만족시키는 해가 5872년이었으므로, 파노도루스는 테오도시우스 첫해는 5872년이어야 한다고 결론내렸다.

따라서 5872년은 310번째 19년 주기의 첫해가 되었고, 디오클레티아누스 첫해(서기 284)는 창조 후 5777년이 되었다. 이에 따르게 되면 세상의 1년은 19년 주기의 첫해에 해당하는 기원전 5493년이 되었으므로, 파노도루스는 알렉산드리아 시민력 상에서 기원전 5493년의 첫날인 토트 달 1일을 세상의 첫날이라고 주장하였다. 이날은 로마 율리우스력 상으로는 기원전 5493년 8월 29일에 해당한다.

아니아누스

파노도루스와 동시대에 활동하였던 아니아누스Annianus는 파스카 테이블에 최초로 532년 주기를 도입한 수도사였다. 그의 저서는 남아 있지 않지만, 9세기에 수도사이며 비잔틴 연대 작가로서 활동하였던 조지 신켈루스는 아니아누스가 천지 창조년으로부터 시작해서 5904년까지의 창조 연대기를 작성하였다고 언급하였다. 5904년은 서기 412년에 해당하는데, 그 해 10월 15일에 테오필루스가 사망하였으므로 창조력 5904년에서 끝나는 이 연대기는 테오필루스의 100년 리스트가 작성된 후에 이루어졌다는 것을 알 수 있다.

자신의 연대기에서 아니아누스는 이집트 시민력으로 기원전 5493년 파메노트 달 29일(로마력으로 기원전 5492년 3월 25일), 일요일에 세상이 창조되었으며, 그리스도가 탄생한 날은 천지 창조 후 5501년이 시작되는 3월 25일이고, 그리스도가 죽음에서 부활한 날은 5534년 3월 25일, 일요일이었다고 하였다. 5501년은 술피우스 카메리누스Sulpicius Camerinus와 가아우스 폼페이우스Gaius Pompeius의 집정관 시기이며, 천지 창조후 11번째 532년 주기 중의 181번째 해라고 하였으므로, 서기 9년을 의미하였다. 따라서 5534년은 서기 42년에 해당하며, 그 해는 3월 25일, 일요일에 시작된다고 하였다. 그러므로, 서기 285년인 디오클레티아누스 1년의 3월 25일은 5777년이 시작되는 시점에 해당하며, 천지 창조 시점인 기원전 5492년 3월 25일로부터 19년 주기로 계산을 하면, 305번째 19년 주기의 첫해에 해당한다. 그리스도가 탄생한 서기 9년이 532년 주기 상에서 181년째 해에 해당하므로 디오클레티아누스 1년인 서기 285년은 그 주기 상에서 457년째가 되며, 그 532년 주기는 75년 후인 서기 360년(알렉산드리아력 359/60년)이 되면 끝나게 된다. 따라서 새로운 532년 주기는 서기 361년, 디오클레티아누스 76년에 다시 시작하게 되는데, 에티오피아 부활절 테이블에서는 그 해를 '은혜의 해'(the year of Grace)라고 표기하였다.

아니아누스의 532년 주기 테이블은 19년 주기의 월 주기(lunar cycle)와 28년 주기의 태양 주기(solar cycle)를 곱하여 만들었으므로, 모든 해는 532년마다 파스카 날짜뿐만 아니라 요일까지도 항상 똑같이 반복된다고 하였다. 이 테이블을 이용하면 어느 해라도 쉽게 파스카달 14일과, 부활절 일요일 날짜를 구할 수 있었다. 이 주기 테이블을 이용하려면, 먼저 알려고 하는 해가 아니아누스의 창조 연대기 상에서 몇 년째에 해당하는지 알아야 하기 때문에, 구하려고 하는 해의 햇수를 532로 나누어 나머지를 구해야 한다. 나머지 년 수에 해당하는 숫자를 아니아누스 532년 주기 파스카 테이블 상에서 찾게 되면, 그 해의 파스카달 14일과 부활절 일요일 날짜를 곧바로 알 수 있게 된다.

그렇다면 아니아누스가 기원전 5492년 3월 25일, 일요일을 세상의 첫날이라고 주장한 근거를 살펴보자. 아니아누스는 창조 시점뿐만 아니라 수난의 해에 대해서도 깊은 관심을 가지고 있었다. 아니아누스의 시대에 알렉산드리아 교회에서 알고 있던 수난의 해는 티베리우스(Tiberius) 16년으로, 알렉산드리아 시민력상 서기 30/1년이었다. 그 해는 아프리카누스가 주장했던 수난의 해였으며, 아프리카누스의 창조 연대기에 따르면 천지 창조후 5531/2년이 되는 해였고 일요일이었다.

아니아누스는 자신이 고안한 532년 주기 테이블을 이용하여 아프리카누스가 주장했던 수난의 해가 정확한지 검증하기로 하였다. 아니아누스는 아프리카누스가 수난의 해라고 주장한 서기 30/1년으로부터 532년 후인, 디오클레티아누스 279년째, 즉 서기 562/3년을 자신이 고안한 532년 주기 테이블에서 확인해 보았다. 그런데, 서기 562/3년, 그 해의 파스카달 14일은 3월 24일이고 토요일이었다. 아니아누스 자신의 532년 파스카 테이블에서는 모든 해가 532년마다 파스카 날짜뿐만 아니라 요일까지도 항상 똑같이 반복된다고 하였는데, 아프리카누스가 주장했던 수난의 해의 파스카달 14일이 토요일에 해당하는 날이라는 결과는 테오필루스의 주장 뿐만 아니라 신약 성경의 내용과도 전혀 부합되지 않는 것이었다. 아니아누스는 서기 30/1년이 수난의 해라는 아프리카누스의 주장은 틀렸다고 결론지었다.

아니아누스는 천문학적인 고찰을 통해 서기 562/3년으로부터 11년 후인 서기 573/4년의 3월 25일이 일요일이고, 그 해에 파스카달 14일이 목요일인 3월 22일에 온다는 것을 확인하였다. 이를 근거로 하여 아니아누스는 수난의 해는 서기 573/4년과 주기 상으로 같은 위치인 532년 전의 서기 41/2년이고, 부활의 날은 알렉산드리아력에서는 서기 41/2년 파메노트 달 29일, 로마력으로는 서기 42

년의 3월 25일이라고 결론지었다. 그날은 아니아누스의 창조 연대기 상에서는 5534년 3월 25일이 된다. 서기 42년에 해당하는 창조년 5534년의 해는 테오필루스가 공관 복음을 바탕으로 하여 정의한 수난의 해에 완벽하게 부합되었다. 그 해는 알렉산드리아 주기에서 5번째 해에 해당하는데, 에팩트는 14이고 파스카달 14일은 3월 22일에 오고, 목요일이었다. 그러므로 그 해는 그리스도가 목요일 '월령 14일에 배신당하고, 월령 15일에 십자가 처형을 당했으며, 월령 17일, 3월 25일, 일요일에 죽음에서 부활하였다'는 테오필루스의 주장에 정확하게 일치하는 해가 되었다.

또한, 아니아누스는 파노도루스가 성경보다 세속적인 자료에 너무 의존하여 창조 연대기를 작성하였다고 비판하면서, 천지 창조의 해는 파노도루스와 똑같이 기원전 5493년으로 같지만, 천지 창조일은 파노도루스가 주장한 알렉산드리아의 새해 첫날인 토트 달 첫날(로마력으로 8월 29일)이 아니고 성경에 근거하여 기원전 5493년의 부활의 날에 해당하는 파메노트 달 29일 일요일이라고 주장하였다.

알렉산드리아 달력상에서 기원전 5493년 파메노트 달 29일은 로마력으로는 기원전 5492년 3월 25일에 해당하므로, 아니아누스가 주장한 세상의 첫날은 로마력으로 기원전 5492년 3월 25일, 일요일이었다. 그리고, 알렉산드리아 달력상에서 기원전 5493년 파메노트 달의 창조년으로부터 그리스도 수난의 해는 5534년, 즉 서기로 42년이고, 그리스도가 태어난 해는 창조년 5501년, 서기 9년이라고 하였으며, 디오클레티아누스 1년은 창조년으로 5777년이라고 하였다. 그런데, 이 부분의 연도 계산 과정에서 자칫 실수할 수 있으므로, 잠시 그 점에 대해 언급하도록 하겠다. 기원전 5493년 창조년으로부터 5534년 후의 햇수를 계산할 때, 5534년에서 단순히 5493년을 빼면(5534-5493=41) 41년이 나온다. 이 부분에서 주의해야 하는데, 기원전 1년과 서기 1년 사이에 '0년'이 없다는 사실을 고려해서 계산된 값에 1년을 더 추가해 주어야 한다. 따라서, 41년의 계산 값에 1년을 더 추가하게 되면, 정확한 햇수는 서기 42년이 되는 것이다.

이처럼 아니아누스는 기원전 5492년 3월 25일, 일요일로부터 시작되는 창조 연대기를 고안하였으며, 그 창조 연대기에서 5534년, 서기력으로 42년에 해당하는 해를 수난의 해로 확정하였다. 이와 같은 창조 연대기와 수난의 해에 대한 아니아누스의 주장을 종합해 보면, 파노도루스가 디오클레티아누스의 첫해를 연대기의 기준으로 삼은데 반하여, 아니아누스는 수난의 해를 기준으로 삼아 그의 창조 연대기를 고안하였다는 것을 알 수 있다. 또한 아니아누스는 532년의 파스카 주기는 천지 창조로부터 시작되어야 한다고 생각하였는데, 그 결과 19년 주기의 첫해는 디오클레티아누스의 첫해와 일치하게 되었다.

아니아누스의 532년 주기 테이블은 에팩트가 30(=0)에서 시작하고, 19년째의 끝에 살투스가 오는 주기로서, 이는 정통 알렉산드리아 주기인 디오니시우스 엑시구스 주기의 형태와도 같은 것이다. 아니아누스 주기와 디오니시우스 엑시구스의 주기를 자세히 비교해 보면, 디오니시우스 주기와 대부분 일치하는 주기 형태를 보여 주고 있다는 것을 알 수 있다. 아니아누스 주기는 아나톨리우스 주기와는 단지 3년에 있어서만 파스카 14일의 날짜가 다르고, 아타나시우스와 테오필루스와는 단지 한 해만 다른 새로운 주기가 되었다.

아니아누스의 알렉산드리아 주기는 시릴의 주기와 함께 곧 이전의 계산법들을 대체하였다.

시릴(Cyril)의 110년 부활절 목록

디오클레티아누스 1년에 맞추어 재조정된 알렉산드리아 주기에 대한 가장 명확한 증거는 시릴이 테오도시우스 2세에게 바친 110년 부활절 목록이다. 시릴은 테오필루스의 조카이며 계승자로서, 412년에 삼촌이 사망한 후 알렉산드리아의 감독이 되어 32년간 활동하였다. 그는 403년부터 시작되는 새로운 110년 파스카 리스트를 만들어 황제에게 헌정하였다. 그의 삼촌 테오필루스가 380년부터 시작되는 100년 파스카 리스트를 작성하여 테오도시우스 황제에게 헌정하였음에도 불구하고, 테오필루스의 파스카 테이블보다 단지 23년 이후부터 다시 시작되는 새로운 파스카 리스트를 작성한 이유는 그의 삼촌이 전 황제에게 했던 것처럼 그의 황제 테오도시우스 2세를 영광스럽게 하기 위해서였다. 그리고 또 하나의 중요한 이유는 테오필루스의 100년 파스카 테이블이 사용되었음에도 불구하고 여전히 혼란스러웠던 당시의 여러 주기들을 모두 폐기시키고, 황제의 권위하에 모든 알렉산드리아 교회에서 공식적으로 사용할 수 있는 파스카 테이블을 만들려는 의도였다.

시릴은 황제 테오도시우스 2세에게 보내는 편지에서 그 자신이 테오도시우스 2세의 첫해, 즉 403년에 해당하는 해에 시작하는 110년 리스트를 만들었다고 하였다. 테오필루스 2세의 첫해는 디오클레티아누스 119년(서기 403년)이었다. 그렇지만 실제로 시릴은 서기 399년에 시작하여 512년에 끝나는 6번의 19년 주기기간에 해당하는 114년간의 목록을 작성하였다. 그중 첫 번째 주기는 테오도시우스 즉위 전 4년, 즉 디오클레티아누스 115년째, 서기 399년에 시작되었는데, 시릴은 첫 번째 주기의 첫 4년, 즉 399년부터 402년까지는 숫자를 매기지 않았다. 시릴은 첫 번째 주기의 5년째인 403년을 리스트의 첫해로 삼아 1로 숫자를 매겼다. 다시 말해서 디오클레티아누스로부터 119년째인 테오필루스 2세의 첫해, 403년을 1로 하고 512년에 끝나는 총 110년간의 리스트 테이블을 만든 것이다. 시릴이 테오도시우스 2세의 첫해를 주기의 5년째라고 하였다는 것은 그의 테이블에서 19년 주기가 디오클레티아누스 황제 1년을 주기의 첫해로 삼아 작성되었다는 것을 의미하는 것이다.

시릴이 테오도시우스 2세에게 이 파스카 테이블을 작성하여 헌정한 해는 420년경이었다. 시릴의 110년 파스카 목록은 디오클레티아누스 즉위 첫해를 알렉산드리아 19년 주기의 첫 번째 해로 재조정한 알렉산드리아 최초의 주기라고 할 수 있다. 알렉산드리아 주기는 시릴의 주기를 통해 완전한 형태를 갖추게 된 것이다.

에티오피아 파스카 테이블 역시 시릴의 부활절 목록과 똑같은 에팩트를 보여준다. 에티오피아 테이블을 보면 그 기준 년도가 테오필루스 주기의 첫해인 380년이 아니고, 시릴의 첫 19년 주기의 첫해와 같은 399년이다. 그 해는 디오클레티아누스 첫해와 주기 상으로 같은 해에 해당하는데, 테오도시우스에게 보내는 시릴의 편지를 통해 시릴이 19년 주기를 그러한 기준을 적용하여 작성하였다는 것을 알 수 있다. 그리고 테오필루스를 계승하여 월령 30일, 즉 에팩트 30(0)을 주기의 첫날로 삼는 테이블을 작성하였다.

시릴은 서기 399년에 시작하는 새로운 110년 파스카 리스트를 작성하면서, 단순하게 테오필루스의 리스트만을 그대로 모방하지 않았다. 시릴은 테오필루스와 동시대에 활동하였던 아니아누스의 새로운 알렉산드리아 532년 주기의 여러 요소들도 수용하여, 테오필루스의 리스트와 차별되는 새로운 파스카 주기를 구축하였다. 시릴의 알렉산드리아 주기는 곧 이전의 계산 방법들을 대체하였다.

서기 399년을 기준 년도로 하고 기원전 5493/2년의 창조 연대를 가진 에티오피아 교회의 532년 테이블을 통해 시릴의 주기가 오랫동안 알렉산드리아 표준이 되어 있음을 보여 준다. 시릴 이후, 서방 교회에서는 디오니시우스 엑시구스가 연장시킨 시릴의 주기를 채택하여 사용하였다. 한편, 동방의 비잔틴에서는 550년 경 유스티니아누스(Justinian) 황제 시대에 알렉산드리아 주기를 다시 개정하여 자신들만의 새로운 표준을 만들어 사용하였다.

02
로마의 컴퓨투스

로마의 컴퓨투스

히폴리투스

 알렉산드리아에서 데메트리우스에 의해 창안된 8년 주기(ὀκταετηρίς", oktaeteris)는 그의 파스카 편지를 통해 알렉산드리아 지역 이외에서도 사용되었다. 팔레스타인 카에사리아(Caesarea)의 주교였던 유세비우스Eusebius(260 ~ 340)도 처음에는 알렉산드리아의 대 디오니시우스처럼 데메트리우스의 8년 주기를 사용하였다고 하였다.

 로마에서는 서기 222년에 히폴리투스(Hippolytus) 테이블이 나타났다. 이 테이블은 현존하는 가장 오래된 파스카 테이블로 알려져 있는데, 16년 주기로 구성되어 있지만 그 근본은 8년 주기 형태를 보이고 있다. 데메트리우스가 창안한 계산 방법이 서기 214년에 작성되었고, 히폴리투스 테이블이 그로부터 정확히 8년 후부터 시작되었을 뿐만 아니라 로마 교회의 문서지만 로마어가 아닌 그리스어로 쓰여져 있다는 점에서, 이 테이블은 데메트리우스 8년 주기를 바탕으로 로마력과 로마의 규칙을 적용하여 만들어졌다고 생각되었다. 로마의 부활절 규칙에서는 파스카달 16일 전이나 22일 후에 기념하는 것을 금지하였고, 4월 21일 후에 부활절 일요일을 기념하는 것도 금지하였는데, 히폴리투스 테이블에서는 데메트리우스의 테이블에 이 로마의 규칙들이 추가되어 있었다.

교회의 전승에 의하면 3세기 초 칼리스투스(Callistus, 재위 217~222)가 로마의 감독으로 선출되자 이에 반발한 반대파들이 히폴리투스를 로마의 대립 감독으로 세웠다고 전해진다. 칼리스투스를 반대하였던 몬타니스트 테르툴리아누스(Tertullianus, 약 155~230년)와 최초의 대립 감독 히폴리투스의 저서에는 칼리스투스가 그리스도인이었던 로마 황제 집안의 카르포포루스의 노예였다고 기록하였다. 칼리스투스가 로마 감독으로 재임할 당시의 알렉산더 세베루스 황제(Alexander Severus, 208~235)의 통치 시기(222~235)에는 그리스도교인에 대한 대규모 박해는 없었던 것으로 알려져 있다.

세베루스가 종교적으로 비교적 관대한 편이었을 뿐만 아니라, 그의 어머니 맘메아는 그리스도인이었고, 당시 황제의 집안에도 그리스도인들이 많았다고 한다. 실제로 알렉산더 세베루스는 그의 개인적인 기도실에 여러 종교의 현인들의 초상화를 걸어놓았다고 하는데, 그중에는 아브라함과 그리스도도 포함되어 있었다. 그러나, 황제의 관대한 태도가 모든 그리스도교인을 보호하지는 못했다. 칼리스투스는 세베루스의 통치 기간 동안 순교하였는데, 이는 개별적인 사건으로 지역적인 박해에 의한 것으로 알려졌다. 13년간의 통치 기간을 끝으로 세베루스가 사망하자 그의 후계자인 막시미누스 투락스(Maximinus Thrax)는 그리스도교에 대한 박해를 시작했고, 이런 박해는 더욱 격화되어 나중에는 큰 박해로 이어졌다.

칼리스투스는 구원에 대한 교회의 역할에 한계가 있다는 테르툴리아누스의 주장에 반대하며, 우상숭배와 간음의 죄를 지은 사람이라도 참회하면 다시 용서받을 수 있다고 했다. 그리고 그는 회개의 규정을 조정하는 일은 감독 회의에 있다고 하였다. 또한 그는 로마 감독을 베드로에게 주어진 열쇠의 힘(potestas clavium)이라고 함으로서 로마 감독이 감독들 중 가장 권위가 있음을 언급하였다. 이로 인해 칼리스투스는 훗날 로마 교회에 대한 정의를 내린 창시자라는 말을 듣게 되었다. 로마의 보수주의자였던 히폴리투스는 로마 감독이 지나치게 용서를 남용하고 있으며, 칼리스투스가 그리스도교의 이상주의를 저버렸다고 비난하였다.

유세비우스는 히폴리투스가 세베루스 Alexander Severus, 208~235) 황제 치하 1년에 파스카의 16년 주기 목록이 포함된 '파스카에 대하여(On the Pascha)'라는 보고서를 작성하였다고 하였다. 16세기 전까지는 그에 대한 유세비우스의 간단한 이 언급이 히폴리투스의 파스카 테이블에 대해 알고 있는 전부였다.

그런데 1550년 로마의 교외 지역에서 머리 없는 좌상이 발견되었다. 그 의자의 뒷면에는 그리스어로 문자들이 새겨져 있었는데, 그 내용은 파스카 만월의 16년 테이블과 부활절 일요일에 대한 112년 간의 날짜 목록, 그리고 서문이었다. 서문에는 "로마 황제 알렉산더 세베루스의 첫해에 파스카 만월(14일)은 토요일이고, 4월의 이데스(Ides), 윤달 기간이다. 이후의 해는 아래 테이블에 표시되어 있다. 일요일이 되면 금식을 중단해야 한다."라고 새겨져 있었다. 4월의 이데스는 4월 13일에 해당한다. 알렉산더 세베루스는 222년 3월에 황제가 되었는데, 현대의 천문학자들의 계산에 의하면 그 해의 파스카 만월은 4월 13일이었다고 하였다. 그 조각상에 새겨진 16년 테이블의 내용이 유세비우스가 기술했던 히폴리투스의 테이블 내용과 일치한다는 것이 확인되었으며, 그 조각상도 히폴리투스의 조각상일 것으로 추정되었다. 그러나, 실제로 히폴리투스라는 인물에 대한 조각상인지에 대해 의문을 제기하는 학자들도 있다.

히폴리투스 112년 주기

조각상에는 16년을 한 주기로 하여 7주기, 총 112년간의 내용이 포함되어 있다. 파스카 만월의 달력 날짜는 16년 주기 상의 첫해가 4월 13일로 시작하여 8년째에 3월 25일로 끝난다. 그리고 9년째에 다시 4월 13일로부터 시작하여 16년째에 3월 25일로 끝난다. 8년마다 파스카 만월의 날짜들이 순서대로 똑같이 반복되기 때문에 16년 주기라고 하기보다는 두 번의 8년 주기에 해당한다고 볼 수 있다. 그럼에도 불구하고, 히폴리투스는 데메트리우스의 8년 주기를 수용하여 14번의 8년 주기로 구성된 112년 간의 테이블을 만들면서, 7번의 16년 주기 테이블 형태를 고집하였다.

왜 주기 테이블을 16년 주기 형태로 작성하였을까? 히폴리투스는 파스카 만월의 날짜와 함께 요일도 함께 기록하였는데, 조각상에서는 알파(일요일)부터 제타(토요일)까지의 문자로 표기하였지만 히폴리투스 테이블에서는 알아보기 쉽게 1, 2, 3, 4, 5, 6, 7의 숫자를 사용하여 일요일부터 토요일까지 표기하였다. 히폴리투스는 파스카 달 14일의 요일이 16년이 지날 때마다 규칙적으로 하루씩 앞당겨지는 현상을 발견하였다. 목록을 보면 첫날인 4월 13일은 서기 222년에 토요일(7)이었지만, 16년이 지난 238년에는 금요일(6), 다음 16년 후인 254년에는 목요일(5)이 되었다. 따라서 16년으로 이루어진 7주기 112년이 지나고 새로운 112년이 시작되면 4월 13일의 요일은 다시 토요일(7)이 되었다.

그렇게 되면, 16년 주기 7개로 구성된 112년 테이블이 반복될 때마다 112년

히폴리투스의 112년 주기

햇수	월령 14일	1 주기	2 주기	3 주기	4 주기	5 주기	6 주기	7 주기
1	4월 13일	7	6	5	4	3	2	1
2	4월 2일	4	3	2	1	7	6	5
3	3월 21일~22일	1	7	6	5	4	3	2
4	4월 9일	7	6	5	4	3	2	1
5	3월 29일	4	3	2	1	7	6	5
6	3월 18일	1	7	6	5	4	3	2
7	4월 5일	7	6	5	4	3	2	1
8	3월 26일	4	3	2	1	7	6	5
9	4월 13일	3	2	1	7	6	5	4
10	4월 2일	7	6	5	4	3	2	1
11	3월 21일~22일	4	3	2	1	7	6	5
12	4월 9일	3	2	1	7	6	5	4
13	3월 29일	7	6	5	4	3	2	1
14	3월 18일	4	3	2	1	7	6	5
15	4월 5일	3	2	1	7	6	5	4
16	3월 25일	7	6	5	4	3	2	1

주기의 첫날은 달력 상의 날짜 뿐만 아니라 요일까지도 똑같이 반복된다는 것을 알 수 있다. 다시 말해서 112년을 주기로 하여 파스카 만월과 부활절 일요일이 계속해서 똑같이 반복된다는 것이다. 히폴리투스가 데메트리우스의 8년 주기를 바탕으로 삼았지만, 8년 주기가 아닌 16년 주기를 기초로 하여 112년 테이블을 만든 까닭이다.

실제로 율리우스 달력을 분석해 보면, 평년이 365일, 윤년이 366일로 설정되어 4년에 한 번씩 윤년이 찾아오므로 평균적으로 1년은 365.25일로 계산된다. 이러한 특성 때문에, 16년이 지나면 정확히 5,844일이 경과하게 되고, 이는 일주일 주기인 7로 나누었을 때 나머지가 6이 되므로 요일이 정확히 하루 앞당겨지게 된다. 따라서, 어떤 해의 1월 1일이 월요일이었다면 16년 후의 1월 1일은 화요일이 된다는 것이다.

그렇다면, 112년 주기에 담겨있는 의미를 구체적으로 분석해 보기로 하자. 히폴리투스의 112년 주기는 실제로 56년 주기를 두 번 반복한 것이며, 56년 주기는 8년 달력 주기로 나눌 수 있을 뿐만 아니라 28년의 가장 작은 배수에도 해당한다. 따라서, 56년 주기는 8년과 28년 두 주기의 최소 공배수로서, 8년과 28년이라는 두 가지 중요한 주기를 품고 있는 체계라는 것을 알 수 있다.

여기서 8년이란 기간은 삭망월의 시작 시점이 동일한 위상으로 다시 시작되는 햇수에 해당하므로, 이를 바탕으로 태양과 달의 움직임을 정확하게 동기화하는 데 사용될 수 있는 주기에 해당한다. 한편, 28년 주기는 율리우스 달력에서 4년마다 한 번씩 윤년이 찾아오는 체계와 1주일의 7일 체계를 동기화시킨 주기로써, 동일한 날짜에 동일한 요일이 돌아오게 하는데 필요한 최소한의 햇수에 해당하는 주기이다.

따라서, 어떤 해의 1월 1일이 일요일이라면, 다시 같은 날짜인 1월 1일에 다시 일요일이 오게 되는 경우는 두 주기의 최소공배수에 해당하는 28년이 지난 시점이 된다. 즉, 28년이 지나면 이 두 주기가 서로 정확하게 동기화되어, 날짜 뿐만 아니라 요일까지도 정확하게 다시 일치하게 된다.

그러므로, 56년 주기란 4년 주기의 윤년 체계와 1주일의 주기 체계를 통합한

28년 주기 체계에 삭망월 위상과 관련된 8년 주기 체계라는 서로 다른 성격의 두 체계를 동기화시킨 주기에 해당한다.

이와 같은 모든 상황들을 종합하여 보았을 때, 112년 주기는 8년 주기와 28년 주기를 결합시킨 주기로서 태양년과 태음력 사이의 동기화까지도 염두에 둔 주기라는 것을 알 수 있다. 따라서 히폴리투스의 112년 주기는 112년을 주기로 하여 날짜와 요일이 똑같이 반복될 뿐만 아니라, 태양년과 태음력 사이의 동기화로 인해 달의 주기까지도 정확하게 계속 반복되는 주기 체계를 구축하기 위해 고안된 주기라고 평가할 수 있을 것이다.

히폴리투스의 첫 번째 16년 주기

	햇수	로마에팩트	알렉산드리아 에팩트	윤달*	윤일**	월령 14일	요일	부활절
1	222	1	22	E		4월 13일	7	4월 21일
2	223	12	3			4월 2일	4	4월 6일
3	224	24	15		B	3월 21~22일	1	3월 28일
4	225	5	26	E		4월 9일	7	4월 17일
5	226	16	7			3월 29일	4	4월 2일
6	227	27	18			3월 18일	1	3월 25일
7	228	9	30	E	B	4월 5일	7	4월 13일
8	229	20	11			3월 25일	4	3월 29일
9	230	1	22	E		4월 13일	3	4월 18일
10	231	12	3			4월 2일	7	4월 10일
11	232	24	15		B	3월 21~22일	4	3월 25일
12	233	5	26	E		4월 9일	3	4월 14일
13	234	16	7			3월 29일	7	4월 6일
14	235	27	18			3월 18일	4	3월 22일
15	236	9	30	E	B	4월 5일	3	4월 10일
16	237	20	11			3월 25일	7	4월 2일

*윤달(E : Embolismic) : 태음 태양력에서 30일의 윤달이 추가되는 현상
**윤일(B : Bissextile) : 4년마다 2월에 하루 추가되어 2월이 29일이 되는 현상
embolismic year : 태음력의 윤년
leap year : 태양력의 윤년

위 표에서 8년 주기의 세 번째와 일곱 번째 연도는 윤일이 추가되는 윤년에 해당하며, 이 윤달에 살투스가 들어가게 되어 에팩트가 평년의 11 대신 12 차이를 보인다. 16년 주기의 3년과 11년에서는 월령 14일의 날짜를 3월 21~22일로 표

기하고 있다. 히폴리투스 주기에서는 살투스가 없으므로 로마의 에팩트는 23이 되고, 월령 14일인 만월은 3월 22일에 오게 되지만, 그해는 윤년으로 윤일 하루가 추가되기 때문에 3월 1일의 에팩트는 24가 되고 월령 14일은 3월 21일에 떨어지게 된다.

16년 주기의 7년도와 15년도에서도 윤일이 추가되는 윤년에 해당하지만 월령 14일이 위에서처럼 3월 21~22일과 같은 형식으로 표현되지 않고 4월 5일 한 날짜로 나타난다. 날짜가 이처럼 4월 5일로만 나타난 이유는 아마도 이들이 삭망월 한 달의 윤달까지 추가되는 해이기 때문일 것이다.

히폴리투스의 테이블에는 7번의 16년 주기 112년에 걸쳐 부활절 일요일의 날짜 목록이 새겨져 있으며, 윤년의 해가 표시되어 있다. 그리고 112년 주기를 바탕으로 그 주기 상의 해에 일어났던 의미있는 사건들이 기록되어 있다. 예를 들자면, 주기의 2년 째에는 그리스도의 탄생, 그리고 주기의 32년 째에는 그리스도의 수난과 같은 내용들이 쓰여 있다. 히폴리투스의 테이블의 이 내용에 의하면 그리스도는 기원전 2년에 태어나 서기 29년에 사망한 것이 된다.

로마의 부활절 규칙에는 파스카 달의 16일부터 22일까지 가능하며, 파스카 달 15일 이전이나 23일 이후에는 기념할 수 없게 되어 있다. 히폴리투스 주기에서 제일 첫 번째 해의 파스카달 14일의 만월은 4월 13일이었는데, 그 4월 13일은 의미있는 날이다. 파스카달 만월이 되는 날들 중에서 4월 13일은 그 날이 어느 요일에 해당하더라도 로마의 규칙에 부합되는 부활절 일요일을 동반할 수 있는 가장 늦은 날짜에 해당하였기 때문이다.

예를 들어 설명해 보자. 파스카달 만월, 즉 파스카달 14일이 4월 13일이고 토요일이라면 부활절은 일요일인 다음날 파스카달 15일, 4월 14일이 되어야 하는데, 로마의 부활절 규칙에는 파스카 달의 16일 이전이나 22일 이후에는 기념할 수 없게 되어 있으므로 일주일 연기해야 한다. 따라서 파스카달 22일에 해당하는 4월 21일에 부활절을 기념해야 하는데, 그 날은 로마의 부활절 규칙에서 허용하는 날에 해당하므로 부활절 규칙을 충족시키는 날이 된다. 파스카달 만월이 4월 13일이고 일요일인 경우에는 부활절은 다음 주 일요일로 연기되어야 한다는 규정에 따라 7일 연기되어 파스카달 21일의 4월 20일이 될 것이므로, 부활절 규칙에 어긋나지 않는 날이 된다. 파스카달 만월인 4월 13일이 월요일이라면 부활절은 6일 후에 돌아오는 일요일인 파스카달 20일의 4월 19일이 될 것이다. 파스카달 만월인 4월 13일이 화요일이라면 부활절은 5일 후에 돌아오는 일요일인 파스카달 19일의 4월 18일, 파스카달 만월인 4월 13일이 수요일이라면 부활절은 4일 후에 돌아오는 일요일인 파스카달 18일의 4월 17일, 파스카달 만월인 4월 13일이 목요일이라면 부활절은 3일 후에 돌아오는 일요일인 파스카달 17일의 4월 16일, 파스카달 만월인 4월 13일이 금요일이라면 부활절은 2일 후에 돌아오는 일요일인 파스카달 16일의 4월 15일이 될 것이므로, 부활절 규칙을 모두 충족시키는 날이 된다.

그러므로 파스카달 만월이 되는 날들 중에서 4월 13일은 요일과 무관하게 부활절을 파스카 달의 16일 이전이나 22일 이후에 지켜서는 안된다는 로마의 규칙에 부합되는 마지막 날에 해당한다. 히폴리투스 주기 상에서 4월 13일이 만월인 주기의 첫해의 1월 1일은 월령 첫날이 된다. 따라서 그 해는 1월 1일의 월령이 1인 신월로부터 시작되었으며, 그해의 에팩트는 1이 되었다. 그리고, 3월 1일의 월령은 항상 1월 1일의 월령과 같게 된다.

후대의 로마 규칙에서도 4월 21일이 지난 이후의 부활절 기념을 금지한다는 원칙은 변함없이 유지되었다. 히폴리투스 테이블에서 부활절로 가능한 가장 빠른 날짜는 3월 20일이었고, 259년과 315년에 나타난다. 히폴리투스 주기에서 적용한 로마의 에팩트는 알렉산드리아의 기준과 같지 않았다.

03
로마 84년 주기와 빅토리우스 532년 주기

로마 84년 주기

　서기 444년의 부활절 날짜에 대한 문제로 파스카시누스(Paschasinus)가 로마 감독 레오(감독 재위 440~461)에게 보낸 편지에서, 로마 부활절 계산법(Romana supputatio)에 따르면 로마 주기 상에서 63년째는 서기 382년이고 안토니우스(Antonius)와 시아그리우스(Syagrius)의 집정관 해라고 하면서, 이 해는 부활절 일요일이 3월 26일이 되거나 4월 23일이 될 것이라고 하였다. 또한, 이 해에 윤달이 들어 있으므로 레오에게 후자의 날짜를 받아들이도록 권유하였다. 레오가 서기 455년의 날짜에 대해 파스카시누스에게 보낸 편지에서도 똑같은 로마 계산법을 언급하면서, 부활절은 테오필루스 목록에 따르면 4월 24일이 아니라, 4월 17일이라고 하였다. 이때 파스카시누스와 레오가 언급한 주기는 로마 84년 주기였다.

　444년과 455년 부활절 날짜에 대한 논란으로 인해, 레오는 부제인 힐라루스에게 부활절 계산에 대한 철저한 조사를 요청했다. 힐라루스는 이 임무를 수학적 능력이 뛰어난 아퀴타니아의 빅토리우스에게 맡겨 모든 파스카 계산법들을 참고하여 새로운 파스카 계산법을 확정하도록 주문하였다. 이에 빅토리우스는 당시 사용되던 여러 파스카 계산법들을 수집하였는데, 그중에는 로마 84년 주기도 포함되어 있었다. 그는 로마 84년 주기 역시 알렉산드리아 95년 주기와 히폴리투스 112년 주기와 함께 우수한 계산법이라고 판단하였다.

84년 주기는 알렉산드리아의 아나톨리우스 19년 주기의 영향을 받아, 이에 대한 로마의 대응으로 서기 298년 이후에 작성된 것으로 추정되며, 아나톨리우스의 95년 주기와 28년 태양 주기 사이의 절충안을 제시한다. 로마 84년 주기는 원래 오직 하나의 84년 주기만이 존재하였을 뿐이지만, 오랜 시간이 흐르면서 다양한 버전들이 만들어져 사용되었다.

이제 84년 주기 체계를 좀 더 자세히 파악해 보기로 하자. 히폴리투스의 112년 주기는 태음력 주기인 8년과 요일의 순서가 반복되는 28년을 기반으로 하고 있는데, 84년 주기 역시 히폴리투스의 112년 주기와 마찬가지로 요일과 관련된 7일과 윤년 주기인 4년을 곱하여 만들어진 28년의 3 배수에 해당하기 때문에, 율리우스 달력 상에서 28년을 주기로 하여 요일의 순서가 똑같이 반복되었다.

그렇다면, 84년 주기는 어떻게 태음력 주기와 동기화를 이루게 되는지 알아보기로 하자. 84년 주기에는 1,008개의 평달과 31개의 윤달이 포함되어 있어, 총 달 수는 1,039달이고, 총 날 수는 30,666일이다. 이 기간 동안 발생하는 21개의 윤일을 추가하면 총 30,687일이 된다. 그런데, 84년 동안의 태양년 날 수는 30,681일(365.25×84=30,681)이므로, 84년 동안의 태음년 날 수는 태양년 날 수를 6일 초과하게 된다. 앞 장에서 언급한 것처럼, 알렉산드리아의 19년 주기 체계에서는 전체 태양일에 비해 전체 태음일이 하루가 더 많았는데, 차이 나는 하루를 살투스로 처리하였다. 이때 살투스는 주기의 11년 뒤의 위치에 추가하였으며, 그 결과 추가되는 살토스로 인해 12년째의 에팩트가 1이 더 증가하게 됨으로써 전체적인 균형을 맞출 수 있었다. 이와 유사하게 84년 주기에서도 6번의 살투스를 적용하는 방법을 도입하여 이 문제를 처리하였다.

로마의 84년 주기 설계자는 아나톨리우스와 유사한 위치를 받아들였다. 84년을 12년 간격으로 7개의 구간으로 나눈 다음 마지막 구간을 제외한 모든 구간 끝에 살투스를 추가하는 방법을 적용하였다. 그런데, 또 다른 84년 주기 버전에서는 14년 간격으로 여섯 개의 구간으로 나누어 각 구간마다 살투스를 추가하는 방법을 통해서 그 문제를 처리하였다. 파스카시누스와 레오가 언급하였던 로마 계산법에서는 12년 간격으로 살투스를 두고 있었지만, 콜럼반(Columban)과 베데가 언급한 켈트 주기에서는 14년마다 살투스가 적용되었다. 처음 고안되었을 당시에 84년 주기는 12년 간격의 살투스로 설계되었지만, 오랜 시간에 걸쳐서 많은 버전들이 파생되면서 14년 간격의 살투스가 새롭게 고안되어 추가된 것으로 추정된다. 이처럼 84년 주기에서는 아나톨리우스의 19년 주기에서 적용되었던 살투스를 활용하여 84년을 주기로 월령이 반복되는 동기화를 이룰 수 있었다.

로마인들은 아나톨리우스의 주기에 영향을 받아 부활절 일요일을 춘분 이후에만 준수해야 하며, 춘분을 3월 21일로 정한 알렉산드리아의 규정까지는 수용하였지만, 부활절 만월이 춘분을 선행해서는 안 된다는 규칙은 받아들이지 않았다. 그렇지만 로마인들은 4월 21일을 부활절 일요일의 상한선으로 유지했고, 히폴리투스의 전통적인 월령 제한도 계속 지켜 나갔다. 그 결과 부활절 만월은 3월 18일부터 시작되며, 부활절 일요일은 월령 16일에서 22일 사이로 제한되었다.

새로운 84년 주기에서 기준 날짜로는 로마력으로 서기 298년에 해당하는 연도가 선택되었다. 히폴리투스 주기는 222년 4월 13일에 파스카 신월로 시작되며, 주기상에서 첫해의 1월 1일은 에팩트 1로 시작된다. 84년 주기에서도 히폴리투스 주기와 똑같이 에팩트 1과 4월 13일이 그대로 유지되었다. 따라서 84년 주기 상에서 새로운 기준 날짜로 선택 가능한 해는 히폴리투스 주기가 시작되는 222년으로부터 84년 뒤인 306년이 되어야 마땅했다.

그런데, 빅토리우스는 84년 주기에서 새로운 주기의 기준 연도를 306년이 아닌 298년으로 정하였다. 298년은 222년으로부터 76년 이후로서, 76년은 4번의 19년 주기($19 \times 4 = 76$)에 해당한다. 그러므로 빅토리우스가 이처럼 84년 주기를 작성하면서 기준 연도를 306년이 아닌 298년으로 선택하였다는 것은 로마 방식에 알렉산드리아 방식을 절충하려는 의도에서 비롯된 것이라고 여겨진다.

크로노그래프 354(Chronograph of 354)에 포함된 집정관 목록에 의하면 12년 간격의 살투스를 가진 84년 주기가 4세기 중반까지 로마에서 사용되고 있었다는 것을 보여준다. 파스카시누스는 이 문서에서 서기 444년에 해당하는 해를 로마 주기상 63년째로 언급하였는데, 이 84년 주기가 서기 382년에 해당하는 기본 날짜를 가졌음을 보여준다. 서기 382년은 빅토리우스 84년 주기의 최초의 기준 연도인 298년으로부터 84년 후에 해당하는 해이다.

84년 주기는 파우스투스 2세(Faustus II)와 갈루스(Gallus)의 집정관 시기인 서기 298년에 시작하며, 그해 1월 1일은 토요일이고 월령은 1이었다. 84년 주기는 매년 1월 1일의 월령과 요일을 기록하였고, 매 네 번째 해의 윤년(bissextile)을 'b'로 표시하였는데, 요일 순서는 28년마다 반복되었다. 에팩트는 84년 간격으로 반복되고, 매년 11씩 추가되었다. 살투스는 에팩트가 11 대신 12로 추가되는 12년 간격에 나타났다. 따라서 다음 84년 주기는 에팩트 1로부터 다시 시작하게 된다.

또 다른 84년 주기의 예로 아퀴타니아의 '프로스퍼 연대기(Chronicle of Prosper of Aquitania)'의 문서가 있다. 이 문서에 포함된 주석은 로마의 84년 주기가 298년과 382년에 해당하는 기본 날짜를 가지고 있다는 것을 보여준다. 문서 기록에 따르면, 214년, 298년, 382년에 한 주기가 끝나고 새로운 주기가 시작된다는 기록이 있다. 서기 46년에 해당하는 연도에는 "여기서 84년 주기로 구성된 부활절 주기가 시작되며 84년 후에 같은 규칙으로 돌아온다."라는 내용이 들어 있다.

앰브로지안 부활절 표는 84년 주기의 또 하나의 버전으로, 그 표의 목록에는 다음과 같은 다섯 개의 열이 있다.

(1) 1에서 84까지의 번호가 매겨진 연도,
(2) 1월 1일의 요일,
(3) 1월 1일의 달 에팩트,
(4) 부활절 일요일의 날짜,
(5) 부활절 일요일의 달 에팩트.

내용을 살펴보면 크로노그래프 354의 집정관 목록과 동일한 에팩트 순서를 따른다. 그러나 이 목록은 일요일, 월령 12로 시작하는 1년 후에 시작된다. 그 기본 날짜는 주기가 383년과 467년에 해당하는 년도로 처음으로 돌아온다고 설명한 서문의 설명과 일치하는데, 이는 298년이 아닌 299년을 시작 날짜로 삼았다는 것을 의미한다. 이에 대해 편집자는 원래는 목록을 298년부터 시작되어야 했지만, 84년 주기를 다음 해인 299년부터 시작하였다고 설명하였다. 아마 주의 첫 번째 날인 일요일로부터 시작되는 주기를 가지는 것이 에팩트 1로 시작하는 것보다 더 중요하다고 생각했기 때문이었을 것이다.

학자들이 검증한 '고전적 로마 84년 주기'의 형태 중 일부를 복원한 테이블은 다음과 같다.

고전적 로마 84년 주기

서기	1월 1일의 에펙트	1월 1일의 요일	월령 14일	부활절	부활절 월령
298	1	7	4월 13일	4월 17일	18
299	12	1	4월 2일	4월 9일	21
300	23	2	3월 22일	3월 24일	16
301	4	4	4월 10일	4월 13일	17
302	15	5	3월 30일	4월 5일	20
303	26	6	3월 19일	3월 21일	16
304	7	7	4월 7일	4월 9일	16
305	18	2	3월 27일	4월 1일	19
306	29	3	4월 14일	4월 21일	21
307	10	4	4월 4일	4월 6일	16
308	21	5	3월 24일	3월 28일	18
309	2	7	4월 12일	4월 17일	19
310	14	1	3월 31일	4월 2일	16
311	25	2	3월 20일	3월 25일	19
312	6	3	4월 8일	4월 13일	19
313	17	5	3월 28일	4월 5일	22
314	28	6	4월 15일	4월 18일	17
315	9	7	4월 5일	4월 10일	19
316	20	1	3월 25일	4월 1일	21
317	1	3	4월 13일	4월 21일	22
318	12	4	4월 2일	4월 6일	18
319	23	5	3월 22일	3월 29일	21
320	4	6	4월 10일	4월 17일	21
321	15	1	3월 30일	4월 2일	17

빅토리우스의 532년 부활절 주기

동시대인 젠나디우스 마르세유(Gennadius of Marseilles)는 빅토리우스에 대해 아퀴타니아(Aquitania) 출신이며 '철저한 계산가'로, 힐라루스의 요청에 따라 532년 부활절 주기를 고안했다고 하였다. 레오는 부제인 힐라루스에게 부활절 계산에 대한 철저한 조사를 요청했다.(힐라루스는 461년에 레오가 사망하면서 로마 감독이 된다). 힐라루스로부터 임무를 부여받은 아퀴타니아의 빅토리우스는 당시 로마와 알렉산드리아에서 사용되고 있던 파스카 주기들을 수집하여 연구하였는데, 로마 84년 주기 외에 참조하였던 계산법 중 하나가 알렉산드리아의 19년 주기 부활절 테이블이었다.

그는 알렉산드리아의 19년 주기의 정확성 여부를 검증하기로 하였다. 19년 주기를 사용하여 파스카달 14일이 3월 25일 월요일에 오는 현재 연도가 창조의 해와 정확히 연계되는지 확인하기로 하였다. 이때 빅토리우스는 유세비우스의 연대기를 참조하였는데, 이 연대기에서 창조의 날은 3월 25일 일요일이라고 알려져 있었다. 유세비우스 연대기는 당시 제롬에 의해서 번역되었고 프로스퍼에 의해 계승되어 사용되고 있었다.

계산한 결과 현재 연도는 창조로부터 5658년째이고, 첫 번째 파스카는 3690년이 시작되는 3월 25일 금요일에 해당하였다. 그리고 수난의 해를 계산하였는데, 5229년이 시작되는 3월 25일 목요일 저녁에 시작되는 월령 14일이라는 결과가 나왔다. 그 내용은 성경의 내용과 일치하였으며, 정확히 서기 28년에 해당하였다. 그 결과에 만족한 빅토리우스는 알렉산드리아의 19년 주기가 가장 훌륭한 부활절 계산 방법이라고 결론 내렸다. 이와 같은 확신을 토대로, 서기 457년 빅토리우스는 당시 부제였던 힐라루스에게 보내는 서문에서 알렉산드리아와 로마의 계산법 차이에 대한 다양한 이유를 설명하면서, 알렉산드리아의 19년 주기가 최선의 달력 계산법이라고 하였다. 그리고, 19년 주기의 정확성에 대해 확신을 얻은 빅토리우스는 19년 주기 체계를 바탕으로 자신의 새로운 532년 리스트를 작성하기로 하였다. 그는 힐라루스에게 수난의 해부터 시작하는 532년 목록을 작성하기로 결정했다고 하면서, 이 목록은 영원한 달력이 될 것이라고 하였다. 왜냐하면 그것은 532년 후에 다시 시작점으로 돌아오기 때문이었다.

우리는 여기서 아니아누스를 떠올리게 될 것이다. 아니아누스가 이미 그 전에 532년 리스트를 작성했었기 때문이다. 따라서, 빅토리우스가 아니아누스의 532년 주기를 이미 알고 있었으며, 그 주기를 모방했을 가능성을 생각해 볼 수 있다. 그렇지만, 실제로 갈리아 아퀴타니아 지방의 빅토리우스가 아니아누스를 알았을 가능성은 크지 않다. 또한 아니아누스는 532년 주기와 더불어 기원전 5492년 3월 25일, 일요일로부터 시작되는 창조 연대기를 고안하였는데, 아니아누스는 그의 창조 연대기 상에서 그리스도 수난의 해는 창조 해로부터 5534년, 즉 서기로 42년이며, 그리스도가 태어난 해는 창조년 5501년, 서기 9년이라고 하였다. 그런데, 빅토리우스가 자신의 532년주기를 고안하기 위해서 참조하였던 연대기는 위에서 언급했던 것처럼 아니아누스의 창조 연대기가 아니고 유세비우스의 연대기였다.

이와 같은 당시 정황들을 종합해 보면, 뛰어난 수학자였던 빅토리우스가 로마의 히폴리투스의 112년 주기와 84년 주기에 대한 충분한 분석을 통해 이들 주기가 일주일 주기와 관련된 28년이라는 기간을 바탕으로 하고 있다는 것을 파악할 수 있었을 것이며, 쉽게 $28 \times 19 = 532$라는 주기를 떠올렸을 것이라고 추정할 수 있다.

빅토리우스는 알렉산드리아의 19년 주기를 기반으로 532년 리스트를 만들었을 뿐만 아니라, 84년 주기의 전례를 이어받아 3월 22일이 부활절 날짜로 가능한 가장 빠른 날이라는 알렉산드리아의 전통도 채택하였다. 그러나 그는 부활절이 알렉산드리아 테이블 상에서 파스카달 15일에서 21일까지로 제한하였던 알렉산드리아 전통은 수용하지 않고, 파스카달 16일과 22일로 제한한 로마 전통을 고수하였다. 빅토리우스의 532년 주기의 에팩트, 요일, 부활절 일요일 목록은 19년 주기를 기술적으로 적절히 활용하였을 뿐만 아니라 알렉산드리아와 로마 전통 사이의 합리적인 타협을 동시에 보여준다.

서문 편지의 끝에서, 빅토리우스는 목록의 일부 연도에서 부활절 일요일에 대해 이중 날짜를 힐라루스에게 제시하였다. 그는 로마 전통에 어긋나는 달의 15일에 부활절을 지킬 것인지, 알렉산드리아 전통에 어긋나는 월령 22일까지 허용할 것인지 결정하는 것을 스스로 결정하지 않기로 하고, 두 가지 대안을 모두 제안하여 감독이 결정하도록 하였다.

빅토리우스 19년 주기와 알렉산드리아 주기 비교

빅토리우스 목록	빅토리우스 주기			알렉산드리아 주기		
	주기	1월 1일의 에팩트	월령 14일	주기	1월 1일의 에팩트	월령 14일
17	1	16	3월 29일	7	15	3월 30일
18	2	27	4월 17일	8	26	4월 18일
19	3	8	4월 6일	9	7	4월 7일
1	4	19	3월 26일	10	18	3월 27일
2	5	30	4월 14일	11	29	4월 15일
3	6	11	4월 3일	12	10	4월 4일
4	7	22	3월 23일	13	21	3월 24일
5	8	3	4월 11일	14	2	4월 12일
6	9	14	3월 31일	15	13	4월 1일
7	10	25	3월 20일	16	24	3월 21일
8	11	6	4월 6일	17	5	4월 9일
9	12	17	3월 28일	18	16	3월 29일
10	13	28	4월 16일	19	27	4월 17일
11	14	9	4월 5일	1	9	4월 5일
12	15	20	3월 25일	2	20	3월 25일
13	16	1	4월 13일	3	1	4월 13일
14	17	12	4월 2일	4	12	4월 2일
15	18	23	3월 22일	5	23	3월 22일
16	19	4	4월 10일	6	4	4월 10일

위의 표는 빅토리우스의 19년 주기의 에팩트와 월령 14일의 날을 정통 알렉산드리아 주기와 비교한 것이다. 월령 14일의 날, 즉 부활절 만월의 날짜는 테이블 상에서는 실제로 표기되지 않았지만, 부활절 일요일의 월령으로부터 쉽게 계산할 수 있었다.

빅토리우스는 19년 주기가 창조와 함께 시작되어야 한다고 생각하였다. 앞에서 그는 창조일로부터 수난의 해를 5229년으로 계산했다고 하였다. 그러므로 이해는 서력 28년에 해당하며, 그해 3월 25일 목요일 저녁에 월령 14일이 시작된다. 수난의 해인 5,229라는 숫자를 19로 나누면 나머지는 4가 된다. 따라서 5229년이 포함되어 있는 19년 주기의 첫해는 서기 25년에 해당하고, 그 해 1월 1일의 에팩트는 16이 된다.

그 결과, 알렉산드리아 주기 상의 7번째 해는 빅토리우스 주기상에서 19년 주기의 첫 번째 해에 해당하게 되었다. 이 첫해로부터 11일씩 에팩트가 계속 증가하게 되면 빅토리우스 19년 주기의 마지막 해의 에팩트는 4가 된다. 또한, 빅토리우스는 19년 주기의 끝에 살투스를 두는 알렉산드리아의 관행을 채택하여 자신의 주기에 적용하였으므로, 빅토리우스 주기 상에서 마지막 19번째 해에 4였던 에팩트는 자신의 새로운 주기 첫해에서는 16이 되었다.

이로 인해, 알렉산드리아 주기 상에서는 7번째 해에 해당하면서 에팩트는 15였지만, 빅토리우스 주기 상에서는 첫 번째 해가 되면서 에팩트도 16이 된 것이다. 빅토리우스 목록 상에서는 빅토리우스가 서력 28년에 해당하는 해로부터 목록을 시작했으므로 살투스가 16년째와 17년째 사이에 나타난다.

이 결정의 결과로, 빅토리우스 주기에서 파스카 달의 14일 날짜는 자신의 주기에서 14~19년, 그의 목록에서는 11~16년에 해당하는 연도에서만 알렉산드리아 주기의 날짜와 일치하게 되었다. 부활절 만월의 날짜가 하루만 차이가 나더라도 부활절 날짜가 달라질 수밖에 없는데, 이와 같은 차이로 인해 부활절 일요일을 결정짓는 월령이 심각할 정도로 자주 달라질 수밖에 없는 결과를 초래하게 되었다. 따라서 보니페이스(Boniface)와 디오니시우스 간의 편지에서 언급된 것처럼, 서기 526년 4월 19일에 있는 부활절 일요일이 21일째인지 22일째인지와 같은 질문이 제기된 것이다.

그럼에도 불구하고, 빅토리우스 주기는 레오, 힐라루스와 그들의 후임자들에 의해 인정된 것으로 보인다. 실제로, 541년에 오를레앙에서 열린 갈리아 주교들의 회의에서는 "빅토리우스의 목록에 따라 모든 주교와 사제들이 동시에 거룩한 부활절을 경축해야 한다"는 결의안이 채택되었다.

그렇지만 시간이 흘러가면서 빅토리우스 주기는 자주 논란의 대상이 되었다. 성 컬럼반은 달의 22일까지 부활절을 지켜야 하는지 여부에 관한 그의 편지에서 빅토리우스를 오류를 계속 유지하는 사람으로 평가하였다. 디오니시우스 엑시구스는 그의 이름을 언급하지 않고 페트로니우스에게 보낸 편지에서 "달의 14일을 잘못 계산하는 어떤 사람들"이라고 경멸적으로 표현하였으며, 보니페이스(Boniface)에게 보낸 편지에서는 빅토리우스를 '진실에 따라 달을 계산하지 않는 사람'이라고 언급하였다. 550년경, 카푸아(Capua)의 주교 빅터(Victor)는 편지를 통해 '어떤 빅토리우스'라고 칭하며 그를 무능력으로 비난하면서 그의 부활절 목록이 모든 권위에서 배제되기를 요구했다.

그뿐만이 아니라 심지어 서방 제국에서조차도 테오필루스와 시릴의 이름으로 사용되고 있던 정통 알렉산드리아 주기를 완전히 대체하지 못하고 있던 상황이었다. 따라서 정통 알렉산드리아 주기 테이블의 주기가 만료되려 할 즈음인 520년대 경에, 디오니시우스 엑시구스가 연장 테이블을 작성하도록 위촉되었다.

성 베데(St. Bede, 672/673~735/736)는 빅토리우스 테이블 사용을 중단시키고, 디오니시우스의 테이블을 승인함과 더불어 그 테이블의 사용을 적극적으로 지지하였다.

04
디오니시우스 엑시구스의 정통 알렉산드리아 컴퓨투스

디오니시우스 엑시구스

　오랫동안 전통적으로 사용하던 로마의 부활절 테이블들을 모두 폐기시키고 알렉산드리아에서 유래한 새로운 부활절 테이블을 로마에 도입한 사람은 수도사 디오니시우스 엑시구스로서, 소 디오니시우스 엑시구스로 알려져 있다. 디오니시우스는 수도원장으로도 활동하였는데, 디오니시우스의 친구이며 교회사가로 활동하였던 카시오도루스(Cassiodorus)의 기록에 의하면 디오니시우스는 스키티아(Scythia: 지금의 루마니아, 불가리아 지역) 출신의 수도사였다. 그 당시 스키티아는 로마화된 상태였지만 그리스어 역시 여전히 사용되었으며, 디오니시우스는 그리스어와 라틴어 두 언어 모두 능통하였다.

　그는 로마 감독 겔라시우스 1세로부터 로마 교회 문서국의 조직을 의뢰받고 로마에 갔으나, 496년 그가 도착했을 때 이미 감독은 서거한 뒤였다. 그 뒤 그는 로마에 거주하며 학자의 길을 걸었으며, 525년에 자신의 부활절 테이블을 작성하였다. 그후에도 그는 540년까지 활동을 계속하였다.

　디오니시우스는 부활절 날짜를 구하는 부활절 테이블에 매우 큰 관심을 가지고 있었는데, 특히 시릴의 95년 주기 테이블에 주목하였다. 디오니시우스는 시릴의 부활절 테이블 계산법이 수학적으로 정확할 뿐만 아니라 전통에 있어서도 권위가 있다고 생각하였다. 디오니시우스는 이 19년 주기를 제 1차 니케아 공의회에 참석했던 교부들이 만들었다고 잘못 생각하고 있었기 때문이었다. 그는 이 부활절 테이블이 니케아 공의회 이후에 아타나시우스, 테오필루스를 거쳐서 시릴에 의해 완성되었다고 알고 있었던 것이다.

디오니시우스는 감독인 페트로니우스(Petronius)에게 보내는 편지에서 이 권위 있는 부활절 테이블을 사용하여 구할 수 있는 부활절 날짜가 앞으로 6년 밖에 남지 않았다고 하였다. 그 6년이란 526년부터 531년까지를 의미하는 것이었다. 디오니시우스는 그 테이블이 끝나는 531년 이후에도 계속해서 부활절 날짜를 구할 수 있는 테이블을 작성하기로 하였다. 마침내 그는 525년에 이르러, 기존의 시릴(Cyril)의 부활절 테이블을 참조하여, 그 테이블이 끝나는 다음 해인 532년부터 626년까지의 파스카 만월과 부활절 일요일 날짜에 대한 95년 주기 테이블을 완성하였다.

보니페이스(Boniface)는 감독 요한의 요청으로 다가오는 서기 526년의 부활절 날짜에 대해서 자료를 조사하고 있었다. 보니페이스는 후에 감독이 된 인물이다. 당시 로마에서는 아퀴타니아의 빅토리우스가 고안한 532년 리스트를 사용하고 있었는데, 이 테이블에 의하면 파스카달 14일은 4월 11일, 토요일이었고, 부활절 일요일은 다음날인 4월 12일이었으며 파스카달 15일에 해당하였다.

보니페이스는 페트로니우스를 통해 디오니시우스로부터 526년의 부활절 날짜에 대한 편지를 받았는데, 그 날짜는 4월 19일 일요일, 파스카달 21일이라고 하였다. 모든 계산법들을 비교한 보니페이스는 감독에게 그 해의 파스카 달 14일은 4월 12일 일요일이므로 부활절은 다음 일요일인 파스카 달 21일인 4월 19일이라고 답하면서, 니케아 교부들이 승인하였기 때문에 성스러운 권위를 지니고 있다고 생각한 19년 주기, 즉 디오니시우스의 테이블을 추천하였다.

페트로니우스에게 보낸 편지에서 디오니시우스는 자신의 부활절 테이블은 시릴의 부활절 테이블을 참조하여 작성하였으며, 테이블의 기준 연도를 디오클레티아누스 해 대신 예수 탄생 시점의 해로 바꾼 것 외에는 변경한 것이 없다고 하였다. 이처럼 디오니시우스 엑시구스의 95년 주기 테이블은 정통 알렉산더 주기를 그대로 참조한 것이었기 때문에, 우리는 디오니시우스 95년 주기를 통해서 온전한 정통 알렉산드리아 주기의 원형을 파악할 수 있다.

디오니시우스는 이 95년 주기는 계속해서 무한 반복되는 완전한 주기가 아니라고 하였다. 에팩트나 파스카 달 14일은 95년을 주기로 똑같은 날짜에 반복되기는 하지만, 그 날의 요일까지 항상 똑같이 반복되지 않는다. 95년이 반복될 때 파스카 14일의 요일이 항상 같지 않다는 것은 부활절 일요일의 날짜와 부활절 일요일의 월령이 95년 주기가 새로 시작될 때마다 항상 똑같지 않게 된다는 것을 의미하는 것이다. 따라서 새로운 95년이 시작될 때마다 바뀌게 되는 파스카 14일의 요일을 다시 확인한 다음, 그를 기준으로 삼아 부활절 일요일 날짜를 다시 구해야 했다.

디오니시우스 95년 주기의 의미

디오니시우스 95년 테이블은 역사적으로 대단히 중요한 두 가지 의미를 가지고 있다. 한 가지는 이 테이블이 그레고리우스 개력 이전까지 유일하게 사용되었던 부활절 테이블이라는 사실이며, 또 한 가지 더 중요한 사실은 그리스도 연대를 최초로 도입하여 표기한 테이블이라는 것이다. 현재 전 세계적으로 사용되고 있는 서기력 표기가 이 디오니시우스 테이블에 근원을 두고 있기 때문에, 그리스도 연대를 그 테이블에 최초로 적용한 사실은 대단히 큰 그의 업적이 되었다.

디오니시우스가 그리스도 연대를 그의 테이블에 적용하였을 당시, 그 연대 표기법이 부활절 테이블 외의 분야인 역사적인 연대기나 공적 연대 표기에서 표준으로 사용될 것이라고 전혀 예상하거나 의도하지 않았다. 사실 그리스도 연대로 대체되기 전까지 사용되었던 디오클레티아누스 연대 또한 알렉산드리아의 부활절 테이블에서 편리함 때문에 관행적으로 사용되었을 뿐이었으며, 그 자체도 연대기 표기의 표준이 아니었다.

아이로니컬하게도 디오니시우스가 그리스도 연대를 최초로 그의 95년 파스카 테이블에서 사용하기는 하였지만, 그의 95년 리스트와 그 머리말을 제외하고는 그의 다른 저서 어디에서도 그리스도 연대가 언급된 적은 결코 없었다. 그의 테이블 외에서 그가 그리스도 연도를 사용한 것은 부활절 계산과 관련하여 보니페이스에게 보냈던 편지가 유일하였는데, 그 편지는 부활절 계산과 관련된 내용에 대한 것이었다. 이처럼 그조차도 그리스도 연도를 오직 부활절 날짜와 관련하여 아주 제한된 부분에서만 사용하였을 뿐이다.

그런데 디오니시우스 시대는 여전히 집정관 이름으로 햇수를 표기하는 방법이 로마에서 공식적인 연대기 표준으로 자리잡고 있던 시절이었다. 따라서 디오니시우스 역시 그의 다른 저서들을 살펴보면, 연대 표기 방법으로 인딕션이나 그리스도 연도를 사용하지 않고, 그 시대의 관행인 집정관 이름으로 햇수를 표기하는 전통적인 방법을 사용하였었다는 것을 알 수 있다.

그럼에도 불구하고, 자신의 파스카 테이블에서는 그리스도 연대를 도입하였을 뿐만 아니라, 인딕션을 15년 주기 햇수로 표기한 칼럼까지도 포함시키는 특별함을 보여 주고 있다. 디오클레티아누스 242년은 그의 19년 주기상에서 14년째 해로서 서기 526년에 해당하는데, 인딕션을 4로 표기하고 있다.

디오니시우스 19년 주기의 구조

디오니시우스가 작성한 파스카 테이블은 6번의 19년 주기로 구성되어 있다. 그중 첫 부분은 시릴의 95년 주기 테이블 중 마지막 19년 주기 부분으로 되어 있으며, 이어서 디오니시우스 자신이 시릴의 95년 주기를 연장하여 직접 만든 5번의 19년 주기로 이루어져 있다.

Table 1은 시릴의 95년 주기 테이블의 마지막 19년 주기이며, Table 2는 디오니시우스 테이블의 첫 번째 19년 주기이다.

⟨Table 1⟩
디오니시우스 엑시구스의 파스카 주기
— 시릴 주기의 마지막 19년 주기(디오클레티아누스 연대로 기록됨)

윤년	햇수	인딕션	에팩트	요일	달 주기	월령 14일	부활절	부활절 월령
	229	6	0	1	17	4월 5일	4월 7일	16
	230	7	11	2	18	3월 25일	3월 30일	19
	231	8	22	3	19	4월 13일	4월 19일	20
B	232	9	3	5	1	4월 2일	4월 3일	15
	233	10	14	6	2	3월 22일	3월 26일	18
	234	11	25	7	3	4월 10일	4월 15일	19
	235	12	6	1	4	3월 30일	3월 31일	15
B	236	13	17	3	5	4월 18일	4월 19일	15
	237	14	28	4	6	4월 7일	4월 11일	18
	238	15	9	5	7	3월 27일	4월 3일	21
	239	1	20	6	8	4월 15일	4월 16일	15
B	240	2	1	1	9	4월 4일	4월 7일	17
	241	3	12	2	10	3월 24일	3월 30일	20
	242	4	23	3	11	4월 12일	4월 19일	21
	243	5	4	4	12	4월 1일	4월 4일	17
B	244	6	15	6	13	3월 21일	3월 26일	19
	245	7	26	7	14	4월 9일	4월 15일	20
	246	8	7	1	15	3월 29일	3월 31일	16
	247	9	18	2	16	4월 17일	4월 20일	17

⟨Table 2⟩
디오니시우스 테이블의 첫 번째 19년 주기. 그리스도 연대로 기록됨

윤년	햇수	인딕션	에팩트	요일	달 주기	월령 14일	부활절	부활절 월령
B	532	10	0	4	17	4월 5일	4월 11일	20
	533	11	11	5	18	3월 25일	3월 27일	16
	534	12	22	6	19	4월 13일	4월 16일	17
	535	13	3	7	1	4월 2일	4월 8일	20
B	536	14	14	2	2	3월 22일	3월 23일	15
	537	15	25	3	3	4월 10일	4월 12일	16
	538	1	6	4	4	3월 30일	4월 4일	19
	539	2	17	5	5	4월 18일	3월 24일	20
B	540	3	28	7	6	4월 7일	4월 8일	15
	541	4	9	1	7	3월 27일	3월 31일	18
	542	5	20	2	8	4월 15일	4월 20일	19
	543	6	1	3	9	4월 4일	4월 5일	15
B	544	7	12	5	10	3월 24일	3월 27일	17
	545	8	23	6	11	4월 12일	4월 16일	18
	546	9	4	7	12	4월 1일	4월 8일	21
	547	10	15	1	13	3월 21일	3월 24일	17
B	548	11	26	3	14	4월 9일	4월 12일	17
	549	12	7	4	15	3월 29일	4월 4일	20
	550	13	18	5	16	4월 17일	4월 24일	21

이 테이블은 다음과 같이 8칼럼으로 되어 있다.
(1) 햇수, 윤년은 'B' ('bissextile')로 표기
(2) 인딕션 햇수 (1~15)   (3) 에팩트 (월령)
(4) 요일 (1~7까지의 숫자로 표기)
(5) 달 주기 : 19년 태음년 주기 상의 위치 (1~19)
(6) 파스카 달 14일(파스카 만월) 날짜   (7) 부활절 날짜   (8) 부활절의 월령

디오니시우스의 19년 주기를 전폭적으로 지지하였던 베데는 이들 8칼럼에 대해서 상세한 주석을 달았는데, 여기에서는 베데의 주석을 토대로 알든 A. 모해머(Alden A. Mosshammer)가 설명한 내용을 바탕으로 정리하였다.

(1) 햇수

디오니시우스 테이블의 첫 칼럼은 시릴 리스트의 마지막 19년 주기를 그대로 표기한 것이며, 229년부터 247년까지의 내용을 담고 있는데, 디오클레티아누스 연대를 사용하여 연대를 표기하였다. 디오클레티아누스 1년은 19년 주기 상에서 첫해에 해당하기 때문에, 디오클레티아누스 햇수를 19로 나누어서 나오는 나머지는 그 해가 19년 주기 상에서 몇 번째 해에 해당하는가를 나타낸다. 그리고 디오클레티아누스 햇수가 4의 배수가 되는 해는 윤년(B)에 해당한다.

디오니시우스는 테이블의 두 번째부터 마지막 여섯 번째까지 다섯 번의 19년 주기인 95년간의 연대 표기에서는 디오클레티아누스 연대를 버리고, 그리스도 탄생 시점으로부터 시작되는 그리스도 연대를 사용하였다. 4년마다 윤년이 오는 규칙은 그리스도 연대기 상에서도 그대로 유지되었으며, 19년 주기 상에서의 윤년의 위치도 디오클레티아누스 연대와 마찬가지로 4의 배수가 되는 해가 윤년에 해당하게 되었다.

디오클레티아누스가 취임한 첫해, 즉 디오클레티아누스 연대에서 첫 1년은 서기로는 285년에 해당한다. 그러므로, 디오클레티아누스 연대 229년을 서기 513년으로 계산하였다. 그 계산을 바탕으로 그리스도 연대로 작성된 테이블의 두 번째 19년 주기, 즉, 최초로 그리스도 연대로 표기한 19년 주기의 첫해인 디오클레티아누스 연대 248년에 해당하는 연도를 그리스도 연도 532년으로 표기하였다. 이때부터 변함없이 계속되어 내려온 서기력을 우리는 사용하고 있다.

(2) 인딕션 햇수

인딕션은 농업과 토지 세수 및 인구 센서스 등을 확정하기 위해 로마 제국에서 사용되었던 회계용 연도 구분법이었다. 오랫동안 사용되어 내려왔던 인딕션은 불규칙적이고 통일되지 않았기 때문에 디오클레티아누스 황제는 그의 통치 시절인 287년에 기존의 인딕션을 개선하여 5년을 한 주기로 정하였다. 그후 인딕션은 서기 312년 9월 1일을 기준 날짜로 삼아 다시 변경되었으며, 15년의 주기로 최종 확정되었다. 그리고 모든 해를 1에서 15까지의 숫자를 사용하여 '인딕션 몇 년'이라고 표기하였다. 로마의 공적인 기록에서 인딕션을 의무적으로 사용할 것을 명하였지만, 디오니시우스가 테이블을 작성하던 시기에는 그 명령이 잘 지켜지지 않고 있었다.

그럼에도 불구하고, 알렉산드리아 계산법에서 인딕션 해는 디오클레티아누스 햇수와, 토트 달 1일(=8월 29일)에 시작되는 알렉산드리아의 시민력과 동기화되어 있었다. 알렉산드리아 테이블의 원본에서 인딕션을 사용하였기 때문에 디오니시우스도 인딕션 항목을 테이블에 포함시켰다. 이집트 시민력의 새해 첫날, 즉, 1월 1일, 토트달 1일은 로마력 상에서 8월 29일에 해당하기 때문에, 이집트력 시민력에서 1년이 시작되는 시점이 로마력보다 약 8개월 정도 빠르다. 디오니시우스는 자신의 테이블의 시작 해인 532년을 인딕션 10번째 해로 계산하였으므로, 538년은 인딕션으로는 첫 번째 해가 되었다.

(3) 에팩트

에팩트에 대해서 앞에서 간단히 언급하였지만, 다시 한번 구체적으로 정리해 보기로 하겠다. 순 태음력에서 1년은 태음월 12달로 구성되어 있고 태음월 1달은 29.5일이므로 총 날 수가 354일이지만, 태양력에서 1년의 날 수는 365일이기 때문에 태음년 1년은 태양년 1년에 비해 해마다 11일씩 빨리 지나게 된다. 따라서 태양력 상에서 어떤 해가 시작되는 첫날의 월령이 30(0)이었다고 가정한다면, 1년 후 다음 태양년이 시작되는 날은 태음월 12달에 해당하는 354일이 지나고 새로운 태음월이 시작되어 월령 11일째인 날이 될 것이다. 그리고, 그 다음 태양년 첫날의 월령은 그 11일에서 다시 11일이 더 지난 22일이 될 것이다. 이처럼 태양년 첫날의 월령을 살펴보면 해마다 11일씩 계속 증가한다는 것을 알 수 있다. 해마다 11일씩 월령이 계속 증가하는 현상을 새해 첫날의 경우에서만 볼 수 있는 것이 아니다. 새해 두 번째 날을 비롯하여 365일 모든 날들에서도 전년의 같은 날짜와 비교하였을 때 월령이 똑같이 11일씩 증가된다.

월령은 부활절 날짜를 결정하는 단계에서 가장 중요한 기준이라고 할 수 있다. 그런데 앞에서 설명한 바와 같이, 해가 바뀌면서 모든 날들의 월령이 전해와 다르게 변하게 되므로 그 월령에 의해 결정되는 부활절 역시 해마다 날짜가 바뀌게 된다. 이처럼 모든 날들의 월령이 해마다 11일씩 계속 추가되는 특징을 보였기 때문에, 월령은 그리스어로 추가한다('addition')라는 의미의 에팩트(epact)라는 특별한 이름을 가지게 되었다.

그리고 한 해를 대표하는 에팩트로 어떤 특정한 날의 월령을 지정하게 되었는데, 초기 알렉산드리아 계산법에서는 그 특정한 날로 알렉산드리아 시민력 상 전해의 마지막 날(last epagomenal day)을 지정하였고, 그 월령, 즉 그 에팩트를 다음 새해의 토트 달 1일, 즉 1월 1일의 에팩트로 정의하였다. 예를 들어 설명해 보자. 〈Table 1〉에서 디오클레티아누스 연대 229년(서기 512년)의 경우 에팩트가 0으로 되어 있다. 이것은 알렉산드리아 시민력 상에서 디오클레티아누스 연대 229년(서기 512년)의 첫날인 토트 달 1일(로마력으로 8월 29일)의 전날인 디오클레티아누스 연대 228년(서기 511년)의 마지막 날의 월령이 0이라는 것을 의미한다.

이처럼 해마다 변화하는 에팩트에 근거하여 19년을 주기로 반복되는 주기가 만들어지게 되었다. 그렇지만 초기 형태의 부활절 테이블뿐만 아니라 정통 알렉산드리아 부활절 테이블에 이르기까지 월령과 관련된 구조를 분석해 보면, 그 주기들이 정교하고 체계적으로 다듬어진 태음력 체계를 기반으로 작성되지 않았다는 것을 확인할 수 있다. 단지 평균 삭망월을 29 1/2일로 정하였을 때 해마다 월령이 11일씩 계속 증가되어, 태양력 상에서 8년, 또는 19년을 주기로 하여 달의 위상이 그 처음 시작점으로 다시 돌아온다는 단순한 원리를 기반으로 부활절 테이블이 만들어진 것이었다.

다시 말해서, 파스카 보름달의 날짜를 결정하고, 한 해의 어떤 날짜에 대한 월령을 계산하는 규칙에 활용되었던 태음력 체계는 실제로 달력으로서의 역할을 위해 이미 제정되어 사용중에 있던 달력이 아니고, 단지 부활절 계산에 활용할 목적만을 위해서 임시로 고안된 매우 단순한 형태의 태음력 체계라는 것이다. 따라서, 이렇게 만들어진 태음력 체계는 달력으로서의 용도로는 전혀 사용되지 않았으며, 오로지 태양력인 알렉산드리아 시민력을 보조하여 부활절 날짜를 찾는 데에만 활용되었을 뿐이었던 아주 기본적이고 단순한 태음력 체계였다는 것이다.

디오니시우스의 테이블을 분석해 보면 3월 22일의 월령을 에팩트로 사용하고 있다는 것을 알 수 있다. 그의 테이블에서 주기의 두 번째 해를 살펴보면, 3월 25일에 파스카 달 14번째 날이 온다. 3월 25일이 월령 14일이라면, 3월 22일의 월령은 11일이 되므로 이날의 월령을 에팩트로 삼았다면 그 해의 에팩트는 11이 된다. 그리고 주기 두 번째 해의 에팩트가 11이라면, 주기 첫해의 에팩트는 0이 될 것이다. 〈Table 2〉의 디오니시우스 테이블을 보면 19년 주기의 첫해의 에팩트는 0, 두 번째 해의 에팩트는 11로 되어 있다. 결론적으로 디오니시우스 19년 주기 테이블은 에팩트가 0인 첫해로부터 시작되는 주기로서, 3월 22일의 월령을 에팩트로 사용하고 있다는 것을 알 수 있다.

우리는 에팩트란 어떤 특정한 날, 즉 새해 전날의 월령을 지칭하는 용어로 정의 되었다고 알고 있다. 만약 그가 3월 22일의 월령이 아닌 율리우스력의 새해 첫날인 1월 1일의 월령을 에팩트로 사용하였다면, 그 테이블에서 첫해의 에팩트는 0이 될 수 없다. 왜냐하면 3월 22일의 월령과 율리우스력의 새해 전날의 월령이 같지 않기 때문이다. 두 날의 월령이 같기 위해서는 두 날짜 간격이 29 1/2일의 삭망월 배수가 되어야 한다. 그런데 3월 22일의 월령과 율리우스력으로 해의 첫날인 1월 1일의 두 날짜 간격이 80일로써 30의 배수가 아니다. 1월 1일부터 31일까지 30일에, 2월의 28일, 그리고 3월의 22일을 합하면, 30+28+22=80, 80일이 되기 때문이다.

그렇다면 디오니시우스는 왜 율리우스력 상에서의 새해 전날의 월령이 아닌 3월 22일의 월령을 에팩트로 사용하였을까? 그 근거는 그가 참조한 시릴의 알렉산드리아 테이블로부터 찾을 수 있다. 3월 22일이라는 날짜는 그가 특별하게 선택한 독창적인 날짜가 아니다. 유세비우스는 파스카 주기의 최초의 창안자인 아나톨리우스에 대해서 거론하였는데, 아나톨리우스는 주기가 알렉산드리아의 달력상에서 파메노트 달 26일(로마 율리우스력 3월 22일)에 신월과 함께 시작된다고 하였다. 아타나시우스 파스카 테이블에서도 에팩트와, 부활절 날짜, 부활절 일요일의 월령을 알 수 있는데, 대부분의 경우 그 날짜와 숫자들이 아나톨리우스와 디오니시우스 엑시구스의 주기와 일치하였다. 그러므로 파메노트 달 26일인 3월 22일의 에팩트를 사용한 것에 대한 근본적인 이유는 알렉산드리아로부터 기원한 것이다.

우리는 알렉산드리아 주기가 이집트에서 고안되었다는 사실을 알고 있다. 그들은 이집트 시민력 상에서 새해의 첫날인 토트 달 첫날에 월령 1의 신월이 동시에 시작되는 해를 그 주기의 첫해로 삼았다. 그런데 그들은 토트 달 첫날의 월령이 1인데도 불구하고, 주기 첫해의 에팩트를 0(=30)이라고 하였다. 그들이 주기 상에서 실제로 선택한 에팩트의 날은 토트 달 첫날의 월령이 아닌 전해 마지막 날의 월령이었다. 전해의 마지막 날의 월령이 다음 해의 모든 날의 월령을 결정하는 기준일이 되는 에팩트의 위치가 된 것이다.

이처럼 에팩트를 그 해의 첫날 대신 전년의 마지막 날의 월령으로 규정한 것은 시민력 상에서 에팩트를 더 쉽게 찾을 수 있다는 장점이 있었기 때문이었다. 전해의 마지막 날의 월령은 파메노트 26일의 월령과 항상 서로 일치하였으므로, 전해의 마지막 날의 월령에 해당하는 어떤 해의 에팩트를 알고 있다는 것은 파메노트 달 26일, 즉 3월 22일의 에팩트를 알 수 있다는 것이 된다.

그렇다면, 파메노트 달 26일은 어떤 의미가 있는 날인가? 파메노트 달 26일 이후에 오는 첫 번째 보름달이 바로 파스카 보름달에 해당한다. 따라서, 어떤 해의 에팩트를 알게 되면 그 해 파스카 달에 속하는 파메노트 달 26일, 즉 3월 22일의 월령을 알게 되는 것이며, 그 월령을 통해 파메노트 달 26일, 즉 3월 22일 이후에 오는 월령 14일인 파스카 보름날을 바로 찾을 수 있었고, 이어서 오는 부활절 일요일 날짜를 쉽게 구할 수 있었다.

전해의 마지막 날과 파메노트 26일의 에팩트가 같다는 것을 계산을 통해 확인해 보기로 하자. 어떤 해의 에팩트를 알고 있을 경우, 우리는 원하는 어떤 특정한 날의 월령을 다음과 같은 과정을 통해 쉽게 구할 수 있다. 먼저 그 해의 시작일로부터 구하려는 날까지 경과된 날 수를 계산하여 그 해의 에팩트에 더한다. 이렇게 구한 숫자가 30 이상일 경우, 30의 배수를 뺌으로서 30 이하의 숫자를 구한다. 그런데 이 계산 과정에서 30의 배수를 뺀 것은 실제 삭망월 한 달인 29 1/2일을 적용한 것이 아니고 30일로 가정하여 계산한 값이다. 따라서 삭망월 한 달마다 1/2일씩 더 많이 공제되기 때문에, 이 차이를 수정하기 위해서 경과된 달마다 1/2일 씩을 이 숫자에 추가해 주어야 한다. 그렇게 계산한 값이 그 날의 월령이 된다. 그런데, 이 계산식은 알렉산드리아 시민력에서만 적용되는 방법으로, 알렉산드리아 시민력의 모든 달이 똑같이 30일로 이루어져 있기 때문에 가능한 방법이었다.

이제, 전해의 마지막 날의 에팩트가 0이라고 가정했을 때, 파메노트 달 26일의 에팩트를 구해보자. 파메노트 26일은 전해의 마지막 날로부터 206일 째에 해당한다. 그러므로 공식에 의해 에팩트 0에 날 수 206을 더한다.

0 + 206 = 206.

206에서 30의 배수인 180을 빼고 나머지를 구하면,

206 − 180 = 26.

경과된 달 수마다 1/2일을 더해야 하는데 파메노트 달은 7월에 해당하므로 3 1/2일이 더 누적된다. 그러면 파메노트 26일의 월령은 29 1/2일이 된다. 29 1/2일이란 삭망월 1달이 지나고 30(0)일에 접어든 상태를 의미한다. 따라서 파메노트 26일의 월령은 0이 되며, 전 년의 마지막 날과 똑같은 월령이 된다.

이 같이 전해의 마지막 날과 파메노트 달 26일의 관계에 근거하여 알렉산드리아 인들은 부활절 날짜로부터 멀리 떨어진 그 전해의 마지막 날의 월령을 새로운 해의 에팩트의 날로 정하였고, 그 에팩트가 부활절 날짜에 근접해 있는 파메노트 달의 26일의 월령이라는 사실을 이용하여 부활절 일요일을 편리하고 간단하게 찾는데 활용하였던 것이다.

그런데 알렉산드리아의 시민력을 사용하는 정통 알렉산드리아 테이블과는 달

리, 디오니시우스는 로마 율리우스력을 사용하여 테이블을 작성하였다. 그러므로 디오니시우스의 테이블에서 1월 1일은 알렉산드리아의 시민력 상의 새해 첫날인 토트달 1일이 아니고, 로마 율리우스력 상의 새해 첫날 1월 1일이었다. 따라서 파메노트 달 26일(3월 22일)의 에팩트는 알렉산드리아의 시민력 상에서 토트 달 1일의 전날인 날의 에팩트와 같게 되지만, 로마 율리우스력 상의 1월 1일 전날의 에팩트와는 전혀 관련이 없는 날에 해당하게 된다.

그럼에도 불구하고 디오니시우스는 로마에서 사용하는 율리우스력에 적합하게 에팩트를 조정하려 하지 않았다. 번거롭게 재조정하지 않더라도 단지 그 해의 에팩트만을 알게 되면 단순하게 알렉산드리아 규칙을 적용함으로써 파스카 보름달의 날짜를 쉽게 구할 수 있었기 때문에, 알렉산드리아 전통을 그대로 이어받아 파메노트 달 26일, 즉 율리우스력으로 3월 22일의 에팩트를 그해의 에팩트로 그대로 유지하여 활용하였던 것이다.

알렉산드리아 테이블에서 에팩트는 30일까지 누적된다. 디오니시우스는 그 최대 값이 30일이 되었을 때, 그 값에서 30을 삭감하여 에팩트를 '0'(null ; 'none')으로 표기하였다. 이론적으로 에팩트 0(=30)이란 월령 상에서 달의 마지막 날을 의미하는 것이 아니고, 월령 0으로 시작되는 신월(new moon)을 의미한다. 따라서 에팩트 1이란 초승달을 처음 볼 수 있는 날에 해당한다.

이후 그레고리우스력에서 고안된 19년 주기에서는 알렉산드리아의 시민력의 1월 1일인 토트 달 1일 대신 로마 율리우스력 상의 1월 1일을 기준으로 에팩트를 정하였으며, 그레고리우스력 상에서도 새해의 전날인 전해의 12월 31일의 월령을 에팩트로 삼았다. 따라서 3월 22일은 더 이상 에팩트와 관련이 없는 날이 되었다. 이와 같은 조정으로 인하여 19년 주기의 시작 연도가 디오니시우스 주기와는 달라지게 되었지만, 그레고리우스력에서 고안된 19년 주기에서도 주기 첫해의 에팩트는 0에서 시작되었고, 19년 주기 형식도 전혀 변하지 않은 채 완벽하게 원 상태를 유지하였다.

살투스

19년 주기의 과정에서, 에팩트가 매해마다 11일씩 증가하기 때문에 총 에팩트는 19×11=209일이 된다. 209일은 30의 배수 단위를 기준으로 하면, 1일이 부족하다. 그 결과 19년 주기의 마지막 해의 에팩트가 18이 되어, 다른 해와 마찬가지로 19년째에 에팩트가 11일 증가하게 되면 다음 해, 즉 새로운 19년 주기 첫해의 에팩트는 0이 아닌 29가 된다. 따라서 새로운 19년 주기 첫해의 에팩트가 다시 0으로부터 시작되도록 하기 위해서는 주기의 어느 곳에서 에팩트가 하루 더 추가되어 그 해의 에팩트가 11일이 아닌 12일 증가되어야 했다. 디오니시우스 엑시구스의 테이블에서는 이 하루를 주기의 끝에 추가하였다. 그렇게 함으로서, 마지막 해에서 다음 주기의 첫해로 넘어 갈 때 에팩트가 11 대신 12가 추가되었고, 다음 주기의 첫해는 다시 에팩트가 0에서 시작하게 되었다.

베데는 이와 같은 내용을 그의 저서에서 'de saltu lunae'(달의 건너뜀에 관하여; 'concerning the Leap of the Moon')라는 항목에서 다루었는데, 이와 같은 베데의 정의을 바탕으로 현대 학자들은 파스카 테이블 상의 이 양상을 살투스(saltus)라고 표현하였다. 이처럼 살투스라는 용어 자체는 서기 449년 이후에 쓰여진 시릴의 부활절 테이블 라틴 번역본 서문에서 처음 나타났다.

(4) 요일 숫자 (concurrent day, 1~7까지의 숫자로 표기)

파스카 보름달의 날짜를 정확히 알지라도, 그 해와 관련된 요일 정보가 없다면 우리는 부활절 일요일 날짜를 알 수 없다. 따라서 부활절 테이블에는 그 해 1월의 첫 번째 일요일이 어느 날인가를 표기하는 항목란이 있다. 디오니시우스는 요일을 나타내기 위한 이 항목란에 요일 숫자(concurrent day)라는 제목을 붙이고 1에서 7까지의 숫자를 사용하여 요일을 표기하였는데, 일요일을 1로 나타내었다. 이 항목란은 정통 알렉산드리아 부활절 테이블에서도 이미 사용되고 있었으며, '태양의 에팩트'(solar epact)라는 이름으로도 불리웠다. 따라서, 이 7일로 구성되어 있는 요일 체계가 부활절 테이블에 적용된 것 역시 알렉산드리아로부터 유래한 것이라는 것을 알 수 있다.

주기와 관련된 흔적은 구 로마력에서도 발견할 수 있다. 로마에서는 전통적으로 매 8일마다 장이 열렸기 때문에 8일을 한 주기로 사용하였고, 그 주기의 이름을 눈디나에(nundinae)라고 불렀는데 눈나디에란 문자 그대로 9일 간격이라는 뜻이다. 그들이 날을 셀 때에는 당일을 포함시켜 세었기 때문에 9일 간격이라는 뜻으로 사용된 눈나디에는 우리가 보편적으로 사용하는 셈 법에 의하면 실제로는 8일 간격의 주기를 의미하는 것이었다. 율리우스가 달력을 개혁하기 이전의 구 로마력에 대한 기록이 거의 남아 있지 않지만, '안티움 달력'(Calendar of Antium)의 조각이 유일하게 남아 있다. 이 달력에는 기원전 1세기 초기부터의 날짜들이 기록되어 있는데, 1월 1일부터의 날짜들마다 A에서 H까지의 문자가 연속으로 날짜 옆에 표기되어 있었다. 이들 A에서 H까지의 8개의 문자는 8일로 구성되어 있는 로마식 주일(Roman 'week'), 즉 눈디나에(nundinae)를 표기한 것이다. 로마에서 7일로 이루어진 요일이 채택된 시기는 아우구스투스 시대로 알려져 있으며, 이때 주일의 첫째 날은 토요일이었다. Chronograph of 354에서도 일주일은 토요일로부터 시작한다.

후에 중세에 발행된 디오니시우스 테이블의 역본을 보면 주일 표기 형식이 알렉산드리아 표기 방법인 숫자로 표기되지 않고 문자로 교체되었다. 중세 후반과 현대의 부활절 테이블을 보면 각 해마다 A에서 G까지의 문자가 표기된 것을 볼 수 있는데, 이 문자를 '주일 문자'(Dominical Letter, Lord's-Day Letter), 또는 일요일 문자(Sunday Letter)라고 한다. 이 '주일 문자'는 1월의 첫 번째 일요일이 어느 날인가를 알려주는 기호로서, A는 첫날을 의미하고, B는 2일을, 그리고 C는 3일을 의미한다. 그래서 주일 문자가 A라고 표기되어 있으면 그 해의 첫 일요일이 1월 1일이라는 의미이고, C라고 표기되어 있으면 그 해의 첫 일요일이 1월 3일이라는 것을 의미한다.

그런데, 태양년 365일은 주 7일로 나누면 하루가 남기 때문에, 주일 문자는 해마다 하나씩 앞으로 빨라지게 되어, 전해가 A였다면, 다음 해는 G, 그 다음 해는 F가 된다. 태양력으로 윤년인 경우에는 추가적으로 하나 더 빨라지게 된다. 또한 윤년의 경우에는 주일 문자가 둘이 된다. 예를 들어, 전해의 주일 문자가 D였는데 다음 해가 윤년이라면 윤년 해의 3월 1일 이전은 C, 3월 1일 이후는 B가 된다. 매 해마다 하나씩 빨라지는 '주일 문자'와는 달리 '요일 숫자'(concurrent)는 매해 1씩, 윤년에는 2씩 느려진다. 즉 어떤 해의 요일 숫자가 일요일에 해당하는 1이었다면, 다음 해의 요일 숫자는 월요일에 해당하는 2가 되고, 그 다음 해는 화요일에 해당하는 3이 되어 숫자가 하나씩 밀리게 된다.

서기 378년에 알렉산드리아의 천문학자였던 폴(Paul)은 주의 날('day of the gods')을 찾는 공식을 기술하였는데, 그 내용이 디오니시우스를 거쳐 베데에까지 전해졌다.

주의 날('day of the gods')을 찾는 공식

알렉산드리아 시민력은 한 달이 모두 30일로 되어 있기 때문에, 7의 배수보다 항상 2일이 크다. 그러므로 모든 달에서 같은 날짜는 달이 바뀔 때마다 요일이 이틀씩 느려진다. 토트 달 1일이 일요일이라면, Phaophi 달 1일은 화요일, Hathyr 달 1일은 목요일이 된다.

그래서 어떤 날의 요일을 구하려면, 먼저 구하려 하는 날이 들어 있는 달의 수에 2배를 한 다음 구하려 하는 날의 날짜를 더한 값을 구한다 (2M + D). 그리고 이 값에 그 해의 요일을 나타내는 매개 변수(parameter), 즉, 1~7의 숫자를 더한 다음 7로 나눈다. 이때 나오는 나머지가 그 날의 요일 매개 변수 숫자가 된다. (2 M + D+P)/ 7

예를 들어, 어떤 해의 토트 달 1일이 금요일이라고 가정하고 파메노트 달 28일이 무슨 요일인지 알아보자.

토트 달 1일이 금요일이라고 했으므로 그 해의 매개 변수는 금에 해당하는 6이 된다.

파메노트 달은 이집트력에서 7월 달이므로 공식에 의해 7×2+28+6=48이 된다.

48을 7로 나누면, 나머지가 6이 된다.

그러므로 파메노트 달 28일의 매개 변수는 그해의 매개 변수와 같은 6이 되므로, 그 날도 금요일이 된다.

우리는 파메노트 달 26일(3월 22일)의 월령이 그 해의 에팩트와 같다는 것을 이용하여 쉽게 파스카 14일을 찾을 수 있었다는 것을 기억할 필요가 있다. 그 해의 매개 변수와 같은 날인 파메노트 달 28일(3월 24일)은 부활절 날과 가까운 날이었기 때문에, 그 날을 이용하면 파스카 달 14일의 요일을 바로 알 수 있고, 파스카 달 14일 이후에 오는 일요일인 부활절을 쉽게 찾을 수 있었다. 따라서 파메노트 달 26일(3월 22일)을 이용하여 파스카 14일을 찾은 후, 파메노트 달 28일(3월 24일)을 이용하여 요일을 확인함으로서 파스카 일요일을 찾는 지름길로 활용하였다. 그러나 이 방법 역시 알렉산드리아 시민력에서만 적용되었고, 로마력을 사용한 부활절 테이블에서는 의미가 없었다.

(5) 달 주기 THE CIRCLE OF THE MOON

다섯 번째 항목란에는 '달 주기'(circle of the moon (lunae circulus)가 있다. 그 항목란에서는 1에서 19까지의 수를 사용하여 주기를 나타내었는데, 주기의 첫해를 17로 시작해서 주기의 마지막 해는 16으로 끝난다. 그러므로 테이블에서 4번째 해가 '달 주기'상에서는 1에 해당하는 첫해가 되었다. 그런데 달 주기는 파스카 14일이나 부활절 날짜, 그리고 에팩트의 계산에 있어서 전혀 필수적인 부분이 아니었다. 디오니시우스는 테이블 서문에서 어떤 해가 19년 주기 상에서 몇 번째 해에 해당하는가를 아는 것이 중요한 것처럼, 달 주기 상에서 그 해가 몇 번째 해에 해당하는가를 아는 것도 중요하다고 생각하여 시릴의 주기에 추가한다고 하였다. 이 항목란 역시 알렉산드리아 테이블에 이미 존재하였던 것이다.

그렇다면 '달 주기'란 무엇이고, 어떤 근거로 주기의 4번째 해를 '달 주기'의 첫해로 정했을까? 아나톨리우스는 살투스를 19년 주기의 끝이 아니고 11년째에 삽입하였다고 하였다. 따라서 아나톨리우스 주기의 12년째부터 18년 동안 에팩트가 매해마다 11일씩 증가하고, 그로부터 19년째 되는 해에는 다시 살투스가 추가되어 에팩트가 12 증가되는 19년 주기가 반복되었다. 이와 같은 에팩트 체계의 관점에서 주기를 고려한다면 아나톨리우스 주기의 12년째는 주기의 새로운 첫해에 해당한다고 생각하였고, 이렇게 시작되는 주기를 '달 주기'라고 한 것이다. 아나톨리우스 주기에서 12번째 해는 디오니시우스 주기 상에서는 4번째 해에 해당된다. 따라서 아나톨리우스 주기의 12년째, 즉 디오니시우스 주기 상에서는 4번째 해는 디오니시우스 테이블의 '달 주기' 상에서 첫해가 된다.

베데(Beda Venerabilis, Venerable Bede)는 이 달 주기가 로마력 1월(January)과 관련이 있으며, 이 '달 주기'를 활용하면 로마 달력 상의 1월 1일 에팩트를 계산하는데 편리한 장점이 있다고 하였다. 어느 해라도 그 해의 달 주기에 11을 곱하면, 그해의 로마력 1월 1일의 에팩트를 구할 수 있게 된다는 것이다. 아나톨리우스의 19년 주기에서 에팩트가 1로 정의된 시점은 유대력의 니산 달 첫날로서, 알렉산드리아 시민력 상에서는 파메노트 달 26일(3월 22일)에 해당하는 날이다. 이날은 알렉산드리아 새해 첫날인 토트달 1일 바로 전날인 마지막 에파고메날로부터 206일이 되는 날로서, 29 1/2일인 평균 태음월로 계산하면 정확하게 7달이 되는 날이다. 그러므로 전해의 마지막 날 월령은 다음 해 파메노트 달 26일(3월 22일)의 월령과 같게 된다. 이처럼 이전 해의 마지막 에파고메날의 에팩트가 1인 신월에 해당하므로, 이날로부터 삭망월 4달, 즉 118일(29.5×4=118)이 지나면 알렉산드리아 달력 상에서 그 날짜는 Choiak달 28일이 되고, 에팩트는 1로서 같게 되며, 로마력 날짜로는 12월 24일이 된다. 따라서 12월 24일로부터 8일 후인 로마력 1월 1일의 에팩트는 9가 된다.

이와 같은 결과가 도출되는지 다른 예를 들어 한번 더 확인해 보도록 하자. 디오니시우스 테이블에서 아나톨리우스 주기의 12년째인 543년의 경우를 예를 들어 계산해 보기로 하겠다. 543년의 달 주기가 9이므로, 여기에 11을 곱하면 $9 \times 11 = 99$가 나온다. 99에서 30의 배수를 제하면 9가 나오는데 이 값 9가 로마력 1월 1일의 에팩트에 해당한다. 디오니시우스 테이블 상의 에팩트는 알렉산드리아 달력 기준에 따른 에팩트이므로, 여기에 앞에서 언급한 8일을 더하게 되면 로마력 1월 1일의 에팩트가 나온다. 따라서 주기 상의 에팩트 1에 8을 더하면 9가 나오므로, 위에서 구한 값과 서로 일치한다. 한번 더 그 전해에 해당하는 542년의 로마 에팩트를 구해보기로 하자. 달 주기 10에 11을 곱하면, $10 \times 11 = 110$이 되고, 30의 배수를 제하면 20이 나온다. 마찬가지로 주기 상에서 그 해의 에팩트인 12에 8을 더하면 20이 나오므로, 그 값이 서로 일치한다.

따라서 베데는 이와 같은 '달 주기'의 패턴을 활용하면, 어떤 해라도 로마력 1월 1일의 에팩트는 그 해의 달 주기에 단순히 11을 곱함으로서 간단하게 구할 수 있는 편리함이 있다고 하였다.

(6) 만월(월령 14일의 달moon; 14th moon)

파스카 달 14일은 유대력의 니산 달 14일로써, 유월절(Passover)의 날이다. 그리스도교의 규칙에 의하면, 춘분 이후에 오는 월령 14일의 달을 파스카 보름달이라고 하며, 파스카 보름달 뒤에 오는 첫 번째 일요일을 부활절로 규정하였다. 그러므로 월령 14일의 보름달이 오는 날짜를 먼저 구해야 부활절 날짜를 확정할 수 있게 된다. 월령 14일의 보름달이 오는 날짜는 에팩트에 의해 결정된다. 디오니시우스의 95년 주기에서 파스카 만월의 날짜는 19년 주기로 반복되었다.

(7) 부활절 일요일

부활절은 월령 14일 이후에 오는 첫 번째 일요일이다. 부활절 날짜를 구하려면, 월령 14일의 요일을 먼저 알아야 한다. 디오니시우스는 1월 1일의 요일을 참조하여 그 해 어떤 날짜의 요일을 구하는 일반적인 방법에 대해 설명하였다.

(8) 부활절 월령

마지막 칼럼은 부활절 일요일의 월령을 나타낸다. 알렉산드리아 규칙에 의하면, 부활절은 월령 14일 이후에 오는 첫 번째 일요일이다. 부활절 일요일은 월령 15일보다 빨라서도 안 되고, 월령 21일보다 늦어서도 안 된다. 디오니시우스는 부활절 일요일의 월령을 계산하는 공식도 기술하였다.

이제 마지막으로 95년 주기에서 요일의 주기성 여부를 살펴보기로 하자.

1년은 365일이고, 주 단위로 하면 52주에서 하루가 남는다. 한 해에서 다음 해로 넘어갈 때, 이 하루 차이로 인해서 모든 날짜의 요일이 하루씩 늦어지게 된다. 물론 윤년(leap year)일 경우에는 2일 늦어진다. 그러면 95년을 한 주기로 했을 경우에는 어떻게 될까? 율리우스력에서 1년은 365.25일로 정하였으므로, 95년 주기 상에서 95년은 34,698.75일(95×365.25=34,698.75)이다. 윤년이 4년마다 오기 때문에 95년에는(95/4=23 나머지 3) 최소한 23번의 윤년이 들어 있으며, 윤년이 24번 들어 있을 수도 있다.

　95년 주기는 윤년이 들어가는 순서에 따라 4가지 경우를 생각할 수 있다. 윤년이 95년 주기의 첫해에 들어오는 경우와, 두 번째 해에 들어오는 경우, 세 번째 해에 들어오는 경우, 그리고 네 번째 해에 들어오는 경우이다. 95년 주기의 첫해가 윤년일 경우에는, 1년째, 5년째, 9년째, 13년째………89년째, 93년째에 윤년이 오게 되므로 24번의 윤년이 들어 있게 되고, 이 95년 주기의 총 날 수는 34,699일이 된다. 그리고 95년 주기의 두 번째 해가 윤년일 경우에는, 2년째, 10년째, 14년째………90년째, 94년째에 윤년이 오게 되어 24번의 윤년이 들어 있게 되고, 이 95년 주기의 총 날 수도 34,699일이 된다. 95년 주기의 세 번째 해가 윤년일 경우에는, 3년째, 7년째, 11년째, 15년째………91년째, 95년째에 윤년이 오게 되므로 24번의 윤년이 들어 있게 되고, 이 95년 주기의 총 날 수도 34,699일이 된다. 95년 주기의 네 번째 해가 윤년일 경우에는, 4년째, 8년째, 12년째, 16년째………92년째에 윤년이 오게 되므로, 이때에는 23번의 윤년이 들어 있게 되고, 이 95년 주기는 총 날 수가 34,698일이 되어 다른 95년 주기의 총 날 수보다 하루가 적게 된다.

　모든 95년 주기는 이와 같이 4가지 경우로 되어 있으며, 첫해가 윤년으로 시작되는 95년 주기 다음에는 두 번째 해가 윤년인 95년 주기가 오고, 그 다음에는 세 번째 해가 윤년인 95년 주기, 그 다음에는 네 번째 해가 윤년인 95년 주기, 그리고 그 다음에는 다시 첫 번째 해가 윤년인 95년 주기로 다시 돌아오게 된다. 모든 95년 주기는 이와 같은 순서대로 계속 반복된다.

　따라서, 95년 주기에서 윤년이 어떤 순서로 들어 있는가에 따라 그 총 날 수가

34,698일이나 34,699일이 될 수 있다. 95년 주기에 윤년이 24번 들어 있는 경우 총 날 수가 34,699일이라고 하였는데, 이 날 수는 정확히 4,957주에 해당한다. 앞에서 언급한 것처럼 첫 번째 해, 두 번째 해, 세 번째 해에 윤년이 들어 가는 95년 주기의 경우에는 그 총 날 수는 34,699일로, 정확히 4,957주가 되는 것이다. 그러므로 첫 번째 95년 주기에서 두 번째 95년 주기로 넘어갈 때, 두 번째 95년 주기에서 세 번째 95년 주기로 넘어갈 때, 그리고 세 번째 95년 주기에서 네 번째 95년 주기로 넘어갈 때, 다음에 오는 95년 주기의 요일은 직전 95년 주기의 요일과 똑같게 된다.

다만 네 번째 95년 주기에서 다섯 번째, 즉 새로운 첫 번째 95년 주기로 넘어 갈 때에는 4번째의 95년 주기의 총 날 수가 34,698일이 되어 4957주보다 하루가 모자라게 되므로, 다음 95년 주기의 첫날의 요일은 직전 95년 주기의 첫날의 요일보다 하루가 빨라지게 된다. 예를 들자면 첫 번째 95년 주기의 첫해의 요일이 월요일이었다면, 두 번째, 세 번째, 네 번째 95년 주기의 첫해의 요일 역시 월요일이지만, 다음 다섯 번째, 즉 새로운 첫 번째 95년 주기 첫날의 요일은 월요일이 아니고 일요일이 된다. 결국 모든 95년 주기들의 해당 날짜들이 요일 상으로 항상 똑같지 않다는 것을 알 수 있다.

실제로 베데가 작성하였던 532년 테이블을 통해서 이 주기성 여부를 살펴보자. 이 테이블에서 첫해인, 서기 532년에 파스카 만월은 4월 5일, 월요일이고 부활절 일요일은 4월 11일이었다. 95년 이후인, 서기 627년에도 파스카 만월의 날짜는 4월 5일로 같았지만, 요일은 하루 빨라져 일요일이었으므로 부활절은 일주일 뒤인 4월 12일이 되었다. 이 서기 627년에 시작하는 95년 주기는 위에서 설명한 첫 번째 95년 주기에 해당된다. 따라서 두 번째, 세 번째, 네 번째 95년 주기가 시작되는 해인, 722년, 817년, 912년에서도 627년과 똑같이 파스카 만월의 날짜는 4월 5일, 부활절은 일주일 뒤인 4월 12일이 되었다. 그러나 다섯 번째 95년 주기의 첫해인 서기 1007년에는, 4월 5일이 하루 더 빠른 토요일에 오게 되었고, 따라서 부활절은 그 다음날 일요일인 4월 6일이 되었다.

첫 번째, 두 번째, 세 번째, 네 번째 95년 주기의 시작 해인 627년, 722년,

817년, 912년에서는 모두 똑같이 파스카 보름달의 날짜가 4월 5일이고 부활절은 일주일 뒤인 4월 12일이었는데, 주기 상에서 두 번째 해에 해당하는 628년, 723년, 818년, 913년을 포함한 주기의 모든 해에서도 그 날짜들이 똑같을까? 그렇지 않다. 각각의 95주기는 모두 윤년이 들어 있는 순서가 서로 다르기 때문에 첫 번째, 두 번째, 세 번째, 네 번째 95년 주기의 모든 해에서 부활절 날짜는 항상 같지 않게 된다. 예를 들어 두 번째 95년 주기의 세 번째 해인 724년의 경우 그 해는 윤년으로 부활절 날짜가 4월 16일이지만, 세 번째, 네 번째 95년 주기의 세 번째 해인 819년과 914년은 윤년이 아니며 부활절 날짜는 4월 17일이다. 이처럼 모든 95년 주기는 윤년이 들어 있는 해의 순서가 같지 않으며, 그 해가 윤년인가 아닌가에 따라 날짜가 달라지게 되는 것이다.

이처럼 한편으로는 95년 주기의 구조가 매우 복잡하게 느껴지는 것은 사실이지만, 일단 95년 주기의 특성을 완전히 확실하게 파악하였다면 계속 이어지는 새로운 95년 주기를 작성하기란 어려운 일이 아니었다. 디오니시우스 역시 시릴의 알렉산드리아 주기의 특성을 확실하게 파악하였기 때문에 그 테이블을 참조하여 매우 간단하게 자신의 주기를 작성하였을 뿐이라고 언급하였으며, 자신의 테이블이 끝나는 시점부터 시작하는 새로운 95년 주기 역시 다시 작성해야 한다고 설명했던 것이다.

그렇다면 모든 조건들이 항상 똑같이 반복되는 주기는 없는 것일까? 그것은 바로 532년 주기이다. 532년 주기는 모든 파스카 만월과 부활절의 날짜와 요일이 532년을 주기로 똑같이 반복되는 완벽한 주기이다. 이 주기는 태양년과 태음년이 동기화되는 19년 주기를 기본틀로 하였으며, 윤년의 변수를 고려하여 4를 곱하였고, 요일의 변수를 고려하여 7을 곱하여 만들어졌다($19 \times 4 \times 7 = 532$).

주 탄생 후(AD : ab incarnatione domini)

디오니시우스 엑시구스의 95년 주기 테이블에서 가장 큰 의미는 그리스도 연대를 최초로 도입하였다는 사실이다. 알렉산드리아와 로마의 파스카 테이블의 발전사 과정에서 디오니시우스의 파스카 테이블을 살펴보면, 디오니시우스가 스스로 언급한 것처럼 창조적으로 이룩한 것은 거의 없다고 할 수 있다.

그렇지만 그는 후대에 영원히 기억될만한 대단히 의미가 큰 업적을 남겼다. 바로 디오클레티아누스 황제 1년을 기준으로 삼았던 연대기의 기준점을 그리스도 탄생 시점으로 변경하여 95년 주기를 작성했다는 사실이다. 그는 테이블의 시작 시점을 시릴의 주기를 계승하여 디오클레티아누스 248년으로부터 시작하는 연대를 사용하지 않고, 그리스도의 탄생 시점으로부터 연대를 계산하여 그리스도 탄생 532년으로부터 시작되는 테이블을 작성하였다.

디오니시우스는 "시릴이 그의 첫 주기를 디오클레티아누스 153년째로부터 시작하여, 247년째에 마지막 주기를 끝냈다. 우리도 이 포악한 통치자의 248년째로부터 주기를 시작해야 한다. 그러나 우리는 우리의 주기 속에서 불경스러운 박해자의 기억을 떠올리고 싶지 않다. 그래서 우리는 우리 주 예수 그리스도의 탄생 시점으로부터의 햇수를 사용하기로 하였다"고 하면서, 'ab incarnatione domini' 즉, '주 탄생 후'라는 새로운 명칭을 도입하여 연도를 표시하였다.

그런데, 디오니시우스는 테이블의 앞면에 그 당시의 햇수를 3번째 인딕션, 프로부스 집정관 해, 19년 주기의 13번째 해, '달 주기'에서 10번째 해로 표시하면서 디오클레티아누스 황제로부터의 몇 해라는 표기는 확실하게 제외시켰지만, 아쉽게도 그리스도 탄생 시점으로부터 몇 년이라는 표현은 쓰지 않았다.

또한 그가 디오클레티아누스 황제 248년이 서기 532년과 같다는 것을 어떻게 알았는지에 대해서도 언급이 없었다. 디오니시우스가 그와 관련된 내용을 언급하지 않은 이유는 그 자신이 그 날짜를 계산하지 않았으며, 이미 다른 출처 속에 확립되어 있던 날짜를 단순히 인용하였기 때문이라고 관련 역사 학자들은 해석하고 있다. 디오니시우스는 그리스어와 로마어에 능통하여 여러 그리스 교부들의 서적을 번역했던 학자였으므로, 많은 서적들을 접할 수 있었고, 그 속에서 예수 탄생과 관련된 정보를 얻을 기회가 많았을 것이다. 따라서, 알렉산드리아 자료들 속에 내장되어 있던 그리스도 탄생 연도를 그가 매우 자연스럽게 적용하였다고 추정할 수 있을 것이다. 더군다나, 디오니시우스가 아무런 추가 설명없이 디오클레티아누스 248년을 그리스도 탄생 532년으로 당연한 것처럼 처리하고 있다는 점에서 볼 때, 당시에 그리스도 탄생 시점이 로마력 상에서 서기 1년에 해당한다는 사실이 보편적으로 인식되고 있었다고 생각할 수도 있을 것이다.

그리스도 연대의 전파

디오니시우스의 95년 주기 테이블은 당시 로마 교회에서 승인되어 광범위하게 사용되었지만, 그리스도 연대는 테이블 속에 잠깐 언급되었을 뿐 적극적으로 강조되지 않았기 때문에 큰 관심을 끌지 못하였다. 그런 이유로 그리스도 연대는 당시 유럽에서도 오랫동안 알려지지 않았다.

이에 반해 서기 691년 무렵 콘스탄티노폴리스 세계 총대주교청에서는 라틴어로 'Anno Mundi'(약칭 AM, 그리스어로 τος Κόσμου), 즉 '세상의 해'라는 이름의 연대 표기 방법을 도입하여 서기 1728년까지 사용하였다. 이 방법은 창세기 내용을 바탕으로 세상이 창조된 해를 기원전 5509년으로 상정하고 이 시점을 기준 시점으로 삼은 연대 표기 체계였다.

그렇지만 세월이 흘러 그리스도 연대는 8세기 경에 이르렀을 무렵, 영국의 베네딕토회 수도자로서 당대의 저명한 학자인 베데(Venerable Bede)에 의해서 비로소 알려지기 시작하였다. 베데는 디오니시우스가 시릴의 테이블을 연장했던 것과 같은 방법으로 디오니시우스 엑시구스가 만든 부활절 테이블을 이후의 시대까지 확장하여 725년 그의 저서 '시기계산론'(De temporum ratione)에 수록하였는데, 그것이 그 시발점이었다. 베데는 부활절 테이블을 참조하는 과정에서 디오니시우스가 만든 그리스도 연대를 접하게 되었으므로, 그리스도 연대에 익숙해져 있었으며 디오니시우스의 의도에 적극 공감하였다. 그런 가운데 베데는 731년 즈음에 탈고한 저서 『앵글족 교회사』를 집필하게 되었는데, 그 과정에서 그리스도 연대를 의도적으로 채택하여 적용하였다. 책의 첫 부분에서는 잠깐 동안 AUC 연대와 그리스도 연대를 병행하여 사용하였지만, 이후로는 오로지 그리스도 연대만을 사용하였다. 『앵글족 교회사』 1권 2장 첫 머리에서 베데는 그리스도 연대를 Anno ab incarnatione Domini(주의 육화(肉化)한 이래의 해), 또는 Anno incarnationis Dominicae(주의 육화(肉化)의 해)라고 표현했다. 역사 서적에 처음으로 그리스도 연대를 도입하였으므로, 디오니시우스 엑시구스가 사용한 용어 그대로 사용하였으며 줄임말은 사용하지 않았다.

그후 베데처럼 노섬브리아 출신이었던 영국의 베네딕토회 수도자 알퀸(Alcuin of York)은 훗날 유럽 대륙으로 건너가 카를루스 대제를 보좌하여 최고 자문위원으로 활동하였는데, 아마도 800년경 무렵에 그리스도 연대로 연대를 표기하는 방법을 그의 궁정에 도입한 사람으로 알려져 있다. 그는 베데가 사망한 해(735)를 전후한 무렵에 태어난 사람으로 생전에 베데를 만난 적은 없지만, 베데의 저작을 읽었거나 명성을 익히 들었을 것으로 여겨진다.

이에 따라 카롤루스 대제 시기로부터 사용되기 시작한 그리스도 연대는 카롤루스 왕조에 이어 계속해서 신성 로마제국으로 전해지면서 유럽에서 그리스도 연대가 확산되는 계기로 작용하였다. 그리스도 연대는 이렇게 영향력을 넓혀 가면서 11~14세기 경에 이르러 서유럽에서 대중화되었는데, 서유럽 국가들 중에서 포르투갈이 오랫동안 별도의 연대 표기법을 사용하다가 1422년에 들어서서야 비로소 그리스도 연대를 받아들였다.

그리스도 연대가 서유럽에서 대중화되는 가운데에서도 '주께서 육화하시기 전'이라는 표현을 베데가 이미 '앵글족 교회사'에서 한 번 사용한 적이 있었지만, '그리스도의 탄생으로부터 ○○년 전'이라고 기술하는 '기원전'이라는 표기 방식은 잘 나타나지 않았다. 그리스도 연대 이전 시대에 대해 서기 원년에서 거슬러 세는 방식은 17세기 프랑스 예수회 신학자 겸 역사가인 데니 페토(Denis Pétau)가 1627년 출판한 『시대주장론(De doctrina temporum)』을 계기로 대중화되기 시작하였다.

1453년 동로마 제국이 멸망하고 나서 정교회권도 점차 그리스도 연대를 도입하기 시작하였고, 1728년에 이르렀을 때에는 세상의 해(Anno Mundi) 연대를 모두 버리고 그리스도 연대만을 사용하게 되었다. 이후 대항해 시대의 식민지 개척과 함께 비그리스도교 권역에까지 그리스도교가 널리 전파되면서 그리스도 연대는 지구상에서 가장 보편적인 연대 표기법으로 자리잡게 되었다.

6부

그레고리우스력

01
그레고리우스력의 개력 동기

개력의 필요성

디오니시우스의 파스카 계산법에는 근본적으로 두 가지 문제점이 있었다. 한 가지 문제는 파스카 계산법에서 사용하는 가상 삭망 주기의 평균 길이가 달의 실제 평균 삭망 주기와 일치하지 않고 길다는 것이다. 1582년까지 교회에서 채택해서 사용한 19년 주기에 대한 내용을 보면, 12태음월로 이루어진 1태음년은 평균 354.25일로, 19태음년은 6,730.75일이 된다. 그런데, 19년 태음력 주기에는 추가로 7번의 윤달이 포함되어 있다. 그중 6윤달은 30일로 되어 있어 총 180일이고, 나머지 1윤달은 29일로, 7윤달의 총 날 수는 209일이 된다. 그러므로 7달의 윤달의 날수 209일을 더하면 19년 주기의 태음력 총 날수는 6,939.75, 즉 6,939일 18시간이 된다.

그런데, 천문학자들이 측정한 평균 삭망월의 정확한 길이는 29일 12시간 44분 3초였다. 따라서 천문학적인 235삭망월의 시간은 6,939일 16시간 31분 45초가 되었다. 19년 주기 상에서 19태음년의 길이가 실제 관측을 통한 값에 비해 1시간 28분 15초, 약 1시간 30분 정도 길었다. 따라서 실제로 초승달이 뜨는 시점이 가상 초승달 날짜보다 갈수록 조금씩 빨라지는 문제가 발생한다는 것이었다. 그 차이로 인해 312.5년이 지나면 신월이 19년 주기에 의해 계산된 날보다 하루 앞선 날에 오게 된다. 312.5년이 8번이면 8×312.5 = 2,500으로, 정확히 2500년이 되는데, 2,500년 동안에 총 8일 차이가 나게 된다.

두 번째 문제로는 디오니시우스 파스카 계산법은 19년 메톤 주기를 토대로 하여 그 당시 로마에서 사용하던 율리우스력에 연계시킨 것이었는데, 이 율리우스력 자체도 태생 당시부터 오차로 인한 문제점을 가지고 있었다는 것이다. 이 오차에 대한 문제는 그 당시에도 인지하고 있었지만 미세하다고 생각하여 무시하였다. 그 문제점이란 율리우스력에서 1년을 365.25일로 정하여 평년의 경우 365일로 정하고, 4년에 한 번씩 윤년을 두어 단순하게 처리하였기 때문에 생긴 문제였다. 4년에 한 번씩 윤일 하루를 추가하여 1년을 365.25일로 정하였으므로, 실제 천문학의 1 회귀년의 날수인 365.24219일보다 0.0078일이 길어지게 되었다.

춘분이란 천문학적인 1년인 365.24219일을 기준으로 밤과 낮이 같아지는 시점에 해당하므로, 1년 중 돌아오는 시간은 항상 같게 된다. 그런데, 율리우스력에서 적용한 1년의 길이가 실제 천문학의 1 회귀년의 날수인 365.24219일보다 0.0078일이 길었으므로, 율리우스력 상에서 춘분이 다시 돌아오는 시간이 실제 천문학적인 관찰 결과보다 매년 0.00781일(11분 14초) 늦어지게 되었다. 1년에 11분 14초의 작은 차이였지만 128년의 시간이 지나 누적되면 그 차이는 하루가 되고, 세월이 갈수록 그 차이는 크게 벌어지게 되었다.

이처럼 율리우스력의 근원적인 문제로 인해서 세월이 흐를수록 율리우스력 상에서의 춘분의 시점이 실제 천문학적인 춘분보다 점차 더 늦어지게 되었지만, 325년에 열렸던 니케아 공의회에서는 부활절 계산에 중요한 기준점인 춘분의 날짜를 율리우스력 상에서 3월 21일로 한다고 아예 고정시켰다. 실제 낮과 밤의 길이가 같아지는 시기를 춘분이라고 한다는 천문학적인 정의 자체가 완전히 무시되었던 것이다. 따라서 교회에서 규정한 춘분 날짜와 실제 천문학 상의 춘분 날짜 사이에는 세월이 흐를수록 점차 시간 차이가 벌어져 갔다.

결과적으로 3월 21일로 고정되어 있는 교회의 춘분날에 비해 실제 천문학적인 춘분일이 점점 빨라지게 되면서, 교회 춘분 날짜에 연계되어 결정되는 부활절 역시 세월이 흐를수록 실제 천문학적인 춘분일에 비해 계속 더 늦어지게 되었으므로, 올바른 시기에 부활절을 준수하지 못하고 있다는 항의가 쇄도하였다.

실제로 니케아 공의회가 열린 325년부터 1,250년이 지난 16세기에 이르게 되었을 때는 그 차이가 누적되어 율리우스력 상에서 교회에서 춘분이라고 한 3월 21일과 실제 천문학적인 춘분 날짜에 해당하는 3월 11일 사이에는 10일의 차이가 생기게 되었다. 결국 교회 달력 상의 춘분 날짜에 연계되어 결정되었던 부활절 날짜로 인해 교회는 부활절 준수와 관련하여 매우 큰 혼란스러운 상황에 빠지게 된 것이다.

따라서 디오니시우스의 파스카 계산법에서 발생하는 두 가지 근본적인 문제점을 확실하게 해결해야지만 계절과 일치하는 부활절을 기념할 수 있게 되었다. 오래전부터 이 문제가 계속 제기되어 왔지만, 이 문제를 해결하기 위한 노력들이 16세기에 접어들어서도 별다른 진전을 이루지 못하였다. 두 가지 문제점 중에서도 특히 달력 상의 춘분 날짜에 비해 천문학적인 춘분 날짜가 점차 빨라지는 문제가 더 심각하였다. 이 현상을 해결하기 위한 방법으로는 두 가지 방법이 가능했다. 325년 니케아 공의회에서 춘분을 3월 21일로 고정시켜 공표한 규정을 수정하던가, 그 근본 원인을 제공한 율리우스력을 수정해야 했다.

개력을 요구하는 주장들

8세기에 영국의 신학자 베데는 율리우스력으로 인한 문제점들을 제기하였으며, 13세기에 이르러서는 옥스퍼드의 로저 베이컨(Roger Bacon, 1214~1294)은 1267년 클레멘스 교황에게 보내는 편지에서 당시 사용하던 달력의 문제점들을 언급하면서 새로운 달력으로 개정할 것을 제안하기도 하였다. 뒤이어 파리 대학의 총장이었던 페트루스 알리아쿠스(Petrus Alliacus)도 이 문제를 지적하였다. 늦은 감이 있지만 프랑스 교황 클레멘스 4세 치하에서 달력을 개혁하려던 시도가 있었으나, 1344년 흑사병이 아비뇽을 휩쓸고 지나가면서 무산되고 말았다. 이후

1414년 콘스탄츠 종교회의가 열리면서 부활절 문제를 해결해보려는 다양한 방안이 모색되었지만 역시 아무런 결론도 내지 못한 채 문제 해결이 미루어졌다.

로마의 시스티나 성당을 건설한 교황 식스투스 4세(재위 1471~1484) 때에 이르러, 1474년에 발표한 독일 주교 레기오몬타누스(Regiomontanus, 1436~1476)의 정교한 달력을 발견하고 그를 찾았으나, 그는 1476년에 이미 페스트로 세상을 떠나 교황을 도울 수 없었다. 1514년에 이르러 교황 레오 10세는 제 5차 라테란 공의회에서 달력 개혁에 관한 자문을 구할 것을 제안하였으나 별로 호응을 얻지 못하였다. 1538년 8월에는 루터가 "율리우스 카이사르 시대로부터 1,500년이 지난 지금, 10일이 늦어지고 있다"고 역설하면서, 정확하게 부활절 날짜를 지키기 위해서는 달력을 수정할 필요가 있다고 주장하였다.

카이사르의 시계를 멈춘 그리스도의 위력

1545년에서 1563년까지 약 18년간 이탈리아의 북부 트리엔트(현재, 트렌토 Trento)에서 열린 트리엔트 종교회의 역시 아무런 결과를 내놓지 못하였지만, 이때는 적어도 달력 개혁을 담당할 위원회가 구성되었다. 개혁 위원회의 위원으로 독일 출신 예수회 신부 클라비우스(1537~1612), 이탈리아 천문학자 단티(1536~1586), 스페인 출신 역사가 시아코니우스와 시텔리 추기경 등이 선정되었다. 그런 가운데 달력 개혁 위원 중 한 사람이었던 시텔리 추기경이 1572년에 교황으로 즉위하였는데, 그 교황이 바로 그레고리 13세 교황이다. 교황 그레고리 13세가 다시 시작한 달력 개혁은 1517년 루터가 시작한 종교개혁으로 인하여 약화된 당시의 가톨릭 교회를 재건하려는 노력의 일환이기도 하였다.

춘분 날짜가 늦어지는 것은 율리우스 달력 상에서 춘분의 날짜는 3월 21로 고정되어 있는 한편, 실제 천문학적인 1 회귀년의 날수가 365.24219일이었지만 1년을 365.25일로 정하였기 때문에 실제 천문학적인 춘분 날짜가 달력상 날짜보다 1년에 0.0078일씩 빨라지게 됨으로써 발생하는 현상이었다. 이처럼 시간이 경과할수록 달력상에서 3월 21일로 고정되어 있는 춘분 날짜로 인해 천문학적인 춘분 날짜의 차이가 점점 더 벌어질 수밖에 없다는 그 근본 원인은 정확히 밝혀져 있는 상태였다.

따라서 이 문제를 해결하기 위해서는 두 가지 방법이 가능했다. 한 가지 방법은 325년 니케아 공의회에서 춘분을 3월 21일로 고정시켜 공표한 규정을 실제 천문학적 춘분일로 수정하는 것이었고, 두 번째 방법은 실제 천문학적인 1 회귀년의 날수인 365.24219일에 비해 1년에 0.0078일 정도 길게 1년을 365.25일로 규정함으로써 그 근본 원인을 제공한 율리우스력을 수정하는 방법이었다.

첫 번째 방법인 춘분일을 실제 천문학적 춘분일로 수정하는 방법이란 니케아 공의회에서 규정한 고정된 춘분일인 3월 21일을 천문학적 규정에 따라 밤과 낮의 길이가 정확히 같아지는 시점으로 춘분일로 수정하는 것이다. 그렇게 되면, 율리우스력 상태에서 시간이 지날수록 춘분의 날짜가 빨라지게 되기 때문에, 니케아 공의회에서 규정한 고정된 춘분일인 3월 21일의 원칙이 무너지게 된다.

합리적이고 일반적인 관점에서 고려해 보았을 때, 3월 21에 고정되어 있는 춘분 날짜를 수정하는 방법이 율리우스력 자체를 수정하는 방법에 비하여 큰 혼란 없이 비교적 수월하게 그 문제를 해결할 수 있다는 점에는 공감하였지만, 그리스도의 부활일과 관련된 성스러운 니케아 공의회의 규정을 수정한다는 것은 교회로서는 상상할 수도 없는 일이었다. 따라서 당연히 어떠한 어려움이 있더라도 그 근본 원인을 제공한 율리우스력을 수정해야 한다는 전제 하에 율리우스력을 수정하는 방법에 대한 논의만이 이루어졌다.

달력 개혁의 초안은 이탈리아 중부 도시 페루자 출신의 의사이자 천문학자였으며 철학자였던 알로이시우스 릴리우스(Aloysius Lilius, 1510~1576)에 의해 작성되었다. 그는 자신이 작성한 달력 개혁에 관한 제안서를 교황의 의사였던 자신의 동생을 통하여 교황의 학자들에게 전달하였다. 릴리우스가 고안한 달력은 바티칸 위원회의 위원이었던 천문학자 크리스토퍼 클라비우스(Christopher Clavius)에 의해 단호하게 승인되었으며, 마침내 1582년 2월 24일 교황이 위원회를 통해 새로운 시간 규정에 대한 칙서를 발표함으로써 역법 개정이 단행되었다. 그리고 개정한 달력은 교황의 이름을 따서 "그레고리우스력"으로 불리게 되었다. 하지만 릴리우스는 1576년에 사망했기 때문에 자신의 제안이 실현되는 것을 보지 못했다.

결국, 카이사르에 의해 제정되어 로마 제국의 공인 달력으로 사용되어 왔으며 대부분의 서방 국가에서도 공식 달력으로 사용됨으로써 무려 1,600여년 가까운 오랜 세월 동안 확고한 위상을 굳건하게 유지해 왔던 율리우스력은 그리스도의 권위 아래 무너져 그 영광을 상실하고 역사의 뒤안길로 사라지고 말았으며, 마침내 그리스도 신앙의 힘을 배경으로 한 로마 교황의 그레고리우스력이 그 자리를 대신하여 세계력으로 자리잡게 되는 시대에 접어들게 되었다.

그레고리우스의 개력

주요 개력의 내용을 보면,

첫째, 율리우스력과 달리 400년마다 달력에서 3일의 윤일을 없앤다. 즉, 100년으로 나누어지는 해들 중에서 400년으로 나누어지는 해만 윤년으로 하였다.

둘째, 당시까지 누적된 차이를 보정하기 위해서 달력에서 10일을 삭제하기로 하였으며, 삭제할 날짜는 10월 5일부터 14일까지로 하였다.

셋째, 요일은 끊임없이 그대로 이어지도록 하였으므로, 10월 4일 목요일 다음에 오는 날은 15일이며 요일은 금요일이 되었다.

물론 부활절은 '춘분 후 만월 다음의 일요일'이라는 니케아 종교회의의 결정은 수정되지 않고 그대로 유효하였다. 이를 승인한 그레고리 13세가 1582년 2월 24일 교황칙서 '인테르 그라비시마스'를 발표하므로서 현재 전 세계적으로 사용하고 있는 그레고리력이 탄생한 것이다.

그레고리력은 불완전한 과학적 연구 결과를 이용한 근사치에 가까운 해결책이었지만, 간단하고 효과적이라는 커다란 장점을 가지고 있었다. 즉 율리우스력을 약간 수정해서 얻은 해결책이었지만, 그레고리력의 한 해는 태양력에 비하여 약간 빠른 정도로서 그 차이가 매년 겨우 26초밖에 되지 않으며, 현재까지도 약 3시간의 차이밖에 나지 않는다. 이 개혁으로 인해서 128년마다 하루의 오차가 생겼던 기존 율리우스력에 비해, 3,300년이 지나야 하루의 오차가 발생하게 되었으므로 엄청난 정확성을 가진 달력이 되었다.

　이 달력은 가톨릭 교회에서 곧바로 수용되었다. 그러나, 이와 같은 장점에도 불구하고 신교들이 지배하는 국가들에서는 이 달력의 채택을 거부하였다. 독일의 과학자이며 천문학자였지만, 신교도였던 케플러조차 "교황의 뜻에 맞추어 사느니 태양을 등지고 살겠다"고 하였다. 결국 그레고리오 13세는 신교들이 지배하는 국가들에서의 달력 개혁을 포기하였다. 그러나 세월이 흐르면서 유럽 여러 나라에서 그레고리우스력이 아닌 다른 달력을 사용하는 것이 더 이상 용납되지 않게 되었기 때문에, 개신교들 역시 점차 새 달력을 받아들였다. 영국은 1752년 9월 2일 다음날을 11일 건너뛴 9월 14일로, 러시아는 러시아 혁명 직후 1918년 1월 31일 다음날을 13일 건너뛴 2월 14일로 시작하는 그레고리력을 채택하였다.

　그런데, 사실 율리우스력을 사용하는가 그레고리우스력을 사용하는가에 관계없이, 보통 사람들이 평생을 살아가는 과정에서 인식할 수 있는 차이는 거의 없다고 할 수 있다. 두 달력의 차이는 100년이라는 한 세기가 바뀌는 시점에서야 비로소 하루 정도 차이를 보이는 것으로 나타나기 때문이다. 예를 들어, 2004년부터 2008년까지의 실제 천문학적 춘분 시간을 그리니치 평균시(GMT : Greenwich Mean Time)로 알아보면, 율리우스력의 규칙을 적용하거나 그레고리우스력의 규칙을 적용하거나에 관계없이 다음과 같이 똑같다는 것을 알 수 있다.

　예를 들어 비교해 보자. 춘분은 율리우스력이나 그레고리우스력에 관계없이 2004년에는 3월 20일 06시 49분으로 같다. 그리고, 2005년에는 약 6시간 후인 12시 33분, 2006년에는 그로부터 약 6시간 후인 18시 26분, 2007년에는 다시 약 6시간 후인 3월 21일 00시 07분에 해당하고, 2008년에는 시간 상으로는 약 6시간 후인 05시 48분이지만, 윤일이 추가되어 3월 20일로 되돌아온다. 이처럼 두 달력 사이에 춘분의 날짜와 시간 차이는 전혀 없다.

　그렇지만, 두 달력에서 모두 실제 천문학적 춘분은 매년 똑같은 시간과 날짜에 오지 않고 매년 약 6시간 정도 늦어져, 대체로 3월 20일이나 21일에 오게 된다. 이렇게 매년 6시간씩 늦어지는 현상으로 2004년에 3월 20일이었던 춘분이 2007년에는 3월 21일이 되고, 다음 해인 2008년은 윤년으로 윤일이 하루 추가

되면서 춘분 날짜는 다시 3월 20일로 돌아 오게 된다. 이렇게 단순히 반복되는 주기로 인해 율리우스력 상에서 100여년마다 천문 현상에 비해 하루 정도 빨라지는 오차가 발생하게 되었는데, 이처럼 보통 사람들이 평생동안 인지할 수 없는 이 오차를 그레고리우스력 개정으로 보정한 것일 뿐이다.

동방교회의 대응

로마 교황청은 역법의 개정이 불가피하였으며 충분한 논리적 근거를 바탕으로 개정하였기 때문에 동방 교회도 기꺼이 개정된 달력을 수용해 줄 것이라고 기대했지만, 동방 교회는 중요한 달력 개정 문제에 대해 세계 공의회와 같은 전체 교회의 승인 없이 서방 교회가 독자적으로 개정 공표한 것에 대해 깊은 유감을 표명했다. 그와 더불어 당시 동방 교회의 세계 총대주교 예레미아스 2세(Ιερεμίας Β´: 1572-1579, 1580-1584, 1587-1595)는 그레고리력을 채택하지 않겠다고 그 뜻을 분명히 하였다. 결국 핀란드와 에스토니아, 체코 및 슬로바키아 교회를 제외한 동방 교회는 니케아 공의회 때 결정된 내용을 계속해서 준수함과 더불어, 율리우스력을 그대로 사용할 것을 고집하였다. 이로 인해 1582년 이후 동서 교회는 똑같은 축일을 서로 다른 날에 기념하는 상황에 처하게 되었다.

서방 교회의 달력 개정 제안을 따랐던 영국, 프랑스, 독일, 미국 등이 열강으로 성장하여 전 세계적으로 강력한 영향을 끼치게 되면서 그들이 사용하고 있는 그레고리우스력은 국제적인 달력의 기준이 되었다. 전세계 사람들의 상호 왕래가 점점 활발해짐에 따라 그레고리우스력이 아닌 율리우스력을 사용함으로써 생기는 불편은 이만저만이 아니었다. 20세기에 접어들면서 국제적 교류가 더욱더 활발해지는 가운데, 전세계 대부분의 나라가 채택하여 사용하는 그레고리력을 거부하는 것은 세계 속에서 그들 스스로를 고립시키는 일이 되었다.

이런 상황 속에서 동방 교회에서는 세르비아의 천문학자였던 밀루틴 밀란코비치(Милутин Миланковић)가 개정 율리우스력을 대안으로 제안하였다. 밀란코비치의 개정 율리우스력은 4년마다 윤일을 두지만, 100으로 나누어 떨어지는 해

중, 900으로 나누어서 나머지가 200이나 600이 되는 해에만 윤일을 두고 나머지 해에는 윤일을 두지 않는다는 개정이었다. 이렇게 되면 1태양년은 365.2422일이 되는데, 그레고리력보다 약간 더 정밀하게 되어 약 3,600년마다 1일의 오차가 발생하게 된다. 또한 가상 삭망 주기가 실제 달의 평균 삭망 주기와 다른 데서 오는 문제점은 예루살렘의 자오선 상에서 관측되는 실제 삭망 주기를 바탕으로 계산하여 해결한다는 원칙을 제시하였다.

1923년, 세계 총대주교 멜레티오스 4세(Μελέτιος Δ': 1921-1923)는 콘스탄티노폴리스에서 범정교회(Pan-orthodox) 회의 개최를 선언하였고 이 회의에서 달력 문제를 논의하기로 하였다. 그런데 멜레티오스 4세는 동방 교회 성직자들 사이에서 논란의 중심에 서 있었던 인물이었다. 결국 그가 소집한 회의에는 다른 총대주교들이 모습을 보이지 않았으며, 오직 밀란코비치가 속한 세르비아 정교회의 총대주교 디미트리에(Димитрије: 1920-1930)만이 참석하였다. 그럼에도 불구하고 멜레티오스 4세는 회의가 끝나가는 시점에 밀란코비치의 개정 율리우스력을 채택한다고 선언하였다.

당시는 니케아 공의회가 있었던 325년으로부터 약 1,600여년이 지난 시점이었으므로, 율리우스력과 그레고리력 사이에는 대략 13일 정도의 날짜 차이가 있었다. 밀란코비치의 개정 율리우스력을 채택하려면 13일 정도를 삭제시켜야 그레고리력과 날짜와 일치시킬 수 있었다. 결국 개정 율리우스력의 채택과 더불어 1923년의 10월 1일부터 10월 13일까지가 삭제되었고, 1923년 10월 14일부터 그레고리력과 개정 율리우스력은 날짜가 같게 되었다. 동서교회의 달력이 350년만에 처음으로 동기화가 이루어진 것이다. 물론 두 달력에서 윤일 삭감의 규칙이 다르기 때문에, 동기화는 완전하고 영구적인 것이 아니고 일시적일 수밖에 없다.

이와 같은 동방 교회의 때늦은 결단에도 불구하고 동방 교회 자체의 율리우스력 개정에 대해서까지 여전히 반대하는 동방 교회의 세력들이 존재하였다. 그들은 세속화와 서구화에 반발하며 교회력은 과학적인 것과는 별개의 가치를 지니고 있어야 한다고 주장하였는데, 과거 달력을 지향하는 사람이라는 뜻에서 이들을 구력주의자(Old Calendarist)라고 칭하였다. 구력주의자들은 개정 율리우스력이 서방 세계의 영향을 받은 역법으로, 신앙의 표준이 된다고 믿는 니케아 공의회의 정신을 훼손시켰다고 주장하였다.

그뿐만이 아니라 달력 개정에 대해 냉정하고 엄밀하게 판단하자면, 역법의 개정은 교회 절기와 축일에도 실질적인 영향을 미쳐 예상치 못한 문제를 일으킬 가능성도 있었다. 당시 교회 절기와 축일 중에는 태음태양력 기준으로 정해진 경우와 율리우스력 기준으로 정해진 경우가 있었다. 태음태양력 기준의 축일은 보통 부활절로부터 며칠 전, 몇 주 뒤 이런 식으로 정의된 것들이었다. 예를 들면 동방 교회의 사순절의 시작을 알리는 정결한 월요일(Καθαρά Δευτέρα)은 부활절로부터 48일 전이며, 정교 주일(Κυριακή της Ορθοδοξίας)은 사순절의 첫 주일이고, 예수 승천 축일은 부활절로부터 39일 후였다. 부활절 자체가 고정된 날이 아니고 태음력 기준의 날이었기 때문에 이런 절기와 축일들은 매해마다 날짜가 바뀌었다.

이에 반해 율리우스력을 기준으로 정해진 축일들은 매해 고정된 날짜였다. 예를 들어 동방 교회는 서방 교회와 달리 성모 희보 축일을 3월 25일로 고정하여 기념하였다. 그런데, 13일이 삭제된 개정 율리우스력을 사용하게 되면 기존 율리우스력에 고정하여 지정되었던 축일들이 부활절 기반의 태음태양력 축일 및 절기들과 뒤섞여 버림으로써 기념일 준수에 있어서 심각한 혼란이 발생할 수 있었던 것이다.

이와 같은 논리를 근거로 한 구력주의자의 지속적인 반대에도 불구하고 동방 교회 내에서 개정 율리우스력을 채택하는 교회들이 점차 늘어나기 시작했다. 콘스탄티노폴리스와 알렉산드리아, 안티오키아와 같은 총대주교좌가 있는 교회들은 물론이었고, 그리스와 키프로스도 이를 채택하였으며, 나중에는 루마니아, 폴란드, 불가리아 교회들까지 동참하였다. 물론 가장 영향력 있는 러시아 정교회는 계속해서 개정에 반대하였으며 세르비아와 조지아, 예루살렘 교회도 개정 율리우스력 채택을 반대하였다.

현재 여전히 율리우스력을 사용하는 동방 정교회들은 다음과 같다:

1. 러시아 정교회 (Russian Orthodox Church)
2. 세르비아 정교회 (Serbian Orthodox Church)

3. 마케도니아 정교회 (Macedonian Orthodox Church)
4. 조지아 정교회 (Georgian Orthodox Church)
5. 예루살렘 정교회 (Jerusalem Orthodox Church)
6. 우크라이나 정교회 (Ukrainian Orthodox Church)
7. 몬테네그로 정교회 (Montenegrin Orthodox Church)
8. 그리스 구식력 정교회 (Greek Old Calendarists)

또한, 폴란드 정교회 (Polish Orthodox Church)도 2014년 6월 15일부터 다시 율리우스력을 사용하기 시작했다. 이러한 동방 정교회들은 주로 교회 축일, 성인 기념일, 그리고 교회와 관련된 기타 행사와 의식을 결정하는데 율리우스력을 사용한다. 이들 교회들은 그레고리력과 율리우스력 사이의 차이를 인정하고 있지만, 전통과 신앙의 연속성을 유지하기 위해 여전히 율리우스력을 고수하고 있다. 이로 인해 같은 정교회 신앙을 공유하는 사람들이었지만 서로 다른 달력을 사용함으로서 같은 기념일을 서로 다른 날에 기념하게 되었다.

이처럼 기념일 준수와 밀접한 관련이 있는 달력을 둘러싼 논쟁은 초기 기독교 시절인 2세기부터 21세기에 들어선 현재까지도 계속 진행중이다. 이것은 단순히 율리우스력과 그레고리력이라는 역법의 차이만을 놓고 벌이는 알력이 아니라, 교회의 정통성과 국가의 종교 상황 등과 매우 복잡하게 얽히면서 생겨난 분쟁이었다.

근세에 들어서면서 다시 새로운 달력 체계로의 개정을 통한 세계력에 대한 주장들이 제기되었다. 1930년에 엘리자베스 아켈리스(Elizabeth Achelis) 여사가 제안했던 세계력(世界曆, The World Calendar)은 지금까지 나온 그레고리력에 대한 대안으로 제시된 역법 중에서 가장 우수하다는 평가를 받았음에도 불구하고 교회력의 가장 기본이 되는 '1주=7일'의 공식과 안식일의 존립을 위협한다는 이유로 유대교와 기독교인, 그리고 무슬림 신자들의 강력한 비판을 피할 수 없었으며, 결국 1956년에 국제 연합(United Nation)은 더 이상 세계력 채택을 논의하는 모임을 가지지 않기로 결정하게 되었다. 새로운 역법에 대한 개혁 논의는 오랜 시간이 흐르더라도 결코 타협될 수 없는 종교적, 정치적 이념 차이로 인해 거의 불가능하다고 단언할 수 있다.

02
그레고리우스 달력 개혁과 새로운 부활절 테이블

부활절은 춘분 직후에 떠오르는 만월 이후에 오는 일요일로 규정되어 있다. 따라서, 부활절 날짜를 찾기 위해 가장 중요한 단계를 꼽는다면 춘분 직후에 나타나는 만월의 날을 파악하는 과정일 것이다. 그리고 만월을 찾기 위한 첫 번째 단계는 그해의 에팩트를 구하는 과정이라 할 수 있다. 앞에서 우리가 살펴본 것처럼 에팩트는 부활절 테이블 체계에서 모든 것의 중심으로 가장 중요한 핵심이라 할 수 있다.

교회에서 1582년까지 파스카 달의 14일과 부활절 날짜를 찾기 위해 사용했던 방법은 디오니시우스 엑시구스에 의해 로마에 도입되었던 정통 알렉산드리아 19년 주기 테이블이었다. 이 주기 테이블을 참조하면 서기 532년부터 1582년 이전의 어떤 해라도 황금 숫자(Golden Numbers)를 통해 그해의 에팩트를 쉽게 알아낼 수 있었으며, 이를 바탕으로 파스카 달의 14일과 부활절 날짜를 어렵지 않게 구할 수 있었다.

황금 숫자(Golden Numbers)

기원전 432년 아테네의 천문학자 메톤(Meton)은 19년의 태양년은 235삭망월과 정확히 일치한다고 주장하였다. 다시 말해서 어느 해 어느 날에 신월이 나타났다면, 정확하게 19태양년이 지나게 되면 같은 달 같은 날에 신월이 다시 나타나게 되며, 이어지는 19년 간격의 모든 해에서도 처음 19년 주기와 마찬가지로 신월이 항상 같은 날짜에 오게 된다는 것이다. 따라서 그는 태양년의 모든 해를 19년 단위로 나누고, 19년 각각의 해에 1, 2, 3··· 순으로 19까지 숫자를 매긴 메톤 주기를 창안하였다. 아테네인들은 이와 같은 메톤 주기를 숭상하여 사원의 기둥에 메톤 주기 숫자를 황금으로 기록하였는데, 이와 같은 이유로 1에서 19까지로 이루어진 메톤 주기 숫자들은 황금 숫자 Golden Number로 알려지게 되었다.

정통 알렉산드리아 주기에서 황금 숫자와 그에 대응되는 에팩트가 조합된 테이블은 다음과 같다.

황금 숫자	1	2	3	4	5	6	7	8
에팩트	*	XI	XXII	III	XIV	XXV	VI	XVII

9	10	11	12	13	14	15	16	17	18	19
XXVIII	IX	XX	I	XII	XXIII	IV	XV	XXVI	VII	XVIII

정통 알렉산드리아 주기에서 각 주기의 첫해는 에팩트가 *(0,30)이었고, 두 번째 해는 에팩트가 11(XI)이었다. 모든 해의 황금 숫자는 당해 년도의 숫자에 1을 더한 다음 19로 나눔으로써 얻을 수 있는데, 19로 나눈 값에서 몫은 버리고 나머지 숫자가 그해의 황금 숫자에 해당한다. 나머지가 0인 경우에는 황금 숫자는 19가 된다. 예를 들어 1484년의 황금 숫자를 계산해 보자. (1,484+1)÷19=78과 나머지 3이므로, 그해의 황금 숫자는 3이 된다. 그리고 황금 숫자 3에 대응하는 에팩트는 22(XXII)이므로 1484년의 에팩트는 22가 된다. 이런 방법으로 어떤 해의 에팩트를 확인하게 되면 간단한 과정을 거쳐 그해의 부활절 날짜를 찾을 수 있었다.

그레고리우스 개혁

정통 알렉산드리아 19년 주기가 디오니시우스 엑시구스에 의해 로마에 도입되고 교회로부터 공인되어 율리우스력 상에서 적용되어 사용됨으로써, 해마다 파스카 달과 파스카 만월, 그리고 부활절을 쉽게 구할 수 있게 되었다. 그런데, 오랜 시간이 흐르면서 19년 주기 상의 파스카 만월 날짜가 실제 천문학적인 파스카 만월의 날짜와 점차 차이가 커지게 되었고, 이로 인해 부활절 날짜가 계절과 맞지 않아 혼란스러웠으므로, 1576년 교황 그레고리우스 13세에 이르러 달력의 개정에 착수하게 되었다. 달력 개혁의 초안은 알로이시우스 릴리우스(Aloysius Lilius, 1510~1576)에 의해 작성되었으며, 바티칸 위원회의 위원이었던 천문학자 크리스토퍼 클라비우스(Christopher Clavius)에 의해 승인되었다.

교황은 율리우스력의 문제점들을 개혁한 그레고리우스력을 1582년 2월 24일 칙령을 통해 발표함으로써 세계사적인 역법 개정을 단행하였다. 그리고, 개정한 그레고리우스력을 바탕으로 한 새로운 부활절 계산법을 소개하였다. 새로운 그레고리우스력 체계에서 에팩트 테이블은 기존에 사용하던 정통 알렉산드리아 19년 주기의 에팩트 테이블에 약간의 수정을 가하였기 때문에 기존의 주기와는 서로 같지 않게 되었다. 수정한 내용 중 하나는 19년 주기의 첫해의 에팩트를 이전의 $*(0,30)$이 아닌 1로부터 시작하는 것이었다.

새로운 부활절 계산법에 대한 일반적인 사용법에 대해서는 1582년 클라비우스(Clavius)의 "6가지 교회법"(Six Canons)을 통해 소개하였으며, 그에 대한 자세한 설명은 나중에 별도로 "설명"(Explicatio, 1603)을 통해 발표하였다. 이 새롭게 개정된 체계에서는 기존 율리우스 달력의 윤일에 약간의 조정을 가하고, 10일간의 날수를 삭제하였다. 동시에, 개정을 통해 개선된 부활절 테이블을 바탕으로 에팩트를 재조정함으로써 교회 달력(ecclesiastical calender)과 천문학적인 달력(astronomical calender)의 조화를 추구하였다. 그 결과 예상대로 1582년 이후부터는 새로운 테이블을 통해서 실제 천문학적인 관측과 일치하는 부활절을 준수할 수 있게 되었다.

그레고리우스 계산법 역시 각 해의 에팩트를 통해서 파스카 만월의 날짜를 구하고, 이 파스카 만월 직후에 오는 일요일을 찾아 부활절 날짜를 구하는 방법이었지만, 새로운 테이블에서는 기존의 디오니시우스의 정통 알렉산드리아 테이블에서는 없었던 새로운 테이블을 고안하여 추가함으로써 부활절 날짜를 쉽게 찾을 수 있게 해 주었다. 그리고 이처럼 새롭게 추가된 테이블의 이름을 칼렌다리움(calendarium)이라고 하였다.

또한 개정된 그레고리우스 시스템에서는 디오니시우스 테이블에서는 적용되지 않았던 태음 보정과 태양 보정의 개념이 추가 적용되었다. 이 태음 보정과 태양 보정은 태양력과 태음력을 더 정밀하게 동기화시키기 위한 것이었다.

따라서, 변함없이 한 가지 형태로 고정되었던 이전의 디오니시우스의 정통 알렉산드리아 테이블에 비해서는 구조상에서 좀 더 복잡한 변화를 보이게 되었지만, 정확성에서는 매우 큰 성취를 이루게 되었다.

이제 그레고리우스 달력 체계에서 에팩트를 찾는 과정을 포함하여 원하는 해의 부활절 날짜를 찾기 위한 과정들에 대해 단계적으로 살펴보기로 하겠다. 그레고리우스 체계에서는 부활절과 관련되어 특별히 고안된 테이블들을 참조하여 다음과 같은 과정을 순서대로 진행하게 되면 부활절 날짜를 쉽게 구할 수 있다.

첫 번째 단계는 원하는 해의 황금 숫자를 구하는 과정으로, 당해 연도에 1을 더한 다음에 19로 나누었을 때 나오는 나머지 값이 황금 숫자에 해당한다.

즉, (당해 연도 +1)/19 = X 나머지 Y.

두 번째 단계는 첫 번째 단계를 통해 구한 황금 숫자를 〈테이블I〉을 참조하여 당해 연도의 에팩트를 확인한다.

세 번째 단계는 파스카 만월의 날을 구하는 과정으로, 두 번째 단계를 통해 구한 에팩트를 3, 4월의 칼렌다리움 테이블 〈테이블II〉에서 찾아, 그 에팩트에 해당하는 날짜를 확인한다.

그 에팩트에 해당하는 날짜는 3월과 4월에서 각각 확인할 수 있다.

⟨ 테이블 I ⟩ 황금 숫자와 에팩트 테이블

1900년부터 2199년까지 적용되는 ⟨에팩트 테이블⟩

황금 숫자	1	2	3	4	5	6	7	8
에팩트	XXIX	XI	XXII	III	XIV	XXV	VI	XVII

9	10	11	12	13	14	15	16	17	18	19
XXVIII	IX	XX	I	XII	XXIII	IV	XV	XXVI	VII	XVIII

⟨ 테이블 II ⟩ 3월과 4월의 칼렌다리움 테이블

에팩트	3월	주일문자	4월	주일문자
*	1	D		
xxix	2	E	1	G
xxviii	3	F	2	A
xxvii	4	G	3	B
xxvi	5	A	4	C
25	6	B	4	C
xxv	6	B	5	D
xxiv	7	C	5	D
xxiii	8	D	6	E
xxii	9	E	7	F
xxi	10	F	8	G
xx	11	G	9	A
xix	12	A	10	B
xviii	13	B	11	C
xvii	14	C	12	D
xvi	15	D	13	E
xv	16	E	14	F
xi	17	F	15	G
xiii	18	G	16	A
xii	19	A	17	B
xi	20	B	18	C
x	21	C	19	D
ix	22	D	20	E
viii	23	E	21	F
vii	24	F	22	G
vi	25	G	23	A
v	26	A	24	B
iv	27	B	25	C
iii	28	C	26	D
ii	29	D	27	E
i	30	E	28	F
*	31	F	29	G

〈테이블 III〉 연도별 주일 문자 테이블

각 세기의 연도	1600 2000 2400	1700 2100 2500	1800 2200 2600	1900 2300 2700
0	BA	C	E	G
1 29 57 85	G	B	D	F
2 30 58 86	F	A	C	E
3 31 59 87	E	G	B	D
4 32 60 88	DC	FE	AG	CB
5 33 61 89	B	D	F	A
6 34 62 90	A	C	E	G
7 35 63 91	G	B	D	F
8 36 64 92	FE	AG	CB	ED
9 37 65 93	D	F	A	C
10 38 66 94	C	E	G	B
11 39 67 95	B	D	F	A
12 40 68 96	AG	CB	ED	GF
13 41 69 97	F	A	C	E
14 42 70 98	E	G	B	D
15 43 71 99	D	F	A	C
16 44 72	CB	ED	GF	BA
17 45 73	A	C	E	G
18 46 74	G	B	D	F
19 47 75	F	A	C	E
20 48 76	ED	GF	BA	DC
21 49 77	C	E	G	B
22 50 78	B	D	F	A
23 51 79	A	C	E	G
24 52 80	GF	BA	DC	FE
25 53 81	E	G	B	D
26 54 82	D	F	A	C
27 55 83	C	E	G	B
28 56 84	BA	DC	FE	AG

이렇게 구해진 날짜는 파스카달의 월령 1일에 해당하게 되므로, 구해진 날에 13을 더하게 되면 만월의 날이 된다.

〈대원칙〉 이때 파스카 만월 날짜는 반드시 3월 21일부터 4월 18일 사이의 29일 내에 들어 있어야 한다.

따라서, 위에서 구한 3월이나 4월의 만월 날짜 중 한 날짜만이 원칙에 부합된다.

네 번째 단계는 당해 연도의 주일 문자를 연도별 주일 문자 테이블인 〈테이블 III〉에서 찾는 과정이다.

다섯 번째로 마지막 단계는 세 번째 단계를 통해 구한 파스카 만월의 날짜를 3, 4월의 칼렌다리움 테이블 〈테이블 II〉에서 찾은 후, 그날 이후에 처음 오는 그해 주일 문자에 해당하는 날을 찾는다. 바로 그날이 당해 연도의 부활절 날짜에 해당한다.

이와 같이 부활절 날짜를 찾는 과정에 동원되는 3개의 테이블은 다음과 같다.

1) 〈테이블 I〉 황금 숫자와 에팩트 테이블,
2) 〈테이블 II〉 3월과 4월의 칼렌다리움 테이블,
3) 〈테이블 III〉 연도별 주일 문자 테이블로서,

테이블 각각에 대해서는 아래에서 자세히 설명하도록 하겠다.

황금 숫자와 에팩트

새로운 그레고리우스력 체계에서는 기존에 사용하던 정통 알렉산드리아 19년 주기의 에팩트 테이블에 약간의 수정이 이루어졌기 때문에, 19년 주기의 첫해의 에팩트는 예전의 *(0,30)이 아닌 1로부터 시작하였다. 이와 같은 변화는 그레고리우스력 체계에서 추가된 태양 보정과 태음 보정에 따른 결과였다. 그렇다면, 이제 태양 보정은 무엇이고 태음 보정은 무엇인지 알아보기로 하고, 그로 인해 황금 숫자와 에팩트 간의 관계가 정통 알렉산드리아 주기에 비해 어떻게 변화되었는지 살펴보도록 하겠다.

태양 보정

율리우스력에서는 1년을 365.25일로 정하여 평년을 365일로 하고, 4년에 한 번씩 윤년을 두었다. 이처럼 율리우스력에서는 1년을 365.25일로 하였기 때문에 실제 천문학적 회귀년인 365.24219일보다 0.0078일이 길었다. 따라서 128년이 지나면 달력 상의 한 해는 실제 천문학상의 한 해보다 하루씩 늦어지게 되었다.

이를 바로잡기 위해서 그레고리우스력에서는 율리우스력을 일부 수정하였는데, 개정된 그레고리우스력에서는 기존 달력에서 400년 동안 100년 단위에서 윤일 3번을 생략하였다. 이로서 그레고리우스력은 율리우스력에 비해 400년에 걸쳐서 총 날수가 3일이 줄어들게 되었으므로, 1년의 길이는 365.2425일이 되어 천문학의 회귀년보다 0.0003일(26초)이 길 뿐이어서, 약 3,300년마다 1일의 편차만 나는 비교적 안정된 달력이 되었다.

그런데, 이와 같은 수정의 결과로 그레고리우스의 달력 개혁으로 인해 태양력의 길이가 예전 율리우스력의 길이에 비해 하루 짧아졌기 때문에, 율리우스력에서 사용하던 19년 주기 체계가 새로운 그레고리우스력에서 맞지 않게 되었다. 기존의 19년 주기 체계를 그대로 적용하게 되면 윤일이 삭감된 세기의 해에서는 신월이 예견되는 날보다 하루 뒤에 나타나게 될 것이기 때문이다. 따라서 태양년과 태음월간의 관계인 19년 주기의 오류를 막기 위해 추가적으로 보정이 필요하게 되었다.

결국 그레고리우스력 상에서 윤일이 추가되지 않는 100년의 세기마다, 19년 주기에서도 에팩트를 하루씩 삭감하여 태음력 날짜 하루를 줄임으로써 그 균형을 맞추었으며, 이와 같은 보정을 태양 보정(solar correction, "solar equation")이라고 하였다. 따라서 에팩트와 황금 숫자와의 관계도 영향을 받게 되었으므로, 에팩트 테이블도 새롭게 조정이 이루어지게 되었다.

태음 보정

정확하지 않았던 율리우스력에서의 태양년 1년의 길이는 그레고리우스력에서 태양 보정을 통해 거의 정확하게 수정되었지만, 또 다른 문제가 하나 더 남아 있었다. 1582년까지 교회에서 채택해서 사용한 19년 주기에 대한 내용을 보면, 12태음월로 이루어진 1태음년은 평균 354.25일로, 19태음년은 6,730.75일이 된다. 그런데, 19년 태음력 주기에는 추가로 7번의 윤달이 포함되어 있다. 그중 6윤달은 30일로 되어 있어 총 180일이고, 나머지 1윤달은 29일로, 7윤달의 총 날수는 209일이 된다. 그러므로 7달의 윤달의 날수 209일을 더하면 19년 주기의 태음력 총 날수는 6,939.75, 즉 6,939일 18시간이 된다.

그런데, 천문학자들이 측정한 평균 삭망월의 정확한 길이는 29일 12시간 44분 3초였으므로, 천문학적인 235삭망월의 총 길이는 6,939일 16시간 31분 45초가 되었다. 그러므로, 19년 주기 19년 동안 태음력의 길이는 실제 관측을 통한 값에 비해 1시간 28분 15초, 약 1시간 30분 정도의 차이가 나게 된다. 그 차이로 인해 312.5년이 지나면 신월이 19년 주기에 의해 계산된 날보다 하루 앞선 날에 오게 되었다. 312.5년이 8번이면 8×312.5=2,500, 정확히 2,500년에 해당하는데, 2,500년 동안에는 총 8일 차이가 나게 된다. 이런 이유로 그레고리우스 체계에서는 2,500년 동안에 에팩트를 8번 추가하여 이를 보정하기로 하였다. 그리고, 에팩트 역시 항상 세기 단위의 해에 추가하기로 하였는데, 이것을 태음 보정(lunar correction, "lunar equation")이라고 하였다.

이 보정은 1800년에 처음 적용되었고, 매 300년마다 적용하였는데, 8번째의 마지막 보정은 3900년의 7번째 보정으로부터 300년 후가 아닌 400년 후의 4300년에 이루어진다. 그렇게 함으로써 2,500년 동안 총 8일을 보정할 수 있게 되었다(300×7+400=2,500). 4300년 이후에는 다시 300년마다 계속 7번의 보정이 이루어지고, 이어서 400년 간격의 8번째 보정이 이루어진다.

보정이 이루어지는 해는 다음과 같다.

1800, 2100, 2400, 2700, 3000, 3300, 3600, 3900, 4300, 4600년……

태양 보정은 4세기를 주기로, 태음 보정은 25세기를 주기로 반복되므로, 태양 보정과 태음 보정이 적용된 주기는 100세기를 단위로 하여 완전한 한 주기가 완성된다. 4와 25의 최소 공배수가 100(4×25=100)이기 때문이다.

태양 보정은 4세기에 3번의 −1 보정이 이루어지므로, 100세기 동안에는 −75의 에팩트 보정이 일어난다(25×(−3)=−75). 태음 보정은 2500년, 즉 25세기에 걸쳐 8번의 +1 보정이 이루어지므로, 100세기 동안에는 +32의 에팩트 보정이 이루어진다. (8×4=32)

태음 보정과 태양 보정으로 인해 100세기에 걸쳐서 에팩트는 계속 바뀌게 된다. 에팩트의 변화는 새로운 세기가 시작될 때 나타나게 되는데, 앞에서 언급했던 것처럼 항상 세기마다 반드시 바뀌는 것은 아니다. 새로운 에팩트 체계가 1세기 동안만 유효하기도 하지만, 최대 3세기까지 유효하기도 한다. 그리고, 새롭게 바뀌는 세기의 에팩트는 *에서 I 까지 모두 나타나기 때문에, 총 30가지의 경우가 될 수 있다. 그러므로 같은 에팩트로 다시 돌아오려면 3,000세기가 지나야 한다 (100×30=3,000). 그리고 같은 황금 숫자를 가진 에팩트가 다시 반복되려면, 3,000×19=57,000세기가 걸린다. 햇수로는 이 기간이 5,700,000년으로, 70,499,183삭망월에 해당한다.

그래서 이론적으로 그레고리우스 부활절 날짜는 정확히 5,700,000년, 70,499,183삭망월, 2,081,882,250일 후에 정확히 반복된다고 할 수 있다. 그러나 5,700,000년이라는 긴 세월이 흐르는 동안에 회귀년과 삭망월, 그리고 하루의 길이가 또 변할 수 있기 때문에, 이 주기마저도 보장될 수 없으며 몇 천년마다 재조정되어야 할 것이다.

태음 보정과 태양 보정으로 인해 그레고리우스 체계에서 사용하는 19년 주기에서는 이전의 율리우스력에서 사용되던 19년 주기와 달리 몇 가지 문제점이 나타났다. 그중 하나는 태음월의 날수에 관한 것인데, 율리우스력에서 사용되던 태음력에서는 30일과 29일만이 변함없이 교대로 나타났던 것에 반해, 그레고리우스력에서 사용하는 태음력에서는 31일도 나타나고, 28일도 나타나게 되었다. 그렇지만 이와 같은 문제들로 인해서 파스카 달이나 부활절의 날짜에 미치는 영향

태양 태음 보정표

연도	태음 보정	태양 보정	연도	태음 보정	태양 보정	연도	태음 보정	태양 보정
1600			2800			4000		
1700		−1	2900		−1	4100		−1
1800	+1	−1	3000	+1	−1	4200		−1
1900		−1	3100		−1	4300	+1	−1
2000			3200			4400		
2100	+1	−1	3300	+1	−1	4500		−1
2200		−1	3400		−1	4600	+1	−1
2300		−1	3500		−1	4700		−1
2400	+1		3600	+1		4800		
2500		−1	3700		−1	4900	+1	−1
2600		−1	3800		−1	5000		−1
2700	+1	−1	3900	+1	−1	5100		−1

은 없었다. 또한 이 태음력은 부활절 계산을 위한 용도로만 한정되어 사용되었으며, 일상적인 달력으로 활용되지 않았다.

위 태양 태음 보정표를 보면 +1은 태음 보정Lunar Equation이 이루어지는 해에 해당하고, −1은 태양 보정Solar equation이 이루어지는 해에 해당한다.

클라비우스(Clavius)는 태음 보정은 매 2,500년마다 8번, 태양 보정은 400년에 3번 추가하는 방법으로 이 테이블을 300,000년까지 작성하였다. 그런데 작성 당시 5200년을 잘못 처리하였기 때문에, 5199년 이후부터는 그 테이블은 신뢰할 수 없게 되었다.

태양력 보정과 태음력 보정은 서로 반대 방향으로 이루어진다. 따라서 어떤 세기에서는, 예를 들자면 1800년과 2100년에는 이 보정들이 서로 상쇄되어 에팩트의 변화가 없게 된다. 그러므로 이런 이유로 인해 그레고리우스의 에팩트 테이블들은 100년 동안만 유용하게 사용되거나, 최대 300년까지도 유용하게 사용될 수도 있게 되는 것이다.

알렉산드리아에서 기원하여 디오니시우스가 계승한 19년 주기 테이블의 경우를 보면, 에팩트는 *으로부터 시작되어 주기의 마지막 해에는 XVIII에서 끝나는데, 그레고리우스 개정 이전까지 전혀 수정없이 그대로 사용되었다.

1582년 그레고리우스의 개정이 이루어지면서 에팩트 주기도 수정되었는데, 1500년대 그레고리우스 테이블에서는 에팩트가 I로부터 시작하여 XIX에서 끝난다.

　1582년부터 새롭게 적용된 이 에팩트 테이블은 1600년대에는 보정이 없었으며, 1700년대에 태양 보정이 이루어졌으므로 1699년까지 그대로 유지되어 사용되었다.

1,582년부터 1,699년까지 적용되는 〈에팩트 테이블〉

황금 숫자	1	2	3	4	5	6	7	8
에팩트	I	XII	XXIII	IV	XV	XXVI	VII	XVIII
9	10	11	12	13	14	15	16	17	18	19
XXIX	X	XXI	II	XIII	XXIV	V	XVI	XXVII	VIII	XIX

　1700년은 태양 보정이 이루어지는 해이기 때문에 에팩트를 하루 차감해야 하므로, 1700년대의 에팩트는 1600년대보다 하루씩 적게 되었다. 1800년에는, 태음 보정과 태양 보정이 동시에 일어나서 하루를 더하면서 또 하루를 빼게 되므로, 에팩트의 변화가 없이 1700년대와 똑같게 된다. 이에 따른 1700년 이후 1800년대까지 19년 주기의 에팩트는 다음과 같다.

1,700년부터 1,899년까지 적용되는 〈에팩트 테이블〉

황금 숫자	1	2	3	4	5	6	7	8
에팩트	*	XI	XXII	III	XIV	XXV	VI	XVII
9	10	11	12	13	14	15	16	17	18	19
XVIII	IX	XX	I	XII	XXIII	IV	XV	XXVI	VII	XVIII

　이제, 2000년대 현 세대의 에팩트에 대해서도 알아보기로 하자. 태양 태음 보정 테이블에서 확인할 수 있는 것처럼, 1900년에는 태양 보정이 있으므로 1800년대의 에팩트에서 1을 빼야 된다. 이어지는 2000년과 2100년에는 에팩트의 변화가 없다. 2000년은 400으로 나뉘어지는 해로서 윤년에 해당하지 않아 태양 보정이 없으며 태음 보정도 없는 해이므로 에팩트의 변화가 없고, 2100년은 태음 보정과 태양 보정이 동시에 들어 있어서 에팩트의 변화가 없기 때문이다.

1900년부터 2199년까지 적용되는 〈에팩트 테이블〉

황금 숫자	1	2	3	4	5	6	7	8
에팩트	XXIX	X	XXI	II	XIII	XXIV	V	XVI
9	10	11	12	13	14	15	16	17	18	19
XXVII	VIII	XIX	*	XI	XXII	IV	XIV	XXV	VI	XVII

2200년에는 다시 1을 빼 주어야 하므로 에팩트 테이블의 변화가 생긴다. 따라서 1900년의 에팩트 테이블은 2199년까지 300년 동안 변함없이 그대로 사용할 수 있다. 현재 우리는 이 에팩트 테이블을 사용하고 있다.

이어서 2300년이 되면 다시 1을 빼 주어야 하며, 2400년에는 태음 보정이 일어나지만, 태양 보정의 해가 아니어서 상쇄되지 않으므로 1을 더해 주어야 한다.

이와 같이 태음 보정과 태양 보정을 규칙에 따라 적용하여 산출한 기원전 1년부터 3099년까지의 19년 주기의 에팩트를 산출해 보면 다음 테이블과 같다.

이 테이블은 5199년까지 연장할 수 있다.

〈기원전 1년부터 서기 3099년까지의 에팩트 테이블〉

황금 숫자	1 B.C.~A.D.1582	1582~1699	1700~1899	1900~2199	2200~2299	2300~2399	2400~2499	2500~2599	2600~2899	2900~3099
1	*	I	*	XXIX	XXVIII	XXVII	XXVIII	XXVII	XXVI	XXV
2	XI	XII	XI	X	IX	VIII	IX	VIII	VII	VI
3	XXII	XXIII	XXII	XXI	XX	XIX	XX	XIX	XVIII	XVII
4	III	IV	III	II	I	*	I	*	XXIX	XXVIII
5	XIV	XV	XIV	XIII	XII	XI	XII	XI	X	IX
6	XXV	XXVI	XXV	XXIV	XXIII	XXII	XXIII	XXII	XXIX	XX
7	VI	VII	VI	V	IV	III	IV	III	II	I
8	XVII	XVIII	XVII	XVI	XV	XIV	XV	XIV	XIII	XII
9	XXVIII	XXIX	XXVIII	XXVII	XXVI	XXV	XXVI	XXV	XXIV	XXIII
10	IX	X	IX	VIII	VII	VI	VII	VI	V	IV
11	XX	XXI	XX	XIX	XVIII	XVII	XVIII	XVII	XVI	XV
12	I	II	I	*	XXIX	XXVIII	XXIX	XXVIII	XXVII	XXVI
13	XII	XIII	XII	XI	X	IX	X	IX	VIII	VII
14	XXIII	XXIV	XXIII	XXII	XXI	XX	XXI	XX	XIX	XVIII
15	IV	VII	IV	III	II	I	II	I	*	XXIX
16	XVII	XVI	XV	XIV	XIII	XII	XIII	XII	XI	X
17	XXVIII	XXVII	XXVI	XXV	XXIV	XXIII	XXIV	XXIII	XXII	XXI
18	VII	VIII	VII	VI	V	IV	VII	IV	III	II
19	XVIII	XIX	XVIII	XVII	XVI	XV	XVI	XV	XIV	XIII

칼렌다리움(calendarium) 테이블

칼렌다리움calendarium이란 부활절 날짜를 쉽게 찾을 수 있게 해주기 위해서 그레고리우스 체계에서 새롭게 고안하여 추가한 테이블이다. 칼렌다리움 테이블을 이용하게 되면, 특정한 에팩트에 대응하는 그레고리우스력상의 날짜를 간단히 확인할 수 있다.

칼렌다리움 테이블의 개념을 쉽게 파악하기 위해서 칼렌다리움 테이블을 작성하는 과정을 통해서 설명을 진행하기로 하겠다.

칼렌다리움 테이블 작성에는 다음과 같은 규칙들이 적용되었다.

1. 1년을 365일로 정하고, 1일부터 365일까지 순서대로 써 내려가는 테이블을 먼저 작성한다. 이때 4년마다 돌아오는 윤일은 무시한다.
2. 그리고 1일부터 365일까지의 모든 날짜 옆에 다음과 같은 규칙에 의해 로마 숫자를 부여한다.

    1) "*"(= 0 또는 30), "XXIX", "XXVIII"………"III", "II", "I"과 같이 역순으로 로마 숫자를 부여한다.
    2) "*"(0)에서 "I"까지 한 주기를 부여한 후에는, 계속 이어서 다시 "*"(= 0 또는 30)에서 "I"까지 두 번째 주기를 부여한다. 두 번째 주기에서는 로마 숫자 XXV를 부여한 날짜에 XXIV도 같이 부여한다.
    3) 이런 방법을 반복하여 홀수 주기에서는 첫 번째 주기의 방법으로, 짝수 주기에서는 두 번째 주기의 방법으로 로마 숫자를 부여한다.
    4) 그렇게 되면, 홀수 주기 때에는 "*"(= 0 또는 30)부터 "I"를 사용하여 총 30일에 30개의 로마 숫자가 부여되는 반면, 짝수 주기에서는 총 29일에 30개의 로마 숫자가 부여된다.
    5) 이렇게 365일에 총 12번 주기의 로마 숫자를 부여하게 되면 11일이 남게 되는데, 이 나머지 11일에 13번째 주기를 부여한다. 이때에는 로마 숫자 "XXV"와 "XXIV"를 같은 날에 부여하지 않고, 각각 12월 26일과 27일에 "XXV"과 "XXIV"를 따로 따로 부여한다.

날짜	1월	2월	3월	4월	5월	6월	7월	8월	9월	10월	11월	12월
1	*	XXIX	*	XXIX	XXVIII	XXVII	XXVI	XXV XXIV	XXIII	XXII	XXI	XX
2	XXIX	XXVIII	XXIX	XXVIII	XXVII	XXVI 25	XXV 25	XXIII	XXII	XXI	XX	XIX
3	XXVIII	XXVII	XXVIII	XXVII	XXVI	XXV XXIV	XXIV	XXII	XXI	XX	XIX	XVIII
4	XXVII	XXVI 25	XXVII	XXVI 25	XXV 25	XXIII	XXIII	XXI	XX	XIX	XVIII	XVII
5	XXVI	XXV XXIV	XXVI	XXV XXIV	XXIV	XXII	XXII	XX	XIX	XVIII	XVII	XVI
6	XXV 25	XXIII	XXV 25	XXIII	XXIII	XXI	XXI	XIX	XVIII	XVII	XVI	XV
7	XXIV	XXII	XXIV	XXII	XXII	XX	XX	XVIII	XVII	XVI	XV	XIV
8	XXIII	XXI	XXIII	XXI	XXI	XIX	XIX	XVII	XVI	XV	XIV	XIII
9	XXII	XX	XXII	XX	XX	XVIII	XVIII	XVI	XV	XIV	XIII	XIII
10	XXI	XIX	XXI	XIX	XIX	XVII	XVII	XV	XIV	XIII	XII	XI
11	XX	XVIII	XX	XVIII	XVIII	XVI	XVI	XIV	XIII	XII	XI	X
12	XIX	XVII	XIX	XVII	XVII	XV	XV	XIII	XII	XI	X	IX
13	XVIII	XVI	XVIII	XVI	XVI	XIV	XIV	XII	XI	X	IX	VIII
14	XVII	XV	XVII	XV	XV	XIII	XIII	XI	X	IX	VIII	VII
15	XVI	XIV	XVI	XIV	XIV	XII	XII	X	IX	VIII	VII	VI
16	XV	XIII	XV	XIII	XIII	XI	XI	IX	VIII	VII	VI	V
17	XIV	XII	XIV	XII	XII	X	X	VIII	VII	VI	V	IV
18	XIII	XI	XIII	XI	XI	IX	IX	VII	VI	V	IV	III
19	XII	X	XII	X	X	VIII	VIII	VI	V	IV	III	II
20	XI	IX	XI	IX	IX	VII	VII	V	IV	III	II	I
21	X	VIII	X	VIII	VIII	VI	VI	IV	III	II	I	*
22	IX	VII	IX	VII	VII	V	V	III	II	I	*	XXIX
23	VIII	VI	VIII	VI	VI	IV	IV	II	I	*	XXIX	XXVIII
24	VII	V	VII	V	V	III	III	I	*	XXIX	XXVIII	XXVII
25	VI	IV	VI	IV	IV	II	II	*	XXIX	XXVIII	XXVII	XXVI
26	V	III	V	III	III	I	I	XXIX	XXVIII	XXVII	XXVI 25	XXV
27	IV	II	IV	II	II	*	*	XXVIII	XXVII	XXVI	XXV XXIV	XXIV
28	III	I	III	I	I	XXIX	XXIX	XXVII	XXVI 25	XXV 25	XXIII	XXIII
29	II		II	*	*	XXVIII	XXVIII	XXVI	XXV XXIV	XXIV	XXII	XXII
30	I		I	XXIX	XXIX	XXVII	XXII	XXV 25	XXIII	XXIII	XXI	XXI
31	*		*		XXVIII		XXVI 25	XXIV		XXII		XX

3. 다음 단계로, 30일 주기인 홀수 주기에서 XXV가 부여된 날에 "25"라고 아라비아 숫자를 추가로 표기한다. 그리고 "XXIV"와 "XXV"를 같은 날짜에 부여한 29일 주기인 짝수 주기에서는 "XXVI"에 아라비아 숫자 25를 표기한다.

여기에서, "30"이라는 숫자의 월령은 달이 보이지 않는 날로서, 실제로 월령 0에 해당하는 날이다. 월령을 나타낼 때에는, 30 이상의 숫자가 나오면 30을 빼고 나머지를 사용하여 표기한다. 그러므로 30은 0에 해당한다. 그리고 0이라는 월령을 강조하기 위해서 0 대신 특수 기호 "*"를 사용하여 대체하였다.

위 p.393에 있는 표는 위의 방법으로 작성한 1월부터 12월까지의 칼렌다리움 테이블이다.

이 테이블은 태양년 1년에 해당하는 365일에 태음년 354일을 연계시켜 만들었으며, 오로지 부활절 날짜를 찾기 위해서 고안된 것이다. 칼렌다리움 테이블에서 1에서 31일까지의 숫자는 그레고리우스력 상의 태양력 날짜에 해당하며, 로마자 숫자와 그 옆에 추가된 '25'라는 숫자는 태음력의 월령, 즉 에팩트를 나타내는 것이다. 따라서 어느 해의 에팩트를 알게 되었을 경우에 이 칼렌다리움 테이블을 이용하게 되면, 각각의 삭망월 첫날을 쉽게 구할 수 있고, 그로부터 13일 후인 파스카 보름날을 간단히 알아낼 수 있는 것이다. 그 자세한 방법에 대해서는 아래 부분에서 다시 설명하기로 하겠다.

이 테이블을 보면, 2월을 제외하고 모든 달에서 달의 첫날의 에팩트와 마지막 날의 에팩트가 같다는 것을 알 수 있다. 예를 들어 1월 1일과 1월 31일의 에팩트가 '*'로 같다. 3월도 첫날과 마지막 날의 에팩트도 '*'로 같고, 4월은 XIV, 5월은 XXVIII, 6월은 XXVII로써 첫날과 마지막 날의 에팩트가 같다.

그런데, 부활절은 항상 3월이나 4월에만 들어 있기 때문에, 부활절 날짜를 찾는 데에는 1월부터 12월 전체에 걸친 365일 테이블이 필요하지 않고, 단지 3월과 4월의 칼렌다리움 테이블만으로도 충분하다. 여기에서는 칼렌다리움의 전체적인 구조를 파악할 수 있도록 하기 위해서 1월부터 12월까지 일 년 동안의 전체 테이블을 작성하였다.

아래에 있는 테이블은 1년 전체의 칼렌다리움 중에서 그레고리우스 달력의 3월과 4월의 날짜와 그에 해당하는 에팩트만을 발췌한 3, 4월의 칼렌다리움 테이블이다.

3월과 4월의 칼렌다리움 테이블

날짜	3월	4월
1	*	XXIX
2	XXIX	XXVIII
3	XXVIII	XXVII
4	XXVII	XXVI 25
5	XXVI	XXV XXIV
6	XXV 25	XXIII
7	XXIV	XXII
8	XXIII	XXI
9	XXII	XX
10	XXI	XIX
11	XX	XVIII
12	XIX	XVII
13	XVIII	XVI
14	XVII	XV
15	XVI	XIV

날짜	3월	4월
16	XV	XIII
17	XIV	XII
18	XIII	XI
19	XII	X
20	XI	IX
21	X	VIII
22	IX	VII
23	VIII	VI
24	VII	V
25	VI	IV
26	V	III
27	IV	II
28	III	I
29	II	*
30	I	XXIX
31	*	

칼렌다리움 테이블에서 짝수의 달에 "XXV"와 "XXIV" 두 로마 숫자를 동시에 한 날짜에 부여한 이유

태양년 1년은 365일이고, 태음년 1년은 29.5일로 이루어진 삭망월 12달로 이루어져 있기 때문에 354일이다. 칼렌다리움 테이블은 태양년 1년과 태음년 1년을 연계시켜 만들었다고 하였다. 태음력 달력 상에서 신월이 시작된 후 정확히 태음월 두 달 59일이 지나면 위상 변화는 두 번 반복되어 새로운 신월로 다시 돌아오므로, 달의 위상 변화 한 주기, 즉 삭망월 1달은 정확히 29. 5일에 해당한다.

태음력 상에서 태음월은 삭망월 1달을, 월령은 하루를 기본 단위로 삼아 표기해야 한다. 그런데, 삭망월 1달은 정확히 29.5일에 해당하므로 태음월 29일이 지나고 30일에 접어들면, 그날의 전반부 1/2일은 그달 삭망월 30일에 속하고 후반부

1/2일은 다음 달 삭망월 1일에 속하게 된다. 따라서 30일의 하루가 전달의 마지막 날이면서 다음 달의 첫날이 되는 문제가 발생할 뿐만 아니라, 다음 삭망월의 시작점 자체가 1/2일, 즉 12시간 빠른 시점으로부터 시작되는 혼란스러운 상황이 발생하게 된다.

이 문제를 해결하기 위해서, 마지막 30일 하루 중에서 그 날의 전반부 1/2일뿐만 아니라 다음달 1일에 속하게 되는 후반부 1/2일까지를 모두 앞 달의 30일에 포함되도록 함으로써, 앞 달을 29.5일이 아닌 30일의 큰 달이 되게 하였으며, 자연스럽게 이어지는 다음 달 한 달은 30일이 지난 삭망월 1일로부터 시작되어 29.5일이 아닌 29일로 끝나는 작은 달로 만들었다. 이와 같은 방식을 삭망월 모든 달에 적용하여, 홀수 달은 삭망월의 날짜를 큰 달 30일, 짝수 달은 작은 달 29일로 정하여, 태음월 1달의 평균 날수를 29.5일로 맞추었다.

삭망월 한 달은 30일의 위상 변화로 나타내기로 하였으며, 태음월의 날짜, 달의 위상, 즉 월령을 표기하는 방법으로는 로마 숫자를 사용하기로 하였다. 즉, "✷"(= 0 또는 30)에서 "I"(1)까지의 로마 숫자가 30일의 달 한 주기 위상 변화를 나타내는데 사용되었다. "✷"(= 0 또는 30)은 달이 보이지 않는 '삭'의 상태를 의미하며, "I"(1)은 초승달이 처음 나타나는 상태를 의미한다. 따라서 30일로 이루어진 태음월 큰 달에서는 "✷"(= 0 또는 30)에서 "I"(1)까지의 30일로 이루어진 이 표기 방법을 바탕으로 달의 한 주기 위상 변화와 정확히 일치시킬 수 있었다.

그러나, 짝수 달은 하루 작은 29일로 이루어졌기 때문에, 짝수 달에 "✷"(= 0 또는 30)에서 "I"(1)까지의 30일로 이루어진 표기 방법을 달의 한 주기 위상 변화에 그대로 적용하게 되면, 로마 숫자가 "II"에서 끝나게 되어 하루의 차이가 발생하게 된다. 그렇게 되면 작은 달 다음에 오는 세 번째 태음월 첫날은 새로운 신월에 해당하는 "✷"(0)이 되지 않고 "I"(1)이 되므로, 세 번째 달에서 실제 달의 첫날의 위상에 해당하는 "✷"(0)과 월령을 표기한 로마 숫자 I(1)이 서로 맞지 않게 되는 결과가 초래된다.

그런데, 모든 태음월은 달력 상에서 큰 달과 작은 달로 구분되기는 하지만 원래 모두 똑같은 길이의 삭망월이기 때문에 당연히 모두 "✷"(= 0 또는 30)에서 시작하여 "I"(1)에서 끝나야 한다. 따라서 29일의 작은 달에서도 "✱"(= 0 또는 30)에서 시작하여 "I"(1)에서 끝날 수 있도록 조정이 이루어져야 세 번째 태음월의 첫날도 "✱"로부터 시작될 수 있게 된다.

로마 숫자를 작은 달 29일에 정확하게 맞추기 위해서는 로마 숫자를 짝수 달에서만 하루 줄이는 방법도 고려할 수 있지만, 삭망월 한 주기 위상 변화를 로마 숫자 30을 사용하여 나타내기로 한 것이기 때문에 짝수 달만 달의 위상을 29일로 줄일 수는 없다. 대신 짝수 달의 어느 날 하루에 2일간의 월령을 동시에 부여하기로 하였다. 그렇게 한 날에 동시에 부여하기로 한 월령이 "XXV"와 "XXIV" 두 로마 숫자에 해당하는 월령이다.

이와 같은 방법을 통해 짝수 달에서도 " ✱ "(= 0 또는 30)로부터 시작하여 "I"(1)로 끝나는 로마 숫자 체계를 유지하면서, 월령은 30일에서 29일로 하루 줄어드는 효과를 얻을 수 있게 되었다. 결과적으로 30일의 큰 달과 29일의 작은 달이 교대로 반복되어 2달의 총 날수는 59일이 되었으므로, 1달의 날수는 정확히 실제 삭망월 1달의 날수 29.5일과 같아지게 되었다.

"XXV"와 "XXIV" 두 로마 숫자를 동시에 한 날짜에 부여함으로서 생기는 문제와 문제 해결

19년 주기 상에서 각 해의 에팩트를 살펴보자.

황금 숫자			1	2	3	4	5	6	7	8
에팩트			XXIX	X	XXI	II	XIII	XXIV	V	XVI
9	10	11	12	13	14	15	16	17	18	19
XXVII	VIII	XIX	✱	XI	XXII	III	XIV	XXV	VI	XVII

19년 주기 한 사이클 내에서 11년 차이가 나는 두 해는 1의 에팩트 차이를 보인다. 11년 동안 에팩트는 총 121(11×11)일 추가되는데, 121은 30×4 나머지 1이기 때문에 11년 차이가 나는 두 해의 에팩트 차이는 하루가 되는 것이다. 위의 표에서 보는 바와 같이 첫 번째 해와 12번째 해, 2번째 해와 13번째 해, 3번째 해와 14번째 해,⋯ 8번째 해와 19번째 해에서 에팩트가 각각 하루 차이가 난다는 것을

알 수 있다.

앞에서 짝수 주기의 달에서는 한 날에 에팩트 XXV와 XXIV을 표시한다고 하였다. 그런데 19년 주기 사이클 내에서 황금 숫자 1에서 8사이에 해당하는 해 중에서 에팩트가 XXIV인 경우가 생길 수 있을 것이다. 또한, 황금 숫자 12에서 19년 사이에 있으며 그해로부터 11년 후가 되는 해의 경우에는 에팩트가 XXV이 될 것이다. 그렇게 되면 XXV와 XXIV를 같은 날짜에 부여한다고 하였으므로, 이들 11년 간격의 두 해의 에팩트에 해당하는 날짜가 서로 같게 될 것이다.

그것은 같은 19년 주기 내의 두 해에 신월이 같은 날에 나타난다는 것을 의미하는 것이 된다. 신월이 19년 주기 내의 두 해에 같은 날에 다시 나타나는 현상은 천문학적으로 절대 일어날 수 없기 때문에, 이와 같은 경우는 절대 허용될 수 없는 상황이다. 그러므로 같은 날에 XXV와 XXIV를 같이 표시함으로써 생길 수 있는 이 문제는 반드시 해결되어야 했다.

이를 위해서 29일 주기인 짝수 주기의 "XXVI"에 아라비아 숫자 25를 추가 표기하였다. 그리고 19년 한 주기 내에서 똑같은 날짜에 새로운 신월이 오는 현상을 방지하기 위해서, 황금 숫자가 11보다 큰 해에 에팩트가 XXV가 되는 경우에는 신월의 날을 "XXV"가 아닌 아라비아 숫자 25로 표시된 날로 하는 규칙을 추가하였다. 그렇게 하면 11보다 큰 황금 숫자의 해에는 신월이 에팩트가 아라비아 숫자 25로 표시된 "XXVI"인 날짜에 해당하게 되었으므로, 에팩트가 "XXV"인 날과 "XXIV"인 날에 똑같이 신월이 되는 것을 방지할 수 있게 되었다.

그런데 "25" 아라비아 숫자를 "XXVI"에 표기하는 방법 역시 또 다른 문제를 야기하였다. "25" 숫자를 "XXVI"에 표시함으로써 에팩트가 XXV이면서 11보다 큰 황금 숫자를 가진 해에 신월이 "XXV"가 아닌 25 숫자로 표시된 "XXVI"의 날짜에 해당하게 되었는데, 만약 이후에 실제로 "XXVI"의 에팩트를 가진 해가 나타난다면, 또 다시 같은 날에 신월이 나타나게 되는 중복 현상이 생길 수 있기 때문이었다.

그렇지만 그런 걱정은 할 필요가 없었다. 왜냐하면 계산을 통해 예측해 본 결과 그런 현상은 19년 주기 상에서 22년째에만 나타나는 것으로 되어 있기 때문이다. 22년째는 해당 19년 주기에 포함되지 않고 다음 19년 주기로 넘어가게 된다. 그리고, 현재의 19년 주기와 새로운 다음 19년 주기 사이에는 살투스(saltus lunae) 하루가 추가되기 때문에, 앞뒤의 19년 주기는 서로 연관성이 유지되지 않는 전혀 다른 19년 주기에 속하게 된다. 따라서 해당 19년 주기에 포함되지 않는 22년째에 나타나는 문제에 대해서는 걱정하지 않고 무시해도 된다.

특별히 "XXV"와 "XXIV"를 선택한 이유

하지만, 수많은 경우 중에서 특별히 "XXV"와 "XXIV" 에팩트 시점을 선택한 이유가 무엇인지 의문이 생긴다. 니케아 공의회 규정에 의하면 "파스카는 춘분 후 새 달이 뜨는 날로부터 만월(파스카 만월 : Paschal full moon) 이후의 일요일이어야 하고, 파스카 만월(Paschal full moon)이라 함은 춘분이나 춘분 이후에 처음 오는 만월을 말한다"고 하였다. 이를 근거로, 디오니시우스는 교회 태음년 상에 파스카 달(Paschal month)은 3월 8일에서 4월 5일 사이에서 시작되어야 하고, 이에 따라 파스카 만월에 해당하는 14일은 신월로부터 13일 후가 되기 때문에 3월 21일부터 4월 18일 사이에 들어 있어야 한다고 하였다. 그리고 이 기간은 1삭망월 기간 이내여야 하므로 반드시 29일간이다. 그런데 에팩트가 XXIV인 해의 경우에 문제가 발생하였다.

칼렌다리움에서 에팩트가 XXIV인 날이 3월 7일과 4월 6일이라는 것을 알 수 있다.

에팩트가 XXIV라는 것은 XXIV의 에팩트에 해당하는 날이 신월이라는 의미이

날짜	3월	4월
1	*	XXIX
2	XXIX	XXVIII
3	XXVIII	XXVII
4	XXVII	XXVI
5	XXVI	XXV
6	XXV	XXIV
7	XXIV	XXIII

므로, 3월 7일과 4월 6일에 신월이 오게 된다. 문제는 신월이 3월 7일 날은 그날로부터 13일 후에 오는 만월의 날짜가 3월 20일이기 때문에, 춘분인 3월 21일보다 하루가 빠르게 된다. 따라서 3월 7일에 시작되는 태음월은 만월이 춘분 이전에 오기 때문에 파스카 달이 될 수 없다.

그렇게 되면, 3월 7일로부터 30일 후에 오는 XXIV의 에팩트를 가진 4월 6일의 신월이 파스카 달이 되어야 한다. 이에 따라 4월 6일이 파스카 달의 신월이 되면, 파스카 만월 날짜는 13일 후인 4월 19일이 될 것이다. 그런데 이 경우에 만약 4월 19일이 일요일에 해당하게 되면, 부활절은 7일 후의 다음 일요일인 4월 26일로 미루어져야 한다. 그렇지만, 율리우스력 상에서 허용된 가장 늦은 부활절은 4월 25일이라고 하였으므로, 개정된 그레고리우스력에서도 이 4월 25일을 벗어나지 않아야 된다고 규정을 정하였다.

그러므로 이처럼 실제로 4월 6일이 파스카 달의 신월에 해당하는 경우가 발생하게 된다면, 부활절 날짜가 4월 26일에 올 수도 있기 때문에 부활절의 최종 한계인 4월 25일을 벗어날 수도 있게 될 것이고, 파스카 만월이 반드시 3월 21일부터 4월 18일 사이의 29일간의 기간 안에 들어 있어야 한다는 원칙으로부터 벗어나게 된다. 결과적으로, 신월이 3월 7일 날이고 4월 19일이 일요일인 해의 경우에는 조건에 부합되는 부활절 날이 없는 초유의 사태가 발생하게 되는 것이다.

이와 같은 문제까지 포함한 모든 문제들을 한꺼번에 해결하기 위해서, 두 에팩트를 한 날에 표기하는 곳으로 다른 곳이 아닌 "XXV"와 "XXIV"를 선택하게 된 것이다. 4월에 들어 있는 태음월은 짝수의 태음월로서 29일의 작은 달이기 때문

테이블1

A

날짜	3월	4월
1	*	XXIX
2	XXIX	XXVIII
3	XXVIII	XXVII
4	XXVII	XXVI
5	XXVI	XXV
6	XXV	XXIV
7	XXIV	XXIII

B

날짜	3월	4월
1	*	XXIX
2	XXIX	XXVIII
3	XXVIII	XXVII
4	XXVII	XXVI 25
5	XXVI	XXV XXIV
6	XXV 25	XXIII
7	XXIV	XXII

에 규칙상 두 개의 에팩트를 같은 날에 갖게 되는데, 이런 이유로 그중에서 에팩트가 XXV인 4월 5일을 선택하여 에팩트 XXIV도 추가로 부여함으로써 4월 5일이 XXIV와 XXV의 두 개의 에팩트를 갖게 한 것이다.

이와 같은 결정의 결과로 4월 5일에 에팩트 XXIV를 추가하기 전에는 에팩트가 XXIV인 날이 4월 6일이었지만, 추가한 후에는 에팩트 XXIV에 해당하는 날이 4월 5일이 되기 때문에, 4월 5일이 신월이 되고 파스카 만월은 4월 18일이 되었다. 이로서 4월 18일이 일요일에 오더라도, 부활절은 7일 후의 다음 일요일인 4월 25일이 되어, 율리우스력 상에서 허용된 가장 늦은 부활절은 4월 25일이라는 규정을 충족시키게 되었고, 파스카 달이 반드시 3월 21일부터 4월 18일 사이의 29일 간의 기간 내에 들어 있어야 한다는 규칙과 부활절 일요일이 4월 25일 내에 속해야 한다는 모든 규칙들을 충족시킬 수 있게 되었다. "XXV"과 "XXIV"의 두 에팩트를 선택하여 같은 날에 표기한 이유가 바로 이것이다.

〈테이블 2 (2014~2032 에팩트 테이블)〉

햇수			2014	2015	2016	2017	2018	2019	2020	2021
황금 숫자			1	2	3	4	5	6	7	8
에팩트			XXIX	X	XXI	II	XIII	XXIV	V	XVI
파스카 만월			14A	3A	23M	11A	31M	18A	8A	28M
2022	2023	2024	2025	2026	2027	2028	2029	2030	2031	2032
9	10	11	12	13	14	15	16	17	18	19
XXVII	VIII	XIX	*	XI	XXII	III	XIV	XXV	VI	XVII
16A	5A	25M	13A	2A	22M	10A	30M	17A	7A	27M

M(March) : 3월, A(April): 4월

실제 예를 들어 문제가 확실하게 해결되었는지 확인하여 보자.

위 〈테이블 2(2014~2032 에팩트 테이블)〉는 2014년부터 2032년까지의 19년 주기를 작성한 것이다. 칼렌다리움 테이블 〈테이블 1〉의 A에서처럼 XXV와 XXIV는 같은 날짜에 지정된다고 하였으므로, 2019년의 에팩트 XXIV와 11년 후인 2030년의 에팩트 XXV는 똑같은 날에 지정되어야 한다. 그렇게 되면 2019년과 2030년의 신월과 만월이 똑같게 된다. 그런데, 추가적인 규칙에 의해서 에팩트가 XXV이면서 11보다 큰 황금 숫자를 가진 해, 즉, 2030년의 경우에는 신월이 "XXV"가 아닌 25 숫자로 표시된 날에 오는 것으로 규정되었기 때문에, 2030년의 신월은 〈테이블 1〉의 B에서처럼 4월 4일이 되고, 만월은 13일 후인 4월 17일이 된다. 이에 반해, 2019년의 에팩트 XXIV의 날은 여전히 4월 5일이 되고, 만월은 13일 후인 4월 18일이 된다. 따라서 2019년과 2030년의 신월과 만월의 날짜가 서로 같지 않게 되었다. 이처럼 새로운 규칙이 추가되면서 19년으로 이루어진 한 메톤 주기 내에서는 똑같은 날에 신월이나 만월이 나타나지 않게 되었다.

주일 문자(Dominical Letters, Sunday letters)

주일 문자(Dominical Letters, Sunday letters)란 어떤 특정한 날짜의 요일을 알기 위해 사용된 알파벳 문자들을 말하는데, 부활절 날짜를 계산하는 컴퓨투스 체계에서만 유일하게 사용되는 기법이다. 그러면 주일 문자가 무엇인지 간단히 살펴보자. 평년이나 윤년에 상관없이 2월의 날수를 28일로 고정하고, 1월 1일부터 12월 31일까지 365일의 모든 날짜에 "A"에서 "G"까지의 문자를 반복 사용하여 연속적으로 부여한다. 각 날짜에 부여된 고유 문자는 해가 바뀌더라도 절대 변동되지 않고 항상 같다. 그러므로 1월 1일의 고유 문자는 어느 해에도 항상 A, 2월 1일은 D, 3월 1일은 D가 된다. 이렇게 부여된 문자들은 그해의 일요일을 파악하는 용도로만 사용된다.

예를 들어 어떤 해의 첫 일요일이 1월 5일이라고 하자. 1월 5일이라는 날짜는

주일 문자별 일요일의 날짜

일요일	1월	2월	3월	4월	5월	6월	7월	8월	9월	10월	11월	12월
1일, 8일, 15일, 22일	A	D	D	G	B	E	G	C	F	A	D	F
2일, 9일, 16일, 23일	B	E	E	A	C	F	A	D	G	B	E	G
3일, 10일, 17일, 24일	C	F	F	B	D	G	B	E	A	C	F	A
4일, 11일, 18일, 25일	D	G	G	C	E	A	C	F	B	D	G	B
5일, 12일, 19일, 26일	E	A	A	D	F	B	D	G	C	E	A	C
6일, 13일, 20일, 27일	F	B	B	E	G	C	E	A	D	F	B	D
7일, 14일, 21일, 28일	G	C	C	F	A	D	F	B	E	G	C	E
29일	A	D*	D	G	B	E	G	C	F	A	D	F
30일	B		E	A	C	F	A	D	G	B	E	G
31일	C		F		D		B	E		C		A

고유 문자로 E를 부여받은 날로서 어느 해에 관계없이 항상 E라는 주일 문자를 갖게 된다. 그러므로 그해에는 E라는 문자를 가진 모든 날들이 일요일에 해당한다. 이처럼 어느 해에서 일요일에 해당하는 문자, 여기에서는 E를 그해의 '주일 문자'(Dominical Letters ; Latin: dies domini, day of the Lord)라고 한다.

p.404 표에서 보면, 1월에는 5, 12, 19, 26일이, 2월에는 2, 9, 16, 23일이, 3월에도 2, 9, 16, 23일이, 4월에는 6, 13, 20, 27일이 E라는 문자를 가진 날에 해당하므로, E가 그해의 '주일 문자'일 경우 E라는 문자를 가진 위의 날들이 모두 일요일에 해당한다.

평년인 365일의 경우 일 주일 단위로 나누어 보면, 365/7=52 나머지 1이므로, 52주하고 하루가 남는다. 그러므로 어느 해의 첫날이 '주일 문자' A로 시작되었다면 마지막 날의 주일 문자도 A가 된다. 윤년이 되면 같은 해에 예외적으로 두 개의 주일 문자를 갖는다. 하나는 윤일 전인 2월까지, 또 하나는 윤일 다음인 3월 이후에 적용된다. 2월 28일까지의 '주일 문자'가 C였다면, 2월까지는 같은 날짜로 구성되어 있는 평년의 달력과 차이가 없다. 그러나 윤일 이후 3월의 일요일을 보면 일요일이 1, 2월보다 하루 일찍 오게 되며, 일요일에 해당하는 날의 문자가 B가 된다는 것을 알 수 있다. 그러므로 윤일 이후에는 '주일 문자'가 C에서 B로 바뀌게 되므로 그해에는 주일 문자가 CB로 표기된다.

평년이나 윤년에 상관없이 2월을 28일 날짜까지로 고정하고 1년을 365일로 하여 "A"에서 "G"까지의 문자를 부여한다고 하였다. 이에 따라 윤년이 아닌 경우에는 윤일인 29일도 없으므로, 당연히 문자도 부여되지 않는다. 그리고 윤년의 해에 추가되는 2월 29일에도 대부분의 경우에는 문자가 부여되지 않는다. 문자가 부여되지 않더라도 일요일과 관련된 영향이 전혀 없으므로 문제가 되지 않기 때문이다.

그렇지만 새해 첫날이 목요일로 시작되는 윤년의 경우에는 그해의 주일 문자가 D에 해당하고, 윤일 2월 29일은 주일 문자 D의 문자가 부여되는 순서에 해당한다. 이에 따라 예외적으로 2월 29일에 D의 문자를 부여하였는데, 3월 1일의 D의 문자와 구별하기 위해서 그때 부여되는 문자는 D*로 하였다.

주일 문자(테이블 III) 찾기

오른쪽 표는 1600년부터 2799년까지의 주일 문자를 정리한 것이다.

가로줄은 1600년, 1700년, 1800년처럼 세기 단위로 구분하였으며, 세로줄은 각 세기의 100년간의 연도를 표기하였다. 예를 들어 1635년의 주일 문자를 알기 위해서는, 가로줄에서 1600란을 먼저 찾은 후에 세로줄에서 35란을 찾아 그 두 줄이 만나는 칸의 문자를 확인하면 된다. 2024년의 경우에는 윤년이기 때문에 두 개의 주일 문자, GF를 갖는다. 2025년의 경우 주일 문자는 E가 된다.

이 〈테이블 III〉의 도표를 이용하여 2020년부터 2051년까지의 주일 문자를 정리하면 아래의 표와 같다.

〈테이블 III〉 주일 문자 테이블

각 세기의 연도	1600 2000 2400	1700 2100 2500	1800 2200 2600	1900 2300 2700
0	BA	C	E	G
1 29 57 85	G	B	D	F
2 30 58 86	F	A	C	E
3 31 59 87	E	G	B	D
4 32 60 88	DC	FE	AG	CB
5 33 61 89	B	D	F	A
6 34 62 90	A	C	E	G
7 35 63 91	G	B	D	F
8 36 64 92	FE	AG	CB	ED
9 37 65 93	D	F	A	C
10 38 66 94	C	E	G	B
11 39 67 95	B	D	F	A
12 40 68 96	AG	CB	ED	GF
13 41 69 97	F	A	C	E
14 42 70 98	E	G	B	D
15 43 71 99	D	F	A	C
16 44 72	CB	ED	GF	BA
17 45 73	A	C	E	G
18 46 74	G	B	D	F
19 47 75	F	A	C	E
20 48 76	ED	GF	BA	DC
21 49 77	C	E	G	B
22 50 78	B	D	F	A
23 51 79	A	C	E	G
24 52 80	GF	BA	DC	FE
25 53 81	E	G	B	D
26 54 82	D	F	A	C
27 55 83	C	E	G	B
28 56 84	BA	DC	FE	AG

2020	ED	2028	BA	2036	FE	2044	CB
2021	C	2029	G	2037	D	2045	A
2022	B	2030	F	2038	C	2046	G
2023	A	2031	E	2039	B	2047	F
2024	GF	2032	DC	2040	AG	2048	ED
2025	E	2033	B	2041	F	2049	C
2026	D	2034	A	2042	E	2050	B
2027	C	2035	G	2043	D	2051	A

실제로 부활절 날짜를 구하기 위해서 필요한 달력은 3월과 4월 뿐이며, 더 범위를 좁히자면 3월 8일에서 4월 5일까지의 칼렌다리움 테이블만으로 충분하다. 다음 테이블(테이블 II)은 '주일 문자'가 함께 기록되어 있는 3월과 4월의 칼렌다리움 테이블을 작성한 도표이다.

〈테이블 II〉 주일 문자가 포함된 3월과 4월의 칼렌다리움 테이블

이펙트	3월	주일 문자	4월	주일 문자
*	1	D		
xxix	2	E	1	G
xxviii	3	F	2	A
xxvii	4	G	3	B
xxvi	5	A	4	C
25	6	B	4	C
xxv	6	B	5	D
xxiv	7	C	5	D
xxiii	8	D	6	E
xxii	9	E	7	F
xxi	10	F	8	G
xx	11	G	9	A
xix	12	A	10	B
xviii	13	B	11	C
xvii	14	C	12	D
xvi	15	D	13	E
xv	16	E	14	F
xi	17	F	15	G
xiii	18	G	16	A
xii	19	A	17	B
xi	20	B	18	C
x	21	C	19	D
ix	22	D	20	E
viii	23	E	21	F
vii	24	F	22	G
vi	25	G	23	A
v	26	A	24	B
iv	27	B	25	C
iii	28	C	26	D
ii	29	D	27	E
i	30	E	28	F
*	31	F	29	G

칼렌다리움 테이블에서 3월 1일의 에팩트는 1월 1일의 에팩트와 같다고 하였는데, 1월 1일의 에팩트는 '*'이므로 3월 1일의 에팩트 역시 '*'이 된다. 1월 1일에

'주일 문자'는 A로부터 시작한다고 하였으므로, 3월 1일은 '주일 문자'가 D로부터 시작된다. 그러므로 위 테이블처럼 에팩트와 주일 문자까지 모두 포함된 3월과 4월, 2개월에 걸친 칼렌다리움 테이블을 작성할 수 있다. 이렇게 작성된 칼렌다리움 테이블은 절대적으로 고정되어 있으므로, 어떠한 경우에도 변화되지 않는다.

이처럼 컴퓨티스트들은 부활절 날짜와 관련된 요소들을 기반으로 부활절 날짜를 간편하게 구할 수 있는 테이블들을 고안하였으며, 이제 우리는 그 테이블들을 활용하여 현재 사용하고 있는 그레고리우스력 상에서 원하는 해의 부활절 날짜를 어렵지 않게 찾을 수 있게 되었다.

다음은 3개의 테이블만을 참조하여 부활절 날짜를 쉽게 구하는 과정이다.
1〉 원하는 해의 황금 숫자를 구한다.
2〉 당해 년도의 에팩트를 구한다.
3〉 파스카 만월의 날을 구한다.
4〉 해당 연도의 주일 문자를 찾는다.
5〉 세 번째 단계를 통해 구한 파스카 만월의 날짜를 3, 4월의 칼렌다리움 테이블〈테이블Ⅲ〉에서 찾은 후, 그 날 이후에 처음 오는 그해 주일 문자에 해당하는 날을 찾는다.

이때 찾은 날이 바로 그해의 부활절 날짜에 해당한다.

부활절 날짜를 찾기 위해 필요한 3개의 테이블은 다음과 같다.

《 부활절 날짜를 찾기 위해 필요한 테이블들 》

〈테이블 I〉
1900년부터 2199년까지 적용되는 에팩트 테이블

황금 숫자	1	2	3	4	5	6	7	8
에팩트	XXIX	XI	XXII	III	XIV	XXV	VI	XVII

9	10	11	12	13	14	15	16	17	18	19
XXVIII	IX	XX	I	XII	XXIII	IV	XV	XXVI	VII	XVIII

〈테이블 II〉
주일 문자가 포함된
3월과 4월의 칼렌다리움 테이블

이펙트	3월	주일 문자	4월	주일 문자
*	1	D		
xxix	2	E	1	G
xxviii	3	F	2	A
xxvii	4	G	3	B
xxvi	5	A	4	C
25	6	B	4	C
xxv	6	B	5	D
xxiv	7	C	5	D
xxiii	8	D	6	E
xxii	9	E	7	F
xxi	10	F	8	G
xx	11	G	9	A
xix	12	A	10	B
xviii	13	B	11	C
xvii	14	C	12	D
xvi	15	D	13	E
xv	16	E	14	F
xi	17	F	15	G
xiii	18	G	16	A
xii	19	A	17	B
xi	20	B	18	C
x	21	C	19	D
ix	22	D	20	E
viii	23	E	21	F
vii	24	F	22	G
vi	25	G	23	A
v	26	A	24	B
iv	27	B	25	C
iii	28	C	26	D
ii	29	D	27	E
i	30	E	28	F
*	31	F	29	G

〈테이블 III〉
연도별 주일 문자 테이블

각 세기의 연도	1600 2000 2400	1700 2100 2500	1800 2200 2600	1900 2300 2700
0	BA	C	E	G
1 29 57 85	G	B	D	F
2 30 58 86	F	A	C	E
3 31 59 87	E	G	B	D
4 32 60 88	DC	FE	AG	CB
5 33 61 89	B	D	F	A
6 34 62 90	A	C	E	G
7 35 63 91	G	B	D	F
8 36 64 92	FE	AG	CB	ED
9 37 65 93	D	F	A	C
10 38 66 94	C	E	G	B
11 39 67 95	B	D	F	A
12 40 68 96	AG	CB	ED	GF
13 41 69 97	F	A	C	E
14 42 70 98	E	G	B	D
15 43 71 99	D	F	A	C
16 44 72	CB	ED	GF	BA
17 45 73	A	C	E	G
18 46 74	G	B	D	F
19 47 75	F	A	C	E
20 48 76	ED	GF	BA	DC
21 49 77	C	E	G	B
22 50 78	B	D	F	A
23 51 79	A	C	E	G
24 52 80	GF	BA	DC	FE
25 53 81	E	G	B	D
26 54 82	D	F	A	C
27 55 83	C	E	G	B
28 56 84	BA	DC	FE	AG

이제 이 테이블들을 이용하여 실제로 부활절 날짜를 구해 보기로 하자.

(1) 2024년의 부활절 날짜를 구해 보자.
　1) 황금 숫자는 원하는 햇수에 1을 더한 다음 19로 나누었을 때 나머지에 해당한다고 하였다.
　　2024년의 경우, (2,024 + 1)/19 = 106 나머지 11, 황금 숫자는 11이다.
　2) 에팩트 테이블 〈테이블 I〉에서 황금 숫자 11의 에팩트는 XIX이다.
　3) 칼렌다리움 테이블 〈테이블 II〉에서 에팩트가 XIX인 날은 3월 12일과 4월 10일이다.
　　(대원칙: 파스카 만월은 반드시 3월 21일부터 4월 18일 사이의 29일 안에 들어 있어야 한다.)
　　3월 12일의 경우, 13일 후인 3월 25일이 만월이 되므로, 조건에 합당하게 된다.
　　4월 10일의 경우, 13일 후인 4월 23일이 만월이 되므로, 조건에 합당하지 않는다.
　4) 연도별 주일 문자 테이블 〈테이블 III〉에서 2024년도의 주일 문자를 찾는다. 2024년도의 주일 문자는 GF이다.
　　2024년 2월까지는 주일 문자는 G가 적용되고,
　　3월부터는 F가 적용된다.
　5) 칼렌다리움 테이블 〈테이블 II〉에서 3월 25일 직후에 오는 그해의 주일 문자인 F의 날을 찾으면, 3월 31일이 나온다.

2024년의 부활절 날짜는 3월 31일 일요일이다.

(2) 2025년의 부활절 날짜를 구해 보자.
　1) 황금 숫자는 원하는 햇수에 1을 더한 다음 19로 나누었을 때 나머지에 해당한다고 하였다.
　　2025년의 경우, (2,025+1)/19 = 106 나머지 12, 황금 숫자는 12

2) 에팩트 테이블 〈테이블 I〉에서 황금 숫자 12의 에팩트는 *이다.

3) 칼렌다리움 테이블 〈테이블 II〉에서 에팩트가 *인 날짜는 3월 1일과 31일, 그리고 4월 29일이다.

   (대원칙: 파스카 만월은 반드시 3월 21일부터 4월 18일 사이의 29일 안에 들어 있어야 한다.)

   3월 1일의 경우, 13일 후인 3월 14일이 만월이 되므로, 조건에 합당하지 않는다.

   3월 31일의 경우에는 4월 13일이 만월이 되므로, 조건에 합당한 날이 된다.

   4월 29일의 경우, 13일 후인 5월 12일이 만월이 되므로, 조건에 합당하지 않는다.

4) 연도별 주일 문자 테이블 〈테이블 III〉에서 2025년도의 주일 문자를 찾는다. 2022년도의 주일 문자는 E이다.

5) 칼렌다리움 테이블 〈테이블 II〉에서 4월 13일 직후에 오는 그해의 주일 문자인 E의 날을 찾으면, 4월 13일이 나오는데,

   이날은 파스카 만월이 일요일에 오게 되므로 규정에 따라 다음 일요일인 주일 문자 E의 날인 4월 20일로 연기한다.

따라서 2025년의 부활절 날짜는 4월 20일 일요일이다.

(3) 2027년의 부활절 날짜를 구해 보자.

1) 황금 숫자는 원하는 햇수에 1을 더한 다음 19로 나누었을 때 나머지에 해당한다고 하였으므로,

   2027년의 경우, (2,027+1)/19 = 106 나머지 14, 황금 숫자는 14이다.

2) 에팩트 테이블 〈테이블 I〉에서 황금 숫자 14의 에팩트는 XXII이다.

3) 칼렌다리움 테이블 〈테이블 II〉에서 에팩트가 XXII인 날짜는 3월 9일과 4월 7일이다.

   (대원칙: 파스카 만월은 반드시 3월 21일부터 4월 18일 사이의 29일 안에 들어 있어야 한다.)

3월 9일의 경우, 13일 후인 3월 22일이 만월이 되므로, 조건에 합당한 날이 된다.

4월 7일의 경우, 13일 후인 4월 20일이 만월이 되므로, 조건에 합당하지 않는다.

4) 연도별 주일 문자 테이블 〈테이블 Ⅲ〉에서 2027년도의 주일 문자를 찾는다. 2027년도의 주일 문자는 C이다.

5) 칼렌다리움 테이블 〈테이블 Ⅱ〉에서 3월 22일 직후에 오는 그해의 주일 문자인 C 의 날을 찾으면, 3월 28일이 나온다.

2027년의 부활절 날짜는 3월 28일 일요일이다.

(4) 2459년의 부활절 날짜를 구해 보자.

1) $(2,459+1) \div 19 = 129$ 나머지 9. 2459년의 황금 숫자는 9이다.

2) 〈기원전 1년부터 서기 3099년까지의 에팩트 테이블〉을 참고하면, 2400년 이후의 경우 19년 메톤 주기 첫해의 에팩트는 XXVIII이며, 황금 숫자 9번째에 해당하는 해의 에팩트는 XXVI가 된다.

3) 칼렌다리움 테이블 〈테이블 Ⅱ〉에서 에팩트가 XXVI인 날짜는 3월 5일과 4월 4일이다.

(대원칙: 파스카 만월은 반드시 3월 21일부터 4월 18일 사이의 29일 안에 들어 있어야 한다.)

3월 5일의 경우, 13일 후인 3월 18일이 만월이 되므로, 조건에 합당하지 않는다.

4월 4일의 경우, 13일 후인 4월 17일이 만월이 되므로, 조건에 합당한 날이 된다.

4) 연도별 주일 문자 테이블 〈테이블 Ⅲ〉에서 2459년의 주일 문자는 E이다.

5) 칼렌다리움 테이블 〈테이블 Ⅱ〉에서 4월 17일 직후에 오는 그해의 주일 문자인 E 의 날을 찾으면, 4월 20일이 나온다.

2459년의 부활절 일요일은 4월 20일이 된다.

파스카 만월 날짜를 구하는 공식

파스카 테이블을 사용하지 않고, 계산식을 이용하여 파스카 만월 날짜를 구하는 방법도 여러 가지 고안되었는데,

그중 현재에도 사용될 수 있는 방법 한 가지를 소개하고자 한다.

이 공식은 1900년부터 2199년까지 유효하다.

제 1식 PFMd = 45 − (Y mod 19 × 11) mod 30

제 2식 PFMd = 45 − (Y mod 19 × 11) mod 30 + 29 (Y mod 19 = 5 또는 16일 때)

제 3식 PFMd = 45 − (Y mod 19 × 11) mod 30 + 30 (Y mod 19 = 8일 때)

제 4식 PFMd = 45 − (Y mod 19 × 11) mod 30 − 31

(결과 값이 31을 넘으면, 그 값에서 31을 빼고, 달은 4월이 된다.)

⟨식에 대한 설명⟩

PFMd (Paschal Full Moon date) : 파스카 만월 날짜

mod 라는 기호는 숫자를 나눈 후, 몫은 버리고 나머지 값을 취하라는 연산 기호이다.

+ 29 (Y mod 19 = 5 또는 16일 때) : Y mod 19의 값이 5나 16이면, 29를 더하라는 뜻이고,

+ 30 (Y mod 19 = 8일 때) : Y mod 19 = 8이면 30을 더하라는 뜻이다.

이때 계산 값이 31을 넘으면, 31을 빼고, 4월을 적용한다.

(1) 2023년의 파스카 만월 날짜를 구해보자.

　PFMd (2023) = 45 − (Y mod 19 × 11) mod 30

　= 45 − (2,023 mod 19 × 11) mod 30

　2,023 / 19 = 106 나머지 9이므로, 2,023 mod 19 = 9

　Y mod 19 = 9일 경우 제 1식에 해당이 되므로

= 45−(9×11) mod 30

= 45−99 mod 30

99 mod 30 = 9이므로

= 45 − 9 = 36

결과 값이 31보다 크므로 제 4식을 적용하여 31을 뺀다.

36 − 31 = 5 A

계산 결과 값은 5가 나오고, 달은 다음 달인 April, 즉 4월이 된다.

2023년의 파스카 만월은 4월 5일이다.

(2) 2024년의 파스카 만월 날짜를 구해보자.

PFMd (2,024) = 45 − (Y mod 19 × 11) mod 30

= 45 − (2,024 mod 19 × 11) mod 30

2,024 /19 = 106 나머지10이므로, 2,024 mod 19 =10

Y mod 19 =10일 경우 제 1식에 해당이 되므로

= 45 − (10 × 11) mod 30

= 45 − 110 mod 30

110 mod 30 = 20이므로

= 45 − 110 mod 30 = 45 − 20 = 25

2024년은 3월 25일이 파스카 만월이다.

(3) 2030년의 파스카 만월 날짜를 구해보자.

PFMd (2,030) = 45 − (Y mod 19 × 11) mod 30

= 45 − (2,030 mod 19 × 11) mod 30

2,030 /19 = 106 나머지 16이므로, 2,030 mod 19 =16

Y mod 19 =16일 경우 제 2식에 해당이 되므로

제 2식 PFMd = 45 − (Y mod 19 × 11) mod 30 + 29 (Y mod 19 = 5 또는 16일 때)을 적용한다.

$45 - (16 \times 11) \bmod 30 + 29$

$= 45 - 176 \bmod 30 + 29$

$176 \bmod 30 = 26$이므로

$= 45 - 26 + 29 = 48$

결과 값이 31보다 크므로 제 4식을 적용하여 31을 빼고 달은 April, 즉 4월이 된다.

$48 - 31 = 17$ A

2030년은 4월 17일이 파스카 만월이다.

(4) 2041년의 파스카 만월 날짜를 구해보자.

PFMd (2,041) $= 45 - (Y \bmod 19 \times 11) \bmod 30$

$= 45 - (2{,}041 \bmod 19 \times 11) \bmod 30$

$2{,}041 / 19 = 107$ 나머지 8이므로, $2{,}041 \bmod 19 = 8$

$Y \bmod 19 = 8$일때에는 제 3식 PFMd $= 45 - (Y \bmod 19 \times 11) \bmod 30 + 30$을 적용한다.

$= 45 - (8 \times 11) \bmod 30 + 30$

$= 45 - 88 \bmod 30 + 30$

$88 \bmod 30 = 28$이므로

$= 45 - 28 + 30 = 47$

결과 값이 31보다 크므로 제 4식을 적용하여 31을 뺀다.

31을 넘으므로 4월(A)에 해당하여

2041년은 4월 16일이 파스카 만월이다.

이 장을 마치기 전에,

율리우스력에서 1582년 10월 4일 목요일 다음날부터 10일을 삭제하여, 10월 4일 다음날을 10월 15일 금요일로 하는 그레고리우스 개력이 이루어졌다. 이로 말미암아 1583년부터 그레고리우스력 상의 부활절 날짜는 기존 율리우스력을 적용한 부활절 날짜와 달라지게 되었다. 이제 그레고리우스 개력 이후 처음 맞이하는 부활절 날짜를 먼저 구해 보고, 율리우스력을 계속해서 사용하였을 때와 비교해서 어떤 차이가 있는지 알아보기로 하겠다!

(1) 개정된 그레고리우스력에서의 1583년의 부활절 날짜를 구해 보자.

　1) 황금 숫자는 원하는 햇수에 1을 더한 다음 19로 나누었을 때 나머지에 해당한다고 하였다.
　1583년의 경우, (1,583 + 1)/19 = 83 나머지 7, 황금 숫자는 7
　2) 1582년부터 1699년까지 적용되는 〈에펙트 테이블〉 상에서 황금 숫자 7에 대한 에펙트를 구해야 한다. 1583년의 황금 숫자 7의 에펙트는 Ⅶ.
　3) 칼렌다리움 테이블 〈테이블 Ⅱ〉에서 에펙트가 Ⅶ인 날짜는 3월 24일과 4월 22일이다.
　(대원칙: 파스카 만월은 반드시 3월 21일부터 4월 18일 사이의 29일 안에 들어 있어야 한다.)
　3월 24일의 경우, 13일 후인 4월 6일이 만월이 되므로, 조건에 위배되지 않는다.
　4월 22일의 경우, 13일 후인 5월 5일이 만월이 되므로, 조건에 위배된다.
　4) 1583년도의 〈테이블 Ⅲ〉 〈주일 문자 테이블〉에서 주일 문자를 찾아 보면 B이다.
　5) 칼렌다리움 테이블 〈테이블 Ⅱ〉에서 4월 6일 직후에 오는 B는 4월 10일이다.
1583년도의 그레고리우스력 상에서의 부활절 날짜는 4월 10일이다.

(2) 율리우스력이 계속 사용되었을 경우를 가정하여 1583년의 부활절 날짜를 구해 보자.

율리우스력에서 부활절을 구하는 방식은 다음 〈디오니시우스의 정통 알렉산드리아 컴퓨투스 테이블〉을 적용한 방법이었다.

〈디오니시우스의 정통 알렉산드리아 테이블〉

황금 숫자	에팩트	파스카 보름달
1	0	4월 5일
2	11	3월 25일
3	22	4월 13일
4	3	4월 2일
5	14	3월 22일
6	25	4월 10일
7	6	3월 30일
8	17	4월 18일
9	28	4월 7일
10	9	3월 27일
11	20	4월 15일
12	1	4월 4일
13	12	3월 24일
14	23	4월 12일
15	4	4월 1일
16	15	3월 21일
17	26	4월 9일
18	7	3월 29일
19	18	4월 17일

디오니시우스의 정통 알렉산드리아 컴퓨투스에서 부활절 날짜를 찾는 방법은 아래와 같다.

1) 해당 연도의 황금 숫자를 구한다.

모든 해의 황금 숫자는 당해 연도의 숫자에 1을 더한 다음 19로 나눔으로써 얻을 수 있는데,

19로 나눈 값에서 몫은 버리고 나머지 숫자가 그해의 황금 숫자에 해당한다.

1583년의 황금 숫자를 구하면, (1,583+1) /19=83 나머지 7이 나온다.

1583년의 황금 숫자는 7이다.

2) 디오니시우스 테이블 주기 상에서 7번째 해에 해당하므로 1583년 파스카 만월, 파스카달 14일 날짜는 3월 30일이다.

3) 아래 표기된 1583년 4월까지의 율리우스력 상에서 3월 30일 직후에 오는 일요일 부활절은 3월 31일이다.

그레고리우스 개력이 이루어지지 않고 율리우스력이 유지되었다면,
1583년의 부활절 날짜는 3월 31일이 되었을 것이므로,
부활절 날짜는 그레고리우스력보다 10일 빨랐을 것이다.

다음은 그레고리우스 개력이 이루어지지 않았을 경우의 1582년 10월, 11월, 그리고, 1593년 3월, 4월의 율리우스 달력과, 그레고리우스 개력이 이루어진 1582년 10월, 11월과 1593년 3월, 4월의 그레고리우스력이다.

율리우스력

−그레고리우스 개력이 이루어지지 않았을 경우의 1582년 10월, 11월과 1593년 3월, 4월의 율리우스력

1582년

10월						
일	월	화	수	목	금	토
	1	2	3	4	5	6
7	8	9	10	11	12	13
14	15	16	17	18	19	20
21	22	23	24	25	26	27
28	29	30	31			

11월						
일	월	화	수	목	금	토
				1	2	3
4	5	6	7	8	9	10
11	12	13	14	15	16	17
18	19	20	21	22	23	24
25	26	27	28	29	30	

1583년

3월						
일	월	화	수	목	금	토
					1	2
3	4	5	6	7	8	9
10	11	12	13	14	15	16
17	18	19	20	21	22	23
24	25	26	27	28	29	30
31						

4월						
일	월	화	수	목	금	토
	1	2	3	4	5	6
7	8	9	10	11	12	13
14	15	16	17	18	19	20
21	22	23	24	25	26	27
28	29	30				

그레고리우스력

− 그레고리우스 개력이 이루어진 1582년 10월, 11월과 1593년 3월, 4월의 그레고리우스력

1582년

10월						
일	월	화	수	목	금	토
	1	2	3	4	15	16
17	18	19	20	21	22	23
24	25	26	27	28	29	30
31						

11월						
일	월	화	수	목	금	토
	1	2	3	4	5	6
7	8	9	10	11	12	13
14	15	16	17	18	19	20
21	22	23	24	25	26	27
28	29	30				

1583년

3월						
일	월	화	수	목	금	토
		1	2	3	4	5
6	7	8	9	10	11	12
13	14	15	16	17	18	19
20	21	22	23	24	25	26
27	28	29	30	31		

4월						
일	월	화	수	목	금	토
					1	2
3	4	5	6	7	8	9
10	11	12	13	14	15	16
17	18	19	20	21	22	23
24	25	26	27	28	29	30

7부

세계력

세계력

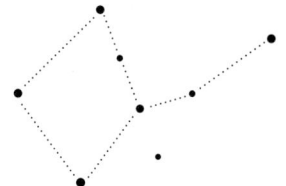

그레고리우스력으로 개정된 이후 그레고리우스력은 전 세계적으로 사용되고 있다. 그렇다면 모든 사람들이 그레고리우스력은 문제점이 전혀 없는 완벽하고 합리적인 달력이라고 받아들이면서 사용하고 있는 것일까? 그렇지 않다. 그레고리우스력에도 다음과 같은 많은 문제점들이 지적되었다.

1. 연초(年初)로 삼은 1월 1일은 천문학뿐만 아니라 역사적으로도 전혀 의미가 없는 날이다.
2. 2월이 다른 달에 비해 상대적으로 너무 짧다.
3. 30일과 31일의 작은 달, 큰 달을 구분하는 합리적인 근거가 없으며, 배열 자체에도 규칙성이 없다.
4. 윤일(閏日)을 특별히 2월 말에 추가해야 하는 논리적인 근거가 없다.
5. 영어권의 9월(September) 이후의 월 이름이 실제 월의 의미와 부합되지 않는다.
6. 1년은 365.2425일로 조정되었지만 1태양년은 365.242196일이므로 그 차이가 0.000304일, 즉 26초가 되어, 3,300년이 지나면 하루의 차이가 나게 된다.
7. 달력상의 같은 날짜의 요일이 매해마다 다르다.

이와 같은 그레고리우스력의 여러 문제점들 때문에, 합리적이고 과학적인 달력을 만들려는 시도들이 이어졌다. 프랑스 혁명 당시에는 새로운 프랑스 공화력을 제정하여 공표하였다. 프랑스 혁명 정부는 1792년 모든 척도법의 단위들을 10진법으로 통일하려는 원칙을 세웠는데, 달력 역시 10진법에 의한 형식으로 개정하였다. 오늘날 과학계나 일상 생활에서 사용되는 단위계는 CGS단위계(centimeter-gram-second unit system)라고 하는데, C는 길이를 나타내는 센티 메터Cm, G는 무게를 나타내는 그램 g, 그리고 S는 시간을 나타내는 초 second 의 세 가지 기본 단위를 의미한다. 이 중에서 C와 G는 프랑스의 미터법으로부터 유래된 것으로, 현재에 이르러서도 세계 표준 단위로 사용되고 있다. 당시 프랑스 혁명 정부에서는 C와 G뿐만 아니라, 시간의 단위인 S까지도 10진법으로 개정한 공화력을 만들어 공표하였다.

공화력에서는 1월 1일을 춘분 시점으로 정하였으며, 1년은 12달로, 한 달은 모두 똑같이 30일로 하였다. 그렇게 되면 1년이 360일이 되어, 365일의 평년의 경우에는 날수가 5일, 366일의 윤년의 경우에는 6일이 남게 되었는데, 이 남는 날들을 연말에 두어 휴일로 정하였다. 한 달 30일도 10일 단위로 나누어 상순, 중순, 하순으로 구분하였다. 그리고 하루도 24시간이 아닌 10시간으로 나누었으며, 1시간은 60분이 아닌 100분으로, 1분은 100초로 나누어, 모두 10진법으로 통일하였다.

이렇게 개정된 프랑스 공화력은 그후 13년 동안 사용되었지만, 나폴레옹이 황제에 즉위한 지 2년째가 되던 해인 1806년에 그레고리우스력으로 다시 돌아갔다. 프랑스 혁명 당시의 공화력은 혁신적이고 과학적인 시도였지만, 당시의 정치적 상황과 관습 등의 이유로 인해 오랫동안 유지되지 못했다.

러시아 혁명 당시에도 새로운 달력을 만들려는 시도가 있었다. 혁명이 일어나고 1918년에 레닌은 당시 사용하던 율리우스력 대신 그레고리우스력을 사용하도록 하였는데, 또다시 1923년에는 추가적으로 7일을 1주일로 하는 대신 5일 단위 주기의 달력으로 개정하였다. 그들은 성경에 쓰여진 주 7일 제도를 부정함으로서, 달력에서 종교적 의미를 배제시키려고 하였다. 주 5일 제도는 1931년에는 다시 주 6일 제도로 바꾸었다가, 1940년에 들어서서 다시 그레고리우스력의 주 7일제로 환원되었다.

이처럼 프랑스 혁명이나 러시아 혁명 이후 이루어진 달력 개혁들은 완전히 실패로 끝나고 말았다. 달력 개혁을 주도한 사람들은 그들의 달력이 과학적이고 합리적인 달력이라고 자부하였지만, 다른 국가들로 파급되지 않았을 뿐만 아니라, 자국 국민들 조차도 변경된 제도로 인해서 많은 불편함을 호소하였기 때문이었다. 또한 국제 상거래나 외교 관계에 있어서도 일상적으로 통용되고 있던 그레고리우스력과 다른 달력 체계였기 때문에 많은 문제를 일으켰다. 결국 그레고리우스력으로 환원시키는 방법 외에는 별다른 방법이 없었던 것이다.

마르코 마스트로피니

일부 국가들이 정치적 목적으로 주도했던 달력 개혁과 달리, 학자들에 의한 합리적이고 과학적인 취지의 세계력 제안들이 지속적으로 이루어졌다. 1834년에 이탈리아의 사제로서 철학자이며 수학자인 마르코 마스트로피니(Marco Mastrofini(1763-1845)는 "영원한"달력이라는 새로운 세계력을 고안하였는데, 1년을 364일, 52주로 규정한 달력이었다. 매년 12월의 끝에 365번째 날을 추가하였으며, 그 날은 특별하게 취급하여 주(week)에서 제외시켰다. 또한, 윤년에는 또 하나의 특별한 날을 한 해의 중간, 즉 6월 마지막 날과 7월 첫날 사이에 배치하거나, 첫 번째 특별한 날 뒤에 배치하였다. 이 윤일(intercalary days) 또한 어떤 달이나 주에도 속하지 않는다. 그의 달력 개정 제안은 오귀스트 콩트(Auguste Comte)와 아르멜린(Armelin)에 영향을 주었다.

오귀스트 콩트(Auguste Comte)의 실증주의 달력

1849년 오귀스트 콩트는 앞선 마르코 마스트로피니에 의해 제안된 내용들을 참조하여 실증주의 달력을 제안하였다. 그 달력의 한 주는 7일, 한 달은 정확히 4

주, 28일로 구성되어 있다. 1년은 28일로 이루어진 13달, 364일과 죽은 사람들을 기념하는 연례 축제 하루가 추가된 총 365일로 이루어진 태양력이었다. 추가일 하루는 마지막 달에 추가하였는데, 주의 요일에 포함되지 않았다. 그러므로 모든 달의 첫날은 항상 월요일이었다. 윤년에는 거룩한 여성을 기념하는 또 하나의 축제일이 연례 축제일 뒤에 추가되었다. 이날도 주의 요일에 포함되지 않았다. 윤년이 오는 규칙은 그레고리우스 달력 규칙을 따랐다.

이 달력은 카톨릭 달력을 대체하도록 설계되었다. 이 달력이 시작되는 첫해는 그레고리우스 달력 상에서 1,789년에 해당하는 프랑스 혁명 시점으로 하였다. 해마다 추가된 날은 "모든 죽은 자의 축제날"이라고 부르고, 윤년에 추가된 날은 "성녀(Holy Women)의 축제날"이라고 하였다. 이 달력에서 모든 해는 같은 요일로 시작되며, 모든 달은 월요일에 시작된다.

달에 붙여진 이름은 과학, 종교, 철학, 산업 및 문학 분야에서 서유럽 역사상 가장 위대한 인물들에게 연대기적인 순서에 따라 부여되었다. 주와 일 년 중의 하루하루에도 각각 인류 역사에서 위대하였던 성인과 영웅들의 이름이 헌정되었다. 이 달력에는 모든 시대에 걸쳐 이름을 떨쳤던 558명의 남성 이름을 포함하고 있는데, 그들은 활동 영역에 따라 구분되었다. 역사적으로 악인으로 평가되는 사람들도 기념되었는데, 콩트는 "영구적인 저주의 대상"으로 삼기 위해서라고 그 이유를 설명하였으며, 나폴레옹이 여기에 해당한다고 하였다.

그의 아이디어는 당시 역사적 상황과 인물들을 반영하여 새로운 달력 체계를 구축하려는 노력이었다. 그러나 실증주의 달력은 널리 받아들여지지 않았고, 대중적인 인식이나 사용에 도달하지 못했다. 결국, 오귀스트 콩트의 실증주의 달력은 당시의 학자들과 사회에 일부 영향을 미쳤지만, 궁극적으로는 실제로 사용되지 않은 실험적인 달력 제안으로 남게 되었다. 이러한 그의 제안은 이어지는 달력 연구와 개발에 많은 영감을 주었다.

그의 달력에서 13달의 명칭은 다음과 같은 이름으로 붙여졌다.

1. 모세, 2. 호머, 3. 아리스토텔레스, 4. 아르키메데스, 5. 시저, 6. 세인트 폴, 7. 샤를 마뉴, 8. 단테, 9. 구텐베르크, 10. 셰익스피어, 11. 데카르트, 12. 프레드

릭, 13. 비 챠트*

아르멜린

1887년경, 프랑스의 천문학자인 아르멜린(Gustave Armelin)은 364일을 12개월로 하고, 4분기로 구분한 달력을 제안하였는데, 각 분기는 91일의 똑같은 날수로 구성하였다. 구체적인 아르멜린의 달력 구조 내용은 다음과 같다.

1) 한 해는 각각 3달로 구성된 4개의 분기로 나눈다. 모든 분기 구조는 똑같다. 각 분기의 첫 달과 두 번째 달은 30일로 구성되어 있고, 세 번째 달은 31일로 구성되어 있다. 그러므로 한 분기는 91일이고, 4분기의 합은 364일이 된다.

2) 365일의 평년의 경우에 하루가 남는데, 나머지 하루는 "새해의 날"(New Year's Day)로 칭한다. 이날은 한 해의 시작일이지만, 어느 달에도, 어느 주에도 속하지 않는다. 새해의 날 다음날은 1월 1일이다.

3) 366일인 윤년의 경우 윤년에 추가되는 날도 마찬가지로 예외적인 날로 하며, "윤일"(Leap Day)이라고 칭한다. 이날도 어느 달에도 속하지 않고, 어느 주에도 속하지 않으므로 주일명이 없다. 단순히 휴일(holiday)로 간주되며, 4년마다 한 번씩 나타난다. 6월 31일 다음에 배치된다.

4) 1월 1일은 4월 1일, 7월 1일 및 10월 1일과 마찬가지로 월요일에 배치된다. 그러므로 각 분기의 두 번째 달 (2월, 5월, 8월 및 11월)은 항상 수요일에 시작되며, 각 분기의 세 번째 달(3월, 6월, 9월 및 12월)은 항상 금요일에 시작된다.

5) 91은 7의 배수로서, 각 분기마다 13주가 있고, 각 분기는 같은 요일에 시작된다.

6) 결과적으로 연중 날짜가 항상 같은 요일이 되어서, 하나의 달력만으로 모든 해를 적용할 수 있기 때문에, 한 달력을 영구적으로 반복 사용할 수 있다.

*마리 프랑수아 자비에 비 챠트(Marie François Xavier Bichat, 1771~1802). 프랑스 해부학자이자 병리학자이며, 조직학의 아버지로 알려져 있다. 그는 현미경 없이도 인체의 기관이 구성된 21가지 기본 조직을 구분하였으며, 조직이 인간 해부학의 중심 요소라고 주장하였다.

아르멜린의 달력 제안은 간결하고 직관적인 구조로 인해 많은 이점이 있었다. 그러나 이 달력은 당시 세계의 주요 달력인 그레고리력과 호환성이 없었고, 역사적인 관례와 전통을 무시하는 면이 있었기 때문에 널리 받아들여지지는 못했다.

국제 천문학회와 달력 개정 원칙

그 이후에도 그레고리우스력을 개정하여 과학적이고 합리적인 달력을 만들려는 노력들이 천문학자들에 의해 제기되었다. 제 1회 모임이 국제 천문학회에 의해서 1922년 로마에서 개최되었다. 이 모임에서 기독교 국가 뿐만 아니라 전 세계 각국에서 공통으로 사용할 수 있는 과학적이고 공감할 수 있는 세계력을 만들자는 안이 제출되었다. 그리고 그 다음 해인 1923년 국제 연맹의 중심국들의 주도 하에 세계력을 공모하였다.

그 과정에서 국제 천문학회에서는 다음의 대 원칙을 합의하였다.

첫째, 그레고리력에서의 1월 1일을 1월 1일로 한다.
둘째, 1년을 4개의 분기로 나눈다.
셋째, 1주일을 7일로 한다.

7일을 1주일로 하면 52주는 364일이 된다. 365일의 평년인 경우에는 1년이 52 주 1일이 되어 하루가 남고, 366일의 윤년인 경우에는 1년이 52주 2일이 되어 이틀이 남게 된다. 이렇게 남는 평년과 윤년의 하루, 이틀은 연말에 두고 무주일(無週日)로 하였으며, 만국제일(萬國祭日)이라고 부르기로 하였다. 그렇게 되면 4개의 분기는 각각 30일인 달 2달과 31일인 달 한 달로 이루어진 총 91일이 되었다. 이렇게 만들어진 달력에서는 모든 날짜의 요일이 항상 똑같은 요일로 고정된다. 그리고 1월 1일이 일요일에 시작된다면, 봄의 첫날인 1월 1일은 물론이고, 여름의 첫날인 4월 1일, 가을의 첫날인 7월 1일, 겨울의 첫날인 10월 1일은 모두 일요일이 된다. 그리고 이 상황은 해가 바뀌어도 변하지 않고 영구적으로 계속 유지된다. 그러면 해마다 달력을 새롭게 바꿔야 할 필요가 없기 때문에 달력 하나를 가지고 매년 계속해서 사용할 수 있게 된다. 세계력(World Calendar)은 그레고리력의 기본 구조를 따르면서, 달력을 더 과학적이고 합리적으로 개선하려는 시도였다. 그러나 세계력은 결국 널리 받아들여지지 않았고, 그레고리력이 여전히 국제 표준 달력으로 사용되고 있다.

엘리자베스 아켈리스의 세계력

1930년 미국 뉴욕의 엘리자베스 아켈리스(Elisabeth Achelis)는 학자들에 의해 제안되었던 세계력의 개념, 특히 마르코 마스트로피니가 고안한 달력을 참조하여 그레고리우스력을 수정한 세계력(世界曆, The World Calendar)을 제안하였다. 달력의 형식을 보면, 1년을 12개월로 정하고, 12개월을 3개월씩 4분기로 나누었으며, 각 분기의 첫 달은 31일로, 나머지 달은 모두 30일로 하였다. 따라서, 한 분기는 91일이고, 13주며, 3개월로 구성되었다. 각 분기는 1월, 4월, 7월, 10월에 시작되는데, 1월 1일을 일요일로부터 시작하였으므로 분기의 첫날은 언제나 일요일이고 마지막 날은 토요일이 되었다.

이렇게 이루어진 세계력의 날수는 364일이 된다. 그러므로 그레고리우스력과 같은 날수를 유지하기 위해서 다음과 같이 2일을 더 추가하였다.

세계일(Worlds day)

4분기 말인 12월 30일 토요일 다음에 추가하는 날, 즉 한 해의 마지막 날로 추가되는 이날은 "W"로 표시되며, 연말 세계축일(year-end world holiday)로서 세계일(Worlds day)이라고 명명하였다. 세계일 다음날은 일요일인 새해 1월 1일이 된다.

윤일(Leap year Day)

이날은 윤년이 들어 있는 해의 2분기 말인 6월 30일 토요일 다음에 추가된다. 추가된 이 날짜도 "W"로 표시되고, 윤일(Leapyear Day)이라고 명명하였다. 윤일 다음날은 7월 1일 일요일이 된다.

세계 달력에서 세계일과 윤일은 한 분기가 끝나고 다음 분기가 시작되는 분기 사이에 들어 있는 24시간의 대기 시간으로 간주되었고, 요일에도 포함되지 않는다. 단지 축일(휴일, holiday) 개념으로 취급된다.

이 달력은 동일한 순서로 3개월 배열이 반복되기 때문에 어느 해에 관계없이 똑같이 한 형태로 간결하게 표현할 수 있다. 그러므로 전혀 수정없이 하나의 달력만으로 모든 해에 똑같이 적용될 수 있다.

세계일은 12월 30일 다음에, 윤일은 윤년인 경우에만 6월 30일 다음에 온다.

January
S	M	T	W	T	F	S
1	2	3	4	5	6	7
8	9	10	11	12	13	14
15	16	17	18	19	20	21
22	23	24	25	26	27	28
29	30	31				

February
S	M	T	W	T	F	S
			1	2	3	4
5	6	7	8	9	10	11
12	13	14	15	16	17	18
19	20	21	22	23	24	25
26	27	28	29	30		

March
S	M	T	W	T	F	S
					1	2
3	4	5	6	7	8	9
10	11	12	13	14	15	16
17	18	19	20	21	22	23
24	25	26	27	28	29	30

April
S	M	T	W	T	F	S
1	2	3	4	5	6	7
8	9	10	11	12	13	14
15	16	17	18	19	20	21
22	23	24	25	26	27	28
29	30	31				

May
S	M	T	W	T	F	S
			1	2	3	4
5	6	7	8	9	10	11
12	13	14	15	16	17	18
19	20	21	22	23	24	25
26	27	28	29	30		

June
S	M	T	W	T	F	S
					1	2
3	4	5	6	7	8	9
10	11	12	13	14	15	16
17	18	19	20	21	22	23
24	25	26	27	28	29	30 W

July
S	M	T	W	T	F	S
1	2	3	4	5	6	7
8	9	10	11	12	13	14
15	16	17	18	19	20	21
22	23	24	25	26	27	28
29	30	31				

August
S	M	T	W	T	F	S
			1	2	3	4
5	6	7	8	9	10	11
12	13	14	15	16	17	18
19	20	21	22	23	24	25
26	27	28	29	30		

September
S	M	T	W	T	F	S
					1	2
3	4	5	6	7	8	9
10	11	12	13	14	15	16
17	18	19	20	21	22	23
24	25	26	27	28	29	30

October
S	M	T	W	T	F	S
1	2	3	4	5	6	7
8	9	10	11	12	13	14
15	16	17	18	19	20	21
22	23	24	25	26	27	28
29	30	31				

November
S	M	T	W	T	F	S
			1	2	3	4
5	6	7	8	9	10	11
12	13	14	15	16	17	18
19	20	21	22	23	24	25
26	27	28	29	30		

December Xtra
S	M	T	W	T	F	S
					1	2
3	4	5	6	7	8	9
10	11	12	13	14	15	16
17	18	19	20	21	22	23
24	25	26	27	28	29	30 W

아켈리스는 세계력이 전 세계적으로 채택되는 것을 목표로 1930년에 TWCA (The World Calendar Association)를 설립하였다. 1930년대에는 유엔의 전신인 LN(League of Nations)에서 이 개념에 대한 지지가 커졌다. 아켈리스의 세계력은 구조적으로 매우 단순하고 간단하여 누구든지 쉽게 기억할 수 있으며, 시계처럼 사용할 수 있다. 모든 날짜들이 해가 바뀌어도 주 중에서 그리고 월 중에서 정확하게 같은 자리에서 반복된다. 연도만 바뀔 뿐 달력의 모든 내용이 전혀 변경되지 않고 영원하기 때문에 달력을 다시 구입하거나 인쇄할 필요가 없어서 경제적 효과가 있다. 또한 직장과 학교의 일정도 특별한 문제가 없는 한 해마다 다시 만들 필요가 없다. 세계력의 날짜는 그레고리력의 날짜와 2일 이상 차이가 나지 않는다.

그렇지만 이와 같이 편리하고 과학적이라고 생각되는 세계력에도 문제가 없는 것은 아니었다. 전 세계적으로 합의가 쉽지 않다는 것이다. 7일 주기와 관련된 문제였다. 7일 기준의 일주일 제도는 유대교, 그리스도교, 이슬람교와 밀접하게 관련이 있다. 유대인, 기독교인, 이슬람교 인들에게 있어서, 예배와 관련된 특별한 날들은 고대로부터 내려온 전통이었고 신앙의 근본 요소였다. 유대인들은 십계명에 근거하여 토요일을 안식일로 기념하였고, 기독교인들은 그리스도가 죽음에서 부활한 일요일을 주일로 기념하였으며, 무슬림 들은 금요일에 회교 사원에서 기도를 하였다. 이들은 세계일과 윤일이 일상적인 7일 주기에서 제외됨으로서 전통적인 7일 주기가 손상되는 것을 반대하였다. 세계일을 7일 주기에서 제외함으로서 실제 예배일이 세계력에서 매년 1일씩, 윤년에는 2일씩 차이가 나게 되는 것이 주된 걸림돌로 작용하였다.

7일 주기가 손상되기 때문에 반대하였던 이들 유대교, 그리스도교, 이슬람교와는 달랐지만, 유대교와 그리스도교, 이슬람교와 밀접한 관련이 있는 7일 주기를 세계력의 기본틀로 사용하고 있다는 점 때문에 반대하는 세력들도 존재하였다. 서양에서 만들어진 7일 주기의 일주일 제도를 기본 틀로 삼고 있다는 것이 비 서양 국가들이 주장하는 또 하나의 반대 논리였다. 동양에서는 7일 단위의 주 단위보다는 10일을 단위로 하는 상순, 중순, 하순과 같은 십진법을 주로 사용하고 있었기 때문이다.

감성적인 반론도 존재하였다. 매년 똑같은 달력 때문에 편리할 수는 있지만, 그런 달력을 바탕으로 살아가는 인생이 너무 단조로울 것이라는 것이다. 또한 달력이란 각 민족에 있어서 그들 고유의 역사, 문화, 그리고 일상 생활의 바탕이 되는 길잡이였으며, 과거와 현재, 미래를 이어주는 수단이었다. 그러므로, 그들이 사용해 왔던 달력으로부터 단절을 일으키는 달력의 개정은 쉽게 받아들일 수 없는 사안이었으므로 강력한 저항에 직면할 수밖에 없는 것이었다.

아켈리스는 세계력에 대한 전세계 지지를 호소하였으나, 2차 대전 발발 등으로 인해 공론화가 늦어졌고 종전 후인 1954년에서야 유엔에서 세계력 채택 여부에 대한 논의가 이루어졌다. 1954년에 국제 연합 경제 사회 이사회에 참석하였던 인도 대표에 의해 제안된 세계력 채택안이 가결되었지만, 종교계의 반대 의견에 부딪친 미국 정부가 1955년 유엔에서 더 이상 세계력에 대한 검토를 하지 않겠다고 선언함에 따라, 결국 1956년 4월, 유엔 상임이사회 역시 앞으로 더 이상 세계력에 대한 언급을 하지 않기로 하였다.

아킬레스는 1956년 세계 달력 협회를 해산하였지만, 아켈리스의 측근이었던 몰리 컬크스타인(Molly E. Kalkstein)은 자신의 재임 기간인 2000-2004년에 걸쳐 International World Calendar Association을 중심으로 협회 공식 웹 사이트를 통해 활동을 지속하였다. 그리고 2005년 세계 달력 협회 (World Calendar Association, International)가 재구성되었으며, 2023년 세계력 채택을 목표로 활동을 재개하였다고 알려져 있다.

그렇지만, 새로운 세계력을 보급하기 위해서는 절대적으로 강력한 세계 정부와 같은 초 권력적인 존재가 필요하다. 현재 유엔만이 세계력의 개정을 단행할 수 있는 유일한 기관이지만, 채택 가능성은 대단히 희박하다고 볼 수 있다. 결국, 세계력이라는 이상은 구상 단계에서 더 이상 진전하지 못하고 있는 상태이다.

행크-헨리 영구 달력(HHPC)

지금까지 제안되었던 달력들과는 차별화된 또 다른 형태의 달력들도 고안되었다. 이전에 제안되었던 달력들이 4년에 한 번씩 윤년에 윤일 하루를 추가하는 전통적인 방식을 고수한 반면, 윤일 대신 일주일로 이루어진 윤주(閏週, leap week)를 추가하는 방식의 달력들이 고안되었다.

2004년, 존스 홉킨스 대학의 천문학 교수인 리차드 콘 헨리(Richard Conn Henry)는 로버트 멕클레논(Robert McClenon)이 제안한 달력을 수정하여 한 해의 한 가운데인 6월과 7월 사이에 뉴톤 "Newton"으로 이름 붙여진 윤주(閏週, leap week)를 삽입한 CC&T(Common-Civil-Calendar-and-Time)라는 달력을 제안하였다. 2011년 후반, 존스 홉킨스 대학의 경제학자인 스티브 행크(Steve Hanke)는 이 달력의 윤주 위치를 중간에서 한 해의 끝으로 바꾸고, 윤주의 이름도 엑스트라 "Extra"로 변경하였으며, 그 달력의 이름을 행크 헨리 영구달력(HHPC, Hanke-Henry Permanent Calendar)이라고 명명하였다.

기존의 달력들에서는 365.25일의 지구의 공전과 365일로 구성된 태양력을 동기화시키기 위해서 4년마다 윤년을 정하여 윤일 하루를 추가하는 방법을 사용하였지만, 행크-헨리 영구 달력(HHPC)에서는 윤일을 추가하는 대신 5~6년마다 일주일로 이루어진 윤주(閏週)를 추가하는 방법을 사용하였다. 대부분의 달력 개혁이 달력을 보다 정확하게 만드는 것을 목표로 하였지만, 행크-헨리 영구 달력은 모든 날짜 각각에 배정된 요일이 해가 바뀌어도 항상 같게 되도록 만들어 달력을 영구적으로 사용할 수 있도록 하는데 초점을 맞추었다.

구체적으로 행크-헨리 영구 달력의 구조를 살펴보자. 이 달력은 일 년 12달을 3개월씩 4분기로 구분하였다. 분기의 시작 달인 1월, 4월, 7월, 10월은 모두 일요일부터 시작하며 30일로 되어 있고, 분기의 두 번째 달인 2월, 5월, 8월, 11월도 30일로 되어 있다. 그리고 분기의 마지막 달인 3월, 6월, 9월, 12월은 31일로 되어 있다. 그러므로 각 분기는 30일 2달과 이어서 오는 31일 1달을 포함하여 3달(30:30:31)로 구성되며, 정확히 13주를 포함하고 있다. 따라서 행크-헨리 영

세계일은 12월 30일 다음에, 윤일은 윤년인 경우에만 6월 30일 다음에 온다.

	January						
	Mo	Tu	We	Th	Fr	Sa	Su
1st	01	02	03	04	05	06	07
	08	09	10	11	12	13	14
	15	16	17	18	19	20	21
	22	23	24	25	26	27	28
	29	30					

February						
Mo	Tu	We	Th	Fr	Sa	Su
		01	02	03	04	05
06	07	08	09	10	11	12
13	14	15	16	17	18	19
20	21	22	23	24	25	26
27	28	29	30			

March						
Mo	Tu	We	Th	Fr	Sa	Su
				01	02	03
04	05	06	07	08	09	10
11	12	13	14	15	16	17
18	19	20	21	22	23	24
25	26	27	28	29	30	31

	April						
	Mo	Tu	We	Th	Fr	Sa	Su
2nd	01	02	03	04	05	06	07
	08	09	10	11	12	13	14
	15	16	17	18	19	20	21
	22	23	24	25	26	27	28
	29	30					

May						
Mo	Tu	We	Th	Fr	Sa	Su
		01	02	03	04	05
06	07	08	09	10	11	12
13	14	15	16	17	18	19
20	21	22	23	24	25	26
27	28	29	30			

June						
Mo	Tu	We	Th	Fr	Sa	Su
				01	02	03
04	05	06	07	08	09	10
11	12	13	14	15	16	17
18	19	20	21	22	23	24
25	26	27	28	29	30	31

	July						
	Mo	Tu	We	Th	Fr	Sa	Su
3rd	01	02	03	04	05	06	07
	08	09	10	11	12	13	14
	15	16	17	18	19	20	21
	22	23	24	25	26	27	28
	29	30					

August						
Mo	Tu	We	Th	Fr	Sa	Su
		01	02	03	04	05
06	07	08	09	10	11	12
13	14	15	16	17	18	19
20	21	22	23	24	25	26
27	28	29	30			

September						
Mo	Tu	We	Th	Fr	Sa	Su
				01	02	03
04	05	06	07	08	09	10
11	12	13	14	15	16	17
18	19	20	21	22	23	24
25	26	27	28	29	30	31

	October						
	Mo	Tu	We	Th	Fr	Sa	Su
4th	01	02	03	04	05	06	07
	08	09	10	11	12	13	14
	15	16	17	18	19	20	21
	22	23	24	25	26	27	28
	29	30					

November						
Mo	Tu	We	Th	Fr	Sa	Su
		01	02	03	04	05
06	07	08	09	10	11	12
13	14	15	16	17	18	19
20	21	22	23	24	25	26
27	28	29	30			

December						
Mo	Tu	We	Th	Fr	Sa	Su
				01	02	03
04	05	06	07	08	09	10
11	12	13	14	15	16	17
18	19	20	21	22	23	24
25	26	27	28	29	30	31

Xtra						
Mo	Tu	We	Th	Fr	Sa	Su
01	02	03	04	05	06	07

구 달력에서 일 년은 364일, 52주가 된다.

일 년을 364일로 정하였으므로 지구 공전 주기에 비해 1일 이상 적기 때문에 모자라는 날수를 보충해 주어야 하는데, 그 방법으로 5년 또는 6년마다 12월 31일 이후에 '엑스트라'라는 추가 일주일, 즉 윤주를 삽입하였다. 따라서 행크-헨리 영구 달력에서 평년에 비해 윤주가 추가된 해는 달의 길이와 그해의 총 날수가 달라지기는 하지만, 모든 해에서 항상 요일과 날짜가 동일하게 유지된다. 토요일인

12월 31일과 일요일인 1월 1일 사이에 들어가는 엑스트라는 날짜나 요일에 아무런 영향을 주지 않는다. 엑스트라를 추가하는 해는 계산을 통해 실제 계절과 날짜 사이의 오차가 가장 적은 연도를 산출하여 다음과 같이 정하였다. 2015, 2020, 2026, 2032, 2037, 2043, 2048, 2054, 2060, …

새롭게 제안되었던 다른 세계력들과는 달리 이 달력은 7일 주기를 손상시키지 않고 완벽하게 유지시켰기 때문에, 이 달력의 제안자들은 유대교와 기독교, 이슬람교와 같이 7일 주기를 사용하는 종교계에서도 이 달력의 채택을 반대하지 않을 것이라 생각하였고, 그들의 달력 개정 제안은 장차 성공할 것이라고 기대하였다. 2016년, 웹 개발사인 Black Tent Digital사는 행크-헨리 달력으로의 전환을 용이하게 하기 위해 그레고리우스력과 행크-헨리 영구 달력을 서로 변환시킬 수 있는 행크-헨리 달력 앱을 출시하였다.

2편

문명과
자연의 시간

1부

메소포타미아 지역의
문명

메소포타미아 지역의 문명

메소포타미아 문명

　인류의 초기 문명 중 티그리스강과 유프라테스강 사이의 지역에서 발생한 메소포타미아 문명과 나일강을 따라 발생한 이집트 문명에 대해서 우리는 잘 알고 있다. 이들의 문명사는 인류 문명의 발달에 지대한 영향을 미쳤다. 이 문명의 발상지 중 특히 메소포타미아 지역은 개방적인 지리적 요건 때문에 외부 세계와의 교섭이 빈번하였으므로, 정치·문화적 색채 역시 복잡하였다. 폐쇄적인 이집트 문명과는 달리 두 강 유역은 항상 이민족의 침입이 잦았고, 국가의 흥망과 민족의 교체가 빈번하였으며, 이 지역에 전개된 문화는 개방적이고 능동적이었다.

　이로 인해 메소포타미아 지역의 문명은 매우 다양한 특징을 보이고 있으며, 특히 그들의 천문학 및 점성술에서 유래한 7일 주기는 전해져 내려오는 과정에서 그 명칭이 여러 차례 바뀌긴 하였지만 현대 사회에 이르기까지 그 자취를 계속 이어 내려오고 있다. 이처럼 현재 우리가 사용하고 있는 서기력의 형성에 있어서 일정 부분 역할을 하고 있는 메소포타미아의 역사에 대해 고대로부터 헬레니즘 시대에 이르기까지 천문학, 점성술, 그리고 종교와 더불어 간략히 살펴보기로 하겠다.

수메르 문명

메소포타미아란 '두 강 사이의 땅'이라는 뜻으로, 비옥한 반달 모양의 티그리스 강과 유프라테스 강 유역을 말한다. 이 지역 최초의 문명으로는 기원전 5000년 ~4300년경 시리아 북부의 옛 도시 '텔 할라프' 지역을 중심으로 원주민들이 이룩한 신석기 초기 문명에 해당하는 '할라프(Halaf)' 문화가 있었다. 그런데 기원전 3500년경에 중앙아시아 고원 지방에서 살았다고 추정되는 이민족들이 메소포타미아 지방으로 이주하여 터를 잡았다. 이들이 이주한 지역은 수메르(Sumer) 지방으로 메소포타미아의 남부에 해당하는 지역이었다. 메소포타미아 지역은 크게 상부와 하부로 구분할 수 있는데 구약 성경에서 상부를 아슈르(Ashur), 그리고 하부를 시나르(Shinar)라고 하였다. 그리고 하부 시나르 지역은 다시 상부의 아카드(Akkad)와 하부, 즉 남쪽의 수메르로 구분하였다.

수메르인들은 스스로를 '웅 상 기가(Ug.Sag.Gig.Ga.)' 즉 '검은 머리 사람들'이라고 불렀으며, 자신들의 땅을 '키엔기르(Ki.En.Gir.)', '수메르 말을 쓰는 사람들의 땅'이라고 하였다. 그런데 후에 이 지역을 정복하고 메소포타미아 전역을 통일한 아카드인들이 두 강 사이 하류 지역인 이 지역을 '낮은 땅'이라는 뜻의 '수메르'라고 칭하였으며, 그 지역에 살고 있는 사람들을 '수메르인'이라 불렀다. 이때부터 이들은 수메르인으로 불리게 되었다. 수메르인들은 기원전 2800~2340년경에 이르렀을 때, 점차 인구가 늘어 1만 명 규모의 여러 독립된 도시 국가들을 건설하였는데, 가장 하류의 에리두를 시작으로 유프라테스강을 거슬러 올라가면서 우르, 라르사, 우루크, 라가쉬, 이신, 니푸르, 움마 등의 도시 국가들을 세웠다. 이들 수메르인의 도시 국가들은 각각 국가 별로 자신들의 고유의 신들을 섬겼으며, 서로 경쟁하면서 점차 지중해 연안까지 세력을 확장해 나갔다.

닌-기르수(Nin.Girsou.)를 수호신으로 삼고 있던 도시 국가 라가쉬는 이 지역에서 월신 난나(Nan.Na.)를 수호신으로 섬기고 있던 우르와 패권을 다투었는데, 마침내 우르 제1왕조를 멸망시켰다. 이후, 움마가 세력을 점차 키워 라가쉬와 패권을 다투게 되었다. 움마의 제사장이며 왕인 엔시, 루갈-작기시(Lugal-Zaggisi)는 라가쉬 왕조를 물리쳤고, 이어서 우르크를 정복하였으며 여세를 몰아 수메르의 도시들을 차례로 공략하여 굴복시켰다. 당시 도시 국가 사람들은 모든 일들이 오로지 수호신의 보살핌 덕으로 이루어진다고 믿었다. 그리고 통치자는 '엔시(Ensi)' 혹은 '큰 사람' 또는 '위대한 사람'을 의미하는 "루갈"(Lugal)이라고 불리웠는데, 작은 도시 국가는 '엔시'라는 칭호를 사용하였다. 그리고 그들은 신의 가호 아래 신의 대리인으로서 나라를 다스린다고 생각했기 때문에 항상 신에게 봉사하고 헌신하였다. 통치자인 왕은 해마다 신을 위한 특별한 축제 의식을 지내며 신의 지속적인 가호를 구했으며, 그들의 모든 영광을 신에게 돌렸다.

움마와 라가쉬의 전쟁이 끝난 후, 그들이 각각 남긴 비문에는 다음과 같은 내용이 새겨져 있었다. 승자인 움마의 루갈-작기시의 비문에는 "엔-릴(En.Lil.) 신이 루갈-작기시에게 국토의 왕권을 주었고, 해 뜨는 땅에서부터 해 지는 땅까지의 국토를 그에게 향하게 했으며, 그의 힘 아래 모든 나라들을 굴복시키고 그에게 적을 주지 않았다."라는 내용이 기록되어 있으며, 패자가 된 루갈-우르가나나(Lugal-Urganina)의 라가쉬 비문에는 "라가쉬가 파괴되어 닌-기르수 신에게 큰 죄를 지었다. 그 승리에 저주가 있을 지어다. 죄는 라가쉬의 루갈-우르가나나에게 있지 않다. 신이여! 움마의 루갈-작기시의 목에 큰 벌을 내리소서"라고 쓰여 있었다. 이후 태양신 우투를 수호신으로 섬겼던 움마의 루갈-작기시는 세력을 더 확대하여 지중해까지 이르는 대국을 건설하였다.

도시국가들이 지배자의 칭호로 "엔시"와 더불어, "루갈"을 사용했다고 하였는데, 수메르의 도시 국가 중에서 예외적으로 이들 칭호를 사용하지 않는 국가가 있었다. 바로 니푸르(Nippur)라는 국가였다. 니푸르의 수장은 세속적 칭호 대신 종교적 칭호인 "파테시"(Patesi)를 사용하였다. 이 니푸르는 수메르 전체의 도시 국가들이 모든 신들의 왕으로 인정하는 "엔-릴(En.Lil.) 신"을 모시는 성지였다. 따라서 수메르의 여러 도시 국가들의 루갈들은 왕위를 계승하거나, 전쟁에서 승리하게 되면 이 니푸르를 방문하여 신중의 신, 최고의 신 엔-릴에게 제사 의식을 거행하였다. 움마가 태양신 우투를 섬겼음에도 불구하고 비문에 '우투'가 아니고 '엔릴'신이라고 언급한 이유를 이해할 수 있을 것이다.

한편, 메소포타미아 지역의 북부 지방에 살고 있는 셈족의 한 갈래인 아카드인들 또한 키쉬, 마리, 시파르, 구타 등의 도시 국가를 이루고 살고 있었는데, 그중 키쉬가 움마의 패권에 도전하였다. 그 왕국의 루갈 사르곤(Sargon, 기원전 2411~2355)은 움마를 패퇴시킴으로써, 라가쉬에서 지중해 바다에 이르기까지 수메르와 아카드를 포함한 메소포타미아 전 지역을 정복하여 최초로 메소포타미아 지역의 통일을 이루었다. 그리고 수메르에는 총독을 파견하여 다스렸다. 사르곤은 전승 기념을 다음과 같이 비문으로 남겼다. "엔-릴 신은 전 국토의 왕 사르곤에게 위의 바다에서 아래 바다에 이르기까지 한 사람의 적대자도 허용하지 않았다."

이처럼 엔-릴 신은 모든 신의 왕이었기 때문에 셈족인 아카드의 루갈까지도 전 메소포타미아 지역을 정복하고 난 다음에도 니푸르의 신전에 참배하여 감사의 제사를 드렸던 것이다. 비록 수메르인들이 아카드인들에게 정복당하기는 하였지만 모든 면에서 셈족인 아카드인들의 스승이었으며, 따라서 종교를 포함한 모든 수메르 문명은 아카드 왕국에 스며들어 아카드의 정복 지역에 널리 파급되었다.

우르크아기나(Urukagina) 법전

기원전 1750년의 함무라비 법전은 인류의 가장 오래된 법전으로 알려져 있었다. 그런데 1947년에 함무라비 법전보다 150년 이상 앞서서 왕 리피트-이슈타르에 의해 공표된 리피트-이슈타르 법전이 새겨진 점토판이 발견되었으며, 계속해서 기원전 2050년경으로 추정되는 우르의 제 3왕조의 우르남무 왕의 법전 점토판이 발견되었다. 함무라비보다 무려 300년이나 앞선 법전이었다. 그런데 이들 법전보다도 더 앞선 기원전 2600년경의 수메르 지도자인 우르크아기나(Urukagina)의 법전이 발견되었다.

자유와 평등, 정의에 기초한 인류 최초의 사회 개혁 법령인 이 법전에는 '수메르에 너무 많은 일이 일어나서 법을 개혁해야 할 필요가 있다'고 하였다. 우르크아기나는 이전 법령들을 다시 세우라는 닌기르수 신의 명령에 따라 법령을 개혁

한다고 하였다. 후대의 바빌로니아 왕들의 규정과 제도를 수메르 제도와 비교해 보았을 때, 수메르의 왕들이 무엇보다도 정의 수호를 중요시하였다는 것을 알 수 있다. 이것은 구약 성경에서 주장하는 도덕이나 정의의 개념과 매우 유사한 것으로, 최초의 히브리 족장이었던 아브라함도 우르남무 왕의 법령 영향권 내에 속해 있던 수메르의 우르 출신이었다.

수메르의 신들의 계보도

수메르에는 수 많은 신 중에서 12신을 신들 중의 신으로 삼았다고 하였는데, 그중 6명은 남성 신, 6명은 여성 신이었다. 그리고 그 신들에게는 60진법에 따른 숫자를 부여하여 그 신들을 숫자로 표현하였다. 남성 신들은 60, 50, 40, 30, 20, 10으로 모두 0으로 끝나는 수를 가졌으며, 여성신들은 55, 45, 35, 25, 15, 5와 같이 5로 끝났다. 60은 최고의 신성한 숫자였으며, 모든 신의 우두머리인 안(An)에게 주어졌다.

남성 신들		여성 신들	
60	안	55	안투
50	엔릴	45	닌릴
40	엔키(에아)	35	닌키
30	난나(신)	25	닌갈
20	우투(샤미시)	15	인안나(이슈타르)
10	이시쿠르(아다드)	5	닌후르쌍

1. 안(An) 60

안은 수메르에서 하늘과 땅을 모두 아우르는 신 중의 신, 신들의 우두머리였다. 그는 정 부인 안투(55)와의 사이에서 엔릴(50)과, 또 다른 아들인 엔키(40), 그리고 딸인 닌후르쌍(5)을 낳았다.

2. 엔릴(En.Lil) 50

엔릴은 안과 정 부인 안투 사이에서 태어난 장자로서 '하늘과 땅의 신'들 중에서 가장 높고 중요한 신이다. 니푸르(Nippur)가 그를 모시는 도시이다. 엔릴은 인간을 지배하는 왕을 선택하는 신이다. 엔릴 대신 마르둑을 최고의 국가 신으로 섬겼던 함무라비 왕조차도 법률을 공포하면서 '안과 엔릴이 나에게 이 땅에 정의가 자리잡도록 할 것을 명하였다'고 언급하였다.

3. 엔키(En. Ki) 40

안의 또 다른 아들 엔키는 세 번째로 위대한 신으로, 에리두((E.Ri.Du.)가 그를 섬기는 도시이다. 그는 여섯 아들을 낳았는데, 신화에는 세 명만이 등장한다. 그중 한 아들이 나중에 바빌로니아에서 신들의 최고 권력을 차지하는 마르둑이며, 또 다른 아들은 아래 세계를 다스리는 네르갈, 그리고 인안나와 결혼한 두무지이다.

4. 난나 (Nan. Na) 30

난나는 엔릴이 정 부인 닌릴과의 사이에 낳은 장자이며, 도시 국가 우르의 통치자이다.

5. 우투(Utu) 20

난나는 정 부인 닌갈과의 사이에서 우투와 인안나 쌍둥이를 낳았는데, 인안나가 먼저 태어났지만 여자였으므로 동생인 우투가 장남이자 승계권자가 되었다. 우투의 도시는 시파르(Sippar)였다. 우투는 법과 정의를 다루는 신이었다. 고대의 법들은 우투의 진실한 말에 따라 만들어졌다고 하였으며, 바빌로니아의 함무라비 왕은 자신의 법전을 석조물에 새겼는데, 그 석조물의 맨 위에는 함무라비가 우투로부터 법전을 전해 받는 모습이 새겨져 있다.

6. 이시쿠르 (Ish. Kur.) 10

엔릴이 정 부인 닌릴과의 사이에서 낳은 막내 아들이다.

7. 안투 (Antu) 55

안의 정 부인으로, 안과의 사이에서 엔릴을 낳는다.

8. 닌릴 (Nin.Lil.) 45

수드(Sud. 간호사라는 의미)라는 여신이었으나, 엔릴의 아내가 되고나서 닌릴(영

공의 귀 부인)이라는 새 이름을 얻었다. 엔릴과의 사이에서 장자 난나를 낳는다.

9. 닌키(Nin. Ki.) 35

엔키의 부인이다.

10. 닌갈 (Nin. Gal.) 25

닌갈은 위대한 귀부인이라는 의미로 난나와의 사이에서 우투와 인안나를 낳는다.

11. 인안나(In. Anna.) 15

인안나는 아카드어로 이슈타르(Ishtar)라고 하는데, 우투와 쌍동이로 태어났다. 그녀의 신전은 시파르에 세워졌다. 이 여신은 사랑의 여신, 전쟁의 여신으로 여겨져 있으며, 가나안과 히타이트 사람들에게는 아스타르테(Astarte)로, 그리스인들에게는 아프로디테, 로마인들에게는 비너스로 알려져 있다.

12. 닌후르쌍(Nin. Hur. Sag) 5

닌후르쌍은 안의 딸이지만, 정 부인 안투의 딸은 아니다. 엔릴과의 사이에서 닌우르타를 낳는다.

그 외에 중요한 신들

닌우르타(Nin. Ur. Ta.)

엔릴과 여동생인 닌후르쌍 사이에서 태어났으며, 아버지인 엔릴을 위해 싸우는 용감한 아들이다.

마르둑(Mar. Duk.)

엔키의 아들로서, 담키나(Dam. Ki. Na.) 사이에서 낳은 아들이다. 구 바빌로니아에서는 엔릴을 대신하여 바빌론의 수호신에 불과하였던 마르둑을 신들의 우두머리로 하였으며, 60 다음의 숫자 50을 부여하였다. 이처럼 바빌로니아에서는 안, 엔릴, 닌우르타를 마르둑으로 대체하고 하늘의 주인, 창조자, 영웅으로 만들기 위해서 수메르의 고대 신화 기록을 대대적으로 변조하였다. 변조된 기록 중에는 〈주(Zu.)의 이야기〉라는 것이 있는데, 주를 물리친 영웅이 닌우르타가 아니고 마르둑으로 되어 있다.

수메르의 천문학

서기 2세기, 이집트 알렉산드리아의 천문학자 프톨레마이오스는 태양과 달, 그리고 5개의 행성이 지구를 중심으로 하여 돌고 있다는 우주론을 주장하였다. 그후 약 1300여년이라는 오랜 시간 동안 이 주장은 정설로 받아들여졌다.

16세기 초, 폴란드의 신부 코페르니쿠스는 지구를 중심으로 한 우주론에서 나타나는 복잡한 천체들의 운동은 조화로운 신의 섭리에 맞지 않다고 생각하였다. 그는 지구를 포함하여 모든 행성들은 태양을 중심으로 회전하며, 태양이 우주의 중심이라는 태양 중심설을 주장하였다. 그리고 1530년대에 자신의 주장을 담은 『천구의 회전에 관하여』라는 저서를 완성하고, 1543년에 그 책을 출간하였다.

코페르니쿠스가 이와 같은 혁명적인 생각을 할 수 있었던 것은 그가 프톨레마이오스 이전 시대 천문학자들의 저서들을 접할 수 있었기 때문이라고 여겨진다. 기원전 3세기의 천문학자였던 아리스타르코스는 우주의 중심에 태양을 놓았을 때 천체의 운동은 더 간명하게 잘 설명될 수 있다고 주장한 천문학자였다.

기원전 2세기에는 소아시아 지방의 천문학자였던 히파르코스가 세차운동(Precession)이라는 현상에 대해 언급하였다. 세차운동이란 구 형태의 지구를 구 형태의 천구가 둘러싸고 있다는 전제 하에서만 설명될 수 있는 현상이다. 따라서 히파르코스가 당시 지구가 구형이라는 것을 알고 있었음에 틀림없다. 히파르코스보다 2세기 전에 소아시아에 살았던 수학자 겸 천문학자인 에우독수스(Eudoxus)는 구의 형태를 한 천구의 모형을 만들었다. 에우독수스가 천구를 구형으로 생각하였다면 지구는 어떤 모습으로 생각하였을까? 그가 지구를 평편하다고 생각하였다면, 그가 생각한 천구는 구 모양이 아니고 반구 모양이었을 것이다.

코페르니쿠스가 이들 고대 천문학자들의 지식을 참조하였을 것으로 여겨지기 때문에, 실제로는 그가 새로운 이론을 창조한 것이 아니었고 거의 2,000년 전의 이들 그리스 천문학자들의 주장을 대변했던 것일 뿐이었다. 그가 태양 중심설을 주장하긴 했지만 여러 부분에서 프톨레마이오스의 지구 중심설과 비교해서 이론적으로 완벽하지 않았다는 점에서, 그 자신이 논리적이고 과학적인 방법으로 관찰하고 검증하여 이룩한 이론이 아니었다는 것을 짐작할 수 있다.

메소포타미아의 천문학자 겸 사제들은 태양과 지구, 달, 그리고 다른 행성들의 복잡한 움직임을 관찰하고 그 의미를 파악하고 미래의 결과를 예측하기 위해서 고도로 세련된 천문학적 지식을 필요로 하였다. 메소포타미아인들은 천체의 움직임을 관측하여 천체들의 출몰 시간을 계산하였으며, 태양과 달, 지구의 움직임을 계산하여 일식이나 월식을 예측하였다.

이처럼 천체의 움직임을 관찰하고 그 위치를 다른 천체나 지구와 비교하기 위해서 그들은 대단히 정교한 천체력을 필요로 하였다.

메소포타미아 지역에서 사용한 천체력에는 두 가지가 있었다. 하나는 바빌론 시대에 사용한 천체력이었고, 다른 하나는 수메르의 우루크에서 사용한 천체력이었다. 그런데 놀랍게도 시기적으로 훨씬 앞선 우루크의 천체력이 나중에 사용된 바빌론의 천체력보다 더욱 더 정교하고 정확하였다. 그뿐만이 아니라 바빌론 시대에 사용된 천체력은 천체를 세밀하게 관찰하여 작성한 것이 아니고, 어떤 계산법을 이용하여 만든 것이었다. 그리고 이 계산법 또한 천체력이나 그 기초가 되는 수학적 계산법에 무지했던 바빌로니아 천문학자들이 만든 것이 아니었으며, 그들의 선조로부터 대대로 전해 내려온 것이었다.

이처럼 우르크의 천체력에서 사용되었던 경험적이고 이론적인 계산식들은 고도로 복잡하며 대단히 정교한 수학적 기초를 요하는 것이었으며, 현대 과학에서조차 그 탁월한 수준에 대해 경탄해 마지 않을 정도이다.

그들에게 지구는 적도와 양극으로 이루어져 있는 구체였으며, 하늘 역시 가상의 적도와 양극으로 이루어져 있는 천구였다. 모든 천체들의 궤도는 천구의 황도와 연관지어 파악하였다. 태양이 천구의 적도를 1년에 두 번 지나는데, 그들은 이때를 춘분과 추분이라 하였고, 태양이 천구의 적도와 가장 멀리 남북으로 멀어져 있을 때를 각각 동지와 하지라고 하였다. 이렇게 수립된 그들의 천문학적 개념들은 지금까지도 그대로 사용되고 있다. 그리고 이를 근거로 삼아 수메르인들은 태양이 춘분점을 통과하는 시점을 새해가 시작되는 시점으로 삼았다.

태양이 춘분점을 통과하는 시점은 천문 관측이 아닌 천문 계산을 바탕으로만 파악할 수 있는 시점이었기 때문에, 그들은 천문 계산과는 별도로 적절한 방법을 고안하여 그 시점을 알아내었던 것으로 알려지고 있다. 즉, 춘분점의 시기와 관련하여 나타나는 특별한 천문 현상과 연관지은 것이다. 기원전 2400년경에 우르의 지도자였던 둥기(Dungi)의 기록에 의하면, 니푸르인들은 태양이 지면서 어떤 특정한 천체가 떠오르는 시점을 새해가 시작하는 날로 정하였다고 하였다. 그런데 이와 같은 방법이 사용된 시기는 둥기의 시대보다 2,000년이나 앞선, 기원전 4400년경부터라고 한다.

우리는 황도대의 12별자리에 대해서 잘 알고 있다. 그리고 그 별자리 이름과 별자리를 이루는 별의 이름이 그리스 신화에서 유래하였으며, 12궁도가 그리스인들에 의해 만들어졌다고 알고 있다. 그러나 실제로는 수메르의 것을 그리스인들이 자신들의 신화와 언어로서 재포장한 것에 불과한 것이었다. '황도대'를 의미하는 '조디악(Zodiac, 수대 獸帶, 동물의 원)'이라는 명칭은 그리스어의 'zodiakos kyklos'라는 말에서 유래한 것으로, 동물들의 이름을 별자리의 이름에 사용하였기 때문에 붙여진 이름이었다. 그런데, 이들 그리스인들이 사용한 별자리의 명칭마저도 실제로는 수메르에서 기원한 것이었다.

수메르인들은 이들 12별자리를 울헤(Ul.He. 빛나는 가축떼)라고 불렀으며, 12궁을 다음과 같이 명명하였다. 수메르인들로부터 기원한 황도 12궁의 명칭 뿐만 아니라, 12궁의 상징물들과, 그들을 나타내는 그림들이 지금까지도 변함없이 그대로 사용되고 있다.

1. 구안나 (Gu.An.Na. 하늘의 황소)
2. 마시타브바(Mash.Tab.Ba. 쌍둥이)
3. 두브(Dube. 집게)
4. 우르굴라(Ur.Gula. 사자)

5. 아브신(Ab.Sin. 그녀의 아버지는 신〈Sin〉)

6. 지바안나(Zi.Ba.An.Na. 하늘의 운명)

7. 기르타브(Gir.Tab. 할퀴고 자르는 것)

8. 파빌(Pa.Bil. 수호자)

9. 수후르마시(Suhur.Mash. 염소-물고기)

10. 구(Gu. 물의 주님)

11. 심마흐(Sim.Mah. 물고기)

12. 쿠말(Ku.Mal. 들판에 거처하는 자)

1925년, 세계 천문학계는 하늘을 황도대, 북반구, 남반구로 나누고 88개의 별자리 집단을 공식화했다. 이 중 황도대에는 12개, 북반구에는 28개, 남반구에는 48개의 별자리로 확정하였고, 현재에 이르고 있다.

이러한 분류는 새로운 것이 아니며 고대 수메르인들이 분류한 별자리 체계를 연상시킨다. 수메르인들은 천구를 세 개의 길, '아누의 길', '엔릴의 길', '엔키의 길'로 나누고 각각의 길에 별자리를 배치하였다. 오늘날 12궁이 위치하는 황도대가 12집단의 별로 나눈 수메르의 아누의 길과 정확하게 일치하는 것을 단지 우연으로 치부할 수는 없을 것이다!

유럽 천문학자들은 망원경이 도입되기 전까지 북반구 하늘에서 프톨레마이오스의 19개 별자리만 인정하였다. 그런데 놀라운 것은 수메르인들은 이미 '엔릴의 길'이라고 부른 북반구 하늘에 28개의 별자리가 있다는 것을 알고 있었을 뿐만 아니라 그 이름까지도 부여하였다는 사실이다. 또한 남반구에 속하는 '엔키의 길'에도 12개의 중요한 별자리와 더불어 다른 많은 별자리들이 있다는 것도 언급하고 있다.

그런데 불가사의한 것은 북반구에 위치한 우르와 바빌론에서 남반구의 하늘을 관측할 경우 남반구의 약 절반밖에 관찰할 수 없으며, 나머지는 수평선 아래에 있기 때문에 관측이 불가능하다는 사실이었다. 그럼에도 불구하고 그들은 수평선 아래의 보이지 않는 하늘의 별자리들까지 파악하여 '엔키의 길'에 포함시켰다. 이러한 그들의 지식 내용들을 종합해 보면 그들 시대에 벌써 지구가 구형이라는 것을 정확하게 알고 있었을 것이라는 놀라운 사실을 짐작할 수 있다. 그들이 훗날 그리스인들처럼 지구가 평편한 판이고, 하늘 역시 그 위를 반구 형태로 되어 있다고 생각하였다면, 남반구 하늘이란 개념을 상상할 수 없었을 것이기 때문이다.

고대 메소포타미아 문명을 연구하였던 랭던 교수(Stephen Herbert Langdon, 1876~1937)는 기원전 4400년경에 니푸르에서 제작된 달력에 세차운동에 대한 지식이 담겨 있다는 것을 밝혀내었는데, 이 사실로부터 기원전 2세기의 히파르코스에 의해 소개된 세차운동에 관한 지식도 수메르인들로부터 전수받은 것으로 추정할 수 있다.

이와 같은 천문학적인 지식을 바탕으로 수메르인들은 달력 체계도 완성하였다. 바빌로니아와 아시리아와 같은 후대의 국가들의 달력들은 수메르에서 기원한 달력에 그 근원을 두고 있으며, 수메르의 달력들 중에서도 엔릴 신의 도시인 니푸르에서 발견된 달력이 가장 중요한 의미를 지니고 있다.

수메르족의 멸망

앞에서 한 차례 언급했던 것처럼, 메소포타미아 지역 북부 지방의 셈족의 한 갈래인 아카드인들 중 키쉬 왕국의 루갈 사르곤(Sargon, 기원전 2411~2355)이 움마의 패권에 도전하였으므로 수메르의 움마는 예전의 영향력을 상실하게 되었고, 아카드인들은 라가쉬에서 지중해 바다에 이르기까지 전 지역을 정복하여 명실공히 수메르-아카드의 패권자가 되면서, 최초로 메소포타미아 지역의 통일을 이루었다. 그렇지만 수메르인들은 모든 면에서 셈족인 아카드인들의 스승이었으며, 종교를 포함한 모든 수메르 문명이 아카드 왕국의 정복 지역에 널리 보급되었다.

이후 동북쪽 자그로스의 산악 민족인 구티족이 쳐들어와 기원전 2150년경 아카드는 멸망하였고, 구티족이 메소포타미아 지역을 지배하였다. 기원전 2100년경, 우르 지방의 우르남무가 구티족을 몰아내고 수메르를 부활시켰다. 우르남무는 우르의 제 3왕조를 세우고 메소포타미아 지역을 다시 통치하면서 "사계의 왕", "수메르-아카드의 왕"이라는 칭호를 사용하였다. 그리고 닌기루수(Ningirsou)를 수호신으로 삼았다. 이 시대에는 먼 지역까지 통상무역이 활발하였고, 정치적으로도 관료조직에 의한 통치가 이루어졌으며 우르남무 법전이 제정되었다. 이때가 수메르인들의 마지막 번영이었다. 기원전 2000년경, 또 다른 셈족인 시리아 지방의 아모리인들의 침입으로 멸망하므로써 수메르인은 영원히 역사에서 사라지고 말았다.

수메르는 인류 역사에서 중요한 문화적 업적을 남겼고, 이들은 고대 세계의 다른 문명들에 영향을 미쳤다. 국가가 멸망하여 사라지자 난민들은 사방으로 유랑하기 시작했으며, 수메르의 지식인들, 즉 의사, 교육자, 천문학자, 건축가, 서기 등은 국가의 멸망 후에도 문화의 전파자로서 역할을 이어갔다.

바빌로니아 왕국

아모리 왕조의 6대 왕 함무라비(재위 기원전 1792~1750)는 자신의 왕국을 통일하고 확장하는 데 중요한 역할을 하였다. 함무라비는 오늘날 메소포타미아로 알려진 지역을 통일하였으며, 이를 바탕으로 강력한 바빌로니아 제국을 세웠다. 그는 바빌론을 그의 수도로 정하고 그곳에서 집권하였다. 이렇게 함무라비는 제국의 영토를 확장하며 중앙아시아의 다른 도시 국가들과의 패권 다툼을 이어갔다. 그의 지배 기간 동안, 함무라비는 엘람에서 시리아에 이르는 넓은 지역을 관장하며 그의 영향력을 확장하였다. 우리는 이 왕국을 구 바빌로니아 왕국이라고 부른다. 그는 아카드어를 국어로 삼았고, 역법(曆法)을 통일시켰다. 함무라비는 그 유명한 '함무라비 법전'을 남겼다. 리피트-이슈타르 법전이 발견되기 전까지, 이 '함무라비 법전'은 인류 최초의 성문 법전으로 알려졌었다.

또한, 함무라비는 지역 신에 불과하였던 마르두크를 메소포타미아 전역의 주요 신으로 선포하여 최고 신 엔-릴과 동격으로 격상시켰다. 그리고 두 신을 합하여 "벨-마르두크"(Bel-marduk)라고 하여 바빌로니아 신전의 주신으로 경배하였는데, "벨"(Bel)이란 셈어로 "엔-릴"신을 의미할 뿐만 아니라 "주"(主)라는 뜻도 가지고 있었으므로 벨-마르두크는 벨이라는 이름을 통하여 "엔-릴"과도 연결지어 졌다. 마침내 마르두크는 '벨(바알) 마르두크'이라는 이름으로 주신의 자리를 차지하여 가장 높은 국가적 숭배 대상이 되었다.

함무라비는 이와 함께 수메르 신화를 마르두크 중심의 신화로 개편하였다. 이로써 그는 주신 벨-마르두크와 더불어 이슈타르(Ishtar) 여신을 섬기는 종교 체계를 확립하였고, 이런 신들의 신전을 세움으로써 그의 국가 권력 체계를 더욱 강화시켰다. 그는 다른 신들의 권위를 무시하거나 제한하지는 않았지만, 그들의 권력이 마르두크에게 종속된 것처럼 그 신들의 명칭들을 바꿔 놓았다.

수메르인들은 인간과 세상의 운명은 신들에 의해 결정되는 것이라고 생각하였으므로 모든 결과를 숙명으로 받아들였다. 그러나 구 바빌로니아 왕조에 이르러서는 운명을 숙명으로 받아들이기에 앞서 적극적으로 천체의 징조를 바탕으로 국가와 개인의 운명을 예측하고자 하였다. 그리고 왕과 신관들은 변화되는 천체의 현상과 징조들을 파악하여 신들의 의지를 해석하고 그 뜻을 헤아려 국가와 민중들을 이끌어 나갔다. 바빌론에서 발굴된 12권으로 된 한 문서 텍스트에는 각 특정 달마다 무엇을 해야 할 것인지, 하지 말아야 할 것인지에 대해 세밀하게 기록되어 있다. 그중의 한 예를 들자면 "왕은 '쉐바트'와 '아야루' 달에 한해서 신전을 건축하거나 성소를 수리해야 한다"와 같은 내용이 있다.

이런 천체 관측에 따른 징조와 예언들이 중요시되자 12궁도 점성술이 민간인들 사이에 본격적으로 파급되었다. 하루도 한나절씩으로 나누어 길흉을 가렸으며, 이 때문에 시집오는 신부를 하루의 어느 시각에 데려와야 좋을지 점을 쳤을 정도였다. 어떤 사람이 병에서 쾌유될 것인가, 임신한 여자가 건강한 아기를 낳을 것인가, 때가 좋지 않든지 불길한 징조가 나타나면 어떻게 예방하는 것이 좋을까 하는 것들도 그 대상이었다. 수메르 시대의 진정한 과학으로서의 천문학이 이 시기에 이르러서는 혼란스러운 시대의 삶을 반영하듯 점성술(astroology)로 변질되었고, 이것은 또다시 주술과 마법으로 타락하였다.

이처럼 수메르의 높았던 과학 수준이 구 바빌로니아 시대에 이르면서 심각하게 퇴보하였던 것이다. 왜 이와 같은 퇴보 현상이 일어나게 되었을까? 그것은 수메르 문명 2천 년 동안 지속되어 왔던 신-신관-왕으로 이루어진 굳건한 사회의 근본적 구도가 붕괴되었기에 일어난 현상이었다. 백성들로 하여금 세상의 사건들이 초자연적인 것과 관련되어 있지 않다는 것을 합리적으로 일깨워 줄 수 있는 권위를 가진 귀족 계층, 신관, 지식인층이 사라졌기 때문이었다. 또한 운명을 결정한다고 믿었던 옛 신들마저 그 권위와 더불어 사라졌으니, 혼란스럽고 예측할 수 없는 시대를 살아가기 위해서 백성들은 천체의 징조와 비현실적인 예언 등에 의존해서라도 불안한 마음을 해소시키려 했던 것이다.

수학적 원리를 기초로 한 과학적 방법에 의해 이룩되었던 수메르의 천문학은 현대 천문학의 기원이라고 할 수 있었지만, 바빌론 시대에 이르러 그 창의력은 국가의 퇴보와 함께 이처럼 소멸되었다. 결국 수메르 이후의 시대는 새로운 진전이라곤 거의 없는 과학의 공백기였다고 볼 수 있다.

바빌론 사람들도 실제 관측 수치를 근거로 태양, 달과 눈에 보이는 행성들의 예정된 위치들을 천문 도표로 기록했다. 그리고 천체 위치 조견표(早見表 ephemerides)를 작성하기 위해서 수학 공식을 사용하였다. 예를 들자면, 월식이 일어나는 시점을 알기 위해서는 수학 공식에 태양과 달의 궤도 속도와 그 밖의 요소들을 대입하여 계산하였다. 그렇지만 이들 복잡한 수학 공식은 정밀한 수학 지식에 기반을 둔 것으로서, 이들 공식들이 원래 바빌론 시대에 고안된 것이라 여겨지지 않고, 그 이전부터 존재하고 있었던 것을 단순 사용하고 있었을 뿐이라고 생각되는 것이다. 더군다나 이 천체력에 사용된 계산 단위는 수메르인이 고안한 60진법이었으며, 황도대의 성좌, 달(月, Month)의 이름들, 그리고 50개가 넘는 천문학 용어 역시 모두 순수한 수메르어였다.

오늘날 옛 바빌로니아인들이 천문학의 선구자로 알려져 있지만, 실제로 그들은 그 이전 수메르인들로부터 전수받은 것을 단순히 사용하고 있었을 뿐이었던 것이다.

이처럼 바빌론 시대에 이르러 천문학의 쇠퇴와 변질 뿐만 아니라 전반적인 과학과, 문화, 예술, 법률, 사회 기본 구조의 퇴보를 가져왔고, 문학적 창조성도 사라졌다. 수메르의 왕들은 신전을 짓고 운하를 건설하고 예술품을 창작한 것을 자랑스럽게 기록으로 남겼지만, 바빌론의 왕들은 전쟁과 정벌 기록, 이를테면 많은 포로를 잡고 많은 적병의 머리를 베어낸 것을 통해 자신들의 힘을 과시하는 기록들을 남겼을 뿐이다.

바빌론 법전(함무라비 법전)은 죄와 벌을 규정했을 뿐이지만, 수메르 시대에는 약자의 보호와 윤리 규정이 법률의 요지였다. 옛 통치자들은 '엔시' 곧 '정의의 목자'라는 칭함을 원했지만, 바빌론의 왕들은 '사계의 왕'이나 '왕 중 왕'이라는 칭호를 선호했다.

수메르에서 여성의 지위는 상상 이상으로 높았으며, 수메르 신화에서 여신들은 중요한 역할을 하였지만, 바빌론 시대에는 이러한 평등 풍조가 사라졌다. '니사바'가 맡았던 필기의 여신 역할을 마르둑의 아들인 '나부'가 대신하도록 조작하였다. 단순하고 전투적인 남성 우위의 사회로 인해서 여성의 지위는 급격히 쇠퇴하였다.

구 바빌로니아의 멸망과 그 이후

세월이 흘러 구 바빌로니아 역시 기원전 1550년경, 주변의 여러 유목 민족의 침입을 받고 혼란에 빠졌으며, 기원전 1531년경 서남 아시아에서 세력을 키운 히타이트족의 침입으로 멸망하고 말았다. 침략자 히타이트의 무르실 1세는 바빌로니아 왕 삼수디타나를 쫓아내고, 바빌로니아 동쪽의 산악지역 출신 카시트족을 왕으로 옹립해 새로운 왕조를 세우도록 하였다. 카시트인들은 문화적으로 미개한 야만족으로 그들이 지배한 500년간 문화는 더욱 더 황폐화되었다.

뒤를 이어 히타이트인들이 바빌론에 도착하였는데, 기원전 1500년경으로 수메르인들은 이미 오래전에 근동에서 사라진 뒤였다. 그럼에도 불구하고, 히타이트어에는 수메르의 그림 기호들을 비롯한 많은 낱말이 사용되었을 뿐만 아니라, 히타이트에서 수메르어는 상류층 언어였다. 이를 반영하듯이 〈수메르어-히티이트어 번역 사전〉도 발견되었다.

오랜 세월이 흐른 뒤임에도 불구하고 수메르의 언어나, 문학, 종교들이 어떻게 히타이트인들에게 영향을 미칠 수 있었을까? 그 답은 후르리인(Hurrian)이라고 불리는 종족으로부터 찾을 수 있다.

구약에서 호리(Horite)라고 하였던 후르리인들은 메소포타미아의 북쪽 지역에 거주하였는데, 그 지역은 수메르- 아카드 지역과 히타이트 왕국 사이에 있었다. 이집트와 메소포타미아 기록에는 이들 후르리인들의 왕국을 미탄니(Mitanni) 왕국이라고 하였다.

이들 후르리인들은 기원전 2100년경 수메르의 마지막 전성기인 우르 제 3왕조 시기에 수메르 지역에 살고 있었으며, 수메르에서 활발한 활동을 하였다. 후루리인들은 수메르가 자랑하던 의류 산업에 종사하였으며, 우르의 유명한 상인들은 대부분 후르리 사람들이었다고 한다. 이 후르리 사람들이 자연스럽게 수메르-아카드 문화와 종교를 습득하였고, 이들이 수메르 문명을 히타이트인들에게 전수하였던 것이다.

한편, 티그리스강 상류에 있는 아슈르 고원에는 기원전 3000년경 셈족 중 하나가 작은 왕국을 건설했는데, 이들이 믿는 신이 아슈르 신이었으므로 그들을 아시리아인이라고 불렀다. 아시리아인들은 니네베(Nineveh)를 수도로 하여 북부 메소포타미아 일대를 장악하였다. 강하면서도 매우 잔인하였던 그들은 바빌로니아 문명을 받아들임으로써, 카시트인들로 인해 없어질 위기에 처해 있던 수메르 문명을 계승하였다.

이들은 기원전 1000년경에 이르러 히타이트족으로부터 철기 문명을 받아들였으며, 그후 카시트인들을 멸망시키고 메소포타미아 지역을 지배하였다. 기원전 730년경, 시리아의 수도 다마스쿠스를 함락시키고, 세력을 더욱 더 확장해 나갔다. 그후 기원전 722년에 재위에 오른 사르곤 2세는 히타이트까지 공격해 그들을 멸망시켰다. 그리고 바빌로니아를 아시리아에서 임명한 부왕(副王)을 통해 통치하였다.

신바빌로니아 왕국

아시리아의 마지막 왕으로 기원전 669년부터 기원전 627년까지 통치했던 아슈르바니팔 재임 기간 동안에 아시리아는 군사적뿐만 아니라 문화적으로도 최전성기를 구가했는데 니네베에 최초의 체계적인 아슈르바니팔 도서관을 세운 것으로도 유명하다. 그런데 그의 치세 말기부터 제국은 갑자기 쇠퇴하기 시작했다. 스키타이족들이 제국 내에 깊숙히 침범하여 약탈과 방화를 자행하였고, 도처에서 봉기가 끊이지 않았다. 또한 아슈르바니팔 사후에는 왕위 계승을 둘러싼 쟁탈전으로 인한 내분이 끊이지 않았다. 설상가상으로 아슈르바니팔이 죽기 전에 총독으로 임명했던 두 봉신들의 반란이 결정타가 되었다. 기원전 612년, 아시리아 왕을 섬겼던 칼데아 출신의 총독, 나보폴라사르가 수도 니네베를 포함하여 아시리아 전역을 황폐화시키고 아시리아 국민들을 노예로 삼거나 살해하였다. 마침내 기원전 612년에 아시리아 제국은 멸망하고 말았는데, 그후 아시리아 민족은 역사에서 영원히 사라져 버렸다.

기원전 625년, 아시리아를 멸망시킨 나보폴라사르(재위 기원전 625~605)는 칼데아 왕조를 세웠다. 기원전 605년, 나보폴라사르의 뒤를 이어 아들인 네부카드네자르 2세가 왕위에 올랐으며, 그는 바빌론을 수도로 정하고, 구 바빌로니아의 체제를 다시 부활시켰는데 이 칼데아 왕조를 신 바빌로니아 왕국이라고 부른다. 네부카드네자르 2세는 즉위 직후 곧바로 아스글론을 점령함으로써 이집트 영향 아래 있던 블레셋을 멸망시켰고, 더 나아가 레반트 지역에 대한 지배권까지 확보하였다.

네부카드네자르 2세(재위 기원전 605~562, 성경에서 '느부갓네살')의 시절은 신바빌로니아의 황금 시대였다. 고대 함무라비 왕 이래 몰락했던 바빌론은 다시 부흥하여 명실공히 세계 상업의 중심 도시로서 성장하였다. 네부카드네자르 2세는 자신이 최고의 신인 마르둑의 가장 위대한 수호자로 군림하기를 원했으므로, 수도 바빌론에 주신 마르두크를 비롯한 수많은 신의 신전과 제단을 만들었다. 이제 마르둑은 신들 중의 신으로서, 신들의 우두머리로 알려져 있던 엔릴보다 더 위대한 최강의 신으로 받들어졌다.

기록에 의하면 바빌론 안에는 주신 마르두크 신전 55개를 포함하여 일천 개가 넘는 신전이 있었고, 이중 이슈타르 여신을 위한 제단도 180개가 있었다. 마르두크 신전을 지을 때에는 거대한 지구라트도 함께 만들어졌다. 바빌론 시의 중심부에 마르두크 신의 탑을 쌓아 올렸는데, 고대 전설 속의 바벨탑을 연상시키는 에테멘앙키(Etemenanki)라는 이름의 이 '바벨탑'은 주신 마르두크를 숭배하는 신전의 일부로서, 수세기 전 아시리아인들이 파손한 것을 신 바빌로니아 왕조를 세운 나보폴라사르 왕이 기초를 쌓았고, 그 아들인 네부카드네자르가 완성하여 재건한 것이었다.

에테멘앙키(Etemenanki) 출처 : 나무위키

탑의 높이는 약 90미터로 대단히 웅장하게 건립되었는데, 현재는 지상에 그 토대의 윤곽만이 남아 있을 뿐이다. 이 신전탑과 별개로 바빌론에서 남쪽으로 약 17킬로미터 떨어진 곳에 보르시파(Borsippa)의 에지다(Ezida) 신전탑이 위치해 있는데 네부카드네자르 2세가 이를 보수하였으며, 보르시파의 주요한 유적 중 하나로 알려져 있다. 또한 네부카드네자르는 고대 세계 7대 불가사의 중 하나로 일컬어지는 '공중정원'을 만든 것으로 전해지고 있다.

이 당시 유대인들의 국가는 전성기인 솔로몬 왕(기원전 961~922년) 이후 이스라엘과 유대 왕국으로 나뉘어졌고, 기원전 722년, 아시리아에 의해 이스라엘은 멸망하여 아시리아의 속국이 되었다. 그 뒤 아시리아가 멸망하고 신 바빌로니아가 그 자리를 대신하자 이집트가 시리아를 되찾기 위해 신바빌로니아에 수차례 도발하였는데, 이때 유대 왕국의 유대인들은 이집트 편에 서서 신 바빌로니아에 항거하였다. 이에 신바빌로니아 왕 네부카드네자르 2세는 기원전 586년 예루살렘을 함락시키고, 유대 왕국마저 멸망시켰다. 이때 유대의 모든 고대 도시들이 파괴되었다. 당시의 유대 왕 시드기야는 예리코에서 붙잡혀 맹인이 되었으며, 대부분의 유대 주민들은 바빌론으로 끌려갔다. 기원전 538년에 바빌로니아를 정복한 페르시아 제국의 키루스 2세에 의해 풀려날 때까지 유대인들은 바빌론에서 포로 생활을 했는데, 이 사건을 바빌론 유수라고 한다.

신바빌로니아 왕국의 멸망

바빌로니아의 정복자 네부카드네자르 왕의 뒤를 이어 기원전 562년 그의 아들 아멜 마르둑 (Amel-Marduk)이 즉위하였으나, 기원전 560년, 네부카드네자르의 사위인 네르갈 샤루레(Nergal-Sharure)에 의해 축출되었고, 어린 라바쉬 마르둑 (Labashi-Marduk)이 왕위를 이어받았다. 제국이 혼란스러워지면서 제국의 수도 바빌론의 사제단 내에서 정치적, 종교적 주도권을 탈취하기 위한 암투가 일기 시작했다. 바빌론 도성의 수호신은 마르둑이며, 마르둑 신의 대 제사장은 사제단 중에서 최고의 사제였다. 그 권위는 제국과 왕의 절대적 보호하에서 유지되었다.

그런데 정치적 상황이 혼란스러워지자, 오랫동안 마르둑 신 제사장들의 세력에 억압받아 왔던 신(Sin : 달의 신)과 네르갈(Nergal : 화성신) 제사장들이 음모를 꾸미기 시작했다. 네부카드네자르의 사위로서 신임과 총애를 받고 있던 젊은 실력자 나보니두스(Nabonidus)가 달 신의 숭배자였을 뿐 아니라, 달의 신을 숭배하는 두 도시 중 하나인 하란(Haran)에서 태어났고, 그의 어머니 수무아담카 (Shumuadamqa)는 하란의 주신인 달 신의 여 제사장이었다. 이들 제사장들이 반란을 모의하게 되었고, 결국 나보니두스가 새로운 지배자가 되었다.

이제 마르둑 신 제사장들과 왕족들은 왕이 살해되고 달의 신과 화성신을 숭배하는 나보니두스가 등극하게 되자, 마르둑의 영광과 그들의 지위를 회복하기 위해 국외 세력과 손을 잡았다. 페르시아의 키루스 2세가 바빌로니아를 쉽게 정복할 수 있었던 것은 도성 안에 있던 마르둑 신의 제사장들과 그 추종자들이 적극적으로 협조하였기 때문이라고 한다. 이렇게 해서 칼데아인들의 신 바빌로니아 왕국도 역사 속으로 사라졌다.

일부 문헌에 따르면 그후에 달의 신과 화성 신의 신관들은 바빌론이 점령당하자 도성을 빠져 나와 하란으로 도피했으며, 다시 소아시아의 페르가모스(Pergamos)로 떠났다고 전해진다. 그들은 옛 바빌로니아 제국의 재건을 염원하여 페르가모스에 망명 정부를 건설하고, 바빌로니아 종교 의식을 보존 수행하는 동시에, 후계자를 양성하기 위하여 〈점성 학술원〉을 설립하였다. 또 한편으로는 바빌론의 독립을 위해 본국에서 반란을 유발시켰다. 기원전 480년에 크세르크세스(Xerxes, 기원전 486-455)는 이 민중 반란에 대한 분풀이로 바빌론 주민이 숭배하는 바벨 칠층 신전탑, 에테멘앙키(E-temen-an-ki)를 파괴해 버렸다고 한다. 이 때 본국에 있던 반란자들도 대부분 페르가모스로 피신하였으므로, 페르가모스는 메소포타미아 종교 의식의 중요한 고장이 되었다. 이후, 페르시아 제국의 압박을 피해 칼데아 점성술사들은 그들의 점성 학술원을 에게해의 코스(Cos)섬으로 옮겨 갔다고 한다.

알렉산더 대왕 시대

기원전 4세기, 마침내 20세의 나이로 아버지 필리포스 2세를 계승한 알렉산더(Alexandros 기원전 336~323)가 새로운 강자로 등장하였다. 알렉산더 대왕은 30세가 되었을 때 그리스를 포함해 남쪽으로는 이집트, 동쪽으로는 페르시아를 정복하였고 인도 북서부에 이르기까지 그의 제국을 확장시켜 그 이전까지 고대 서양사에 전례가 없던 대제국을 건설하여 새로운 그리스의 시대를 열었다. 그는 전투에서 패배한 적이 없고, 역사상 가장 성공적인 군사 지도자 중 한 사람으로 평가되고 있다.

이 시대에 이르러 바빌로니아 점성술은 에게해를 건너 그리스인들에게까지 적지 않은 영향을 미쳤으며, 그리스 최고 지성인들의 집단인 퀴레네 학파와 스토아 학파에까지 그 영향력이 파급되었을 뿐만 아니라, 이어서 그 세력은 그리스 세계에 편입된 이집트의 알렉산드리아(Alexandria)에까지 소개되었다. 천체들을 최고의 존재로 받들어 왔던 플라톤(Platon 기원전 427~347)이나 아리스토텔레스(Aristoteles 기원전 384~322)같은 철학자들의 영향을 받았던 그리스 세계에서 바빌로니아의 점성술은 급속히 퍼져 나갔다.

그 당시 바빌로니아의 점성학자 키데나스(Cidenas)는 기원전 382년경에 1삭망월을 29.530594일로, 1회기년을 365.236일로 측정하여 사용하고 있었으며, 바빌로니아인들은 7일로 이루어진 일주일 제도와 더불어 요일의 명칭 등을 사용하고 있었다. 이같은 바빌로니아의 천문학적 지식들은 플라톤이나 그의 제자이면서 알렉산더 대왕의 스승이었던 아리스토텔레스에게도 큰 영향을 미쳤다.

이 점성술사들로부터 천문학을 익힌 가장 뛰어난 그리스 학자는 플라톤의 제자였으며 아리스토텔레스에게서 논리학을 배운 유독서스(Eudoxos, Latin명 - Eudoxus, 기원전 408~335)였다. 그는 칼데아인들에게 영향을 받아 천동설을 주장하였는데, 과학적이고 논리적인 그리스의 방법으로 행성의 운행을 설명했다는 점에서 그리스 천문학의 선구자 역할을 하였다. 또한 그 유명한 히파르쿠스(Hipparchus) 역시 그들의 영향을 받았다고 한다. 이처럼 칼데아의 점성술은 그리스 철학계에 자연스럽게 스며들었다.

알렉산더(재위 기원전 336~323)는 인도 원정에서 돌아오는 도중 33세의 젊은 나이로 사망했는데, 그는 생전에 바빌론을 자신의 제국 수도로 삼으려 하였으며, 사망할 당시 머물렀던 장소도 바빌로니아의 네부카드네자르 궁이었다. 그러나 알렉산더 대왕이 사망한 다음에는 그 후계자들은 바빌론을 중시하지 않았다. 그렇지만, 알렉산더로 인해서 꽃피워진 헬레니즘 문화는 그리스를 정복한 로마에 계승되었고, 많은 자취를 남겼다. 특히 알렉산드리아의 학사원(Museion)은 헬레니즘 문화의 발전에 기여하고 꽃을 피운 곳 중의 하나가 되었다.

알렉산드리아

알렉산더 대왕은 동방 원정 도중에 정복한 지역마다 한결같이 알렉산드리아라는 이름의 도시들을 새롭게 건설하였는데, 이집트의 알렉산드리아는 그를 기념하여 만든 수많은 도시들 중 하나로, 오늘날까지 유일하게 이집트 최대의 도시로 남아 있다. 이집트의 알렉산드리아는 알렉산더 대왕 사후에 프톨레미우스(Ptolemaios) 왕조의 수도가 되었으며 당시 세계 무역의 중심지로 자리잡았을 뿐만 아니라, 헬레니즘 문화의 중심지 역할을 하여 철학과 문학 그리고 점성학, 천문학, 수학, 물리학 등 다방면의 학문이 육성, 발달하였다.

이와 같이 학문이 발달하게 된 가장 큰 이유 중 하나가 학문과 문화의 대전당인 학사원(Museion)이 있었기 때문이었다고 한다. 학사원, "Museion"이란 본래 그리스의 학문과 예술의 여신 무사이(Musai)를 모시는 신전이란 뜻을 가지고 있는데, 영어로 "박물관"을 나타내는 "Museum"은 그 어원이 여기서 유래된 것이다. 프톨레미우스 1세 소테르(Soter, 그리스어 Πτολεμαῖος Σωτήρ : 구원자라는 뜻, 기원전 367~283) 역시 알렉산더 대왕과 마찬가지로 아리스토텔레스의 제자였는데, 같은 아리스토텔레스의 제자이고 정치가였으며 학자인 데메트리오스(Demetrios)의 권유를 받아들여, 기원전 284년경에 학사원을 설립하였다. 학사원은 아리스토텔레스가 제자들을 양성하던 학원인 라이시움(Lyceum)을 본떠서 만든 것이었다. 라이시움이라는 이름은 아테네 근처에 있는 아폴로 라이케이오스(Apollo Lykeios) 신전 가까이 있었기 때문에 붙여진 이름이라고 한다.

이렇게 건립된 학사원은 왕궁의 일부였으며, 그 부속 건물인 도서관은 53만여 권에 달하는 장서를 비롯해 많은 장비들을 소장하고 있었으므로 예술을 비롯하여 학문에 뜻이 있는 수많은 학자들이 대거 유입되었다. 당연히 첫 도서관장으로는 데메트리오스가 되었다. 이 도서관은 고대 서구사회 전체를 통틀어 가장 위대한 인간 유산의 보고라 할 수 있다.

이곳에 찾아온 학자들 중에는 특히 천문학 연구에 관심을 가진 사람들이 많았다. 천체 관측기들을 포함하여 다양한 종류의 연구 시설을 갖춘 천문대가 있었기 때문이다. 마침내 이집트 알렉산드리아는 기원전 2세기에 이르러 점성술과 더불어 천문학 연구에 있어서 세계적인 최고의 중심지가 되었다.

칼데아 사람들은 행성을 신의 화신으로 생각해서 그 천체의 운행이나 색도, 시각 등을 자세히 관찰하였는데, 천체에 어떤 변화나 이상한 징조가 나타나면 인간 생활에 영향을 주어 운명을 좌우한다고 보았다. 즉 별들의 관찰을 통해 그들은 로고스(Logos), 즉 우주 만물의 조화를 규명하고 미래를 예측하려는 데에 초점을 맞추었다.

반면에, 그리스인들은 칼데아인들의 천체 관찰 기록을 바탕으로 행성의 궤도, 운행에 관한 노모스(Nomos), 즉 규칙을 더 중시하여 별들의 운행 법칙을 탐구하려 노력했다. 그래서 같은 행성 관측을 통하여 바빌로니아에서는 일찍이 점성술(Astrology)이, 그리스에서는 천문학(Astronomy)이 발전하게 되었던 것이다. 이처럼 점성술을 통해서 천문학이 발달하였고, 천문학은 더불어 수학의 발전을 이루었다.

알렉산드리아의 학자들

알렉산드리아에는 점성학이 도입된 이래 많은 과학자를 배출하였는데, 기하학에 유클리드(Euclid, 기원전 4세기 말)와 아폴로니우스(Apollonius, 기원전 262~190), 수학과 물리학에 아르키메데스(Archimedes, 기원전 287?~212), 천문학에서는 태양 중심설을, 즉 지동설을 주장한 아리스타르코스(Aristarchus, 기원전 310~230)와, 지구 원둘레를 측정하여 유명해진 에라토스테네스(Eratosthenes, 기원전 284~204), 기력구(氣力球)와 노정계(路程計)를 발명한 헤론(Heron, 서기 10년경~70년경), 지리학자 스트라보(Strabo, 기원전 63~서기 24), 천문학자 소시게네스(Socigenes, 기원전 46년경), 그리고 그리스 사람들이 자랑하는 대천문학자 프톨레마이오스(Ptolemaios, 서기 83~168) 등이 모두 유명한 알렉산드리아의 대학자들이었다.

그중에서 천문학자 아리스타르코스는 피타고라스(Pythagoras, 기원전 572?~493?)

의 사상을 이어받아 태양 중심설을 주장하였다. 아리스타르코스는 천구는 부동이며 지구가 자전하면서 태양의 둘레를 공전한다고 주장하였으나 당시 사람들로부터 인정받지 못했다. 아리스타르코스는 태양과 달과의 거리의 비를 측정한 최초의 천문학자이기도 하였다. 코페르니쿠스보다 약 1,700년 전에 지동설을 주장한 그는 '태양과 달의 크기와 거리에 대하여'라는 논문에서 태양은 달보다 훨씬 멀리 떨어져 있다는 것을 수학적으로 증명하였으며, 이를 근거로 태양은 달이나 지구보다 훨씬 크다는 것과 지동설을 주장했다.

그렇다면 태양이 달보다 훨씬 멀리 떨어져 있다는 것을 그가 어떻게 알아낼 수 있었는지 그 알아낸 과정을 살펴보기로 하자. 삼각형에서 두 각을 알 수 있으면 삼각형의 모양을 알 수 있다. 그리고 닮은 꼴 삼각형에서 각 변의 길이의 비는 삼각형의 크기에 관계없이 항상 일정하게 된다. 태양, 지구, 달의 중심을 서로 연결하면 삼각형이 된다. 그러므로 태양-지구-달이 이루는 삼각형의 두 각을 알 수 있다면, 지구에서 태양과 달까지의 거리의 비를 알 수 있게 되며, 이에 따라 태양이 달보다 지구에서 가까운지 먼지 알 수 있으며, 지구에서 몇 배 멀거나 가까운지까지 알 수 있다. 그런데, 태양-지구-달이 이루는 삼각형이 직각 삼각형을 이룰 때에는, 한 각은 90도로 정해져 있으므로 나머지 두 각 중 한 각만 알게 되면 이와 같은 원리를 적용하여 그 답을 얻을 수 있게 된다.

아리스타르코스는 다음 그림과 같이 달의 위상이 반달(상현 또는 하현달)의 모습을 보일 때 지구-달-태양이 직각 삼각형을 이루게 된다는 원리에 착안하였다. 이 현상을 이용하여 그 시점에서 지구와 태양을 연결한 선과 지구와 달을 연결한 선이 이루는 각도를 알아낸다면, 태양과 지구와 달이 만드는 삼각형과 닮은 삼각

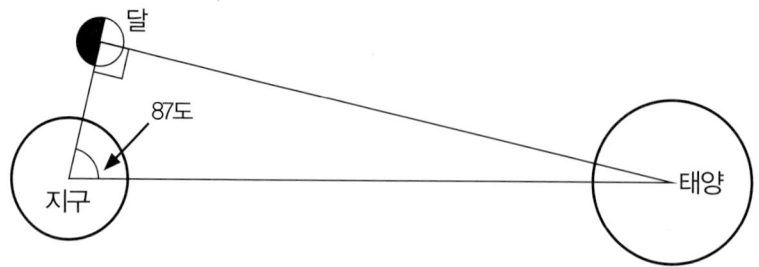

형을 구할 수 있기 때문에, 태양이 달보다 지구에서 더 멀리 떨어져 있는지, 멀다면 몇 배나 더 멀리 있는지 알 수 있을 것이라고 생각했다.

그는 달이 반달의 모습을 보일 때 그 각도를 측정하였는데, 87°라는 값(실제는 약 89.85°)을 얻었다. 그리고 조그만 닮은꼴 직각삼각형을 그려 각 변의 길이를 재어 각 변의 비를 구하였다. 이렇게 하여 그는 지구-태양의 거리가 지구-달의 거리의 20배 정도라는 값을 얻었다(실제로는 약 390배). 또한 그는 개기 월식에서 달이 지구의 그림자를 통과하는 시간을 측정하여 지구의 그림자 크기를 알아내고, 달의 크기는 지구의 1/2~1/3 정도라고 추정하였다(실제로는 1/3.7). 이와 같은 조사 결과를 근거로 삼아, 태양과 달은 겉보기 크기(시직경 : 우리가 눈으로 보았을 때 느낄 수 있는 크기)가 거의 같기 때문에, 태양의 크기는 달의 약 20배 정도 되고, 지구의 약 7-10배가 된다고 주장하였다(실제로는 약 109배).

그리고, 이 결과를 바탕으로 그는 다음과 같이 추론하였다. "지구보다 10배나 큰 태양이 작은 지구 주위를 돌고 있다는 것은 논리적으로 맞지 않다. 크기가 훨씬 작은 지구가 거대한 태양의 주위를 돌고 있을 것이다." 그러나 그 당시에는 이 같은 혁신적인 생각에 동조해 주는 사람은 아무도 없었다. 그나마 코페르니쿠스에 의해서 아리스타르코스의 혁신적인 생각이 다시 언급된 것은 약 1,700년의 세월이 흐른 뒤였다.

천문학자 아리스틸루스(Aristyllus, 기원전 300년경)와 티모카리스(Timocharis, 기원전 320~260)가 황도를 따라 밝은 항성의 위치를 정하여 최초의 항성표를 만들었는데, 히파르쿠스(Hipparchus, 기원전 190~125)는 150년 전에 만들어진 아리스틸루스와 티모카리스의 항성표와 자신이 만든 항성표를 비교한 결과 황경이 미세하게 변하는 현상, 즉 '세차운동'을 발견하게 되었다. 에라토스테네스(Eratosthenes, 기원전 276-194)는 항성의 위치와 춘분점의 위치를 측정하였다. 그리고, 기원전 230년에 황도 경사로써 23°51′20″라는 값을 구했다. 또한, 그는 지구의 모양이 대체로 둥글다고 생각하고 그 둘레를 처음으로 측정했다.

천문학자 프톨레마이오스는 그리스가 자랑하는 최고의 천문학자로서, 수학자, 지리학자이며, 점성학자로 활약하였는데, 지구가 우주의 중심이라는 천동설을 주장하였다. 그의 명성은 그리스 천문학의 정수로 알려진 그의 저서 『알마게스트 (Almagest)』를 통해 빛났으며, 이 책은 유럽에서 중세에 이르기까지 천문학의 성서로 존경을 받았다. 그 내용의 대부분은 선배 특히 히파르쿠스의 저서에 의존한 바 크고 프톨레마우스 자신의 특징적인 견해는 적었지만 후세에 매우 큰 영향을 미쳤기 때문에 매우 중요한 책이다. 제 8권 이하 6권에는 행성의 운동론이 기술되어 있는데, 우주는 지구를 중심으로 운행한다는 천동설이 실려 있다. 이 사상은 이미 옛적에 유독서스에 의하여 어느 정도 체계가 세워진 것이다. 유독서스는 알렉산더 대왕 시대의 플라톤의 제자로서, 헬레니즘 문화 속에 칼데아인들의 천동설 우주관을 이식시켜 놓은 유명한 점성학자였다. 로마의 철학자요 웅변가였던 키케로(Marcus Tullius Cicero, 기원전 106~43)는 플라톤의 제자인 유독서스가 학자들로부터 천문학 분야의 최대 학자라고 인정받았다고 전했다.

바빌로니아의 행성신

헬레니즘 시대에 이르러 모든 분야에 "점성술"의 영향이 스며들었다. 위로는 통치자인 군주들부터 시작해서 정치인들, 법률학자들, 진리를 탐구하는 여러 철학자들에 이르기까지, 아래로는 농부와 어부 등 일반 평민들에 이르기까지 거의 모든 사람에게 칼데아 사람들의 "점성술" 또는 "점성의술"은 영향을 미쳤다. 이러한 풍토와 문화는 그후의 로마 제국 시대까지 이어져 계속 확산 보급되었다. 그로 인해 그리스인들과 로마인들 사이에서 바빌로니아 또는 칼데아는 점성술과 동일시되었고, "칼데아의 지혜"는 행성과 항성을 통한 점술과 동의어가 되었다.

그런 가운데, 바빌로니아의 행성 신들의 명칭은 세월이 흐르면서 그리스에서 점차 사라져 갔으며, 대신 그 신들의 자리는 유사한 성격의 그리스 신들의 이름으로 대체되었다.

바빌로니아의 태양 샤마시(Shamash)는 그리스인들의 헬리오스(Helios)로,
달 신(Sin)은 아르테미스(Artemis)로,

수성 네보(Nebo)는 헤르메스(Hermes)로,
금성 이슈타르(Ishtar)는 아프로디테(Aphrodite)로,
화성 네르갈(Nergal)은 아레스(Ares)로,
목성 마르두크(Marduk)는 제우스(Zeus)로,
토성 닌-이브(Nin-ib, Adar)는 크로누스(Kronos)로 바뀌었다.

로마인들 역시 알렉산드리아를 통해 그리스인들로부터 전수받은 그리스 신들의 명칭을 자신들의 신들의 이름으로 또다시 바꾸어 사용하였다.

태양신 샤마시(Shamash)에서 온 헬리오스(Helios)를 솔(Sol)로,
달의 신 신(Sin)에서 온 아르테미스(Artemis)를 디아나(Diana)로,
수성신 네보(Nebo)에서 온 그리스인들의 헤르메스(Hermes)를 머큐리(Mercury)로,
금성신 이슈타르(Ishtar)에서 온 아프로디테(Aphrodite)를 비너스(Venus)로,
화성 네르갈(Nergal)에서 온 아레스(Ares)를 마르스(Mars)로,
목성신 마르두크(Marduk)에서 온 제우스(Zeus)를 주피터(Jupiter)로,
토성 닌-이브(Nin-ib, Adar)에서 온 크로누스(Kronos)를 새턴(Saturn)으로
  대체하였다.

이 로마의 신들은 다시 게르만족에게 전해졌고, 게르만인들 또한 로마 신들의 이름을 자신들의 신의 이름으로 고쳐 부르게 되었다.

2부
이스라엘의 역사

이스라엘의 역사

교회에서 매해마다 가장 성대하게 기념하는 행사가 부활절이라는 것을 모르는 사람은 없을 것이다. 유대인들 역시 유월절을 그들의 가장 큰 절기로 여기고 대단히 소중하게 기념하고 있다. 그런데 앞서 여러 차례 언급한 것처럼 부활절은 그 태생에 있어서 유대인들의 유월절과 매우 밀접하게 연관되어 있으며, 유월절을 완전히 배제하고 따로 분리하여 생각할 수 있는 날이 아니다. 이미 그 관련 역사에 대해서 충분히 정리하였으므로, 더 자세한 설명은 추가적으로 필요하지 않을 것이다.

그렇지만, 그들 이스라엘 민족의 삶의 역사와 더불어 유월절과 관련된 역사적 배경을 정확히 이해하지 못하면, 유월절의 중요성과 의미를 온전히 이해하는 데 있어 한계가 있다고 생각된다.

따라서, 이처럼 부활절과 얽혀있는 유월절을 좀 더 정확하게 이해하기 위해서는 그들의 전반적인 역사에 대해 어느 정도 살펴볼 필요가 있다고 생각된다. 그러므로, 여기에서는 이스라엘의 역사에 대해서 간략하게나마 정리해 보도록 하겠다.

이스라엘의 역사

1. 창조 시대(태초~기원전 2166)

성경의 창세기에는 창조의 시기 무렵에 일어난 중요한 많은 사건들이 기록되어 있다. 천지 창조가 완성된 다음, 아담과 이브가 탄생하여 인류가 시작되었지만 타락으로 인해 에덴에서 추방되었으며, 아담의 아들 가인에 의해 인류 최초의 살인이 저질러졌다는 내용이 담겨있다. 그후 세월이 흘러 노아 시대에 이르러 인류는 또 다시 죄악으로 타락하였고, 하나님은 물로 심판을 내렸다. 이에 관련하여 노아의 방주와 40일간 지속되었던 대 홍수에 관한 이야기가 이어진다.

홍수에서 살아남은 노아의 아들 셈과 함과 야벳의 자손들은 번성하여, 여러 나라와 민족으로 나뉘어지게 되었다. 그들은 처음에는 동일한 하나의 언어를 사용하였다. 그런데 그들이 바빌로니아에 이르자 "하늘에 닿을 탑을 쌓아 우리 이름을 떨치고, 우리가 사방으로 흩어지지 않도록 하자"고 외치며 바벨탑을 쌓기 시작했다.

여호와는 "저들이 한 민족이며 하나의 동일한 언어를 사용하고 있다. 그래서 저들이 이런 일을 시작할 수 있으니, 앞으로 마음만 먹으면 해내지 못할 일이 없을 것이다. 저들의 언어를 혼란스럽게 하여 서로 알아듣지 못하게 하자."라고 하며 그들을 온 세상에 흩어버렸고, 결국 바벨탑을 쌓던 일은 중단되었다.

한편 노아의 아들 셈의 후손은 번성하였는데, 그 후손 중에 아브라함이 있었다. 아브라함의 출생 연도는 대체로 기원전 2166년으로 보고 있으며, 그가 하나님께 부름을 받은 때(75세)는 기원전 2091년으로 추정된다.

2. 족장 시대(기원전 2166(2091)~1876)

족장시대란 아브라함으로부터 시작하여, 이삭, 야곱, 야곱의 열두 아들까지의 시대를 말한다. 이스라엘 민족 형성의 뿌리가 되는 사람들이다. 이스라엘 민족의 조상인 셈족은 시리아의 초원을 유랑하던 유목민이었다. 그들 중에 여호와의 부름을 받은 첫 사람이 바로 아브라함이다.

아브라함

아브라함은 유프라테스강 하류에 있는 우르에서 살다가 그 강의 상류에 있는 하란으로 이주하였는데, 그곳에서 여호와의 부름을 받는다. "네 고향과 친척과 집을 떠나 내가 지시할 땅으로 가거라. 너를 큰 민족이 되게 하리라."(창세 12, 1-17) 75세의 노인은 여호와의 말씀을 믿고 유랑의 길을 나서, 가나안 지역에 옮겨가게 된다.

아브라함이 99살이 되었을 때, 여호와는 아브라함과 계약을 맺는다. 할례의 계약이다. 여호와는 아브라함에게 "너와 너의 모든 후손은 이 계약을 지켜라. 모든 남자는 태어난 지 8일 만에 할례를 받아야 한다. 너희들의 종들도 할례를 받아야 한다. 할례를 받지 않는 남자는 나와 계약을 깨뜨리는 자이므로 그는 자기 백성 가운데서 제거될 것이다. 그리고 그 계약의 증표로 너의 아내 사라에게 아들을 낳게 할 것이며, 그 이름을 이삭이라고 하라." 여호와는 아브라함과의 약속과 계약의 징표로 이미 100세에 이른 그에게 아들 이삭을 준다.

이삭

이삭은 40세에 리브가를 아내로 취하여 60세에 쌍둥이를 낳으니 곧 에사오와 야곱이다. 이삭은 큰 아들 에사오를 더 사랑하였고, 어머니 리브가는 천막에 머물며 자기를 돕는 야곱을 더 사랑하였다. 하루는 에사오가 사냥에서 돌아와 죽을 끓이고 있던 야곱에게 와서 죽 한 그릇을 달라고 부탁하자, 야곱이 그에게 죽 한 그릇을 주며 상속권을 얻어낸다. 이삭이 죽기 전에 에사오를 축복하려고 하자, 야곱은 그를 편애하는 어머니와 짜고 형과 눈이 어두운 이삭을 속이고 형 대신 장자의 축복을 받는다.

야곱

야곱은 형 에사오에게 분노와 미움을 사게되어 외삼촌 라반에게 피신했는데, 라반 삼촌은 야곱보다 더 비열한 자로서, 작은 딸 라헬을 주겠다면서 7년간 무보수로 일을 시켰다. 그런데 7년의 무보수 끝에 첫날 밤이 되자 라헬 대신 첫째 딸 레아를 들여보냈고, 이를 항의하자 라반은 7년간 더 일하라고 하였다. 다시 7년간 무보수로 일하여 라헬을 얻은 야곱은 레아와 라헬 사이에서 12명의 아들을 두었는데, 이들 12 아들들이 이스라엘 12부족의 조상이다.

야곱의 아들 요셉은 다른 형제들의 질투로 인해 이집트에 팔려갔지만 후에 총리가 되었으며, 이로 인해서 야곱과 그의 가족들은 요셉을 따라 이집트의 고센 지방으로 이주하여 그곳에 정착을 하게 된다.

야곱과 열 두 아들

야곱이 아들 요셉을 찾아 이집트로 들어간 때는 130세였는데(창 47:9), 이때가 기원전 1876년이었다. 족장 시대는 아브라함이 태어난 기원전 2166년부터 야곱의 가문이 이집트로 들어간 기원전 1876년까지의 시기를 말한다. 족장 시대의 이야기는 이스라엘 민족이 이집트를 탈출하게 되는 배경에 대한 역사를 설명해 주고 있으며, 아울러 그들의 이주가 신앙적 측면에서 비롯되었음을 기술하고 있다.

히브리, 이스라엘, 유다(유대인)

이 시기에 히브리인이라는 명칭을 포함해서 이스라엘, 유다(유대인)와 같은 민족명들이 형성되었는데, 각각의 명칭에 대한 유래에 대해서 간단히 살펴보기로 하겠다.

'히브리인'이란 고대 유대인을 언급할 때 사용한다. '히브리인'이라는 말이 처음으로 등장한 곳은 창세기 14장 13절로, '히브리인 아브라함'이라고 표현되어 나온다. 히브리어로 히브리인 자신들을 '이브리트'라고 하는데, 이 '이브리트' 단어는 그 어원이 아브라함의 조상인 '에벨'에서 비롯되었다고 보는 사람들이 많다. 또 다른 주장으로 일부 학자들은 '이브리트'란 단어가 '건너 왔다'란 뜻을 가진 '에베르' 동사(動詞)에서 온 것이라고 주장하기도 한다. 아브라함이 유프라테스 강을 건너 가나안 땅에 정착했기 때문에 이런 이름이 붙여졌다는 것이다. 어쨌든 이 '히브리인'이란 명칭은 아브라함과 관련되어 있다.

그렇다면 민족 혹은 나라 이름으로 사용되고 있는 '이스라엘'이라는 명칭은 무엇으로부터 유래된 것일까? 이 명칭은 야곱으로부터 기원하고 있다. 야곱이 팥죽 한 그릇으로 장자권을 탈취하였고, 아버지 이삭을 속이고 장자의 축복을 받았지만, 이 사건으로 인해 형 에사오에게 분노와 미움을 사게 되어 밧단 아람에 있는 외삼촌 집으로 피신하여 20년의 세월을 보내게 된다. 그리고 야곱이 밧단 아람에서 다시 집으로 돌아오는 도중 형이 두려워 얍복강을 건너오지 못하는 상황에서 하나님을 만나는 체험을 하게 된다. 이때에 하나님으로부터 축복과 함께 받은 이름이 이스라엘이다(창32:28). 이때부터 야곱은 이스라엘이라고 불리게 된다.

후에 이스라엘이라는 이름은 나라 이름으로도 사용되었다. 출애굽시 이집트에 살다가 나온 사람들이 대부분 '이스라엘'이라는 이름을 받은 야곱의 자손들이었기 때문이다. 야곱의 자손들은 이집트에서 나온 후 광야에서 하나님으로부터 나라의 기초가 되는 율법을 받았으며, 가나안 지역의 땅을 정복하면서 나라를 세울 기반을 갖추게 되었다. 그후 사사시대를 거쳐 사울이 왕위에 오르게 되었는데, 그들이 '이스라엘'이란 이름을 가진 사람의 자손들이었기 때문에 나라 이름을 이스라엘이라고 하였다.

마지막으로 유대인(유다)이라는 명칭은 어떻게 유래되었는가? 야곱(이스라엘)의 12 아들은 12지파를 형성하게 되었는데 유다는 야곱의 4번째 아들로서 유다의 이름으로 이스라엘 민족의 한 지파를 형성하였다. 솔로몬의 말년에 백성들은 무거운 세금과 국가 노역에 허덕이게 되었고, 게다가 신을 예전처럼 잘 섬기지 않고 왕비로 맞은 이방 여자들의 꼬임에 넘어가 우상 숭배를 하게 되었다. 그로 인해 신은 솔로몬에게 심판을 내렸다. 먼저 에돔 사람 하닷을 일으켜 솔로몬의 원수가 되게 하였고(왕상 11:14-22), 또 다메섹(수리아)의 르손을 일으켜 솔로몬의 원수가 되게 하였다(왕상 11:23-25).

그런 가운데 예언자 아히야는 솔로몬의 충복이었던 여로보암을 만난 자리에서 이스라엘이 남과 북으로 갈라질 것을 예언하였다. 이 이야기가 솔로몬 왕에게 알려지면 죽임을 당할것이라고 염려한 여로보암은 이집트로 도망쳤다. 솔로몬이 죽고 그의 아들 르호보암이 통일 왕국의 왕위에 오르게 되었는데, 그 당시 이스라엘은 정치, 경제, 문화적으로 여전히 번영과 부를 누리고 있었지만, 내적으로는 각 지파들간의 갈등이 심화된 상태에 있었고, 솔로몬 때부터 쌓였던 세금과 부역 등으로 인해 수많은 불평들이 백성들 안에 잠재해 있었으며, 또한 종교적으로도 이스라엘은 여호와 신앙이 극도로 와해된 채 이방 신앙에 젖어 들고 있었다.

르호보암의 무관용한 태도와 과세 정책으로 인해 분노한 북부의 이스라엘의 10개 지파는 이집트에서 돌아온 여로보암을 북왕국 이스라엘의 왕으로 추대하였다. 그러자, 남쪽의 유다 지파와 베냐민 지파의 2지파는 솔로몬 왕의 아들 르호보암 왕을 중심으로 유다 왕국을 세웠다.

북이스라엘 왕국은 기원전 722년에 아시리아에 의해서 패망하였으며, 남 유다 왕국 역시 기원전 586년경 바빌로니아의 느브갓네살에게 멸망하게 되었고, 나라를 잃은 남 유다 왕국의 주민들은 바빌로니아에 포로로 잡혀가게 되었다. 기원전 536년에 바빌로니아를 정복한 페르시아 제국의 키루스 2세에 의해 풀려날 때까지 유대인들은 바빌론에서 포로 생활을 했는데, 이 사건을 "바빌론 유수"라고 한다.

50년의 포로 생활이 끝난 후에 돌아온 사람들은 남 왕국에 속한 유다인들이었다. 바빌론 유수에서 돌아온 이들 유다 중심의 사람들은 이스라엘을 재건하였다. 이로 인해서 그들은 이후에 유다인 혹은 유대인이라는 명칭으로 불리기 시작하였고, 유다 혹은 유대라는 표현이 오랫동안 이스라엘이라는 표현과 서로 혼용되어 사용되었다. 그러다 점차 유다가 히브리 민족, 즉 이스라엘 민족을 대표하는 이름이 되었다.

정리하자면, 아브라함과 연관하여 히브리인이라는 민족명이 만들어졌고, 아브라함의 손자 야곱(이스라엘)을 통해 이스라엘이, 야곱(이스라엘)의 아들 유다(예후다)를 통해 유다라는 명칭이 민족을 대표하는 이름이 된 것이다.

3. 이집트 시대 (기원전 1876~1446)

이스라엘 백성이 이집트에 머물렀던 이집트 시대의 기간은 무려 430년이나 되는 긴 시간이었다. 이스라엘 백성들이 이집트에 들어간 때는 제 12왕조 시대로 이 왕조는 기원전 1991년에서 1786년까지 이집트를 통치하고 있었다. 이 시기에 이집트는 강력한 통일왕국을 이루고 있었다. 그러나 이집트의 제 13왕조와 제 14왕조는 매우 연약했다. 이때를 이용해서 아시아의 셈족이 이집트에 침입하여 주권을 잡게 된다. 이 시기의 이집트 왕조를 "힉소스 왕조"라고 하는데, 힉소스라는 말의 본 뜻은 "외국 통치자들"이란 뜻이다. 힉소스 왕조는 기원전 1700년부터 1584년까지 약 120년 간 지속되었다. 그렇지만 아하모세라는 이집트인이 기원전 1584년에 힉소스 왕조를 무너뜨렸고, 이집트의 제 18 왕조를 일으켰다. 이 18왕조는 강한 군사력을 가지고 나일강에서 유프라테스 강에 이르는 모든 지역을 지배하는 강력한 제국을 건설하였다. 이 시기는 이집트 최고의 전성기였으며, 또한 이집트 왕 바로가 이스라엘 백성들을 박해하고 괴롭히던 시기였다.

히브리인이면서 이집트의 궁전에서 자란 모세는, 이집트에서 자기 민족을 구할 사명을 부여 받는다. 모세는 자기 민족을 이끌고 이집트를 탈출하였는데, 이스라엘이 이집트에서 나온 시기는 기원전 1446년으로 추정된다. 출애굽은 이스라엘 민족의 역사와 신앙사에 있어서 전환점이 되는 중요한 사건이었다. 출애굽 사건을 통해 이스라엘이라는 민족이 정식으로 탄생하게 되었던 것이다. 이스라엘은 이 사건을 기념하기 위해 "해방절" 혹은 "파스카"(Pascha)라 하여 후손 대대로 지켜가는 가장 큰 축제로 삼았다.

4. 광야 시대 (기원전 1446~1406)

기원전 1446년에 모세의 인도하에 이집트에서 탈출하여 1406년 여호수아에 의해 가나안 정착을 이룰 때까지 40년간 그들은 광야 생활을 하게 된다. 이집트를 탈출하여 시나이 산에 도착한 이스라엘 백성은 과거 여호와와 아브라함이 맺은 계약을 다시 갱신함으로써 여호와의 백성이 되며, 여호와는 이스라엘이 지켜야 할 십계명을 모세에게 준다.

5. 가나안 정복 시대 (기원전 1406~1367)

이스라엘이 여호수아의 인도를 받아 가나안에 자리잡고 주위 부족들을 정복해 가던 시기이다. 이스라엘 백성을 이끌고 이집트를 탈출한 지도자 모세는 가나안을 눈 앞에 두고 세상을 떠나고 그 뒤를 여호수아가 잇게 된다. "가나안"이란 뜻은 '장사꾼' 또는 '자줏빛 물감장수'를 뜻하는 말이다. 가나안이라는 단어가 뜻하는 것처럼 가나안은 상당히 고급 문화를 누렸던 지역이다. 그러나 이 부유한 가나안을 결국 이스라엘인들이 정복하게 된다. 가나안 정착 사업이 마무리되고, 여호수아는 히브리인들의 모든 지파를 '세겜'에 모으고 여호와와의 계약을 맺게 된다(여호수아 24장). 즉 여호아만을 숭배하기로 맹세하는 의식으로서 이때부터 신앙을 중심으로 민족으로서의 이스라엘의 역사가 시작된다.

6. 사사 시대 (기원전 1367~1050)

사사 옷니엘이 부름을 받은 기원전 1367년부터 초대 왕 사울이 왕이 된 기원전 1050년까지(삿 3:8-9, 삼상 10:1)를 말하는데, 342년 동안 지속되었다. 사사는 히브리어로 쇼파트라고 하며 원뜻은 '판결을 선고하다', '다스리다'라는 의미이다. 영어로는 사사를 'Judges'라고 쓰지만 재판관을 의미하는 것은 아니다. 사사는 이스라엘이 가나안을 정복한 후부터 사울이 왕이 되어 왕정 시대가 열리기 전까지 이스라엘의 군사, 정치, 사법의 지도자로서 왕과 제사장의 역할을 하였다.

7. 통일 왕국 시대 (기원전 1050~930)

사사 시대가 끝나고 이스라엘은 이제 왕정 시대로 접어들게 된다. 사울과 다윗, 그리고 솔로몬이 통치했던 왕국 시대이다. 이 시기는 사울이 왕이 된 기원전 1050년부터 솔로몬이 죽은 기원전 930년까지의 120년 동안이다.

사울 왕

이스라엘이 가나안에 정착할 무렵, 이스라엘과 블레셋 사이에 전쟁이 일어나고 법궤 마저 빼앗기게 된다. 이스라엘 백성들이 사사인 사무엘에게 다른 나라들처럼 왕을 세워줄 것을 요구하며 적을 물리친 베냐민 지파의 사울을 왕으로 옹립하기를 원하였으므로, 사무엘은 사울에게 기름을 발라 기원전 1050년 이스라엘의 왕으로 세웠다. 사울은 싸움에서 승리를 거두고 국민들의 지지를 받았지만 점차 교만해졌고, 결국은 불레셋(그리스의 도시국가 크레테)과의 전투에서 전사한다.

다윗 왕

그는 이스라엘 유다 지파 이새의 여덟 아들 중 막내로 태어났다. 사울의 뒤를 이어 왕이 된 다윗은 국가 조직을 정비하고, 수도를 예루살렘으로 옮기고 빼앗겼던 계약의 궤를 예루살렘에 안치시킨다. 그러나 다윗은 충실한 부하 우리야의 아내 바쎄바를 빼앗고 우리야를 전쟁터에서 죽게 만든다. 성경에서는 예수 그리스도를 다윗 왕가의 자손으로 언급하고 있다.

솔로몬 왕

솔로몬은 구약성서에 기록된 이스라엘 왕국의 3대 왕으로서, 기원전 1037년부터 기원전 998년까지 이스라엘 민족을 다스린 것으로 알려져 있다. 솔로몬은 '평화'라는 뜻을 갖고 있다. 다윗 왕의 아들로 7년에 걸쳐 성전을 건축하였고, 13년에 걸쳐 궁전을 지음으로써 장대한 도시를 건설하는 한편, 외국과의 통상을 맺어 이스라엘 전성기를 이루어 '솔로몬의 영화'라고 칭송되었다. 그러나 국민들에 대해 과중한 세금을 부과했으며, 분에 넘치는 사치스러운 생활을 하였고, 말년에는 여호와를 버리고 우상을 섬겼다. 이로 인해 이스라엘 왕국은 결국 분열하게 되었다.

사울이 왕이 된 때부터 솔로몬 때까지의 120년 동안은 이스라엘이 통일국가를 형성하고 있었기 때문에 이 시기를 통일왕국 시대라고 부른다. 솔로몬 왕이 죽고 그의 아들 르호보암이 왕이 된 후, 나라는 남쪽의 유다(왕 : 르호보암)와 북쪽의 이스라엘(왕 : 여로보암)로 분열되었다.

8. 분열왕국 시대 (기원전 930~586)

솔로몬의 아들인 르호보암 때에 나라가 분열되어(기원전 930) 유다 왕국이 바벨론에게 멸망하게 되는 기원전 586년까지의 약 340년간 동안을 분열 왕국 시대라 말한다.

북부왕국(이스라엘)

여로보암은 솔로몬 왕이 죽자 이집트에서 돌아와 10지파의 지지를 받아 북부왕국 이스라엘의 왕이 되었다. 기원전 722년 앗시리아 살만에셀 왕의 침공으로 멸망하고 지도층 인사들은 앗시리아로 끌려갔다. 그리고 앗시리아의 주민들이 북 이스라엘로 이주하여 사마리아의 각 성에 정착했다. 남아있던 이스라엘 사람들마저 앗시리아인들과 융합되어 자신들의 민족성과 종교를 상실하게 된다. 신약성서에서 사마리아 사람들을 경멸한 이유를 이와 같은 배경에서 찾아볼 수 있다.

남부왕국(유다)

여로보암이 북부 이스라엘 왕국을 세우자, 남쪽의 유다 지파와 베냐민 일부 지파는 솔로몬 왕의 아들 르호보암을 중심으로 왕국을 세웠는데, 유다 지파의 이름을 따서 유다 왕국이라 하였다. 유다 왕국은 기원전 586년 바빌로니아의 침략으로 멸망하였으며, 많은 주민들이 바빌로니아로 끌려가 유배 생활을 했다. 이사야는 나라가 망하지만 다윗의 후손 중에 이스라엘을 구원할 메시아가 오실 것이라는 메시아 사상을 백성들에게 전한다.

9. 포로 시대 (기원전 586~536)

남부 왕국 유다가 멸망한 기원전 586년부터 그들이 다시 본국으로 귀환하게 되는 기원전 536년까지의 약 50년간이다. 이스라엘 사람들은 메소포타미아 남동부 지방인 바빌론 근처(오늘날의 이라크 지방)로 유배된다. 이 유배는 이스라엘 역사에 있어서 하나의 큰 분수령을 이루게 된다. 이전의 모든 체제와 제도가 무너지고, 국가적 제사의식과 공동체가 붕괴되었다. 그러나 새로운 공동체가 이 유배지에서 싹트게 된다.

예레미야 52, 28을 보면 약 4,600여명이 3차에 걸쳐 유배를 가게 되는데 이들은 주로 정치, 종교의 지도자들이었고, 지식층의 엘리트들이었다. 바빌론에 끌려간 유다 백성들은 그곳에 집을 짓고 사업을 할 수 있었다. 그 당시 바빌론은 그들에게 종교의 자유를 허락해 주었기 때문이다. 유대인들은 그곳에 성전 대신 회당을 짓고 그곳에서 예배를 드리고 율법을 배웠다. 이러한 회당은 유대인의 정체성을 지켜주었고, 민족의 분산을 막아 주었다.

이들은 자신들의 유배 이유를 야훼 하느님과의 계약을 어겼기 때문이라고 생각하였고, 그 죄로 인해서 벌을 받게 되었다고 보았다. 자신들이 선택받은 백성이라는 의식을 지니기 위해서 율법을 준수하는데 관심을 갖게 되었고, 안식일, 할례, 정결법 등을 엄격히 준수함으로써 잃어버린 여호와의 사랑과 자비를 되찾을 수 있다는 확신을 가졌다. 그리고 민족 정신을 고취하기 위해 전승들을 정리하였는데, 이로 인해서 이 시기에 그들의 역사서와 예언서들이 많이 나오게 되었다.

10. 포로 귀환 시대 (기원전 536-400)

포로가 된 유다 백성들이 본국으로 귀환하는 기원전 536년에서부터 구약시대의 마지막 선지자로 알려진 말라기 선지자 때인 기원전 400년까지의 약 130년간을 말한다. 기원전 539년, 페르시아의 키루스 2세(기원전 550~529)가 바빌로니아 제국을 멸망시키고, 유대인 포로들에게 본토에 돌아가서 그들이 원하는 신을 섬길 수 있도록 허락하였다(대하 36:23). 이로 인해 유다 백성들은 기원전 536년에 예루살렘으로 귀환하게 되었다. 1차 귀환을 인도한 지도자는 세스바살과 스룹바벨이었다. 그들은 귀환한 후 즉시 성전 건축을 시작했으나, 주변 사람들의 반대로 인해 중단되었다. 그러나 후에 학개와 스가랴 선지자의 격려로 인해 그들이 본국에 귀환한 지 20년 만인 기원전 516년에 성전을 재건하여 완공시켰다.

그러나 유다 백성들은 또 다시 타락해 갔고, 말라기 선지자는 장차 주의 사자가 와서 이 백성을 깨끗하게 할 것이라고 예언하였다. 말라기는 구약 시대의 마지막 선지자로서 메시야의 도래에 앞서 세례 요한이 올 것을 예언하였다(말3:1; 4:4-6). 이로써 그는 구약 시대를 마감하고 신약 시대의 도래를 알리는 교량 역할을 하였다.

11. 중간 시대(기원전 400~4)

프톨레마이오스 왕조 지배

말라기 선지자 때부터 예수 탄생까지를 신구약 중간기라고 부른다. 이 시기에 대한 기록은 성경에는 없지만, "마카비서"라고 부르는 외경에 기록되어 있다. 페르시아 제국의 지배 아래에서 유대인들은 거의 200년(기원전 539~332)간 총독과 대제사장의 통치를 받았다. 페르시아 제국은 종교적으로 유화 정책을 폈기 때문에 유대인들은 비록 정치적으로는 독립되지 못했으나, 종교적으로는 자유로웠다.

그러나 기원전 332년에 그리스의 알렉산더는 팔레스타인을 넘어서 페르시아까지 이르는 지역까지 정복하므로서 세계는 그리스의 시대가 되었고, 유대인들도 그들의 세계속에 편입되었다. 그후 알렉산더 대왕이 갑자기 죽게 되자, 유대인들은 알렉산더 대왕의 장수였던 프톨레마이오스가 이집트에 세운 왕조의 지배를 받게 되었다. 당시 그리스 국가인 이집트의 프톨레마이오스 왕조 지배 하에서 그리스의 문화적 침략에 대부분의 유대인들이 저항하였으나, 결국 유대인들은 그리스어를 사용하게 되었고, 유대 회당은 그리스 신전을 닮아 갔으며, 회당의 벽은 비잔틴 미술의 영향을 받은 그림들로 장식되었다. 유대 사회의 지식인들은 자연스럽게 그리스의 문화를 받아들이고 사용하였다. 이 당시 유대의 토비야드 가문과 대제사상들은 이집트인들과 평화로운 관계를 유지하였다.

셀레우코스 왕조

기원전 198년에 같은 그리스 국가인 셀레우코스 왕조의 '안티오쿠스 3세'(기원전 223~187)는 팔레스타인에서 이집트인들을 몰아내고 팔레스타인 지역을 셀레우코스 제국에 병합시켜 셀레우코스 왕조의 지배하에 두었다(제 5차 시리아 전쟁, 기원전 201~195). 유대인들은 세력 판도가 시리아의 셀레우코스 왕조에게 유리하게 기울어졌다는 사실을 간파하고 전쟁 동안에 셀레우코스 왕조의 편에 가담하였기 때문에 전쟁이 끝난 후 안티오쿠스로부터 호의적인 대우를 받았다. 셀레우코스 제국은 유대인들에게 세금 감면 정책을 실시하며 유대인들의 환심을 샀다. 그러나 로마의 압박을 받아 재정난에 처하게 된 셀레우코스 제국은 어려워진 재정을 보충하기 위해 예루살렘의 성전까지 약탈하였다.

안티오쿠스 4세는 셀레우코스 문화에 동화된 유대인들 중에서 가장 높은 값을 부르는 입찰자에게 유대의 대제사장직을 임명하였다. 이로 인해 마침내 유대인 공동체 안에는 위기가 닥치게 되었다. 예루살렘에 땅을 소유하고 있던 귀족들로 구성된 이 공동체의 한 당파가 예루살렘을 그리스 풍의 도시로 개조하고 도시 이름도 '안디옥'이라고 붙임으로써 유대인 생활의 근본적 구조를 바꿀 수 있게 셀류쿠스 군주 안티오쿠스 4세 에피파네스로부터 허락을 받은 것이다. 문제는 이 제도 하에서는 모세의 율법이 공동체 내에서의 그 위치를 상실하고, 모든 권한이 새로 만들어진 신민 단체에게 넘어간다는 것이었다.

따라서 이들은 서기관이나 율법에 헌신하는 사람들뿐만 아니라 민중들의 지지를 받지 못했는데, 그들이 한발 더 나아가 대제사장까지 바꾸려는 시도를 하자 백성들이 들고 일어났다. 이 혼란은 결국 안티오쿠스 4세의 개입을 일으켰고, 그는 영토의 안정을 위해 가장 강력한 조치를 내렸다. 유대교의 관행을 없애 버리기 위해 안식일 준수와 할례를 금지하였고, 예루살렘 성전에 올림피아의 제우스 상을 세우고 숭배할 것을 명령하였다. 그리고 모든 율법 사본을 폐기시키도록 하였다.

이에 유대인들이 강력하게 저항하였지만, 결국 안티오쿠스의 잔인한 보복 침략을 받게 되어 10,000여 명의 주민들이 무차별 학살당하였으며, 안식일과 할례가 금지되는 등 유대 사회의 그리스화 정책이 더욱 강화되게 되었다. 이는 또 다른 반란, 마카베오의 반란(기원전 167)을 유발시켰다.

마카베오 전쟁

기원전 167년, 예루살렘 북서쪽의 외곽에 있는 작은 마을 마데인(Modein)에 살던 하스몬 가문의 유대 성직자인 한 노인(마타디아)이 그리스 관리로부터 그리스 신들에게 희생 제사를 드리도록 강요받는 사건이 발생하였다. 그러자 다른 유대인들이 그들 대신 앞으로 나와 희생 제사를 드렸는데, 그는 이것을 보고 분노하여 왕의 관리를 죽이고 대신 제사 드리는 자도 죽여버렸다. 율법에 충실한 유대인들은 마타디아와 그의 다섯 아들들(유다, 요나단, 시몬 등)과 함께 뭉쳤고 하시딤도 그들에게 동조하였다. 마타디아가 죽자(기원전 166), 마카베오라는 별명으로 불리우는 그의 셋째 아들 유다가 저항 운동을 지휘하게 되었다. 매우 유능하고 과감한 유다는 저항운동을 전면적인 독립전쟁으로 바꾸어 놓았고 또 성공적으로 싸웠다. 이 유대인의 투쟁은 유다의 별명에 따라 마카베오 전쟁이라고 불리운다.

기원전 164년 12월 유다 마카베오는 그의 군대를 이끌고 예루살렘에 입성하여 쥬피터의 제단을 허물고 새로운 제단을 쌓았다. 기원전 164년 안티오쿠스 4세가 페르시아에서 갑자기 사망하였고, 10살이 되는 그의 아들이 왕위를 물려받게 되었다. 하지만 2년 뒤 셀레우코스 왕가 출신의 왕인 데메트리우스 1세가 반란을 일으키면서 예전 그의 아버지의 왕권을 다시 차지하게 되었다. 데메드리우스 1세는 3번에 걸쳐 군대를 파병하여 유대인들과 전쟁을 치루었는데, 기원전 160년 유다 마카베오는 예루살렘 북쪽에 있는 벳-호른과 인접한 엘라사에서 패배하였고 거기에서 죽음을 맞이하였다. 그렇지만 결국 셀레우코스 왕조는 종교 말살 정책을 포기하였고, 유대 고유의 성전 제사를 허용할 수밖에 없었다.

하스몬 왕조

유다 마카비의 전사하자 그의 동생 요나단이 기원전 160 ~ 143년경에 민족주의자들의 우두머리가 되었다. 정치지도자였던 요나단이 대제사장직까지 겸하게 되자 경건한 유대인들은 격노하였고, 그들 가운데 일부는 은둔하여 율법을 준수하는 엄격한 금욕적 공동체인 '에쎄네파'를 형성하였다. 기원전 153년에 이르러, 알렉산더 발라스는 로마 원로원의 지지를 등에 업고 안티오크 4세의 아들이라고 주장하면서, 당시 시리아의 왕이었던 데메트리우스 1세와 대적하였다. 이와 같은 시리아 내부의 자중지란으로 인해 유다에 대한 시리아의 압력이 사라졌다.

시리아에서의 권력 투쟁 과정에서 발라스와 데메트리우스 두 사람은 다같이 유대인의 도움을 청하였지만 요나단은 발라스를 지지하였다. 여기에 대한 답례로 발라스는 요나단을 대제사장 및 유대지방의 총독으로 임명하였다. 이때부터 이스라엘의 왕권과 제사장 권한은 한 사람에게 통합되어 옛날의 신정정치가 부활되는 듯 하였다. 그후 요나단과 하스몬 왕가 사람들은 유대 신앙을 지키는 유대 민족이라는 민족적 사명감을 버리고 자신의 가문의 세력 신장에 치중하였다. 143년 요나단은 시리아의 장군 트리폰과의 전쟁 중 패배하였고, 포로로 잡힌 후 처형을 당했다. 그후 형제들 중 둘째인 시몬이 지도자가 되어 기원전 143~134년까지 유대인들을 통솔했으며, 기원전 142년 내전 상태에서 데메트리우스를 지지하면서 세금을 면제받았다.

유대인들은 그의 공로를 고려하여 기원전 140년에 시몬을 대사제이며 사령관이며 민중의 지도자로 결정했다. 결국 마카베오 형제들 중 끝까지 살아남은 시몬은 유대 엘리트들로 구성된 대표회의에서 제사, 군대, 민정을 통괄하는 최고위직의 세습권을 인정받게 된 것이다. 그의 사제적, 군사적, 시민적인 지위가 "영원히" 존속한다는 것은 새로운 왕조가 성립되어 정권을 잡게 되었다는 것을 의미하였다. 이렇게 하여 사제(司祭) 군주 가문이 된 하스몬 왕조(기원전 140~63)가 시작되었다. 드디어 유대 왕국이 재건된 것이다.

그러나 시몬과 그의 아들이 안티오쿠스 7세와 그의 사위에 의해 여리고 근처 연회 석상에서 암살되고 말았다. 둘째 아들인 히르칸은 그 자리에서 탈출하였고, 예루살렘에서 대사제 시몬에 이어 대사제로 임명되었다. 히르칸은 요하네스 헤르카누스 1세(기원전 134~105)라는 칭호로 마음대로 온 나라를 다스리게 되었다. 그렇지만 몇 개월 후 안티오쿠스 7세는 자신의 지배권을 재 확인하기 위해서 예루살렘을 포위하였고, 헤르카누스 1세는 항복하였다. 안티오쿠스는 유대의 자치권을 보장하였지만 예루살렘의 요새를 헐어버리게 하고 조공을 바치게 하였다.

헤르카누스 1세는 그의 아버지와 마찬가지로 이스라엘의 신앙을 위하여 싸우지 않고 안티오쿠스의 명령에 복종하였다. 그는 백성들에게서는 별로 인정받지 못하였으며, 경건한 사람들 사이에서도 거부되었다. 마카베오 봉기를 일으켰던 율법에 신실한 유대인 무리들 가운데서 바리새인의 공동사회가 생겨났다. 헤르카누스는 처음에는 율법에 엄격한 바리새인들을 따랐으나, 점차 자신의 뜻을 지지하는 사두개인들과 가까워졌다.

헤르카누스 1세가 죽고 그의 아들 아리스토불(기원전 104)이 아버지의 명을 거역하고 형제들을 감금시키고 권력을 탈취하였으나 1년만에 사망하였다. 그의 부인 살로메 알렉산드라는 죽은 아리스토불이 감금했던 동생들을 석방시키고 그중 한 사람인 요나단의 부인이 되었으며, 그에게 통치권을 이양하였다. 이 새로운 지배자는 요나단이라는 자기 이름을 그리스식으로 얀네우스(기원전 103~76)로 개명하여 자신을 알렉산더 얀네우스라고 불렀다. 그는 전쟁을 통하여 솔로몬 시대의 이스라엘과 유대의 영토에 거의 상응하는 지역을 지배하였다.

이 과정에서 하스몬 왕조는 로마와 동맹관계를 유지하였으며, 점차 헬레니즘의 정치, 군사적 노선을 받아들여 국가를 운영하게 되었다. 그렇지만, 그들의 통치는 안정되지 못했다. 소수의 유대인들은 부유해졌으나, 다수의 유대인들의 생활 조건은 더욱 악화되었다. 경건한 사람들은 군주이면서 동시에 대제사장의 직위를 수행하고 있는 지배자의 정책에 대하여 공개적으로 반대하였다. 얀네우스는 잔인하고 독단적으로 자신의 뜻을 관철하였으며 바리새인들과 그 추종자들을 폭력으로 억압하였다.

사두개파와 바리새파

하스몬 왕조의 정복사업으로 부유해진 신흥 귀족들로 구성된 세력이 '사두개파'였다. 이들은 친그리스 노선을 지향했다. 지배층의 친그리스 노선에 대하여 저항하여 하시디안들은 '바리새파'를 형성하게 되었으며, 하스몬 왕조의 알렉산더 얀네우스 재위 기간 중에 반란을 일으켰다. 하시딤이란 말 그대로 율법에 충실하다는 뜻의 히브리어 단어이다. 이들 유대인들은 기원전 88년에 셀레우코스 왕국에 지원을 요청하였고, 결국 얀네우스를 격파하고 승리하였다.

바리새파와 다수의 민중이 일단 승리했으나, 동족간의 전쟁을 틈타 셀레우코스 제국이 다시 예루살렘을 지배하게 될 것을 우려했던 민족주의 유대인들이 마음을 바꾸어 얀네우스 편에 서게 되었다. 다시 집권한 얀네우스는 반란을 일으켰던 바리새파 유대인 800명을 체포하여 예루살렘으로 압송한 후 십자가 형에 처하였고, 그들의 아내와 자녀들까지 학살하였다. 이런 잔인한 형벌의 처형은 결코 이스라엘서는 집행된 적이 없었기에 백성들은 경악과 두려움에 떨었으며, 그에 대한 내적인 반발도 깊어져 갔다. 반란에 가담했던 8,000명은 해외로 도피하였으며, 일부는 쿰란의 에쎄네파에 합류했다.

마카베오 형제의 저항운동은 원래 유대교를 헬레니즘화하려는 시도에 반발하여 시작되었지만, 하스몬 왕조는 결국 헬레니즘을 모방한 국가를 형성하였고, 동족인 다수의 유대인들을 억압, 착취하는 과오를 저지르고 말았다. 더구나 하스몬 왕가의 지배자들은 스스로가 대제사장이 됨으로써 유대사회의 전통이었던 정교분리 원칙을 깨뜨리고 절대 권력을 장악하였다. 이로써 하스몬 왕가는 경건한 유대인들의 저항을 피할 수 없게 되었다.

기원전 63년, 하스몬 왕가의 형제끼리 권력 투쟁을 벌이다가 그들 중 하나가 다마스커스에 있던 로마 총독 폼페이에게 지원을 요청하기에 이르렀다. 이 기회를 놓치지 않고 폼페이 장군은 예루살렘을 점령하게 되었으며, 결국 하스몬 왕가는 몰락하고 말았다. 이후 팔레스타인은 로마의 식민지가 되었다.

12. 예수 시대 (기원전 4~서기 30)

중간기가 끝이 나고, 신약 시대가 시작된다. 신약 시대의 첫 시기는 예수가 태어난 기원전 4년부터 예수가 사망한 서기 30년까지의 기간이다. 로마 점령기에 예루살렘에서 복음을 전하던 그리스도는 기원후 30년경 재판을 받고 십자가에서 처형되었다.

예수의 12사도

사도(使徒, Apostolus)라는 말은 '파견된 자', '사자'라는 뜻의 히브리어 샬리아(shaliach)에서 유래하였다. 그리스어로는 아포스톨로스(apostolos)라고 한다. 기독교의 신약 성경에서 사도라 함은 역사적으로 실존한 예수를 만났고, 예수의 가르침을 받은 사람들을 말하며, 복음서에서는 예수의 직제자 12명을 사도라고 부른다 (마가/마르코 3:16-19). 그러나, 실제로 신약 성서에서 비중 있게 나오는 인물로는 시몬 베드로와 사도 요한, 야고보, 그리고 예수를 배신한 이스카리옷 유다밖에 없다.

이스카리옷 유다가 그리스도를 배반한 후 자살하자, 사도들은 '예수가 활동했을 때 같이 있던 사람' 중 하나인 마티아에게 사도직을 주었다(사도행전 1:21-26). 이후 교회(사도행전 2:1-47)를 탄압하던 바울(사울)이 예수 그리스도를 만난 사실을 언급하며, 자신의 사도로서의 권위를 주장하였다(고린도인들에게 보낸 첫째 편지 15:10). 이를 근거로 기독교에서는 바울도 넓은 의미에서의 사도로 인정하기도 한다.

흔히 사도는 12명으로 알려져 있지만, 마태 복음과 마가 복음에서는 12명의 이름이 같은데 반해, 누가 복음에서는 다르게 기술되어 있다. 누가 복음에서는 다대오 대신 12사도 중의 하나인 야고보의 아들 유다를 사도로 기록하고 있다. 이 야고보의 아들 유다는 누가 복음과 요한 복음에서 각각 언급되었으며, 사도행전에서도 언급되었던 인물이다.

1. 베드로(천주교명 : 베드로)

흔히 수제자라고 일컫는다. 원래 이름은 '시몬(Simon)'이라는 그리스식 이름이었는데, 예수가 그에게 '케파(반석이라는 뜻)'라는 아람어 이름을 지어 주었다. 이 이름을 그리스어로 옮긴 것이 '페트로스'이다. 그리스도의 승천 후 베드로는 그리스도 교회의 지도자가 되었으며 아그리파(Herod Agrippa) 1세에게 붙들렸다가 벗어난 후 소아시아 및 안티오키아에서 전도하였다. 전승에 의하면 그는 로마에서 잠깐 동안 그리스도 교단을 주재하였으나 네로의 폭정 아래 순교하였다고 한다.

예수는 "내가 이 반석 위에 내 교회를 세울 터인즉, 저승의 세력도 그것을 이기지 못할 것"이라면서 "내가 네게 천국의 열쇠를 주리니 무엇이든지 땅에서 매면 하늘에서도 매일 것이요 무엇이든지 땅에서 풀면 하늘에서도 풀릴 것이라."고 하였다. 이 구절에서 "반석"은 베드로를 가리키며, 예수는 베드로를 통해 그의 교회를 세울 것임을 밝혔다. 또한 "천국의 열쇠"는 교회의 권한을 상징한다. 로마 가톨릭 교회는 이 구절을 기반으로 로마에서의 베드로의 활동을 인정하였으며, 사후에 로마 초대 교황으로 추대하였다.

2. 세배대의 아들 야고보(천주교명 : 대 야고보)

제배대오와 살로메의 아들이며 사도 요한의 형이다. '대(大) 야고보'라고 하여 다른 야고보와 구분한다. 갈릴리호에서 어부 생활을 하다가 아우 요한과 함께 예수의 제자가 되었다. 사도 중에서도 베드로, 요한과 함께 스승 예수의 사랑을 많이 받은 제자였다. 44년경 헤롯 아그리파 1세의 박해 때에 사도 가운데 최초로 순교당했다.

3. 요한(천주교명 : 요한)

흔히 사도 요한으로 일컫는다. 갈릴레아의 어부 제배대오와 살로메 사이에서 출생하였다. 사도 대 야고보의 동생으로, 처음에는 세례자 요한의 제자였으나, 야고보와 요한은 갈릴래아 호수에서 그물을 손질하다가 예수의 부름을 받고 그의 제자가 되었다. 자신이 집필한 요한복음에서 예수가 사랑한 제자였다고 기록하고 있다. 예수의 처형 당시 12사도 중 유일하게 도망치지 않고 형장까지 동행하였으며, 부활 아침에는 베드로보다 먼저 예수의 빈 무덤으로 달려갔고(요한 20,1-5), 예수의 부활을 믿었으며, 티베리아 호숫가에서 부활한 예수를 제일 먼저 알아보았다(요한 21,7). 요한은 베드로와 함께 활동하며 투옥당하기도 했다. 성 바오로(Paulus)는 야고보, 베드로와 함께 요한을 일컬어 '교회의 기둥'이라고 불렀다(갈라 2,9). 12사도 중 유일하게 처형당하지 않고 자연사했다고 한다.

4. 안드레(천주교명 : 안드레아)

시몬 베드로의 동생이다. 벳사이다 출신의 어부이며 처음에는 세례자 요한의 제자였다. 이들 형제는 갈릴래아 호수에서 예수의 부름을 받고 사도가 되었다. 전승에 의하면 안드레아는 북 그리스, 에피루스 등지에서 선교하다 70년경 그리스 파트라스에서 X자 십자가에 매달려 죽임을 당하였다고 한다. 안드레아는 X자형 십자가에서 처형받기를 원하였는데, 그 이유가 그리스어로 X가 그리스도(Χριστός)라는 단어의 첫 글자이기 때문이었다고 전해지기도 한다. 그런데 전설에 따르면, 안드레아는 자신이 예수처럼 죽음을 당하는 것을 과분하다고 느꼈기 때문에, 전통적인 모양의 십자가가 아닌 X자형 십자가에서 죽음을 당하길 원했다고 전해진다. 그런 이유로 X자 모양의 십자가를 '안드레의 십자가'라고 하며, 스코틀랜드의 국기와 러시아 해군기 등에서 사용하고 있다. 안드레아는 스코틀랜드, 러시아, 그리스, 그리고 여러 다른 지역의 수호 성인으로 추앙받고 있다.

5. 빌립(천주교명 : 필립보)

그는 갈릴리 벳세다에서 태어났으며, 세례 요한의 제자였으나, 최초로 예수의

"제자"로 불린 사람이다. 그는 54년, 프리기아의 헤리오폴리스에서 십자가에서 처형되었다.

6. 바돌로매(천주교명 : 바르톨로메오)

'탈마이의 아들(Son of Talmai)'이라는 뜻이며 여러 가지 점에서 나다니엘과 동일인이 아닌가 하는 추측을 낳게 하고 있다(요1:45). 전승에 의하면 바돌로매는 이디오피아, 인디아, 페르시아 등지에서 선교 활동을 하였다. 그는 아르메니아에서도 선교하다가 그곳에서 순교하였다. 산 채로 칼에 의해 살가죽이 벗겨지고 그 후 머리가 베어졌다고 한다. 미켈란젤로는 시스틴성당 천장에 그린 '최후의 심판'에서 예수 그리스도에게 바르톨로메오 사도가 자신의 살 가죽을 두 팔로 봉헌하는 모습을 그려 넣기도 했다. 제롬에 의하면 바돌로매 복음서를 썼다고 한다. 아르메니아의 수호성인으로 추앙받고 있다.

7. 도마(천주교명 : 토마스)

'쌍둥이'를 뜻하는 아람어에서 유래한 이름이다. 공관 복음(마태, 마가, 누가 복음)에는 열두 사도의 명단 가운데 한번 언급될 뿐이나, 요한복음에는 여러 번 등장한다. 부활한 예수를 직접 보지 않고는 스승의 부활을 믿지 않겠다고 고집하다가 마침내 예수를 보고 "나의 주님, 나의 하느님!"(요한 20:29)하고 고백하였다. 그리스도교 전승과 전설에 의하면 카스피 해와 페르시아만 중간 지역에서 선교 활동을 하였고 멀리 동인도에까지 왕래하였다고 전한다. 전도 중 순교하였다.

8. 마태(천주교명 : 마태오)

알패오의 아들이며 레위라고도 한다. 신약 성서 『마태 복음』의 저자로 알려져 있다. 본래는 세리(稅吏:세무관리)로서 그리스도의 부름을 받고 그의 제자가 되었다. 예수의 승천 후 에티오피아에서 선교활동을 하다 순교한 것으로 전한다. 마태는 회계사, 금융업자들의 수호성인이 되었다.

9. 알패오의 아들 야고보(천주교명 : 소 야고보)

알패오의 아들. '작은 야고보'라고도 한다. 감옥에 갇혔던 베드로가 기적적으로 빠져나온 뒤 그 사실을 야고보에게 알리라고 하였다(사도 12.17). 야고보가 당시 예루살렘 교회에서 중요한 위치에 있었기 때문이었다. 다대오 유다의 형으로, 전승에 의하면 성전 꼭대기에서 떨어져 순교하였다고 한다.

10. 다대오(천주교명 : 유다 타대오)

일명 관대한 유다라고 하며, 가롯 유다와는 다른 인물로 예수의 친척으로 알려져 있다. 마태복음과 마가복음에서는 '타대오'로 부르고, 누가복음과 사도행전에서는 '야고보의 아들 유다'라고 부르고 있다. 주로 팔레스타인, 메소포타미아에서 선교하였고, 시몬 등과 함께 페르시아에서 순교한 것으로 전해진다.

11. 시몬(천주교명 : 시몬)

성서에는 그가 가나안 출신으로(마태 10:4) 사도인 야고보와 유다 및 요셉의 형제라고(마태 13:55, 마르 6:3) 기록되어 있다. 사도로 선정되기 전에는 바리새파인으로 혁명당(열심당)의 일원으로 유다민족의 해방을 위해 싸웠으며, 사도로 선정된 이후에는 근동지역의 전도를 하다 순교했다고 전해진다.

12. 가롯 유다(천주교명 : 이스카리옷 유다)

가리옷 유다 또는 이스카리옷 유다라고도 한다. 나중에 예수를 배반하였다. 그는 은전 서른닢에 자기의 스승인 예수를 팔았다가 후회하고 자살하였다(마태오의 복음서 27:5). '가롯'은 유다의 출신지인 가리옷을 나타내며, '이스카리옷'은 '카리옷 사람'을 의미하는 히브리어에서 유래된 명칭으로, 이 역시 유다의 출신 지역을 나타낸다. 특별하게 가롯을 추가하여 가롯 유다라 부르는 것은, 다른 제자들은 모두 다 갈릴리 출신인데, 그만이 유일하게 가롯의 유대 출신 제자이기 때문이다. 그런데, '이스카리옷'이라는 단어에는 암살자, 가짜, 위선자, 거짓말쟁이, 단검 등의 부정적인 의미도 포함되어 있어, 유다의 배신자로서의 이미지가 강조된다. 따라서, "이스카리옷 유다"라는 명칭이 그의 배신자로서의 역할과 관련된 의미를 더 잘 전달하기 때문에, 일반적으로 가롯 유다보다 더 자주 사용되는 경향이 있다.

13. 맛디아(천주교명 : 마티아)

가롯 유다의 공백을 메우기 위해 제비뽑기에 의해 사도로 보선되었는데 그의 활동과 관련된 기록은 거의 찾아 볼 수 없다. 맛디아 이후에는 사도의 보선은 없었다.

12사도 이외의 주요 복음자들

1. 바울(바오르, 사울)

바울은 서기 5년경에 길리기아(키리키아; 지금의 터키)의 다소(타르수스)에서 베냐민 지파의 유대인으로 태어났다. 아버지가 로마 시민이었으므로, 그도 로마 시민이었으며, 아람어(히브리어)와 그리스어에도 능통했다. 유대인 중의 유대인으로 유대 율법에 충실했던 그는 예루살렘의 유명한 율법선생인 '가말리엘' 문하에서 자랐으며, 율법을 엄격히 지키는 바리새파 일원이었으므로 율법과 성전을 어기는 스데반과 같은 헬라파 유대인들을 탄압하였다.

바울은 서기 35년경 스데반의 순교 이후 그리스도 종파를 본격적으로 탄압하기 위해서 대제사장의 권한을 받아 다마섹(다마스쿠스)으로 가던 중 예수의 음성을 듣게 되면서 갑작스러운 회심을 하게 되어 그리스도교인이 되었는데, 다마섹에 사는 유대인들로부터 배신자로 취급되어 살해 위협을 받기도 하였다. 바울은 다마섹에서 탈출한 후 고향인 다소로 내려가 약 10여년 동안 머물렀다. 이후 바나바는 안디옥 교회가 커지자 바울을 불렀고, 사울은 안디옥에서 1년 동안 활동하였다. 그러다 안디옥 교회에서 바르바와 바울을 선교사로 파견하였으므로, 서기 47년경 본격적으로 바울의 선교 활동이 시작되었다. 이때가 바울의 제 1차 선교 여행이었으며 키프로스와 소 아시아 일대에서 선교 활동을 하였다. 제1차 선교활동을 시작할 당시 유대식 이름인 사울 대신 그리스식 이름인 바울을 사용하기 시작하였다.

우여 곡절 끝에 제 1차 선교 활동을 성공적으로 마치고 안디옥으로 귀환하였는데, 바울이 안디옥에 머무르는 동안, 몇몇 유대인이 예루살렘으로부터 방문하였다. 그들은 예루살렘 교회의 전승에는 '너희가 모세의 법대로 할례를 받지 아니하면, 능히 구원을 받지 못하리라' 하였다고 주장하였다. 이에 바울과 바나바 그리고 할례를 받지 않은 이방인 회심자인 디도는 이 문제를 해결하기 위해서 예루살렘의 그리스도 공동체를 방문하였다.

바울이 예루살렘을 방문했을 때, 예루살렘 지도권은 베드로, 요한, 그리고 예수의 형제였던 야고보에게 있었다. 예루살렘의 교회 지도자들과 새로운 이방인 선교의 지도자들은 진지한 논의 끝에 놀라운 합의를 이루어 냈다. 바울과 바나바에 의한 선교가 합법적인 것으로 받아들여졌으며, 그리스도의 복음이 유대인 뿐만 아니라 할례를 받지 않은 이방인들에게도 속한다고 인정된 것이다. 이로서 그리스도 공동체는 이스라엘 내에만 존재하는 한 집단이 아니고, 율법으로부터 자유롭고 보편적인 사명을 가지고 이방인들까지도 폭넓게 아우르는 교회로 발전하는 계기를 만들었다.

바울은 계속해서 선교 활동을 이어갔는데, 마침내 3차 선교 활동을 마친 후 예루살렘으로 돌아왔다. 바울이 선교 과정에서 "모세의 율법을 지킬 필요가 없다"고 하였으므로, 이에 분개한 유대인들이 바울을 죽이려 하였으나, 바울은 자신이 로마 시민이므로 로마에서 재판을 받겠다고 주장하므로써 로마에 압송되게 되었다. 서기 60년 말, 바울은 로마로 가는 배에 오르게 되었고, 마침내 61년초에 로마에 도착하였다. 로마에 도착한 이후 그의 행적은 상세히 전해지지 않지만, 석방된 것으로 여겨진다. 석방 이후 그는 로마에서 선교를 이어가다 서기 64년 로마 대화재 이후에 로마군에게 붙잡혔고, 네로 황제는 바울을 화재의 주범으로 몰아 참수하였다.

바울은 예수 사후에 활약한 인물이기 때문에 12사도에는 포함되지 않고 이방인의 사도라고 불린다. 바울은 다마섹에서 부활한 예수를 만났다고 주장하면서 자신도 사도라고 주장하였지만 다른 사람들이 이 사실을 쉽게 인정할 수는 없었다. '사도 행전'에서 바울은 12사도에는 포함되지 않지만 사도라고 언급되었다(사도행전 13장 43절). 사도행전에는 바나바의 중재로 그의 진실성이 교회에서 받아들여진 것으로 나타나 있다.

2. 마가

마가복음의 저자인 '마가'는 베드로가 아들처럼 아끼는 제자였다. 마가의 이름이 성경에 처음 등장하는 것은 사도행전(행12:12)인데, 베드로가 헤롯에게 잡혀가 처형당하기 전날 밤 천사의 도움으로 탈출한 후 찾아간 곳이 바로 마가 요한의 어머니 마리아의 집이었다. 대부분의 학자들은 마가의 어머니 마리아의 저택 큰 다락방이, 최후의 만찬이 베풀어졌던 장소라고 인정하고 있다.

마가는 자신이 집필한 복음서의 근본 자료를 베드로로부터 전해 받았다. 마가는 서기 30년에서 65년 사이에 베드로가 행한 예루살렘에서 로마에 이르는 전도 사역의 초기부터 끝까지 그와 함께하면서 베드로의 선교 과정을 상세히 기록하였다. 그런 이유로 마가복음에는 다른 복음서보다 베드로에 대한 기록이 비교적 상세하며, 마가복음은 베드로의 복음이라는 별명이 붙어 있다.

그는 후년에 알렉산드리아 교회의 창립자가 되어 감독으로서 그곳에 머무르며 이집트에서의 전도에 힘쓰다가 트라야누스 황제의 박해를 받아 순교했다고 한다.

3. 누가

누가는 누가복음과 사도행전의 기록자이며 복음 전파자로 알려져 있다. '누가'라는 이름은 그리스어로 '빛나다' 혹은 '총명하다'라는 뜻으로, 수리아의 안디옥에서 출생한 그리스 출신 의사였다. 성경에서 누가의 이름은 바울의 후기 서신에서 단지 세 번 언급되고, 디모데후서 4:11에 한 번 등장할 뿐 성경에서 그 이름이 그다지 두드러지게 소개되고 있지 않는다. 그는 바울과 동고동락하며 많은 나라에서 선교하였으며, 그리스의 우상 숭배 제사장들에 의하여 순교당한 것으로 추정된다.

13. 초대 교회 시대(30~100)

　성경 시대의 마지막 시대는 사도들이 복음을 전한 초대 교회 시대라고 할 수 있다. 이 시기는 예수가 세상을 떠난 지 30년경부터 마지막 사도인 요한이 요한계시록을 기록한 때인 100년까지라고 할 수 있다. 예수의 제자들은 오순절에 성령을 받고 나서 30년부터 50년까지 약 20년 동안 구전으로 복음을 전파하고 가르쳤다. 그후에 바울이 다메섹에서 회심하였으며, 3차에 걸친 전도 여행을 하였다. 바울은 50년부터 64년까지 바울 서신을 기록하였다. 그리고 같은 기간에 야고보서와 베드로 전후서가 기록되었으며, 마가가 베드로의 증언을 토대로 해서 마가복음을 기록하였다. 그리고 70년부터 90년 사이에는 마태복음과 누가복음, 그리고 사도행전이 기록되었으며, 90년 후부터 100년 사이에 요한 서신과 요한계시록이 기록되었다.

헤롯(헤로데) 왕

　신약 성경에서 헤롯(헤로데)의 이름이 여러 군데에서 나오는데, 오랜 기간에 걸쳐 계속해서 등장한다. 그런데 이들은 모두 같은 사람을 지칭하는 것이 아니며, 연대에 따라 각각 다른 사람이다. 따라서 성경을 읽다보면 이 헤롯(헤로데)으로 인해서 매우 혼란스러움을 느끼게 된다.

　성경에 나오는 헤롯을 정리해 보면, 네 사람이라는 것을 알 수 있다. 이들 시대의 중요한 사건, 특히 유대교, 그리스도교와 연관된 사건과 더불어 이들 네 명의 헤롯 왕에 대해서 간략히 알아보자.

　첫 번째 헤롯 왕 ― 헤롯 왕(헤롯 1세)
　두 번째 헤롯 왕 ― 헤롯 안티파스
　세 번째 헤롯 왕 ― 헤롯 아그리파스 1세
　네 번째 헤롯 왕 ― 헤롯 아그리파스 2세

1) 첫 번째 헤롯 왕(헤롯 1세)(기원전 73년경 ~ 기원전 4년)

후에 유대의 왕이 된 첫 번째 헤롯은 이도메네아에서 부유하고 유력한 가문에서 태어났다. 이도메네아(이두매, 에돔)는 유대 남쪽 지역으로, 마카베오 가문의 요한 힐카누스에 의해 정복당한 후 유대교로 개종한 지역이었다. 따라서 헤롯은 원래 유대인이 아니라 에돔에서 태어나 유대교로 개종한 이방인이었다. 헤롯의 아버지 안티파트로스는 나바테아 왕국의 공주 키프로스와 혼인해 두 아들을 낳았는데 둘째 아들이 바로 헤롯이었다. 유대의 왕이 된 헤롯은 유대 사람들의 마음을 얻고자, 솔로몬 왕 시대의 영광이 담긴 예루살렘 성전을 다시 세우고, 유대교 우대 정책을 실시하였지만, 이방인이라는 이유로 유대 사람들은 그를 싫어하였다.

당시 하스모니안 왕조의 알렉산드로스 야나이 왕의 두 아들인 요한 힐카누스와 차남인 아리스토불로스 2세 사이에 왕권을 차지하기 위한 권력 다툼이 있었다. 결국 아리스토불로스 2세가 왕이 되고 힐카누스 2세는 대사제장의 직을 유지하기로 합의를 보았는데, 힐카누스 2세를 지지하던 헤롯의 아버지 안티파트로스는 자신의 입지에 불안감을 느꼈다. 그는 힐카누스 2세에게 아리스토불로스 2세를 제거하고 왕과 대사제장을 겸해야 한다고 부추겼다. 그리고 장인의 나라 나바테아 왕국의 아레타스 2세에게 병력을 청하였다. 나바테아군의 침공에 불안해진 아리스토불로스 2세는 다마스커스에 가서 폼페이우스의 부장인 스카우루스를 데리고 왔고, 로마군사가 개입되자 아레타스 2세는 자신의 병력을 철수시켜 버렸다. 형제간의 다툼 속에 폼페이우스는 팔레스타인 정복을 꾀하였는데, 예루살렘이 로마군에 포위된 상황에서도 불구하고 두 형제는 서로 싸움을 그치지 않았으며, 결국 로마에 점령당하고 말았다. 폼페이우스는 두 형제 대신 외교에 능한 안티파트로스를 유대 지역의 동반자로 선택하였다.

이후 폼페이우스가 죽고 카이사르가 로마의 실권을 장악하자 그는 재빨리 카이사르편으로 갈아 탔고, 카이사르는 그를 유대의 행정 장관에 임명했다. 사실상 안티파트로스가 하스모니안 왕조의 후손들을 제치고 유대의 왕이 된거나 마찬가지였다.

헤롯은 이때 정치의 전면에 등장했다. 안티파트로스는 첫째 아들 파사엘을 유대와 이두매의 행정장관으로 임명했고, 둘째 헤롯은 갈릴리의 행정장관으로 임명했다.

　기원전 43년 카이사르가 브루투스에게 암살되었고, 같은 해에 안티파트로스 역시 의문의 독살을 당하는 사건이 일어났다. 헤롯은 형 파사엘과 유대 통치권을 놓고 쟁투를 벌였는데, 그 과정에서 로마의 안토니우스편에 재빨리 가담하여 안토니우스로 하여금 헤롯을 지지하게 만들었다. 이런 가운데 아리스토불로스 2세의 아들로서 하스모니안 왕조의 마지막 정통성을 지닌 안티고누스가 파르티아의 힘을 빌려 하스모니안 왕조 복권을 노렸다. 마침내 안티고누스는 헤롯의 형 파사엘을 죽이는데 성공하였고 예루살렘까지 함락시켰다. 이때 헤롯은 간신히 마사다 요새로 피신해 목숨을 건지게 되었다. 그는 로마로 도망쳤고 그곳에서 로마 원로원으로부터 "유대의 왕"이란 칭호를 받았으며, 기원전 37년 안토니우스의 로마군이 전쟁에 투입되어 파르티아군을 격퇴시켰다. 결국 안티고누스가 처형되면서 하스모니안 왕조는 끝이 나고 말았다.

　이미 부인과 3살 난 아들 아들까지 두고 있던 헤롯이었으나 왕위 계승의 정통성 확보 차원에서 당시 명목상 유대의 왕가였던 하스모니안 왕조의 공주인 마리암과 혼인하였다. 이는 헤롯이 유대의 왕권을 확보하는데 중요한 역할을 했다. 그는 34년간 유대의 왕으로 유대를 다스렸다. 그런데 헤롯이 신경쓰이는 가장 큰 문제가 있었는데, 그에게 왕위 계승의 정통성을 안겨준 왕비 마리암이었다. 헤롯은 마리암을 사랑했지만 마리암은 하스모니안 왕조의 혈통을 물려받은 지라 사실상 권력을 놓고 다투는 경쟁자나 다름이 없었다. 결국 헤롯과 마리암의 갈등은 폭발하여 마리암이 간통을 저질렀다는 이유로 처형하였으며, 마리암의 어머니와 마리암과의 사이에서 태어난 두 아들인 알렉산드로스와 아리스토불로스 4세 역시 처형시켰다.

　이후 왕위 계승은 첫째 부인과의 사이에서 태어난 장남 안티파트로스 2세가 유력해졌으나 헤롯은 다시 안티파트로스 2세도 아우구스투스의 동의를 구해 처형시켜 버렸다. 결국 왕위를 계승할만한 왕자는 넷째 부인에게서 난 헤롯 아르켈라오스, 헤롯 안티파스, 그리고 다섯째 부인에게서난 헤롯 필립포스 1세 정도였다.

요세푸스에 따르면, 그는 기원전 4년 봄에 죽었는데 마지막 유언을 통해 자기 영토를 3명의 아들에게 나누어 주었다. 사실상의 적자의 위치에 있던 헤롯 아르켈라오스에게 유대, 사마리아 그리고 이도메니아를 물려 주었고, 헤롯 안티파스에게는 갈릴리(갈릴래아)와 페레아를, 헤롯 필립포스 1세에게는 골란 지역과 베타니아, 트라코니티스를 각각 나누어 주었다.

헤롯은 순수 유대인이 아니라 에돔(이두매아)인이라는 혈통과, 헤롯 이전까지 유대를 다스리던 유대인 왕가인 하스모니안 왕가(마카베오)의 외척(공주 마리암의 남편)이었다가 왕위를 빼앗은 점 때문에 정통파 유대인들은 그를 왕으로 인정하려 들지 않았다.

예루살렘의 유대인들은 몰래 로마로 사절단을 보내 아우구스투스에게 헤롯의 아들들이 왕위를 계승하지 못하도록 간청했고, 아우구스투스는 그 청을 받아들여 헤롯의 세 아들들에게 왕이라는 칭호대신 통치자(신약 성경에서는 '분봉왕')라는 칭호만을 내렸다. 이에 격분한 아르켈라오스는 이 사절단에 가담한 사람들과 그 일가족 3천여명을 학살했고, 이것이 문제가 되어 결국 기원후 6년에 유대의 통치자직에서 폐위되고 유대는 시리아 총독의 직할 통치령이 되었다.

신약 성서, 마태 복음에서 아기 예수의 탄생과 관련되어 언급되는 헤롯 왕이 바로 이 헤롯 왕이다. 동방에서 유대의 왕의 탄생을 별을 통해 알게 된 동방박사들이 예루살렘에 와서 아기 예수를 찾았다. 헤롯은 그들에게 아기를 찾고 경배하거든 자신에게도 그곳을 알려달라고 말했지만 동방박사들은 헤롯을 만나지 않고 돌아가버렸다. 아무리 기다려도 동방박사들이 오지 않자 헤롯은 베들레헴에서 2살 이하의 아기들을 모조리 죽이라는 명을 내렸다. 그런데 아기 예수는 그 부모와 함께 이집트로 피신하였기 때문에 안전하였다는 이야기이다. 그렇지만 실제로 이런 기록은 당대의 어떤 역사 기록에도 나와 있지 않기 때문에 실제로 일어났던 일이 아니라는 것이 일반적인 시각이다.

2) 두 번째 헤롯 왕 – 헤롯 안티파스(기원전 20~서기 39)

첫 번째 헤롯 왕의 아들로서, 누가 복음에서 예수가 처형되는 시대에 등장했던 왕이 바로 이 헤롯 왕이다. 그는 사해 동쪽에 있는 나바테아 왕국의 공주와 결혼했다. 후에 공주와 이혼하고 이복 형제 아리스토부루스 4세의 딸이자 이복 형제 헤롯 필립보 2세의 부인이었던 헤로디아와 결혼했다. 조카딸이면서 제수와 결혼한 셈이었다. 이 일로 세례 요한이 헤롯 왕을 비판하자 그를 감옥에 가둔 후 목을 베었는데, 마태복음과 마가복음에 따르면 이때 헤로디아와 그녀의 딸이 개입했다고 한다. 그 딸은 헤롯 필립보 1세의 부인인 살로메였는데, 성경을 보면 살로메가 매혹적인 춤을 춰 아버지에게 호감을 샀고, 그때 어머니를 위해 요한의 목을 요구했다고 한다.

자신의 딸과 이혼하자 분노한 장인인 나바테아 왕국의 아레타스 4세가 서기 37년에 쳐들어 오자, 헤롯은 로마에 구원을 요청했는데 시리아 총독 비텔리우스가 늦게 오는 바람에 굴욕적인 패배를 당했다. 헤로디아와 조카 아그리파스 사이에 생긴 갈등으로 아그리파가 로마 황제에게 참소하였는데, 로마 황제 칼리큘라는 헤롯 안티파스에게 반역죄를 적용하여 왕위를 박탈하였으며, 그 뒤 유배지 갈리아에서 생을 마쳤다.

이 헤롯 안티파스가 누가복음에서 유월절을 맞아 예루살렘으로 온 예수에게 십자가 형을 받도록 주도한 헤롯 왕이다.

3) 세 번째 헤롯 왕—헤롯 아그리파스 1세(기원전 10~서기 44; 재위 41~44)

헤롯 아그리파스는 두 번째 헤롯왕인 헤롯 안티파스의 조카이자 첫 번째 헤롯왕의 손자였는데, 어려서 로마에서 살면서 칼리큘라, 클라우디우스 등 로마 황족과 교분이 두터웠고, 이 교분을 이용하여 서기 41년경 헤롯 안티파스를 칼리굴라에게 참소하여 몰아낸 후 유대 왕 자리를 차지하였다.

제대베오의 아들 사도 야고보를 죽이고 베드로를 옥에 가두는 등 초대 교회를 박해한 헤롯왕이 바로 이 헤롯왕이다. 요세푸스의 기록에 따르면 그는 정통파 유대인들의 비위를 맞추는 정책을 중시하였는데, 키가 크고 얼굴이 준수하게 생겨서 백성들에게 인기 있는 왕이었다고 한다. 그는 평소에 매우 건강했었는데 왕으로 즉위한 지 불과 3년만에 갑자기 급사했다고 한다. 그가 죽은 후 유대는 다시 로마의 속주로 전락하여 총독의 통치를 받았다.

4) 네 번째 헤롯왕 - 헤롯 아그리파스 2세(27년경~94년경)

세 번째 헤롯왕의 아들로 헤롯 아그리파스 2세라고도 한다. 헤롯 왕가의 마지막 왕으로, 사실상 영주 정도의 위치였다. 사도 바울이 잡혀서 로마로 압송될 당시의 왕이 이 헤롯왕이다. 그는 친유대교적인 정책을 폈지만 유대 반란(66~73)을 겪으며 반란 진압에 앞장섰다. 이 헤롯 아그리파스 2세를 마지막으로 130년의 헤롯 왕조는 끝나게 된다.

1차 유대 전쟁

서기 66~73년 사이에 그리스계 로마인과 유대인 사이의 종교적 분쟁으로 인해 1차 유대 전쟁이 일어났다. 유대인들은 로마 제국의 황제를 우상화하는 로마제국의 종교정책을 거부하면서 예루살렘 주둔 로마군을 급습하였다. 이에 로마 주둔군이 강경 진압하자 폭동은 걷잡을 수 없이 강경해졌고, 마침내 유대인들은 66년 6월에 로마 세력을 완전히 유대에서 몰아냈다. 이때 친로마적이던 헤롯 아그리파스 2세는 로마인 관료들과 함께 예루살렘에서 갈릴레아로 달아났다. 로마 수비대는 폭도들을 피해 왕궁으로 달아났는데 투항하면 목숨은 살려주겠다는 말에 항복하였지만 모두 학살당했으며, 유대 내부의 온건파의 중심이었던 대제사장도 동생과 함께 살해되었다. 예루살렘에서 일어난 이 폭동은 주위로 퍼져 나갔다.

시리아 속주의 총독이자 군단장이었던 케스티우스 갈루스가 진압을 위해 안티오키아에 주둔하고 있던 제12군단과 유대왕 헤롯 아그리파스 2세의 지원군을 이끌고 예루살렘으로 향했으나 신전 언덕을 공략하는데 실패하고 병으로 죽고 말았다. 요세푸스에 따르면 이때 로마 군단과 우군을 합친 전사자가 보병 5,300명에 기병이 480기였다고 하였다. 이에 네로 황제는 갈루스의 후임으로 베스파시아누스를 보내 반란을 진압하게 했다. 당시 베스파시아누스의 군대는 3개 군단에 6만여 명으로 이루어져 있었다.

67년 5월, 베스파시아누스는 유대 전역을 무차별 공략하면서 예루살렘으로 접근하여 반란을 진압해 들어갔다. 47일에 걸친 공방 끝에 7월 20일, 갈릴리의 요타파타 요새가 함락되었는데, 이때 사망자는 4만 명에 포로는 1,200명에 달했다고 한다. 베스파시아누스의 투항 권고에도 불구하고 요타파타 요새에서 항전하던 대부분의 유대 병사들은 포로로 잡히기보다는 자결하는 쪽을 택하였다. 훗날 《유대 전쟁사》를 집필한 요세푸스를 포함해서 단 두 명만이 자살하지 않고 항복했을 뿐이다. 68년까지는 거의 모든 북부 유대 지방의 반란이 진압되었고, 여름 무렵에는 로마군이 예루살렘을 동쪽과 서쪽, 북쪽에서 포위하고 있었다. 하지만 로마에서는 네로의 급서로 말미암아 큰 혼란이 야기되었고, 유대 전쟁은 1년 반 동안 중단되었다. 로마의 내분을 수습할 적임자로 베스파시아누스가 동방 군단에 의해 로마인의 황제로 추대되었으며, 69년 7월 이후, 예루살렘 공략은 재개되었다.

한편 예루살렘 안에서는 열심당의 영향력이 강해지면서 '결사항전'을 외치는 목소리가 높아져만 갔다. 이로 인해 반란군 사이에서 내전이 벌어졌으며, 열심당원들은 항복을 주장하는 사람은 누구든 살해하였고 거의 모든 반란군 지도자들이 로마인의 손이 아니라 유대인의 손에 죽었다. 도시 안에서는 평화 협상을 반대하고 결사 항전을 하기 위해 식량을 모두 불태웠는데 그로 인해 많은 도시 거주민들과 군인들이 굶어 죽었다.

70년 8월 예루살렘 성전이 성 안으로 돌입한 로마군에 의해 불탔으며, 9월에 유대인들의 저항은 모두 끝이 나고 예루살렘 시가지가 모두 로마군에 의해 장악되었다. 로마군은 도시를 철저히 파괴하고 불태웠다. 유대인들이 신성하게 여기는 예루살렘 성전 역시 철저하게 약탈 당했다. 원래 고대 전쟁에서는 승리자라 하더라도 성전이나 신전은 약탈하지 않는 것이 불문율처럼 지켜졌는데, 이때에는 성전도 철저히 유린하였다. 그 이유는 유대인들이 성전까지도 군사거점으로 끝까지 사용했기 때문이었으며, 유대교도에게 앞으로는 그들의 종교를 위한 성전을 허락하지 않겠다는 의지이기도 하였다. 요세푸스는 이때 110만명이 사망했다고 전했다.

예루살렘이 함락된 뒤에도, 마사다 등 세 요새에서 급진파들이 항전하였지만, 예루살렘의 함락으로 유대 반란 진압은 이미 끝나 있었다. 기원후 73년 마사다 요새에서 마지막까지 항전하던 유대인들이 거의 다 자살함으로써 요새는 함락되었고 1차 유대 전쟁은 막을 내렸다. 결국 이 전쟁으로 말미암아 유대인들은 자신의 국가를 잃어버리고 로마 제국의 전역으로 흩어지는 디아스포라가 본격적으로 시작되었다.

2차 유대-로마 전쟁(키토스 전쟁, 115~117)

이 전쟁은 66 ~ 136년에 벌어진 유대-로마 전쟁 기간 중에 일어난 전쟁 중 2번째 전쟁이다. 트라야누스 황제 재임 시기인 115년, 대다수의 로마 군대가 로마 제국의 동부 국경에서 벌어진 로마-파르티아 전쟁에 동원되었는데, 이 시기에 유대인들의 폭동이 시작되었다. 키프로스, 이집트 등에서 동시 다발적으로 유대인들이 통제를 벗어난 대규모 봉기를 일으켰는데, 이 반란 과정에서 유대인 반란군에 대항하기 위해 남겨진 로마 수비대 및 로마 시민들에 대한 유대 반란군들의 광범위한 학살이 이어졌다.

결국, 유대인 반란군들에 의한 봉기는 로마 장군 루시우스 퀴에투스가 지휘하는 로마 군단에 의해 마침내 진압되었다. 이 전쟁에 루시우스 퀴에투스의 이름이 붙여졌는데, "퀴에투스"를 잘못 기록하여 "키토스 전쟁"이라고 알려지게 되었다. 이 전쟁으로 인해 일부 지역들은 완전히 파괴되었기 때문에 인구가 소멸되는 것을 막기 위해 그 지역에 로마인들을 정착시키기도 했다. 유대인 반군 지휘관인 루쿠아스는 유다이아(Iudaea)로 달아났다. 마르키우스 투르보는 그를 추적하는 과정에서 이 봉기의 또 다른 핵심 지도자들이던 율리아누스, 파푸스 형제를 잡아 사형을 선고하였다.

메소포타미아의 유대인들의 반란을 진압한 루시우스 퀴에투스가 로마군 지휘를 맡아, 율리아누스와 파푸스의 지도하에서 모였던 유대인 반란자들이 점거하고 저항하고 있던 리다의 공방전을 지휘하였다. 리다는 마침내 점령당하였고 많은 유대인 반란군들이 처형당했는데, "리다의 학살"은 탈무드에서 종종 언급되었다. 파푸스와 율리아누스는 같은 해에 로마인들에게 처형당했다. 유대의 연이은 반란으로 인해 로마인들은 유대인들의 상황을 주시할 수밖에 없었고 이어지는 반란을 막기 위해 하드리아누스 황제 시기에는 로마 군단이 예루살렘 지역에 영구 주둔하게 되었다.

3차 유대-로마 전쟁(바르코크바의 난, 132~135)

1, 2차 유대-로마 전쟁의 결과로 예루살렘이 함락되었고, 로마와 유대인은 대립했다. 로마 제국은 이와 같은 반란의 재발을 막기 위해 2개의 로마군 군단을 이 지역에 상주시켰다. 130년 유대 지방을 방문한 하드리아누스는 2가지의 정책을 실시함으로 유대인의 분노를 샀는데 그 하나는 아일리아 카피톨리나라는 도시를 예루살렘 바로 북쪽에 건설하여 그의 10군단을 상주시킨 것이고, 다른 하나는 유대인에게 할례를 금지시킨 것이다. 또한 70년 예루살렘 함락으로 무너진 예루살렘 성전의 자리에는 로마의 신 유피테르 신전이 지어졌는데 이와 같은 조치들은 유대인들의 반(反)-로마 감정을 고조시켰다.

132년, 당시 유대인들로부터 존경받던 랍비 아키바 밴 요셉이 반란을 선동하여 시몬 바르 코크바를 대장으로 삼아 로마제국에 대항한 항쟁을 일으켰다. 바르 코크바는 아람어로 "별의 아들"을 뜻하는데 이는 유대교 경전인 구약 민수기 24:17에 "야곱의 아들 중에서 별이 나올 것이며…"라는 구절을 떠올리게 하였으며, 대다수 유대인에게 코크바가 진정한 메시아라고 선전하였다. 코크바의 항쟁은 급속하게 유다 전역으로 퍼졌으며 마침내 예루살렘 점령에 성공하고 코크바는 이스라엘의 "나시"(왕이나 통치자 라는 뜻)를 참칭하면서 "이스라엘 해방 제 1년"이라고 새겨진 동전을 발행했고, 아키바 벤 요셉은 유대교 부흥에 나섰다.

히드리아누스 황제는 이 반란이 미칠 파장을 우려하여 즉각적으로 대응하였다. 당시 가장 우수한 장군으로 알려진 쥴리우스 세베루스(Julius Severus)를 브리타니아 전선에서 소환하였고, 황제 자신도 친히 팔레스타인에 출정하여 그와 합류하였다. 세베루스는 3만 5천의 정예 부대를 이끌고 수적으로 훨씬 부족한 바르 코크바의 군대와 전투를 벌였다. 그런데 예상과 달리 그 결과는 비참했다. 서기 9년경 토니토부르그의 밀림에서 게르마니아의 족장 아르미니우스에게 유인되어 아우구스투스 황제의 정예 군단이 전멸당해 패한 이후, 가장 비참한 패배를 당한 것이다. 이 전투로 인해서 로마 군단에서 제 22군단이라는 이름은 영원히 사라지고 말았다.

충격을 받은 세베루스는 분노하였으며, 유래를 찾을 수 없는 잔인한 초토화 작전으로 전쟁 방법을 바꾸었다. 세베루스의 '불타버린 땅(scorched earth)' 전략은 아군의 군대가 사용할 수 없는 것이라면 모조리 파괴하거나 태워 버렸다. 결국 로마군은 무려 3년간에 걸쳐 가장 잔인한 방법으로 예루살렘의 폭동을 진압하고, 예루살렘을 탈환하였다. 바르 코크바는 끝내 자결하였고 136년, 끝까지 저항했던 마지막 반란군마저 전멸하였다. 랍비 아키바 벤 요셉은 붙잡혀 모진 고문을 받다가 죽었다. 이 3년에 걸친 전쟁으로 인해 로마군의 손실도 만만치 않은 것으로 전해진다. 이 전쟁의 결과로 예루살렘은 다시 한 번 철저히 파괴되었고 그 이름도 아일리아 카피톨리나로 완전히 바뀌어 철저하게 로마식으로 재건되었다. 예루살렘이 항상 로마제국에 반대하는 항쟁의 진원지가 되기 때문에 하드리아누스는 모든 유대인을 예루살렘에서 추방했고 다시는 들어가지 못하게 했다. 그 대신 팔레스타인인들이 들어와 살게 되었다.

마지막 반란 이후 유대인들의 디아스포라는 더욱더 확산되어 팔레스타인에 거주하는 유대 민족은 극소수 집단으로 위축되었고, 이스라엘은 더 이상 하나의 국가로 존재하지 않게 되었으며, 이후로 거의 2,000년 동안 유대 지역은 유대인들의 종교적, 정치적, 문화적 중심지가 될 수 없었다.

3부

달력과 시간, 그리고 생체 시계

01

생체 시계

달력이란 1년이라는 기간을 월, 요일, 일로 나누고, 다양한 기념일을 날짜를 중심으로 기록한 도구나 틀을 말한다. 달력에서 가장 기본적인 단위는 밤과 낮의 한 쌍으로 이루어진 하루 또는 날이다. 달력에 대한 〈브리태니커〉 백과사전의 정의를 보면 '달력은 여러 시간과 주기를 기록하는 체계로서, 일반적으로 달력은 연도, 월, 주, 그리고 일로 시간을 구분한다. 달력은 사회, 경제, 종교, 그리고 문화적 목적에 따라 시간을 조직하고 관리하는데 사용된다.'라고 되어 있다. 간단히 다시 정리하자면, 달력은 하루를 기본 단위로 삼아 1년의 총 날수를 12달과 요일로 나눈 도표라 할 수 있으며, 달력의 각 날짜에는 24절기와 기타 기념일이 표기되어 있다. 달력에서 기준 시간 단위인 '하루'는 모든 시간 단위의 핵심 개념이라 할 수 있다. 현재 사용되는 시간 단위에는 하루 외에도 더 작은 단위인 시, 분, 초와 더 큰 단위인 월, 년 등이 있다. 이러한 시간 단위들은 모두 하루라는 기준 시간 단위에서 파생된 것이다.

이와 같은 달력이라는 체계를 정확히 이해하기 위해서는, 시간이라는 개념과 정의부터 명확히 파악해야 할 것이다. 시간이란 무엇일까? 이 추상적인 개념에 대한 간결한 설명은 쉽게 찾을 수 없다. 시간은 고대부터 철학자들에게도 어려운 주제였다. 1세기의 아우구스티누스는 시간에 대해 "시간이 무엇인지 확실히 알고 있다고 생각했지만, 설명하려니 아무 것도 말할 수 없었다"고 말했다. 플라톤은 시간을 '별들의 이동에 의해 측정되는 영원의 이미지'라고 알쏭달쏭하게 형이상학적으로 정의했다. 아인슈타인은 상대성 이론에서 '시간은 절대적이지 않고, 관찰자의 운동 상태에 따라 상대적으로 변한다'고 설명하므로써 시간에 대한 단순하고 명쾌한 정의를 구하려 하였던 우리의 생각을 더욱더 혼란스럽게 하였을 뿐이었다.

이처럼 시간은 물리학, 철학, 그리고 일상생활에서 상황에 따라 다양하게 해석되고 있으며, 이러한 맥락에서 볼 때 상황에 따라 표현되는 정의가 달라질 수 있다. 물리학에서는 시간을 특정 사건이 일어나는 순서나 지속성을 측정하는 방법으로 간주한다. 상대성 이론에 따르면 시간은 공간과 동일한 차원을 가진다고 볼 수 있으며, 그래서 이를 '시공간'이라고 부른다. 철학에서는 시간을 경험, 인식, 혹은 존재의 흐름이라고 인식한다. 예를 들어, 철학자들은 과거, 현재, 미래에 대한 인식이 우리가 시간을 경험하는 방식을 어떻게 변화시키는지를 탐색하며, 시간이 주관적인 경험인지, 아니면 공통적으로 측정 가능한 공통체인지 등에 대해 탐구한다.

그렇지만, 가장 보편적인 일상적 측면에서 시간을 정의하자면 일정한 간격으로 나누어진 연속적인 순간이라고 할 수 있다. 따라서 우리는 시계를 통해 시간을 측정하고, 일과 시간을 계획하는 데 사용한다. 다양한 관점에서 시간에 대해 정의하여 보았지만, 시간이라는 개념은 여전히 인식하기는 쉽지만 언어로 명쾌하게 표현하고 정의하기에는 한계가 있다고 할 수 있을 것이다. 그럼에도 불구하고, 여러분들에게도 시간을 쉽게 공감할 수 있는 방식으로 정의할 수 있는지 생각해 볼 것을 권한다.

시간이란 이처럼 구체적으로 설명하기는 어렵지만 서로 공감하고 소통할 수 있는 막연한 개념으로서, 인류가 문명을 이루기 전인 원시 시대부터 인식되어 온 추상적 개념이었다. 그렇다면 인류는 어떻게 시간을 인식하고 체계화할 수 있었을까?

시간이 흘러가면서 인간이 생활하고 있는 주변 환경은 다양한 변화를 보이게 된다. 짧은 시간은 작은 변화를, 좀 더 긴 시간은 오래 지속되는 큰 변화를 일으키게 된다. 원시 인류 역시 이러한 주위 환경의 변화를 오랜 세월에 걸쳐서 자연스럽게 감지할 수 있었으며, 이런 자연 환경 변화의 과정을 통해서 막연하지만 시간의 흐름을 인지할 수 있었다. 시간이 흘러감에 따라 나타나는 이와 같은 자연의 다양한 변화 중에서도 특히 모두가 공감할 수 있으며, 매우 뚜렷하고 주기적으로 반복되어 나타나는 2가지 변화가 있다. 이들 현상들은 반복적일 뿐만 아니라 규칙성을 보였기 때문에 자연 환경을 기반으로 생활하는 인간을 포함한 대부분의 생명체들은 모두 쉽게 인지할 수 있었다. 첫 번째 변화는 낮과 밤이 교대하는 현상이었고, 두 번째 변화는 봄, 여름, 가을, 겨울의 계절이 교대되며 반복되는 현상이었다.

그중에서 특히 낮과 밤이 교대하는 현상은 다른 현상에 비해서 일상에서 끊임없이 주기적으로 반복되었기 때문에 모든 사람들이 가장 쉽게 공감하고 그 개념을 쉽게 공유할 수 있는 변화였다. 따라서 한 쌍의 낮과 밤으로 이루어진 하루는 인류뿐만 아니라 지구 상에서 활동하는 모든 생명체들에게도 가장 기본적인 시간의 단위로 자리잡게 되었다. 그리고 인류는 이 하루라는 기본 단위를 중심으로 하여 하루보다 짧은 단위의 시간과 하루보다 긴 시간들을 순차적으로 개념화시킬 수 있었던 것이다.

낮과 밤으로 이루어진 하루는 자연의 변화를 뚜렷하게 보여주는 기본 시간 단위로서 중요한 역할을 하였을 뿐만 아니라, 동시에 모든 생명체들의 내면 깊숙한 생리적 작용에 관여하는 시간 단위로도 매우 중요한 역할을 수행했다. 이에 따라 인간뿐만 아니라 대부분의 생명체들은 밤과 낮의 규칙적인 자연 현상에 동기화되어 하루를 기본 단위로 하여 생활하고 있다. 이처럼 일정한 시간을 주기로 생명체의 행동이나 생리 작용이 계속해서 반복되는 현상을 생체 리듬이라고 하는데, 특히 그중에서도 하루라는 시간을 기본 단위로 하여 일상을 반복하는 형태를 "일(日)주기 리듬"이라고 한다. 따라서 이러한 일주기 리듬을 근간으로 삼아 생활하는 인류가 하루를 시간의 개념 중에서 가장 근본적인 시간 단위로 인식한다는 것은 지극히 당연하다고 할 수 있을 것이다.

이러한 의미에서 달력에 대한 탐색을 함에 있어서, 생체 내에서 시간과 연동되어 나타나는 생체 리듬에 대해서도 좀 더 깊은 이해가 필요하다고 생각된다. 생체 리듬은 자연의 주기적 변화와 서로 떼어내서 생각할 수 있는 개념이 아니기 때문이다. 하루라는 밤과 낮으로 이루어진 자연의 리듬은 오랜 세월에 걸쳐 모든 생물체들의 생체 내외의 활동과 생리적 반응에 영향을 미쳐 왔기 때문에, 생체 리듬은 자연과 생체간의 동기화 현상으로 설명될 수 있다. 그러므로 이번 장에서는 자연의 시간 리듬과 생체 리듬이 어떻게 연관되어 있는지, 그리고 연관성이 있다면 그들이 어떻게 연결되어 있는지 여러 연구 사례를 통해 알아보는 기회를 갖도록 하겠다.

수면과 위험

대다수의 건강한 사람들은 밤이 되면 졸음이 몰려와 잠이 들고, 아침이 되면 자연스럽게 눈을 뜬다. 잠자는 동안에 체온은 떨어지고 호흡 및 맥박은 느려지며 에너지 소비가 최소화되고 몸은 휴식 상태에 들어간다. 우리가 의식하지 못하지만 낮 동안 활동할 때 뿐만 아니라 휴식 상태에 들어간 밤에도 몸 안에서는 다양한 생리 작용이 주기적이고 규칙적으로 진행된다.

지구가 생성된 이후 수많은 세월에 걸쳐 환경 변화에 따라 생명체들은 진화 과정을 겪었으며, 마침내 원시 인류가 출현하기에 이르렀다. 원시 인류는 아침 해가 뜨면 깨어나 사냥이나 채집 생활을 하고, 해가 저물고 어두워지면 잠자리에 드는 주행성 동물로서 활동하였다. 밤이 되면 맹수들을 포함한 많은 위험으로부터 자신들을 보호하기 위해 동굴이나, 움막 등을 은신처로 삼고 잠자리에 들었다. 대체로 대부분의 포식성 동물들이 주행성인 성향을 가지고 있었으므로, 해가 져서 어두워지면 그들의 활동을 멈추었기 때문에, 밤에는 상대적으로 안전하였으므로 대체로 안심하고 잠을 잘 수 있었다. 하지만 밤이 되었다고 완전히 위험이 사라지는 것은 아니었다. 오히려 이런 동물들의 습성을 이용하여 밤에만 사냥을 하는 야

행성 동물들도 존재하였기 때문이다.

어쨌든 주기적으로 변하는 낮과 밤의 환경 속에서 동물을 포함한 모든 생물들은 자연 변화와 주변 환경에 적절하게 적응하면서 위험성을 최소화하며 생존과 번식의 기회를 높였다. 그중에서도 뇌를 가지고 있는 동물들은 뇌의 휴식을 위해서는 반드시 수면이 필수였는데, 수면에 빠지게 되면 그들은 다른 포식자들로부터 완전 무방비 상태에 빠질 수밖에 없었다. 그렇기에 그들은 안전한 장소에서 안전한 시간에 수면을 취할 수 있는 가장 효율적인 생리적 기능들을 습득해야 했다.

일부 동물들에서는 독특한 수면 방법을 통해 그 문제를 해결하기도 하였다. 예를 들어 돌고래의 경우 헤엄을 치면서도 잠을 잘 수 있는 능력이 있다. 이는 돌고래가 좌뇌와 우뇌가 교대하며 잠을 자는 반구 수면을 할 수 있기 때문이다. 좌뇌와 우뇌가 각각 반대 쪽 몸의 기능을 제어하기 때문에 돌고래는 오른쪽 뇌가 잠을 잘 때는 왼쪽 눈을 감고 오른쪽 눈은 뜬 상태로 헤엄치게 되며, 반대로 왼쪽 뇌가 잘 때에는 오른쪽 눈만 눈을 감고 헤엄을 친다. 앨버트로스나 갈매기같은 새들도 돌고래와 마찬가지로 날면서 잠을 자는 반구 수면을 한다고 알려져 있다. 아프리카 코끼리의 새끼는 어미의 보호를 받으며 옆으로 누워서 자지만, 코끼리 성체는 경계심을 풀지 않은 채 선 채로 꾸벅꾸벅 잘 수 있으며, 보통 3시간 정도 수면을 한다고 한다. 반면, 사람이나 원숭이, 고릴라 등은 몸에 비해 상대적으로 큰 뇌를 가졌기 때문에 뇌의 휴식을 위해 다른 동물들보다 더 길고 깊은 잠이 필요하다.

이처럼 최선의 생존 여건을 확보하기 위해 대부분의 동물들은 상대적으로 안전한 밤에 수면을 취할 수 있도록 진화 적응되어 왔다. 해가 지고 어두워지면 수면 작용이 일어나 잠이 들게 되고, 아침이 되어 태양 빛이 비추면 반사적으로 수면 상태에서 깨어나 무방비의 위험 상태로부터 벗어날 수 있도록 진화해 왔던 것이다.

수면의 규칙성

그렇다면 해가 밝게 떠올라서 날이 환하게 밝아져야지만 사람과 동물들이 잠에서 깨어나는가? 그렇지 않다는 것을 우리는 잘 알고 있다. 여름에는 해가 길어지고, 밤은 짧아진다. 반대로 겨울에는 낮이 짧아지고 밤이 길어진다. 그럼에도 불구하고 우리 인간을 포함한 대부분의 동물들은 밤낮의 길이에 관계없이 약간의 차이는 있지만 매일 매일 거의 같은 아침 시간에 잠에서 깨어나고 저녁에 잠을 이룬다. 그리고 아침이 되었지만 날이 흐려서 하늘이 캄캄한 경우에도 거의 같은 시간에 규칙적으로 잠에서 깨어난다. 또한 전날 밤에 늦게 잠들었을 경우에도 특별한 경우를 제외하고는 평소와 마찬가지로 대부분 아침이 되면 비슷한 시간에 눈을 뜬다.

이렇게 아침에 잠에서 깨어나 눈을 뜨는 것은 단순히 밝음과 어둠의 문제가 아니다. 해가 보이든 보이지 않든, 밝기에 관계없이 아침이 되면 어김없이 잠에서 깨어나는 것이다. 마치 우리 몸속에 알람 시계가 있는 것처럼, 밤낮의 길이나 밝음과 어둠에 관계없이 규칙적인 주기에 따라 잠에서 깨어난다. 이와 같이 우리의 수면은 거의 정확하게 하루 24시간 주기에 맞춰져 있으며, 변함없이 매일 반복된다.

자연과의 동기화

그렇다면 지구상의 생명체들은 어떻게 밤과 낮의 변화에 따라 자신의 의지와 무관하게 생리적 주기성을 보이게 되었을까? 태양계가 형성된 이후로 지구는 태양 주위를 무한한 시간 동안 공전하였고 또한 스스로 자전하였다. 이러한 자전과 공전의 결과로 지구에서는 낮과 밤이 생기고 계절의 변화 등 주기적인 환경 변화가 나타난다. 밤에는 어둡고, 기온이 떨어지며, 낮에는 밝고, 기온이 상승한다. 여름에는 덥고, 겨울에는 춥다. 이처럼 지구의 자전과 공전은 지구 상의 모든 환경 변화의 근본적인 원인인 것이다. 특히 지구의 자전으로 인해 태양이 동쪽에서 떠올랐다가 서쪽으로 지면서 밤과 낮이 생기는 현상은 규칙적이고 무한히 반복되므로, 지구 상에 출현한 모든 생명체들은 지구라는 몸체에서 생활을 영위하면서 태양의 뜨고 지는 주기 속에 필연적으로 노출될 수밖에 없다.

세월이 흐르면서 태양의 주기로 인해 형성된 자연의 리듬은 생명체들의 몸속에 점차 스며들어 그들의 생활 양상을 포함한 대부분의 속성을 결정하는데 있어서 근본적인 지침 역할을 하였다. 따라서, 변화되는 환경에 능동적으로 대처한 종들은 생존의 효율성을 높일 수 있어 살아남아 번성하였고, 대처하지 못한 종들은 자연스럽게 도태되었다. 살아남은 종들 역시 주위 환경에 더욱 더 적극적으로 적응하여 진화함으로서 생존과 번식에 좀 더 유리한 조건들을 갖추어 나갔다.

이처럼 오랜 세월에 걸쳐 생체 내에 형성된 이들 리듬은 자연스럽게 계속해서 후대로 이어지면서 점차 더 진화되어 갔다. 이들 생명체의 내면에 각인된 자연의 리듬은 그들의 생체 내부에서 시간에 따라 다양한 생리 현상을 조절하였으며, 이렇게 형성된 생리 현상들을 통하여 외부 환경의 다양한 변화에 대해서 생존과 번식에 효율적인 적절한 대처가 가능해지게 된 것이다. 생명체들은 한 걸음 더 나아가서 규칙적으로 변화하는 자연 환경과 주위 생태계의 상태를 예측하여 그에 적합하게 조정되고 최적화 되었다. 따라서 규칙적인 리듬의 신체 생리 현상들이 적시에 발현됨으로써, 주기적으로 변화하는 환경에 대해 시기 적절하게 효율적인 방법으로 대처가 가능하게 되었다.

생명체의 적응

대부분의 생명체들은 다양한 신체 기관들의 활동을 기반으로 유지되며, 모든 신체 기관들은 특정한 생체 패턴을 근본 작동 원칙으로 삼아 작동된다. 이들 생체 패턴들은 지구의 자전 주기에 의해 만들어진 24시간 주기에 맞추어 동기화된 것들이다. 이처럼 인간을 포함한 모든 생명체들은 지구 자전과 공전을 통한 자연 환경의 변화에 맞추어 적응하면서 진화해 왔으며, 특히 지구 자전에 따른 순환적인 자연 현상에 근본적으로 적응함으로써, 환경의 변화로 인해 예측되는 위험 상황에 대비하는 본능적인 생체 기능들을 발달시켰고, 이를 통해 생존 가능성을 높일 수 있었다. 하루 동안 지구 자전으로 인해 온도, 빛, 습도 등 외부 환경이 계속해서 변하는 것에 대응하여, 생명체들은 자연스럽게 24시간 주기를 가진 신체 리듬을 형성한 것이다.

이러한 생명체가 가지고 있는 24시간 신체 리듬은 생명체들이 그들의 생존과 번식을 이루는데 있어서 예측되는 위험에는 대비하고, 다가오는 유리한 기회는 포착하는데 대단히 중요한 기전이다. 이렇게 자연의 근본 시간 단위인 하루를 생체 내에 동기화함으로써, 생명체들은 규칙적인 신체 리듬을 통해 생존 본능을 달성할 수 있게 된다. 또한, 이처럼 형성된 생명체들의 24시간 주기는 그 원인이 된 지구 자전에 의해 형성된 자연의 24시간 주기와 완전하게 일치하게 되어, 자연스럽게 그 한 주기를 중심으로 인류를 포함한 모든 생명체들의 일상이 완성된 것이다. 그 결과, 인류는 이 24시간 주기를 '하루'라는 근본 시간 단위로 자연스럽게 개념화할 수 있었다.

생체 리듬

인간뿐만 아니라 지구상에 존재하는 모든 동물과 식물, 균류, 박테리아 같은 미생물을 포함한 모든 생명체들이 지구의 기본적 질서인 낮과 밤이 교대하는 하루라는 환경의 변화에 주도적으로 적응하였으며, 이에 순응하여 진화하였다. 따라서 이처럼 반복되는 한 쌍의 밤과 낮으로 이루어진 하루는 우리 인류뿐만 아니라, 모든 생명체들에게도 생활의 근간이 되는 시간의 기본 단위가 되었다. 그리고 낮과 밤이라는 기본적인 질서의 틀 안에서 확실하게 예측 가능하게 닥쳐오는 환경 변화에 적절하게 대응하기 위해서 정교한 신체의 시간 장치인 '생체 리듬' 시스템이 만들어지게 되었다. 이 생체 리듬을 통해 모든 생명체는 지능이 있고 없음이나, 높고 낮음에 관계없이 하루 24시간 주기의 생리학적, 행동학적 현상을 나타낸다. 이 '생체 리듬'은 시간이 흐르면서 진화적으로 더욱더 발달하며 생명체의 확실한 근간 시스템으로 자리잡게 되었다.

대부분의 생명체는 복잡하고 다양한 생명 현상들을 보이는데, 그 복잡하고 다양한 생명 현상들을 분석해 보면, 대체로 발생과 관계된 현상이거나, 생리적 현상, 대사 현상, 행동 현상 등으로 구분할 수 있다. 그런데 이 현상들은 생명체 내에서 항상성(homeostasis)을 유지하려는 경향을 가지고 있으며, 또한 다양한 형태의 주기적인 특성을 나타낸다. 생명체에서 공통적으로 관찰되는 이러한 주기성을 보이는 원초적인 성질을 통털어서 '생체 리듬(biological rhythm)'이라 정의할 수 있다. 생체 리듬 중에서도 대표적이고 근본이 되는 생체 리듬은 대체로 24시간을 주기로 하여 생화학적, 생리학적, 행동학적 일관성을 보이는 일주기(日週期) 생체 리듬(하루 주기 생체 리듬, Circadian rhythm) 현상이다. 일주기 생체 리듬을 의미하는 Circadian rhythm이란 말의 어원을 살펴보면, Circadian이란 라틴어 Circa (about)와 dies (days)가 합쳐진 말로서 "하루 정도"라는 의미이다.

이 일주기 생체 리듬을 바탕으로, 대부분의 생명체는 낮과 밤으로 이루어진 하루에 자연스럽게 적응하여 자연 변화와 조화를 이룬다. 생명체들은 각각 개체 전체로서 통합적인 생체 리듬을 가지고 있을 뿐만 아니라, 그 생명체 개체를 구성하는 각각의 세포들 역시 독자적인 생체 시계를 가지고 있다. 그리고, 이 세포들이 자신들 각자의 시계 리듬에 따라 세포 자체에 예정되어 있는 일을 함으로써, 궁극적으로 생명체 개체 전체로서의 통합적인 생체 리듬에 기여하게 된다. 이러한 일주기 생체 리듬은 밤낮으로 이루어진 규칙적인 하루 환경의 변화에 생명체가 막연히 생리적으로 반응함으로써 나타나는 현상이 아니라, 일련의 유전자에 기반하여 발현되는 내재적인 기전이라는 것이 밝혀졌는데, 이러한 유전자 기반의 내재적인 기전을 '일주기 생체 시계(circadian clock)'라고 한다.

이제 모든 생명체에 태생적으로 존재하며 삶의 패턴을 주도하는 생체 리듬에 대해서 자세히 고찰해 보기로 하겠다.

생체 리듬 연구에 대한 역사

생체 리듬과 관련된 최초의 자료는 약 2,300년 전, 알렉산더 대왕의 인도 원정 당시 서기로 종군했던 안드로스테네스의 기록이다. 그는 기록을 통해 열대 콩과 식물인 타마린드(tamarind)의 잎이 아침이 되면 펴지고, 저녁이 되면 오무라든다는 관찰 내용을 최초로 남겼다.

우리 신체에 내재되어 있는 시간 감각을 만들어 내는 생체 리듬과 관련된 연구를 한 역사는 그리 오래되지 않았다. 1600년경 이탈리아의 산토리오 산토리오(Santorio Santorio, 1561~1636)라는 의사는 몸무게가 왜 섭취한 음식 무게만큼 늘어나지 않는지 알아보기 위해 흥미로운 실험을 하였다.

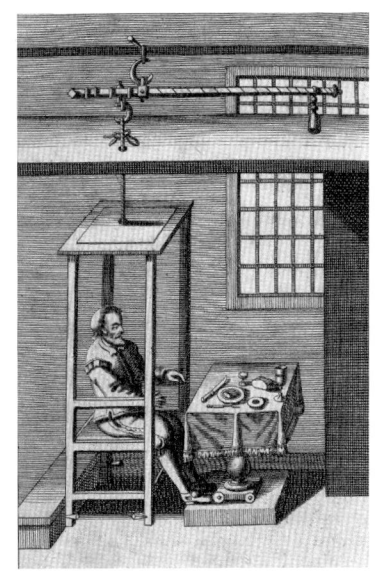

그림과 같이 의자가 달려 있는 커다란 저울을 만들었는데, 저울의 한쪽에는 의자가 있는 네모난 박스가 있고 반대편에는 네모난 박스의 무게와 동일한 무게의 추를 달아 전체적으로 수평을 유지시킨 장치였다. 산토리오 교수는 본인 스스로 피실험자가 되어 저울 안에 있는 의자에 앉아 식사를 하였고, 대소변을 해결했다. 그는 이 장치에 내장된 저울을 통해 식사를 마치거나 대소변 후에 곧바로 몸무게를 측정한 다음, 무게 차이를 비교 분석하였다. 그 결과 사람이 먹은 음식이 대부분 대변, 소변을 통해 빠져 나가지만, 그 외에도 보이지 않는 경로가 있다는 것을 발견하고 그 사실을 발표하였다. 또한, 하루 중에도 체중 변화가 나타나는데, 아침에는 체중이 가볍고 밤에는 무거워지며, 한 달 주기 내에서도 체중이 규칙적으로 변화한다는 사실을 발견하였다. 그가 의도한 바는 아니었지만 그의 실험 결과는 신체 리듬과 관련된 내용을 포함하고 있었다.

1729년, 프랑스 천문학자였던 장 자크 도르투 드 메랑(Jean-Jacques d'Ortous de Mairan)은 우연히 창가에 있는 미모사(Mimosa pudica)라는 식물을 관찰하게 되었는데, 미모사의 잎이 햇빛이 있는 낮에는 펴지고 밤이 되면 축 늘어지는 현상을 발견하였다. 대부분의 식물에서도 주간과 야간 사이에 수면 운동을 관찰할 수 있는데, 미모사가 낮에는 잎을 활짝 벌리고 밤이면 잎이 좌우로 접히는 뚜렷한 수면 운동을 보였던 것이다. 드 메랑은 이 현상이 태양빛과 관련이 있을 것이라고 생각하고 미모사를 며칠 동안 빛이 없는 어두운 캐비닛 속에 넣고 관찰하였다. 그런데 미모사의 잎은 태양빛이 없는 어두운 캐비넷 속에서도 변함없이 아침이 되면 활짝 펴지고, 밤에는 접히는 현상을 보였다. 드 메랑은 이 실험을 통해 식물 자체가 시간 감각을 가지고 있다고 생각하였다.

이 결과를 친구인 마르샹에게 설명하자 마르샹이 결과를 정리하여 학회에 발표하라고 제안하였지만, 그 당시 드 메랑은 천문학자로서 북극의 오로라 광에 대한 연구에 바빴기 때문에 그 제안을 따르지 못했다. 후에 친구 마르샹이 '식물의 관찰'이라는 보고서를 통해 이 내용을 발표함으로서 학계에 알려지게 되었으며, 이 현상은 '드 메랑 현상'이라고 불리게 되었다. 드 메랑은 평생 천문학에 몸 바친 천문학자였지만, 그의 의지와는 관계없이 천문학자로서 알려지기 보다는 생체 리듬의 선구자로서 역사에 길이 남게 되었다.

그렇지만 그 이후에도 미모사가 어떻게 햇빛 없이 낮과 밤을 구분할 수 있는지에 대한 근본적인 의문은 오랫동안 풀리지 않았으며, 그 현상을 생체 리듬이라는 개념으로 발전시키지도 못했다. 드 메랑의 실험으로부터 30년 후 프랑스의 식물학자 앙리 루이 뒤아멜이 드 메랑의 실험 결과를 다시 확인하기로 하였다. 그는 드 메랑이 발견한 미모사의 잎 운동이 온도 변화에 따른 반응일지도 모른다고 생각하고 어둠과 온도가 항상 일정하게 유지되는 소금 광산에서 미모사를 관찰하였다. 실험을 통해 그는 미모사의 움직임이 광선이나 기온차에 의한 것도 아니라는 것을 드 메랑과 똑같이 확인하였다.

한 세기 후에 스위스의 박물학자 드 캉돌(Augustin Pyramus de Candolle, 1778~1841)과 페퍼(Pfeffer, 1845~1920)를 비롯한 많은 학자들도 미모사의 잎이 24시간을 주기로 수면 운동을 보일 뿐만 아니라, 지속적으로 빛이 없는 어두운 환경에 놓아 두어도 변함없이 24시간 주기를 보인다는 점을 다시 확인하였다. 이와 같은 주기성은 생체에 내장된 생체 시계의 개념을 도입하지 않으면 설명할 방법이 없었다.

드 캉돌은 발상을 전환하여 드 메랑의 실험과는 정반대로 24시간 계속 빛을 비춰주는 환경에 식물을 노출시켜 보았는데, 이 경우에도 잎의 수면 운동이 대략 22~23시간 주기로 나타났다. 다시 조명을 불규칙적으로 조절하여 식물을 혼란스럽게 만든 조건에서도, 20시간~28시간의 주기를 보이는 수면 운동을 보였다. 미모사는 주위 조명 조건과 무관하게 대체로 지구의 자전 주기인 24시간에 가까운 주기를 유지하고 있는 것이다. 마지막으로 자연광처럼 강한 전등을 사용하여 식물의 밤과 낮을 자연의 주기와 정반대로 바꿔 보았다. 처음에는 식물들이 혼란스러운 반응을 보였지만, 며칠이 지나자 식물들은 새로운 인공적인 밤과 낮에 적응하여 반응하였다. 우리 인간이 시차에 적응하는 것과 같은 현상을 보인 것이다.

유글레나는 연못에 초록색으로 떠다니는 단세포 생물로서 10억년 이상 지구에 서식하고 있는 아주 원시적인 생물이다. 유글레나는 광합성을 하므로 식물적 성질을 가지고 있지만, 계통수에 있어서는 동물계에 위치한다. 유글레라는 하천이 바다에 유입되는 지점에 서식하는데, 썰물이 들어오면 수면으로 올라와 하천이 녹색으로 빛난다. 그러다가 밀물 때가 되면 감쪽같이 사라진다. 밀물에 씻겨 내려가지 않기 위해서 하천 바닥의 진흙에 몸을 묻기 때문이다.

그렇다면 이 원시 생물이 밀물과 썰물을 감지하는 능력이 있는 것일까? 유글레나를 약간의 진흙과 함께 유리컵에 담아 실험실에 놓아두었더니, 6시간 주기로 떠올랐다가 밑으로 가라앉기를 반복하였다. 유글레나는 밀물과 썰물이 없는 곳에서도 주기적으로 가라앉았다 떠올랐다를 반복하고 있었다. 완전한 어둠 속에서도 미모사가 수면반응을 보이는 것처럼 유글레나도 환경에 관계없이 주기적인 움직임을 보이는 것이었다. 내부적 생체 주기를 가지고 있다는 것이다. 이처럼 하찮은 생명체 내에도 생물학적 시계가 존재하고 있다.

계속해서 여러 표본들을 이용하여 적극적으로 생체 리듬에 대한 연구들이 이루어졌다. 그중에는 감자를 이용한 연구 사례도 있다. 감자가 산소를 소비하는 정도를 측정하고 그 신진대사율을 계산하여 생체 리듬 여부를 판별하는 실험이었다. 먼저 실험에 쓰일 감자에서 싹 눈을 모두 제거하고, 기온, 기압, 습도, 일조량 등 외부의 환경으로부터 완전히 차단된 실험실 컨테이너에 격리시키고 산소 소비 정도의 변화를 관찰하였다. 놀랍게도 이 감자들은 자연 환경에 그대로 노출되어 있던 일반 다른 감자들과 똑같이 산소를 소비하는 리듬 주기를 보이고 있었다. 외부 환경과 완전히 차단되어 태양의 변화를 감지하지 못함에도 불구하고, 매일같이 오전 7시, 정오, 오후 6시에 산소를 가장 많이 소비하였으며, 태양이 지고 밤이 되면 산소 소비량이 가장 적은 수준으로 떨어졌다. 연중 변화도 뚜렷하게 보였는데, 여름이면 정오 때의 최대치가 줄어들었으며, 겨울이면 증가했다. 환경으로부터 완전히 격리된 상태에서도 감자는 하루 중 어느 때인지, 1년 중 어느 계절인지 정확히 감지하고 있었던 것이다.

1930년대에 독일의 과학자 에르빈 뷔닝은 강낭콩의 잎 운동이 어둠 속에서도 항상 24.4시간 주기로 반복된다는 것을 발견하였다. 또한 뷔닝은 어둠이나 빛이 일정하게 계속 유지되는 항상성 조건하에서도, 생체의 일간 주기가 정확하게 24시간이 되지는 않더라도, 24시간에 가깝다는 것도 발견하였다. 이와같이 어둠이나 빛이 변하지 않고 계속되는 환경, 즉, 똑같은 환경 상태가 지속적으로 유지되는 조건에서 생명체가 보여주는 일간 패턴을 '자유 가동 (free-running)리듬'이라고 하는데, 이 리듬은 선천적인 것으로 생명체 유전자의 게놈에 영구히 보전되어 있다.

일주기 생체 리듬에 대한 연구는 동물에서도 이루어졌다. 1970년대 초, 당시 대학원생이었던 론 코노프카는 초파리를 이용하여 생체 리듬에 대한 연구를 시작하였다. 그는 초파리의 우화에 관한 실험을 하였다. 우화란 번데기에서 성충이 되는 과정을 말한다. 초파리는 규칙적인 일(日)주기 생체 리듬을 가지고 있다. 초파리는 새벽에 번데기 상태에서 날개를 펴고 우화하고, 해가 뜨면 활동을 시작하다가 해가 지면 움직임을 멈추고 조용해진다. 빛이 없는 어두운 곳에서도 마찬가지로 새벽에 번데기 상태에서 우화한 다음 똑같이 행동하였다.

론 코노프는 정상적인 생체 리듬을 가지고 있지 않은 돌연변이 초파리를 찾아낸 다음, 그 돌연변이 상태의 생체 리듬이 후대로 계속 이어지는지 확인하기로 하였다. 생명체의 시간 감각이 유전자에 새겨져 있는지 증명하는 것이 이 실험의 목적이었다. 코노프카는 2,000마리의 초파리를 대상으로 200번 넘는 실험 끝에 3마리의 돌연변이 초파리를 찾아내었다. 이 돌연변이 초파리들은 주기성이 없이 밤낮에 관계없이 아무 때나 우화하였다. 이 돌연변이 초파리들을 번식시키자 그 후손들 역시 생체 리듬의 정상적인 주기성을 보이지 않았다. 마침내 이 실험을 통해서 생체 리듬이 생명체 안의 유전자에 의해서 발현된다는 사실이 증명되었다.

바퀴벌레에 대한 생체 리듬 연구 사례도 있다. 바퀴벌레는 대체로 매일 어둠이 시작된 후 2~3시간 동안 활동을 하는 속성이 있다. 12시간은 불을 켜고 12시간은 불을 끈 상태로 바퀴벌레를 지내게 하였다. 불을 끄고 어두워지자 바퀴벌레는 즉시 활동하기 시작하였고 얼마 후가 되자 잠잠해졌다. 이런 현상은 바퀴벌레가 빛에 대해 단순 반응하는 것처럼 보였으며, 그다지 흥미로운 내용은 아니었다. 그런데 바퀴벌레를 24시간 동안 계속 어둠 속에서 지내게 하였는데도 바퀴벌레는 낮과 밤이 구분되었을 때와 똑같은 시간에 똑같은 활동을 보였다. 즉 빛이 계속해서 차단된 환경에서도 바퀴벌레는 약 24시간 주기의 생체 리듬을 보였던 것이다. 그렇지만 이때의 바퀴벌레의 주기는 24시간이 아니었고 24.5시간에 가까웠다. 즉 24시간 동안 계속해서 어둠 속에 있었을 때에는 그들의 활동이 30분 가량 늦어졌던 것이다. 그리고 바퀴벌레를 자연적인 주기의 외부 환경으로 다시 복원 시키자, 그들의 리듬도 약 24시간 주기의 원상으로 회복되는 것을 실험을 통해 확인하였다.

시라큐스 대학의 신경학 교수인 로버트 발로 2세는 투구게 리물루스를 관찰하였다. 리물루스는 3억 5,000만년 전부터 존재했던 생물체로서 낱눈이라는 약 1,000개의 광 수용체로 이루어진 눈을 가지고 있다. 리물루스의 광 수용체는 사람의 시각 세포보다 100배 정도 크기 때문에 눈에 대한 연구에 있어서 큰 장점을 가지고 있다. 투구게의 눈은 일간 생체 주기에 따라 감도가 달라진다. 24시간의 주기로 빛에 대한 감도가 변하는데, 밤이 되면 눈의 감도가 100만 배까지 강해진다. 투구게는 꼬리에 붙어 있는 강력한 광 수용체 세포를 통해서 빛을 감지하여 일간 주기 시계를 낮과 밤의 실제 주기와 일치시키는 것이다. 이를 바탕으로 발로의 연구팀은 투구게의 뇌에서 눈으로 전달되는 일간 주기 리듬의 신경 신호 시계가 있음을 증명했다.

바닷속 생물체의 생활 주기는 태양의 빛보다 조수간만에 의해 좌우된다고 한다. 그런데 조수는 태양과 관련이 없고, 달의 궤도와 밀접한 관련이 있다. 물론 달과 조수의 주기 역시 대략 24시간의 주기를 가지고 있다. 굴(oyster)에 대한 연구 사례가 있다. 굴은 파도가 낮을 때보다 높을 때, 더 오랜 시간 입을 벌린다. 조수가 바뀌면서 바닷물이 가져다 주는 신선한 영양분을 섭취하기 위해서라고 한다. 굴의 이와 같은 특성을 이용하여 1950년대 초에 굴에 대한 실험이 이루어졌다.

미국 코네티컷 주(State of Connecticut : 동부에 위치)의 뉴 헤이번 항에서 굴을 채취하여 일리노이 주(State of Illinois : 중서부에 위치) 에번스턴의 노스웨스턴 대학으로 가져갔다. 굴은 빛이 완전히 차단된 상태에서 그들이 살았던 항구의 물에 여전히 담겨져 있었다. 굴은 서쪽으로 수 천 킬로 미터 이상 이동하여 시간대도 크게 차이가 나는 지역으로 옮겨졌음에도 불구하고, 고향 항구에 있었을 때와 똑같은 시각에 입을 여닫곤 하였다. 그 시각은 옮겨간 일리노이 주 에번스턴의 바다에서 계속 살고 있던 굴들이 입을 여닫는 시각과는 전혀 다른 시각이었다. 그러다 이주한 지 2주쯤 지나자 변화가 나타나기 시작하여, 날이 갈수록 입을 최대로 벌리는 시각이 조금씩 달라졌다.

4주가 지나자 그 굴은 원래부터 일리노이 주 에번스턴의 바다에서 살고 있던 굴과 마찬가지로 에번스턴의 조수 주기에 맞추어, 입을 여닫는 주기가 점차 조정되어 안정되었다. 그후 계속된 관찰 결과, 굴은 새로 형성된 주기를 계속 유지하였다. 이는 굴이 뉴 헤이번 항에서 에번스턴의 노스웨스턴 대학으로 이사하면서 자신의 삶의 리듬을 에번스턴에서 떠오르는 달의 궤도와 조수에 서서히 적응한 것처럼 보였다. 이 하등 동물이 대체 어떻게 연구소의 밀폐된 환경에서 보이지도 않는 달의 존재를 실제로 느끼는 것처럼 반응하였을까?

초파리를 통한 연구들도 계속 이어져 활발히 진행되었는데, 한 연구 사례에서는 24시간 동안 계속해서 밝은 빛이 유지되는 비주기적 환경에서도 초파리의 일주기 생체 리듬이 700세대에 걸쳐 유지되는 것을 확인하였다. 에르빈 뷔닝(Erwin Bünning, 1906~1990; 독일의 생물학자)은 초파리에 관한 수많은 실험을 통하여 내부 생체 시계가 어떻게 작동하는지에 대한 가설의 뼈대를 세우는데 있어서 주도적인 역할을 하였다. 영국 태생의 생물학자 콜린 피텐드리도 뷔닝처럼 일간 주기를 연구했다. 초파리를 이용한 그의 연구에서 초파리의 자유가동 리듬은 정확히 24시간이 아니었다. 이처럼 생물의 시계 주기는 종에 따라서 22시간에서 28시간까지 다양하게 나타나지만, 이들 다양한 주기들은 일출이나 일몰과 같은 특정한 외부 신호에 의해서 매일 재 조정되어 외부 환경의 24시간 체제에 동기화된다.

많은 연구 결과들을 토대로 생체 내의 시계가 핵심적인 역할을 한다는 결론에 도달하였고, 그 시계가 있는 신체 부위를 찾으려는 시도가 시작되었다. 동물 시간 생물학의 아버지로 불리는 리히터는 외부 환경으로부터 완전히 차단된 공간에서 쥐들의 움직임과 먹이와 물을 먹는 시간, 먹이와 물의 섭취, 배설 등을 관찰하였다. 이 관찰을 통해 쥐의 자발적 행동에 리듬이 있다는 것을 알아내었다. 그런데 이 리듬들은 자극과 반응의 이론으로 모두 설명될 수 없었다.

리히터는 동물이나 식물을 포함한 생명체들이 특정 행동을 하는 시간을 결정하는 것은 생체 내의 시계가 핵심적인 역할을 한다는 결론에 도달했다.

그는 많은 실험을 통해 그 시계가 있는 곳이 뇌라는 사실을 확인했고, 정확히 뇌 속 어느 부위인지 찾으려고 노력했다. 쥐의 두뇌 중 여러 부위에 손상을 주고 쥐의 일 주기 리듬의 변화를 살펴보았다. 드디어 쥐에서 생체 시계가 있을 것으로 생각되는 장소를 찾아냈다. 그곳은 체중, 분비물, 체온, 생식 등에 관여하는 두뇌의 시상 하부 영역이었다.

1972년, 무어와 아이힐러의 시카고 대학과 스티븐과 주커가 이끄는 버클리 연구 팀이 생체 시계의 정확한 위치를 발견하였다. 그 장소는 시신경교차 상핵 SCN(SupraChiasmatic Nucleus)이라고 불리는 두뇌의 조그만 영역이다.

시신경교차 상핵

우리 뇌의 앞 부분에 좌우 시신경이 교차하는 곳 바로 위에 시상 하부가 있는데, 여기에 작은 핵이 존재한다. 이 핵을 시신경교차 상핵(suprachiasmatic nucleus, SCN;)이라고 한다. 시신경교차 상핵(SCN)은 약 2만 개의 신경 세포로 구

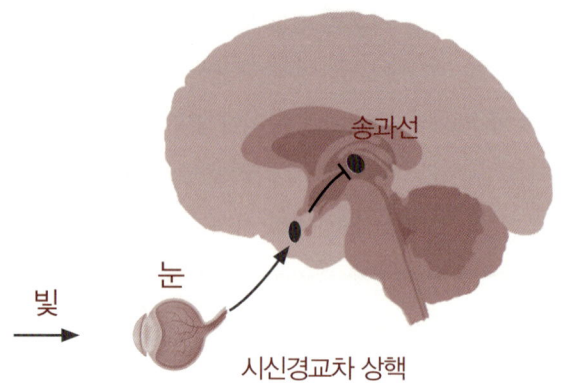

성되어 있다. 이 곳은 양쪽 눈의 시 신경이 두뇌에 들어가서 교차되는 시신경교차 (Optic Chiasm)의 바로 윗부분에 위치한다. 이 시신경교차 상핵(SCN)은 눈의 망막 조직에서 전해지는 정보를 맨 처음으로 받아들이는 두뇌의 영역에 해당한다.

그렇다면 생체 시계로 작용하는 시신경교차 상핵은 어떤 기전을 통해서 정확히 하루를 24시간으로 하는 생체 리듬을 유지하는 것일까? 다양한 연구 결과, 인체의 시신경교차 상핵에 존재하는 생체 시계는 하루가 정확히 24시간이 아니고, 24.3시간이 조금 넘는 주기로 설정되어 있는 것으로 밝혀졌다. 그럼에도 불구하고, 우리는 하루를 24시간의 리듬으로 생활하고 있다. 그 이유는 시신경교차 상핵에 존재하는 생체 시계가 외부의 요인들에 의해 수시로 24시간으로 적절하게 조정되고 있기 때문이다.

우리 눈의 망막에는 사물을 인식하는 시각에 관여하는 일반적인 광수용 세포뿐만 아니라, 빛 자체만을 예민하게 감지하는 신경절 세포(photosensitive ganglion cells)도 포함하고 있다. 신경절 세포들에는 멜라놉신(melanopsin)이라고 불리는 요소가 포함되어 있는데, 빛에 의해 자극을 받으면 활성화된다.

이렇게 빛의 자극에 의해 활성화된 신경절 세포에서 발생한 전기 신호는 시신경을 따라 망막시상 하부로(retinohypothalamic tract, RHT)를 거쳐 시신경교차 상핵으로 전달된다.

빛의 자극이 없는 상태에서는 생체 시계를 관장하는 시신경교차 상핵에 원래 설정되어 있는 하루 24.3시간 주기의 리듬을 따른다. 그렇지만, 우리 신체, 특히 망막 신경은 일상적인 환경에서 항상 빛에 의해 예민하게 반응하여 전기 신호를 발생시켜 시신경을 통해 전달하기 때문에, 생체 시계를 관장하는 시신경교차 상핵은 시신경을 통해 새롭게 전달받은 빛에 대한 신호를 참조하여 생체 리듬을 24시간으로 새롭게 재조정하게 되는 것이다. 즉 시신경교차 상핵은 매일같이 조금씩 변하는 낮과 밤의 길이에 대한 정보를 망막으로부터 받아들여서, 이를 근거로 자신의 생체 시계를 재조정한 후 시상 하부와 뇌하수체로 신호를 보낸다. 신호를 받은 시상 하부에 있는 송과선(pineal gland)에서는 멜라토닌을 분비하는데, 밤에 그 분비량이 최고에 도달하고 낮에는 분비량이 감소한다.

또한 시신경교차 상핵으로부터 시간에 대한 정보를 받은 시상 하부나 뇌하수체는 다시 뇌의 다른 부분이나 체내 장기 등에 신호를 보내고, 그 신호가 순차적으로 말단 세포까지 전달되어 우리 생체 전반에 걸친 시간의 동기화를 이끌어냄으로써 통일되고 일사불란한 시간 감각을 완성하게 된다. 이처럼 빛은 생체 시계를 조정하는 가장 중요한 외부 요인이지만, 낮과 밤의 길이와 계절, 기온과 같은 다른 환경적 인자들과 일과 가족, 식사 등과 같은 사회적 인자들도 생체 시계의 재조정에 영향을 끼치는 중요 요인들이다.

시신경교차 상핵에 위치한 생체 시계를 근간으로 하루 24시간 동안 인간의 신체는 낮과 밤, 밝고 어두움의 주기에 맞추어 활동과 휴식을 되풀이한다. 혈액속의 각종 호르몬 양도 시간에 따라 변한다. 성장 호르몬과 최유 호르몬(프로락틴, 젖을 분비하게 하는 호르몬)은 수면 시간에는 늘어나고 낮에는 줄어드는 경향을 보이지만, 스트레스 호르몬인 스테로이드나 카테콜아민은 활동하기 직전인 오전 중에 가장 높다. 시신경교차 상핵이 파괴되면 신체의 리듬도 사라지게 된다는 사실이 밝혀진 것은 1970년대이다. 시신경교차 상핵이 제 기능을 하지 못하면 규칙적인 수면과 기상에 관련된 리듬이 완전히 사라지게 된다.

인간의 생체 리듬 연구

사람들의 능률과 각성 상태는 하루 중에서도 같지 않고 변한다고 느끼는데, 1930년대에 세계적으로 수면 연구 분야의 개척자로 인정 받고 있는 너새니얼 클라이트먼이 이 분야에 대해 처음으로 과학적인 연구를 실시하였다. 1938년 그는 그의 조수 브루스 리처드슨과 함께 외부의 자극으로부터 완전히 차단된 켄터키 주의 지하 400 미터 깊이의 매머드 동굴에서 한 달 간 생활하면서 체온을 측정하였다. 실험을 통해 체온이 하루 단위로 규칙적인 변동을 한다는 것을 발견함으로써, 24시간 리듬의 생체 시계가 인체 내에 존재함을 입증하였다. 또한, 일의 능률은 체온이 가장 높을 때 최고점에 도달한다는 사실을 알아냈다.

1960년대 초에 과학자들은 야간 근무로 인해 발생되는 많은 증상들과 건강 상의 잠재적 위험성에 관심을 가지기 시작했다. 막스 플랑크 행동 생리학 연구소의 교수였던 위르겐 아쇼프는 뮌헨의 한 병원 밑의 지하실에 전형적인 '자유 가동 환경'을 만들고 생활을 하면서 실험을 하였다. 이 실험을 통해 인간도 시간을 인식할 수 있는 외부의 모든 조건을 차단하였을 경우에, 인체에 내재되어 있는 자유가동 리듬을 보인다는 사실을 확인하였다.

1962년 7월 16일, 프랑스의 지질 학자 미셸 시프레는 외부 환경으로부터 완전히 차단된 깜깜한 지하 130 미터 깊이의 알프스의 한 동굴에서 두 달(60일) 동안 생활하는 실험을 했다. 이 동굴은 밤낮의 변화를 전혀 알 수 없는 공간으로 시프레는 대부분의 시간을 완전한 어둠 속에서 생활하였다. 바깥 세계와 접촉할 수 있는 유일한 수단은 전화였다.

시프레는 자신이 기상을 한 시간이 언제라고 생각되는지, 잠자리에 들었다고 생각되는 시간이 언제쯤이라고 생각되는지, 그리고 어느 정도의 시간 동안 식사를 하였다고 생각되는지를 전화를 통해 외부에 알렸다. 시간이 지나면서 시프레는 점차 시간 감각이 흐려졌으며 생활 속의 리듬을 잃어가고 있는 느낌을 받았다. 그가 잠에서 깨어나 아침을 먹기까지 10분 정도 걸렸다고 생각했지만 사실은 30분이 지났을 때도 있었으며, 한번은 점심 식사를 하고 졸려서 잠깐 잠을 잤다고 생각했는데 8시간이나 지난 경우도 있었다. 시간 감각이 없어진 상태로 생활하는 것은 대단히 힘들었다. 시프레의 유일한 즐거움은 잠자는 것 뿐이었다고 하였다. 자고 있는 것인지 깨어 있는 것인지 조차 헷갈릴 때도 많았다.

그런데 놀라운 것은 이런 혼란이 시프레의 의식 속에서만 일어났을 뿐, 그의 신체는 정확한 리듬을 보이고 있었다. 시프레의 전화를 받은 동료들은 그의 몸이 정확하게 시간의 리듬을 가지고 작동하고 있다고 여겼다. 동굴 속에서 시프레의 몸은 24시간 30분을 하루 주기로 하여 반복되었으며, 하루 중 평균 16시간 동안 깨어 있었다. 실험을 끝내기로한 날인 9월 14일이 되자 동료들이 동굴 속으로 사다리를 내리며 환호하자, 시프레는 어리둥절하였다. 그의 계산으로는 그 날은 아직 8월 20일로서, 실험이 끝나는 날인 9월 14일이라고 전혀 생각하지 않았기 때문이었다.

1989년에는 이탈리아 앙코나의 스테파니아 폴리니(Stefania Follini, 당시 27세)는 미국 뉴 멕시코 주의 로스트 동굴(Lost Cave)이라는 외딴 동굴에서 홀로 130일간 지내는 실험을 하였다. 그 굴에는 약 5개월 정도 동굴 생활을 위한 식량 및 물이 비축되어 있었으며, 동굴 생활 동안 컴퓨터를 통해서만 외부 세계와 통신할 수 있었다. 그녀는 장거리 우주 여행 시 고립 생활이 인간의 정신 및 신체에 어떤 영향을 미치는지를 연구하는 모의 시험의 자원자였다. 그녀의 본래 직업은 실내 디자이너였고, 미국 항공 우주국(NASA)의 훈련 과정을 통과한 유도 유단자로서 신체적, 정신적으로 매우 건강한 여성이었다.

실험 기간 동안 그녀는 지하의 동굴 속에서 시간을 전혀 알지 못하는 상태로 자신의 본능적 리듬에 따라 잠을 자고 생활하였다. 그녀는 동굴 생활 동안 좋아하는 요리도 하고, 책도 읽고, 그림도 그리고, 틈틈이 운동도 했다. 원래의 정상 생활에서 그녀의 하루 주기는 낮과 밤의 하루 주기인 24시간이었다. 그러나 동굴 속에서 시간을 알 수 없고 시간에 대해 생각할 필요가 없어지면서 시간 관념이 없어지자 그녀의 하루 주기는 곧 25시간으로 늘어났다. 몇 주일이 지나자 그 주기는 더 길어져 36시간에 이르렀다. 아침 6~9시에 일어나던 그녀가 몇 주 뒤엔 정오쯤에, 좀 더 시간이 흐르자 저녁 8시에 일어나게 되었다. 긴 시간을 짧게 느끼다

보니까 식사를 하는 간격도 길어져서, 50Kg이던 그녀의 체중이 실험이 끝날 무렵에는 10Kg 정도 줄었다.

감정적 변화도 동반되었다. 1시간 전에 한 일과 1달 전에 한 일을 혼동할 정도의 기억력 감퇴가 일어났고, 웃다가도 갑자기 화를 내는 등 감정의 기복이 심하게 나타났다. 실험 전에는 매우 건강한 여성이었지만, 실험을 끝내고 정상 생활로 돌아온 후에도 생리는 8개월간 멈췄고, 집중력 장애도 여전했으며, 심장과 혈압 리듬도 몇 달 동안 제자리를 찾지 못했다. 이전에 비슷한 실험에 참여했던 여성 중에는 울음이 멈추지 않거나 실험 이후 자살한 사례도 있었다고 한다. 실험 동안 일상적 리듬만이 변한 것이 아니라 시간에 대한 느낌도 크게 변화되어 있었다. 130일이 지나 실험이 끝났을 때 그녀는 80일 밖에 지나지 않은 것으로 느꼈기 때문이었다.

1999년 찰스 체이슬러는 피실험자에게 빛이 노출되는 시점을 자연 상태의 24시간 주기와 다르게 적용시키는 실험을 하였다. 인공적으로 하루를 28시간의 주기로 만들어 빛의 노출, 수면, 기상, 일, 놀이 등을 정상적인 24시간 주기의 비율로 균등하게 배분하였다. 이 실험을 통해 인간의 생체 시계의 동조 신호로서 사회적 환경이 중요한 역할을 한다는 것을 다시 한번 확인하였으며, 빛 또한 인간에게서도 동조 현상에 중요한 영향을 미친다는 사실이 증명되었다. 또한 그는 건강한 남녀노소의 호르몬과 체온을 측정한 결과, 인간의 자유 가동 일간 주기 리듬보다 짧은 24시간 11분의 일간 주기 리듬을 보이는 것도 발견하였다.

나사(NASA)의 지원 하에 케니스 라이트는 2002년에 각각 23.5일과 24시간, 24.6시간 주기로 하루를 생활하는 환경하에서 인간의 생체 리듬이 어떻게 반응하는지를 조사하였다. 그리고 수면과 연관이 있다고 알려져 있는 송과체에서 분비되는 멜라토닌의 양에 대해서 관찰하였다. 일반적으로 정상적인 24시간 주기의 낮과 밤의 환경에서는 사람들은 멜라토닌 수치가 수면 시작 2시간 전부터 상승하여 수면중에 최고점에 도달하고 한낮이 되면 최저가 된다. 하루 24시간 주기에 참여한 피실험자들은 일반적인 멜라토닌 분비 리듬을 보였다.

그러나 23.5일과 24.6시간 주기에 참여한 피실험자들은 비정상적인 멜라토닌 분비 리듬을 보였다. 깨어 있는 상태에서 높은 수치가 나타나기도 하고 휴식을 취할 때 수치가 낮게 나오는 경우도 빈번하게 나타났다. 이로 인해 피실험자들은 예정된 시간에 잠을 자기가 힘들었다고 한다. 이와 같은 멜라토닌 분비 사이클의 문제는 시차 문제로 나타나며, 야간 작업을 하는 사람들에게서도 나타난다.

많은 실험을 통해서 생체 리듬은 사람마다 각각 조금씩 다르며, 그들 각자가 유전적으로 가지고 있는 생체 주기에 따라 생체 리듬이 작동된다는 주장이 증명되었다.

수면과 각성

일반적으로 동물이나 사람이 잠이 들면 특정한 자세를 취하고 움직이지 않으며 외부 자극에 대한 반응이 약하기 때문에, 우리는 이 상태를 수면 상태라고 판단할 수 있다. 대부분의 사람들은 수면이 단순히 낮 시간 동안 쌓인 피로를 회복시키는 것으로 생각하지만, 실제로는 단순히 쉬는 상태가 아니고, 생존에 필요한 기능을 체계적으로 수행할 뿐만 아니라 생체 리듬을 유지시키는 주요 기전들이 작동되는 적극적인 생체 활동이라는 것이 밝혀졌다. 게다가 수면 중에는 다양한 신경들이 유기적으로 상호 작용하여 기억력과 인지 능력이 향상된다.

반대로, 각성이란 깨어 있는 상태를 의미하며, 이때 개체는 외부 자극에 대해 생리적이고 감각적으로 반응을 한다. 각성 상태에서 인간이나 동물이 환경과의 상호작용을 통해 생존 본능을 유지하고, 위기에 대처하며, 학습과 사회적 활동을 수행할 수 있다.

수면에 대한 연구는 수면다원검사(polysomnography)로 이루어진다. 이 검사는 수면의 단계와 각성 상태를 평가하는 종합적인 검사로서, 뇌파검사(EEG, electroencephalography), 안전위도검사(electro-oculography), 근전도검사(electromyography)로 이루어져 있으며, 뇌의 활성도, 안구 운동, 근육의 긴장도를 평가할 뿐만 아니라 호흡, 맥박, 산소 포화도, 사지의 움직임 등을 객관적이고 지속적으로 평가할 수 있기 때문에 수면 평가에 매우 유용하다. 뇌파검사 상에서 뇌파는 깨어 있을 때 주파수는 높고 진폭은 좁게 나타난다. 수면이 시작되면 주파수가 감소되고 진폭이 커진다.

렘수면(REM sleep) 비렘수면(non-REM sleep)

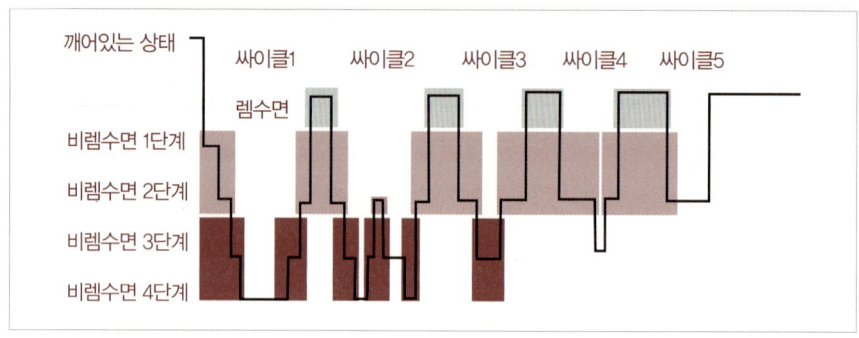

수면은 비(非)렘수면으로부터 시작되는데, 4단계의 비렘수면(non-REM sleep)과 렘수면(REM sleep) 1 단계로 구성되어 있다. 렘(REM)이란 Rapid Eye Movement 의 약자인데 빠른 안구 운동이라는 의미로, REM 수면 상태에서 나타나는 현상 중에서 가장 특징적인 눈의 현상을 수면 단계를 구분하는 명칭으로 사용한 것이다. 비렘수면은 N1, N2, N3, N4의 네 단계로 나뉘게 되는데, 단계1(N1)에서 시작되어 단계2(N2)를 지나, 잠이 든 지 약 1시간 후에 단계3(N3)에 도달하고 단계3(N3)를 거쳐 단계4(N4)에 도달하게 된다. 각 단계는 뇌파와 신체 활동의 차이를 기준으로 구분된다. 비렘수면의 N3, N4 단계는 가장 깊은 수면 상태로, 이후 다시 N2와 N1을 거쳐 렘수면 상태에 이른다. 비렘수면 상태에서는 에너지 소모가 줄어들고, 체온이 낮게 유지되며, 호흡수와 호흡량, 심박동수가 줄어들지만 규칙적으로 유지된다.

좀 더 자세하게 설명하자면, N1수면은 각성 상태에 근접한 수면 단계로, 수면 시작 후 또는 잠깐 깨기 직전에 관찰되며 전체 수면 시간의 약 2~5%를 차지한다. 이 단계에서는 느린 눈동자 움직임이 관찰된다. 뇌파에서 세타파(4~7Hz)가 증가하고, 알파파(8~13Hz)가 감소하는 것을 볼 수 있다. 이 단계는 각성 상태와

수면 사이의 경계에 있으므로 깜짝 놀라면서 쉽게 깰 수 있는 상태이다. 주로 너무 피곤하거나 불편한 자세로 잠을 자면서 쉽게 깨어나는 경우에 해당하는데, 이때 잠에서 깨어나면 잠을 자지 않은 것처럼 느끼게 된다.

N2수면은 전체 수면 시간의 약 45~55%를 차지한다. 이 단계에서는 안구 운동이 나타나지 않는다. 뇌파에서 세타파가 지속적으로 나타난다. 이 단계는 깊은 수면으로 전환하는 과정에 해당하며, 심장 박동수가 감소하고 체온도 낮아진다. 신체 근육들이 이완되기 시작하며, 두뇌 역시 사고 등의 활동들이 줄어 들면서 휴식 상태에 빠지게 된다. 일반적으로 수면의 N1수면과 N2수면의 첫 두 단계를 하나로 간주하여 얕은 수면(Light Sleep) 단계로 분류하기도 한다.

N3수면과 N4수면은 서파 수면(slow wave sleep)이라고도 하는데, 깊은 수면 상태로 분류된다. 이 단계는 신체 근육들이 극도로 이완되어 있으며 두뇌의 활동도 크게 감소되어 있는 상태로, 주로 수면 전체 시간 중 초기 1/3 구간에 집중적으로 나타나며 전체 수면 시간의 약 5~15%를 차지한다. 이 단계에서 대부분의 신체적 회복이 이루어지게 되므로, 심한 피로가 쌓인 경우 신체적 회복에 매우 중요한 역할을 한다. 또한 이 단계는 델타파(0.5~4Hz)가 지배적인 뇌파로 나타나며, 성장 호르몬의 분비와 관련되어 있으며, 외부 자극에 덜 반응하며 수면 걷기, 수면 얘기 등의 현상이 발생할 수 있다.

수면 걷기(Sleep Walking)란 수면 중에 일어나서 걷거나 다른 동작을 하지만 의식이 없는 상태를 말한다. 수면 걷기는 일반적으로 어두운 방에서 더 자주 나타날 수 있으며, 이러한 경향이 보이는 경우에는 위험에 노출될 가능성이 높으므로 주의가 필요하다. 그리고, 수면 얘기 (Sleep Talking)는 수면 중에 말을 하거나 소리를 내는 현상을 말하는데, 이때 정신은 무의식적 상태이므로 말하는 내용 대부분은 대체로 의미가 없는 말이다. 수면 얘기는 수면 중 뇌의 활동이 부분적으로 활성화되어 나타나는 현상이다.

N3수면 상태는 델타파가 20~50% 범위 내에서 관찰되고 전체 수면의 3~8%를 차지한다. 안구 운동은 관찰되지 않고 근육이 극도로 이완되어 있다. N4수면 단계는 델타파가 50% 이상을 보이고, 전체 수면의 10~15%를 차지 한다.

N1수면에서 N4수면까지 포함한 비렘수면은 전체 수면 시간의 약 75~80%를 차지하며, 깊은 수면 단계일수록 각성 상태로 깨어나기 어려우며, 깨우기 위해서는 더 강한 자극이 필요하다. 이때 잠에서 깨어나더라도 잠시 동안 정신을 차리지 못하는 경우가 많다.

　램 수면은 잠들고 약 2시간 후에 나타나며, 잠이 깨기 직전의 얕은 수면으로 꿈의 80% 정도가 이때 나타난다. 렘수면은 N1수면을 거쳐 나타나는데, 양안의 불규칙한 빠른 눈동자 움직임과 턱 근육의 저하된 근 긴장도, 뇌파는 깨어있는 각성 상태나 비렘수면 N1 단계에서의 소견과 유사하게 저진폭의 빠른 진동수를 보이지만, 근육 긴장은 크게 감소되어 있다. 렘수면 상태에서는 몸은 자고 있는 상태이지만, 뇌는 활동하고 있다. 렘수면은 꿈을 꾸는 단계로 알려져 있으며, 기억 정리, 학습 및 창의력과 관련된 뇌 활동이 활발하게 이루어진다. 이 구간에서 꿈을 꾸다가 잠에서 깨어나게 되면, 당시 꾸고 있던 꿈을 기억할 확률이 매우 높다.

	렘수면	비 렘수면
안구 운동	빠른 움직임	N1 수면시에만 느린 움직임
꿈	선명한 꿈	거의 드물고, 선명하지 않음
대뇌 활동	부분적으로 활발	전반적으로 낮음
신체 움직임	근육:느슨, 거의 움직임 없음	몸 뒤척임, 어느 정도의 움직임
호흡, 심장 박동	심장 박동수:변동	호흡, 심장 박동:적어짐
	자율 신경계:불안정	

　첫 렘수면 기간은 10분보다 짧을 수도 있지만, 마지막 렘수면은 60분 이상 지속되기도 한다. 렘수면은 수면의 후반부 마지막 1/3부분에서 집중적으로 나타난다. 렘수면시 호흡 패턴과 심박동이 매우 불규칙한 특징을 갖는다. 렘수면 기간의 이러한 불규칙한 심혈관계 기능 상태는 고 위험군의 심혈관 질환자에게서 심근경색을 일으킬 수 있는 위험 요소로 작용한다. 또한 렘수면 동안의 불규칙한 호흡 패턴 변화와 상기도의 근 긴장도의 변화로 인해 수면 무호흡증이 악화될 수 있다.

　이처럼 여러 단계의 수면 주기가 일련의 파동처럼 1-2-3-4-3-2-1-REM-1-2-3-4-3-2-1-REM의 순으로 계속 반복되어 하루 밤의 잠으로 완성되는데, 1-2-3-4-3-2-1-REM 순으로 진행되는 하나의 주기를 '수면 단위'라고 한다. 성인 인간의 평균 수면 시간은 7~8시간으로, 각 주기는 약 1.5~2시간 지속되므로, 일반적으로 사람은 하룻밤 동안 이러한 주기를 4~6회 반복한다.

각각의 수면 주기들은 서로 각각 다른 형태를 보인다. 잠이 들고 처음 나타나는 주기에서는 느린 파장의 깊은 비렘수면이 특징적으로 나타나지만, 세 번째 주기부터는 렘수면이 더 빈번하고 길게 나타난다.

각 수면 주기마다 비렘수면 단계를 거쳐 렘수면으로 진입하게 되며, 수면 시간이 길어질수록 렘수면의 비율이 늘어난다. 잠이 든 동안에 짧은 각성이 정상적으로 나타나기도 하지만 정작 잠이 든 사람은 이러한 각성 상태를 대부분 인지하지 못한다. 이와 같이 수면은 복잡하지만 매우 체계화된 생리 현상이다.

그렇다면 수면의 근본적인 목적은 무엇일까? 그 이유는 아직 알 수 없지만 건강에 필수적이라는 것은 분명하다. 수면 상태에서 혈중 호르몬 농도를 체크해보면 농도 변화를 관찰할 수 있다. 최초의 깊은 렘수면 상태에서 성장 호르몬이 다량 분비된다. 성장 호르몬은 발달 과정에 있는 아이들의 경우에는 성장을 촉진 시키지만, 어른의 경우에는 피로 회복에 중요한 역할을 한다. 수면 중에는 체온이 점차 낮아지며, 뇌나 내장의 활동도 떨어진다. 반대로 아침이 되면 다시 활동을 시작하기 위해서 몸의 온도가 서서히 올라간다. 수면의 질과 양은 건강, 특히 신체적, 정서적, 인지적 건강에 큰 영향을 미친다. 건강한 수면 패턴을 유지하기 위해서는 규칙적인 수면 습관, 적절한 실내 환경, 스트레스 관리, 카페인이나 알코올 섭취 제한 등이 중요하다.

무수면 실험

1964년 미국의 17세 랜디 가드너는 만 11일(264시간) 동안 수면을 중단하고 지내는 기록에 도전하였다. 종전의 260시간의 기록을 갱신하여 세계 신기록 수립하였는데, 그 11일 동안의 중요 변화를 다음과 같이 기록하였다.

수면 중단 2일째 ; 눈의 초점이 일정치 않다.

수면 중단 3일째 ; 기분이 잘 변한다. 토하고 싶다.

수면 중단 4일째 ; 집중력이 떨어지고, 환각이 보인다.

수면 중단 5일째 ; 불규칙하게 공상에 빠진다.

수면 중단 6일째 ; 물체를 입체적으로 보는 능력이 떨어진다.

수면 중단 7일째 ; 혀가 잘 돌아가지 않는다.

수면 중단 8일째 ; 발음이 명료하지 않다.

수면 중단 9일째 ; 생각이 단편적이다. 문장을 끝까지 말하지 못한다.

수면 중단 10일째 ; 기억이나 언어에 관한 능력이 떨어진다.

수면 중단 11일째 ; 기억이나 언어에 관한 능력이 떨어진다.

수면 중단 12일째 ; 수면 중단을 종료함

위의 경우와 같은 의도적 수면 중단 외에도 치명적인 가족성 불면증(FFT, Familial Fatal Insomnia)이란 병으로 수면 장애를 일으켜 결국 사망하게 되는 경우도 있는데, 이 질환으로 인한 신체적 변화로서 시상 부위를 포함한 뇌 영역의 퇴화, 교감 신경계의 과잉 활동, 고혈압, 발열, 떨림, 체중 감소, 내분비 계통의 혼란 등이 관찰되었다.

이상적인 수면 시간

그렇다면 인간은 어느 정도의 수면이 필요할까? 아직까지 정설은 없다. 이상적인 수면 시간이란 없지만, 잠에서 깨어나 낮 동안에 활동하면서 적절한 컨디션을 유지한다면 충분한 수면을 취했다고 할 수 있다. 사람들이 필요로 하는 수면의 양은 유전적 인자와 생활 방식, 특히 나이에 따라 달라진다. 일찍 자고 일찍 일어나는 성향이나, 늦게 자고 늦게 일어나는 성향도 마찬가지다.

사람들이 규칙적으로 6시간을 자든 10시간을 자든 관계없이 대부분 모두 같은 양의 깊은 비렘수면(100분 정도)을 한다. 매일 밤 더 많은 잠을 자는 사람들의 경우 추가된 수면의 대부분이 렘수면과 가벼운 비렘수면(단계 1이나 단계 2)이라고 한다. 따라서 잠을 적게 자는 사람들은 더 많이 자는 사람들보다 깊은 비렘수면에 더 집중한다고 말할 수 있다.

수면 시간이 불충분하면 주간에 졸림증과 피로를 쉽게 느끼고, 집중력이 떨어지고, 감정도 날카로워져 짜증과 화를 내기 쉬워진다. 이런 기간이 장기간 지속되면, 심혈관계 질환이나 정신 질환 등에 걸릴 위험이 높아진다. 그러므로 개인별 최적의 수면 시간을 파악하여 적절한 수면 시간을 유지하는 것이 매우 중요하다. 특히, 단계3에서 잠을 깨게 되면, 잠을 잔 것 같지 않게 되어 피로가 회복되지 않는다. 깊은 잠이 든 상태에서 계속해서 잠에서 깨어나는 상황이 계속되면, 수면장애로 이어질 가능성이 높아진다. 단계1이나 렘수면 상태에서 잠에서 깨어나는 것이 가장 이상적이다.

통계적으로 야간 수면이 7시간 정도인 사람들에서 사망률이 가장 낮은 것으로 나타났다. 야간 수면이 4시간 미만인 사람들에서 높은 사망률을 보였으며, 수면이 8시간 이상인 사람들은 수면이 7시간인 사람들에 비해 12 퍼센트 정도 더 높은 사망률을 보였다. 수면이 8시간 이상인 사람들에게서 사망률이 다소 높다는 것은 다소 의문의 여지가 남아 있다. 몸이 아플 경우 잠이 늘어날 수 있기 때문이다. 다시 말해서 이 경우에는 많은 잠을 잘 수밖에 없는 근본적인 기저 질환을 가지고 있다고 여겨지며, 그 질환이 수명에 영향을 미쳤다고 볼 수 있기 때문이다.

어쨌든 8시간 이상의 수면이 건강에 해롭다는 결과는 논란의 여지가 있지만, 성인에 있어서 평균 6~7시간의 야간 수면을 취하면 충분한 휴식이 된다고 볼 수 있다.

적절한 수면 시간보다 한 시간만 줄더라도 다음날 생리적 졸음이 증가한다. 매일 야간 수면이 부족하게 되면 부족한 수면이 누적되어 신체 기능이 느려지고 떨어지게 된다. 소위 수면을 '빚'지게 됨으로서 여러 신체 증상들이 나타나게 된다. 펜실베니아 대학의 데이비드 딘지스에 따르면 수면 빚을 모두 청산하려면 그동안 누적된 수면만큼 추가적인 수면이 필요할 뿐만 아니라, 신체 증상들을 원래대로 회복하고 정상적인 각성 상태를 유지하기 위해서는 추가적으로 2일에서 4일

이상의 충분한 수면이 더 필요하다고 한다. 그럼에도 불구하고, 모든 사람들에게 똑같은 수면 법칙이 적용되는 것은 아니다. 나폴레옹, 루이 14세, 처칠은 매일 밤 몇 시간밖에 자지 않고 생활하였다고 하는 반면, 아인슈타인의 경우에는 수면 시간이 10시간, 때로는 12시간 이상이었다고 한다.

윌리엄 디먼트는 수면과 각성은 수면을 증진시키는 S과정(sleep homeostatic process, process S)과 각성 상태를 유지시키는 C과정(circadian process, process C)이라는 상반된 두 메카니즘의 상호 작용에 의해 결정된다고 주장하였다. 그 메카니즘 중 하나인 C 과정의 일간 주기 리듬은 낮 동안에는 각성을 유지시키고 수면 중에는 각성에 대한 충동을 감소시킨다. 이 메카니즘은 S 과정, 즉 '항상성 수면 충동'이라는 또 다른 메카니즘과 서로 대립한다. 항상성 수면 충동이란 깨어 있는 시간이 길면 길수록 수면에 대한 욕구, 즉 수면 충동이 증가하는 기전을 의미한다.

S 과정의 수면 충동은 각성 상태를 유지시키려는 C 과정에 대항하여 낮 시간 동안에 점차 증가된다. 따라서 S 과정의 수면 압력은 잠자기 직전에 가장 크고, 충분한 수면 후에 사라진다. 밤에 충분한 수면이 이루어지면 S 과정이 감소하게 되므로, 다시 각성 주기의 C 과정이 우월해지게 된다. 이처럼 서로 대립하는 두 과정의 상호작용에 의해서 낮에는 깨어 있고, 밤에는 수면 상태에 드는 수면 주기가 완성되며, 일상적인 환경에서 큰 변함없이 규칙적으로 반복된다.

첨언하자면, 항상성 수면충동의 S 과정은 수면의 지속 시간과 강도를 유지하며, 일간 주기 리듬의 C 과정은 수면의 타이밍에 관여한다. 낮잠을 많이 자게 되면 수면 압력이 감소하게 되어 저녁에 잠들기가 어려워질 수 있다. 시신경교차 상핵이 손상된 경우에 일간 주기 리듬이 없어지게 되는데, 이 요소가 없어지더라도 항상성 충동만으로 이루어지는 비교적 짧은 수면이 연속적으로 나타난다.

나이에 따른 수면 양상

사람의 수면 형태는 연령대에 따른 특징을 보인다. 유아기로부터 청소년기까지의 시기에 가장 뚜렷한 변화가 나타난다. 수면효율은 나이가 들면서 점차 감소하는 경향을 보인다.

신생아는 하루에 16~18시간까지 잠을 자지만 한 번에 2.5~4시간 이상 계속 수면하지는 않는다. 생후 1년 동안에는 성인에 비해 2배 정도 수면을 취하는데, 이때 렘수면이 전체 수면 시간의 50%를 차지하며, 3세가 되어서야 비로소 성인의 렘수면 수준인 20~25%까지 낮아진다. 신생아의 수면 주기는 약 50~60분으로 어른의 90분에 비해 짧다. 서파 수면은 태어난 직후에는 관찰되지 않지만, 생후 2~6개월에 이르러 점차 뚜렷하게 나타난다.

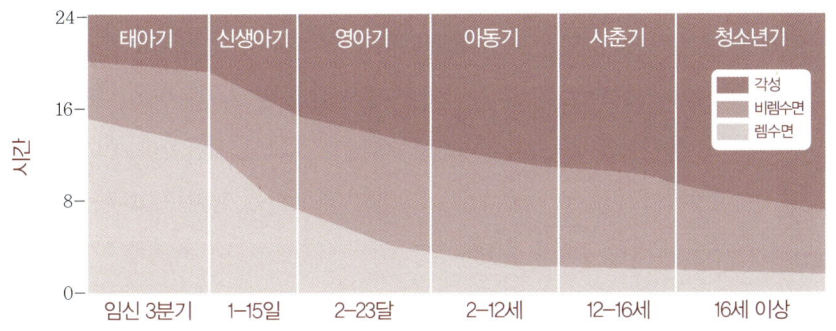

성인에서 보이는 밤낮 주기에 맞춰지는 수면 주기는 생후 3개월 후에 나타나는데, 생후 6개월경부터 차츰 밤에 자는 시간이 늘어나고 생후 18개월이 되면 대부분 낮잠을 한 번만 자게 되고 밤에 10~12시간을 지속적으로 잘 수 있게 된다. 학동기에 해당하는 6~12세의 어린이들은 하루 10~11시간의 수면을 필요로 하고, 12~18세의 청소년들도 하루 최소한 9시간 정도의 수면을 필요로 한다.

나이가 들면서 가장 두드러지는 변화는 서파수면의 양이 점차 감소하는 것이다. 노인이 되면 잠들기까지의 시간이 길어지고 수면 도중에 각성의 빈도와 깨어있는 시간이 증가한다. 또한, N1수면과 N2수면이 증가하고 수면의 분절이 늘어나 수면의 연속성이 깨지게 된다. 수면 효율도 저하되어 불면증에 취약하게 된다. 특히 고령에서 흔히 동반되는 수면 무호흡, 근골격계 질환, 심폐질환 등은 수면 분절을 더욱 가속화시키는 요인이 된다.

다음 도표에서 수면 유도기 (Sleep latency)란 깨어있는 각성 상태에서 비렘수면 1단계에 도달하는 시간을 말한다. 그리고 WASO(Wakefulness After Sleep Onset)란 '수면 시작 후 깨어 있는 시간'을 나타내는 용어로서, 수면에 들어간 후 잠에

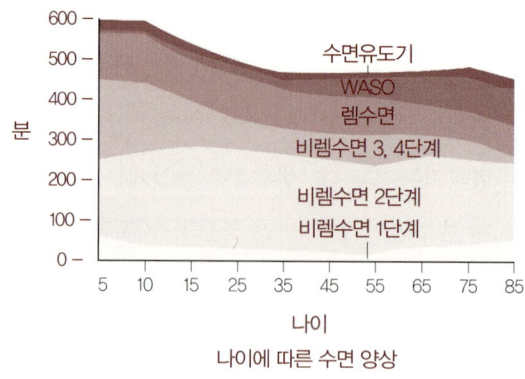

나이에 따른 수면 양상

서 깨어난 후 다시 잠들기 전까지 소요되는 시간을 가리킨다. 다시 말해, 수면 시작 후 얼마 동안 깨어 있게 되는지를 나타내는 지표이다. 이 지표는 수면 중단의 정도를 양적으로 측정함으로써, 밤 동안 계속해서 잠을 자고 있는지 아니면 수면이 조각조각으로 끊어지고 있는지에 대한 의미 있는 정보를 제공한다. 어느 정도의 WASO는 정상적이지만, 밤 동안 많은 시간을 깨어 있는 상태로 보내는 것은 수면의 질을 현저히 저하시킬 수 있다.

수면중 호르몬 변화

수면 중에는 잠의 종류의 변화 뿐만 아니라 혈중 호르몬 농도의 변화도 나타난다고 하였다. 수면 중에 활발하게 변화를 보이는 호르몬에는 3 가지가 있는데, 성장 호르몬과 멜라토닌, 그리고 코르티솔이 있다. 이중 수면에 영향을 미치는 호르몬은 '멜라토닌'과 '코르티솔'이다. 멜라토닌은 우리 생체 시계에 의해서 제어되는데, 밤을 알리는 호르몬, 수면 호르몬으로 알려져 있다. 이 호르몬은 우리 몸의 활동을 억제하며 수면을 유도한다. 코르티솔은 새벽의 기상 시간 대에 분비량이 많아 지는데, 잠에서 깨어나게 하는 호르몬이다. 코르티솔의 분비량이 많아짐에 따라 우리 몸의 활동량도 증가한다.

따라서 우리가 일반적인 생체 리듬의 주기를 측정하기 위해서 송과체에서의 분비되는 멜라토닌과 부신 피질 호르몬(코르티솔)의 혈장 수준을 측정하는데, 여기

에 체온을 추가하여 세 가지를 상태 지표로 사용한다. 멜라토닌은 뇌속의 송과체에서 분비되는데, 빛에 의해서 그 분비가 차단이 된다. 따라서, 빛이 풍부한 낮 동안에는 멜라토닌의 양이 적게 분비되기 때문에 아예 나타나지 않거나 거의 확인되지 않으며, 빛이 부족한 밤에는 멜라토닌의 양이 많이 분비된다. 저녁 9시경에 멜라토닌의 분비가 시작되기 때문에, 이때에는 혈액뿐만 아니라 침에서도 측정할 수 있다. 그러므로 멜라토닌은 모두 생체 리듬의 지표로 사용되어 왔다.

하지만 최근의 연구 결과에 의하면 멜라토닌이 분비되어 혈중에 나타나는 것을 측정하는 것보다 멜라토닌이 혈중에서 사라지는 쪽을 측정하는 것이 더 믿을 만한 지표인 것으로 인정하고 있다. 수면에서 깨어나면서 멜라토닌의 분비가 멈추는 것이 잠이 들면서 멜라토닌이 분비되는 것을 측정하는 것보다 더 높은 상관 관계를 보였기 때문이다.

코르티솔은 일반적으로 생명체의 항상성을 위협하는 스트레스가 가해졌을 때 신속하게 반응하여 부신 피질에서 분비되는 호르몬이다. 그런데, 이 호르몬의 분비는 스트레스와 무관하게 일주기 리듬의 생체 분비를 보인다. 스트레스가 존재하지 않는 상황에서도 밤낮에 따라 분비의 차이를 보이는데, 일반적으로 활동기에는 스트레스 상황에 비견될 만큼 분비가 증가되며, 반대로 휴식기에는 기저 수준의 분비 양상을 나타낸다. 따라서 일반적인 주행성인 사람의 경우 코르티솔이 새벽의 기상 시간에 가장 많이 분비되며, 낮 동안 높은 분비 상태를 유지한다.

수면 중에 일어나는 또 다른 중요한 변화가 있는데, 체온 변화 현상이다. 잠들기 전에 손과 발이 따뜻해지는데, 특히 아기를 안아보면 쉽게 알 수 있다. 이런 현상은 잠들기 전 몸의 표면에서 열을 방출해 몸의 내부(내장이나, 뇌) 온도를 내리기 때문이다. 그래서 수면 중에는 체온이 낮아지며, 뇌나 내장의 활동도 떨어진다. 반대로 아침이 되면 다시 활동을 시작하기 위해서 몸의 온도는 서서히 올라간다.

위의 세 가지 상태 지표를 비교한 연구에서, 생체 리듬의 주기에 있어서 멜라토닌이 다른 두 가지 지표에 비해 더 의미있고 안정적인 상관 관계를 보인다는 것이 밝혀졌다.

다음은 오후 10시에 취침하고 아침 8시에 잠에서 일어나는 사람의 '멜라토닌'

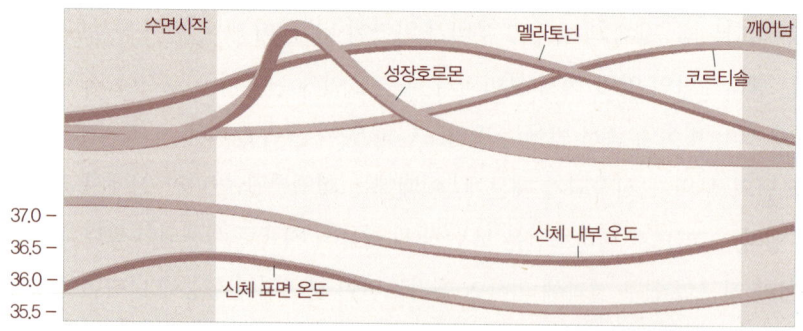

〈코르티솔, 멜라토닌, 성장 호르몬 분비와 체온 변화 그래프〉

과 '코르티솔'의 혈중 농도, 그리고 체온을 측정하여 비교한 그래프이다.

수면 중에는 성장 호르몬이 최초의 깊은 렘수면과 거의 같은 시간에 다량 분비된다. 성장 호르몬은 수면 자체에 영향을 미치지 않기 때문에, 수면을 유도하거나 잠에서 깨어나게 하는 작용과는 깊은 관련이 없다. 그러나 성장 호르몬은 어린이의 몸에서 문자 그대로 성장을 촉진시키고, 어른의 경우에는 피로 회복에 중요한 역할을 한다. 이 성장 호르몬은 수면 상태에서 다량 분비되기 때문에, 성장 호르몬의 적절한 분비를 위해서는 충분한 수면이 절대적으로 필요하게 된다.

잠과 관련된 뇌 부위

우리의 뇌는 '잠을 자게 하는 뇌'와 '잠을 자는 뇌'로 구분할 수 있다. '잠을 자게 하는 뇌'의 중심은 '뇌간(간뇌, 중뇌, 교, 연수 등)'이다. 이 부위는 생명 유지를 담당하는 중요한 부위인데, 수면과 각성을 제어하기도 한다. 잠을 잘 때에도 이 부위는 계속 작동하기 때문에, 외

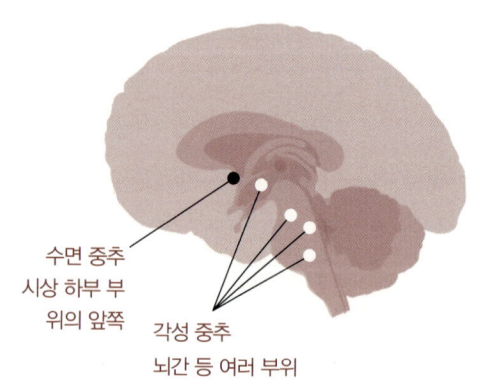

부에서의 정보를 적절히 차단하기도 하고, 필요없이 몸이 움직이지 않도록 근육으로 보내는 정보도 조절한다.

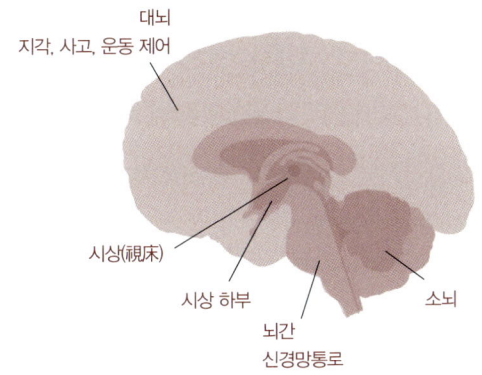

'잠을 자는 뇌'는 지각이나 사고 운동을 담당하는 뇌로서 대뇌의 피질에 해당하는데, 잠이 들게 되면 기본적으로 이 부분의 활동량이 낮아진다. 그런데 렘 수면 상태에서는 여전히 대뇌의 활동이 활발하여, 소리가 들리거나 보이거나 하는 감각이 작동하기도 한다. 이런 현상이 꿈이다. 렘 수면 상태에서는 뇌는 부분적으로 활동하고 있지만 몸의 근육이 움직이지 않기 때문에, 일종의 '수면 마비' 현상을 보인다.

수면과 각성의 싸움

우리 뇌 속의 '잠자게 하는 뇌'에는 수면과 관련하여 '수면 중추'와 '각성 중추'가 존재한다. 수면 중추는 말 그대로 수면을 유도하는 기능을 하는 뇌의 부위이고, 각성 중추는 수면 상태로부터 각성을 시키는, 즉 수면에서 깨어나게 하는 기능을 담당하는 뇌의 부분이다. 수면 중추는 시상 하부 앞쪽에 위치하는데, 수면 물질에

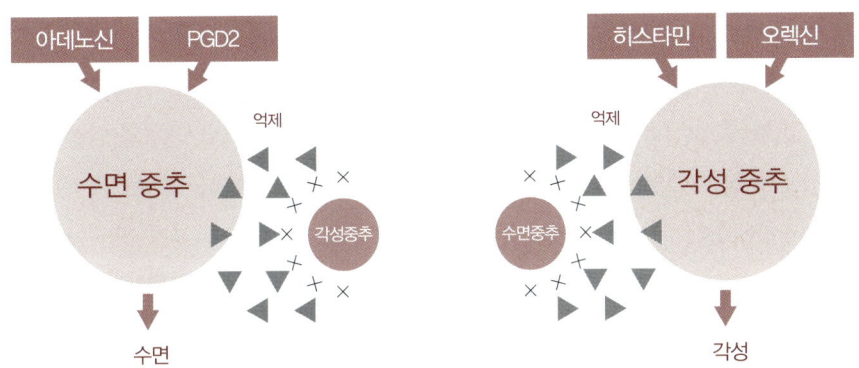

의해서 활성화되어 수면을 유도한다.

수면 물질에는 '아데노신'이나 '프로스타글란딘D2(PGD2)'이 있다. 이들 물질들은 피로나 장시간의 각성으로 인해 체내에 쌓이게 되는데, 이들이 수면 중추를 활성화시키게 된다. 커피 등에 포함된 '카페인'은 이들 수면 물질의 작용을 방해함으로써 수면 유도를 막는다. 각성 중추는 뇌간을 비롯하여 여러 군데에 존재하는데, 신경 세포의 정보 전달에 쓰이는 물질인 '히스타민'이나 '오렉신' 같은 각성 물질이 이 중추들을 활성화시킨다. 일부 감기약 등에는 감기 증상 치료를 위해 항히스타민제가 포함되어 있는데, 이 약제가 각성 중추에 작용하는 히스타민의 작용를 방해하여 각성 중추의 활성화를 억제함으로써 졸음을 유발하게 된다.

생체 리듬의 유전학적인 접근

에르빈 슈뢰딩거는 양자 역학으로 노벨상을 수상한 물리 학자이다. 그는 1944년 저서 『생명이란 무엇인가?(What is life?)』에서 두 가지 주제를 제시하였다. 첫째는 생명체의 가장 뚜렷한 특징은 엔트로피를 감소시키고, 그러므로서 질서를 증가시키는 능력이다. 생명이란 모든 것이 무질서를 향해 달리는 세계에서 질서 상태를 유지하려는 투쟁의 과정이라고 하였다.

생명체는 햇빛과 음식으로부터 에너지를 얻고, 이 에너지를 이용하여 자기 생체의 엔트로피를 감소시킨다. 엔트로피란 시스템의 무질서한 정도를 나타내는 값이다. 예를 들어, 공기 중에서 얼음이 녹아서 물이 되고, 물이 기화하여 수증기가 되는 과정은 무질서한 정도가 점차 높아지는 과정으로, 이러한 변화 과정에서 엔트로피는 증가하게 된다.

두 번째 주제는 유전이었다. 슈뢰딩거는 유전은 근본적으로 암호의 일종이며, 그 암호는 화학 배열의 형태로 기록되어 있으며 필요할 때마다 그 암호가 해석된다고 주장하였다.

슈뢰딩거의 생각은 많은 사람들에게 영감을 주었는데, 그중 한 사람이 미국의 젊은 물리학자 캘리포니아 공과대학의 세이무어 벤저(Seymour Benzer)였다. 물리학자였던 벤저는 예전에 슈뢰딩거의 책을 읽은 후 감동을 받았었는데, 우연히 뉴욕에서 박테리오파지에 대한 그의 여름 강좌를 듣게 된 직후 자신의 전공을 바꾸어버렸다.

벤저의 목표는 20세기 초반에 밝혀진 전통적인 유전자 지도를 크릭과 왓슨의 DNA 구조 발견으로 드러난 새로운 분자 메카니즘과 연결하는 것이었다. 벤저는 박테리오파지 실험을 통해서 유전자 자체에도 구조가 있음을 입증하였다. 유전자도 여러 부분으로 분해될 수 있는데 그것이 바로 DNA 조각이다. 벤저는 마침내 유전자의 배열이 DNA 마디와 일치한다는 것을 입증하였다. 이 연구는 DNA 유기체 속에 유전에 대한 청사진인 유전자 형이 기록되어 있다는 사실을 확립하는데 결정적인 역할을 하였다.

세이무어 벤저는 또한 일간 주기 리듬의 메카니즘을 확인하는데 매우 중요한 역할을 하였다. 피텐드리에 의해 초파리가 하루 중 이른 아침에만 우화(초파리의 번데기에서 성충으로 탈바꿈하는 과정)하는 현상이 생체 시계에 의해 조절된다는 관찰 결과가 밝혀지자, 1971년에 론 코노프카는 이 현상이 유전학적인 연관이 있다고 생각하고 특별한 관심을 가지고 최초의 유전학적 접근을 시도하였다. 빛과 온도가 일정한 조건하에서 초파리들은 자유 가동 리듬에 따라 우화를 한다. 코노프카는 200번의 끈질긴 시도 끝에 일 주기가 하루보다 짧거나 길어지는 비정상적인 행동을 보이는 세 개의 돌연변이 형태를 찾아냈으며 이 돌연변이들이 모두 한 유전자의 변이에 의해 발생한다는 것을 알아냈다. 이 유전자의 돌연변이가 초파리의 일간 주기 리듬을 바꾸었기 때문에 이 생체 리듬을 담당하는 유전자를 주기 유전자, 즉 피어리어드(period), 줄여서 퍼(per) 유전자라고 명명하였다. 그리고, 생체 시계가 이 유전자와 연관된 단백질들의 활동으로 작동된다는 것을 알게 되었다.

코노프카와 벤저는 마침내 행동과 유전자를 연결시켰으며 모든 종을 통틀어 처음으로 시계 유전자를 발견하였다. 그리고 이 퍼 유전자와 연관이 있는 퍼(per) 단백질을 통해서 세포들의 접속 지점에서 세포들 간의 의사 소통이 이루어지고 생체 리듬이 형성될 것이라는 개념이 출현했다.

퍼 단백질을 통해서 생체 시계가 작동되는 현상은 몇 년 후에 캐시 시위키와 제프 홀이 초파리의 개별 세포 안에 있는 퍼 단백질의 존재와 위치를 확인하고, 초파리 뇌와 눈 속에 있는 퍼 단백질 수치가 24시간 리듬에 따라 변동한다는 실험 결과를 발표함으로서 입증하였다.

이후 록펠러 대학의 두 대학원생 아미타 세갈(Amita Sehgal)과 제프리 프라이스(Jeffrey Price)는 벤저와 코노프카와 유사한 방법을 사용하여 '피어리어드' 이외에 생체 시계를 이루는 또 다른 핵심 유전자 타임리스(timeless)를 발견하였다.

그렇다면 이 두 가지 유전자는 어떤 기전을 통해 일 주기 리듬에 영향을 미칠까? 이들 두 유전자는 번역 과정을 통해 두 종류의 단백질을 만든다. 피어리드와 타임리스 유전자가 활성화되어 두 단백질이 만들어지게 되면 이들 두 단백질이 서로 결합하게 된다. 결합된 두 단백질은 자신을 만드는 유전자의 활성화를 억제하는 피드 백 작용을 하게 되므로 두 단백질의 양이 증가하면 피드백 작용을 통해 두 단백질의 생성이 줄어들게 된다.

두 단백질의 생성이 줄어들면 결합되는 두 단백질의 양도 줄어들게 되므로 피어리드와 타임리스 유전자의 피드백 억제가 풀리고 다시 유전자가 활성화되어, 두 종류의 단백질이 다시 만들어지게 된다. 이런 과정이 정확히 하루를 주기로 반복되기 때문에 일 주기 리듬이 형성된다. 이를 바탕으로 사람을 포함한 포유류의 생체 시계에 대한 근원적인 이해가 가능하게 되었다.

생체 리듬의 종류

생체 리듬은 그 주기에 따라 약 24시간 주기의 일주기 리듬에서부터, 그 보다 짧은 아일 주기 리듬(ultradian rhythm)과, 하루보다 긴 월 주기성, 년 주기성, 궁극적으로는 생명체의 일생(life cycle)을 포함하는 전 주기성 리듬(infradian rhythm) 등으로 구분한다. 송과선의 멜라토닌이나 부신 피질의 글루코코르티코이드(glucocorticoid, GC)의 일주기성은 가장 널리 알려진 호르몬의 일주기적 분비이다. 또한 호흡, 맥박, 체온 및 1~2시간 주기의 다양한 펩이드성 및 스테로

이드성 호르몬들의 분비 양상은 하루보다 작은 시간의 아일 주기 리듬(ultradian rhythm)을 나타내며, 종에 따라 수일에서 수개월에 걸쳐서 나타나는 생식 주기 및 이를 관장하는 신경 내분비축의 변화, 그리고 인간에서 노화에 따른 여성의 생리 현상의 소실 등은 전 주기성 리듬(infradian rhythm)에 해당한다고 볼 수 있다.

자이트 게버 (시간 기여자)

일주기 생체 리듬은 체내의 생체 시계에 의해서 만들어지는 리듬이지만, 외부의 요인들 즉, 빛, 어둠, 기온과 같은 외적 환경에 의해서 적절하게 동기화된다. 이렇게 생체 리듬에 영향을 주는 외적인 요소들을 '자이트게버'(zeitgebers, 독일어로 '시간 기여자')라고 한다. 그중에서도 가장 주도적인 역할을 하는 '자이트게버'는 빛이다. 대부분의 유기체들은 일주기 생체 리듬의 주기가 정확히 24시간이 아니다. 그러므로 빛이 주어지지 않은 상태에서는 그 다음 날의 활동 리듬이 앞당겨지거나 혹은 지연될 수 있다. 이와 같이 정확하지 않은 24시간 생물학적 시계를 재조정(reset)하는데 가장 중요한 역할을 하는 것이 빛이다. 빛은 생체 주기를 더 빠르게 하거나 늦춤으로써 24시간의 주기를 환경에 맞도록 재조정한다.

햇빛, 시간 조정자

앞서 언급하였듯이 빛은 일주간 생체 리듬에 가장 큰 영향을 주는 '자이트게버'이다. 대체로 동물들은 외부의 영향을 받지 않고 자체 내에서 생기는 리듬에 의해 생체 리듬을 유지하는데, 이를 "자유 가동"(free-running)이라고 한다. 지하에서 평생을 보내는 장님쥐(Spalax sp.)와 같은 포유류도 빛에 의한 외부 자극이 완전히 없는 것으로 보이는 상태에서도 체내의 시계를 유지할 수 있다. 그들은 형상을 구성하는 눈은 없지만 빛 수용기는 여전히 기능을 하고 있다.

일반적으로 자유 가동을 하는 대부분의 유기체들은 기본적으로 유사한 위상 반응 곡선 (PRC; phase response curve)을 갖는다. 일주기 생체 리듬의 주기가 정확히 24시간이 아니기 때문에 빛이 주어지지 않은 상태에서는 위상의 변화가 일어나면서 그 다음 날의 활동 리듬이 앞당겨지거나 혹은 지연된다. 이처럼 일정치 않고 변할 수 있는 생물학적 시계를 빛이 재조정해 준다. 빛은 생체 주기를 더 빠르게 하거나 늦춤으로써 24시간의 주기를 맞추어 준다. 야행성 설치류가 인간보다 생체 리듬을 조절하기 위하여 더 적은 양의 빛을 필요로 하는 것처럼, 종에 따라서 위상 반응 곡선이 다르며 필요한 빛의 양도 다르다.

햇빛은 우리 인간에게도 생체 시간을 재조정하는 신호로 작용한다. 생명체 자체의 생체 주기 리듬만으로는 정확히 24시간 리듬을 맞추지 못한다. 인간의 경우, 생체 리듬에 영향을 주는 빛의 수준은 실내의 인공적인 빛보다는 보통 더 높다. 한 연구에 의하면 생체 주기 체계를 자극하는 빛의 세기는 1,000lux 정도라고 한다. 빛의 방향 또한 생체 주기에 영향을 미칠 수 있는 것으로 보인다. 하늘과 같이 위로부터 내려오는 빛은 아래에서 눈으로 오는 빛보다 더 강한 영향력을 미친다고 한다.

빛의 세기뿐만 아니라 빛의 파장 또한 생체 리듬에 영향을 주는 요인 중 하나이다. 멜라놉신은 연구에 따라 조금씩 다르지만 푸른 빛의 일부인 420~440nm의 빛에서 가장 효과적으로 자극을 받는다. 이러한 푸른 파장은 사실상 거의 모든 빛에 존재하므로 이 빛을 제거하기 위해서는 붉은 빛이 나는 필터를 사용하거나 매우 특수한 빛이 필요하게 된다. 그러므로 밤에 잠이 오지 않을 때, 강한 불을 켜거나, 푸른 빛이 도는 불을 켜는 것은 잠을 청하는데 방해가 되며, 어두운 것이 싫어서 어쩔 수 없이 불을 켜고 싶을 때에는 약한 붉은 색 등을 켜는 것이 좋다.

햇빛이 우리 눈을 비추면 생체 시계인 시교차 상핵이 이를 감지한다. 특히 수면의 후반기에는 눈의 특정 센서가 빛에 민감해진다. 그렇지만 빛이 약할 경우에는 우리를 바로 깨우지는 못한다. 어쨌든 햇빛을 매개로 하여 우리의 생체 시간은 태양의 주기에 맞춰진다.

그렇다면 해가 일찍 떠오르는 여름에는 어떤 현상이 일어날까? 해가 아침에 조금씩 빨리 떠오기 때문에 하루의 주기가 계속 앞당겨지면서 생체 주기가 계속 변화할까? 그렇지 않다. 해가 떠오르는 시간이 빨라지는 만큼 여름에는 해가 지는 시간도 늦어진다. 우리의 생체 시계는 떠오르는 해에 의해 조정을 받지만, 해가 지는 저녁 시간에 다시 한번 조정된다. 이때는 햇빛과 반대의 효과를 보인다. 햇빛이 오랫동안 비춤으로서 생물학적 시계가 천천히 돌아가게 되는 것이다. 다시 말해서 해가 아침에 조금씩 빨리 떠오기 때문에 생체 주기가 아침에 앞쪽으로 조금씩 당겨지지만, 해가 지는 시간이 늦어지는 만큼 낮 시간이 길어지면서 생물학적 시계가 천천히 돌아가게 만들어, 생체 시계는 다시 뒤쪽으로 밀리게 된다. 결국 신체의 휴식 시간인 수면은 낮 시간의 길이에 관계없이 항상 동일하게 유지된다. 최근의 많은 연구 사례들에서도 햇빛이 생체 리듬에 직접적인 영향을 미치며, 결과적으로 행동이나 건강에도 크게 관여한다는 것이 밝혀졌다.

매미의 일생

장 주기 리듬의 대표적인 예로서 매미를 들 수 있는데, 잠시 긴장을 풀고 신비로운 매미의 일생에 대해서 살펴보기로 하자.

매미를 생각하면 무엇이 가장 먼저 떠오르는가? 동네가 떠나가도록 합창하듯이 매미들이 울어대는 한 여름날을 쉽게 떠올릴 수 있을 것이다. 매미는 이처럼 여름의 전령사라고 할 정도로 여름을 대표하는 곤충이다. 여름철에 새벽녘부터 저녁 늦게까지 울어대는 매미는 긴 유충의 시기를 끝내고 땅위로 올라온 지 몇 일 되지 않은 상태의 성충이지만, 이때는 벌써 짝짓기를 할 때가 된 상태이다. 매미가 땅 속에서 세상 밖으로 나온 지 2, 3일 만에 나무 숲을 메아리치며 악을 쓰듯이 울어대는 이유가 바로 짝짓기를 하기 위한 것이다. 암컷을 유인하기 위해 수컷 매미는 오랜 시간 땅속에 갇혀 지낸 세월을 보상이라도 받으려는 듯 발악에 가깝게 울어 댄다.

우리는 매미 소리를 소음이라고 생각하지 않는 경향이 있지만, 매미 소리의 정도가 도를 넘는 경우에는 한 여름의 교향곡으로 느껴지는 여유로움의 한계를 넘어서서 소음 공해로 나타난다. 수컷 매미 한 마리가 내는 소리는 100데시벨(dB)이 넘는데, 이는 진공청소기가 내는 소리보다 훨씬 큰 소음이다. 더군다나 이 매

미들은 한 장소에 무리를 지어 나타나는 특성이 있다. 이와 같은 매미의 소음으로 가장 고통을 받는 지역은 미국의 중서부 지역이라 한다. 미국 중서부에는 17년 여름마다 수십 억 마리에 달하는 어마어마한 매미 떼가 출현한다. 그 주인공은 '브루드 텐(Brood X)'이라고 불리는 매미들로, 무려 17년을 땅속에서 지내다 마침내 지상으로 올라온 매미 무리다. 미국의 매미는 13년 또는 17년이라는 긴 시간을 주기로 출현하는 '주기 매미'가 대부분이지만, 지역마다 등장하는 매미 떼의 종류와 출현 시기가 모두 다르다. 이들 브루드 매미들 중 가장 주요한 15개 무리에는 로마자로 일련번호(1~10, 13, 14, 19, 22, 23)가 붙어 있다. 그중 로마 숫자 10을 의미하는 "X"를 사용해 "10번째 무리"를 나타내는 "Brood X"란 "17년 주기로 나타나는 10번째 브루드 메뚜기 무리"를 말한다.

1956년 미국 곤충학자들이 매미의 개체 수를 조사했는데, 1m²마다 약 370마리의 매미가 발견되었다고 한다. 이런 매미 수십 억 마리가 동시에 단체로 울어댄다고 했을 때 그 '떼창'의 소음을 생각하기만 해도 머리가 어지럽다. 1990년에 시카고에 등장한 매미 떼로 인해 유서 깊은 음악제 마저 취소되는 등 큰 소동이 벌어졌다고 한다.

전 세계에 서식하는 매미는 3,000종이 넘는데, 대부분 3~4년간 성장한 뒤 지상에 나와 번식한다. 주로 아프리카의 사하라사막 북쪽과 아시아 온대 지역에 많이 분포한다. 매미는 종류에 따라 알에서 깨어나 성충이 되는 기간이 다양한데, 종에 따라 3년, 5년, 7년, 11년, 13년, 17년의 기간을 필요로 한다. 매미의 이러한 출현 주기는 전 지구적으로 정확하게 일치하고 예측이 가능하다고 하는데, 우리나라 매미는 주로 3년, 5년, 7년 주기의 매미가 대부분이고, 미국에는 13년,

17년 주기의 매미가 대부분이라고 한다. 그런데 여기서 중요한 것은, 예리한 독자라면 발견했겠지만, 모든 주기의 숫자가 소수 (1과 자신의 숫자로만 나누어지는 수)라는 것이다. 소수로 이루어지는 주기는 다른 숫자로 나누어지지 않기 때문에, 다른 숫자로 이루어지는 주기 간에 공동의 주기를 최소화하는 마법의 숫자로서, 지상에 출현하는 천적들과의 만남을 가장 적게 하기 위한 매미의 생존 전략이라고 할 수 있다.

우리나라에는 참매미, 말매미 등 12종의 매미가 사는데 대개 땅 속에서 3~5년간 성장한 뒤 지상에 등장한다. 이 매미들 역시 주기를 갖긴 하지만 비교적 주기가 짧고, 특정 매미 집단이 특정 해에 유독 한꺼번에 등장하는 일은 거의 없기 때문에 매년 여름 비교적 일정한 수컷 매미 울음소리를 들을 수 있다.

그렇지만 앞서 얘기한 것처럼 미국의 주기 매미의 경우는 다르다. 이 매미들은 13년, 17년의 긴 생애 주기를 가지고 있으며, 지역 별로 무리를 지어 출몰하는 특성이 있어 특정 시기, 특정 지역에서만 그 매미를 볼 수 있다. 따라서 같은 지역에서 매년 그 매미 소리를 들을 수 있는 것도 아니다. 예를 들어 2020년에 '브루드 9(Brood IX)'이 노스캐롤라이나주, 버지니아주 등에서 나타났으며, 2021년에는 브루드 텐이 미국 동부 지역인 워싱턴주, 메릴랜드주, 버지니아주 등에서만 출현하였다.

매미가 온도와 유충의 발달 수준에 관계없이 13년, 또는 17년이라는 시간 동안 땅속에 머물다 한꺼번에 다량으로 등장하는 이유는 아직 밝혀지지 않았다. 가장 유력한 가설은 요시무라 진 일본 시즈오카대 교수가 1997년에 발표한 수학적 설명이다. 13, 17 등의 소수는 최소 공배수가 커서 다른 주기를 갖는 매미와의 교잡과 경쟁을 피할 수 있고, 그 결과 소수 주기로 진화한 매미들이 자손들을 많이 남기고 살아남았다는 주장이다. 예를 들어 주기가 12년과 15년인 매미가 있다면, 60년 후에 두 종이 만나 교잡과 경쟁이 이뤄진다. 반면 13년과 17년 주기 매미는 221년 후에야 다시 조우할 수 있다는 것이다. 자연의 조화란 얼마나 신비로운가! 매미를 인공적으로 우화시킨 경우 약 1주일 정도의 수명을 보이지만, 자연 상태에서 성충이 된 매미의 경우 약 1달 정도의 수명을 보인다고 한다.

이제 우리나라에 주로 서식하는 참매미를 예로 들어 매미의 일생을 한번 살펴보자.

보통 매미가 우는 것은 짝짓기를 하기 위한 것으로, 암컷을 부르기 위해서 수컷이 내는 소리다. 짝짓기를 끝낸 매미는 나무 줄기 등에 알을 낳는다. 참매미는 약 40여 곳에 알을 낳으며 한 곳 당 5~10개 정도의 알을 낳는다고 한다. 참매미의 알은 약 2mm 정도의 크기이며 윤기가 있는 우유 빛깔을 띠고 있다.

수정된 알은 바로 부화하지 않고 나무 속에서 알의 상태로 겨울을 나게 되며, 일 년이 지난 다음 해 여름경에 부화를 한다. 폭설이나 영하 20도의 겨울 추위를 견디며 부화하는 것이 확인되었다. 알이 부화하여 곧바로 매미 성충이 되는 것은 아니다. 알이 부화하면 애벌레가 되는데, 부화한 애벌레의 초기 모습은 애벌레의 전 단계라고 해서 우리가 흔히 알고 있는 매미 유충과는 크게 다른 모습을 하고 있다. 이 애벌레는 땅속으로 들어가 나무 뿌리에 달라 붙어 나무 뿌리의 수액을 빨아 먹으며 살아가는데, 여러 차례 탈피를 거치는 성장을 하면서 모습이 변한다.

이렇게 오랫동안 땅속에서 지내던 매미의 애벌레(굼벵이)는 7월의 어느 날 땅을 뚫고 올라와서 나무 위로 기어올라 간다. 그리고 나무 위에서 성충으로 우화를 시작한다. 우화는 약 2시간에서 6시간에 걸쳐 이루어지므로, 그 시간 동안 움직이지 못하여 무방비 상태가 되기 때문에, 천적을 피해 주로 밤에 우화를 한다.

우화를 무사히 끝내면 마침내 참매미 성충이 된다. 이렇게 해서 우화하여 성충이 된 매미는 숫컷의 경우 약 3~5일 후부터 울기 시작하고 곧바로 짝짓기에 들어간다. 이것이 알과 유충의 상태로 3년에서 17년의 기나긴 세월을 보내고, 성충의 상태로 2~3주에서 길어야 한 달을 사는, 그 시간조차도 다음 세대를 준비하기 위해 대부분의 시간을 짝짓기에 할애하는 매미의 일생이다. 이처럼 신비로운 매미의 일생을 살펴보면, 종에 따라 3년에서 17년까지의 주기로 생을 반복하는 일종의 생체 달력이 개체 내에 존재한다고 유추할 수 있다.

그렇다면 매미는 어떻게 해서 유충 상태에서 몇 해가 지났는지 정확하게 알고, 해를 정확히 맞추어 우화할 수 있을까?

데이비스 캘리포니아 대학의 릭 카번에 의해 대단히 획기적인 실험이 이루어졌다. 그는 17년을 주기로 우화하는 17년 매미 유충들을 채취하였는데, 이 유충들은 당시 유충 상태로 15년 째 땅 속에서 지내고 있던 상태였다. 릭 카번은 복숭아 나무를 실험실 내에 옮겨 심고, 실내의 온도를 조절하는 방법을 사용하여 1년에 2번 복숭아 나무가 꽃을 피우도록 조작하였다. 그리고 채취한 17년 매미 유충들을 이 복숭아 나무 뿌리에 붙였다. 그러자 이 유충들은 원래 지역에서 자연 상태로 서식하던 17년 매미 유충들에 비해 1년 일찍 우화하여 매미가 되었다.

이 실험을 통해 매미의 유충들이 1년을 주기로 계절마다 바뀌는 복숭아나무 뿌리의 생리적 변화를 감지하는 능력이 있으며, 1년에 2번 꽃을 피우도록 조작한 복숭아 나무로 인해 1년이 2년으로 인식되어 1년 먼저 우화가 일어나게 되었다는 것을 확인할 수 있었다. 그리고, 매미의 유충들이 나무의 뿌리로부터 단순히 영양분을 얻는 것에 그치지 않고, 철에 따라 변화하는 나무의 생리적 상태까지도 감지하여 우화에 활용하고 있다는 것을 알 수 있게 되었다.

최종적으로 매미의 유충이 햇수를 계산하고 우화할 시기를 결정하는데 있어서 구체적으로 어떤 기전을 이용하는지 확실하게 파악할 수 없을지라도, 실험 결과를 바탕으로 기생하고 있는 나무의 생리적 변화에 어느 정도 의존하고 있다는 것만은 분명히 알 수 있게 되었다.

릭 카번의 기발한 발상을 보면, 다음 격언이 실감나게 느껴진다.

"뜻이 있는 곳에 길이 있다!"

참고 문헌

1. The Easter Computus and the Origins of the Christian Era Alden A. Masshammer
2. Easter, Ishtar, Eostre and Eggs. Easter, Ishtar and Eostre (historyforatheists.com)
3. 그리스도의 사망과 부활 사건 (kcj777.com)
4. 베드로 정리 TISTORY
5. 시간과 권력의 역사. 외르크 뤼프케. 김용현 옮김. 알마
6. 하늘의 과학사. 나카야마 시게루 지음. 김향 옮김. 가람 기획
7. 시간의 놀라운 발견. 슈테판 클라인 지음. 유영미 옮김. 웅진 지식 하우스.
8. 시계와 문명. 카를로 M. 치폴라. 최파일 옮김. 미지북스.
9. 시간의 문화사. 앤서니 애브니 지음. 최광열 옮김. 북로드.
10. 별과 우주의 문화사. 쟝샤오위앤 지음. 홍상훈 옮김. 바다출판사.
11. 달력과 권력. 이정모 지음. 부. 케.
12. 별과 우주의 문화사. 장샤오위앤 바다출판사
13. 뉴턴의 프린키피아 안상현 동아시아
14. 달력. 영원한 시간의 파수꾼. 자클린 부르구앵 지음. 정숙현 옮김.
15. 시간과 시계의 역사. 글 그림 A.G. 스미스. 박미경 번역. 다산 어린이
16. 시간에 대한 거의 모든 것들 스튜어트 매크리디 엮음. 남경태 옮김. 휴머니스트
17. 해상시계. 데이바 소벨. 윌리암 앤드루스 지음. 김진준 옮김.생각의 나무.
18. 시간의 탄생 알렉산더 데만트 북라이프
19. 경도 (longitude) 데이바 소벨. 윌리암 앤드루스 저 생각의 나무
20. 해와 달과 별이 뜨고 지는 원리. 박석재 지음. 도서출판 성우
21. 생체 시계란 무엇인가? 알랭 랭배르 지음. 박경한 감수. 곽은숙 옮김. 민음 in.
22. 마밥의 생체 시계. 마이클 스몰렌스키,린 렘버그 지음. 김수현 옮김. 북 뱅
23. 유세비우스의 교회사 유세비우스(Eusebius) 은성(도)
24. 일요일 준수의 기원과 역사. 윤대화 시조사
25. 고대 그리스도교의 주일 논쟁사 (상). 윤대화 시조사
26. 주일론(중) . 윤대화 계림 문화사
27. 실증주의 달력 Positivist calendar – Wikipedia
28. 고전 천문역법정해 김동석 지음. 한국 학술정보(주)
29. 동서양의 고전 천문학. 휴 터스톤 지음. 전관수 옮김. 연세대학교 출판부
30. 율리우스력의 탄생 – 네이버 블로그 : 김경렬 naver.com . http://m.blog.naver.com〉 chun7819

31. 통곡의 벽 (Wailing Wall, Western Wall) http://www.haeunchurch.com/board_ljxq48/4228
32. 마카비 혁명과 하스몬왕조에 대한 연구 https://blog.naver.com/PostView.nhn?blogId=cjgkr9823&logNo=80156430099 작성자 에드워즈처럼 살고픈
33. Epact CATHOLIC ENCYCLOPEDIA: Epact (newadvent.org)
34. Hanke – Henry Permanent Calendar Hanke – Henry Permanent Calendar – Wikipedia
35. World Calendar World Calendar – Wikipedia
36. 달력 분쟁Calendar Controversy https://www.bing.com/search?form=NTPCHB&q=Bing+AI&showconv=1
37. ISO 8601 ISO 8601 – 위키백과, 우리 모두의 백과사전 (wikipedia.org)
38. 중국 고대 역법의 개관 – 조승구[연세대학교 대학원 한국학과]
39. 역법/고대의역법 https://anastro.kisti.re.kr/calendar/calendar2/calendar2.htm
40. 역법의 원리분석. 정음사. 이은성
41. .풍수지리학 연구. 공저 ; 천인호
42. 중국문명의 기원 (공)저: 신동준
43. 십이지의 문화사. 허균 돌베게
44. [간지기년(干支紀年)의 형성과정과 세수(歲首) 역원(曆元) 문제]
    https://www.kci.go.kr/kciportal/ciSereArtiView
    김만태/Kim Mantae. 동방문화대학원대학교
45. 이미지의 언어 주역. 간지의 의미I– 천간지지와 태음태양력. 이중호 . https://ichingman.tistory.com/18
46. 이미지의 언어 주역. 간지의 의미II– 태초력과 역원의 변천 과정 . 이중호. https://ichingman.tistory.com/19
47. 이미지의 언어 주역. 간지의 의미III – 동한 사분력과 간지 기년. 이중호. https://ichingman.tistory.com/20
48. 홍성국,『60갑자와 시간 그리고 동양의학』: 네이버 블로그 naver.com http://m.blog.naver.com〉
49. 기년법.간지기년법(남두성)
50. 덕전(德田)의 문화 일기'의 고대 역법(曆去) 35종 – 간략 해설. : 네이버 블로그 (naver.com)
51. 고대 중국 천문 해석의 원리 이문규
52. [현대 도시 공간 속 歲時의 전승과 변이양상 – 한국학술지인용색인]
53. 라틴어 사전 https://latina.bab2min.pe.kr/xe/lk/sol?form=solis
54. 인터넷 유교넷의 유교 사전
55. 이집트 캘린더 http://ankhesenamon.e-monsite.com/pages/vie-quotidienne/calendrier-de-l-egypte.html
56. 메소포타미아 문명 나무위키 https://namu.wiki
57. Le calendrier égyptien Le calendrier égyptien (egyptos.net)

58. 한국천문연구원이 게시한 월건과 24절 http://astro.kasi.re.kr/Life/AlmanacForm.aspx?MenuID=110

59. 세차, 월건, 일진, 시진. http://chungfamily.woweb.net/zbxe/perpetual_calendar

60. 간지와 역법 ::: 간지와 역법 – "이야기 한자여행" ::: (hanja.pe.kr)

61. 십이지(나무 위키)와 12 진 십이지(나무 위키)와 12 진

62. 자미원(紫微垣)과 북극성 : 네이버 블로그 자미원(紫微垣)과 북극성 : 네이버 블로그

63. 신비의 이론 사주 궁합의 비밀을 밝힌다 신비의 이론 사주 궁합의 비밀을 밝힌다

64. 상나라는 동이족의 나라인가? 상나라는 동이족의 나라인가? : 네이버 블로그 (naver.com)

65. 중추절의 전설(중국신화) – 문화콘텐츠닷컴 ww12.culturecontent.com/content/contentView.do?search_div=CP_THE&search_div_id=CP_THE011&cp_code=cp0612&index_id=cp06120454&content_id=cp061204540001&search_left_menu=9&usid=16&utid=30096923361

66. 후예사일 : 네이버 블로그 후예사일의 뜻! : 네이버 블로그ww12.culturecontent.com/content/contentView.do?search_div=CP_THE&search_div_id=CP_THE011&cp_code=cp0612&index_id=cp06120454&content_id=cp061204540001&search_left_menu=9&usid=16&utid=30096923361

67. 춘추(春秋)의 춘왕정월(春王正月) – 한국고전종합DB (itkc.or.kr)

68. 한국고전종합DB 한국고전종합DB (itkc.or.kr)

69. 춘추번로(春秋繁露)『춘추번로(春秋繁露)』 중화질서의 수립과 시스템 운영자의 자기 관리 – 대순회보 146호 동양고전 읽기의 즐거움 (idaesoon.or.kr)

70. 대일통(大一統) 이론 ; 동중서 blog.daum.net

71. 동중서 cont112.edunet4u.net

72. 동중서: 음양오행陰陽五行

73. 진‧한의 교체와 동중서의 정치사상적 공헌

74. 삼통력(三統曆)과 전교 역법 〈B5BFC1A4BBE7BBF330362D322E687770〉 (kalim.org)

75. 수시력(授時曆) http://encysillok.aks.ac.kr/Contents/Index?contents_id=00012865

76. 중국 문명과 역법 https://www.google.co.kr/webhp?sourceid=chrome-instant&ion=1&espv=2&ie=UTF-8#newwindow=1&q=회남자

77. 중국에서의 하루중의 시간표기법 http://blog.daum.net/shanghaicrab/9202427

78. 중국 역법 https://anastro.kisti.re.kr/calendar/word_order/word_order6.htm

79. 12 차 목성 – 위키백과, 우리 모두의 백과사전 (wikipedia.org)

80. 24절기 24절기 – 나무위키 (namu.wiki)

81. 수시력(授時曆) http://encysillok.aks.ac.kr/Contents/Index?contents_id=00012865

82. 고대 동양 별자리와 하늘 방위의 기원형 식*. 홍영희

83. 주돈이 주돈이 – 나무위키 (namu.wiki)

84. 음양 오행설 http://encysillok.aks.ac.kr/Contents/Index?contents_id=00012865

85. 우리나라 달력 사용의 역사 https://blog.naver.com/geo7319/40118882531
86. 보름날 밤 보이는 달은 정말 보름달인가 https://www.math.snu.ac.kr/~kye/others/lunar.html
87. 칠정산 내편의 연구: 이은희 이담북스
88. 동양 세계관의 비판 음력,60갑자,5행,4주
89. 생활속의 역서 ; 안영숙 저 한국천문 연구원
90. 林園經濟志: 위선지02
91. 應用天文學 – 국립중앙도서관
92. 십이지신(十二支神) 점성술 (哲學) 세계종교철학연구원. 글쓴이 : 聖佛錫
93. 십이차 (十二次), 적도 상의 세성 12차 (赤道上 歲星 十二次), 목성 12차 (木星 12次)12 Jupiter stations (12 次) on the celestial equator in ancient times
94. 중국 고대신화 연구가용 자료와 방법에 관한 성찰 https://center4rs.snu.ac.kr/~religion/Scripts/KCI_FI001679490.pdf
95. 오덕종시설 추연 – 위키백과, 우리 모두의 백과사전 (wikipedia.org)
96. 추연 – 위키백과, 우리 모두의 백과사전 (wikipedia.org)
97. 고대 중국인들의 하늘에 대한 이해 http://anastro.kisti.re.kr/idea/idea2/idea2_intro.htm
98. 그리니치 천문대 그리니치 천문대 – 위키백과, 우리 모두의 백과사전 (wikipedia.org)
99. 육분의 http://blog.naver.com/PostView.nhn?blogId=ch5497&logNo=10083828591
100. 유대인의 안식일, 이슬람의 안식일, 제 7일 안식일 교회 http://mncatholic.or.kr/sub3/sub3_mn2_42.html
101. 주(週), 주간 https://wol.jw.org/ko/wol/d/r8/lp-ko/1200004593#h=2
102. 이슈타르 이슈타르 – 위키백과, 우리 모두의 백과사전 (wikipedia.org)
103. 부활은 있어도 부활절은 없다. http://av1611.co.kr/jboard/?p=detail&code=Hw_board_03&id=541&page=26
104. Easter(부활절)의 유래 https://blog.naver.com/PostView.nhn?blogId=krysialove&logNo=150136040296&beginTime=0&jumpingVid=&from=search&redirect=Log&widgetTypeCall=true&topReferer=http%3A%2F%2Fsearch.naver.com%2Fsearch.naver%3Fwhere%3Dnexearch%26query%3D%2BThe%2BEaster%2BComputus%2Band%2Bthe%2BOrigins%2Bof%2Bthe%2BChristian%2BEra.%2B%25EC%25A0%2580%25EC%259E%2590%2BAlden%2BA.%2BMosshammer%26sm%3Dtop_hty%26fbm%3D0%26ie%3Dutf8
105. 구 로마력에 대한 일견 Chemistry Journals published by the Korean Chemical Society and the KCSnet Database 화학세계 1999년 11월호 이광, 박영태(계명대, 화학과)
106. 달 sea.portincheon.go.kr
107. Date of Easter Date of Easter – Wikipedia

신아 아크로폴리스 총서 • 1

동서양의 달력 ⬆

그레고리우스력과 부활절
카이사르의 시계를 멈춘 그리스도의 위력

초판1쇄 발행 2024년 3월 5일

지은이 김인환
발행인 서정환
펴낸곳 신아출판사
주　소 서울특별시 종로구 삼일대로 32길 36(운현신화타워) 305호
전　화 (02) 3675- 3885　(063) 275-4000
이메일 sina321@daum.net
등　록 제465-1984-000004호
인쇄 · 제본 신아문예사

저작권자 ⓒ 2024, 김인환
이 책의 저작권은 저자에게 있습니다.
서면에 의한 저자의 허락없이 내용의 일부를 인용하거나 발췌하는 것을 금합니다.
COPYRIGHT ⓒ 2024, by Kim Inhwan
All rights reserved including the rights of reproduction in whole or in part in any form.

ISBN 979-11-93654-29-3　(전2권)
ISBN 979-11-93654-30-9　(04440)

값 35,000원